Lasafam Iturrizaga

Die Schuttkörper in Hochasien
Eine geomorphologische Bestandsaufnahme und
Typologie postglazialer Hochgebirgsschuttkörper
im Hindukusch, Karakorum und Himalaya

GÖTTINGER GEOGRAPHISCHE ABHANDLUNGEN

Herausgegeben vom Vorstand des Geographischen Instituts
der Universität Göttingen
Schriftleitung: Karl-Heinz Pörtge

Heft 106

Lasafam Iturrizaga

Die Schuttkörper in Hochasien

Eine geomorphologische Bestandsaufnahme und Typologie
postglazialer Hochgebirgsschuttkörper im Hindukusch,
Karakorum und Himalaya

Mit 42 Abbildungen, 8 Tabellen und 72 Photos

1999

Verlag Erich Goltze GmbH & Co. KG, Göttingen

Gedruckt auf alterungsbeständigem Papier
Gedruckt mit Unterstützung der Deutschen Forschungsgemeinschaft
D7

ISBN 3-88452-106-3
Druck: Erich Goltze GmbH & Co. KG, Göttingen

INHALTSVERZEICHNIS

Vorwort   15

A. EINFÜHRUNG UND THEORETISCHER TEIL   17

I. Die Schuttkörper im Hochgebirge   17
1. Das Forschungsanliegen   18
2. Zur Lage und Auswahl der Forschungsgebiete   18
3. Ein historischer Überblick zur Literatur der Schuttkörperthematik   20
4. Die Kartenwerke   22
5. Zur Methode und Konzeption der Arbeit   22
6. Die geomorphologische Versuchsanordnung zur zeitlichen Einordnung des Schuttkörperformenschatzes   24

II. Grundsätzliches und Vorüberlegungen zu einer Bestandsaufnahme und Typologie von Schuttkörpern   27
1. Die klassischen Begriffe in der Schuttkörperterminologie   27
2. Grundsätzliches zur Begriffsbezeichnung von Schuttkörpern sowie den respektiven Massenbewegungsprozessen   30
3. Schuttkörperklassifikationen aus den außerasiatischen Gebirgen   31
4. Das Einzugsgebiet der Schuttkörper   33
5. Allgemeines zur Form der Schuttkörper   33
6. Zu den Bildungsbedingungen der Schuttkörper   34
7. Die Oberflächenneigungswinkel als Formenelement der kegel- und fächerförmigen Schuttkörper   36
8. Zur geomorphologischen Gestaltwahrnehmung der Schuttkörper   38
9. Das evolutive und zyklische Moment beim Schuttkörperaufbau: Gibt es ein Klimaxstadium in der Schuttkörperentwicklung?   39

B. REGIONAL-EMPIRISCHER TEIL   41

I. Vorstellung der Forschungsgebiete   41

II. Die schuttreichen, ariden bis semi-ariden Hochgebirgsgebiete vorwiegend gemäßigter bis extremer Reliefenergie: Der E-Hindukusch   43
1. Einleitung   43
2. Die Schuttkörperlandschaften im E-Hindukusch, NW-Karakorum und W-Himalaya im Hinblick auf die spätglaziale und rezente Gletscherbedeckung   43
3. Eine landschaftskundliche Einführung: Vergletscherung, Klima und Vegetation im E-Hindukusch   45
4. Die Sturzschuttkörper   46
4.1 Grundlagen zur Schuttlieferung der postglazialen Schuttkörper   48
4.2 Die Bedeutung der Schneegrenzlage unter arid-kontinentalen Klimabedingungen für die Schuttkörperbildung: Die Eisschuttkörper   49
4.3 Typische Sturzschuttkörper im E-Hindukusch   51
4.3.1 Die Eisschuttkörper (Buni Zom-Massiv)   51
4.3.2 Reine Sturzschutthalden (Mastuj-Tal)   51
4.3.3 Moränenumsäumte glazial-induzierte Sturzschuttkegel (Mastuj-Tal)   52
4.3.4 Sturzschutthalden mit Moränenresten (Mastuj-Tal)   53
4.3.5 Die glazial-induzierten, grobblockigen Nachbruchschuttkörper (Laspur-Tal)   55

4.3.6	Die glazialen Residualschuttkörper (Ghizer-Tal)	55
5.	Die fluvialen Schuttkörper: Die Mur- und Schwemmschuttkegel und verwandte Schuttkörperformen mit starker Moränenprägung	56
5.1	Exemplarische Beschreibung von fluvial- und moränisch-geprägten Schuttkörpertypen	57
5.1.1	Die einfachen, ausladenden Murschwemmkegel (Yarkhun-Tal): Zur Komplementarität von Zuliefergebiets- und Schuttkörpergröße	58
5.1.2	Die Murschwemmkegel in den Engtalstrecken (Mastuj- und Laspur-Tal)	58
5.1.3	Die moränisch-geprägten Schuttkörper in der Talkammer von Drosh (Chitral-Tal)	60
5.1.4	Die residualen kegelförmigen Moränenkörper als konvergente Erscheinungsform zu den Murschwemmkegeln (Ghizer-Tal)	62
5.1.5	Typen der distalen Schwemm- und Murkegeluferkanten	62
5.1.6	Mögliche Gründe für das Fehlen von Mur- und Schwemmkegeln	63
5.1.7	Eine Kontroverse zur Schwemmfächerbildung: Gefällsknick versus Talbodenbreite	64
5.1.8	Konzeptionelle Einordnung der Mur- und Schwemmschuttkörper	64
5.2	Weitere Schuttkörpertypen in den Tälern des Hindukusch	65
5.2.1	Die Schieferfließungskegel (Mastuj-Tal)	65
5.2.2	Die Paßgebiete mit Hochflächencharakter als extralokale Standorte für die Schuttkörperbildung (Shandur-Paß)	65
6.	Zur zeitlichen Einordnung der Schuttkörper	67
7.	Zusammenfassung der Schuttkörperbetrachtung im E-Hindukusch: Eine stark glazial geprägte Schuttkörperlandschaft	68

III. Die schuttreichen, ariden bis semi-ariden Hochgebirgsgebiete mit extremen Reliefenergien und hoher Vergletscherungsbedeckung: Der NW-Karakorum 72

1.	Ein landschaftskundlicher Überblick über den NW-Karakorum	72
1.1	Zum Forschungsstand	72
1.2	Geologie und Orographie	72
1.3	Zum Klima des NW-Karakorum und seine Bedeutung für die Schuttlieferung sowie zur Vegetationshöhenstufung	75
1.4	Zur Vergletscherung	76
1.5	Die hohe Schuttlieferung im NW-Karakorum	77
2.	Ausgewählte Beispiele der Schuttkörpervorkommen in der Talschaft Shimshal (Karakorum-N-Abdachung)	78
2.1	Das Shimshal-Tal	78
2.1.1	Zur glazialen Situation: Gletscherseeausbrüche kappen die fluvialen Schuttkörper	79
2.1.2	Die Besonderheiten der topographischen Lagekonstellation von Endmoräne und Schwemmfächer	80
2.1.3	Die gekappten Mur- und Schwemmkegel als Kennform glazialer Genese und ihr Aufbau durch Resedimentation von Moränenmaterial	83
2.1.4	Zur maximalen Schwemmfächerausbreitung	85
2.1.5	Die hochlagernden Moränendeponien als Ausgangsmaterial für sekundäre Schutthalden und Murgänge	86
2.1.6	Die reinen und moränen-geprägten Schutthalden: Ihre Mur- und Steinschlaganfälligkeit	86
2.1.7	Ein schuttkörperloser Talausgang: Das Pamir Tang-Tal und die mächtigen Moränenverkleidungen im Shimshal-Tal	87
2.1.8	Der Saumbereich zwischen Gletscher und schuttanliefernden Talflanken: Die Eiskontaktschuttkörper (Yazghil-Gletscher)	88

	2.1.9	Eine abgesenkte Nivationsgrenze und die Entstehung von Steinschlagrunsen	90
	2.1.10	Das höhenwärtige Wachstum der Schuttkegel: Die Vertikaldistanz zwischen Schuttakkumulation und Zuliefergebiet	91
	2.1.11	Die Chronologisierung der Schuttkörper mittels der Gletschergeschichte (Momhil-Tal)	92
	2.1.12	Die Paßregionen als extralokale Schuttkörperstandorte (Ghujerab-Kette)	93
	2.1.13	Zusammenfassung	95
	3.	Ausgewählte Schuttkörpervorkommen aus der Talschaft Hunza (Karakorum-N-Abdachung)	95
	3.1	Die Ufermoränentäler als günstige Depositionsräume (Batura-Gletscher)	95
	3.2	Zeitliche Einordnung ausgewählter Schuttkörper im Hunza-Tal	96
	3.3	Die Schuttkörpervorkommen im Hassanabad-/Shispar-Tal	97
	3.3.1	Die Schuttproduktion durch Eislawinen und die gletscherbegleitenden Schuttkörper im Shispar-Tal	100
	3.3.2	Die Endmoräne und ihr Schuttkörperumfeld	102
	3.3.3	Das junge Hassanabad-Gletschervorfeld: Hochlagernde Moränendeponien in Kombination mit rein hangialen Schuttkörpern und die rezente Nachbruchdynamik glazial übersteilter Trogtäler	103
	4.	Ein Diskussionsbeitrag zur rezenten Schuttproduktion: Das Verhältnis von primären zu sekundären Schuttlieferungen	103
	5.	Zur Morphodynamik und Dauer der Schuttkörperbildung durch Starkregenereignisse	106
	6.	Zur Verschiebung der Periglazialzonen während der Eiszeiten in einem semi-ariden Hochgebirge	108
	7.	Zusammenfassung der Schuttkörpervorkommen im NW-Karakorum	108
IV.	**Das Nanga Parbat-Massiv: Das Rakhiot-Tal (Nanga Parbat-N-Seite)**		112
	1.	Eine Übersicht über das Nanga Parbat-Massiv	112
	2.	Die Eisschuttkörper und die durch Eislawinen induzierte Schuttproduktion	114
	3.	Die Schuttkörper zwischen 5000 und 3000 m mit besonderer Berücksichtigung der Ufermoränentäler als Schuttakkumulationsraum	115
	3.1	Hochaktive Murlawinenkegel der Ufermoränentäler mit glazialem Einzugsgebiet	119
	3.2	Wie unterscheiden sich die Ufermoränentalschuttkörper von den Schuttkörpern der unvergletscherten Talgefäße?	122
	4.	Der Mittellauf des Rakhiot-Tals (3000–2000 m) und die Rakhiot-Schlucht 2000–1200 m)	123
	5.	Überlegungen zur Verknüpfung zwischen der historischen sowie vorzeitlichen glazialen Landschaftssituation mit der Schuttkörperentwicklung	123
	6.	Ein Exkurs zum Rupal-Tal (Nanga Parbat-S-Seite)	125
	7.	Die Chronologisierung der Schuttkörper	126
	8.	Zusammenfassung	126
V.	**Die schuttreichen, ariden bis semi-ariden Hochgebirgsgebiete gemäßigter bis geringer Reliefenergie unter vorwiegend nivalem Einfluß: Der E-Karakorum, die Ladakh- und Zanskar-Kette**		129
	1.	Die Schuttkörpervorkommen im Indus-Tal (Leh) und in ausgewählten Seitentälern	129
	1.1	Einführung	129

	1.2	Das Klima und die Schuttlieferung	130
	1.3	Die Mur- und Schwemmfächer im Indus-Tal in der Umgebung von Leh	131
	1.4	Die Schuttkörpervorkommen im Stok-Tal (Zanskar-N-Abdachung)	134
	1.5	Die Schuttkörpervorkommen im Martselang-Tal (Zanskar-N-Abdachung) unter besonderer Berücksichtigung der strukturgebundenen Schuttkörper	136

VI. **Ein Übergangsgebiet vom E-Karakorum zum W-Himalaya: Die Nun-Kun-N-Abdachung – Die schuttarmen vergletscherten Talschlüsse** 141

    1. Einführung 141
    2. Die Schuttkörpervorkommen nahe der glazialen Einzugsbereiche im Suru-Tal 142
    2.1 Der Parkachik-Gletscher und sein Schuttkörperumfeld 142
    2.2 Der Sentik-Gletscher und sein Schuttkörperumfeld 143
    2.3 Der Tarangoz-Gletscher und zur zeitlichen Einordnung der Schuttkörper im Suru-Tal 143
    3. Ausgewählte Schuttkörperformen im Suru-Tal 144
    4. Zur zeitlichen Einordnung der Schuttkörper im mittleren Suru-Tal 145
    5. Zusammenfassung für die Schuttkörpervorkommen im Nun-Kun-Massiv 146
    6. Schuttkörpervorkommen zwischen Leh und Manali (More Plains 4500 m) 148

VII. **Die mäßig schuttbedeckten Hochgebirgsgebiete des humiden Kumaon-/Garhwal-Himalaya (Trisul-/Nanda-Devi- und Kamet-Massiv) mit lokal extremen Reliefenergien** 151

    1. Zur Landschaftssituation im Kumaon-Himalaya 151
    2. Die Schuttkörpervorkommen im Alaknanda-Tal 153
    2.1 Lage und Petrographie 153
    2.2 Der Alaknanda-Schluchttalbereich 154
    2.3 Die Schuttkörpervorkommen im oberen Alaknanda-Tal unter besonderer Berücksichtigung der glazialen Reliefausformung 154
    2.4 Die Formgestaltung der Einzugsbereiche 159
    2.5 Zum Alter und zur Genese der Schuttkörpervorkommen 159
    3. Die Schuttkörperformen im Nilkanth-Tal 159
    3.1 Die Schuttkörper im oberen Nilkanth-Talkessel 160
    3.2 Evolutive Schuttkörperreihe in Abhängigkeit von der Einzugsbereichshöhe und der Exposition 165
    3.3 Die Schuttkörperformen zwischen 4000 und 3100 m 166
    3.4 Phasen der Kegelaktivität 168
    3.5 Zusammenfassende Betrachtung 169
    4. Die Schuttkörperformen im Hathi Parbat-Tal 170
    4.1 Die obere Hathi Parbat-Talkammer (ab 3500 m) 171
    4.2 Die eismarginalen Schuttkörper des Barmai-Gletschers 171
    4.3 Die Transformation von glazialen zu rein hangialen Schuttkörpern 174
    4.4 Ein Einschub: Wie ist die Genese der den Schuttkegeln auflagernden „Wallbögen" und „Einmuldungen" zu erklären? 175
    4.5 Die Schuttkörperformen auf der orogr. linken Hathi Parbat-Talseite zwischen 4000 und 3700 m 176
    4.6 Die Schuttkörperformen unterhalb der Hathi Parbat-Gletscherzunge 176
    4.7 Zur Altersstellung der Schuttkörper 178
    4.8 Die Schuttkörperausbildung im Anschluß an Gletscherzungen 178

4.9	Zusammenfassung	179
5.	Die Schuttkörperformen im Nandakini-Tal (Trisul-Gebiet)	180
5.1	Die Himalaya-Vorketten (1400–3700 m)	180
5.2	Die Schuttkörper im oberen Einzugsbereich des Nandakini-Tals	182
5.2.1	Schuttkörperformen am Fuße des Trisul (7120 m) oberhalb von 3500 m	182
5.2.2	Die Eisschuttkörperformen der Trisul-I-W-Abdachung	182
5.2.3	Die freien und vernetzten Schuttkörper am Trisul-Paß	185
5.2.4	Die Schuttkörperformen am Nanda Ghunti (6309 m)	186
5.2.5	Die Verzahnungen von glazialen und hangialen Schuttkörpern	187
5.2.6	Die gesteinsstrukturbedingte Talasymmetrie und ihre Auswirkungen auf die Ausprägung der Schuttkörperformen	188
5.2.7	Die Schuttkörperformen zwischen 3500 und 4600 m	190
5.2.8	Der Shilasamudra-Talkessel (Trisul-SW-Abdachung)	191
5.2.9	Wo liegt die Schuttakkumulationsobergrenze (SAO) und die rezente Schuttkörpergunstzone?	194
5.2.10	Zur Altersabschätzung der Schuttkörper	194
5.2.11	Zusammenfassung	195
6.	Die Nanda Devi-Schlucht als Beispiel für schuttablagerungsfeindliche Talgefäße bei extremen Reliefenergieverhältnissen	196
7.	Zusammenfassung	198

VIII. Die Schuttkörperformen in ausgewählten Untersuchungsgebieten des Zentral-Himalaya: Extreme Reliefenergien auf der Himalaya-S-Seite 198

1.	Mäßig bis gering mit Schuttkörpern ausgestattete Gebiete im semi-ariden Lower Dolpo-Gebiet mit vorwiegend mäßigen Reliefenergien	199
1.1	Einleitung	199
1.2	Das untere Barbung Khola und das Thulo-Bheri-Tal: Die glazialen Umwandlungsschuttkörper	200
1.3	Zusammenfassung	201
2.	Die Schuttkörpervorkommen auf der Annapurna-S-Seite (Modi-, Mardi-, Seti- und Madi-Khola)	202
2.1	Allgemeiner Überblick	202
2.2	Das Modi Khola: Die Schuttkörperlandschaft in den Engtalbereichen	204
2.3	Das Mardi Khola: Die Schuttkörperlandschaft in den Talweitungen	207
2.4	Das Seti Khola: Das Konkurrenzsystem fluviale Nebentalschuttkörper versus Haupttalterrassen	208
2.5	Das Madi Khola: Schuttarmut der oberen Einzugsbereiche bedingt durch extreme Reliefenergien	208
2.6	Betrachtungen zur Altersstellung der Schuttkörper	210
2.7	Zusammenfassung	211
3.	Die Schuttkörpervorkommen in der Manaslu-Region (Buri Gandaki und Marsyandi Khola)	213
3.1	Allgemeine Betrachtungen zur natürlichen Ausstattung	213
3.1	Ausgewählte Schuttkörpervorkommen im Buri Gandaki und Marsyandi Khola	213
3.3	Zur zeitlichen Einordnung der Schuttkörper	219
3.4	Abschließende Bemerkungen	219
4.	Nur mäßige Schuttbedeckung bei zum Teil extremen Reliefenergien im humiden Zentral-Himalaya: Das Makalu-Massiv (8463 m) mit dem Barun- und Arun-Tal	221

	4.1	Allgemeiner Überlick	221
	4.2	Die Schuttkörpervorkommen im oberen Barun-Tal oberhalb der Waldgrenze	222
	4.3	Die Umgestaltung des eiszeitlichen Trogtalprofils zu einem kerbförmigen Ausgleichstalprofil: Die Nachbruchschuttkörperformen	224
	4.4	Einschub: Der Anteil der Schuttkörpervorkommen - eine Frage der Perspektive	225
	4.5	Das Arun-Tal zwischen Tumlingtar (450 m) und der Konfluenz mit dem Barun-Tal (1250 m)	225
	4.6	Zeitliche Einordnung der Schuttkörper	226
	4.7	Zusammenfassung	226
	5.	Zusammenfassung über die Schuttkörpervorkommen im Zentral-Himalaya	227

C. ERGEBNISTEIL: EINE ZUSAMMENSCHAU DER GELÄNDEBEFUNDE — 229

	1.	Die Schuttkörper und die Reliefverhältnisse	229
	2.	Die Schuttkörper und das Klima	230
	3.	Die Schuttkörper und die Vergletscherung	231
	4.	Die Schuttkörper und die Petrographie	236
	5.	Die Schuttkörpertypen	237
	6.	Die Form der Schuttkörper	247
	7.	Zum Einzugsbereich der Schuttkörper	247
	8.	Die Schuttkörperhöhenstufen	249
	9.	Der zentral-periphere Wandel der Schuttkörpertypen im Tallängsverlauf	250
	10.	Die Schuttkörper und die Höhengrenzen	251
	11.	Der Zeitfaktor: zur Bildungsdauer und -frequenz der Schuttkörper	252
	12.	Eine Gegenüberstellung: Merkmale der Schuttkörper in den ariden bis semi-ariden Hochgebirgen (Hindukusch, Karakorum, Ladakh- und Zanskar-Kette) sowie den humiden Hochgebirgen (Himalaya-S-Seite)	254
	13.	Eine Bemerkung zur Hochgebirgsschuttkörperlandschaft als Siedlungsraum	256
	14.	Alpinozentriertes Denken und die Schuttkörper in Hochasien	257

D. SYNTHESE UND GERAFFTE DARSTELLUNG DER GELÄNDEBEFUNDE — 259

E. ZUSAMMENFASSUNG — 263

LITERATURVERZEICHNIS — 267

KARTENWERKSVERZEICHNIS — 280

PHOTOANHANG — 281

ABBILDUNGSVERZEICHNIS

Abb. 1: Übersichtskarte über die Lage der ausgewählten Forschungsgebiete im Hindukusch, Karakorum und Himalaya — 19
Abb. 2: Eine umfeldbezogene Schuttkörperbetrachtung — 23
Abb. 3: Die zeitliche Einordnung der Schuttkörper mittels ihrer Lagebeziehung zu den Vergletscherungsstadien — 25
Abb. 4: Zur Terminologie der kegelförmig-fluvial aufgebauten Schuttkörperanatomie — 28
Abb. 5: Übersicht über die ausgewählten Beispiellokalitäten im E-Hindukusch (Chitral) — 44
Abb. 6: Die Schuttkörperhöhenstufen in Chitral (E-Hindukusch) — 47
Abb. 7: Linear-erosive Überprägungen auf feinmaterial-haltigen Steinschlagkegeln — 52
Abb. 8: Aussonderung größerer Gesteinsstücke an einem Schuttkegel durch einen abrupten Gefällsknick in Kombination mit einer ebenen, kaum geneigten Sedimentationsfläche — 54
Abb. 9: Ausgewählte Typen der distalen Ufersteilkantengestaltung bei fluvial geprägten Schuttkörpern — 63
Abb. 10: Typische glaziale Umwandlungsschuttkörper im E-Hindukusch — 70
Abb. 11: Übersicht über das Untersuchungsgebiet im NW-Karakorum — 74
Abb. 12: Übersichtskarte der Talschaft Shimshal — 78
Abb. 13: Die glaziale Situation im oberen Shimshal-Tal (NW-Karakorum) — 80
Abb. 14: Die Verbreitung der Schuttkörpervorkommen im oberen Shimshal-Tal zwischen der Yazghil-Gletscherzunge (3100 m) und der Malangutti-Gletscherzunge (2900 m) — 94
Abb. 15: Die Übersicht über die Schuttkörperverteilungen der Hassanabad-Shispar-Talschaft (Karakorum-S-Abdachung) — 99
Abb. 16: Einige typische Schuttkörpererscheinungen im Shimshal-Tal — 111
Abb. 17: Übersicht über die Schuttkörpervorkommen im Rakhiot-Tal (Nanga Parbat-N-Seite) — 113
Abb. 18: Basales Gletscherwachstum aus Eislawinenkegeln — 115
Abb. 19: Darstellung verschiedener Erklärungsansätze zur Herkunft der linearen Blockansammlungen an den oberen Ufermoränenaußenhängen — 116
Abb. 20: Die Ufermoränentäler als Schuttkörpergunsträume – Ein schematischer Querschnitt durch ein vergletschertes Tal mit Ufermoränentälern und den höchsten Einzugsbereichen im Hintergrund — 118
Abb. 21: Besonders aktiver Murlawinenkegel der Ufermoränentäler mit glazialem Einzugsgebiet — 121
Abb. 22: Eine typische zentral-periphere Schuttkörperabfolge in den steilen, um die Gipfeltrabanten gescharten Tälern — 128
Abb. 23: Lage der Untersuchungsgebiete im Ladakh- und Zanskar-Gebirge sowie im W-Himalaya — 130
Abb. 24: Die räumliche Lage der Schuttkörper in Bezug auf das Haupt- und Nebental — 132
Abb. 25: Einige ausgewählte Schuttkörperformen im Ladakh- und Zanskar-Gebirge — 139
Abb. 26: Einige exemplarische Schuttkörpervorkommen im Nun-Kun-Gebiet (W-Himalaya) — 147
Abb. 27: Übersichtsskizze über die Route Leh-Manali — 149
Abb. 28: Aus dem Moränenmantel herauspräparierte kegelförmige Schuttkörper (Residualschuttkörper) — 156
Abb. 29: Schema der Schuttkörperentwicklung nach der spätglazialen Deglaziation mit Grundmoränenmaterialfundament — 157

Abb. 30: Die Schuttkörpervorkommen im Nilkanth-Tal 161
Abb. 31: Eine evolutive Schuttkörperreihe im oberen Nilkanth-Tal zwischen
4100 m und 5500 m 165
Abb. 32: Zweistöckiges Trogtalquerprofil des Nilkanth-Tales 166
Abb. 33: Übersichtskarte der Schuttkörpervorkommen im oberen Hathi Parbat-Tal 172
Abb. 34: Die Schuttkörpervorkommen unterhalb verschiedener glazialer Einzugs-
bereiche im oberen Hathi Parbat-Tal 177
Abb. 35: Übersicht über die Schuttkörpervorkommen im oberen Nandakini-Tal
(Trisul-SW-/W-Abdachung) 184
Abb. 36: Systematische Talasymmetrie und die strukturgebundenen Schuttkörper 189
Abb. 37: Übersichtskarte über die Untersuchungsgebiete auf der Annapurna-S-
Abdachung 203
Abb. 38: Übersichtsskizze zur Annapurna IV/II-Lamjung-Südflanke 209
Abb. 39: Eine exemplarische zentral-periphere Sequenz der gletscherbegleitenden
Schuttkörper 217
Abb. 40: Generalisierte Darstellung der Transformation der Schuttkörperlandschaft
von einem fluvial gestalteten Kerbtal zu einem glazialen Trogtal, das durch
Nachbruchprozesse wieder zu einer trogförmigen Kerbtallandschaft
umgestaltet wird. 233
Abb. 41: Der Sturzschuttkegel als Grundtyp und einige seiner typischen
Modifikationsformen 242
Abb. 42: Typische Beispiele für Umwandlungsschuttkörper aus Moränenmaterial
sowie für Mischschuttkörperformen aus glazialem und hangialem
Moränenmaterial 246

TABELLENVERZEICHNIS

Tab. 1: Gletscherstadien in den Tibet einfassenden Gebirgen
(Himalaya, E-Pamir, etc.) 26
Tab. 2: Beispiele für englische Termini des Schuttkörperformenschatzes 31
Tab. 3: Übersicht über die Schuttkörperhöhenstufen im Rakhiot-Tal
(Nanga Parbat-N-Abdachung) 127
Tab. 4: Die vertikale Verbreitung der Schuttkörpervorkommen im Nilkanth-Tal 170
Tab. 5: Höhenstufen der Schuttkörpervorkommen im Hathi Parbat-Tal 180
Tab. 6: Die Schuttkörperhöhenstufen in den Durchbruchstälern der Himalaya-S-
Abdachung am Beispiel des Buri Gandaki und des Marsyandi Khola 220
Tab. 7: Charakteristika der Schuttkörperentwicklung in Bezug auf die
Vergletscherungssituation in den Gebirgen Hochasiens 235
Tab. 8: Ausgewählter Kriterienkatalog zu einer Schuttkörpertypologie 239

PHOTOVERZEICHNIS

Photos 1–14: Die Talschaft Chitral, E-Hindukusch (35°30'–36°30'N/71°30'–73°30'E)
(Sept. 1995)
Photos 15–33: Die Talschaft Hunza inklusive des Shimshal-Tales im NW-Karakorum
(36°00'–37°00'N/74°00'–76°00'E) (Juli–Sept. 1992)
Photos 34–36: Nanga Parbat-N-Seite, Rakhiot-Tal im W-Himalaya
(35°14'–35°29°N/74°30'–74°40'E) (Okt. 1995)
Photos 37–45: E-Karakorum, Zanskar-Kette, Ladakh-Kette und Manali
(33°30'–34°30'N/75°50'–79°50'E) (Juli–Aug. 1993)

Photos 46–53: W-Himalaya: Trisul-, Nanda-Devi- und Kamet-Massiv
(30°10'N–31°00'N/79°10'– 80°00'E) (Aug.–Okt. 1993)
Photos 54–72: Zentral-Himalaya: Kanjiroba-, Annapurna-, Manaslu- und Makalu-
Region (27°30'–29°00'N/82°30'–88°00'E) (Nov. 1994–Feb. 1995)

The only excuse for making a useless thing is that one admires it intensely. - All art is quite useless.
OSCAR WILDE (1891): The Picture of Dorian Gray.

VORWORT

Auf vier Forschungsreisen in die asiatischen Hochgebirge konnte einer überregionalen Bestandsaufnahme und Typisierung postglazialer Schuttkörper nachgegangen werden. Dem Leiter der Expeditionen und zugleich dem Betreuer der vorliegenden Arbeit, Herrn Prof. Dr. Matthias Kuhle, möchte ich für die Teilnahmemöglichkeit an den Geländeaufenthalten meinen größten Dank aussprechen. Auf mehreren von Herrn Prof. Kuhle in Europa sowie in Asien durchgeführten studentischen Exkursionen, die ich als wissenschaftliche Hilfskraft begleitete, konnte ich sowohl von seiner geomorphologischen Interpretation der Landschaftsverhältnisse als auch von seiner Erfahrung zur technischen Durchführung und Logistik von Forschungsreisen in abgelegene Hochgebirgsregionen für meine eigenen Arbeiten profitieren.

Für die Übernahme des Korreferats sei Herrn Prof. Dr. Jürgen Hagedorn gedankt.

Für die finanzielle Unterstützung der kostspieligen Geländeaufenthalte bin ich der Volkswagen-Stiftung, die die Forschungsreise in den Ost-Karakorum und in den West-Himalaya (1993) finanzierte sowie dem Deutschen Akademischen Austauschdienst (DAAD), der den Geländeaufenthalt in den Zentralen Himalaya (1994/95) durch ein Stipendium ermöglichte, zu Dank verpflichtet. Bei Herrn Dr. Kuno Priesnitz bedanke ich mich für die Unterstützung und Bearbeitung des Stipendienantrages für die Forschungsreise in den Zentralen Himalaya.

Die Drucklegung der Dissertation wurde durch eine Druckbeihilfe der Deutschen Forschungsgemeinschaft sowie durch das Geographische Institut Göttingen finanziert. Die Verfasserin dankt den Herausgebern für die Aufnahme der Arbeit in die Göttinger Geographischen Abhandlungen.

Die Durchführung der Geländearbeiten wurde durch zahlreiche Sirdars, Sherpas und Träger der jeweiligen Forschungsgebiete im wahrsten Sinne des Wortes mitgetragen und ermöglicht. Ihnen sei für ihre Auskunftsbereitschaft über Naturereignisse, ihre Mühen und für die Erduldung von Unwägbarkeiten im Gelände gedankt.

Die Originalfassung der vorliegenden gekürzten Doktorarbeit wurde im Mai 1998 abgeschlossen.

Lasafam Iturrizaga

Die Ähnlichkeit macht nie so gleich, wie die Unähnlichkeit anders. Die Natur hat sich vorgesetzt, nie ein Zweites hervorzubringen, das nicht vom Ersten abweiche.

MICHEL DE MONTAIGNE (1580): Essais.

A. EINFÜHRUNG UND THEORETISCHER TEIL

I. Die Schuttkörper im Hochgebirge

Gebirgsschuttkörper unterliegen naturgesetzlichen Bildungsprozessen, die eine naturgeometrische Schuttkörperformenlandschaft entstehen lassen. Bei vermehrtem Auftreten der Einzelformen können Schuttkörpertypen identifiziert werden. Eine Vielzahl der Schuttkörperformen wird aufgrund ihrer, im geomorphologischen Sinne unspezifischen Ablagerungserscheinung oder ihrer komplexen nicht mehr nachvollziehbaren Ablagerungsbedingungen vorerst untypisierbar bleiben und als derzeitige Singularität im Unscheinbaren verweilen. In den zentralasiatischen Hochgebirgen jedoch begünstigen die hohen Reliefenergien und die aus ihnen resultierende hohe Abtransportkraft und -geschwindigkeit das prononcierte Auftreten von Schuttkörperformen, die v.a. durch ihre Größe und oftmals auch durch ihre Vegetationslosigkeit im Landschaftsbild bestechen. Hier wäre bereits das augenfälligste Charakteristikum des Himalaya und Karakorum sowie teilweise auch des Hindukusch genannt, nämlich die extremen Reliefenergiebeträge, die die Schuttkörperbildung und -verteilung in der Gebirgslandschaft maßgeblich diktieren. Während die Talflanken durch ihre hohen Reliefenergien über mehrere Kilometer Vertikaldistanz nahezu schuttfrei gehalten werden können und aus der Gebirgslandschaft herausmodellierte – oftmals isoliert aufragende – Gipfelaufbauten entstehen, konzentrieren sich die Schuttkörperansammlungen im Talgrundbereich. Die häufige Enge dieser Taltiefenlinienbereiche kombiniert mit der hohen erosiven Abtragungsleistung der Gebirgsflüsse hinterläßt die Schuttakkumulationen in kanalisierter und gekappter Form. Die komplette, undeformierte Schuttkörperform läßt sich oftmals nur im frischen, jungen Ablagerungszustand beobachten. Aufbau und Degradation von Schuttkörpern liegen hier als Folge der hohen Reliefenergiebeträge zeitlich sehr dicht beieinander bzw. laufen synchron ab und führen zur kurzen Erhaltungsdauer der Gebirgsschuttkörper. Die jungen, nur wenige Jahrmillionen aufweisenden, zentralasiatischen Gebirgszüge des Karakorum und Himalaya, die der fortwährenden Hebung unterliegen, altern somit im Gegenzug in ihrem äußeren Landschaftserscheinungsbild in Form des Schuttmantels mit ebenso rascher Geschwindigkeit.

Die absolute Höhe der Gebirge von bis zu über 8000 m führt zu einer andersartigen Verteilung und Ausdehnung der geomorphologischen Höhenstufen als es beispielsweise aus den besser erforschten Alpen bekannt ist. Allein die gletscherbegleitenden Talflankenbereiche, die hinsichtlich der Schuttkörperbildung von Interesse sind, können eine Vertikaldistanz von bis zu 5000 m durchlaufen. Es liegt eine dem extremen Hochgebirge spezifische Ausbildung des Schuttmantels vor, die im Zuge von vier Forschungsreisen in den Hindukusch, Karakorum und Himalaya in den Jahren 1992 bis 1995 erkundet und zur wissenschaftlichen Auswertung photographisch abgelichtet wurde.

1. Das Forschungsanliegen

Die vorliegende Forschungsarbeit verfolgt eine Inventarisierung des postglazialen Schuttkörperformenschatzes des Hindukusch, Karakorum und Himalaya sowie eine Typisierung der Schuttkörperleitformen für die klimatisch differierenden Untersuchungsgebiete. Sie sollen mittels des überregionalen Vergleichs in der Untersuchung herauskristallisiert werden. Daraufhin können die im Talverlauf identifizierten Schuttkörperformen in ihrer räumlich-horizontalen Abfolge im Sinne von repräsentativen Schuttkörperserien sowie in ihrer vertikalen Abfolge in Form von Höhenstufenzonierungen für die einzelnen Untersuchungsgebiete zusammengefaßt werden. Neben der Erfassung typischer Schuttkörperformen soll ihre Verknüpfung im Sinne genetischer Reihen erarbeitet werden. Die Vergletscherungsgeschichte des Karakorum und des Himalaya dient mittels der relativen Datierung moränischer und hangialer Akkumulationen bei der zeitlichen Einordnung der Schuttkörper als Chronometer. Über den Weg der geomorphologischen Bestandsaufnahme der Schuttkörperformen kann somit auch eine Vorstellung über das Ausmaß der Lockermaterialproduktion nach dem Spätglazial gegeben werden.

Des weiteren wird der Aufgabe nachgegangen, inwieweit sich aus dem Zusammenspiel des zentral-peripheren Formenwandels der hangialen Schuttkörper mit den moränischen Depositionen der jeweiligen Vergletscherungssituationen charakteristische Schuttkörpersequenzen vom Gebirgsinnern zum Gebirgsvorland ableiten lassen.

In den einzelnen Untersuchungsgebieten finden wir sehr unterschiedliche Reliefvertikaldistanzen vor, an denen sich die Reliefabhängigkeit der Schuttkörperbildung studieren läßt. Aufgrund der hohen Reliefvertikalspanne, speziell auch noch oberhalb der Schneegrenze, stehen in quantitativer Hinsicht andere Ablagerungsverhältnisse zur Verfügung wie beispielsweise in den Alpen. Die hohe Reliefenergie präpariert in offenkundiger Weise die Strukturen des Gebirgskörpers heraus. Auf die Gesteinsstruktur-gebundenen Varianten der Schuttkörperbildung wird näher einzugehen sein.

Von besonderer Bedeutung in der Untersuchung ist die Lagebeziehung der Schuttkörperformen zueinander. Hieraus lassen sich zum einen genetische Aspekte sowie insbesondere die zeitliche Abfolge der Schuttkörperbildung ableiten. Weiterhin soll die Lagebeziehung der Schuttkörper zu Höhengrenzen, wie Schnee- und Waldgrenze, erarbeitet werden. Diesbezüglich muß der Frage nachgegangen werden, in wieweit für die Schuttkörperbildung eigene Höhengrenzen ausgesondert werden können.

Die äußerst konträren Auffassungen über Ausmaß und Zeit der Vergletscherung in den Himalaya- und Karakorum-Tälern (z.B. Dainelli 1922-34, Schneider 1959, Hormann 1974, Derbyshire et al. 1984, Kuhle 1989a, 1994, 1996b) und die folglich unterschiedlichen Ansichten über die Herkunft von Schuttakkumulationen läßt es notwendig erscheinen, Unterscheidungskriterien für die Schuttkörperformen glazialen und primär hangialen Ursprungs zu finden, um die Schuttkörper als geomorphologische Vergletscherungsindizien folgerichtig anwenden zu können und die moränischen Akkumulationen nicht als rein hangial mißzudeuten oder umgekehrt. Bislang wurden in der Literatur die moränischen und hangialen/rein fluvialen Akkumulationen als gesonderte Ablagerungen behandelt. In der vorliegenden Arbeit wird dagegen aufgezeigt, wie sehr die glazialen Sedimente mit den hangialen/rein fluvialen Akkumulationen verwoben sind und welche typischen Mischschuttkörperformen in den Gebirgen Hochasiens vertreten sind.

2. Zur Lage und Auswahl der Forschungsgebiete

Die Forschungsgebiete sind in Form eines W-O-Profils über den Hindukusch-Karakorum-Himalaya-Bogen gespannt (Abb. 1). Hierzu gehören ausgewählte Talschaften im E-Hindukusch, NW-Karakorum, im W-Himalaya (Nanga Parbat), im E-Karakorum, in der Übergangszone zum West-Himalaya mit dem Nun-Kun-Massiv und der Zanskar-Kette, im Garhwal Himalaya mit der Nanda-Devi-/Kamet-Gebirgsgruppe, im Kanjiroba-Massiv in Dolpo mit dem Barbung Khola und dem Thulo Beri Khola, im Annapurna-, Manaslu- und im Makalu-Massiv.

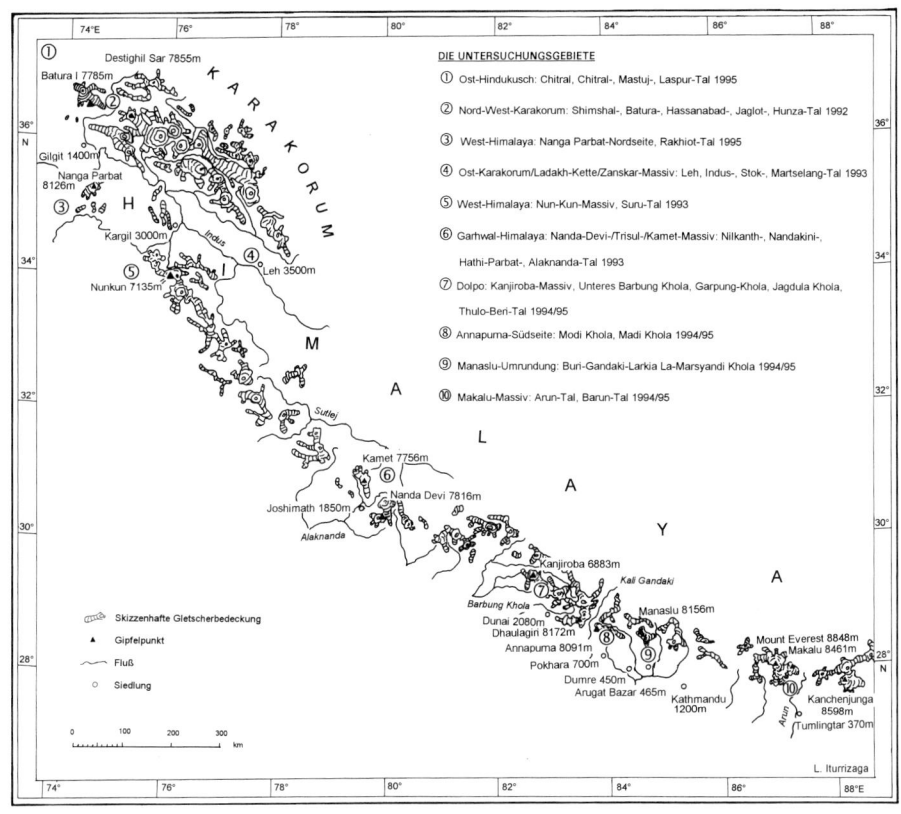

Abb. 1
Übersichtskarte über die Lage der ausgewählten Forschungsgebiete im Hindukusch, Karakorum und Himalaya

Die Arbeitsgebiete sind zwischen 27–37°N und 72–88°E lokalisiert. Sie erstrecken sich über eine Horizontaldistanz von 1800 km vom ariden Hindukusch/NW-Karakorum und E-Karakorum zum monsun-feuchten W-Himalaya. Es schließen sich weiter östlich mehr semi-aride Gebirgsgebiete des Kanjiroba-Massivs auf der Lee-Seite des Himalaya-Hauptkammes an. Das niederschlagsreichste Gebirgsgebiet im Himalaya, der Annapurna-Kessel auf der Himalaya-S-Abdachung, leitet zum östlichsten Untersuchungsgebiet, dem Manaslu und Makalu Himal, hin. Die breit gefächerte Gebietsauswahl erlaubt, in großräumig horizontaler und vertikaler Hinsicht klimatische Differenzierungen bezüglich der Schuttkörperbildung zu treffen. Die Reliefenergien rangieren vom hügeligem Bergland bis zu den extremsten Reliefenergien auf der Erde überhaupt. Es werden alle geomorphologischen Höhenstufen durchlaufen. Damit sind verschiedenartige Einzugsbereiche für eine Typologie der Schuttkörper gewährleistet. Die Wahl zweier Hochgebirgskomplexe, dem Karakorum und dem Himalaya, begründet sich nicht nur in ihren unterschiedlichen klimatischen Verhältnissen, sondern in ihrer stark voneinander abweichenden inneren Strukturierung, wie beispielsweise der wesentlich höheren Gletscherbedeckung des Karakorum als Funktion höher gelegener Talbodenniveaus bei gleicher Breitenlage und ähnlichen absoluten Höhenbeträge beider Gebirgsketten.

3. Ein historischer Überblick zur Literatur der Schuttkörperthematik

Die früheste Beschreibung zur Schuttkörperthematik in Hochasien liegt von F. DREW (1873) für die Untersuchungsgebiete im oberen Verlauf des Indus-Flusses in Ladakh mit Bezug auf die von ihm benannten „alluvial fans", den Schwemmfächern (DREW 1873: 445), vor. Der wissenschaftliche Verdienst von DREW ist es, daß er als erster versucht hat, in seinem beschreibenden, erklärenden und klassifizierenden Aufsatz, Gesetzmäßigkeiten der Schuttkörperbildung zu erfassen. Wie eine amerikanische Literaturrecherche ermittelte (BLAIR & MCPHERSON 1994: 358; 360), blieb diese Arbeit im Verlauf des 20. Jahrhunderts bis zu den 60er Jahren in den außeramerikanischen Gebieten eine Singularität. In den 70er und 80er Jahren erfolgte ein exponentielles Wachstum der Publikationen über die Schwemmfächerbildung in den leicht zugänglichen Gebirgsvorländern der SW-Vereinigten Staaten (z.B. BEATY 1970, 1974, BULL 1964, 1977). Diese Untersuchungen hatten z.T. einen angewandten Forschungshintergrund, der z.B. die Ermittlung von Wasserressourcen und geologischen Gefahrenquellen beinhaltet. Auf der Suche nach einem theoretisch allgemeingültigen Schwemmfächerbildungskonzept entwickelte sich vorwiegend hinsichtlich klimatischer und tektonischer Aspekte das „alluvial fan problem" (LEECE 1990).

Die Schuttkörpervorkommen als geomorphologisches Landschaftselement und deren Systematisierung in den Gebirgen **Hochasiens**, dem Hindukusch, Karakorum und Himalaya, wurden in der geomorphologischen Höhenstufung weitgehend vernachlässigt. Für den Hindukusch liegt bislang nur eine Veröffentlichung vor, die auf die Schuttkörpervorkommen im Hinblick auf die Oberflächenbeschaffenheit von Schuttkegeln näher eingeht (WASSON 1979). HASERODT (1989: 209-211) gibt einen kurzen Überblick über die Schwemmkegel und Terrassensysteme in Chitral. Einer Beschreibung von Schuttkegeln im NW-Karakorum widmet sich die Veröffentlichung von BRUNSDEN et al. (1984) und in der Publikation von GOUDIE et al. (1984a) finden Schuttkegel im Hunza-Tal (NW-Karakorum) peripher Erwähnung. Als Element des periglaziären Formenschatzes hat KUHLE (1982: 143–147) Schutt-, Murkegel und verwandte Schuttformen in seiner geomorphologischen Arbeit über den Dhaulagiri-Annapurna-Himalaya erörtert. Außerdem finden insbesondere Muren und deren Ablagerungsformen in Unterscheidung zu Moränenmaterial in glazialgeomorphologischen Veröffentlichungen Erwähnung (z.B. KUHLE 1991: 115-123). Mehr Aufmerksamkeit wurde den Massenbewegungen, v.a. denen katastrophischer Natur geschenkt (HEUBERGER 1986, HEWITT 1995, OWEN 1991). Diese Studien sind schwerpunktmäßig **prozeß-orientiert** und **nicht form-bezogen** ausgerichtet.

Eine regionalübergreifende Arbeit über den Himalaya und Karakorum mit geologisch-historischem Schwerpunkt wird von KALVODA (1992) präsentiert. In ähnlicher Weise gibt die Abfassung von PAFFEN et al. (1956) eine kleine Gesamtübersicht über den NW-Karakorum. Die Literatur zur Thematik der Schuttkörper in den asiatischen Gebirgen selbst fällt bescheiden aus. Gerade die Hochregionen, v.a. die gletscherbegleitenden Schuttkörper, wurden fast gänzlich ignoriert.

In den **Alpen** dagegen beschäftigte man sich bereits seit der ersten Hälfte des 19. Jahrhunderts mit Schuttkörpern im Gebirge, allerdings vorwiegend mit deren Dynamik (z.B. ABEL 1899, BARGMANN 1895) und im Hinblick auf Vorbeugungsmaßnahmen gegen Wildbachverheerungen für den Siedlungsbereich (BREITENLOHNER 1883, DUILE 1826, WANG 1901). In diesen technisch ausgerichteten Studien finden sich auch erste Ansätze über Einteilungskriterien der Ablagerungsformen und deren Einzugsbereiche, vornehmlich für die Muren (u.a. in FRECH 1898, STINY 1910, WANG 1901). Eine der wohl frühesten Studien liegt von SURELL (1851) zu den Schuttkörpern der Alpen vor. In PENCK (1894) wird auf die Autoren LEBLANC (1843) und ELIE DE BAUMONT (Veröffentlichungsjahr nicht bekannt) verwiesen, die sich intensiver mit Schutthaldenstudien beschäftigt haben. Im Zusammenhang mit der Erforschung der physikalischen Verwitterungsprozesse im Hochgebirge fanden die Schuttkegel und -halden bei HEIM (1874: 21ff.) Erwähnung. In Detailstudien wurde vor allem den Neigungswinkeln von Schuttkegeln Aufmerksamkeit geschenkt (PIWOWAR 1903, STINY 1925/26). Ein weiterer Forschungsgegenstand findet sich in der Untersuchung von Pflanzensukzessionen auf Schuttkegeln und -halden (z.B. FRIEDEL 1935). Einzelphänomene in Form von Beobachtungen ohne direkten systematisch-genetischen Erklärungshintergrund wurden des öfteren beschrieben (KOEGEL 1920, 1924, MORAWETZ 1932/33, 1948). Ein besonderes Anliegen in den frühen Arbeiten ist die Abgrenzung der trockenen Schuttkegel von den „Wasserschuttkegeln" (KOEGEL 1942/43), die heute als Schwemmkegel oder -fächer bezeichnet werden. Letztere wurden von CZAJKA (1958) ansatzweise systematisiert. Ab Mitte der 50er Jahre sind einige umfangreichere Schriften zur engeren Schuttkörperthematik zu verzeichnen, die sich mehr und mehr ausschließlich den Schuttkegeln und -halden widmen. Zu erwähnen ist hier insbesondere die Arbeit von FROMME (1955), der eine detaillierte Studie über „Kalkalpine Schuttablagerungen als Elemente nacheiszeitlicher Landschaftsformung im Karwendelgebirge (Tirol)" liefert und damit die Schuttproduktion sowie die zeitliche Einordnung der Schuttkörper in engem Zusammenhang mit der alpinen Vergletscherung vorstellt (auch FROMME 1953). In ähnlicher Weise sind die Untersuchungen von LEIDLMAIR (1953) über die „Spätglazialen Gletscherstände und Schuttformen im Schlicker-Tal (Stubai)" angelegt. Die Arbeit von FISCHER (1965) über Mur- und Schwemmkegel und Kegelsimse in den Alpen leistet einen weiteren Beitrag zur Systematik der Schuttkörper. VORNDRAN (1969) widmet sich der Schuttentstehung und den Schuttablagerungen in den Alpen mit einer thematischen Schwerpunktsetzung auf den Verwitterungsprozessen. Sie geht bei ihrer Arbeitsweise nach dem Kriterium der Lagebeziehung der Schuttkörper in Beziehung zu Klima- und Vegetationsgrenzen vor (VORNDRAN 1969: 96–106). DÜRR (1970) führt für die westlichen Dolomiten und HARTMANN-BRENNER (1973) für die Schweizer Alpen und Spitzbergen klassifikatorisch-systematische Arbeiten durch. Eine zwar nur sehr kurze und stichpunktartige, ohne Aufarbeitung von empirischem Datenmaterial erstellte, aber trotzdem sehr stichhaltige Klassifikation von Schutthalden in den Alpen präsentiert GERBER (1974). Er nimmt Abstand von einer schematischen Klassifikation und betont die Individualität der verschiedenen Schutthaldenvorkommen. Einige, in den Alpen durchgeführte morphologische Arbeiten widmen sich in einzelnen Kapiteln unter dem Thema „Formenschatz rasch ablaufender Massenbewegungen" den Schuttkörpererscheinungen (z.B. in HANNß 1967: 99–114, HÖLLERMANN 1964: 51–60, SCHWEIZER 1968: 34–49). Seit Mitte der 70er Jahre sind kaum noch grundlegende Studien an Schuttkörpern in der klassischen geomorphologischen Arbeitsweise durchgeführt worden. Lediglich die bereits um die Jahrhundertwende verfolgte, prozeß-orientierte Themenstellung hinsichtlich der Gefahrenbeurteilung und -minderung durch Schuttkörperverlagerungen für Siedlungsgebiete wird intensiver weiter verfolgt (BUNZA 1975, GATTINGER 1975, MOSER 1980). Generell läßt sich festhalten, daß der Schwerpunkt der Untersuchungen im alpinen Raum mehr auf dem Prozeßgeschehen liegt als auf den korrelaten Ablagerungsformen.

Die Schuttkörperliteratur des alpinen Raumes findet hier Erwähnung, da sie ein Grundgerüst für die Genese und Terminologie einiger Schuttkörperformen in Hochasien liefert. Aufgrund der größeren absoluten Höhe der asiatischen Gebirge sowie der anderen klimatischen Verhältnisse sind hier jedoch andere Schuttkörpertypen und -vergesellschaftungen als in den Alpen ausgebildet. Grundlegende und sehr detaillierte Arbeiten zu Schuttkegel- und -haldenbildungen in **Spitzbergen** und **Skandinavien** liegen von RAPP (1957, 1959 & 1960a, b) vor.

Die Zusammenschau der Literatur Hochasiens zeigt, daß die Schuttkörperthematik im wesentlichen wissenschaftliches Neuland darstellt. Eine systematische Höhenstufung der Schuttkörperformen steht bislang noch aus. Aspekte der Formgebung der Schuttkörper sowie ihre räumliche Lagebeziehung[1] zueinander wurden kaum betrachtet.

4. Die Kartenwerke

Kartenmaterial ist aufgrund der Grenzlage der Untersuchungsgebiete (Pakistan/Afghanistan, Pakistan/China, Pakistan/Indien (Kaschmir), Indien/China, Nepal/China) zumeist schwer oder gar nicht zugänglich. Die Kartenwerke für die Forschungsgebiete weisen in kartographischer Hinsicht erhebliche Mängel auf und beinhalten oftmals Fehlinformationen in Bezug auf Höhenangaben oder Namensgebungen. Für eine detaillierte Schuttkörperkartierung sind die zugänglichen Kartenwerke unzureichend, so daß in der vorliegenden Arbeit orographisch-topographische Skizzierungen verwendet werden, die es erlauben, eine Übersicht über die Schuttkörperverteilung zu geben. An Lokalitäten, an denen eigene Höhenmessungen vorlagen, wurden diese in der Arbeit benutzt. Die Messungen wurden mit einer Avocet-Vertech-Höhenmess-Uhr festgehalten.

5. Zur Methode und Konzeption der Arbeit

In unserem Zeitalter der verfeinerten, allerdings nicht immer aussagekräftigen Meßtechniken im Gelände sowie im Labor muß im Zusammenhang mit der methodischen Vorgehensweise in der vorliegenden Arbeit einleitend kurz erwähnt werden, warum auf Meß- und Laborverfahren weitgehend verzichtet wurde. Bei der in dieser Arbeit angewandten **klassisch-geomorphologischen Arbeitsweise der Geländebeobachtung und -beschreibung** und der daraus abgeleiteten Schuttkörpertypologie handelt es sich keineswegs um eine anachronistische methodische Vorgehensweise, sondern um die für die Untersuchungsgebiete noch **ausstehende geomorphologische Grundlagenarbeit**. Die Verbreitung und Genese der Schuttkörper in einem systematischen Zusammenhang, d.h. z.B. in ihrer Lagebeziehung zu den jeweiligen Höhengrenzen, ist in der Literatur noch unbearbeitet. Angesichts dieser Forschungsausgangslage würden z.B. Probenentnahme zur Morphometrie und Morphoskopie der Gefahr unterliegen, sich in meßtechnischen Einzelheiten zu verlieren und zum reinen Selbstzweck zu werden (NEEF 1962). H. BREMER (1989: 18) resümiert diesbezüglich: „*Bevor jedoch die messenden Techniken eingesetzt werden, muß durch Beobachtung im Gelände der geomorphologische Zusammenhang geklärt sein. Hierin liegt in erster Linie die Exaktheit der geomorphologischen Arbeitsweise. Was im Gelände nicht beobachtet wurde, kann im Labor nicht nachgebessert werden.*" Das Substrat scheint jedoch zumeist interessanter als die Ablagerungsform. Bei den verfeinerten Meßmethoden findet zwangsläufig eine Schwerpunktverlagerung auf die Substratforschung statt.

---

[1] Zur Bedeutung der „Lagebeziehung" zur Beweisführung in der Glazialgeomorphologie siehe KUHLE (1991: 189f.); dort heißt es u.a.: „*Lagebeziehungen sind die Hauptsache, d.h. beinahe alles für die Glazialgeomorphologie, aber sie werden dennoch ungern zur Kenntnis genommen und gelten immer noch als nicht wirklich beweiskräftig, obwohl sich der Begriff 'Geomorphologie' auf die Form und damit die Lagebeziehung ihrer Elemente zueinander als sein Eigentliches beruft.*"

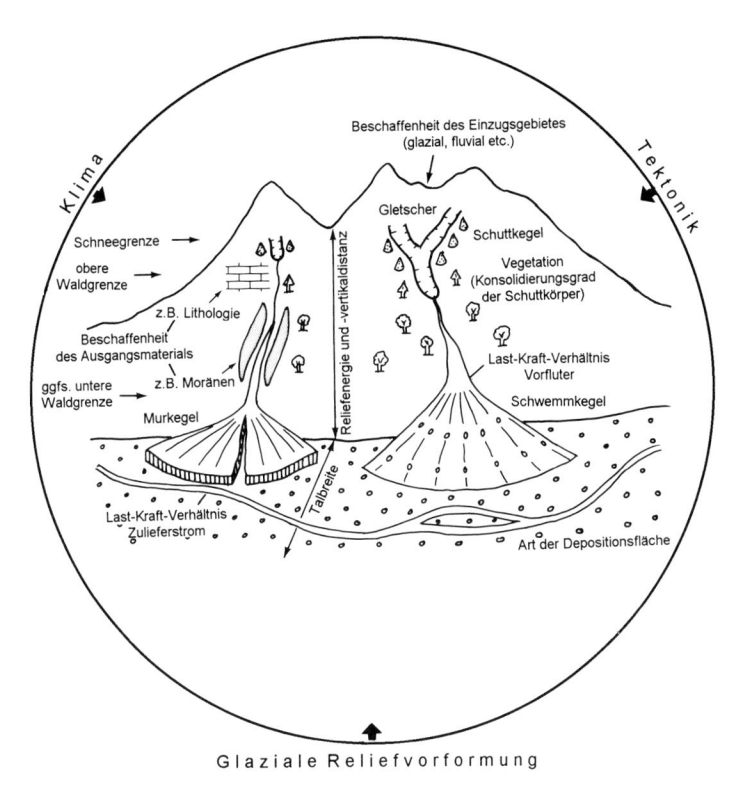

Abb. 2
Eine umfeldbezogene Schuttkörperbetrachtung

Die Messungen in der vorliegenden Arbeit beschränken sich auf Reliefparameter und Hangneigungen. Für die morphometrische Grobsedimentanalyse wird die visuelle Bestimmung des Rundungsgrades nach G. REICHELT (1961) in vier Klassen der Grobsedimentkomponenten in „kantig", „kantengerundet", „gerundet" und „stark gerundet" angewandt. Die Hangneigungen wurden mit einem Gefällsmesser der Firma MERIDIAN gemessen. Über das Alter der Gesteinsstücke können ihr Grad der Scharfkantigkeit sowie die Frische der Brüche Aufschluß geben. Des weiteren gibt ihre Oberflächenbeschaffenheit (Deckungsgrad des Flechtenbewuchses, Verwitterungsrinden, oberflächliche Anwitterung) Hinweise auf das Alter (HÖLLERMANN 1964: 41). Es läßt sich dann zwischen „Jung- und Altschutt" differenzieren.

Für die einzelnen Untersuchungsgebiete soll die **Verteilung der Schuttkörper in regional-individuellen Höhenstufenschemata** herausgearbeitet werden. Hierbei ist der **Lagebeziehung der Schuttkörper zur Schneegrenze** und ihrer Veränderung während der verschiedenen Glaziale besondere Aufmerksamkeit zu schenken. Des weiteren sind zentral-periphere Schuttkörperabfolgen von den höchsten Einzugsbereichen zu den Talausgängen von Belang.

Als grundlegend wird in dieser Arbeit die Methode des „**räumlichen Vergleichs**" angewandt, dem – wie JESSEN (1930: 25) es ausdrückt – die Rolle des Experiments in der Geographie zukommt. Im Kern der Untersuchung steht der Vergleich von Arbeitsgebieten zweier klimatisch verschiedener, d.h. arid und humid geprägter Gebirgsregionen des Karakorum/Hindukusch und des Himalaya. Wenn möglich, werden Gebiete mit ähnlichen Grundvoraussetzungen bezüglich des Reliefs und der Gesteinsverhältnisse gegenübergestellt. Es kann dann beantwortet werden, inwieweit klimaspezifische Schuttkörperformen oder konvergente Formen auftreten. Aklimatische Bildungsfaktoren der Schuttkörper lassen sich durch den Vergleich eng benachbarter Gebirgsräume erkennen.

Die Untersuchungsgebiete wurden nach klimatischen Aspekten (arid/semiarid/humid) und den dominierenden Reliefenergieverhältnissen (gering/mäßig/hoch) thematisch zusammengefaßt. Sie sollen einen Anhaltspunkt über den jeweiligen Landschaftscharakter, der für die Schuttkörperbildung typisch ist, widergeben. Die Vorkommen der unkonsolidierten Schuttkörper wurden in den Kategorien „schuttreich/schuttarm" angegeben. Die Arbeit strebt eine **ganzheitliche, umfeldbezogene Einordnung** der Schuttkörper an (Abb. 2). Die Schuttkörper werden nicht isoliert als Einzelphänomene, sondern in Beziehung zu ihren benachbarten geomorphologischen Formen betrachtet. D.h. die Beschaffenheit des Einzugsgebietes und des Vorfluters sowie die historischen Landschaftsverhältnisse, gerade in Bezug auf die Vergletscherungssituation, werden mit in die Beschreibung einbezogen. Die topographische Lagebeziehung zu anderen Landschaftselementen steht im Vordergrund und nicht allzusehr der interne Aufbau der Schuttkörperformen. Für die angestrebte Inventarisierung des Schuttkörperformenschatzes ist nicht nur eine positivistische Vorgehensweise vonnöten, d.h. die Aufnahme vorhandener Schuttkörper, sondern auch dem **Fehlen** von Schuttkörpern wird Beachtung geschenkt werden müssen, um ganzheitliche Aussagen über die Landschaftsdynamik und -geschichte machen zu können.

6. Die geomorphologische Versuchsanordnung zur zeitlichen Einordnung des Schuttkörperformenschatzes

Unter den heutigen geomorphologischen Forschungsschwerpunkten nehmen Altersdatierungen von Sedimenten einen sehr hohen Stellenwert ein, so daß Alterszahlen – obwohl die angewandte Datierungsmethode mit großen Fehlerquellen behaftet sein kann – bereits ein für sich stehendes Forschungsergebnis repräsentieren, dem mitunter nicht einmal eine chronologische und genetische Ausdeutung folgt. In der vorliegenden Arbeit wird bei der zeitlichen Einordnung des Schuttkörperformenschatzes nach dem „**relativen chronologischen Prinzip der vertikalen sowie der horizontalen Sedimentationsabfolgen gekoppelt an die korrespondierenden Vergletscherungsstadien**" – wie es hier stichpunktartig genannt werden soll – vorgegangen, d.h. die Schuttkörper werden in ihrer Lagebeziehung zu den korrespondierenden Gletscherstadien altersmäßig zugeordnet (Abb. 3). Das bedeutet hinsichtlich der **vertikalen Sedimentationsabfolge**, daß ein auf Grundmoränenmaterial eingestellter Schuttkegel jünger sein muß als sein moränisches Fundament, dessen Alter durch die Chronologisierung mit der Vergletscherungsgeschichte annäherungsweise bekannt ist. Bezüglich der **horizontalen Sedimentationsabfolge** beinhaltet das Einordnungsprinzip, daß die hangiale Schuttkörperausbildung erst nach der Deglaziation der Talgefäße stattfinden konnte. D.h. die heutigen, in der Nähe der Gletscherzunge befindlichen Schuttkörper müssen zwangsläufig ein jüngeres Alter aufweisen als die talabwärts gelegenen Schuttkörper. Anhand der in den Talverlauf eingeschalteten Endmoränen können mittels dieser methodischen Vorgehensweise die zur Verfügung stehenden Bildungszeiträume für die Schuttkörperentwicklung angegeben werden. Die Schuttkörper sind nicht älter oder sogar jünger als die talabwärtsgelegene Eisrandlage. Wenn es sich eindeutig um einen „reinen Schuttkörper" handelt, kann man davon ausgehen, daß der Schuttkörper jünger als die entsprechende, talabwärts gelegene Eisrandlage ist. Auch während der Vergletscherung kann eine **synchrone Schuttkörperbildung** in Form der gletscherbegleitenden Schuttkörperbildung stattfinden. Das bedeutet, daß diese Schuttkörper nicht älter als die talabwärts gelegene Eisrandlage bzw. das Vergletscherungsstadium sein können.

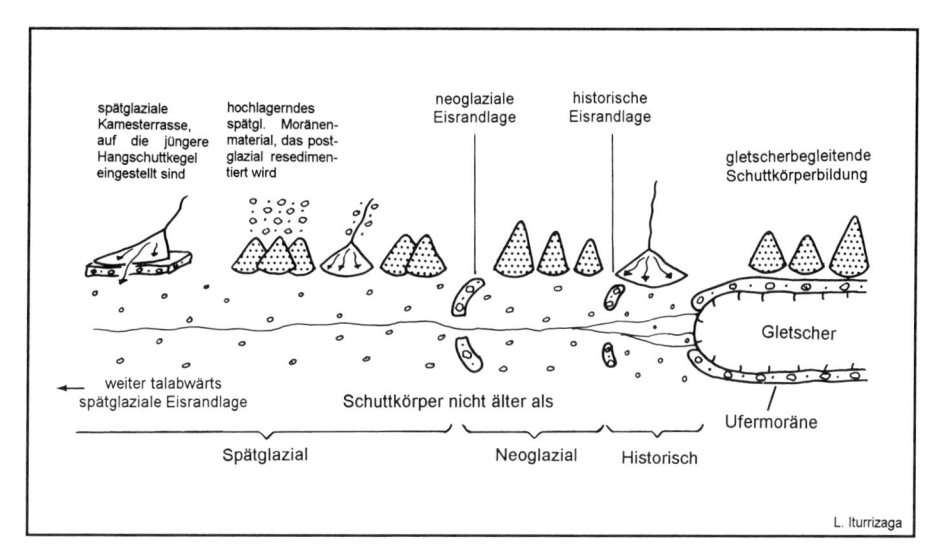

Abb. 3
*Die zeitliche Einordnung der Schuttkörper mittels ihrer Lagebeziehung
zu den Vergletscherungsstadien*

Das Prinzip der horizontalen Sedimentationsabfolge, gebunden an die Deglaziationsphasen zur Alterseinordnung der Schuttkörper, wurde bereits in den Alpen verwendet (SÖLCH 1949, LEIDLMAIR 1953, FROMME 1955, HANNß 1967), so daß ein Großteil der Schuttkörper im inneralpinen Raum als nicht älter als 10 000 Jahre eingestuft werden kann. *„Denn erst nachdem die Gletscherströme des Eiszeitalters die Gebirgstäler nahezu vollständig von Lockermassen ausgeräumt und blankgefegt hatten, konnte sich nach dem Eisrückgang neuer – rezenter – Schutt bilden. Der Zerfall der letzten quartären Eisströme und das Ende der 'Rückzugsstadien' bedeutete demnach das Jahr Null in der Entwicklung der alpinen Schuttkörper."* (FROMME 1955: 12–13)[2]. Diese Sichtweise war vor der Erhellung der glazialen Verhältnisse in den Alpen nicht gängig. STINY (1910: 70-71) berichtet, daß einige Autoren das Alter von Schwemmkegeln aus ihrer Masse und des jährlich, durchschnittlich sedimentierten Murmaterials berechnet haben und auf ein Alter von 60 000 Jahren für die Schwemmkegel des Vintschgaues (SIMONY 1857) sowie für die Schwemmkegel des Lutschinen- und Lombach-Tals auf 20 000 Jahre gekommen sind (SCHMIDT 1896). Erst die Berechnungen von HEIM – so STINY (1910: 71) – erlaubte die Schlußfolgerung, daß seit der Eiszeit nur etwa 10 000 Jahre zur Schuttkörperbildung zur Verfügung standen.

So bietet es sich derzeit auch in Hochasien an aufgrund der Kenntnis der Vergletscherungsstadien, die Schuttkörpervorkommen zu chronologisieren. Die zeitliche Einordnung der Schuttkörpervorkommen des Postglazials erfolgt in der vorliegenden Arbeit nach der Zeitskala der Vergletscherungsstadien, die von KUHLE (1994: 260) (Tab. 1) für das Hoch-, Spät- und Postglazial für viele Talschaften detailliert aufgenommen wurden. Bei den Altersangaben handelt es sich wohlgemerkt um angenäherte Werte. Für die postglazialen Gletscherstände liegt für den NW-Karakorum die Arbeit von MEINERS (1996) basierend auf den Vergletscherungsstadien von KUHLE (1994) vor. Wie die Tagung „Stand

---

[2] Zu diesem Zitat muß einschränkend bemerkt werden, daß natürlich auch synchron zur Vergletscherung die Schuttkörperbildung ablief, u.z. als gletscherbegleitend. Die heute überlieferte, durch das fehlende Eiswiderlager verstürzte Schuttkörperform stammt jedoch erst aus dem Postglazial.

der geowissenschaftlichen Forschung in Zentralasien und im südchinesischen Meer" in Berlin (1995) verdeutlichte, ist die Ungenauigkeit der heute vielfach durchgeführten TL-Datierungen offenbar und von einer Veröffentlichung von diesen Datierungen wird oftmals Abstand genommen. Vor diesem Hintergrund ist eine relative Zeiteinordnung von Schuttkörpern, das bedeutet die Altersverhältnismäßigkeit verschiedener geomorphologischer Formen, notwendig. Diese ist nur anhand einer eingehenden Formenbeschreibung durchzuführen. Mit den identifizierten Vergletscherungsstadien als Chronometer kann eine erste relative und angenäherte Altersbestimmung von Schuttkörpern realisiert werden.

Gletscher Stadium		Schotterfluren (Sander)	annäherndes Alter (YBP)	Schneegrenz-Depression (m)
-I	= Riß (vorletztes Hochglazial)	Nr. 6	150 000 - 120 000	ca. 1400
0	= Würm (letztes Hochglazial)	Nr. 5	60 000 - 18 000	ca. 1300
I-IV	= Spät-Glazial	Nr. 4 - Nr. 1	17 000 - 13 000 oder 10 000	ca. 1100 - 700
I	= Ghasa-Stadium	Nr. 4	17 000 - 15 000	ca. 1100
II	= Taglung-Stadium	Nr. 3	15 000 - 14 250	ca. 1000
III	= Dhampu-Stadium	Nr. 2	14 250 - 13 500	ca. 800 - 900
IV	= Sirkung-Stadium	Nr. 1	13 500 - 13 000 (älter als 12 870)	ca. 700
V - 'VII	= Neo-Glazial	Nr. -0 - Nr. -2	5 500 - 1 700 (älter als 1 610)	ca. 300 - 80
V	= Nauri-Stadium	Nr. -0	5 500 - 4 000 (4 165)	ca. 150 - 300
VI	= älteres Dhaulagiri-Stadium	Nr. -1	4 000 - 2 000 (2 050)	ca. 100 - 200
'VII	= mittleres Dhaulagiri -Stadium	Nr. -2	2 000 - 1 700 (älter als 1 610)	ca. 80 - 150
VII- XI	= historische Gletscherstände	Nr. -3 - Nr. -6	1 700 - 0 (= 1950)	ca. 80 - 20
VII	= jüngeres Dhaulagiri- Stadium	Nr. -3	1 700 - 400 (440 resp. älter als 355)	ca. 60 - 80
VIII	= Stadium VIII	Nr. -4	400 - 300 (320)	ca. 50
IX	= Stadium IX	Nr. -5	300 - 180 (älter als 155)	ca. 40
X	= Stadium X	Nr. -6	180 - 30 (vor 1950)	ca. 30 - 40
XI	= Stadium XI		30 - 0 (=1950)	ca. 20
XII	= Stadium XII = heutige Gletscherstände		+0 - +30 (1950-1980)	ca. 10 - 20

M. Kuhle (1994)

Tab. 1
Gletscherstadien in den Tibet einfassenden Gebirgen (Himalaya, E-Pamir, etc.) vom vorletzten Hochglazial (Riß) bis zu den heutigen Gletscherrändern sowie die zugehörigen Schotterfluren (Sander und Sanderterrassen) und deren angenäherte Altersstellung (aus Kuhle 1997: 67)

II. Grundsätzliches und Vorüberlegungen zu einer Bestandsaufnahme und Typologie von Schuttkörpern

1. Die klassischen Begriffe in der Schuttkörperterminologie

Die bestehende Schuttkörperterminologie ist in ihrer begrifflichen Schärfe sehr **vage**. Eine Vielzahl der Begriffe unterliegt **Mehrdeutigkeiten** und wird in der Literatur nicht einheitlich angewandt (FISCHER 1965: 133). Angesichts der **konvergenten Formenvielfalt** der Schuttkörper ist die Unsicherheit in der Begriffswahl kaum verwunderlich. Zur Abhandlung der Terminologie der Schuttkörper muß im wesentlichen auf die in den europäischen und nord-amerikanischen Gebirgen gewonnene Begriffsbildung zurückgegriffen werden. In Abb. 4 wird einleitend ein Beispiel zur Benennung der einzelnen Schuttkörperbereiche vorgestellt.

Unter der Bezeichnung „Schutt" werden die Ansammlungen verwitterten Gesteins verstanden, gleichgültig ob sie vom Wasser oder vom Gletscher verfrachtet worden sind, durch die bloße Schwerkraft oder an Ort und Stelle entstanden sind. Zu differenzieren sind der hangiale und der glaziale Schutt. Unter „**Schuttkörpern**" werden Akkumulationen von mehr oder weniger verfestigten Gesteinsfragmenten verstanden. Hinsichtlich des Grades der Verfestigung wird grob zwischen „**konsolidierten**" und „**unkonsolidierten**" Schuttkörpern unterschieden. Wohlgemerkt, an den Begriff „Schutt" oder den eingedeutschten, englischen Begriff „Debris", sind noch keine genetischen Inhalte geknüpft. Ebenso die Begriffe „Schuttkegel" oder „Schuttfächer" geben nur **formale** Hinweise über den Schuttkörper und lassen seine Entstehung offen. Jedoch hat es sich in der Schuttkörperterminologie eingebürgert, den Begriff „Schuttkegel" vornehmlich für Schuttablagerungen der Hochregionen, die aus trockenen Massenbewegungen der physikalischen Verwitterung hervorgehen und sich unterhalb von Steinschlagrinnen befinden, zu verwenden (STINY 1910: 65, SÖLCH 1949: 369, CZAJKA 1958: 18, VORNDRAN 1969: 79). Andererseits wird der Begriff „Schuttkegel" auch als Sammelbegriff für diverse Kegelarten verschiedener Herkunft aufgefaßt, so daß seine genetische Ausdeutung in der Literatur fast alle geomorphologischen Massenbewegungsprozesse, wie Steinschlag, Muren, Lawinen oder auch rein fluviale Prozesse beinhaltet. Vor dem Hintergrund dieser unscharfen Begriffswahl wird in der vorliegenden Arbeit die folgende Terminologie für die sich aus trockenen Massenbewegungen aufbauenden Schuttkörper verwendet:

Der aus der Felswand flächig abwitternde und sich – im Idealfall – rein gravitativ fortbewegende Schutt, der sich unterhalb der Wand ansammelt, ist als „**Sturzschutthalde**", kurz als „**Sturzhalde**", zu bezeichnen (KOEGEL 1942/43, FROMME 1955: 15), wie sie bereits HEIM (1874: 21) zu nennen pflegte. Bei einer durch Runsen kanalisierten Abfuhr des Schuttes erfolgt eine kegelförmige Aufschüttung, die als „**Sturzschuttkegel**", kurz als „**Sturzkegel**", zu bezeichnen ist. Die Sturzhalden/-kegel werden genetisch je nach der Größe der abgelagerten Gesteinsstücke in Steinschlag- und Felssturzhalden/-kegel sowie Bergstürze unterteilt. Während bei den Steinschlaghalden faustgroße Gesteinsstücke vorherrschen (MATZNETTER 1955/56: 47), setzen sich die Felssturzhalden zumeist aus kopfgroßen bis zu mehreren Kubikmeter großen Blöcken zusammen (DÜRR 1970: 3, HARTMANN-BRENNER 1972: 16). Viele Autoren verwenden die von KOEGEL (1942/43: 222) eingeführte Unterscheidung zwischen „**einfachen**" und „**zusammengesetzten**" Sturzhalden. Bei einfachen Sturzhalden erfolgt der Schuttabwurf flächenhaft aus einer ungegliederten Wand. Findet der Schuttabwurf aus dicht nebeneinander befindlichen Runsen statt, so verschmelzen die einzelnen Sturzkegel zu zusammengesetzten Sturzhalden.

Weit verbreitet ist auch die Variante, daß der Begriff „Schutthalde" als Oberbegriff verwandt wird, der sowohl die Schutthalden im engeren Sinn als auch die Schuttkegel umfaßt (GERBER 1974: 73). Wird in dieser Arbeit der Begriff „Schuttkörper" oder

„Schuttkegel" etc. verwendet, so wird hier bewußt auf die Spezifizierung der Genese der Akkumulation verzichtet. Als form-analoge Schuttkörper zu den Sturzschuttkegeln sind beispielsweise die „**(Eis)-Lawinenkegel**" zu nennen.

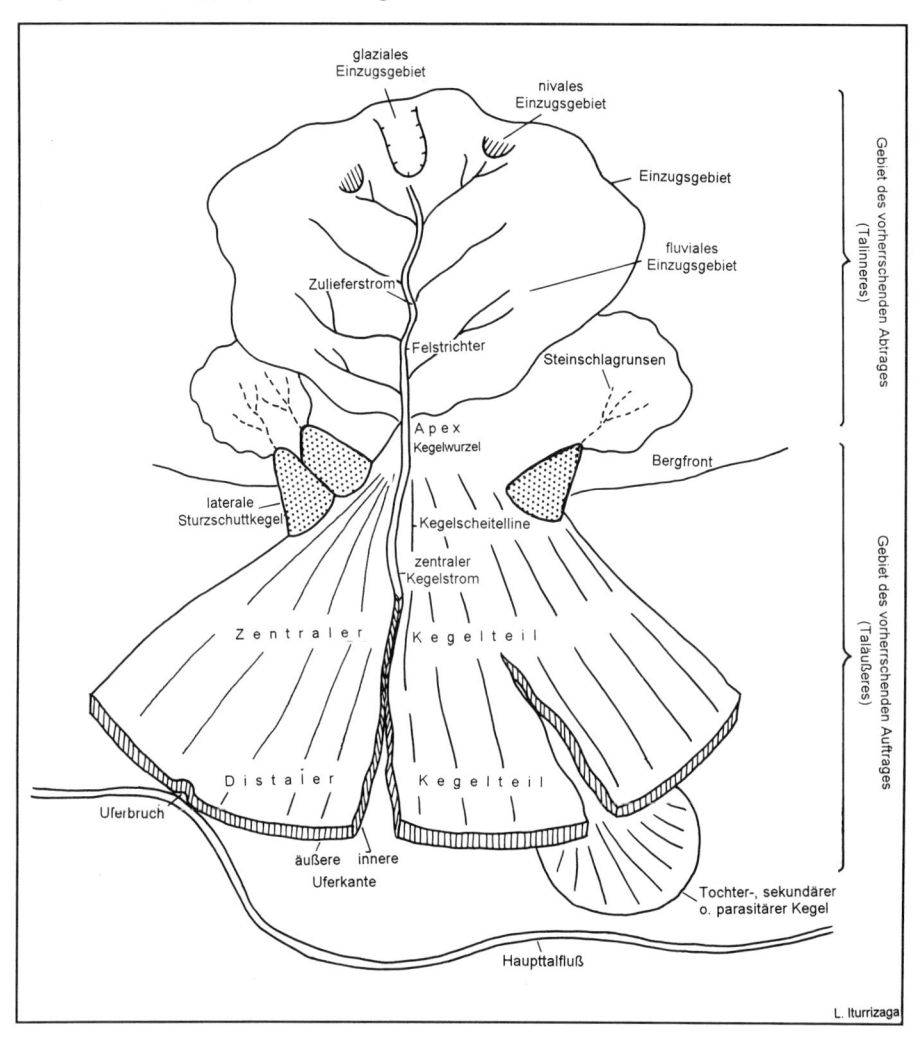

Abb. 4
Zur Terminologie der kegelförmig-fluvial aufgebauten Schuttkörper-Anatomie

Eine treffende Bezeichnung für seichte Ansammlungen von Sturzschutt auf steilen Gehängepartien ist mit dem „**Schuttschleier**" gewählt (DÜRR 1970: 4). Bleibt der Schutt nach der Verwitterung in situ auf dem Hang liegen, so spricht man von „**Schuttdecken**" oder „**Residualschutt**". Von der Residualschuttdecke zur Schutthalde bestehen fein differenzierte Übergangsformen. Die Residualschuttdecke (oder „Blockhalde" nach GERBER 1974: 73) unterscheidet sich von der Schutthalde dadurch, daß sie zumeist wesentlich unter dem Maximalböschungswinkel des sie aufbauenden Gesteins liegt. Je kleiner die Differenz der Böschung zu der eigentlichen Maximalböschung ist, desto weniger sind sie von Schutthalden zu differenzieren (GERBER ebd.). Die Residualschuttdecken zeigen jedoch nicht die für Schutthalden typische Materialsortierung nach der Größe. Davon zu differenzieren sind in der vorliegenden Arbeit die „**glazialen Residualschuttkörper**".

Separat behandelt werden die Bergstürze als großmaßstäbige Massenbewegungen (HEIM 1932, ABELE 1974, HEUBERGER 1986). Sie bleiben in der vorliegenden Arbeit weitgehend unberücksichtigt und werden nur individuell ohne systematische Einordnung erwähnt. Sie unterscheiden sich von dem Großteil der behandelten Schuttkörper primär dadurch, daß sie zumeist kein einheitliches Gefälle aufzeigen und keiner strengen charakteristischen geometrischen Form unterliegen, sondern eben als Trümmerhaufen abgelagert sind (es gibt natürlich auch Ausnahmen, wie kegelförmig abgelagerte Bergstürze).

Eine sehr eindeutige Abgrenzung der Schuttkörper besteht zwischen den hauptsächlich von Massenselbstbewegungen aufgebauten trockenen Sturzkegeln und den mehr durch feuchte Massenbewegungen zusammengesetzten Schuttkörpern (s. KOEGEL 1942/43: 225, CZAJKA 1958: 18). Letztere beinhalten vornehmlich die „**Mur- und Schwemmkegel**" bzw. die „**Murschwemmkegel**". Die „Schwemmkegel" wurden früher auch als „Flutschuttkegel" (STINY 1910: 65) oder als „Wasserschuttkegel" (KOEGEL 1942/43: 225) bezeichnet.

Augenfälligstes formales Unterscheidungskriterium zwischen den Schuttkörpern **feuchter** und **trockener Massenbewegungen** ist die **Neigung** der Schuttkörperoberflächen: Mit zunehmender Wasserbeteiligung am Massentransport vermindert sich der Böschungswinkel der Schuttkörper (PIWOWAR 1903: 358, KOEGEL 1942/43: 226). Ein noch gravierenderes Kriterium für eine Trennung beider Schuttkörperformen besteht in ihrer unterschiedlichen **Materialsortierung**, die bei den beiden Typen invers verläuft. Während die Sturzschuttkegel die größten und schwersten Blöcke gemäß den Gesetzen der Gravitation an ihrem Haldenfuß akkumulieren, lagern die fluvial geprägten Schuttkörper das größere Blockwerk bereits im Kegelwurzelbereich ab, da die Transportkraft mit zunehmender Breite des Flußbettes und geringer werdendem Gefälle in kegelauswärtige Richtung abnimmt. Das Charakteristikum reiner Sturzschuttkegel beinhaltet, daß ihre Oberflächenschicht aus **kohäsionslosem Schutt** mit maximaler Böschung besteht (GERBER 1974: 74) und nicht durch Feinmaterial verkittet ist. Die **Murkegel**[3] nehmen in ihren Charakteristika eine gewisse Zwischenstellung zwischen den Sturz- und den Schwemmkegeln ein. Murkegel unterscheiden sich durch ihre regellose, chaotische Sortierung des Materials von den Schwemmfächern, die durch die eher kontinuierliche Aufschüttung Schichtungen und Korngrößensortierungen aufzeigen. Der Murkegelaufbau erfolgt episodisch in einzelnen Murschüben. Das Material der Murkegel ist oftmals in der Gruppe IV, d.h. senkrecht, eingeregelt. Bereits FRECH (1898) hat in seinem Aufsatz „Über Muren" über die Verzahnung von Moränenmaterial und Murgängen gesprochen und die Grundlagen der Murgangsvoraussetzungen dargelegt. Im Gegensatz zu den Schutt- und Schwemmkegeln zeigen Murkegel häufig ein konvexes Längsprofil (FISCHER 1965: 144). Die Schuttbewegung erfolgt beim Sturzkegel fallend oder springend, beim Murkegel schiebend und beim Schwemmkegel eher rollend (FISCHER 1965: 144). (Mur-)Schwemmfächer werden bezüglich ihrer geographischen Verbreitung zumeist als Charakteristikum der Trockengebiete angesehen (BLAIR et al. 1994: 362). Die Arbeiten aus den amerikanischen Gebieten betonen den Zusammenhang zwischen Schwemmfächerbildung und **Tektonik**. So sind danach Schwemmfächer besonders in hebungsaktiven Gebirgen verbreitet,

---

[3] STINY (1910: 4) faßt unter dem Begriff „Mure" lediglich den Prozeß und wandte sich gegen eine entsprechende Bezeichnung der Akkumulationsform. Und zuwahr sind die meisten diesbezüglichen Schuttkörper Mischformen aus Schwemm- und Murprozessen. Aber insbesondere in den Trockengebieten dominieren oftmals die Mur- über die Schwemmprozesse und ein Murereignis kann beachtliche Ausmaße in Bezug auf den Formaufbau eines Schuttkörpers besitzen, so daß sich dann der Murkegelbegriff rechtfertigt.

wo eine kontinuierliche Zufuhr von frischem Schutt stattfindet (BEATY 1970). Dagegen herrschen in tektonisch stabilen Gegenden Pedimente als Landschaftsform vor (BULL 1977). In Gebieten, in denen die tektonische Aktivität abnimmt, können die Schwemmfächer durch Pedimente ersetzt werden. Einschneidung der Fächer werden mit tektonischen Aktivitäten korreliert (DENNY 1967).

Im eigentlichen Sinne handelt es sich bei den vorgestellten Schuttkörperformen und deren Übergänge um ein **Kontinuum**, wie es beispielsweise an dem am Schuttkörperaufbau unterschiedlich beteiligten Wassertransport und den korrespondierenden Schuttkörperformen ersichtlich wird. Die obige Aufstellung der Schuttkörper stellt eine an unser Fassungsvermögen der Sprache und der optischen Auffassungsgabe angepaßtes Ordnungssystem dar. Das heißt aber auch, daß die aufgestellten Schuttkörpertypen oftmals nicht scharf gegeneinander abgrenzbar sind. Reine Formen der vorgestellten klassischen Schuttkörpertypen sind selten. Zumeist findet man **Mischformen** vor. So muß die Wahl der Schuttkörperbenennung auf den/die dominierenden genetischen Prozeß/sse fallen (z.B. Mursturzkegel, Murschwemmkegel etc.).

Eine weitere Spezifizierung der Benennung der Schuttkörperformen kann über deren **räumliche Lage** bzw. deren **Lage zu anderen Landschaftselementen** erfolgen (wie z.B. Ufertalsturzkegel). Gegenüber dem Gebirgsvorland, wo viele Kegelformen in der Weite verlaufen (vgl. z.B. „Flußschwemmfächer" in CZAJKA 1958), trägt das Gebirgsinnere den Vorteil der relativ **gut abgrenzbaren Formen**. Würde man ein höheres gedankliches Auflösungsvermögen besitzen, würde man in der Lage sein, den Schuttmantel mehr als Kontinuum anzusehen.

2. Grundsätzliches zur Begriffsbezeichnung von Schuttkörpern sowie den respektiven Massenbewegungsprozessen

Vergegenwärtigt man sich die Begriffsbezeichnungen für einige Schuttkörper aus dem glazialen Milieu, wie „Moräne", „Drumlin", „Kames" oder „Oser", sowie Namensgebungen für hangdynamische Prozesse, wie „Mure" oder „Lawine", oder Begriffsbezeichnungen für glaziofluviale Prozesse, wie „Jökulhlaups" oder der aus dem Englischen übernommene Begriff „glacier surge" (zu deutsch: „Gletscherwoge"), so vernimmt man, daß eine betont neutrale, unspezifische Ausdrucksweise verwandt wird. Genetische Rückschlüsse durch Verbkonstruktionen werden vermieden bzw. umgangen, indem man der letztendlichen Wortschöpfung für die geomorphologische Form oder den geomorphologischen Prozeß wenig spezifische Hintergrundsinformation über das Inhaltliche des Tatbestandes verleiht.

So kommt der heute etablierte Begriff „Moräne" beispielsweise aus dem Französischen (*moraine*) und bedeutet „Geröll" bzw. im Provenzialischen (*mourreno*) „Geröllhaufen". Man würde im wissenschaftlichen deutschen Sprachwortschatz jedoch davon Abstand nehmen, eine glaziale Ablagerungsform als „Geröllhaufen" zu bezeichnen, die zudem auch noch unzutreffend wäre. Weitere Aufmerksamkeit soll dem Begriff „Drumlin" geschenkt werden, der seinen Ursprung im Irisch-Gälischen (*druim*) besitzt und welcher einen „Bergkamm, Grat, Rücken" bezeichnet. Als Appendix wurde die englische Verkleinerungsform -*lin* gewählt. Die Wortschöpfung eines „kleinen Bergkamms, Grats oder Rückens" beruht auf der äußeren Form des Ablagerungskörper, wobei Bezeichnungen aus dem Gebirgsmilieu verwendet wurden. Jedoch gibt es keinen Hinweis auf die Materialeigenschaften (Grundmoräne) oder Genese (glazial). Aufschlußreicher sind im Vergleich dazu die Benennungen der fluvialen Aufschüttungsformen, bei denen man im allgemeinen nach der geometrischen Form vorgeht. Man unterscheidet z.B. zwischen „Fächer" und „Kegel" und kombiniert diese Begriffe mit dem jeweiligen genetischen Aufschüttungstypus, wie „Schwemm"-Fächer oder „Mur"-Kegel.

Daß eine einzige Begriffsbezeichnung dem geomorphologischen Tatbestand in Bezug auf Genese, Form und Substrat gerecht wird, kann kaum das Anliegen in der Schuttkörperterminologie sein. Selbst der Vorteil der deutschen Sprache, nämlich der mannigfaltigen Substantivkompositionen sind hier ihre Grenzen gesetzt. Die sozusagen geomorphologisch unvoreingenommene Begriffswahl stellt nicht einen Mangel an Beschreibungen für Schuttkörper und ihre Ablagerungsprozesse dar. In der englisch-sprachigen Literatur findet man den Begriff „talus" und „scree" für Sturzkegel und -halden. Das Wort „talus" ist aus dem Französischen entlehnt worden, wo „talus" die sehr allgemeine Bedeutung von „Hang" besitzt. Im Französischen selbst heißt Schutthalde „talus d'éboulis". Im Englischen ist der Begriff jedoch auf die spezifische geomorphologische Erscheinung der Schutthalde angewandt worden. In den Vereinigten Staaten wird gewöhnlich von „talus" gesprochen, der äquivalente Begriff in Großbritannien heißt „scree" (etymologisch: Old Norse skritha: „landslide, or the rock that slides away under the foot" in Glossary of Geology 1974). Gebräuchlich ist auch der Begriff „talus slope", der jedoch aus etymologischer Sichtweise eine Tautologie darstellt, da „talus" (franz.) sowie auch „slope" (engl.) „Hang" bedeutet. In der vorliegenden Arbeit wurde sich nun der Wortzusammensetzung aus „Genese" und „Form" bedient, wobei oftmals zwei genetische Prozesse in der Schuttkörperbezeichnung auftauchen, wie z.B. Murlawinenkegel, Murschwemmkegel oder Mursturzkegel. Letzterer Begriff ist zugegebenermaßen etwas irreleitend, da man nicht sicher sein kann, ob es sich um einen sturzartig abgegangenen Murgang handelt oder aber – was hier gemeint ist – um eine Schuttkörperkombination aus Mur- und Sturzkegel. Man könnte dem vorbeugen, indem man beide Prozesse mit einem Bindestrich trennt, innerhalb dieser Arbeit soll hiermit jedoch klargestellt werden, daß es sich generell um zwei verschiedene genetische Prozesse bei den Wortzusammensetzungen handelt.

talus (amerik.)	scree (brit.)	alluvial fan	mudflow fan	avalanche cone
talus cone	scree fan	alluvial cone	mudflow scree-fan	avalanche talus
talus slope	scree slope	alluvial talus	mudflow debris	protalus rampart
talus creep	rockfall scree	sediment fan	mudflow cone	
rockfall talus	coalescing screes	bajada	mudflow debris fan	
	patterned screes	fan terrace	mudflow runoff fan	

Tab. 2
Beispiele für englische Termini des Schuttkörperformenschatzes

Während es zahlreiche Aufstellungen im Englisch- und Deutschsprachigen über Massenbewegungsprozesse gibt (z.B. CARSON 1976: 102, SUMMERFIELD 1991: 169), mangelt es an einer Zusammenstellung der korrelaten Schuttkörperformen. Einige englische Termini der Schuttkörper sind in Tab. 2 aufgelistet.

3. Schuttkörperklassifikationen aus den außerasiatischen Gebirgen

Bei der Gliederung der Schuttkörper, sei es nach formalen oder genetischen Kriterien, überwiegt die Dreiteilung. Zumeist liegt als Einteilungskriterium das Ausmaß der Vegetationsbedeckung im Verhältnis zur Schuttlieferung zugrunde. Die in der Literatur maßgeblichen Klassifikationen seien hier kurz vorgestellt.

FRIEDEL (1935: 22-23) stellte eine Gliederung der Schutthalden nach dem **Vegetationsdeckungsgrad der Schuttkörperoberflächen** und daraus folgend ihres Alters in „weiße", „graue" oder „grau-grüne" und „grüne" Schutthalden auf. Der Deckungsgrad und das Alter der Schutthalden nimmt von den „weißen" über die „grauen" zu den „grünen" hin zu. Er scheidet auch noch ein vorläufiges Endstadium aus, das er als „reife"

Halde bezeichnet, welches jedoch von vielen der Anwender dieser auf botanischer Grundlage basierenden Altersklassifikation (z.B. FROMME 1955: 100, DÜRR 1970: 4) unkommentiert weggelassen wurde.

Häufig werden die Schutthalden nach ihrer **Dynamik** unterschieden, z.B. von LEIDLMAIR (1953: 23–24) in „lebende", „absterbende" und „tote" Schutthalden. Die Unterscheidung erfolgt nach dem Grad der Zerschneidung des Schuttkörpers und seiner Vegetationsbedeckung. Ähnlich zeigt sich die Unterteilung von VORNDRAN (1969: 79–80) in „aktive", „mäßig aktive" und „inaktive" Schutthalden. Allerdings sind diese Klassifikationen – wie bereits DÜRR (1970: 4) kritisch erwähnt – nur sehr bedingt anwendbar, denn nicht immer gibt die Oberflächengestaltung der Haldenkörper die Schuttlieferung der Haldenrückwände wieder. Überzeugend bei der „farblichen" Klassifikation von FRIEDEL ist allerdings ihr ansprechender, bildhafter Charakter. Die Einteilung von Schuttkörpern nach dynamischen Aspekten wurde auch in der Glazialgeomorphologie als grundlegende Klassifizierung der glazialen Schuttkörper in „bewegte" und „unbewegte Schuttkörper" vorgenommen.

Der Begriff des „toten Schuttkörpers" trifft eigentlich am besten auf die glazialen Schuttkörper zu, wie die vom Gletscher losgelösten Endmoränen, deren Bildungsprozeß eindeutig abgeschlossen ist und deren „Weiterentwicklung" sich nur in deren Deformation abspielen kann. Den in der alpinen Literatur gängigen Klassifikationen sind vor allem in den ariden Hochgebirgsregionen Asiens aufgrund des fehlenden Vegetationsbewuchses im Hinblick auf ihre Übertragbarkeit ihre Grenzen gesetzt. Auch die Einteilung von VORNDRAN (1969) mißt die Aktivität der Schutthalden letztendlich über den Indikator des Pflanzenbewuchses.

POSER (1954: 146–147) differenziert die Schutthalden nach dem Herkunftsmaterial und unterscheidet zwischen „**autochthonen Schutthalden**", d.h. der Schutt wurde in klimatisch gleicher Zone wie die Schuttablagerung produziert, und „**allochthonen Schutthalden**", d.h. der Schutt wurde in einer klimatisch fremden Zone gebildet. Diese Differenzierung des Herkunftsmaterials ist in der vorliegenden Arbeit von tragender Bedeutung, da die Ursprungsgebiete der Schuttkörper sich bei den gegebenen hohen Reliefvertikaldistanzen über verschiedene Höhenzonen erstrecken.

HARTMANN-BRENNER (1973: 15 ff.) geht in ihrer Arbeit vom „**reinen Schuttablagerungstyp**" als theoretische Grundform aus, aus der sich durch morphologische Überprägungsvorgänge (Lawinen, Muren, etc.) Folgeschuttkörperformen entwickeln können. Dies ist eine gelungene Vorgehensweise, doch fragt es sich, ob allen Schuttkörperformen ein solcher Archetyp vorausgeht und dieser später überprägt worden ist oder ob es sich nicht vielerorts seit Anbeginn um polygenetische Schuttkörperformen handelt. Die Vertikale im Gebirge gekoppelt mit dem Zeitfaktor beinhaltet zumeist a priori eine mehrphasige Entstehungsgeschichte von Schuttablagerungen. Die als „reine Schuttformen" ausgegliederten Typen trifft man zum größten Teil nur in frischem Zustand an, ihre Erhaltungszeit ist von kurzer Dauer, Folgeformen entstehen durch hangiale Aktivitäten.

Einige Autoren, wie z.B. BLAIR & MCPHERSON (1994: 394–397) bevorzugen es, aufgrund der Mannigfaltigkeit der Schwemmfächertypen, diese **numerisch zu klassifizieren** (Typus I, II). Ebenso gehen sie bei der zeitlichen Entwicklung der Schwemmfächer vor (Stadium I, II). Diese numerische Benennung birgt den Nachteil der geringen Anschaulichkeit und Vergleichbarkeit.

Es gibt Schutthalden, die werden Zeit ihres Lebens Nacktschuttkörper bleiben und nie das Stadium einer „grünen" oder „reifen" im Sinne von FRIEDEL oder einer toten Schutthalde nach LEIDLMAIR – vor ihrer Ausräumung durch einen nächsten potentiellen Gletschervorstoß bzw. einer Gletscheroberflächenerhöhung – erreichen. In den Trockengebieten des Karakorum finden wir beispielsweise den Fall vor, daß zur Eiszeit aufgrund höherer Niederschlagsbilanzen – gerade in den heute nicht mehr existenten Gletscherufertälern – mehr „grüne" Schuttkörper vertreten waren als es heute der Fall ist. D.h. hier wird die inverse Richtung des üblichen „Stadiumdenkens" vollzogen. Aus den „grünen" Schutthalden werden – trotz einer Schneegrenzerhöhung bzw. einer Klimaverbesserung – aufgrund der vorherrschenden Aridität und Kontinentalität – „weiße" Schutthalden. D.h. im konkreten Falle, wie z.B. beim Rückgang des Batura-Gletschers (Kap. B.III.3.1), würden sich die auf der orogr. linken Batura-Talseite in einer Höhe zwischen 2700 m und ca. 3300 m befindlichen, mit *Betula utilis* und *Juniperus* bestandenen „grau-grünen" Schuttkegel im Laufe der Zeit – aufgrund des Schwindens des feuchteren Umgebungsklimas des Batura-Gletschers – „weiße Schutthalden" ausbilden, wie sie auch im benachbarten, unvergletscherten Teil des Shimshal-Tals anzutreffen sind. Andererseits gibt es Schuttkörper, die sich gerade bei den tiefen Gletscherendlagen auf der Himalaya-Südabdachung im Spätglazial im tropischen Milieu befanden und als gletscherbegleitende Schuttkörper weit unter der Schneegrenze bei feuchten Klimabedingungen nie der extremen Frostverwitterung unterlagen und somit immer „grüne" Schuttkörper waren.

Natürlich ist eine Schuttkörperklassifikation, wie die von FRIEDEL, auf die humiden Klimabedingungen der Alpen ausgerichtet; jedoch gilt auch in den Alpen, daß die Schuttkörper nicht die gegebenen Stadien durchlaufen müssen. Das Entsprechende trifft für die Einteilung von LEIDLMAIR (1953) zu, die mit ihrem Aktivitätsgrad von „lebend" bis „tot" eine zeitliche, zwangsläufige Abfolge der Schuttkörperevolution suggeriert.

4. Das Einzugsgebiet der Schuttkörper

Ähnlich wie bei der Unterteilung der Gletscherfläche in Nähr- und Zehrgebiet, die durch die Schneegrenze voneinander geschieden werden, kann man bei den Schuttkörpern ein Gebiet des „**vorherrschenden Abtrages**" (Sammelgebiet, Einzugsgebiet, Talinneres) sowie des „**vorherrschenden Auftrages**" differenzieren (STINY 1910: 57 ff.). In beiden Gebieten erfolgt lokal Ab- und Auftrag: Im Einzugsgebiet befinden sich stellenweise kleinere Aufschüttungen; im Auftragsgebiet können Erosionsvorgänge die Schuttkörper partienweise abtragen. Feilen-, Mur- und Uferbrüche dominieren im Abtragungsgebiet, können aber auch an dem Akkumulationskörper selbst in Erscheinung treten. Als verbindendes Glied zwischen Ab- und Auftragsgebiet findet man oft – aber nicht immer – einen trichterförmigen, kanalisierenden Felsabschnitt wie beispielsweise eine Felsklamm. Dieses Segment im Schuttkörpergebiet kann eine materialstauende oder/und materialverteilende Funktion einnehmen (STINY 1910: 62), ist aber prinzipiell dem Abtragungsgebiet zuzuordnen. Die Abgrenzung zwischen dem Sammel- und dem Trichtergebiet gestaltet sich in natura sehr schwierig, da sie sich bezüglich ihrer Geschiebeführung oftmals sehr ähneln. Das Gebiet des vorherrschenden Auftrages ist in den meisten Fällen recht augenfällig. Je steiler das Einzugsgebiet, desto klarer zeichnet sich die Trennung zwischen Zuliefer- und Akkumulationsgebiet aus.

Die Kenntnis des Einzugsgebietes ist von daher wichtig, weil so die Schuttkörper genauer nach ihrem Ursprungsort und damit genetisch charakterisiert werden können, wie z.B. „glaziofluvialer Schwemmkegel". Eine andersartige Unterscheidung nimmt FRECH (1898) für Massenbewegungsprozesse vor, indem er die Muren als **Hoch- und Niedermuren** differenziert, d.h. Muren die ihr Ursprungsgebiet ober- bzw. unterhalb der Baumgrenze (besser wäre unterhalb der Waldgrenze, Anm. d. Verf.) besitzen.

5. Allgemeines zur Form der Schuttkörper

Wenn man genau hinsieht, ändert sich die Form der Schuttkörper mit jeder Schuttzufuhr. Nur die hinreichende Abstraktion ermöglicht es, eine einigermaßen zufriedenstellende Formeinordnung vorzunehmen. In den Lehrbüchern der Geomorphologie findet man zumeist nur Prozeßbezeichnungen („Massenbewegungen"), die Ausweisung der Termini für die korrespondierenden Schuttkörperformen hingegen fehlt. Besonders im Englischen wird den Aufschüttungsformen von Muren („mudflows"/"debris flows") offiziell kein Formbegriff zugeordnet (wie z.B. „mudflow cone"). Weiterhin scheint die Untersuchung des Substrates wissenschaftlich ansprechender zu sein als die Bestimmung der Form der Schuttkörper. In der Geometrie, die eigentlich die Grundlage für die Benennung der natürlichen Vollformen bildet, ermangelt es einem Formenkatalog, der auf die natürlichen Formen zutreffend ist; wahrscheinlich schon aus dem Grunde, weil die einzelnen geometrischen Parameter der natürlichen Formen sich nicht ohne Weiteres berechnen lassen. Man muß sich also diesbezüglich auf Kompromisse einlassen und von Kegel sprechen, auch wenn diese Formbenennung eigentlich nicht korrekt ist, sondern inzwischen auf dem sich eingebürgerten wissenschaftlichen Sprachkonsens beruht. Würde man die Begriffsauswahl der Geometrie bei der Schuttkörperklassifizierung zu Grunde legen, so wären der Großteil der Schuttkörper wohl amorph. So muß man sich häufig eines etwas umständlichen, teilweise poetisch anmutenden Vergleichs zur Beschreibung der Formen bedienen, der diesen Wissenschaftszweig literarisch zwar etwas belebt, aber ihr auch den Anschein des Weichen und des Ungenauen verleiht (z.B. „pfotenförmige Schuttkörper"). Eine Etablierung solcher z.T. anthropomorphen Begriffe in die Wissenschaftssprache stellt natürlich ein schwieriges Unterfangen dar.

Mit das bestechendste Element der Schuttkörper im Hochgebirge ist ihre augenfällig geometrische, sich vielerorts wiederholende Form. Die naturgeometrische Form verleiht den Schuttkörpern zum einen ihre Ästhetik und liefert ihnen zum anderen günstige Voraussetzungen zu ihrer systematischen Erfassung. Während für die glazialen Akkumulationsformen im bildhaften Wortschatz Begriffe wie „Drumlins" mit „eisenbahndammähnlichen" Formen verplausibilisiert werden, wird bei den Schuttkörperformen vor allem mit dem Begriff des „Kegels" oder „Neiloidstücks" (STINY 1910: 65) aus dem Wortschatz der strengen Geometrie geschöpft. Damit sind diese Schuttkörperformen in der Landschaft auch leicht identifizierbar. Birgt die klare Form der Schuttkörper zum einen den Vorteil der griffigen Faßbarkeit dieser Landschaftselemente, so offenbart sich andererseits das stereotype Aussehen der kegelförmigen Schuttkörper hinsichtlich der Identifizierung ihrer verschiedenartigen Genese als Nachteil.

Das grundlegendste Typisierungsmerkmal für die Schuttkörper ist die Form. Die gebräuchlichsten Formenbezeichnungen für die Hochgebirgsschuttkörper sind die des „**Fächers**" und des „**Kegels**". Beide Bezeichnungen unterscheiden sich formal durch ihre Neigung, ihren Ausbreitungswinkel und ihre Wölbung. Die konvex bauchige Form des Kegels weisen verstärkt die steiler aufgeschütteten Schuttkörper auf. Der Schuttfächer besitzt im Gegensatz zum Schuttkegel nur noch eine sehr geringe, kaum sichtbare Aufwölbung der Oberfläche. Fächerartige Aufschüttungen entstehen bei flachen Neigungswinkeln der Oberfläche. Die Fächer haben ihr optimales Verbreitungsgebiet in den Gebirgsvorländern und den weitläufigen Paßhochregionen, in denen die basale Unterschneidung zumeist sehr gering ist. Der Ausbreitungswinkel bei einem Fächer beträgt maximal 180°, in einigen Fällen kann er etwas höher liegen. Mit zunehmender Steilheit des Schuttkörpers geht der stumpfe Winkel des Fächers in den spitzen Winkel des Kegels über. Grundsätzlich kann man die Kegelform eher den rein gravitativ aufgebauten, mit hohen Neigungswinkeln versehenen Schuttkörpern zuordnen, während die Fächerform auf die flacher geneigten, fluvial geprägten Schuttkörper zutrifft.

Streng genommen stellt der Begriff des „Kegels" einen **sprachlich-inhaltlichen Kompromiß** dar. Man spricht von Kegeln, meint aber nur einen Kegelsektor bzw. sogar nur ein Teilstück des Kegelmantels. Ebenfalls stellen die sog. Fächerformen im eigentlichen Sinn extrem flache Kegelformen dar. Mit abnehmender Oberflächenneigung der Schuttkörper wird das Verhältnis zwischen (fiktiver) Aufschüttungshöhe und Ausbreitungsradius der Schuttkörper kleiner. Beim Fächer wird das Verhältnis zwischen Aufschüttungshöhe und Ausbreitungsradius auf ein Minimum reduziert. Beim Kegel kann das Verhältnis von Höhe zu Radius bei maximal verzeichneten Neigungswinkeln von 43° fast 1:1 sein.

Die hangiale Schuttaufschüttung findet zumeist zwangsläufig in mehr oder weniger modifizierter Kegelform statt. Die kanalisierte Zufuhr des Schuttmaterials in Runsen in der Form und Funktion eines Trichters läßt das Schuttmaterial radialstrahlig auseinanderdriften. So weist die Schuttkörperformenwelt zahlreiche **Konvergenzerscheinungen** auf. Die Gleichmäßigkeit der Form resultiert aus der Gesetzmäßigkeit heraus, daß jede durch eine Schuttzufuhr produzierte Aufwölbung auf der Kegeloberfläche zu einer Verlagerung des Attraktors führt. D.h. die neue Schuttlieferung nimmt aufgrund von Hindernissen eine andere Richtung ein. Der wiederholte Prozeß führt schließlich zu einem ausgeglichenen Kegeloberflächenprofil. Die unterschiedlichen, am Aufbau der Schuttkörper beteiligten Prozesse, wie z.B. Murgänge oder Lawinen, besitzen die gleichen geometrischen Aufschüttungsformen wie die Steinschlagakkumulationen, nämlich die der Kegelform.

Während im Englischen überwiegend von „Fächer"-Formen, z.B. „alluvial fan" oder „sediment fan" gesprochen wird, findet sich in der deutsch-sprachigen Literatur die „Kegel"-Bezeichnung als dominierend. Hinzu kommt, daß sogar durch Frostverwitterung entstandene Sturzschuttkegel im Englischen als „alluvial fans" oder „cones" bezeichnet werden (s. z.B. GOUDIE 1994: 17). Vielleicht mag ein Grund für diesen Umstand in der Verschiedenheit der Untersuchungsgebiete liegen. In Amerika konzentrierte sich die Schuttkörperforschung v.a. auf die Gebirgsvorländer mit den flach ausstreichenden Schuttkörpern, wie z.B. in den White Mountains in Kalifornien. In den Alpen hingegen standen die vergleichsweise steilen Mur-, Schwemm-, Steinschlag- und Lawinenschuttkörper im Zentrum der Forschung, die eher durch die Kegelform repräsentiert sind.

Der Terminus „Fächer" würde nur in dieser Hinsicht besser als der des „Kegels" für viele Schuttkörper passen, wenn man den Schuttkörper im Aufriß betrachtet und die Zulieferrinne mit dem Fächergriff symbolisiert. Allerdings ist aber die Zulieferrinne eine Hohl- und keine Vollform. Da die Begriffe „Kegel" und „Fächer" nur eine Annäherung an die eigentliche Form der Schuttkörper beinhalten, ist eine klare Trennung der Formen nicht möglich und wird geomorphologische Geschmackssache bleiben. Es existieren allerdings definitorische Abgrenzungen, die z.B. den Begriff „Schwemmkegel" den Kegeln zuordnen, die steiler als 20° sind (BULL 1977: 222, zitiert aus AHNERT 1996: 243).

Ein Nachteil des Begriffes „Fächer" ist, daß er eigentlich eine nur zweidimensionale Vorstellung des Schuttkörpers gibt und assoziiert das Bild eines flach in der Schottersohle auslaufenden Schuttkörpers. Bei einem gekappten Schuttkörper jedoch mit einer Ufersteilkante von über 100 m tendiert man eher von einem Kegel zu sprechen, obwohl er eigentlich genauso flach ist wie ein ohne Steilkante auslaufender Schuttkörper.

Dabei klingt auch schon ein anderes grundsätzliches Problem der Einordnung der Schuttkörper an, nämlich die **Formabgrenzung**. Man wird bei der Einordnung von Schuttkörperformen immer wieder dem **Sorites-Problem** begegnen, d.h. ab welcher Anzahl der Einzelkomponenten ist ein Haufen ein Haufen bzw. ein Schuttkegel ein Schuttkegel. Eindeutig ist die Unterscheidung der Schuttkörper nur in den Extremwertbereichen.

Angesichts der oftmals chaotisch wirkenden Massenbewegungsprozesse findet der Zerfall des Gebirges in sehr geordneten Strukturen statt.

6. Zu den Bildungsbedingungen der Schuttkörper

Allgemein gesehen stellen die Schuttkörper ein Produkt der **Konkurrenzsituation** zwischen dem Verhältnis von **Abtrag und Aufschüttung zwischen Haupt- und Nebental** dar. Die Eigenschaften des Vorfluters bestimmen entscheidend die Schuttkörperentwicklung des Nebentals. Das Volumen des Schuttkörpers ist um so größer, je geringer die Aufschüttungstätigkeit des Hauptflusses ist, welcher bestrebt ist, den Nebentalschuttkörper in seine Flußsedimente zu integrieren.

Prinzipiell müssen nach FISCHER (1965: 134) für die feuchte Schuttkörperbildung folgende Voraussetzungen erfüllt sein: 1. Eine prägnante Gefällsverminderung im Übergang des Zuliefergebietes, der Runse oder dem Nebental zum Ablagerungsgebiet im übergeordneten Talabschnitt sollte vorhanden sein. 2. Das Last-Kraft-Verhältnis des Nebentals muß positiv sein, so daß die Detritusfracht im Hauptthal akkumuliert wird. Inwieweit diese Voraussetzungen, die in vielen Lehrbüchern und Abhandlungen vorzufinden sind, Gültigkeit haben, wird in Kap. B.II.5.1.7 diskutiert.

Über die Bildungsbedingungen der trockenen Schuttkörperbildung sei insbesondere auf die Arbeiten von RAPP (1957, 1959, 1960a, b) verwiesen. Die Murgangsvoraussetzungen wurden bereits um die Jahrhundertwende von FRECH (1898) und STINY (1910) und damit auch die Murkegelbildung definiert.

Reine Sturzschuttkegel entstehen durch die vornehmlich trockene Zulieferung von Lockermaterial, so daß die Einzelstücke nicht kohärent sind. Die Zulieferung kann durch rasches Gleiten, Rollen oder Springen der Gesteinsstücke erfolgen. Die Bildung einer Schuthalde bedingt ein steiles Felsgehänge, auf der der Schutt nicht mehr in der Lage ist, sich zu halten (GERBER 1974: 73). Es läßt sich zwischen **Sturzschutt** und **Gleitschutt** unterscheiden (GERBER 1974: 76 ff.). Als Ergänzung zu den Sturzschuthalden ist es von daher angemessen, die **Gleitschutthalden** als Typ auszugliedern, die speziell bei mäßig geneigtem Einzugsgebiet (wie z.B. in Teilen von Ladakh) auftreten.

Auf die Bedeutung der glazialen Sedimente für die Schuttkörperbildung, insbesondere für die Schwemmfächerbildung, wurde bereits zu Anfang dieses Jahrhunderts hingewiesen (TROWBRIDGE 1911: 739) und später als „paraglaziale Schuttkörperbildung" etabliert (CHURCH & RYDER 1972: 3059)[4]. Diese Beziehung der Schuttkörperentwicklung und der klimatisch induzierten Vergletscherung ist im Gegensatz zu allen anderen Hypothesen der Schuttkörperbildung unmittelbar räumlich nachvollziehbar (Kap. A.II.9 und DORN 1996: 194).

7. Die Oberflächenneigungswinkel als Formenelement der kegel- und fächerförmigen Schuttkörper

Schuttkörper besitzen je nach ihrer Gesteinsbeschaffenheit einen spezifischen **natürlichen Böschungswinkel**[5]. Der natürliche Böschungswinkel, d.h. der maximale Winkel bei dem der Hang aus lockerem Material noch standfest ist, eines trockenen Sandhaufens beträgt etwa 35° (PRESS & SIEVER 1995: 229). Aufgrund der Konkavität einer Vielzahl der kegelförmigen Schuttkörper sind Neigungsangaben jedoch oftmals recht problematisch (FISCHER 1965: 101). Weiterhin erschweren eine hochaufragende Vegetationsdecke sowie sehr unregelmäßig gestaltete Oberflächen, wie beispielsweise bei sehr grobblockigen Schuttkegeln, die Neigungsmessungen. Bei einem Felssturz oder Trümmerstrom sind Böschungswinkel überhaupt nicht mehr meßbar (PIWOWAR 1903: 336). Mit zunehmendem Wassergehalt des Schuttkörpers sinkt dessen innere Reibung, so daß eine Verflachung des Schuttkörpers eintritt (PIWOWAR 1903: 358). Hieran wird bereits deutlich, daß vergleichende Neigungswinkel von Schutthalden nur bei trockenen Schuttkegeln, die rein gravitativ abgelagert wurden, möglich sind oder aber, daß die Angabe von dem Grad der

---

[4] Nach CHURCH & RYDER (1972) werden unter paraglazialen Prozessen „nonglacial processes conditioned by glaciation" verstanden.
[5] Nach der Literaturrecherche der Verfasserin taucht der Begriff des „Böschungswinkels" zum ersten mal bei HEIM (1874: 23) auf.

Wasserbestreichung sowie auch des Vegetationsbewuchses notwendig ist. Des weiteren werden die natürlichen Böschungswinkel durch Eiseinlagen in den Schuttkörpern beträchtlich verfälscht, d.h. die Schutthalden weisen einen steileren Oberflächenwinkel auf als der ihnen – nach ihrem Gestein zu beurteilen – eigen wäre. Konsolidiertes, trockenes Material, wie verfestigte und verkittete Sedimente und Böden mit Vegetation, besitzen nicht den einfachen natürlichen Böschungswinkel, der für lockeres Material typisch ist. In konsolidiertem Material können die Böschungen weit steiler und unregelmäßiger sein. Einige Sedimente sind durch die im Porenraum ausgefällten Lösungen schwach verkittet. Verkittete Sedimente können dann auch vertikale Steilkliffs ausbilden. Dies ist insbesondere bei den Schuttkörpern der Trockengebiete der Fall, wo aszendente Lösungen und die Ausfällung von gelösten Stoffen in Oberflächennähe in hohem Maße zur Verkittung des eigentlich kohäsionslosen Schuttes beitragen. Das verzweigte Wurzelwerk der Pflanzen kann zusätzlich den Boden zusammen halten (PRESS & SIEVER 1995: 231). Trotz der aufgeführten Einschränkungen für die Meßbarkeit der Neigungswinkel lassen sich einige Charakteristika der Schutthaldenböschungen festhalten. Der Böschungswinkel kann als eine Funktion der gegenseitigen Reibung der einzelnen Gesteinsfragmente aneinander angesehen werden, d.h. je eckiger und rauhbrüchiger die Form der Gesteine ist, desto höhere Böschungswinkel werden erreicht; je plattiger und schiefriger die Gesteinsform ist, desto geringer wird der Böschungswinkel sein (PIWOWAR 1903: 355). Die Kantenschärfe der Gesteinstrümmer bestimmt u.a. den Neigungswinkel der Schutthaldenoberfläche.

Der im Idealfall im Längsprofil schwach konkav geformte Schuttkegel weist im Kegelwurzelbereich die maximalen, im Kegelfußbereich die minimalen Neigungswerte auf (PIWOWAR 1903: 335). Ein Durchschnittswert der Neigungen erhält man zumeist im Mittelteil der Schuttkegel (DÜRR 1970: 34). Der maximale Böschungswinkel gewinnt auch insofern als Grenzwert an Bedeutung, als daß er den Übergang von den schuttbedeckten Hängen zu den Wänden kennzeichnet. Das bedeutet demnach, daß zur Wandausbildung der maximale Böschungswinkel größer sein muß als der frischer Schutthalden (GERBER 1963: 332). Neben den genannten Faktoren spielen die Talbodenbreite sowie das Ausmaß der fluvialen Unterschneidung eine Rolle für den Grad der Neigung der Schuttkörper.

Um einen Gesamteindruck über die gesteinsspezifischen Neigungswinkel der Schutthalden zu geben, sollen einige Neigungswerte im folgenden aufgeführt werden. Wie oben erwähnt, ist die Maximalböschung der Sturzkegel immer geringer als die des anstehenden Gesteines, aus dem sie entstanden sind (HEIM 1874: 23). Die Neigungswerte von trockenen Schutthalden schwanken zwischen circa 25 und 43°, wobei letztere eher selten auftreten. Neigungswinkel von 30° sind in den Alpen am häufigsten vertreten (HEIM 1874: 23). Für Schutthalden im Granit bzw. Granitgneis wurden maximal 43° gemessen (PIWOWAR 1903: 356, STINY 1925/26: 60), für Gneise Maximalwerte von 34°, für Glimmerschiefer 32°, für Tonschiefer 30° (PIWOWAR 1903: 356) und für Schutthalden aus Kalkstein 36°. Mit zunehmender Pflanzenbesiedlung verflachen die Schuttkegel, so daß für „grüne Halden" im Kalkstein von DÜRR (1970: 36) durchschnittlich nur noch 29° gemessen wurden. Die minimalen Werte für reine Sturzkegel unterschreiten in der Regel nicht 25°. Bei fluvial aufgebauten Schuttkörpern, wie den Schwemmkegeln, ist die Gefällsdifferenz vom proximalen zum distalen Kegelteil im allgemeinen geringer als bei den steil aufgeschütteten trockenen Sturzkegeln.

In der vorliegenden Arbeit wurden stichprobenartig Neigungsmessungen durchgeführt. Die Messungen erfolgten mit einem Gefällsmesser der Firma MERIDIAN. Erwartungsgemäß zeigten sich in den Trockengebieten des Karakorum durchschnittlich die höchsten Böschungswerte für Sturzkegel. Im NW-Karakorum weisen die reinen Sturzkegel Neigungswerte zwischen 32-37° auf, die durch Murgänge überprägten Schuttkegel Werte von 15-30° (BRUNSDEN et al. 1984: 538). Die Neigungswerte der Schwemm- und

Murkegel bewegen sich zwischen 5 und 10° (BRUNSDEN ebd.). Bei der vertikalen Längenausdehnung der Schuttkegel von bis zu 1000 m fragt sich, inwieweit die Neigungswinkel von der Länge beeinflußt werden. Ab einer gewissen Höhe scheint der Böschungswinkel sich nicht mehr zu erhöhen. Für die Schutthalden im NW-Karakorum ist dies bei 60 m Höhe der Fall (BRUNSDEN et al. 1984: 564).

Vornehmlich die mit feinem Moränenmaterial verbackenen schiefrigen Schutthalden im Shimshal-Tal sowie auch die aus Buntsandstein bestehenden Schutthalden in Ladakh weisen mit maximal 39° sehr hohe Neigungswerte auf. Die geringsten Neigungswerte von Schuttkörpern konnten in den Paßlagen und Hochplateaus beobachtet werden, die nur wenige Grade betrugen. Hier nehmen die kegelförmig aufgeschütteten Schuttkörper aufgrund der minimalen konvexen Neigung im Querprofil bereits die Fächerform an. Eine Vielzahl der Schuttkegel wird aufgrund der geringen Talbreite, durch die hohen Abflußraten des Haupttalflusses oder aber durch Gletscher unterschnitten. Die Kegeloberflächenneigung sind hier im allgemeinen basal gesteuert.

Böschungen künstlicher Aufschüttungen zum Vergleich zu den natürlichen Böschungswinkeln wurden bereits 1887 von THOULET untersucht. Er stellte fest, daß je größer der Dichtigkeitsunterschied zwischen dem aufgeschütteten Material und dem Medium seiner Umgebung ist, desto steiler ist der Böschungswinkel (zitiert aus PENCK 1894: 220). Damit ist gemeint, daß dieselben Schuttmassen sich subaerisch steiler ablagern als subaquatisch. MOSELEY & DAVISON (1888) machen darauf aufmerksam, daß die Schutthalden sich durch häufige Temperaturwechsel verflachen. *„Beim Erwärmen dehnen sich solche Fragmente mehr nach unten als nach oben aus, und beim Abkühlen ziehen sie sich mehr abwärts als aufwärts zurück, so daß eine sehr allmähliche Wanderung abwärts resultiert."* (zitiert aus PENCK 1894). Auch DREW (1873: 448) machte bereits die Beobachtung in Ladakh, daß die kleineren Fächer steilere Neigungswinkel aufweisen. Flache Neigungswinkel weisen vor allem die Fächer auf, die weit in das Gebirgsmassiv hineinreichen. Der höhere Wasseranteil des größeren Einzugsgebietes führt zu mäßigeren Neigungswinkeln der Schuttkörper. Bereits HEIM (1874: 23) macht auf die Korngrößensortierung bzw. Schweresortierung bei Schutthalden aufmerksam. Hieraus ergibt sich auch das leicht konkave Profil der meisten Sturzhaldenoberflächen. GARDNER (1971) weist zusätzlich auf die logarithmische Abnahme in der durchschnittlichen Korngröße hangaufwärts hin.

8. Zur geomorphologischen Gestaltwahrnehmung der Schuttkörper

Sturzschuttkörper sind vorzugsweise in den ariden Gebirgen sowie in den humiden Gebirgen oberhalb der Waldgrenze aufgrund des hier fehlenden Vegetationsüberzugs von offensichtlich landschaftsdominierender Verbreitung. Trotzdem gibt es kaum ein so augenfälliges Landschaftselement in Hochasien, daß dermaßen vernachlässigt wurde wie die Schuttkörper. So schreibt SCHULTZ (1924: 167) für die Hochwüsten Zentralasiens: *„Man wundert sich tatsächlich wie in den innerasiatischen Hochwüsten auf das Nächstliegende eigentlich am allerwenigsten geachtet worden ist. Das, womit der Reisende am meisten in Berührung kommt, ist – der Schutt ... Die Ursachen der Schuttbildung, Insolation und Spaltenfrost, sind sorgfältig untersucht, aber ihre formbestimmende Bedeutung ist gewöhnlich übersehen worden."* und weiter heißt es: *„In den zentralasiatischen Hochwüsten hat aber eigentlich noch kein Reisender sich eingehender mit der morphologischen Bedeutung des Schuttes befaßt, wie überhaupt die Oberflächenformen nicht systematisch erklärt worden sind."*. An dieser ernüchternden Feststellung am Anfang dieses Jahrhunderts hat sich bislang nicht viel geändert. Während für die Geologie, Glaziologie oder Vegetationskunde der asiatischen Hochgebirge systematisch Untersuchungen und Untergliederungen vorliegen, steht dies für die Schuttkörper aus. So existiert für den Forschenden auch noch kein ausgeprägtes Wahrnehmungsmuster bzw. Beobachtungsmodell für Schuttkörper. Dies gilt übrigens auch für die mannigfaltigen Erosionsformen in den Felswänden. Während die Benennung eines Gletschertyps relativ eindeutig vorgenommen werden kann, spricht man bei den kegelförmigen Schuttkörpern zumeist einfach von Schuttkegeln oder Schwemmkegeln, gleich der Tatsache, daß es sich eigentlich um einen Lawinenkegel oder einen Murschwemmkegel handelt. WARDENGA (1988) beschreibt anhand der geomorphologischen Beobachtungen A. HETTNERS auf seinen Forschungsreisen in Südamerika, *„wie wenig der einzelne Beobachter in der Lage ist, Dinge zu sehen, für die keine disziplinären Wahrnehmungsmuster vorhanden sind, in welch hohem Maße Beobachtung also an das gebunden ist, was man aufgrund eines spezifischen Sozialisationsprozesses als Wissenschaftler weiß und was man sehen will."* (WARDENGA 1988: 160). Sie beruft sich dabei auf die wissenschaftshistorischen Ansätze von FLECK (1935).

Vielleicht ist die formal-äußerliche **Homogenität** der Schutthalden – neben ihrer Ödnis und ihrer Bedrohung durch Massenbewegungen für den wissenschaftlich versierten Gebirgsbesucher – ein Grund für deren Vernachlässigung in der Forschung (vgl. FRIEDEL 1935: 21). Zugegebenermaßen erschwert die **konvergente Erscheinungsform** vieler Schuttkörpertypen eine eindeutige Benennung. Hinzu kommt, daß der Schuttkörperaufbau in den meisten Fällen nicht nur **polygenetisch** ist, sondern in weit auseinander liegenden Zeitabständen erfolgte, also **mehrzeitlich** ist.

Ein weiterer Aspekt ist, daß man zumeist in der „besten" Jahreszeit reist, d.h. in der Zeit, in der mit möglichst wenig Schnee zu rechnen ist, so daß man als „Sommerforscher" Gefahr läuft, die aktuellen Prozesse sehr selektiv wahrzunehmen und man beispielsweise geneigt ist, den Einfluß von Lawinen in der Schuttkörperbildung zu vernachlässigen. Allerdings war es während den 3,5-monatigen Geländearbeiten im Winter in Nepal erstaunlich, wie wenig Schnee zu dieser Zeit in den Hochlagen bei 5000 m lag.

Das Fehlen von Schuttkörpern im Talverlauf muß aufhorchen lassen. Auf dem Tibetischen Plateau existieren beispielsweise Landschaftsabschnitte, wo eigentlich Schuttkörper zu erwarten wären, man aber auf eine „saubere Landschaft" trifft, die in diesem Falle durch Vergletscherungen ausgeräumt worden sind (KUHLE 1994). Vergleichbare Verhältnisse sind auf den Hochplateaus wie auf dem Morray Plateau in Manali oder beispielsweise in Abschnitten des Indus-Tals vorzufinden.

Überwältigender – als sie in Wirklichkeit eigentlich ist – erscheint die Schuttlandschaft dem Forschungsreisenden dadurch, daß er in seiner Fortbewegung größtenteils an tiefenliniennahe Wegführungen gebunden ist und sich unmittelbar in der Konzentrationszone der Schuttansammlungen im Gebirge bewegt – es sei denn, man ist als Kletterer unterwegs. Wirft man einen Blick auf Photographien von Bergsteigern sowie aus dem Flugzeug (vgl. Aufnahmen in OHMORI 1994) wird die Schuttauskleidung der zumeist trogförmigen Talgefäße im Landschaftsbild zur Nebensächlichkeit und die freien sowie die eisbedeckten Felswände prägen den Gebirgskörper.

9. Das evolutive und zyklische Moment beim Schuttkörperaufbau: Gibt es ein Klimaxstadium in der Schuttkörperentwicklung?

Man muß bei der Frage nach der historischen Entwicklung und der Stadien des Schuttkörperaufbaus zwischen den durch trockene und durch feuchte Schüttung entstandenen Schuttkörpern differenzieren. Bei den trockenen Schuttkörpern ist der Schutthaldenentwicklung im Grunde genommen ein Ende gesetzt, wenn das Zuliefergebiet durch die Schüttungsprozesse erschöpft bzw. aufgezehrt ist. Alle vorhergehenden Stadien können als zwischenzeitliche temporäre „Reifestadien" angesehen werden, nicht aber als endgültiges Klimaxstadium. Ein anderes Ende ist der Schutthalde gesetzt, wenn die Talflanke durch einen Gletschervorstoß vom Debris gesäubert wird. Dies wäre ein nicht unmittelbar aus der Schutthalde und ihrer näheren Umgebung ablesbares, unvermitteltes Ereignis. Die feuchten Schuttkörper, die unmittelbar nach einer Deglaziationsphase gebildet werden, zeichnen sich zumeist durch einen raschen Aufbau und eine lange Degradierungsphase aus.

Insbesondere die Entwicklung der Schwemmfächer in ariden Gebieten wurde zum Gegenstand zahlreicher geomorphologischer Modelle bzw. Paradigmen (DORN 1996, LEECE 1990). Eine Übersicht über diese Modellvorstellungen gibt DORN (1996: 192), die hier auszugsweise referiert werden soll. Das sog. **evolutionäre Modell** wurde von DAVIS (1905) verfolgt, bei dem die Schwemmfächer im Jugendstadium des „arid land cycle of erosion" in Erscheinung treten. Das **klimatische Modell** beinhaltet, daß Verwitterung, Abfluß, Massenbewegungen und Sedimentzufuhr im Einzugsgebiet durch klimatische Veränderungen den Schuttkörperaufbau beeinflußt (BULL 1991, DORN 1994, LUSTIG 1965, MELTON 1965, TUAN 1962, WELLS et al. 1990). Der Ansatz, daß Schwemmfächer ein dynamisches Gleichgewicht im Transport von Grobschutt zwischen dem Einzugsgebiet und dem Ablagerungsraum darstellen, propagiert DENNY (1967) **(dynamic equilibrium)**. HOOKE (1968) & JANSSON et al. (1993) vertreten die Ansicht, daß die Beziehung zwischen Schwemmfächer- und Einzugsgebiet einen stabilen Zustand anstrebt **(steady state)**. Das **tektonische Model** macht Störungen für Einschneidungen und den Ort der Deposition des Schwemmfächers sowie die Erhaltung von älteren Fächerakkumulationen verantwortlich (BULL & MCFADDEN 1977, CLARKE 1989, HOOKE 1972, ROCKWELL et al. 1984). BULL (1975) bestreitet, daß Schwemmfächer zu einem stabilen Zustand tendieren und stellt sein **allometrisches Modell** vor, in dem sich die Bedingungen des Einzugsgebietes, des Klimas und der Tektonik über die Zeit verändern. Ob ein Stadiumdenken im Davis'schen Sinne bei der fluvialen Schuttkörperentwicklung angebracht ist, wird in der vorliegenden Arbeit zu untersuchen sein. Jedoch kann bereits vorweg angeführt werden, daß ein zyklisches Denken in der Schuttkörperentwicklung angemessener scheint als ein fixes Stadiendenken. Klimatisch gestützte Erklärungsansätze zur evolutionären Schwemmfächerforschung fanden in den letzten zwei Jahrzehnten den größten Anklang (DORN 1996: 19). DORN, der selbst einmal ein Verfechter klimatischer Modelle war, versucht nun für Schwemmfächer im Death Valley nachzuweisen, daß klimatische Hypothesen nicht verifizierbar sind (DORN 1996). Ein einmaliges Starkregenereignis kann äußerlich die gleichen Konsequenzen wie eine vermeintliche Klimaveränderung besitzen, nämlich den Schwemmfächeraufbau. So stellt auch der Indikatorwert der sekundären Kegel- oder Fächerbildung ein offenes Problem dar. Ein starres Klassifizierungssystem der Schuttakkumulationen sowie ihrer korrespondierenden Ablagerungsvorgänge in zeitlicher sowie formaler Hinsicht verhindert das Verständnis des Schuttkörperbildes im Hochgebirge. Es ist zu berücksichtigen, daß es sich hier um evolutive Gebilde handelt, bei denen die Übergänge sehr fließend in Erscheinung treten.

Welcher Indikatorwert ist den Schuttkörpern für den Klima- und Landschaftswandel beizumessen? Während Gletscher allgemeinhin als sehr sensitive Klimaindikatoren gelten, spiegeln sich klimatische Veränderungen auf den Schuttkörpern in schwer nachvollziehbarer Form wider. Schuttkörper sind dazu im Vergleich relativ träge Systeme. Wenn sich ein Schuttkörper erst einmal gebildet hat, finden Veränderungen zumeist nur durch Modifikationen der Oberfläche statt, sei es durch Einschneidung, Neigungsverschiebungen oder Änderungen in der Vegetationsbedeckung und -zusammensetzung. Seine Form bleibt jedoch in den Grundzügen erhalten, meist findet im Laufe der Zeit eine Verflachung statt. Der Zuwachs an Schuttlieferungen läßt sich schwer diagnostizieren. Beim Gletscher lassen sich dagegen durch die Lagebeziehung zu anderen Landschaftselementen sowie durch seine Moränen Zuwachs und Verringerung der Massenbilanz klarer erkennen. Das Vorhandensein von fluvialen Schuttkörpern beinhaltet bereits eine Verhältnismäßigkeit. Ihre Existenz gibt Auskunft über das Last-Kraft-Verhältnis zwischen Neben- und Haupttal.

The true mystery of the world is the visible, not the invisible.

OSCAR WILDE (1891): The Portrait of Dorian Gray.

B. REGIONAL-EMPIRISCHER TEIL

I. Vorstellung der Forschungsgebiete

Im Verlauf der Untersuchung werden zum einen Hochgebirgsgebiete behandelt, die in den Talregionen durch extreme Trockenheit gekennzeichnet sind, wie z.B. im subtropischen Karakorum, zum anderen wird die vom tropischen Monsunklima beeinflußte Schuttkörperlandschaft des Himalaya von Interesse sein. Neben der angeführten klimatischen Unterschiedlichkeit der Arbeitsgebiete sind ihnen hohe absolute Höhen sowie hohe Reliefenergiebeträge gemeinsam. Die Gebirgshöhen finden ihr Abbild nicht nur darin, daß die Talbodenniveaus erst auf einer Höhe beginnen, in der in den Alpen bereits die Gipfelobergrenze erreicht ist, sondern sie ermöglichen – trotz ihrer heutigen, größtenteils subtropischen Breitenlage – aufgrund der höhenwärtigen Überschreitung der regionalen Schneegrenze die Ausbildung ausgedehnter Vergletscherungsflächen. So wird speziell auf die regional unterschiedlichen gletscherbegleitenden Schuttkörperformationen ein Augenmerk gerichtet sein. Allein die periglaziale Höhenstufe nimmt eine Vertikalspanne von bis zu 3000 m ein, was bereits auf das große Potential schuttliefernder Frostaktivitäten hinweist.

1. **Die Talschaft Chitral, E-Hindukusch (35°30'–36°30'N/71°30'–73°30'E) (September 1995):** Als westlichstes Untersuchungsgebiet wurde die Talschaft Chitral ausgewählt. Wir finden hier eine aride Hochgebirgsregion vor, die größtenteils von mehr oder weniger verkitteten Nacktschuttkörpern eingenommen wird. Im Zentrum der Betrachtung stehen die Schuttkörper des Haupttals, das den Hohen Hindukusch vom Lesser Hindukush trennt und auf seiner Laufstrecke mehrmals seinen Namen wechselt (Yarkhun-, Mastuj- und Chitral-Tal). Des weiteren wurde das Laspur-Tal, ein orogr. linkes Nebental, mit in die Untersuchung aufgenommen. Thematisch bilden in diesem Kapitel die Schuttkörper im Schneegrenzsaum, die Schuttkegel der Mittellagen sowie die ausladenden fluvialen Murschwemmkegel einer glazial geprägten Gebirgslandschaft den Schwerpunkt.
2. **Die Talschaft Hunza inklusive des Shimshal-Tals im NW-Karakorum (36°00'–37°00'N/74°00'–76°00'E) (Juli bis September 1992):** Das Hunza-Tal als das einzige Durchbruchstal des NW-Karakorum stellt die Zugangsmöglichkeit zu den folgenden Untersuchungsgebieten dar. Beim Shimshal-Tal handelt es sich um ein Talgefäß, das reichlich mit Lockermaterialdeponien in Form von Schuttkegeln und -halden ausgestattet ist. Aber auch diamiktische Schuttkörper glazialer Herkunft prägen das Landschaftsbild. Zum anderen treffen wir hier auf rezente Nebentalgletscher des Shimshal-Tals, wie den Malangutti-, den Yazghil- und den Khurdopin-Gletscher von einigen Dekakilometern Länge, die mit ihren Zungenenden das im Wüstenbereich liegende Shimshal-Haupttalniveau bei 3000 m erreichen. Der östlich sich anschließende Shimshalische Pamir bildet den Übergang zur Aghil-Kette, für die sanftere Gebirgsformen der Permafrostregion bestimmend sind und die bei niedrigeren Einzugsbereichshöhen mit einer geringeren rezenten Vergletscherungsausdehnung ausgestattet ist. Anschließend wurde das dem Shimshal-Talausgang gegenüberliegende, auf der orogr.

rechten Hunza-Talseite ausmündende gletscherverfüllte Batura-Tal aufgesucht. Die Aufmerksamkeit wird auf die Studie von Ufertalbildungen sowie auf rezent gegen den Gletscher geschüttete Schuttakkumulationen gerichtet sein. Aufgrund heftiger, vom 07.09.–09.09.1992 anhaltender Starkniederschläge konnte das Hispar-Tal wegen Wegzerstörungen nicht begangen werden, so daß das Hassanabad-Tal erkundet wurde, das sich aufgrund seiner jüngsten, rasanten Gletscherbewegungsgeschichte ausgezeichnet für rezente Schuttstudien eignet. Den Abschluß der Feldarbeitskampagne bildet das Jaglot-Tal: Nur einige Dekakilometer südlich vom vorherigen Untersuchungsgebiet entfernt, südlich des Karakorum-Hauptkammes, offenbart sich ein gänzlich anderer Landschaftscharakter, der durch eine höhere Niederschlagszufuhr gekennzeichnet ist und an nepalesische Gebirgsabschnitte zu erinnern vermag.

3. **Nanga Parbat-N-Seite, Rakhiot-Tal im West-Himalaya (35°14'–35°29'N/ 74°30'–74°40'E) (Oktober 1995):** Die Nanga Parbat-N-Seite stellt mit dem Rakhiot-Tal den Untersuchungsgegenstand für vornehmlich gletscherbegleitende Schuttkörper dar, wenngleich das gesamte Schuttkörper-Tallängsprofil aufgenommen wurde. Das Rakhiot-Tal liefert ein Beispiel für die zentral-periphere Schuttkörperausbildung bei extremen Reliefenergien. Auf nur kurzer Horizontaldistanz wird hier ein breitgefächertes Schuttkörperinventar durchschritten.

4. **E-Karakorum, Zanskar-Kette, Ladakh-Kette und Manali (33°30'–34°30'N/75°50'– 79°50'E) (Juli–August 1993):** Was im NW-Karakorum das Hunza-Tal darstellt, präsentiert im E-Karakorum das Shyok-Tal, das zweite und letzte Durchbruchstal auf einer Längserstreckung von 500 km der gesamten Karakorum-Kette. Das Shyok-Tal selbst konnte im Jahre 1993 aufgrund militärischer Gebietsrestriktionen nicht erforscht werden, so daß die sich weiter südlich anschließende Zanskar-Kette (Nun-Kun-Massiv, Martselang-Tal, Leh und nähere Umgebung) studiert wurde. Im südlichen Untersuchungsgebiet zeichnet sich bereits der Übergang zum Hohen Himalaya ab, der auch auf dem Transfer zur nächsten Feldkampagne zum West-Himalaya durch das Manali-Gebiet mitverfolgt werden konnte. Geringere absolute Höhen bei durchschnittlich 5500 m Höhe und einer damit einhergehenden geringeren Vergletscherung kennzeichnen das Untersuchungsgebiet.

5. **W-Himalaya: Trisul-, Nanda-Devi- und Kamet-Massiv (30°10'N–31°00'N/79°10'– 80°00'E) (August–Oktober 1993):** Einzelne Gebirgsmassive der Himalaya-Hauptkette konnten in dem 1000 km weiter östlich gelegenen Trisul- und Nanda-Devi-Massiv erkundet werden. Die für den Himalaya typischen Vorketten, die über Dekakilometer zwischen 2000 und 3000 Höhenmeter pendeln, bedingen tagelange Anmärsche bis schließlich die Schuttkörper der Frostschuttregion erreicht sind. Der in der Monsunperiode abgehaltene Feldaufenthalt erlaubt Vergleichsbeobachtungen bezüglich der Aktualgeomorphologie im Karakorum bei kurzzeitigen Starkniederschlagsereignissen sowie im Himalaya in der winterlichen Trockenperiode.

6. **Zentral-Himalaya: Kanjiroba-, Annapurna-, Manaslu- und Makalu-Region (27°30'–29°00'N/82°30'–88°00'E) (November 1994 bis Februar 1995):** Das östlichste Forschungsgebiet im Zentral-Himalaya schließt vier Untersuchungsgebiete ein: 1. Das Barbung- und Garpung Khola im Kanjiroba-Massiv, 2. das Modi- und Madi Khola auf der Annapurna-S-Abdachung, 3. das Buri Gandaki- und das Marsyandi Khola, die den Manaslu einfassen und 4. das Arun- und Barun-Tal, das zum Makalu hinleitet. Während das erste Untersuchungsgebiet auf der Himalaya-N-Seite ein Schuttkörperinventar semi-arider Hochgebirgsgebiete aufzeigt, sind in den anderen Gebirgsgebieten die typischen Schuttkörperabfolgen der humiden Himalaya-S-Seite vorzufinden.

II. Die schuttreichen, ariden bis semi-ariden Hochgebirgsgebiete vorwiegend gemäßigter bis extremer Reliefenergie: Der E-Hindukusch

1. Einleitung

In den folgenden Kapiteln II.-IV. werden ausgewählte Talschaften des E-Hindukusch, NW-Karakorum sowie des W-Himalaya (Nanga Parbat) vorgestellt (35°-37°N/71°30'-76°E). Gleichartige klimatische und reliefspezifische Bildungsbedingungen, die regional Modifikationen aufweisen, zeigen gleichartige oder eng verwandte Schuttkörpertypen. Gemeinsam ist den Talschaften ihr überwältigender Schuttreichtum, ein lokal hohes Gletscheraufkommen, aride Klimabedingungen in den Tallagen sowie vielerorts extreme Reliefenergien. Wir beginnen in der Betrachtung der Schuttkörper in Hochasien mit einer Gebirgsregion, die den Schuttkörpern der alpinen Gebirgsgegenden, in denen die Grundzüge des Schuttkörperaufbaus erarbeitet wurden, sehr fremdartig gegenübersteht. Neben den höheren absoluten Reliefvertikaldistanzen des Hindukusch distanzieren sich die Schuttkörperformen insbesondere durch die ariden Klimaverhältnisse in den Tallagen von den alpinen Schuttkörperformen. Des weiteren verläuft aufgrund der hohen Vertikalspanne des Hindukusch ein größerer Flächenanteil des Gebirgskörpers unterhalb der hoch verlaufenden Schneegrenze (5000 m und höher), d.h. der Flächenanteil, der im wesentlichen die Schuttkörperdeposition erlaubt. Beherrschend sind in dieser Gebirgslandschaft die **Nacktschuttkörper**, d.h. nahezu vegetationsfreie, mehr oder minder konsolidierte Schuttkörper. Bei der Betrachtung der Schuttkörperbildung im Hindukusch wird ersichtlich, daß die Schuttkörpertypisierung nicht unabhängig von den glazialen Sedimenten vollzogen werden kann, da besonders in den ariden Tallagen die teilweise flächendeckende heutige und ehemalige Moränenverkleidung der Talwände das Ausgangsmaterial für die aktuellen hangialen Schuttkörper stellt. Die Übergangsstadien von den moränischen Akkumulationen zu den sukzessive hangial geprägten Schuttkörpern wird im folgenden aufgezeigt.

2. Die Schuttkörperlandschaften im E-Hindukusch, NW-Karakorum und W-Himalaya im Hinblick auf die spätglaziale und rezente Gletscherbedeckung

Die Schuttkörperentwicklung der zentralasiatischen Gebirgszüge steht in enger Abhängigkeit von deren **Vergletscherungsgeschichte**. Im Himalaya sowie im Karakorum erfolgte im Spätglazial eine Absenkung der Schneegrenze bis zu mindestens 1200 m (KUHLE 1994: 260, 1996b)[6]. Gletscher bis zu 2000 m Mächtigkeit verfüllten das Relief. Die hochglaziale Vereisung hinterließ eine mit glazial übersteilten Talflanken ausgestaltete Gebirgslandschaft. Die zwischen dem Hoch- und Spätglazial gebildeten Schuttakkumulationen in den tiefenliniennahen Abschnitten der Talgefäße unterlagen weitgehend der glazialen Ausräumung bzw. wurden als Moränenmaterial talabwärts verfrachtet. Grundmoränenmaterial kleidete die Talgefäße aus. Die spätglaziale autochthone Hangschuttproduktion, sofern sie nicht in Ufermoränentälern und/oder in Form von Kamesbildungen eingebunden war, wurde z.T. als Obermoränenmaterial vom Gletscher abtransportiert. Im Verlauf der spätglazialen Deglaziation stellten sich auf die Grundmoräneneinfüllung sukzessive die rein hangialen Schuttakkumulationen ein.

---

[6] Zur Vergletscherungsgeschichte des Karakorum s. OESTREICH 1911/12, DAINELLI 1922-1934, DE TERRA 1932.

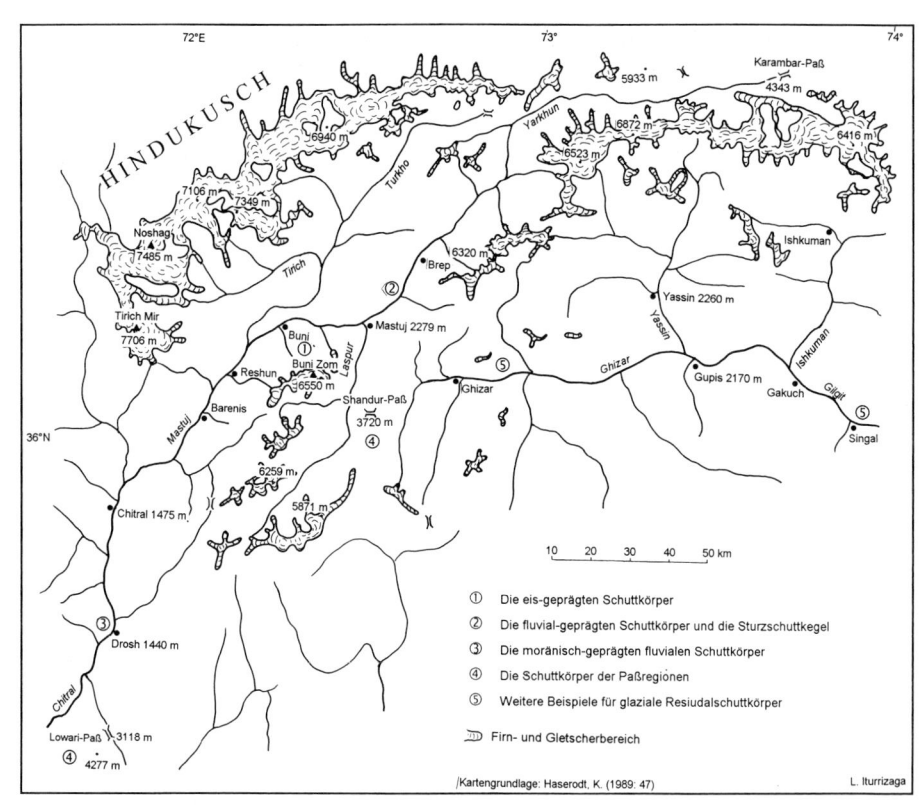

Abb. 5
Übersicht über die ausgewählten Beispiellokalitäten im E-Hindukusch (Chitral)

Vornehmlich an Seitentalausmündungen wurde das Grundmoränenmaterial durch einmündende Nebentalflüsse oder größere Wandschluchten und -runsen zerschnitten und ausgeräumt. Polygenetische Aufschüttungsformen sind an den Nebentalausgängen typisch. Die – insbesondere im Hindukusch und Karakorum gut erhaltenen – hochlagernden Moränendeponien modifizieren das Hangprozeßgeschehen grundlegend. Durch die flächige Moränenbedeckung der Talflanken werden diese vor dem Angriff der Verwitterungsagenzien sowie vor der fluvialen Erosion geschützt und somit – je nach Abtragungsfortschritt – mehr oder weniger konserviert, d.h. die Ausbildung von Rinnen und Runsen durch Niederschlagsereignisse sowie Schmelzwasserabflüsse im Anstehenden wurde und wird unterdrückt. Die fluviale Abtragung beginnt mit der Zerrunsung des den Gebirgskörper einkleidenden Moränenmantels und hinterläßt spezifische Erosionsformen. Das Schwinden der Talgletscher sorgte für eine sehr rasche Druckentlastung der Talflanken. Die stark übersteilten Trogtalwände reagieren im Postglazial mit mannigfachen Nachbrüchen und zerstören die Vorzeitreliefform. Die Gebirgslandschaft befindet sich in großen Teilen im Übergang von einer glazial übersteilten, mit labilen Talflanken ausgestatteten Trogtallandschaft zu einer stabileren, fluvial gestalteten Kerbtallandschaft (Abb. 42). Der zeitliche Abriß zur Schuttkörperentwicklung zeigt die Überlagerung der Vor- und Jetztzeitformen. Die glaziale Reliefgestaltung als Vorzeitform (Trogtal) steuert die Anlage der Jetztzeitformen (Nachbrüche) (s. HÖLLERMANN 1964).

3. Eine landschaftskundliche Einführung: Vergletscherung, Klima und Vegetation im E-Hindukusch

Das Untersuchungsgebiet im E-Hindukusch erstreckt sich zwischen 35°30'–36°30'N und 71°30'E–73°30'E und wird vom *Hindukusch* von NW nach SE gequert (Abb. 5). Der Hindukusch steht vermittelnd zwischen dem Pamir im N und dem Karakorum im S. Er bildet die Wasserscheide zwischen Indus und Amu-Darja. Im Zentrum der Untersuchung steht der östliche Teil des Hohen Hindukusch, der unmittelbar an den NW-Karakorum (Batura Muztagh) anknüpft und von ihm durch das östliche Karumbar-Tal getrennt wird. Der *Tirich Mir* (7706 m) und der *Noshag* (7485 m) zählen zu den höchsten Gipfeln. Die sich südlich anschließende, zum Hohen Hindukusch parallel verlaufende *Hinduraj-Kette* (Lesser Hindukush) zeigt nur noch maximale Höhen von 6550 m (*Buni Zom*) und 6872 m. Damit liegt die mittlere Gipfelhöhe des Hindukusch um ein Wesentliches, d.h. um etwa 1000 m niedriger als im NW-Karakorum und dementsprechend geringer ist die Vergletscherungsbedeckung ausgebildet. Die maximale Vertikaldistanz wird an der E-Abdachung des Tirich Mir zum Tirich-Tal mit 6000 m erreicht (GRUBER 1977: 102). Die Schneegrenze verläuft zwischen 4800 m im SE und 5300 m im NW Chitrals (HASERODT 1989: 71)[7]. Etwa 10 % der Provinz Chitrals sind gletscherbedeckt, das entspricht einer Fläche von 1460 km^2 (GRUBER 1977: 111). Der längste Gletscher ist der dem Typ des Firnstromgletschers zuzuordnende *Chiantar-Gletscher* mit 32 km Länge, d.h. er ist halb so lang wie der Hispar-Gletscher im NW-Karakorum. Die weiteren Gletscher rangieren in der Länge zwischen 10 und 20 km, wobei es sich überwiegend um Firnmulden- und Firnkesselgletscher handelt. Die Gletscher weisen einen bemerkenswerten **Schuttreichtum** in Form von Obermoränenmaterial auf. Bis zu 1/3 der Gletscheroberfläche kann verschuttet sein (HASERODT 1989: 72).

Zur Geologie des Hindukusch sei auf die Arbeiten von DESIO (1966), TAHIRKHELI (1982), HASERODT (1989: 81–84) und SEARLE (1991: 86–90) verwiesen. Der Hindukusch weist als junges Faltengebirge eine kristalline Zentralzone mit mächtigen Granitintrusionen auf. Die höchsten Gipfel, wie der Tirich Mir und der Buni Zom, werden von Granit-Plutonen gebildet. Nördlich und südlich der Kristallinzone schließt sich eine breite Sedimentzone an, die von Gesteinen der Trias bis zum Eozän eingenommen wird. In den Tallagen sind maßgeblich Schiefer (Chitral- und Lun-Schiefer) als Fortsetzung der weiter östlich auftretenden Schieferserien des Karakorum vertreten (SEARLE 1991: 86–87, 90). Vom Shandur-Paß in westliche Richtung zum Lowari-Paß hin erstreckt sich ein Grünstein-Komplex (HASERODT 1989: 82). Aus der geologischen Skizzierung wird deutlich, daß in den Mittellagen verwitterungsanfälliges Gestein ansteht und damit aus petrographischer Sichtweise günstige Voraussetzungen zur Schuttkörperbildung gegeben sind.

Eine Übersicht über die klimatischen Verhältnisse in Chitral findet sich in HASERODT (1989: 56–63). Die Niederschläge im Untersuchungsgebiet fallen vornehmlich in den Winter- und Frühjahrsmonaten und gehen aus zyklonalen Kaltlufteinbrüchen der Westwinddrift hervor. Die Niederschlagsmessungen zeigen für die einzelnen Jahre sehr heterogene Werte. Die Siedlung Chitral-Ort (1475 m) weist für das Jahr 1971 226 mm und für 1972 777 mm Niederschlag auf. WEIERS (1995: 29) gibt die mittlere Jahresniederschlagssumme für Chitral (1499 m) mit 450 mm an und für die südlich gelegenere Ortschaft Drosh (1440 m) mit 646 mm/Jahr[8]. Monsunale Ausläufer können im Sommer den E-Hindukusch erfassen und mit über 100 mm Niederschlag am Tag für eine beachtliche Umlagerung der konsolidierten und unkonsolidierten Schuttkörper in Form von Steinschlag,

---

[7] Nach PORTER (1970) verläuft die Schneegrenze im Untersuchungsgebiet zwischen 4100 und 4400 m, deren Werte jedoch als zu tief angegeben erscheinen.
[8] Diese jährlichen Niederschlagswerte scheinen für diese wüstenhafte Hochgebirgsregion unangemessen hoch.

Felsstürzen und Murgängen sorgen. Dem kontinentalen Gebirgsklima entsprechend schwanken die Jahresmitteltemperaturen beträchtlich und liegen bei 4°C im Januar und 28°C im Juli. Die Jahresmitteltemperatur beträgt für Chitral 15,8°C (WEIERS 1995: 32).

Der Blick aus 2620 m von der orogr. rechten Chitral-Talseite oberhalb der gleichnamigen Siedlung offenbart ein eher moderat gestaltetes Relief und einen sanft gegliederten Gebirgskörper, aus dem die Gipfelpyramide des Tirich Mirs isoliert herausragt. Die bis zu annähernd 3500 m hohen Zwischentalscheiden beherbergen im Sommer keine Schneeflecken. Großzügig gestaltete Talgefäße mit ausladenden Schuttkörpern, wie im Bereich von *Drosh* (1440 m) und *Chitral* (1475 m) wechseln mit Engtalpassagen wie talabwärts von *Buni* (ca. 1900 m). Die N-exponierten Hänge sind mit lichtem Steineichenwald (*Quercus ilex* bis 2000-2400 m) sowie höhenwärts mit feuchttemperiertem Nadelwald besetzt (*Cedrus deodara, Pinus waliachiana*) (HASERODT 1989: 55). Die S-exponierten Hänge werden von Wüsten- und Artemisiasteppe sowie von *Juniperus* eingenommen. Ausgesprochen vegetationsarm zeichnen sich die unterhalb der xerischen Waldgrenze verlaufenden wüstenhaften Tallagen aus. Etwas verfälscht wirkt die natürliche Landschaftssituation durch die als Siedlungsträger dienenden Schwemm- und Murkegel. Ihre üppige Vegetationsbedeckung künstlicher Natur, d.h. die Bepflanzung der Schuttkörper durch Bewässerungsmaßnahmen, hebt sich markant von der umgebenden kargen Schuttlandschaft ab.

Das von NE nach SW verlaufende *Yarkhun-Tal* hat seinen Ursprung im 4343 m hohen *Karambar-Paß*. Der Yarkhun-Fluß geht talabwärts von *Mastuj* (2280 m) in den gleichnamigen Fluß über, bei Chitral in den *Chitral-Fluß*. Von der bis zu 6872 m ansteigenden Hinduraj-N-Abdachung fließen etwa ein Dutzend, bis zu 13 km lange Gletscher (z.B. *Chatiboi-Gletscher*) NW-wärts zu Tal. Die schmelzwassergespeisten Flüsse weisen saisonal einen relativ hohen Abfluß auf. Die Sedimentkegel im Yarkhun- und Mastuj-Tal zeigen Unterschneidungskanten von über 100 m. Die orogr. rechte, S-exponierte Yarkhun-Talseite weist mit der bis zu 6030 m hohen *Turkho-Kette* im oberen Talverlauf mit Gletscherlängen unter 5 km eine moderatere Vergletscherung auf. Das *Laspur-Tal* mündet als orogr. linkes Nebental bei Mastuj in das Mastuj-Tal ein. Auf der orogr. rechten Laspur-Talseite ist das bis auf 5200 m ansteigende Gebirgsmassiv kaum vergletschert. Die orogr. linke Seite wird von der E-Abdachung des Buni Zom-Massivs gestellt und zeigt kleine steile Hängegletscher. Das Yarkhun-Tal wurde bis *Istach* (2450 m) und das Laspur-Tal bis zur Abzweigung zum *Shandur-Paß* (3720 m) erkundet. Vom Shandur-Paß wurden Geländebeobachtungen im sich östlich anschließenden *Ghizer-Tal* durchgeführt.

4. Die Sturzschuttkörper

In den folgenden Ausführungen werden zuerst die „trockenen Schuttkörper", d.h. die vorwiegend durch rein gravitative Prozesse, ohne ein zusätzliches Transportmedium aufgebauten Schuttkörper behandelt und dann wird zu den „feuchten Schuttkörpern" übergangen. Die **Sturzschuttkegel und -halden** gehören mit zu den verbreitetsten Akkumulationsformen im Landschaftsbild des E-Hindukusch, vorzugsweise in einem **Höhenbereich zwischen 2000 und 4500 m** sind sie landschaftsprägend (Abb. 6). Ab einer Höhenlage von 1700 m sind ausgeprägte, formschöne Sturzschuttkegel anzutreffen (Photos 2-5). Unterhalb von 2000 m sind ebenfalls Sturzschuttkörper ausgebildet, wobei es sich zumeist zum einen um Felssturzkörper oder aber aufgrund der geringen Schuttlieferung in Kombination mit geringen Reliefvertikaldistanzen in dieser Höhenlage um regellose seichte, deckenförmige Schuttakkumulationen handelt.

Das **Prinzip der Bildung von Sturzschuttkörpern** ist grob skizziert das folgende: Aus einer steil geböschten Felswand werden Gesteinspartikel durch Frostverwitterung herausgesprengt. Diese häufen sich am Fuß der Felswand unter ihrem gesteinsspezifi-

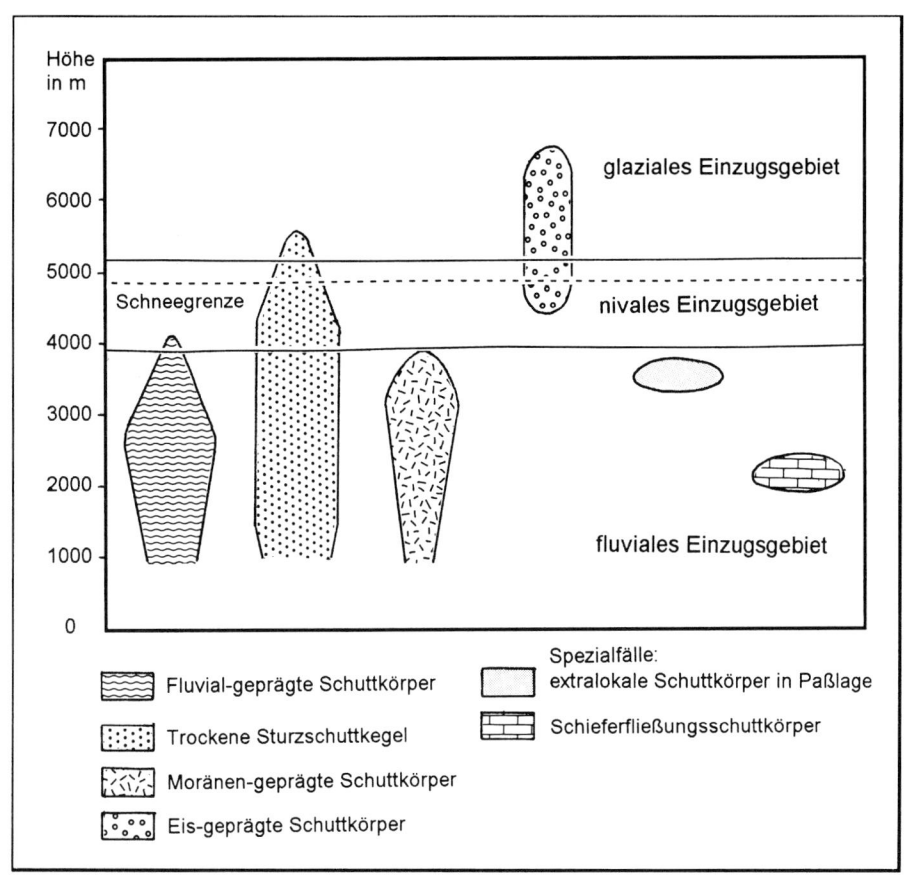

Abb. 6
Die Schuttkörperhöhenstufen in Chitral (E-Hindukusch)

schen Böschungswinkel in kegelähnlicher Form auf. Wesentlich ist der **Relieffaktor**: Die Neigung des schuttliefernden Felsgehänges muß größer sein als der maximale Böschungswinkel des Schuttkörpers, d.h. er muß 35–40° überschreiten, ansonsten erhalten wir in situ verwitterte Schuttdecken. Von diesen aus dem Anstehenden hervorgehenden Schuttkörpern sind die aus Lockermaterialdeponien gebildeten „**sekundären Schuttkörper**"[9] zu differenzieren.

[9] Unter „primären Schuttkörpern" versteht man eigentlich die trockenen Schuttkörper, die unmittelbar aus dem Anstehenden hervorgehen. In erweiterter Fassung soll dieser Term auf die fluvialen Schuttkörper übertragen werden, deren primäre Aufschüttungsform der Mur- oder Schwemmkegel am Talausgang ist, der dann durch linear-erosive Prozesse und Sturzprozesse teilweise zu anderen Schuttkörperformen transformiert wird. Bei den „sekundären Schuttkörpern" handelt es sich um durch die Resedimentation des Primärschuttkörpers aufgebaute Schuttkörper. Sicherlich sind die sekundären Schuttkörper auch nur eine Zwischenstation des Schuttes auf seinem weiteren Weg. Man könnte auch noch weiter differenzieren in „tertiäre" oder „quartäre Schuttkörper" – wobei letztere Benennung bereits mißverständlich wäre – jedoch ist diese Hierarchisierung meist nur noch sehr schwer nachvollziehbar. Von den „sekundären Schuttkörpern" sind in der vorliegenden Arbeit insbesondere die „glazialen Residualschuttkörper" zu differenzieren, die Erosions- und keine Akkumulationsformen darstellen.

4.1 Grundlagen zur Schuttlieferung der postglazialen Schuttkörper

In dieser vom Schutt übersättigten Gebirgslandschaft drängt sich die Frage nach dem Ursprung der intensiven Schuttlieferung auf. Der weite Verbreitungsspielraum der nackten Schuttkörper von den Hoch- bis in die Tallagen, d.h. in einer Vertikaldistanz von bis zu über 4000 m, impliziert bereits, daß **nicht** allein **ein** Charakteristikum der klimatischen Bedingungen ausschlaggebend für die Schuttlieferung sein kann. Die frostverwitterungsbedingten Sturzschutthalden der Hochlagen verzahnen sich mit den Schutthalden der Mittellagen, die auf die Umlagerung von moränischem Material und durch Temperatur- und chemische Verwitterung entstanden sein können.

Allgemein gesprochen nimmt die **physikalische Verwitterung** in Form der Frostverwitterung unter den gesteinsaufbereitenden Vorgängen im Hochgebirge die dominierende Stellung ein. In den schneefreien Monaten, d.h. im Sommer und im Frühherbst, kann die Frostverwitterung am besten das unbedeckte Gestein angreifen (HÖLLERMANN 1964: 37). Die Scharfkantigkeit des Schuttes kennzeichnet den durch Frostsprengung zerlegten Schutt. Das Vorhandensein von Gesteinsfugen macht das Gestein am anfälligsten gegenüber der Frostverwitterung. Die Gesteinshärte sowie die mineralische Gesteinszusammensetzung treten ihr gegenüber in den Hintergrund. Das bedeutet, daß innerhalb eines einheitlichen Gesteinsverbandes die Verwitterung aufgrund der unterschiedlichen Orientierung und Dichte der Hohlraumbildung der Fugen sehr unterschiedlich sein kann (HÖLLERMANN 1964: 37). Die Verteilung der nackten Schuttkörper ist eng an die Petrographie und deren Verwitterungseigenschaften gebunden.

Die Frostverwitterung tritt bevorzugt nahe Schneeflecken sowie Gletschern im Bereich der Schwarz-Weiß-Grenze auf (HEIM 1874: 14), welche besonders im stark vergletscherten Karakorum weitläufig ausgeprägt ist. Unter einer spezifischen Volumenzunahme des Wassers von etwa 9% bei 0°C lockert das gefrorene Wasser den Gesteinszusammenhalt. Voraussetzung für die Frostsprengwirkung sind geschlossene Hohlräume. Das Maximum der Ausdehnung des gefrorenen Wassers findet bei -25°C statt; bei -22°C wird der maximale Sprengdruck von 2200 kp/cm^2 erreicht (LESER & PANZER 1981: 74). Der in den winzigen Gesteinshohlräumen herrschende Druck reduziert die Temperatur, bei der das Wasser zu gefrieren beginnt. Die Frostverwitterung wirkt zumeist oberflächennah bis circa 2 m Tiefe in das Anstehende. Hohlräume von der Größe von Schichtfugen und Klüften bis zu Gesteinsrissen, -poren und Kapillarräumen bieten Ansatzpunkte für die Frostverwitterung. So sind die grobkörnigen Magmatite und Metamorphite sowie Sandsteine und Schiefer anfälliger gegenüber der Frostsprengung als dichtere Gesteine (LESER 1981: 73). Das Herauslösen von Gesteinspartikeln geschieht vornehmlich erst in der Tauperiode (RAPP 1960b: 105), wenn durch das Schmelzen des Eises den anlagernden Gesteinsabschnitten das Widerlager entzogen wird und der betreffende Gesteinskörper kollabiert. Der Gefrierprozeß wirkt also vorbereitend, so daß im Winter eine Ruhephase der Steinschlagprozesse zu verzeichnen ist.

Für die Frostverwitterung können aufgrund extremer Reliefbedingungen spezielle Verhältnisse herrschen. An Steilwänden vermag sich – auch in humiden Klimaten – wenig Wasser zu sammeln, so daß die **Wandabschnitte** in gewissem Sinne **aride Verhältnisse** aufzeigen (GERBER 1963: 337). Eine Grundbedingung für das Auftreten der Frostverwitterung ist das Vorhandensein von Wasser. Aufgrund der geringen Wasserspeicherfähigkeit der Wandpartien sind hier ungünstige Voraussetzungen für die Gesteinsaufbereitung durch die Frostverwitterung gegeben. In den extremen Hochgebirgen mit Höhen von **über 8000 m** liegt in weiten Teilen der Gipfelregionen die **Temperatur** zumeist **beständig unter dem Gefrierpunkt**, es herrschen also **pergelide Verhältnisse**, so daß Frostwechsel nur selten auftreten. In diesen Hochlagen müßten – wenn überhaupt – die Südwände, an denen eher der Gefrierpunkt durchschritten wird, in höherem Maße schuttliefernd sein als die Nordwände, die ansonsten die dominierenden Schuttlieferer darstellen. Abgesehen von der Exposition hobeln die großen Eislawinen die Steilwände intensiv aus. Die **Eislawinen** erbringen in katastrophischen Prozeßabläufen – neben den Bergstürzen – die größten Mengen an Schutt. Die Deposition des Schuttes erfolgt zum Großteil auf Gletscheroberflächen. Dieser Schutt wird **in die moränischen Ablagerungen eingespeist**, so daß er dem rein hangialen Schuttkörpergeschehen vorerst nicht zugute kommt. Die Hochregionen der Gebirge zeigen ein ähnliches Verwitterungsklima wie in den polaren Gebieten, jedoch sind die subtropischen Hochgebirge durch die in verschiedenen Höhenlagen fast **täglich** auftretenden Frostwechsel in Kombination mit hohen Reliefenergien in der Schuttlieferung den Polargebieten **überlegen**.

Eine weitere Gesteinsaufbereitung findet durch die **Insolationsverwitterung** statt. Bei ungedämpften Strahlungswetterlagen sind die Einstrahlungswerte im Untersuchungsgebiet sehr hoch. Maximale Gesteinsoberflächentemperaturen, gemessen im benachbarten *Hunza-Tal* (NW-Karakorum), übersteigen 40°C (WHALLEY 1984: 625). Gesteinsoberflächentemperaturen von über 50°C wurden in *Aliabad* in einer Höhe von 2200 m auf Sandstein registriert. Dunkel gefärbte Gesteinsoberflächen wie beim Basalt können sich bis auf 60°C erwärmen (WHALLEY et al. 1984: 627). Die Insolationsverwitterung nimmt sicherlich einen wesentlichen Anteil an der Gesteinsaufbereitung – wenn auch nicht einen so gewichtigen wie die Frostverwitterung – ein. Studien des INTERNATIONAL KARAKORAM PROJECTs 1984 weisen auf die hohe Beteiligung der **chemischen Verwitterung** an den gesteinsaufbereitenden Prozessen im NW-Karakorum hin, die bis in eine Höhe von 4000 m nachgewiesen werden konnte (GOUDIE et al. 1984a: 390). Die Abtragungsrate durch chemische Verwitterung wird mit 70t km^{-2}/J^{-1} angegeben (GOUDIE et al. ebd.). Für die Aufbereitung von Gesteinsstücken – und nicht von anstehendem Gestein – zu Feinmaterial kann in den Trockengebieten vor allem Salzverwitterung verantwortlich gemacht werden (GOUDIE 1984: 607). Das Zusammenspiel der genannten Aufbereitungsprozesse sorgt für eine rasche und hohe Schuttlieferung in den Untersuchungsgebieten des Hindukusch und Karakorum.

Ein wesentlicher Faktor, der die Schuttlieferung in den asiatischen Gebirgen begünstigt hat, besteht in der **glazialen Vorformung** des Reliefs. Durch sie ist eine die geomorphologische Höhenzonen übergreifende Verbreitung der Schuttkörper gefördert worden. Damit sind nicht nur die durch die Druckentlastung der Gesteinsflanken bedingten Felssturzereignisse gemeint (KIESLINGER 1960), sondern auch die Ausformung des Reliefs zu **steilwandigen Trogtälern**, die den zur Schuttdeposition günstigen **konkaven Hangverlauf** mit sich bringen.

Mit einem durchschnittlichen Hebungsbetrag von 2 mm/Jahr weisen der Himalaya und der Karakorum sehr hohe Wachstumsraten auf; für einige Regionen übersteigen sie sogar 10mm/Jahr (ZEITLER 1985). Die Hebung begünstigt eine entsprechend forciert ablaufende Schuttlieferung. Wenn man modellhaft voraussetzt, daß die Hebung über die letzten Jahrtausende konstant geblieben ist, haben sich die asiatischen Hochgebirge während des Postglazials, also seit 10 000 Jahren, um maximal 20–100 m gehoben.

4.2 Die Bedeutung der Schneegrenzlage unter arid-kontinentalen Klimabedingungen für die Schuttkörperbildung: Die Eisschuttkörper

Die N-Abdachung des *Hinduraj* (Lesser Hindukush) weist eine maximale Einzugsbereichshöhe mit einem namenlosen Gipfel von 6872 m auf (Abb. 5). Die mittleren Einzugsbereichshöhen überschreiten vielerorts knapp 5000 m, in manchen Kammabschnitten verharren sie bei circa 4000 m. Sie verlaufen somit gerade im Schneegrenzniveau, überschreiten die Schneegrenze nur um wenige 100 m oder verbleiben sogar mit nur 4000 m hohen Einzugsbereichen unterhalb der Schneegrenze. Das vielerorts gletscher- und vegetationslose Gebirge läßt bei großen Vertikaldistanzen einen **großen Freiraum für die**

Ausbildung von Schuttakkumulationen (Photo 1). Die kontinental-ariden Klimaverhältnisse in Kombination mit der hohen Schneegrenzlage (über 5000 m) bzw. einer großen Schneearmut begünstigen die aktuelle Bildung von Schuttkörpern. Mit einer **maximal möglichen Schuttproduktion** kann im Regelfall der Höhenbereich mit den **höchst frequenten Frostwechseln** aufwarten, die eine rasche Aufbereitung durch die in den Haarrissen des anstehenden Gesteins ansetzende Frostsprengung gewährleisten. Dieser Gürtel maximaler Schuttproduktion geht nach den in den Alpen gewonnenen Erkenntnissen mit der **Schneegrenzhöhenlage** einher (HÖLLERMANN 1964: 41, VORNDRAN 1969: 101). In den ariden Gebirgen des Karakorum und Hindukusch erstreckt sich die Verbreitung der Schuttkegel- und -halden weit unter die Schneegrenze, d.h. sogar bis zu über mehrere tausend Meter darunter. Frostwechsel treten ebenfalls bis **tief hinab** in die Tallagen in eine Höhenlage von 1500 m in den Wintermonaten auf (HEWITT 1989: 14). Der limitierende Faktor für das Auftreten der Frostverwitterung ist hier das Vorhandensein von Wasser. In den tieferen Tallagen ist ein jahreszeitlich alternierendes Wechselspiel der Verwitterungsregime (Frost-, Insolations- und chemische Verwitterung) anzutreffen: Höhenwärts keilt die Frostverwitterungszone aufgrund der **subtropischen Strahlungswetterlagen** und einer somit bedingten höheren Frequenz von Temperaturwerten um die 0°C weit über die Schneegrenze aus.

Die **bloß liegenden Felsoberflächen** sind ungehemmt den Atmosphärilien ausgesetzt. Setzt die Frostverwitterung an einer in Gedanken ebenmäßigen Felsoberfläche an, wird diese in Runsen und Felsvorsprünge ummodelliert. Die exponierte Felsoberfläche wird durch die Hohlraumbildung sukzessive vergrößert, so daß der Frostverwitterung eine immer größere Angriffsfläche geboten wird. Dieser **Selbstverstärkungseffekt** führt zu einer mit der Zeit vergleichsweise raschen Rückverlegung des Hanges. Am Ende dieser Entwicklung steht der **Frostausgleichshang**.

Die **Schuttproduktion** in den Hochlagen der ariden Gebirge ist aber dennoch als eine **Funktion der Schneegrenzhöhe** und **über diese hinaufragende Einzugsbereichshöhe** anzusehen. Im Bereich der Schneegrenze sind auch hier die typischen Frostverwitterungssturzkegel anzutreffen (Photo 1). Je weiter die Schneegrenze bei einer Klimaveränderung im Sinne eines Temperaturrückganges in das Relief hinabtaucht, desto mehr wandeln sich die Schuttkegel in Lawinenkegel um, die dann kumulativ zur Gletscherernährung beitragen. D.h. die Sturzkegel werden von den eisgeprägten Schuttkörpern und den reinen Eiskörpern verdrängt. Dies gilt sowohl für aride als auch für humide Gebirge gültig. Bei tief gelegenem Talbodenniveau und hoch über diese empor reichenden Talflanken ist als Extrem der Lawinenkesselgletscher ausgebildet, wie z.B. beim Hassanabad-Gletscher (Kap. B.III.3.3). Die einzelnen **Lawinenkegel** sind hier bereits zu Gletscherströmen als **Zulieferer** transformiert worden. Beim Wiederhinaufwandern der Schneegrenze hinterbleiben nun **eisunterlegte Schuttkörper**, wie Blockgletscher und Eisschuttkegel. Der auf das Gletschereis gefallene Schutt wirkt als **Ablationsschutz**. Erst wenn das Eis von seinem Schuttmantel weitgehend entblößt wird bzw. der Schuttmantel eine Mächtigkeit von unter etwa 10 cm erreicht oder die Temperatur wieder so hoch ansteigt, daß das unter dem Schutt verharrende Eis endgültig ausschmilzt, entstehen reine Schuttkegel. Beim Austauen **verstürzen** die Schuttkörper.

Günstig für die Schuttbildung ist es, wenn die Einzugsbereiche **nicht zu weit** über die Schneegrenze hinaufragen. Reichen die Talflanken in einem Talkessel zu hoch über die Schneegrenze, fungieren sie als **Sammeltrichter** für die reichlichen Niederschläge der Höhenlagen und **ermöglichen die Gletscherbildung** und **dämpfen folglich die Schuttkörperbildung**. Je tiefer die Schneegrenze in das Relief einsinkt, desto ungünstiger sind die Bedingungen für die Schuttproduktion im ariden Hochgebirge. Die mit der Absenkung der Schneegrenze verbundene Feuchtigkeitszunahme beginnt die unkonsolidierten Schuttkörper unterhalb der aktuellen Schneegrenze mit einer schützenden Vegetationsdecke zu überziehen. Die Schuttlieferung nimmt ab. Im weiteren Verlauf der Untersuchung wird die **Adaption der Schuttkörperformationen an veränderte Schneegrenzlagen** von Interesse sein.

4.3 Typische Sturzschuttkörper im E-Hindukusch

4.3.1 Die Eisschuttkörper (Buni Zom-Massiv)

Im Anschluß an das vorhergehende Kapitel soll in diesem Zusammenhang ein Geländebeispiel für Schuttkörperformen nahe der Schneegrenze gegeben werden. Die höchste Erhebung des *Buni Zom-Massivs* erreicht 6550 m mit dem gleichnamigen Gipfel (Photo 1, Abb. 5). Das Massiv ragt damit punktuell gut 1000 m über die Schneegrenze hinauf. Die Gebirgsfront liegt in NW-Exposition. Ein Rondell von im Sommer nur im proximalen Bereich mit Lawinen bedeckten und bestrichenen Sturzschuttkegeln schließt sich gipfelabwärts an. Das Schuttkegelensemble formiert sich weiter talabwärts zum Initial- bzw. Rückzugstadium eines Gletschers in Form eines **Blockgletschers**. Von HASERODT (1989: 86) wird eine Blockgletscheruntergrenze in Chitral von etwa 3700 m angegeben. Für den niedrigeren, gletscherarmen Afghanischen Hindukusch, d.h. dem westlichen Anschluß an den hier in Betrachtung stehenden Hohen Hindukusch, sind **Blockströme** ein äußerst prägendes Landschaftselement (GRÖTZBACH 1965). Im ausgewählten Untersuchungsgebiet des Hindukusch wurden im Mastuj- und Laspur-Tal gehäuft Blockgletscher gesichtet. Blockgletscher sind als **Mehrzeitformen** anzusehen (KUHLE 1991: 82). Sie stellen eine Art Satzendmoräne einer ehemalig vorgerückten Gletscherzungenendlage dar.

Der Schutt in der Buni Zom-Talflanke stammt einerseits aus den unmittelbar angrenzenden Talflanken, andererseits und größtenteils geht er auf **Lawinentransport** zurück. Lawinenabgänge lösen aus dem Gesteinsverband Gesteinsstücke oder nehmen Schuttmaterial aus den Gehängepartien auf und verfrachten es talabwärts. Dort ruht es unter bis zu metermächtigen Lawinenschneedecken bis es letztendlich ausschmilzt und zur Schuttauflage auf dem Eiskörper in Form der Obermoräne wird. Die Schneegrenze verläuft im Wandfußbereich bei ca. 5000 m. Sinkt die Schneegrenze in das Talbodenrelief hinein, werden die derzeitigen Lawinenrunsen in den oberen Wandbereichen zu Eisfallgletschern **transformiert**. Das sich an den Lawinenkessel anschließende Tal zeigt ein sehr steiles Talgefälle (Photo 1). Am Talausgang sind Schwemm- und Murkegel in einer Höhe von 1400-1600 m aufgeschüttet.

4.3.2 Reine Sturzschutthalden (Mastuj-Tal)

Nur vage und ansatzweise kann man bei der S-exponierten Talflankenpartie auf der orogr. rechten Mastuj-Talseite wirkliche Kegelformen der Schuttkörper erkennen (SE-Abdachung der Torkhow-Kette). Die Talflankenoberfläche ist bereits soweit in Schutt aufgelöst und von diesem verschleiert, daß kein punktuelles Einzugsgebiet mehr vorhanden ist. Der **Umkehrpunkt von Einzugs- zu Akkumulationsgebiet**, wie er bei den aus Steinschlagrunsen aufgeschütteten Steinschlagkegeln oder bei den Schwemmschuttkegeln allzu offenbar ist, fehlt. Dieser Talflankenabschnitt befindet sich nicht weit von der Phase der kompletten Schuttbedeckung entfernt, vergleichbar mit einem Frostausgleichshang. Die kammnahe Felsregion bietet mit ihren eng miteinander verwobenen Felsbastionen wenig Mulden oder Rinnen zur Schneeakkumulation, so daß der Schuttmantel kaum von Schmelzwasserrinnen und Murgängen bzw. murartigen Schuttströmen überprägt worden ist. Hinzu kommt die S-Auslage des Einzugsbereiches, die das Überdauern von Schneeflecken zu vereiteln vermag. Die einzelnen, vernetzten Kegelformen finden im oberen Talflankenbereich auf geneigten Felsvorsprüngen eine momentane Depositionsfläche. An der Basis ist eine Terrasse glazialen Ursprungs abgelagert, auf die der Schuttmantel eingestellt ist.

Die aus dem Schuttmantel hinausluckenden, buckeligen Felspartien sind glazial überschliffen worden. Bald, d.h. in den nächsten Jahrhunderten bis Jahrtausenden, werden auch diese stärker resistenten Felsnasen zurückverlegt werden und einem flächendeckenden Schutthang weichen. So wird die unregelmäßige Hangoberfläche, die zuvor bereits durch die **glaziale Politur in ihren Uneinheitlichkeiten von Felsvorsprüngen und Nischen verebnet** wurde, durch Verwitterungsprozesse peu à peu **ausgeglichen** und durch die **straff gespannten Schuttkörperoberflächen** ersetzt. Der mit seinem Polsterwuchs an die Trockenheit und seinem weitverzweigten dünnen Wurzelwerk an die Mobilität der Schutthalde angepaßte Vegetationsbewuchs ist tupfenartig auf der Schuttoberfläche verteilt.

Bei den **linearen Erosionsformen** auf der Sturzhaldenoberfläche handelt es sich um eine **Resedimentation** des Schuttkörpermaterials. Die hinterlassene Form der Massenbewegungen **ähnelt** der eines Murgangs: Seitlich sind aufgrund der verminderten randlichen Schleppkraft des abgegangenen Fließstromes Wälle aufgeschüttet; manchmal, nicht immer, ist ein Schuttlobus ausgebildet. Da aber **kein schuttkörperfremdes** Material aus einem potentiellen Einzugsgebiet verfrachtet wird, fehlt im engeren Sinne eine essentielle Murbedingung. Deshalb sollen die in Rede stehenden Überprägungsformen der Schuttkörper vorerst als „**murartige Schuttströme**" angesprochen werden (Abb. 7). Wenn die **rinnenförmige Erosionsform** allerdings an eine Zulieferrunse angeschlossen ist, handelt es sich um einem Murgang. Um ihn von den mehr flächigen Murgängen abzuheben, läßt sich dieser als „**Murrinne**" spezifizieren. Von den Murgängen, Murrinnen und Schuttströmen sind die „**Wasserrinnen**" abzuheben, bei denen randlich **kein** Schuttmaterial aufgeschüttet ist. Die Wasserführung ist so hoch, daß ihre Transportkraft ausreicht, das Schuttmaterial erst an der Basis des Schuttkörpers oder sogar im Vorfluterbereich abzulagern (vgl. HARTMANN-BRENNER 1973: 31). Andererseits sind aber auch zahlreiche Wasserrinnen vorzufinden, die auf dem Kegelkörper verhungern.

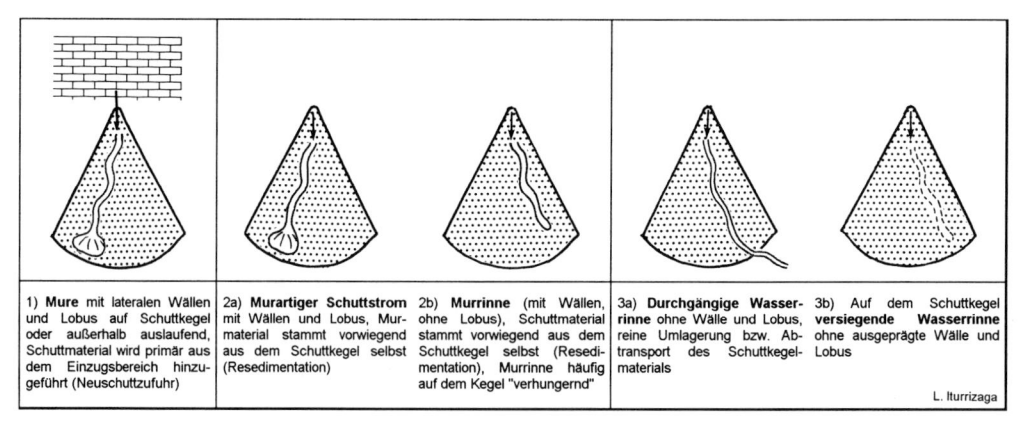

| 1) **Mure** mit lateralen Wällen und Lobus auf Schuttkegel oder außerhalb auslaufend, Schuttmaterial wird primär aus dem Einzugsbereich hinzugeführt (Neuschuttzufuhr) | 2a) **Murartiger Schuttstrom** mit Wällen und Lobus, Murmaterial stammt vorwiegend aus dem Schuttkegel selbst (Resedimentation) | 2b) **Murrinne** (mit Wällen, ohne Lobus), Schuttmaterial stammt vorwiegend aus dem Schuttkegel selbst (Resedimentation), Murrinne häufig auf dem Kegel "verhungernd" | 3a) **Durchgängige Wasserrinne** ohne Wälle und Lobus, reine Umlagerung bzw. Abtransport des Schuttkegelmaterials | 3b) Auf dem Schuttkegel **versiegende Wasserrinne** ohne ausgeprägte Wälle und Lobus |

L. Iturrizaga

Abb. 7
Linear-erosive Überprägungen auf feinmaterial-haltigen Steinschlagkegeln

4.3.3 Moränenumsäumte glazial-induzierte Sturzschuttkegel (Mastuj-Tal)

In Betrachtung steht ein Sturzschuttkegel auf der *orogr. rechten Mastuj-Talseite*, dessen Kegelbasis sich in einer Höhe von 2100 m befindet (Photo 2). Die vertikale Erstreckung des Schuttkegels beträgt ca. 400 Höhenmeter. Der Sturzschuttkegel liegt in

S-Exposition und weist ein **fluvial-geprägtes Einzugsgebiet** auf. Der isoliert stehende Sturzschuttkegel ist in eine konische Ausbißform des anstehenden metamorphen Gesteins eingebettet. Die Sprungkante des Ausbisses mißt zwischen 10 und 40 m Höhe und mutet nach einem Bergsturzereignis an, das durch die glaziale Überformung des Anstehenden ausgelöst wurde. Eingestellt ist der Schuttkörper auf **eine Terrasse glazialer Herkunft**. Der Schuttkegel nähert sich mit seiner Wurzelzone bereits der Kammlinie, so daß sich die Hangpartie einem Schuttausgleichshang nähert. Konkrete Steinschlagzulieferrinnen sind nicht ausgebildet. Überwiegend tellergroße Gesteinskomponenten bauen den Schuttkegel auf. Im Sommer zeigen sich die bis zu 3000 m hohen Kammbereiche schneefrei. Der Schuttkegel weist **minimale Überprägungserscheinungen** auf, so daß es sich nahezu um einen Schuttkegel in „Reinform" handelt. Eine offensichtliche Sortierung der Schuttkomponenten nach der Größe ist nicht vorhanden. Es läßt sich eher eine **homogene Verteilung der Gesteinsstücke** nach ihrer Größe feststellen, die auch für die umgebenden Schuttkegel des Mastuj-Tals charakteristisch sind.

Ein schmaler, murartiger Schuttstrom versiegt inmitten der Haldenoberfläche und weist auf den **geringen Abfluß** bei diesem Ereignis hin. Unmittelbar talauf- und talabwärts schließen sich auf den Talflanken anhaftende **spätglaziale Moränendeponien** an, die – im Gegensatz zum Schuttkegel – eine starke Zerrunsung aufweisen. Des weiteren beginnen sich die Hangmoränen durch die **fluviale Umlagerung** basal in **kegelförmige sekundäre Schuttkörper** umzuwandeln. Bedingt durch den hohen Tongehalt der Moräne zerfließt das Fundament bei Durchfeuchtung breiartig. Diese **sekundären Schuttkörper** stellen bereits die **initiale Übergangsform** von den glazialen Schuttkörpern zu den in einer späteren Phase nur noch als hangial zu identifizierenden Schuttkörpern dar. Lediglich der **hohe Feinmaterialgehalt** der als **moränisch-geprägten Schuttkörper** zu bezeichnenden Akkumulationen vermittelt ein Indiz für deren glaziale Herkunft. Diese aus glazialen Schuttkörpern hervorgehenden **polygenetischen Folgeformen** sind im Hindukusch sowie im Karakorum sehr häufig vertreten.

Die Frage liegt in unserem beschriebenen Beispiel nahe, wieso sich ausgerechnet an dieser Lokalität dieser Sturzschuttkegel ausbilden konnte und ob die ehemalige Hangoberfläche ebenfalls von Moränenmaterial bedeckt war. Der älteste Hangoberflächenrest wird von dem mittleren, glazial polierten und **moränenfreien** Felsabschnitt präsentiert. Zu mutmaßen ist, daß der einstigen Hangoberfläche vergleichsweise wenig Moränenmaterial auflag. Der Schuttkegel entwickelte sich an einer Schwächezone im anstehenden Gestein, die durch die Abrißfront eines Bergsturzereignisses belegt ist und die durch die Beanspruchung während der Gletscherfüllung des Tals forciert herausgearbeitet wurde. Die Deposition des Schuttkegels auf dem spätglazialen Terrassenmaterial impliziert, daß dieser jünger als das entsprechende Vereisungsstadium sein muß, also **postglazial**. Viele Schuttkegeloberflächen weisen mehrere Altersstadien auf und sind als **Mehrzeitformen** anzusprechen. Die ursprüngliche, vorzeitliche Kegeloberfläche wird basal durch fluviale Unterschneidungen rückverlegt und ausbißartig zerstört. Diese **Schuttkegeloberflächenverjüngung durch Unterschneidung** kann als typisches Merkmal für die feinmaterialhaltigen Schuttkörper der Trockengebiete festgehalten werden.

4.3.4 Sturzschutthalde mit Moränenresten (Mastuj-Tal)

Die N-exponierte, zusammengesetzte Schutthalde auf der *orogr. linken Mastuj-Talseite* (NW-Abdachung des Buni Zom-Massivs) mit einer Basishöhe von 2200 m besitzt ein fluviales Zuliefergebiet, in dem sich im Winter Schneeeinlagen befinden (Photo 3). Schon zu einer guten Hälfte wird der Hang von der Schutthalde bedeckt und sukzessive durch Steinschlagprozesse aufgezehrt. Die Schutthaldenoberfläche wird von mehreren **murartigen Schuttströmen** (Murschuttströme) – initiiert durch frühjährliche Schmelzwasserabgänge

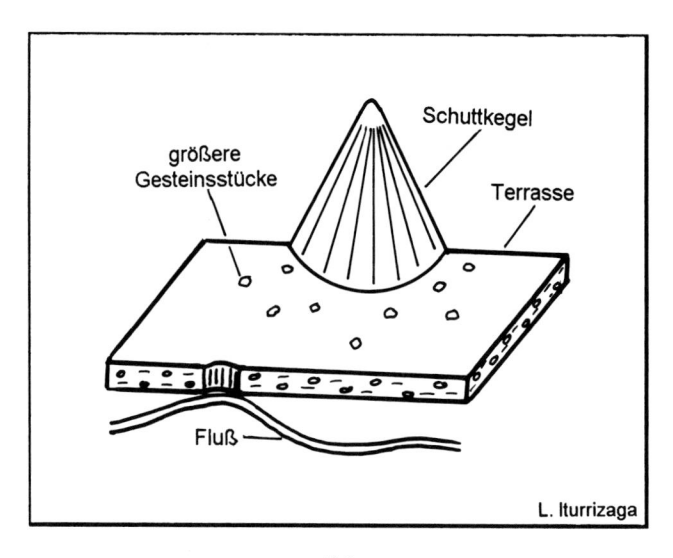

Abb. 8
Aussonderung größerer Gesteinsstücke an einem Schuttkegel durch einen abrupten Gefällsknick in Kombination mit einer ebenen, kaum geneigten Sedimentationsfläche

oder Niederschlagsereignisse – zerfurcht. Ihr linearer Verlauf weist auf einen schnellen Massenabgang hin. Der Murschuttstrom im Zentrum der Schutthalde erreicht die Kegelbasis und zeigt mit den Schuttwällen, die die Schuttrinne begleiten, und dem Schuttlobus die klassischen Merkmale eines **Murgangs**. Wenn es sich um eine reine Sturzschutthalde handeln würde, d.h. daß sie ausschließlich durch Steinschlagprozesse gebildet wurde, enthält diese dafür **erstaunlich viel Feinmaterial**, wie die Existenz der Murgänge belegt. Möglichkeiten für die Herkunft des Feinmaterials sind zum einen die Aufbereitung des Gesteins durch chemische und physikalische Verwitterung oder aber zum anderen **moränisches Material als Feinmateriallieferer**. Im Apexbereich der Schutthalde befindet sich im linken Kegelsegment eine **ältere Kegeloberfläche** in Auflösung und wird durch Schutt- und Murabgänge **rezent zerstört**. Der höhere Deckungsgrad des kärglichen Vegetationsbesatzes sowie das vermehrte Auftreten von murartigen Schuttströmen in dem in Rede stehenden feinmaterialreichen Kegelsegment sind Indizien dafür, daß es sich um einen Moränenrest handelt.

Die Schutthalde kann sich basal frei entfalten. Der die Schutthalde unterlagernde Terrassenkörper bewahrt den Hang vor der fluvialen Unterschneidung. Die Kegeloberflächen zeigen ein stark konvex gewölbtes Längsprofil. Eingestellt ist die Schutthalde auf eine sehr ebenmäßige, weitläufige Terrassenoberfläche, die mit kantengerundeten hand- bis tellergroßen Gesteinsstücken übersät ist. Auf der Terrasse liegen – **isoliert von dem Haldenkörper** – bis zu mannshohe und sehr spitzkantige Gesteinsbrocken verstreut. Den größeren mit hoher kinetischer Energie herunterfallenden Gesteinsbrocken wird auf der ebenen und sehr glatten Terrassenoberfläche nur ein sehr **geringer Reibungswiderstand** entgegengesetzt, so daß die Blöcke ungehindert auslaufen können. Die Schutthalde franst damit basal aus (Abb. 8)[10]. Hier finden wir im Gegensatz dazu eine deutliche Trennung

---

[10] GARDNER (1971: 394 ff.) weist auf die logarithmische Abnahme in der durchschnittlichen Korngröße bei Schutthalden hangaufwärts hin.

von „großen" und „kleinen" Gesteinsbruchstücken aufgrund der spezifischen Ablagerungsfläche vor. Diese Schuttkörperform ist ein regionalübergreifender Typ, der sich sowohl in den humiden als auch in den ariden Gebirgsgebieten befindet. Er ist insbesondere auch in Gletscherufertälern vorzufinden, die mit Seesedimenten verfüllt sind und einen abrupten Hangknick von der geneigten Talflanke zur topfebenen Sedimentoberfläche schaffen. Bestimmend für die Ablagerung ist der **abrupte Gefällsknick**, der den Weitertransport von kleineren Gesteinsbruchstücken mit geringer kinetischer Energie aufgrund des fehlenden Gefälles hemmt; große Blöcke kollern oder hüpfen etwas weiter.

4.3.5 Die glazial-induzierten grobblockigen Nachbruchschuttkörper (Laspur-Tal)

Im Laspur-Tal, einem orogr. linken Nebental des Mastuj-Tals, ist auf der orogr. linken Talseite ein gutes Beispiel für **glazial-induzierte Nachbruchschuttkörper** vorzufinden (Photo 5). Hier sind in der Gleithanglage einer Talbiegung in 3200 m Höhe am Fuße einer deutlich glazial überschliffenen Felsflanke zusammengesetzte Sturzschutthalden ausgebildet. Z.T. sind diese deutlich nach der Gesteinsgröße gradiert. Die glazial übersteilte Felsflanke wurde durch den Entlastungsdruck nach der Deglaziation instabilisiert. Nachbruchprozesse waren die Folge, die einem Hanggleichgewicht entgegenstreben. Immer noch stark übersteilte Hangpartien im metamorphen Gestein schließen sich an die Kegelwurzeln hangaufwärts an.

4.3.6 Die glazialen Residualschuttkörper (Ghizer-Tal)

Abschießend sei die Aufmerksamkeit auf einen Schuttkörper auf der orogr. linken Ghizer-Talseite, östlich des Shandur-Passes, in einer Höhe von 2915 m gelenkt (Photo 4, Abb. 10). Das Einzugsgebiet der Talflanke reicht etwa 500–700 m über den Talboden und erreicht die glaziale Höhenstufe nicht. Was an diesem mit Felsschroffen durchsetzten Hang auffällt, ist, daß ein Teil der Runsen mit hellem Schuttmaterial plombiert ist. Die Hauptrunsen liefern dunkleres, der Farbe des Anstehenden gleichendes Schuttmaterial und durchbrechen den helleren Schuttmantel. Bei diesem nur noch in Relikten überlieferten Schuttmantel handelt es sich um eine Moränenverkleidung, die durch hangiale Prozesse überformt wird. Es entstehen somit zum einen **hangiale Aufschüttungsformen**, die teilweise aus resedimentiertem Moränenmaterial bestehen, und zum anderen **rein moränische, durch hangiale Prozesse herausgeschnittene Schuttkörper**. D.h. im **Zulieferschatten** der hangialen Runsentätigkeit verbleiben **residuale, moränische, annähernd kegelförmige Schuttkörper**. Die Schuttabgänge der Nebenrunsen vermögen das Moränenmaterial nicht auszuräumen.

Die hangialen Sturzschuttkegel nehmen hier einen „Durchbruchscharakter" an, indem sie das allochthone glaziale Schuttmaterial sukzessive umlagern und es schließlich in ihrer Hauptabgangsbahn durchstoßen. Ein charakteristisches Merkmal dieser Mischschuttkörperformen ist, daß der Kegelwurzelbereich nicht direkt unterhalb der Zulieferrunse liegt, sondern wesentlich weiter hangabwärts. Diese **hangabwärtige Verlagerung des Kegelapexbereiches** beruht auf der Kanalisierung des Schuttmaterials durch das moränische Material. So nimmt der gemischte Sturzschuttkegel im Aufriß eine taillierte Form an.

Dieses Beispiel zeigt ein weiteres Übergangsstadium der glazial-geprägten Sedimentationslandschaft zu einer mehr durch hangiale Prozesse aufgebauten Schuttkörperlandschaft. In diesem gezeigten Fall finden wir noch einen relativ guten, nachvollziehbaren Überlieferungsstatus des moränischen Materials vor.

5. Die fluvialen Schuttkörper: Die Mur- und Schwemmschuttkegel und verwandte Schuttkörperformen mit starker Moränenprägung

Im untersuchten Teil des Hindukusch treten die Mur- und Schwemmschuttkegel und verwandte Formen bevorzugt in dem Höhenbereich **zwischen 1400 und 3600 m** auf (Abb. 6, z.B. Photos 7–9). Ihre höhenwärtige Verbreitung liegt bedingt durch den Relieffaktor – d.h. durch die zunehmende Talflankensteilheit bzw. fehlenden Depositionsmöglichkeiten mit der Höhe – primär unterhalb der Sturzschuttkörper. Flachstellen werden nahe der Schneegrenze von Gletschern eingenommen und lassen im Zweifelsfalle nur Kamesbildungen, in Ufermoränentälern allerdings ausladendere Schuttkegel zu. Prinzipiell besteht ein **Konkurrenzsystem** zwischen der Verbreitung von Schwemm- bzw. Murkegeln und den Gletschervorkommen, das im Hindukusch zugunsten der fluvialen Schuttkörper ausfällt.

Im Untersuchungsgebiet wurden zumeist steilhinabhängende, kurze Gletscherzungen sowie kleine Lawinenkesselgletscher, die oftmals bereits zu Blockgletschern veröden, angetroffen, so daß die gletscherbegleitenden Schuttkörperformen nur sehr gering ausgeprägt sind. Diese sind aber an Gletschern wie dem über 30 km langen Chiantar-Gletscher vertreten. Zu den niederen Höhenlagen hin dominieren wiederum die Schwemm- und Murkegel.

Die **räumliche Verbreitung** der Sturzschuttkegel und Schwemm- sowie Murkegel gestaltet sich im Höhenspektrum fast **spiegelsymmetrisch** (Abb. 6): Das **optimale Verbreitungsgebiet** beider Formen liegt in der **mittleren Höhenlage** zwischen 2000 m und 3000 m. Oberhalb dieser Höhenzone überwiegen die Sturzschuttkegel, deren Bildung vornehmlich durch Verwitterungsprozesse bedingt ist. Als größtenteils hangverkleidende Schuttkörper benötigen sie eine geringe Depositionsfläche. Die fluvial geprägten Schuttkörper weichen höhenwärts langsam zurück bis sie schließlich oberhalb von etwa 3700 m Basishöhe gänzlich verschwinden. Hier sind dann die seichten, nival geprägten Murkegel der Periglazialregion vorhanden, die sich in den Paßlagen ungehindert ausbreiten können. Unterhalb dieser Höhenzone von 2000–3000 m nimmt die Verbreitung der reinen Sturzschuttkegel aufgrund der geringen Frostwechselhäufigkeit ab.

Die Mur- und Schwemmkegel sind im Untersuchungsgebiet bis in eine Höhe von 1400 m vertreten. Die höhenmäßige Verbreitung der **Überprägung der hangialen Schuttkörper durch moränisches Material bzw. aus diesem hervorgehende Folgeformen** ist an die Vergletscherungsausmaße und die Überlieferungsbedingungen des Moränenmaterials gebunden. D.h. erst unterhalb der Schneegrenze kann Moränenmaterial vom Gletscher ausgesondert werden. Im unteren Chitral-Tal wurden bis zu einer Basishöhe von 1400 m[11] Kamesbildungen gesichtet, deren Moränenmaterial in die hangabwärtigen Schuttkörper verlagert wurde und wird. So sind moränen-geprägte Schuttkörper in einer Höhenzone zwischen 1400 m bis maximal 4500–5000 m mit einem Verbreitungsmaximum zwischen 2000–3000 m vertreten. Bei einem ehemals unvergletscherten Gebirge sind diese ausladenden Mur- und Schwemmkegel eigentlich als **höhenstufenfremde** Schuttkörperformen anzusehen.

5.1 Exemplarische Beschreibung von fluvial- und moränisch-geprägten Schuttkörpertypen

Das Mastuj- sowie das Laspur-Tal werden von ausladenden, bis zu über 100 m mächtigen Sedimentkegeln mit Radien von bis zu 1 km beherrscht (Photos 6–9). Vor allem in

---

[11] Der talabwärtige Talabschnitt wurde nicht begangen, so daß die Verbreitung der glazialen Sedimente durchaus noch tiefer reichen kann.

den Engtalstrecken sind gewaltige Murkegel aufgeschüttet (Photo 9). Was erstaunt sind die zugehörigen kleinräumigen, fluvial geprägten Einzugsbereiche, die mit 4500 m nicht einmal über die heutige Schneegrenze hinaufragen. Vielerorts läßt sich die enorme, für den Aufbau dieser großen Schuttkörper notwendige **Schuttlieferung aktuell nicht nachvollziehen.** Verständlich wird das Ausmaß der Sedimentkegel über die Resedimentation von spätglazialem Moränenmaterial, das im Postglazial der Umlagerung und Ausräumung unterliegt. Je weiter talaufwärts man im Mastuj- und dann im Yarkhun-Tal fortschreitet, desto flacher werden die Schwemm- und Murkegel. Da die Einzugsbereiche der verschieden mächtigen Schuttkörper gleichartig gestaltet sind, wäre es möglich, ihre abnehmende Mächtigkeit mit der sukzessiven Deglaziation zu korrelieren.

Die Einzugsbereiche der **großen Schutt- und Murschwemmkegel** werden in ihren Talursprüngen von maximalen Höhen von bis zu 5000 m eingerahmt. Sie liegen je nach Exposition knapp unter der Schneegrenze oder tangieren gerade den Schneegrenzbereich. So sind die Hochlagen heute zumeist unvergletschert oder weisen Blockgletscherrelikte auf. Im Sommer zeigen die Einzugsbereiche keinerlei Schneeflecken in den Kammlagen. **Hoch- sowie späteiszeitlich** jedoch lagen diese Einzugsbereiche bis zu 1000 m **oberhalb** der Schneegrenze. Einige dieser Seitentäler beherbergten kurze, steile Hängegletscher. Die steilen Rückwände der Einzugsbereiche legen nahe, daß es sich in den Seitentälern um eine Form von Lawinenkesselgletscher gehandelt haben könnte. Die ehemalige **Lawinentätigkeit** würde eine hohe Schuttproduktion implizieren.

Während der spätglazialen Vereisung wurden die Täler höherer Ordnung – sofern sie nicht selbst vergletschert waren und eine glaziale Anbindung an den Haupttalgletscher erfuhren – durch den Haupttalgletscher **hermetisch abgeriegelt**. Die von den Seitentälern produzierten Schuttmassen wurden direkt gegen den Gletscherkörper als **unmittelbarer Eiskontaktschuttkörper** oder gegen dessen Ufermoränenaußenhang als **mittelbarer Eiskontaktschuttkörper** geschüttet. Es sei denn, der Gletscher wurde von einem Ufermoränental begleitet, in dem sich die Schuttansammlungen – je nach Breite des Ufertals – fächer- oder kegelförmig entfalten konnten. Durch die **Gletscherbarrieren in den Talausgängen** wurden die Schuttmassen zu einer **beachtlichen Höhe** mit einer hohen Dichte bzw. Kompaktion der Schuttmassen aufgeschüttet. Überwiegt die Schuttzufuhr die Gletscherflankenhöhe, kommt es zur **Schuttakkumulation auf der Gletscheroberfläche**. Dieser Fall ist besonders bei den kurzen, steilen Seitentälern gegeben, deren Talvolumen bei hoher Schuttproduktion rasch erschöpft ist. Im Laufe der Deglaziation werden diese glazialen **Widerlagerschuttkörper** wie aus einer Kuchenspringform sukzessive herausgelöst. Nach dem Entzug der glazialen Stützmauer kann der Schuttkörper seine Form und Steilufferkanten noch beibehalten, wird dann aber im Laufe der Zeit verstürzen. Heute werden die Uferkanten zusätzlich durch fluviale Unterschneidung steil gehalten. Dies ist ein Beispiel dafür, daß verschiedene Prozesse gleiche, konvergente Formen erzeugen können. Die heutigen Schwemm- und Murkegelbildungen sind als **Mehrzeitformen** anzusprechen. Heute werden sie sowohl durch fluviale Prozesse zerschnitten als auch weiter aufgebaut. Aufbau und Degradation der Schuttkörper erfolgen **synchron**. Die ursprüngliche Form, die Vorzeitform, wird permanent moduliert. Im folgenden werden exemplarisch fluvial geprägte Schuttkörper in einem Tallängsprofil von den höchsten Tallagen talabwärts schreitend erörtert.

5.1.1 Die einfachen, ausladenden Murschwemmkegel (Yarkhun-Tal): Zur Komplementarität von Zuliefergebiets- und Schuttkörpergröße

Im unteren *Yarkhun-Talabschnitt* in einer Höhe von 2450 m weisen die kegelförmigen Schuttkörper eine geringe distale Ufersteilkantenhöhe auf, so daß sie nahezu gleichsohlig in die Haupttalschottersohle übergehen (Photo 6). Auch ihre Neigungswerte von nur wenigen Grad sind vergleichsweise gering. Die Form nähert sich der des Fächers an. Die Schuttkörper sind als **Murschwemmschuttkegel** mit moränischer Schuttzulieferung anzusprechen. Die Kegeloberfläche ist sehr ebenmäßig und nahezu gestreckt gestaltet. Die Schwemmschuttkegel sind unzerteilt. Faust- bis kopfgroße, kantengerundete Gesteinskomponenten sind in der Sedimentzusammensetzung vorherrschend. Größere Blöcke sind selten anzutreffen. Die geringe Mächtigkeit sowie die Unzerteiltheit der Schuttkörper sprechen für deren Jugendlichkeit. Der unvergletscherte Einzugsbereich des *Istach-Tals* reicht bis auf 5151 m hinauf. An der orogr. rechten Yarkhun-Talflanke stechen über mehrere 100 m hohe, stark zerrunste Moränendeponien ins Auge. Ihre Resedimentation in Form von Mur- und Steinschlagabgängen sowie Rutschungen tragen mit zum Aufbau des Schwemmschuttkegels bei. Teilweise zerfließen die tapetenartig an den Talflanken heftenden Moränen bereits zu murkegelartigen Schuttkörpern. Der **hohe Feinmaterialgehalt** macht das Moränenmaterial besonders anfällig für Rutschungen und Fließungen bei Durchfeuchtung. An anderen Stellen wiederum sind die moränischen Ablagerungen zu sekundären Schuttkegeln verlagert worden, d.h. eine Resedimentation mittels gravitativer Prozesse; z.T. sind aber auch reine Steinschlagkegel eingeschaltet. Die Auflösung der Moränenablagerungen findet in der Interferenzzone der zueinander benachbarten Murschwemmkegel statt, sozusagen im toten Winkel der primären Aufschüttung der aneinandergrenzenden Kegel, so daß die Murschwemmkegel immer mehr zu Murschwemmhalden zusammenwachsen. Die sekundäre Schuttkörperbildung in der Interferenzzone ist heute aktiver als die des eigentlichen Murschwemmkegels.

Fluvial tief eingeschnittene Talausgänge bilden die Mündungsschneise in der Wurzelzone der meisten Murschwemmkegel (Photos 6 & 7). Das Schuttmaterial aus dem Zuliefergebiet wird hier kanalisiert und tritt dann in das weiträumige Yarkhun-Tal ein. Das außerordentlich gemischte Gesteinsspektrum des Murschwemmkegels spricht für die Beteiligung von glazigenem Material am Kegelaufbau.

5.1.2 Die Murschwemmkegel in den Engtalstrecken (Mastuj- und Laspur-Tal)

Ähnlich wie im Hunza-Tal (NW-Karakorum) ist in den Talweitungen des Mastuj-Tals unterhalb der Ortschaft *Mastuj* (2280 m) eine komplexe weitläufige Sedimentationslandschaft aus glaziofluvialen Terrassen, Schwemm- und Murkegeln mit moränischer Prägung ausgebildet.

Die Aufmerksamkeit gilt zuerst einem der wenigen Sedimentkegel, der noch nicht von einer Siedlung vereinnahmt und dessen karge Oberfläche nicht durch Kulturanpflanzungen entstellt wurde. Das Zuliefergebiet ist unvergletschert, der Einzugsbereich reicht bis auf 4000–4500 m hinauf. Über die Kegeloberfläche penetrieren die stark alternierenden Abflußläufe und enden in markanten canyonartigen Einschnitten am distalen Fächerende. Verschiedene Ablagerungssequenzen werden in mehreren Sedimentlagen am Kegelaufschluß offenbar. Die mittleren und basalen Teile des Aufschlusses werden durch sekundäre Schuttkegel (sekundäre Uferkantenschuttkegel) verdeckt. Der Sedimentkegel wurde in mindestens vier Hauptphasen aufgebaut. Die Basis des Schuttkörpers bildet **Grundmoränenmaterial**. Auch diese Talflanke wird ehemals weitgehend durch Moränenverkleidungen bestimmt gewesen sein, die heute bis zur Unkenntlichkeit resedimentiert sind.

Talabwärts von Mastuj nimmt ein aus der orogr. rechten Mastuj-Talseite aufgeschütteter kegelförmiger Sedimentkörper mit einer Ufersteilkante von etwa 60-80 m fast gänzlich den Haupttalboden ein (Photo 9). Sein Fundament besteht aus Grundmoränenmaterial, der jüngere obere Schuttkörperteil wird durch fluviale Schüttungen aus einem kleinen, nur bis 4000 m hinaufreichenden Einzugsbereich gestellt. Seitlich umrahmt wird der Murschwemmkegel auch hier durch Schuttkegel und -halden.

Der **dual-geschichtete Schuttkörperaufbau** der fluvial-geprägten Schuttkörper der Nebentalausgänge aus Grundmoränenmaterial und fluvialen Sedimentlagen kann als typische geomorphologische Erscheinungsform im E-Hindukusch wie auch im NW-Karakorum gelten. Diese extrem voluminösen Murschwemmkegel sind als Schuttkörpertyp gesondert zu behandeln. Es existiert eindeutig ein **Qualitätssprung in der Größe bzw. Mächtigkeit** der in den vorangegangenen Kapiteln besprochenen Sedimentkörper. Weitere Beispiele für die voluminösen Murschwemmkegel sind im Laspur-Tal vorzufinden, wo diese Schuttkörper durch die Talenge extrem prononciert im Talgefäß als Landschaftsformen heraustreten.

Ein Exkurs: Grundsätzliches zur Murkegelentstehung

Die Mure wird in den Alpen auch „Gieße", „Lahn", „Züge" oder „Rüfe" genannt. Man könnte also dementsprechend auch von einem „Rüfenkegel" anstatt von einem Murkegel sprechen. Muren erfreuen sich schon früh in der europäisch-alpinen Literatur einer systematischen Einordnung bezüglich ihrer Entstehungsvoraussetzungen und ihres Prozeßverlaufes (FRECH 1898, STINY 1910), nicht zuletzt wegen ihres hohen Gefahrenpotentials für die Siedlungen im Alpenraum. Murkegel entstehen durch die wiederholte Sedimentation rasch ablaufender, wasserreicher Schlamm- und Gesteinsströme. Die breiartige Suspension besteht aus Wasser, Erde und Schutt, wobei Blöcke und Baumstämme von beachtlicher Größe mittransportiert werden können. Den überwiegenden Anteil nimmt das feste Material ein. Im Aufschluß können die Murereignisse linsenförmig in Erscheinung treten (s. Photo 62 in KUHLE 1991). Der Bewegungsvorgang der Mure ist dem zähflüssiger, viskoser Massen zuzuordnen. Die Mure nimmt eine Zwischenstellung zwischen einem Erdrutsch und einem Flutereignis ein. Die Murgänge verlaufen größtenteils entlang vorgezeichneter Tiefenlinien wie entlang von Wildbächen oder Lawinentobeln. Exzessive Niederschläge in Form von Dauerregen oder Wolkenbrüchen sowie schlagartige Schmelzwasserabgänge können murauslösend sein. Hierbei findet sowohl Flächen- als auch Rinnenspülung statt. Durch heftige Niederschläge erhöht sich nicht nur die Wassermenge in den Flüssen, sondern auch die Fließgeschwindigkeit. Bei einer Verdoppelung der Fließgeschwindigkeit eines Gewässers steigert sich nach BRUCKER (1988: 49) die Transportkapazität um das 32fache. Muren können auch durch Verklausung entstehen, d.h. durch die Aufstauung des Baches durch dessen Geschiebefracht, wie große Blöcke oder Baumstämme. Die abrupte Entwässerung führt zum Murabgang. Die durch Moränen, Schwemmkegel und Bergsturz- sowie Lawinenakkumulationen hervorgerufenen Stauseen und dadurch verursachte Muren werden als **sekundäre Muren** bezeichnet (MAULL 1958: 158). Es fragt sich, inwieweit diese genetische Differenzierung in der Benennung der entsprechenden Schuttkörperform Widerklang finden soll. Weiterhin unterscheidet man zwischen „trockenen Muren", bei denen stark durchfeuchteter Geländeschutt abgleitet und „feuchten Muren", bei denen Gesteinsblöcke, Schotter und Erde durch Hochwasser und Überflutungen mitgerissen werden. Im Hindukusch zählen erstere zu den häufigsten Akkumulationsformen. Inwieweit Murgänge fächeraufbauend (HOOKE 1967 und WASSON 1977) oder -degradierend (LUSTIG 1965) sind, steht zur Diskussion. Da Moränenmaterial oftmals durch Murgänge resedimentiert wird, liegt die Verwechslungsgefahr von Murablagerungen und Moränen nahe (KUHLE 1991: 116).

Im Untersuchungsgebiet sind äußerst günstige Voraussetzungen für die Murkegelentstehung gegeben. Zum einen ist die für den Murabgang notwendige Reliefenergie vorhanden, zum anderen finden wir ein großes Potential an Lockermaterialdeponien in Form von Jung- und Altschutt (Frostverwitterungsschutt und moränische Ablagerungen) vor. Die fehlende Vegetationsdecke in diesem ariden Gebirgsgebiet sorgt für die ungehemmte Schuttabfuhr. Die Feuchtigkeitszufuhr wird insbesondere durch Starkniederschläge oder durch Schmelzwässer gestellt.

WASSON (1978) dokumentiert eindrucksvoll den Abgang einer Mure am 14. August 1975 im Reshun-Tal. Im Zeitraum von einer Stunde wurde der Murabgang durch ein Starkregenereignis und einem folgenden landslide im Einzugsgebiet ausgelöst. Blöcke von 1-2 m Durchmesser wurden bei dem Murereignis transportiert, die Oberflächengeschwindigkeit betrug 3 m/s, das Volumen $10^5 m^3$.

Mit zunehmender Aufschüttung des Murschwemmkegels nimmt im allgemeinen auch dessen Radius zu. Das bedeutet, daß die zugeführte Schuttmenge sich über eine größere Schwemmkegeloberfläche verteilen muß. Daraus ergibt sich, daß sich die Wachstumsgeschwindigkeit für den ganzen Murschwemmkegel bei gleicher Schuttmengenzufuhr verringert. Die Muren pendeln über die ganze Manteloberfläche in Richtung des größten Gefälles. Die Pendelbewegungen des aufschüttenden Baches sind auf die kontinuierliche Erhöhung partieller Mantelstreifen zurückzuführen. Bei einem sich vorschiebenden, wachsenden distalen Kegelende und gleichbleibender Kegelapexhöhe muß der Kegel verflachen.

In den Alpen hat man bereits auf die Übereinstimmung von der Verbreitung von Trockengebieten und Murkegelvorkommen hingewiesen (KLEBELSBERG 1937: 198, FISCHER 1965: 132), wobei hier 500 mm Niederschlag/Jahr für das Vintschgau im Aosta-Tal als maximaler Trockenwert angegeben wird. Allerdings wird auch erwähnt, daß nicht die absolute Niederschlagsmenge, sondern die Niederschlagsverteilung das wesentliche Kriterium für die Murkegelbildung sei, nämlich die Stark- und Platzregen im Sommer.

Die weitausladenden Schwemm- und Murkegel, die aus den Nebentälern herausgeschüttet werden, sind auch im Haupttal morphologisch wirksam. Sie drängen den Fluß auf die gegenüberliegende Talseite, wenn der Fluß den Kegelkörper nicht auszuräumen vermag. Wird der Haupttalfluß soweit auf die gegenüberliegende Talseite gedrängt, unterschneidet er dort die Talflanke. Im Extremfall, wenn die Abtransportleistung des Haupttalflusses zu gering ist, findet eine Seebildung statt. Auf Pässen kann es bei einer Mur- oder Schwemmkegelaufschüttung auch zu einer Wasserscheidenverlagerung kommen (FISCHER 1965: 130).

5.1.3 Die moränisch-geprägten Schuttkörper in der Talkammer von Drosh (Chitral)

In der Talkammer von *Drosh* (1400-1500 m) im unteren Chitral-Talverlauf säumen bis zu 300 m hohe **residuale kames-artige Moränenkörper** die Talflanken (Photo 10). Ihre etwas rötliche Farbgebung differenziert sie deutlich vom Anstehenden. Daß es sich um **hangfremde Schuttkörper** handelt, wird insbesondere daraus ersichtlich, daß die Schuttkörperwurzeln **neben** den hangaufwärtigen Runsen im Anstehenden ansetzen. Die Talflanke reicht kaum über 3000 m hinauf. Aktuell werden die Moränenkörper durch fluviale Prozesse kegelförmig zerschnitten. In diese glazialen Ablagerungen sind basal mehrere Meter hohe Seesedimente eingelagert. Die Ablagerung der Seesedimente weist nach der Auffassung von KUHLE (mündl. Mitteilung im Gelände am 21.09.1995) auf einen Zungenbeckensee einer Eisrandlage hin. Der Talboden ist stellenweise mit Grundmoräne ausgelegt. Die Schuttkörperlandschaft wird dominiert von glazialen Ablagerungen. Die Verbreitung der **rein hangialen Schuttkörper** ist bescheiden. Die vorzeitlichen hangialen Schuttkörper wurden durch die vorzeitliche Vergletscherung ausgeräumt. Die heutige Schuttlieferung ist in dieser Höhenlage sehr gering und beruht vornehmlich auf der **Resedimentation glazialer Ablagerungen**. Vor allem das Schuttmaterial der Schwemmkegel, die die Moränenkörper durchbrechen, ist zu großen Anteilen glazigener Herkunft. Die unzergliederten Schwemmkegel besitzen einen Radius von über 1 km und Oberflächenneigungswerte zwischen 2–8°. Im Zentrum zeigt sich die Kegelmantellinie gestreckt bis leicht konvex. Die konvexe Form ist ein Hinweis auf den Abgang von Muren. Die Schwemmkegel münden ohne abrupte Steiluferkanten fast **gleichsohlig** in die Schottersohle ein. Vom Typ her sind diese Schwemmkegel mit denen im Yarkhun-Tal vergleichbar

(Kap. B.II.5.1.1). Ein grundlegender Unterschied besteht in ihrem **Alter**. Der Schwemmkegel vom Yarkhun-Tal in 2500 m Höhe muß aufgrund der Korrelation mit der Vergletscherungsgeschichte, d.h. in seiner talaufwärtigen Lage, erheblich jünger sein als derjenige von Drosh. Daraus läßt sich aufgrund der ähnlichen Form und des Habitus ableiten, daß sich das Alter der Schwemmkegel ab einer gewissen Ausbreitung nicht in der Mächtigkeit und dem Zerschneidungsgrad dieser Schuttkörper widerzuspiegeln scheint. Denn im Grunde genommen müßte der Drosh-Schwemmkegel aufgrund seines höheren Alters eigentlich zerschnitten sein und bei einem vergleichbaren Einzugsgebiet eine entsprechend große Höhe aufweisen.

Damit kommen wir zur Frage, ob die Zerschneidung der fluvialen Schuttkörper ein Alterskriterium darstellt. Das geomorphologische Indiz der „Zerschneidung" als **Alterskriterium** der Schuttkörper läßt sich nur in Verbindung mit der zugehörigen Höhenzone bzw. der Art des Einzugsbereiches anwenden. D.h. beispielsweise, daß bei einem Schwemmkegel, der an ein glaziales Einzugsgebiet angeschlossen ist, der Aufbau und die Zerschneidung vergleichsweise synchron verläuft. Der Schwemmkegel kann äußerst jung sein, aber trotzdem bereits zerschnitten. Im Vergleich dazu wird ein Schwemmkegel aus den ariden Tallagen mit einem niedrigen, nur saisonal fluvialen Einzugsbereich aufgrund des geringen Abflusses relativ lange als einheitlicher Schuttkörper ohne Zerschneidungsfurchen erhalten bleiben. Allerdings können gerade in den ariden Gebieten Torrente Narben in der Kegeloberfläche hinterlassen. Prinzipiell kann die Zerschneidung des Schuttkörpers bereits unmittelbar nach dessen Aufschüttung erfolgen (AHNERT 1996: 245), wenn der Abfluß noch vorhanden ist, aber das Schuttmaterial des Einzugsbereiches bereits ausgeräumt ist.

Interessant ist diesbezüglich die Tatsache, daß auch beide Schwemmkegel von Drosh und Yarkhun von moränischem Material beliefert werden, jedoch ist der Erhaltungszustand der älteren Moränen bei Drosh wesentlich besser als jener von Yarkhun, was u.U. ein Indiz für die ariden Klimaverhältnisse der Tieflagen und einer geringeren Aufarbeitung des Lockermaterials sein könnte.

Des weiteren ist bei der heutigen Beurteilung der Schuttkörper zu berücksichtigen, daß die **Einzugsbereiche** innerhalb der Höhenlage der Schwankungsbreite der Schneegrenzverlagerung im Hoch- und Spätglazial ihre Charakteristik, z.B. von glazial zu nival, **verändert** haben können. Geht man von einer spätglazialen Schneegrenzabsenkung von etwa 1200 m aus (Tab. 1), so verlief die Schneegrenze im Hindukusch bei circa 4000 m und niedriger. D.h. daß die Einzugsregime der hier im Bereich von Drosh nur wenig über 3000 m aufragenden Gipfellagen **von nival zu fluvial im Postglazial** transformiert wurden. Erst die Einzugsbereiche, die **4000 m überschreiten**, haben den Wandel von einem **glazialen zu einem nivalen** Einzugsbereich erfahren, wie dies insbesondere bei den Schwemmfächern des talaufwärtigen Chitral-, Mastuj- und Yarkhun-Tal der Fall ist.

Die kleinräumigen Einzugsbereiche in der Talkammer von Drosh zeigen ein stark verästeltes Runsensystem (Photo 10). In ihrer äußeren Erscheinung ähneln sie den Steinschlagrunsen der Hochregionen, doch werden diese hier vornehmlich fluvial durchspült. Im Zusammenhang mit den glazialen Ablagerungen fragt sich natürlich, inwieweit dieses Runsennetz als vorzeitlich anzusehen ist. Die runde Großformung des Anstehenden kann auf Gletscherschliff zurückgeführt werden. Die Hänge sind zum größten Teil ihres Pflanzenkleides durch die Rodungsaktivitäten der Bevölkerung beraubt. Ein lichter Steppenwald stockt auf den kargen Felsflächen. Talbodenwärts dünnt der Waldbestand auf natürliche Weise mit Erreichen der xerischen Walduntergrenze aus. Das bis zu über 500 m breite Flußbett des Chitrals ist durch seine Schutteinfüllung überladen, die mancherorts bis zu über hundert Meter mächtig sein mag. Sie setzt sich aus Hangverwitterungs-, Grundmoränen- und Flußschottermaterial zusammen.

5.1.4 Die residualen kegelförmigen Moränenkörper als konvergente Erscheinungsform zu den Murschwemmkegeln (Ghizer-Tal)

Auf der orogr. linken Ghizer-Talseite gegenüber von *Singal* (1800 m) befindet sich ein Schuttkörper, der auf den ersten Blick einem fluvial aufgebauten Murschwemmkegel ähnelt (Photo 11). Der fluviale Einzugsbereich dieses Schuttkörpers reicht kaum über 3000 m. Bei genauerer Betrachtung fällt auf, daß die zweigeteilte Kegelspitze nicht unmittelbar aus dem Zulieferstichtal hervorgeht, sondern sich konkav an den Felsschroffenbereich anschmiegt. Diese Landschaftsform erinnert an die moränisch-geprägten Schuttkörper in der Talkammer von Drosh, jedoch wurden bei jenem Schuttkörpertyp die Moränenverkleidung durchbrochen und ein fluvialer Schwemmkegel am Nebentalausgang aufgebaut. Seitlich wurde dieser von den übrig bleibenden terrassen- bis kegelförmigen Moränenresten umrahmt. Bei dem vorliegenden Schuttkörpertyp handelt es sich gewissermaßen um eine Vorstufe des Schuttkörpers von Drosh. Hier bildet nämlich die kegelförmig **aus dem Moränenmaterial herausgeschnittene Schuttkörperform den scheinbaren Aufschüttungskörper des Nebentales** (Abb. 10). Tatsächlich handelt es sich um die Relikte eines Grundmoränenmantels, der die Talflanke bis zu über 700 m über den Talboden bedeckt und durch Massenabgänge der nun bereits vom Moränenmaterial nahezu gesäuberten Stichtäler und Runsen zerschnitten wird. Am Ende dieser Runsenverläufe bilden sich noch juvenile Schwemmfächer aus, die zu einem Großteil aus dem resedimentierten Moränenmaterial aufgebaut sind. Noch überwiegt eindeutig der residuale Moränenkörper das Landschaftsbild an diesem Nebentalausgang. Im Laufe der Zeit wird der Moränenkörper immer weiter durch die Abflüsse des Einzugsgebietes unterschnitten und rückverlegt werden und – wie in dem Beispiel von Drosh – die unmittelbar an die Hauptzulieferrunse gebundenen Schwemmfächerbildungen den Stichtalausgang dominieren. Durch die geringe Morphodynamik an diesen Hängen werden die moränischen Ablagerungen lange erhalten bleiben. Bislang sind sie weder auffällig zerrunst noch tendieren sie zur Umlagerung in sekundäre Schutthalden.

Der distale Schuttkörperbereich bildet nicht die ansonsten für die mächtigen fluvialen Schuttkörper so typischen hohen Ufersteilkanten aus, sondern zerfließt in sekundäre haldenförmige Aufschüttungsformen. Diese Ausprägung weist wiederum auf den hohen Feinmaterialgehalt des Schuttkörpers hin, der für Grundmoränenmaterial charakteristisch ist.

Auch in diesem Beispiel ist festzustellen, daß die Schuttkörperform unverhältnismäßig groß ausgebildet erscheint in Bezug auf ihr bescheidenes Einzugsgebiet, was eine glaziale Herkunft des Schuttkörpers untermauert.

5.1.5 Typen der distalen Schwemm- und Murkegeluferkanten

Grundsätzlich fallen bei den Mur- und Schwemmkegeln verschiedene Typen von distalen Uferkantenbildungen auf (Abb. 9). Die Art und Form des Auslaufens bzw. des abrupten Abbruchs der Kegeloberfläche sowie die Form der korrelaten sekundären basalen Schuttkörper geben zum einem Aufschluß über das Substrat der Schwemm- und Murkegel. So zerfallen manche Ufersteilkanten erdpyramidenförmig, was einen Hinweis auf eine gemischte

Matrix aus Grobblock- und zwischengeschaltetem Feinmaterial liefert. Manch andere Uferkanten zerfließen breiartig und implizieren einen hohen Feinmaterialgehalt. Zum anderen stellen die distalen Kegelbereiche die Interaktionszone zwischen den Aufschüttungen aus dem Nebental sowie der mehr oder minder starken erodierenden Tätigkeit des Haupttalflusses dar.

Wie in Kap. B.III.2.1.3 aufgezeigt, können die Ufersteilkanten auch Hinterlassenschaften eines ehemals gegen einen Gletscher geschütteten Schuttkörpers sein. Hier

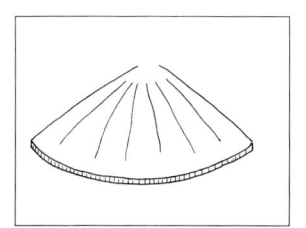

Nahezu übergangslos in die Schottersohle abtauchende Schuttkörperoberfläche mit Sprunghöhen von wenigen Metern	Geschlossene Ufersteilkantenfront mit vereinzelter sekundärer Schuttkegelbildung	Auflösung der Ufersteilkantenfront in säulen- bis pyramidenförmige, mit dem Schuttkörper noch in Verbindung stehende Segmente (ausgesägte Uferfront), sekundäre Schwemmfächerbildung im zentralen Kegelteil
Geschlossene Uferkantenfront mit sekundärer Schutthaldensaumbildung	Kegelförmig zerfließende, vergleichsweise flach geneigte Uferkantenbereiche, teilweise durch polyphase Entstehung in Terrassen untergliedert	Sonderform: extrem konvexe Aufwölbung des distalen Schuttkörperbereiches, relativ steiles Abtauchen der Uferkanten in die Schottersohle, aber ohne Unterscheidungsmerkmale (Beispiel: kegelförmige Schieferfließung)

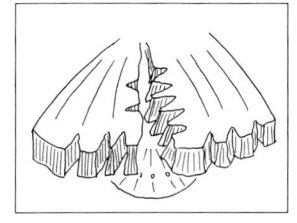

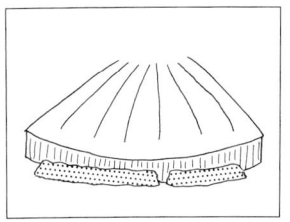

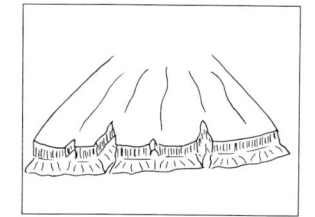

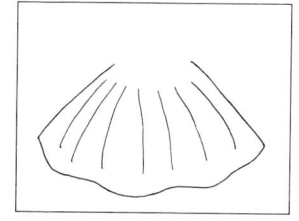

Abb. 9
Ausgewählte Typen der distalen Ufersteilkantengestaltung bei fluvial geprägten Schuttkörpern

besteht eine Konvergenzform zu den fluvial gebildeten Steiluferkanten. Viele der distalen Ufersteilkanten werden in sekundäre Schuttkegel und -halden umgelagert – ein Charakteristikum der fluvialen Schuttkörper in den Trockengebieten.

5.1.6 Mögliche Gründe für das Fehlen von Mur- und Schwemmkegeln

Grundbedingung für den Aufbau eines Schuttkörpers ist, daß das Last-Kraft-Gefüge des Zulieferbaches positiv ist, so daß seine Detritusfracht am Talausgang akkumuliert wird. Aber nicht immer sind an den Talausgängen die kegelförmigen fluvialen Schuttkörper ausgebildet. Manchmal treffen wir auch auf einen **nahtlosen Übergang** der Seitental-Schottersohle in das Haupttalflußbett (Kap. B.III.2.1.7). Folgende Erklärungsmöglichkeiten bieten sich für einen **schwemm- oder murkegellosen Talausgang** an:
a) Aufgrund der hohen Wasserführung bzw. der geringen Schuttlieferung des Seitentales kommt keine Schuttakkumulation zustande. Die Schottersohle des Seitentales mündet gleichsohlig in das Nebental ein.
b) Die Erosionsleistung des Haupttalflusses ist so hoch, daß trotz einer hohen Geschiebelast des Seitenbaches keine Akkumulation stattfindet (z.B. in Engtalstreckenabschnitten).
c) Wenn das Seitental durch einen Haupttalgletscher abgedämmt wurde, kann ein momentan kegelloser Talausgang kurz nach der Deglaziation aufzufinden sein.
d) Wenn das Seitental als Hängetal an das Haupttal angeschlossen ist und die Gefällsstu-

fe noch so hoch ist, daß beim Austritt des Kegelstromes in das Haupttal die Sturzbewegung dominiert, ist ein fluvial überprägter Sturzschuttkörper ausgebildet.

e) Wenn sehr hohe Haupttalflußterrassen ausgebildet sind, die den Seitentalausgang blockieren, wird der Seitental-Zulieferstrom beim Eintritt in das Haupttal durch seine Einschneidung in die Haupttalflußterrasse weiterhin – wie in seinem Talgefäß – kanalisiert. Eine Kegelaufschüttung findet dann zumeist nicht statt. Es gibt aber allerdings auch die Situation, daß sich der Zulieferstrom nicht in die Terrasse einschneidet, sondern der Schwemmkegel auf die Terrasse eingestellt ist.

5.1.7 Eine Kontroverse zur Schwemmfächerbildung: Gefällsknick versus Talbodenbreite

BULL (1977: 227) macht auf den Irrtum aufmerksam, daß die Schwemmfächerbildung nicht primär durch einen Gefällsknick entsteht (s. MAULL 1958: 116, FISCHER 1965: 127 f.). Das Gefälle des Zulieferstromes im Apexbereich des Schwemmfächers ist zumeist fast identisch mit dem des Zulieferstromes, der durch die Talenge kanalisiert wird. Die Akkumulation des Schuttes wird vielmehr durch eine Änderung der hydraulischen Verhältnisse im Abfluß verursacht, nachdem der Zulieferstrom sein begrenztes, durch die Talhänge oder angrenzende Sedimentationskörper kanalisiertes Flußbett verläßt. Das bedeutet, daß die Aufschüttung aufgrund der Abnahme der Fließgeschwindigkeit durch die **Weitung des Talgefäßes** bedingt ist und nicht primär durch den Gefällsknick. BULL verleiht diesem Gedanken in der folgenden Formel Ausdruck: Der Abfluß (A) ist gleich dem Produkt der mittleren Breite (b), der Tiefe (t) und der Geschwindigkeit des Stromes (g):

$$A = b \cdot t \cdot g$$

Die zunehmende Weite des Flußbettes mit Austritt des Flusses aus dem Gebirgsinnern geht einher mit der Abnahme der Tiefe und Geschwindigkeit des Stromes, so daß es zur Deposition des Schuttes kommt. Schaut man sich die asiatischen Hochgebirge an, so münden aufgrund der glazialen Ausformung des Reliefs eine Vielzahl der tributären Täler als Hängetäler oder mit einem Gefällsknick in die übergeordneten Täler ein. Dieser Gefällsknick ist für die Schuttkörperbildung sicherlich als positiv zu werten. Allerdings finden wir bei einem zu starken Gefällsknick – wie bei Konfluenzstufen – keine Sedimentfächerbildung vor. Diese findet erst dann statt, wenn der tributäre Fluß die Konfluenzstufe zerschnitten hat. Ein sehr gering ausgeprägter Gefällsknick führt eher dazu, daß sich der Zulieferstrom rasch in die Schuttakkumulation einschneidet.

Wie bereits weiter oben ausgeführt, kann die **Zerschneidung** eines Schuttkörpers **nicht** unbedingt als **Alterskriterium** verwendet werden. Es ist eine Zwangsläufigkeit, daß sich bei einem sehr hoch aufgeschütteten, aus wenigen katastrophischen Ereignissen zusammengesetzten, **jungen** Schuttkörper die Zerschneidung entsprechend rasch vollziehen kann, da der Schuttkörper den Talausgang gewissermaßen blockiert. D.h. der schnelle Aufbau des Schuttkörpers kann eine sehr rasche Zerschneidung mit sich bringen.

5.1.8 Konzeptionelle Einordnung der Mur- und Schwemmschuttkörper

Verschiedene geomorphologische Modellvorstellungen wurden auf die Entwicklung der Schwemmfächer insbesondere der USA angewandt. Der von RACKOCHI (1990) herausgegebene Sammelband „Alluvial fans" stellt aktuelle Beiträge zur Schwemmfächergenese vor und enthält auch einen einleitenden wissenschaftstheoretischen Beitrag zum „alluvial fan problem" von LEECE (1990). Nach dem **landschaftsgenetischen Konzept** von DAVIS zufolge wurden die Schwemmfächer als Indikatoren für das „Jugendstadium" einer Landschaft angesehen (ECKIS 1928: 247, s. auch LEECE 1990: 7, BULL 1977: 226). Nach ECKIS (1928, zitiert aus BULL 1977) repräsentieren sie lediglich temporäre Landschaftsformen, „*a mere incident in the geographical cycle*". Die Zerschneidung des Schwemmfächers soll das „Reifestadium" (maturity) der Landschaft markieren. In den 60er Jahren folgten „**Gleichgewichtshypothesen**" zur Schwemmfächerbildung und -zerstörung („equilibrium hypothesis", „steady state") (HACK 1960, DENNY 1965, 1967), die jedoch u.a. aufgrund des Ausschlusses des Zeitfaktors auf Widerspruch trafen. Andere Autoren betrachten die Schwemmfächeraufschüttung als Endpunkt eines Erosions-Depositions-Systems, das sich durch eine Volumenzunahme kennzeichnet (LUSTIG 1965, BULL 1976 in BULL 1977: 227). BULL schlägt ein **allometrisches Entwicklungskonzept** der Schwemmfächerbildung vor, angeregt durch die Arbeit von MOSLEY & PARKER (1972). Es berücksichtigt die unterschiedliche Wachstumsgröße des Schuttkörpers in Bezug auf sein Gesamtvolumen (BULL 1975: 112). Weiterhin zu erwähnen sind Modelle, die klimatische (LUSTIG 1965) und tektonische Aspekte (BEATY 1970) mit in die Schwemmfächerentwicklung mit einbeziehen (LEECE 1990).

Zu diesen Modellen ist anzumerken, daß **Selbstverstärkungseffekte** nicht zu einem Gleichgewichtssystem tendieren, wie dies z.B. bei der Gletschertalbildung der Fall ist. Das Kerbtal ist die angestrebte „stabile" Form. Das ist eine relative Gleichgewichtsform, die immer wieder der Ausmodellierung durch gravitative Prozesse unterliegt.

5.2 Weitere Schuttkörpertypen in den Tälern des Hindukusch

5.2.1 Die Schieferfließungskegel (Mastuj-Tal)

Ein Beispiel für eine größere Schuttkörperbildung ohne ein vorgeformtes Einzugsgebiet befindet sich auf der orogr. *linken Mastuj-Talseite* in einer Höhe von 1700 m in NW-Exposition im unteren Stockwerk des Buni Zom-Massivs in Tiefenliniennähe. Starke Durchfeuchtung des Schiefers verursachte ein Abrutschen des Anstehenden und hinterließ einen kegelförmigen Schuttkörper mit einer im Horizontal- und Vertikalprofil **konvex aufgewölbten Oberfläche** (Photo 13). Das Längsgefälle nimmt hier nicht kontinuierlich ab, sondern versteilt sich zum distalen Kegelbereich. Der Schieferfließungskegel ist weitgehend **unzergliedert**. Die mäandrierenden Abflußarme des Mastuj-Flusses tangieren stellenweise das distale Kegelende. Trotzdem zeigt der Schuttkörper **keine abrupten Unterschneidungsuferkanten**, wie sie an den Schwemm- und Murkegeln bis zu mehreren Dekameter Höhe zu beobachten sind (Abb. 9). Es ist anzunehmen, daß dieser Schuttkörper auf ein einmaliges, **katastrophisch** abgelaufenes, nicht weit zurückliegendes Ereignis zurückgeht. Diese Schieferfließungskörper treten in einem Höhenbereich zwischen 1500 und 2500 m auf, die spezifisch für die anstehenden Schiefer sind (Photos 1 & 13). Wir finden hier ein Beispiel für eine extrem **gesteinsabhängige** Schuttkörperform vor. Das Material bestimmt die Form.

5.2.2 Die Schuttkörperformen am Shandur-Paß: Die Paßgebiete mit Hochflächencharakter als extralokale Standorte für die Schuttkörperbildung

Die Paßregionen können für die Schuttkörperbildung aufgrund ihrer individuellen topographischen Reliefverhältnisse als **extralokale Standorte** isoliert betrachtet werden. Hochflächen weisen ähnliche Charakteristika für die Schuttkörperbildung auf, jedoch dominiert bereits der weitläufige Flächencharakter. Hier sind nun Paßgebiete gemeint, die in den paßangrenzenden Einzugsbereichen unvergletschert bzw. nur wenig vergletschert sind (z.B. Shimshal-Paß 4600 m, Khunjerab-Paß 4700 m) und im Vergleich zum umgebenden Gebirgsrelief ebene, gering geneigte, breite Talböden aufweisen. Das folgende Beispielgebiet widmet sich den Schuttkörpervorkommen am *Shandur-Paß* (3600 m), der die Wasserscheide zwischen dem Laspur-Tal im W und dem Ghizer-Tal im E bildet.

Es ist ganz augenscheinlich, daß wir aus dem Laspur-Tal kommend im Shandur-Paßgebiet abrupt in einen andersartigen Schuttkörperformenbereich eintreten. Weder die beschriebenen typischen Sturzschutthalden noch die ausladenden mit Ufersteilkanten versehenen Mur- und Schwemmkegel sind hier vertreten. Runde Schuttkörperformen, die auch eine Mattenvegetation aufweisen, prägen das Landschaftsbild. Der Shandur-Paß zeigt einige typische Merkmale der Paßregionen für die Schuttkörperbildung auf:

1. Großzügig gestaltete Depositionsflächen erlauben eine weitgehend **ungehinderte Schuttablagerung**. D.h. wir finden hier keine durch fluviale Prozesse basal gekappten Schuttkörper vor, sondern es handelt sich um sich frei entfaltende Schuttkörper.
2. Das Paßgebiet wird durch vergleichsweise niedrige sowie auch nicht allzu steil hinaufragende Gebirgsgruppen eingerahmt. Die Abflüsse sammeln sich teilweise im Shandur-See. Die geringen Einzugsbereichshöhen von nur wenig über 5000 m, d.h. gerade bis in den Schneegrenzbereich hinauf, reichen zur Gletscherernährung nicht aus, so daß das Relief zur Ausbreitung der Schuttkörper zur Verfügung steht. Des weiteren finden wir hier nicht die schuttproduzierenden Eislawinen vor, sondern lediglich Schneelawinen.
3. Im Gegensatz zu den besprochenen, zumeist durch hochkinetische Massenbewegungen aufgebauten Schuttkörpern überwiegen hier nun die langsamen Versatzbewegungen der Solifluktion und schaffen **runde Schuttkörperformen**. Das Längsprofil einiger Schuttkörper ist bauchig konvex aufgewölbt. Sie scheinen mit ihrer Schuttlast gänzlich überzuquellen. Die hier durch Bodeneis gebundenen Schuttkörper können den natürlichen Böschungswinkel einer Gesteinshalde überschreiten.
4. Die Schuttkörper sind nun im Gegensatz zu den ariden bis semi-ariden Tallagen mit zunehmendem Niederschlagsangebot durch eine Mattenvegetationsdecke gebunden. Die rezente Neuschuttproduktion ist vergleichsweise gering. Die im Winter schneeverfüllten und im Sommer aper liegenden Runsen zeigen eine aktuelle Schuttproduktion.

Junge Schuttdecken **überziehen** die glaziale Akkumulationslandschaft der Paßregion. Die Moränenleisten werden **nicht** wie in den hoch-reliefenergetischen Bereichen der beschriebenen Tallagen **linear-erosiv zerstört**, sondern – wenn überhaupt – sukzessive vom hangialen Schutt einverleibt. Die hochlagernden Moränendeponien bzw. ihre Residualschuttkörperformen, wie sie in den tieferen Tallagen ausgebildet sind, fehlen weitgehend.

Eine scheinbare Selbstverständlichkeit kommt an dem Paßbeispiel noch zum Tragen: Die Art der Schuttkörperform ist nicht nur allein abhängig von der Höhe und folglich der Art des Einzugsbereiches, sondern vielmehr von der Höhe ihrer Depositionsfläche. Man kann folgenden Gedanken verfolgen: Bei gleicher Einzugsbereichshöhe und unterschiedlichen Depositionshöhen ergibt sich eine höhenstufengebundene Schuttkörperausbildung. Umgekehrt bedeutet dies, daß man bei unterschiedlicher Einzugsbereichshöhe und jeweils gleicher Depositionsflächenhöhe in der gleichen Höhenlage unterschiedliche Schuttkörperformen erhält.

Zusammenfassend läßt sich festhalten, daß diese Schuttkörperlandschaften des Paßtyps im Gebirgsraum nur einen sehr geringen Flächenanteil einnehmen. Sie zeichnen sich durch günstige Akkumulationsbedingungen aus. Die geringe Morphodynamik führt im Vergleich zu den hochreliefenergetischen Gebirgsabschnitten jedoch nur zu einer geringen rezenten Schuttkörperbildung. Da die umrahmenden Einzugsbereichshöhen gering sind und die Paßflächen noch unterhalb der Schneegrenze liegen, ist der rezente glaziale Einfluß ebenfalls gering.

6. Zur zeitlichen Einordnung der Schuttkörper

DERBYSHIRE & OWEN (1990: 41) weisen darauf hin, daß einige Sedimentfächer im benachbarten NW-Karakorum nur aus vier Prozeßereignissen entstanden sind. Sie sehen diese Schuttkörper als relikte Gebilde an, die sich kurz nach der Deglaziation gebildet haben. Die Autoren gehen jedoch davon aus, daß diese Sedimentfächer angesichts des von ihnen postulierten Endes der Hauptvereisung ein Alter von etwa 50 000 Jahre besitzen. Orientiert man sich an den Gletscherstadien von KUHLE (1994: 260), so fällt das Alter dieser Sedimentfächer wesentlich jünger aus; ihr Alter wäre dann – korreliert mit der spätglazialen Gletscherausdehnung – ältestenfalls auf etwa 10 000 Jahre zu datieren. Gleiches ergibt sich für die besprochenen Sedimentfächer im Yarkhun-, Mastuj- und Chitral-Tal. Auf jeden Fall kann mit einer forcierten Schuttlieferung unmittelbar nach der Deglaziation gerechnet werden (vgl. dazu FROMME 1955: 37, HEWITT 1995, KUHLE, MEINERS & ITURRIZAGA 1998).

Um eine angenäherte **Altersangabe** von Gesteinsbruchstücken zu machen, scheidet der Flechtenbewuchs in der zu behandelnden Höhenlage des Untersuchungsgebietes aus. Er tritt erst ab etwa 3000–3500 m auf. Unterhalb dieser Höhe kann in ähnlicher Weise der **Wüstenlack**[12] als Altersindikator herangezogen werden. Allerdings liegen für die Bildungszeit von Wüstenlack noch keine zuverlässigen Angaben vor. Da sich der Wüstenlack in seiner chemischen Zusammensetzung von den untersuchten Gebieten (z.B. in den USA) unterscheidet, ist eine Übertragung der Bildungszeit auf die Untersuchungsgebiete in Hochasien problematisch (s. DERBYSHIRE & OWEN 1991: 34)[13]. Häufig werden derzeit auch die von Buddhisten im 3. und 4. Jahrhundert eingravierten Felsmalereien, speziell entlang des Karakorum Highways, als Minimumwert – in diesem Fall 1500 Jahre – angegeben (DERBYSHIRE & OWEN 1991: 34). Bedenkt man allerdings die Tatsache, daß heute Schulkinder zur Eingravierung solcher Petroglyphen herangezogen werden, um eine kleine Touristenattraktion zu schaffen, wird diese Altersangabe auch wieder fragwürdig. Des weiteren weisen die Gesteine eine oftmals stark angewitterte Oberfläche auf und es bleibt unklar, um welche Generation von Wüstenlack es sich bei der aktuell aufliegenden handelt.

---

[12] Von WAGNER (1995: 19) wird der Wüstenlack in semi-ariden Hochgebirgsregionen als „wüstenlackartige Verwitterungsrinde" bezeichnet.
[13] Sowie mittels des Flechtenbewuchses von Gesteinskomponenten nicht nur deren Formungsruhe impliziert werden kann, sondern anhand der Wachstumsraten der Flechten auf das Alter der Gesteine rückgeschlossen werden kann, wäre es wünschenswert, in analoger Weise den Wüstenlack als Altersindikator für die Schuttkörperoberflächen der ariden bis semi-ariden Tallagen nutzen zu können. Eine Vielzahl der Schuttkomponenten ist im Karakorum und Hindukusch bis in Höhen von 3500 m mit Patinierungen überzogen, die verschiedene Farbschattierungen aufzeigen. Inwieweit es sich hierbei immer um „echten Wüstenlack" oder um einen ähnlichen Felsüberzug handelt steht zur Frage. DORN & OBERLANDER (1982) referieren den äußerst strittigen Forschungsstand über die Genese des Wüstenlackes, wobei sich die Auffassungen der internen („Sweating Process") und der externen (biologische Modelle) Ursachen gegenüberstehen bzw. Kombinationen aus beiden Faktorengefügen (biogeochemische Modelle) herangezogen werden. So spiegelt die Literatur über die Bildungsgeschwindigkeiten von Wüstenlack noch ein sehr kontroverses Bild wider. Die Zeitspannen reichen von wenigen Dekaden bis zu über 300 000 Jahre. ENGEL & SHARP (1958) belegen für die Wüstenlackbildung in der Mohave Desert 25 Jahre, DORN & OBERLANDER (1982) konnten unter künstlichen Bedingungen im Labor bereits in sechs Monaten Wüstenlack entstehen lassen, räumen aber ein, daß unter natürlichen Bedingungen eine

7. Zusammenfassung der Schuttkörperbetrachtung im E-Hindukusch: Eine stark glazial geprägte Schuttkörperlandschaft

Das vielerorts gletscher- und vegetationslose Gebirge läßt bei großen Vertikaldistanzen einen großen Freiraum für die Ausbildung von Schuttakkumulationen. Die kontinental-ariden Klimaverhältnisse in den Tallagen des Untersuchungsgebietes in Kombination mit der hohen Schneegrenzlage bzw. einer vergleichsweise großen Schneearmut begünstigen die aktuelle Bildung von Schuttkörpern.

LEIDLMAIR (1953: 31) beschreibt die Schutthalden des Schlicker-Tals als eine Funktion der Höhe und kristallisiert die 2300-Meter-Isohypse als ein entscheidendes Niveau für die Schuttbildung in Bezug auf „tote und lebende Schutthalden" heraus und unterstreicht damit deutlich die Höhenabhängigkeit der Frostwechselzone. Im Hindukusch sowie auch später im Karakorum läßt sich ein vergleichbares Niveau nicht in dieser Schärfe festlegen, da sich die Schuttbildung noch weit unterhalb der Schneegrenze unabhängig von unmittelbar frostbedingten Prozessen vollzieht. VORNDRAN (1969: 101-102) bemerkt, daß die Steinschlagwände der aktiven Schutthalden in den Alpen größtenteils oberhalb der klimatischen Schneegrenze liegen.

Begeben wir uns in die Engtalabschnitte des Hindukusch, so ist hier eine andere Schuttkörperlandschaft als in den weiträumigen, teilweise beckenartigen Talbereichen ausgebildet. Die Form und Größe der Schuttkörper ist primär eine **Funktion des Raumangebotes**. Mit abnehmender Haupttalbreite nimmt die Erosionswirkung des Haupttalflusses zu und die Ausbreitungsmöglichkeiten des Schuttkörpers ab. Die Formgestaltung der Schuttkörper setzt durch unterschneidende Prozesse basal an. Als größtenteils hangverkleidende Schuttkörper benötigen die Sturzschuttkegel eine sehr geringe horizontale Depositionsfläche unter den Schuttkörpern. Die Präsenz eines Schuttkörpers beinhaltet immer eine Verhältnismäßigkeit, d.h. daß die fluviale Sedimentation über der Abtragung überwiegt bzw. die Abtragungsleistung des Vorfluters nicht hoch genug ist, den Schuttkörper zu eliminieren.

Die Regelmäßigkeit mancher Schuttkörperformen trügt. Je größer die Form ist bzw. je größer der Beobachtungsabstand zur Form gewählt ist, desto gleichmäßiger erscheint die Oberfläche, da nun größere Einzelkomponenten betrachtet werden. Andererseits lassen sich nur aus einer entsprechenden Distanz vom Schuttkörper, die ihn prägenden Großstrukturen erkennen.

Das **lineare Element bei den Zuliefergebieten** der Schuttkegel tritt in diesem ariden Gebirgsbereich in den **Hintergrund**. Dominierender ist die flächige, unkanalisierte Abwitterung des Gesteinsmaterials, die in Form von **Hangausgleichsschutthalden** die Talflanken bekleiden. Ein zu untersuchender Aspekt wäre noch, inwieweit die ausgeprägten Runsensysteme in den ariden Tallagen einer vorzeitlichen, niederschlagsreicheren Klimaphase zuzuschreiben sind. Bei den Blockgletschern handelt es sich vorwiegend um

---

wesentlich längere Zeitspanne anzuberaumen sei. Begrenzende Faktoren seien vor allem die Manganoxidation und die Akkretion bei Mikroorganismen (DORN & OBERLANDER 1981). KLUTE & KRASSER (1940) berichten von einer Bildungsrate von Wüstenlack in 40 Jahren in periglazialen, arktischen und antarktischen Bereichen, CARPENTER & HAYES (1978) 100 Jahre für fluviale Umgebungen. Nach ELVIDGE & MOORE (1988) ist der Wüstenlack nach 1000 Jahren noch kaum sichtbar; mindestens 3000–5000 Jahre sei für eine augenfällige Felsüberkleidung notwendig. Nach BLACKWELDER (1948) wird der Wüstenlack erst nach 10 000 Jahren zu einer durchgängigen Ummantelung. KNAUSS & KU (1980) ermittelten mittels der Altersdatierung mit Uranium-Thorium ein Alter von über 300 000 Jahre für die vollständige Ausbildung von Wüstenlack im Untersuchungsgebiet von Utah.

Zur Datierung von Wüstenlack wird derzeit die Kationen-Methode (DORN & WHITLEY 1983) oder das ^{14}C-Verfahren verwendet, da der Wüstenlack aufgrund der Beteiligung von Mikroorganismen am Aufbau geringe Anteile an organischer Substanz enthält (WAGNER 1995: 98).

Abschmelzreste vorzeitlicher Gletscher. Sie spiegeln heute die Dominanz der Schuttproduktion über die Eislawinen- und Schneezufuhr wider.

STINY (1910: 109) stellt für die Alpen fest, daß an den Talausgängen die Altschuttmuren vorherrschen, d.h. also Muren, die z.B. aus Moränenmaterial, alten Schwemmkegeln oder vegetationsbedeckten Schuttkegeln hervorgehen. Gegen das Gebirgsinnere hin dominieren in den Hochlagen die Jungschuttmuren, da die Verwitterung hier am aktivsten ist. Im Hindukusch dagegen **überlagern** sich die **Verbreitung der Jung- und Altschuttmuren** sehr stark. Die Aufbereitung des Gesteins ist hier auch in den Tieflagen vergleichsweise intensiv.

Vielerorts trifft man auf den Schuttkegeln Murrinnen mit kurzer Lauflänge an. Die sichtbare Murbahn auf der Schuttkegeloberfläche mißt maximal einige hundert Meter Länge. Der Streckenabschnitt im Anstehenden, bei dem die Schuttaufnahme entlang der Runse erfolgt, kann 1000 m übersteigen. Ein Großteil der Murabgänge besteht aus trockenen Muren.

Die Schuttkörperlandschaft in den Talschaften des Hindukusch wird entscheidend durch **glaziale** Schuttablagerungen bestimmt. Hochlagernde Moränendeponien in Form von talhangverkleidenden Überzügen **schützen das Anstehende vor den Atmosphärilien** und bewahren den Hang vor der Rückverlegung und damit auch vor der rein hangialen Schuttkörperbildung. Die heutigen fluvialen und gravitativen Prozesse lagern das glazigene Material um und entstellen seine Herkunft. Das Moränenmaterial wird je nach dem angeschlossenen Einzugsbereich modifiziert. Der Aufbau der fluvialen Schuttkörper wird durch die Resedimentation von moränischem Material entscheidend geprägt. Materialbestimmend sind die glazialen Vollformen, formgebend sind die postglazialen Massenbewegungen.

Als typische **glaziale Umwandlungsschuttkörper** können die folgenden Typen im Untersuchungsgebiet identifiziert werden (Abb. 10):

a) Dualer Schuttkörperaufbau aus spätglazialem Grundmoränenmaterial an der Basis und darauf eingestellt im Postglazial fluviale Schuttlieferungen.

b) Aus dem spätglazialem Grundmoränenmaterial durch fluviale Prozesse im Postglazial herausgeschnittene kegelförmige Residualschuttkörper an einem Stichtalausgang, die fluvial aufgebauten Schuttkörpern formal ähneln.

c) Weiterentwicklung des in b) genannten Schuttkörpertyps zur Dominanz der fluvialen Aufschüttungen zu einem – z.T. aus Moränenmaterial resedimentierten – Schwemm- oder Murkegel mit seitlicher Umrahmung von residualen Moränenkörpern an den Talflanken.

d) Vielfältig zusammengesetzte fluviale Schuttkörper: Die Murschwemmkegel können aus der Resedimentation der mit Moränen verfüllten Nebentäler aufgebaut sein. Seitlich erfahren sie Schuttlieferungen durch Schutt- und Murkegel, die ebenfalls aus umgelagerten Moränenmaterial, das den Talflanken anhaftet, entstanden sein können. Die Ufersteilkanten dieser zusammengesetzten Schuttkörper werden oftmals in sekundäre Schutthalden umgearbeitet.

e) Sekundäre Schutthaldenbildung unterhalb hochlagernder Moränendeponien an den Talflanken

f) Die Talflanke bedeckender Moränenmantel, der gleichmäßig in einen sekundären Schutthaldenhang umgelagert wird.

g) Residuale kegelförmige Schuttkörper, die den primären Sturzschuttkegeln formal ähneln, aber aus einem der Talflanke anlagernden Grundmoränenmantel herausgeschnitten sind.

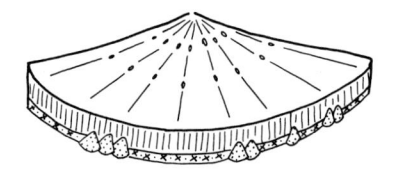

A
Fluvial-aufgebauter Schuttkörper (z.B. Murschwemmkegel) eingestellt auf ein Grundmoränenfundament (dualer Schuttkörperaufbau). Kann auch als Kamesartiger Schuttkörper ausgebildet sein.

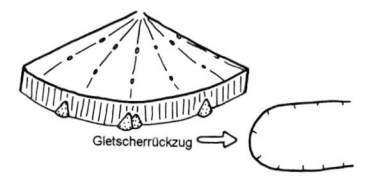

B
Kamesbildung (auch Eiskontakt-, Widerlager- oder Stauschuttkörper): Der Schuttkörper wurde ehemals gegen den Gletscher geschüttet. Nach dem Rückzug des Gletschers können die Ufersteilkanten auch ohne das Eiswiderlager beibehalten werden.

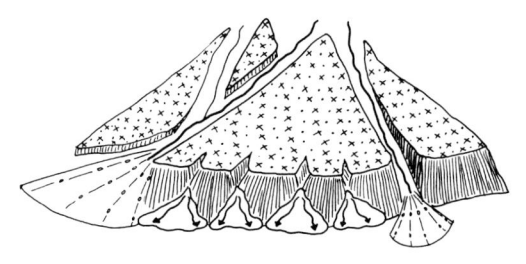

C
Residualschuttkörper aus Grundmoränenmaterial, das die Talflanken bis zu mehrere hundert Meter über der Haupttaltiefenlinie einkleidet und sukzessive zu einem fluvialen Schuttkörper umgebildet wird. Die dreieckig-zulaufende Schuttkörperspitze, die an der Felsfront - und nicht an einer Zulieferrunse endet -, wird nachträglich durch die seitlich angeschlossenen Runsenbachläufe aus dem Grundmoränenmaterial herausgeschnitten, was dem Schuttkörper das scheinbare Aussehen eines fluvial-aufgebauten Schuttkörpers verleiht. Am Ende dieser Bäche werden schwemm- und murkegelartige Schuttkörper aus resedimentierten Moränenmaterial aufgeschüttet. Ihre Größe liegt in dieser Umbildungsphase noch weit unter der des kegelförmig herauspräparierten moränischen Residualschuttkörpers. Das distale Kegelende zerfließt aufgrund des hohen Feinmaterialgehalts in "weiche" sekundäre Kegelkörper.

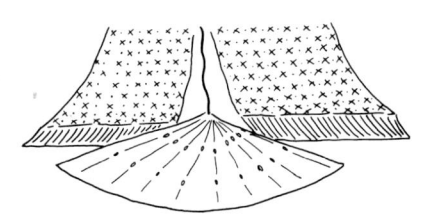

D
Fluviale Aufschüttungen aus dem Nebental vermögen Kamesterrassen oder auch einen Grundmoränenmantel, die das Nebental abriegeln, zu durchbrechen und werden als Schwemmkegel mit hohem Anteil an moränischem Material im Haupttal abgelagert. Im Depositionsschatten verbleiben die Moränenreste an den Talflanken.

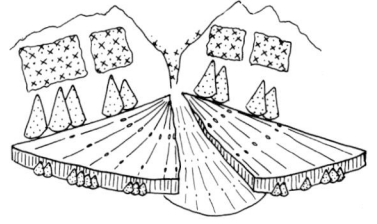

E
Vielfältig zusammengesetzter primär fluvial aufgebauter Schuttkörper: Er erhält eine vergleichsweise hohe Schuttzufuhr von den Sturzschuttkörpern der angrenzenden Talflanken. Diese Schuttkegel und -halden sind oftmals aus der Verlagerung hochlagernder Moränendeponien aufgebaut. Auch das Nebental ist zumeist mit abtransportbereiten Moränen ausgekleidet. Der distale Kegelbereich kann mit dekameterhohen Ufersteilkanten versehen sein, die basal durch sekundäre Schutthalden und -haufen gesäumt werden.

Moränenmaterial   fluvial-aufgebauter Schuttkörper   Schuttkegel und -halden   Ufersteilkanten

L. Iturrizaga

Abb. 10
Typische glaziale Umwandlungsschuttkörper im E-Hindukusch

F
Sekundärer Schuttkegel und -haldenaufbau aus an den Talflanken hochlagernden Moränen. Häufig ist ihre Oberfläche von schmalen Murabgängen gemustert, was auf ihren hohen Feinmaterialgehalt hinweist.

G
Residuale kegelförmige Schuttkörper aus Grundmoränenmaterial: Es handelt sich um die Relikte eines ehemaligen geschlossenen Moränenmantels, der durch postglaziale Hangprozesse kegelförmig herauspräpariert wird und somit im Zulieferschatten als kegelförmige Erosions- und nicht als Akkumulationsform erhalten bleibt.

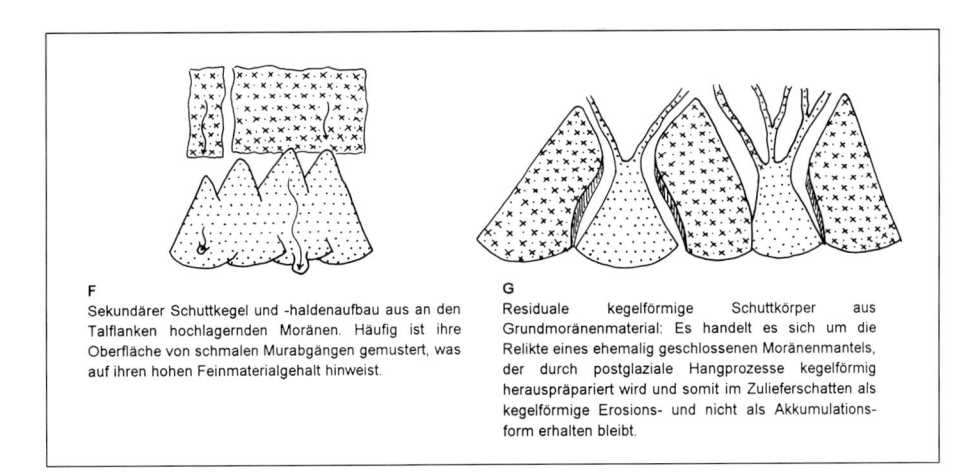

Abb. 10 (Fortsetzung)
Typische glaziale Umwandlungsschuttkörper im E-Hindukusch

Durch Feinmaterial verbackene Schuttkörper sind bei einer plötzlichen Zufuhr von Wasser muranfälliger als die locker aufeinander geschütteten Schuttkegel. Bei letzteren versickert das Wasser in das Innere des Schuttkörpers. Bei diesen „Murgängen" läuft nur eine Redeposition des Schuttkörpermaterials ab. Es wird kein neues Material aus den Einzugsbereichen hinzugeführt (vgl. auch DÜRR 1970: 39).

Für die überregionale Vergleichbarkeit der Schuttkörpervorkommen ist es sinnvoll, eine Höhengrenze für die Schuttkörper einzuführen, die im folgenden als **Schuttakkumulationsobergrenze (SAO)** bezeichnet werden soll. Die SAO ist primär abhängig von den Reliefverhältnissen sowie sekundär von der Verwitterungsanfälligkeit des Gesteins. Eine Schuttakkumulationsuntergrenze ist zumeist nicht identifizierbar, da sich gravitativ bedingt der Schutt in den Niederungen sammelt. Allerdings gibt es im Gebirge lokale Schuttakkumulationsuntergrenzen, die durch den Schuttabtransport durch einen Gletscher oder ein Fließgewässer bedingt sind. Folgender Zusammenhang zwischen Schneegrenze und der Schuttakkumulationsobergrenze läßt sich festhalten: Mit dem Absinken der Schneegrenze in das Relief hinein wird auch die Schuttakkumulationsobergrenze in den Bereichen erniedrigt, in denen Gletscher die potentielle Schuttdepositionsflächen einnehmen.

Just as the history of architecture will always be esteemed more highly than the history of demolition, so mountain building will always seem nobler than mountain destruction – at least to geologists. An alternative view is that mountains are formless rock until carved into a landscape by the erosional sculptor. The home of this profound ambiguity is within geomorphology, the study of the Earth's surface where destruction and redistribution takes place. While the Karakorum mountains provide some zenith to mountain construction, their decay is also an extreme, with the fastest erosion rates on Earth.

ROBERT MUIR WOOD (1981): Decay in the Karakorum.

III. Die schuttreichen, ariden bis semi-ariden Hochgebirgsgebiete mit extremen Reliefenergien und hoher Vergletscherungsbedeckung: Der NW-Karakorum

1. Ein landschaftskundlicher Überblick über den NW-Karakorum

1.1 Zum Forschungsstand

Die Autoren DERBYSHIRE und OWEN haben sich in ihren Aufsätzen mit dem Auftreten von Schwemmfächern (DERBYSHIRE & OWEN 1990), glazialen Sedimenten (DERBYSHIRE & OWEN 1988, 1993) sowie Massenbewegungen (OWEN 1991) im Hunza-Tal, dem Haupttal des NW-Karakorum, auseinandergesetzt. BRUNSDEN et al. (1984) widmeten sich im Rahmen des INTERNATIONAL KARAKORAM PROJECTs (IKP) einer Projektstudie über die Korngrößenverteilung in Sturzschuttkörpern. Die Schuttformen in der Talschaft Shimshal, dem Batura- und dem Hassanabad-Tal sowie dem Jaglot-Tal sind bislang in schuttkörper-geomorphologischer Hinsicht unbearbeitet, außer einem Beitrag der Verfasserin zur Aktualgeomorphologie in Bezug auf die dortigen Siedlungen (ITURRIZAGA 1996, 1997 a,b). Zur Geologie des Shimshal-Tals sowie des NW-Karakorum im allgemeinen sei auf die Arbeiten von DESIO (1974, 1979), DESIO & MARTINA (1974), GANSSER (1964), SCHNEIDER (1957, 1959) und SEARLE (1991) verwiesen. Beiträge zur eiszeitlichen Vergletscherungsgeschichte des NW-Karakorum liegen u.a. von PAFFEN et al. (1956), WICHE (1960), SCHNEIDER (1959, 1969), HASERODT (1989), OWEN (1989) sowie von KUHLE (1989a, 1996b) und zur postglazialen Vergletscherung der Karakorum-N-Abdachung von MEINERS (1996: 133-164) vor.

1.2 Geologie und Orographie

Der Hindukusch geht im E in den Karakorum über. In schuttkörper-geomorphologischer Hinsicht vollzieht sich dieser Gebirgsübergang anfangs sehr unscheinbar; die unkonsolidierten Schuttkörper der ariden Tallagen setzen sich hier unverändert fort. Als Teilstück des jungpaläozoisch-mesozoischen Geosyklinalzuges Eurasiens verläuft nördlich des Karakorum-Hauptkammes die Sedimentzone des Tethys Karakorum, für die mächtige, schwach metamorphe Kalk- und Dolomitserien mit zwischengeschalteten Schieferserien charakteristisch sind (SCHNEIDER 1957, 1959). Sie stellen die Schuttlieferer für die weitverbreiteten Schutthaldengürtel dar. Im Shimshal-Tal weisen die scharfgratigen, schroffen Gipfel auf die dolomitische Komponente in der Gesteinszusammensetzung hin. Sekundär treten feinschichtige Quarzite und phyllitische Tonschiefer auf. Im südlichen Bereich wird der nordvergente Sedimentkomplex vom Kristallin überschoben, das im Hauptkamm als Granodioritmassiv, dem Hunza-Plutonit, ausgebildet ist. Ein dichtes anastomisierendes Netzwerk von dykes (*Hunza dykes*) durchquert das Gestein. Südwärts folgt die kristalline Schiefer-Paragneis-Zone, die sich aus mächtigen Folgen grobkörniger Marmore in Wechsellagerung mit Granatamphiboliten, reinen Hornblendeschiefern und dunklen, feinschichtigen Quarzitschiefern zusammensetzt. Talverengungen im Hunza-Tal gehen einher mit hoch-resistenten Gesteinsformationen (z.B. Granodiorite des Karakorum-Hauptkammes), Talweitungen mit weniger resistenten Gesteinsfolgen (z.B. Pasu-Schiefer).

Die klimatischen Verhältnisse gestalten sich ähnlich wie im Hindukusch. Höhere Reliefvertikaldistanzen einhergehend mit einer größeren Vergletscherungsausdehnung heben den NW-Karakorum von der westlichen Gebirgskette ab. Reliefvertikaldistanzen von bis zu knapp 6000 m, wie z.B. zwischen *Rakaposhi* (7785 m) und dem *Hunza-Fluß* (1850 m), über nur 10 km in der Horizontaldistanz spiegeln die Steilheit des Reliefangebotes wider. Der Schuttreichtum und auch die Schuttkörpervielfalt ist im NW-Karakorum im Vergleich zu allen anderen Untersuchungsgebieten unübertroffen. Bekanntlich beruht der Name „Karakorum" auf der Wortzusammensetzung „Kara-korum", was soviel bedeutet wie „Schwarzer Grus" oder „Schwarzes Geröll" (VISSER 1935: 8–9). Ursprünglich wurde dem Gebirgszug der Name „Mustagh" verliehen, welcher mit „weißer Berg" zu übersetzen ist und heute auch noch in Gebrauch ist. Beides, das sogenannte Geröll, d.h. der Schutt, und die Gletscher, sind im Karakorum in außergewöhnlicher Weise vertreten. Der Frage, inwieweit zwischen beiden Parametern eine Koppula besteht, nämlich der Vergletscherungsgeschichte und dem außerordentlichen Schuttkörpervorkommen, wird in der Untersuchung zu erörtern sein.

Der Übergang vom Karakorum zum Himalaya gestaltet sich markanter als zum Hindukusch, obwohl über die Existenz dieser Gebirgszäsur viel diskutiert wurde und die Trennung zwischen Himalaya und Karakorum durch den Indus- und den Shyok-Fluß anfangs als nicht gravierender eingestuft wurde als die zwischen Zentralalpen und Dolomiten. Nach heutiger Auffassung präsentiert der Karakorum nicht einen gebirgischen Ausläufer des Himalaya, sondern verkörpert ein eigenständiges extremes Hochgebirgsrelief (HEWITT 1989: 167, SCHNEIDER 1957, VISSER 1927: 109), das die Reliefenergiebeträge sowie Vergletscherungausdehnungen des Himalaya vielerorts übertrifft. Beide Gebirge, der Karakorum und der Himalaya, unterscheiden sich in ihren Schuttkörpervorkommen als Funktion der Reliefenergie und dem Klima ganz augenfällig. Die Schuttkörperausstattung ist für den Betrachter das offenkundigste Indiz, das sie eindeutig voneinander abhebt. Dies schließt aber zugleich nicht aus, daß wir in beiden Gebirgen lokal ähnliche Schuttkörperformen antreffen.

Der NW-Karakorum zeigt sich durch seine innere Strukturierung in Form parallel verlaufender Gebirgszüge als Teil eines Kettengebirges in seiner Anordnung der Talschaften klar und symmetrisch in Längstäler aufgegliedert (Abb. 11). Die drei von WNW nach ESE ausgerichteten Hauptgebirgsketten, deren Gesamtbreite 150 km mißt, werden vom Hunza-Tal schleifenförmig – tendenziell in N-S-Richtung – durchbrochen. Im südlichen Abschnitt des NW-Karakorum verläuft die *Rakaposhi-Kette*, die im gleichnamigen Berg *Rakaposhi* (7788m) kulminiert. Durch das vergletscherte Hispar-Tal getrennt schließt sich nördlich an die Rakaposhi-Kette der durchschnittlich höhere Karakorum-Hauptkamm an. Seine höchsten Gipfel bilden im W der *Batura I* (7785 m) und im E der *Destighil Sar*

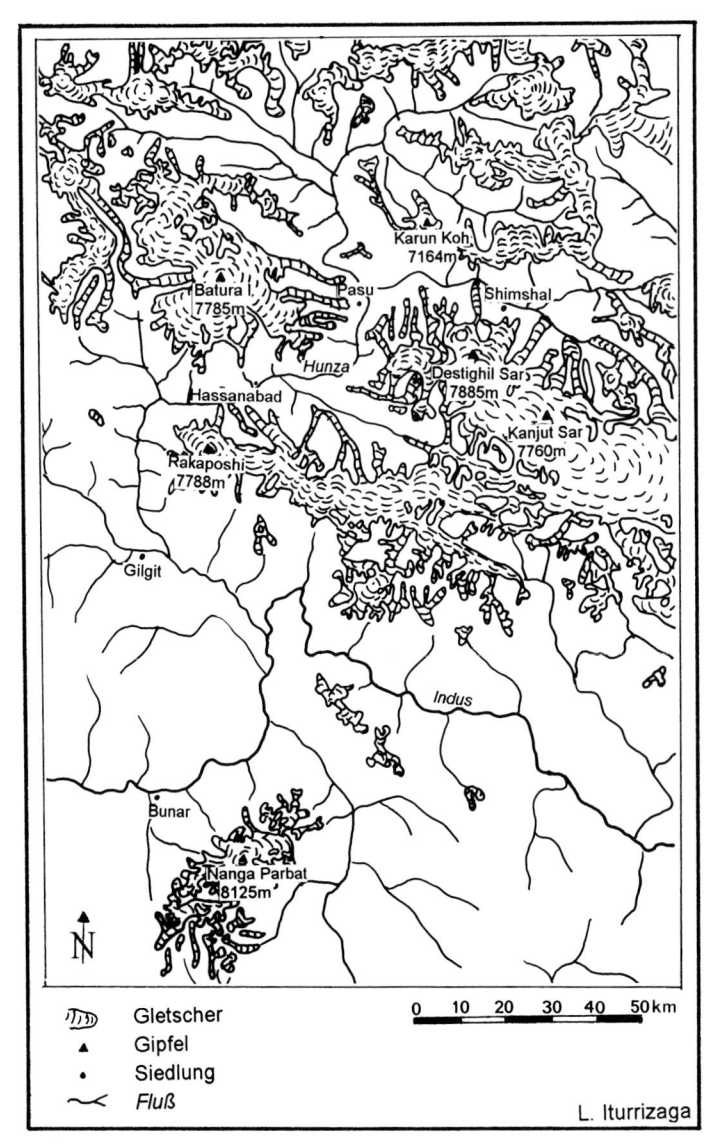

Abb. 11
Übersicht über das Untersuchungsgebiet im NW-Karakorum

(7885 m). Weiter nördlich, getrennt durch das in W-E-Richtung verlaufende Batura- und das Shimshal-Tal, folgt die im Durchschnitt 1000 m niedrigere Lupghar- und südliche Ghujerab-Kette, die im *Karun Pir* (7164 m) gipfelt. Obwohl hier der maximale Böschungswinkel zur Schuttdeposition partienweise überschritten wird, können sich in den Steilflanken Moränenanlagerungen halten und aus ihnen sekundäre Schuttkörperformen hervorgehen. Die Karun-Pir-S-Seite fällt von über 7000 m auf einer Horizontaldistanz von 8,75 km auf 3000 m im Shimshal-Tal ab. Nördlich schließen sich dann zum *Khunjerab-Paß* (4703 m) hin weichere Landschaftsformen und Hochflächenreste in 4500-5500 m an, die bereits zum Pamir hinleiten und geringere Reliefenergiebeträge aufweisen.

Im Gegensatz zum Hindukusch besitzt der NW-Karakorum eine fischgrätenartige Talanlage, die durch lange, vom Hunza-Tal abzweigende Längstäler gekennzeichnet ist. Diese Längstäler und ihre Nebentäler weisen in den einzelnen, in räumlich enger Nachbarschaft gelegenen Talschaften gleicher Ordnung sehr individuelle Vergletscherungssituationen und damit verbunden auch sehr unterschiedliche Schuttkörpersituationen auf. Während das Batura-Tal von einem 59 km langen Gletscherstrom erfüllt wird, zeigt sich das ebenfalls an die Karakorum-N-Abdachung anschließende Shimshal-Tal in seinem Haupttal nahezu gletscherfrei. In **gleicher Höhenlage** werden somit **gänzlich differierende Schuttkörperlandschaften** angetroffen, deren Ausprägung nicht primär auf Unterschiede in der Topographie, sondern in der Vergletscherung zurückgeht.

Die Talbodengestaltung der übergeordneten Täler des NW-Karakorum bietet durch das Vorhandensein von breiten, d.h. mancherorts über 1 km Breite überschreitenden, Schottersohlen günstige Aufschüttungsflächen für tributäre Sedimentfächer. Hierbei ist die **positive Rückkoppelung zwischen Schuttzufuhr und potentieller Aufschüttungsfläche** zu berücksichtigen. Das bedeutet, daß die Breite der Schottersohle als ein Ergebnis der Schuttzufuhr in Form von Hangverwitterungs- und Grundmoränenmaterial sowie von Seesedimenten anzusehen ist und diese gemischte Sedimenteinfüllung das Talquerprofil der sich V-förmig verschneidenden Talflanken bei zunehmender Auffüllung verbreitert. Der Sedimentablagerung in den Tälern höherer Ordnung stehen die saisonal sehr hohen Abflußraten – bedingt durch die sommerlichen Gletscherschmelzwässer sowie durch Gletscherseeausbrüche hervorgerufene Extremflutereignisse – ungünstig gegenüber. So weist der Hunza-Fluß eine Sedimentlast von 4800 t/km² auf. Die jährliche Denudationsrate von 1800 m³km^{-2} entspricht einem Oberflächenabtrag von 1,8 mm/Jahr (FERGUSON 1984: 587). **Siedlungslandverluste** der letzten hundert Jahre zeigen sich als sehr eindrucksvolle und gut nachvollziehbare **Indikatoren** für die rapiden Unterschneidungen und Abtragungen von Schuttkörpern (ITURRIZAGA 1996, 1997a–c).

1.3 Zum Klima des NW-Karakorum und seine Bedeutung für die Schuttlieferung sowie zur Vegetationshöhenstufung

Die drei regional eng beieinander liegenden Gebirgsabschnitte des E-Hindukusch, NW-Karakorum und des W-Himalaya liegen in großräumlicher Hinsicht im Bereich des subtropischen, zentralasiatischen Hochdruckgürtels. Störungen der Westwindzirkulation sorgen vornehmlich in den Monaten zwischen Januar und April für Niederschlagsereignisse. Aus südlicher Richtung wird das Gebirgsgebiet von Monsunausläufern[14] in den Sommermonaten je nach vorgelagerten Höhenzügen, die als Barriere gegen die Niederschlagseinfuhr wirken, mehr oder weniger stark tangiert (PAFFEN 1956: 22, FLOHN 1969: 208–209, GOUDIE et al. 1984a: 370, HASERODT 1989: 56, WEIERS 1995: 13–16).

Die Niederschlagswerte in den Tallagen des NW-Karakorum sowie auch für das folgende Untersuchungsgebiet des Nanga Parbat übersteigen kaum 130 mm/Jahr, während die Niederschläge in den Hochlagen bis auf circa 2000 mm höhenwärts kontinuierlich ansteigen (FLOHN 1969: 211, HEWITT 1989: 14). In der vertikalen Höhenstufung ergeben sich zwei gänzlich komplementäre Niederschlagsregime[15], die ihr Abbild in der Vertei-

---

[14] Zur „Monsun-Kontroverse" im Karakorum sei u.a. auf die Ausführungen in den Arbeiten von REIMERS (1994) und WEIERS (1995: 19–21) verwiesen.
[15] FLOHN (1969: 211–213) spekuliert mit Niederschlagswerten von 3000 mm im Jahr, FINSTERWALDER (in FLOHN 1968: 85) mit 6000 mm für die Hochregionen. HEWITT (1989:14) deklariert die folgende Niederschlagsverteilung für den Karakorum: Die Niederschlagswerte der Tallagen von ca. 100-150 mm steigen in Höhenlagen zwischen 3500 und 5000 m auf 250 bis zu 800 mm an. Bereits hier fallen die Niederschläge größtenteils als Schnee und sind somit als Transportmedium

lung der Schuttkörpervorkommen finden. Im Karakorum fallen nach WAGNER (1962) bis zu über 4000 mm Niederschlag in Höhen von über 6000 m; Schneefallhöhen von bis zu 12 m sind zu verzeichnen (KALVODA 1992: 36). Die Ortschaft *Karimabad*, bereits in einer Höhe von 2300 m gelegen, weist eine jährliche Niederschlagssumme von nur 137 mm auf. Eine N-S-gerichtete Ariditätszunahme ist im Verlauf des Hunza-Tals zu konstatieren. Während die Stadt *Gilgit* (1460 m), die südlich des Rakaposhi-Kamms liegt, einen Niederschlag von 132 mm aufweist, erhält *Misgar* (3106 m) – bei gleichzeitiger vertikaler Niederschlagszunahme – nördlich des Karakorum-Hauptkammes, nur noch 109 mm. In westliche Richtung ist eine Niederschlagszunahme in den Tallagen zu registrieren: Die Station Chitral erhält 450 mm/Jahr (WEIERS 1995: 29). Die skizzierten klimatischen Bedingungen spiegeln bereits den Schuttüberschuß der sehr abtransportarmen Tallagen wider.

HEWITT (1989) unterteilt die starke vertikale hygrische Gliederung in verschiedene klimatische Höhenstufen: bei Niederschlagswerten von 80–200 mm in einer Höhe von bis zu ca. 1500 m finden wir aride, bei 200–350 mm in einer Höhe von 1500-3000 m semiaride, bei 350–500 mm in einer Höhe von 3000–4000 m sub-humide und über 4000 m bei 500–1800 mm humide Klimaverhältnisse vor.

Signifikante Schlechtwettereinbrüche in den Sommermonaten, die in ihrer Genese umstritten sind (PAFFEN 1956, REIMERS 1994), halten die größte geomorphologische Bedeutung hinsichtlich der Schuttproduktion und -verlagerung und dem Schuttkörperaufbau inne (GOUDIE et al. 1984a: 371, ITURRIZAGA 1996: 216). Durch Starkregenereignisse katastrophisch entstandene Schuttkörper kleinerer und insbesondere größerer Dimension mit Radien von über 1000 m prägen eingehend das Schuttlandschaftsbild.

Die Jahresmitteltemperaturen liegen für Chilas (1260 m) bei 26,4°C mit einem Maximumwert von 47,0°C, für Gilgit (1460 m) bei 23,3°C mit einem Maximumwert von 45,0°C, für Misgar (3106 m) bei 12,5°C mit einem Maximumwert von 32,2°C und für Karimabad bei 15,8°C mit einem Maximumwert von 37,8°C (WEIERS 1995: 33).

An die oben skizzierte klimatische Situation lehnt sich die **horizontale und vertikale Vegetationszonierung** an. In den feuchteren Gebirgsabschnitten des NW-Karakorum ist eine **xerische WaldUntergrenze** bei ca. 3000 m ausgebildet, über der sich feucht-temperierte Nadelwälder und höhenwärts Birkenbestände bis zum Übergang in die Rasen- und Zwergstrauchformationen anschließen. In den trockeneren Gebirgsabschnitten vereiteln die geringen Niederschlagsmengen zur Wachstumsperiode das Aufkommen von Bäumen. Durch Laub- oder Nadelwald bestockte Schuttkörper nehmen einen äußerst geringen Fächenanteil in einem unkontinuierlichen Höhengürtel zwischen 3000 und 4000 m ein. Die Lokalitäten beschränken sich zumeist auf die tendenziell N-exponierten, gletscherbegleitenden Hangabschnitte (z.B. im Batura-, Jaglot- und Hassanabad-Tal).

1.4 Zur Vergletscherung des NW-Karakorum

Die kontroverse Landschaftszusammensetzung, bestehend aus dem Auftreten aus Gletscherzungen und Wüstenregion in der gleichen Höhenstufe und somit zwei Landschaftselementen, die im engeren Sinne komplementären Klimazonen angehörig sind, läßt die heutige Vergletscherung des NW-Karakorum für viele Autoren als ein Abschmelzrest der quartären Vereisung erscheinen. Betrachtet man jedoch den steilen Niederschlagsgra-

für Massentransporte nur bedingt verfügbar. Im Bereich der orographischen Schneegrenze in der Höhenlage zwischen 5000 und 7000 m erreichen sie mit Werten von 1000-1800mma^{-1} ihr Maximum. Die divergierende, vertikale Niederschlagsverteilung ist im Hinblick auf das Auftreten von Massenbewegungen sehr bedeutend.

dienten zwischen Gletschernähr- und Zehrgebiet bzw. die jährlichen Niederschlagssummen von über 2000 mm in den Gletschereinzugsbereichen, wird eine aktuelle Gletscherbildung verständlich. Die heutige Vergletscherung des NW-Karakorum stellt die größte Talvergletscherung außerhalb der Arktis dar (v. WISSMANN 1959: 1358). Gegenüber dem Himalaya sind als einer der wesentlichen Gunstfaktoren für die Vergletscherung im Karakorum hoch gelegene und langauslaufende Talbodenniveaus in einer Höhe zwischen 4500 und 2500 m kombiniert mit hohen Einzugsbereichen bis zu knapp 8000 m anzusprechen. Die Schneegrenze verläuft expositionsweise zwischen 4700 und 5300 m. Das Vorhandensein talhangverkleidender Moränenakkumulationen in den begangenen Haupt- und Seitentälern sowie Erratika in Paßlagen von über 4000 m belegen neben anderen glazialgeomorphologischen Indizienbeweisen eine hoch- sowie spätglaziale Vergletscherung mit einer Schneegrenzabsenkung von über 1000 m (KUHLE 1996b).

1.5 Zur hohen Schuttlieferung im NW-Karakorum

Unter den Verwitterungsprozessen nimmt die **Frostverwitterung** eine dominierende Stellung ein, deren Intensität und landschaftsformende Wirkung in Gestalt der Schutthalden im Karakorum unmittelbar sichtbar wird. Sie säumen weitflächig, d.h. in bis zu über 1000 m Vertikaldistanz eines Schuttkörperindividuums und bis zu mehrere Kilometer, sich in konischer Form überlappend, die Talflanken. Die durch den geringen Bewölkungsgrad wenig gedämpften Strahlungswetterlagen der Subtropen und die nur sporadisch ausgebildete Vegetationsdecke exponiert die Gesteinsoberflächen unmittelbar den Einflüssen der Atmosphärilien. Die Häufigkeit der Frostwechsel und das Vorhandensein von Wasser entscheiden über die Intensität der Verwitterungsprozesse. Frostwechsel treten im Karakorum zu jeder Jahreszeit in alternierenden Höhenbereichen auf (HEWITT 1989: 14). Die Höhenzone zwischen 4000 und 6000 m bietet in den Monaten Mai bis Oktober gute Ausgangsbedingungen für die Frostverwitterung. Bei Niederschlagswerten zwischen 500 und 1000 mm sowie Temperaturen, die sich um den Gefrierpunkt bewegen, sind sowohl die für die Frostverwitterung notwendige Feuchtigkeit als auch Frostwechsel vorhanden[16].

Gemessene Temperaturschwankungen von Gesteinsoberflächen (WHALLEY 1984: 627) erreichen über 60°C und lassen somit auf Insolationsverwitterungsprozesse rückschließen. An den Gesteinsblöcken und -bruchstücken der Tallagen fällt ihre fragile Ummantelung markant auf. Der oberflächliche Bereich kann in Form von Abschuppungen dünner Gesteinsschichten ausgebildet sein. Vor allem die aus einer körnig-kristallinen Matrix bestehenden Gesteine, wie sie im Bereich des Hunzaplutonits vorkommen, tendieren zur Vergrusung. Im benachbarten Muztagh-Karakorum wurden bis in 4300 m Vergrusungen an Granitblöcken beobachtet. Wüstenlack überzieht einen Großteil der Gesteine bis in Höhenbereiche von etwa 3000 m. Im Shimshalischen Pamir konnten Lacküberzüge bis auf 3600 m verzeichnet werden.

---

[16] RATHJENS (1972: 209) weist darauf hin, daß aufgrund der sommerlichen, nahezu ungetrübten Strahlungswetterlagen in den ariden Subtropen eine sehr hohe Frostwechselhäufigkeit auch noch in Höhenlagen über der Schneegrenze zu verzeichnen ist.

2. Ausgewählte Beispiele für Schuttkörpervorkommen in der Talschaft Shimshal (Karakorum-N-Abdachung)

2.1 Das Shimshal-Tal

Das 60 km lange *Shimshal-Tal* verläuft in E/W-licher Richtung mit einer Hauptalbodenhöhe zwischen 2600 und 3200 m parallel zum Karakorum-Hauptkamm, dessen höchster Einzugsbereich im *Destighil Sar* mit 7885 m gipfelt (Abb. 12). Eingeleitet wird das Shimshal-Tal durch eine ablagerungsfeindliche Schlucht. Die Talanlage ist im weiteren Verlauf durch steile, gestreckte Hänge geprägt, die sich talbodenwärts zu einer subglazialen Klamm verschneiden. Hier werden die steilen Talflanken von **homogenen Schutthaldenserien** gesäumt, die maximale Böschungswinkel aufweisen. Zugleich verkleiden vielerorts hochlagernde Moränendeponien die Talhänge.

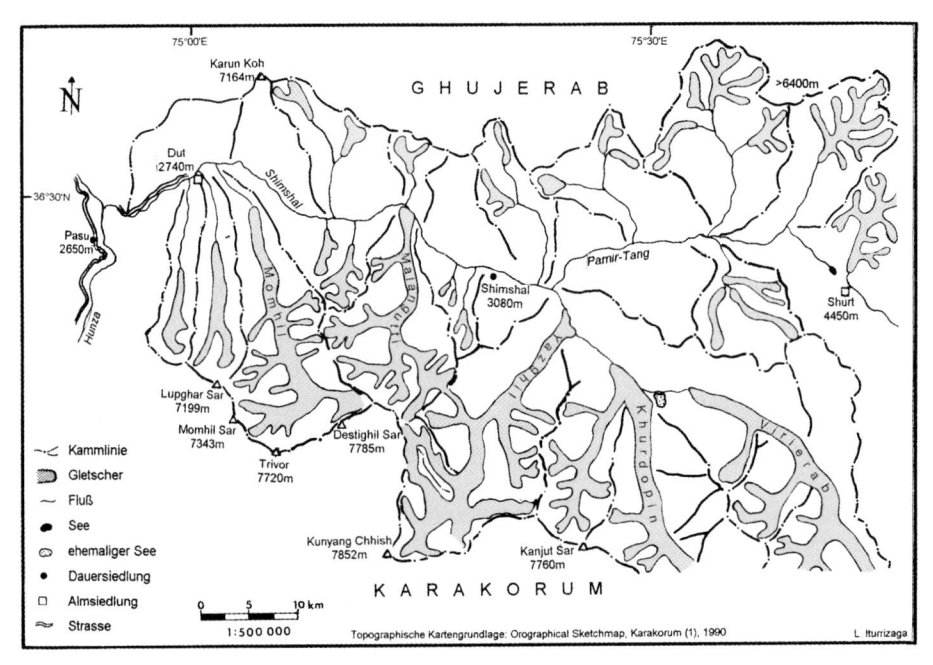

Abb. 12
Übersichtskarte der Talschaft Shimshal

Das Shimshal-Tal verläuft in der nördlichen Sedimentzone, in der vorwiegend Kalksteine und Schiefer anstehen (SCHNEIDER 1957: 430 ff., GOUDIE et al. 1984a: 365). Die Kombination von edaphischen sowie klimatischen Ungunstfaktoren – das Shimshal-Tal verläuft auf der leeseitigen N-Abdachung des Karakorum – erlaubt so gut wie keinen Vegetationsbesatz mit Ausnahme von extralokalen Standorten, wie an Wasseraustritten im Lockermaterial oder entlang der glazialen Ufermoränentäler der Seitentäler. Kahle, hunderte von Metern hohe Kalksteinwände von grau-gelblicher Gesteinsfarbe sind im unteren Talverlauf bestimmend. Weiter talaufwärts ermöglicht das Vorkommen von Schutthalden und die Auslösung des Gesteinsverbandes in Trümmerschutt ein Aufkommen von Schuttpflanzen. Die hohe Mobilität der stark geneigten Schutthalden bei langanhaltender Trockenheit mit vereinzelten Starkregenereignissen läßt eine dichte Pflanzendecke nicht zu. Konsolidierte, spärlich mit Vegetation besetzte Schuttakkumulationen in

Gestalt von Schuttkegeln, Moränenablagerungen, Schwemm- und Murkegeln sowie Kamesbildungen sind erst im oberen Shimshal-Talabschnitt abgelagert, wo sich auch die einzige Dauersiedlung der Talschaft namens Shimshal befindet. In dichter Abfolge ist hier zwischen einer Höhe von 2980–3200 m eine komplexe Schuttkörperlandschaft ausgebildet (Abb. 14).

Die großen gletscherverfüllten Seitentäler des Shimshal-Tals gestalten sich längst nicht so vegetationsreich wie das 50–80 km westlich gelegene Batura-Ufertal. Die Talflanken des Yazghil-Gletschers ziegen einen gleichmäßig, lückigen Artemisia-Bewuchs auf. Da dieses Gebiet von den Shimshalis traditionell für Beweidungszwecke genutzt wird, ist es unklar, inwieweit die Vegetationsbedeckung zoogen degradiert wurde. Im Shimshalischen Pamir, in einer Höhenlage ab 4200 m, setzen Rasengesellschaften ein, die bei 4700–4800 m aufgrund der Frostdominanz bereits ihr höhenwärtiges Ende finden.

2.1.1 Zur glazialen Situation: Gletscherseeausbrüche kappen die fluvialen Schuttkörper der Talböden

Die Karakorum-N-Abdachung entsendet sechs größere Gletscherströme nordwärts in das Shimshal-Tal, den *Lupghar-* (13 km), *Momhil-* (26 km), *Malangutti-* (23 km), *Yazghil-* (31 km), den mit dem *Yushkin-Gardan-Gletscher* konfluierenden *Khurdopin-Gletscher* (47 km) sowie den *Virjerab-Gletscher* (40 km). Letztere drei Gletscher bilden in der Talschaft Shimshal potentielle Gletscherdämme aus[17] (Abb. 13). Die Gletscherzungen stoßen bis in die subtropisch-warmen und ariden Tallagen mit nur 100-150 mm/Jahr Niederschlag vor. In den letzten 100 Jahren hat sich im Durchschnitt alle 9 Jahre im Shimshal-Tal eine merkenswerte Entwässerung von Gletscherseen ereignet (vgl. CHARLES 1984: 89), wobei unbeantwortet bleibt, inwieweit der Malangutti-, Khurdopin- oder der

---

[17] Anmerkung zu den potentiellen Gletscherdämmen in der Talschaft-Shimshal (Abb. 13, Photo 14): Der *Khurdopin-Gletscher*, dessen höchstes Einzugsgebiet mit dem Kanjut Sar bis auf 7760 m hinaufragt, mündet in einer Höhe von 3400 m mit seinem gänzlich schuttbedeckten Zungenende in das obere Ende des Shimshal-Tales ein und erstreckt sich hier über eine Länge von 5 km. Die orographisch rechte Seite des Khurdopin-Gletschers legt sich mit seiner Seitenmoräneneinfassung kniegelenkartig vor den Virjerab-Talausgang. Der *Virjerab-Gletscher*, dessen höchster Einzugsbereich 6858 m mißt, lag im August 1992 ca. 1500 m vor dem Ende seines Talgefäßausganges. Der Khurdopin-Gletscher endet in einer Höhe von 3300 m. Weitere 5 km Schottersohle trennen die Khurdopin-Gletscherdamlage von der Zungenendlage des *Yazghil-Gletschers*, der sich unmittelbar westlich an diese mögliche Gletscherdammlokalität anschließt. Sein höchstes Einzugsgebiet kulminiert in dem 7852 m hohen Kunyang Chhish. Das im Gegensatz zum Khurdopin- und Virjerab-Gletscher schuttarme Zungenende des Yazghil-Gletschers erreicht die Shimshal-Talsohle auf einer Höhe von 3190 m, wo sich diese in ihrer Gesamtheit hammerkopfartig ausbreitet. Der Gletscher selbst teilt sich in seinem Endzungenbereich in zwei Eisloben auf, welche die ursprüngliche Endmoränenummantelung durchstoßen haben und damit zwei potentielle Dämmungslokalitäten bildet. In dieser topographischen Situation ist für eine Seeaufstauung der individuelle Gletschervorstoß und nicht generelle klimatische Verschlechterungen wesentlich. Ein typisches Merkmal für das Verhalten der Karakorum-Gletscher ist der synchrone Vorstoß und Rückzug von benachbarten Gletschern. Die topographischen Gegebenheiten scheinen diesbezüglich über die klimatischen Schwankungen zu dominieren. Der *Malangutti-Gletscher* (36°19'-29'N/75°12'E), der direkt talabwärts der Siedlung Shimshal in einer Höhe von 2900 m in das Haupttal mündet, stößt ebenfalls mit seinem Zungenende, begleitet von bis zu 200 m hohen Seitenmoränenzügen, bis dicht an die orographisch rechte Shimshal-Talseite vor. Heute trennen die Gletscherzunge nur einige Dekameter von der gegenüberliegenden Talflanke, teilweise entwässert der Shimshal-Fluß hier subglazial. Insbesondere die ororgaphisch rechte Shimshal-Talseite wird von mächtigen Seesedimenten verkleidet, die von einer post-glazialen Seeaufstauung zeugen. Beim Murkegel von Tangash findet eine enge Verzahnung von Seesedimenten und Murmaterial statt.

Yazghil-Gletscher hierbei dämmend agierten. Die Extremfluten spielten sich alle in den Sommermonaten Juni bis August. Diese Gletscherseeausbrüche spiegeln sich in der **Unterschneidung der Sedimentkörper** der Talböden unmittelbar wider. Nachvollziehbar wird die Kappung der Schuttkörper durch Extremflutereignisse an der Dauersiedlungsfläche von Shimshal. Sie wurde im Laufe dieses Jahrhunderts um mindestens 100 m zurückverlegt (Photo 16). Auch *Pasu* (2650 m) im Hunza-Tal, talabwärts der Ausmündung des Shimshal-Tals, hatte ähnliche Landverluste zu verzeichnen. Bei den Siedlungsflächen handelt es sich um flachauslaufende und leicht erodierbare Sedimentkörper.

Die durch Hochwässer oder aber auch durch Gletscherseeausbrüche verursachten „feuchten Muren" haben zwar trotz ihrer geringen Frequenz mit den landschaftsprägendsten Einfluß, jedoch besitzen sie eher erodierende als akkumulative Auswirkungen. Ihre Lauflänge zieht sich über Dekakilometer hin und klingt gegen das Gebirgsvorland hin aus. Dabei ist der Zusammenhang interessant, daß keine lineare Beziehung zwischen der Dimension der bewegten Murmasse und der Größe der Ablagerung besteht. Den Ablagerungskörpern von Gletschermuren, den sog. „dilluvialen Sedimenten" – wie sie RUDOY für den Altai (S-Sibirien) benannt hat (RUDOY & BAKER 1993) -, muß im Karakorum in Zukunft noch Aufmerksamkeit geschenkt werden. Angesichts der langen Gletscherströme finden wir eine Vielfalt von gletscherbegleitenden Schuttkörperformen, die exemplarisch am Yazghil- und am Momhil-Gletscher besprochen werden sollen.

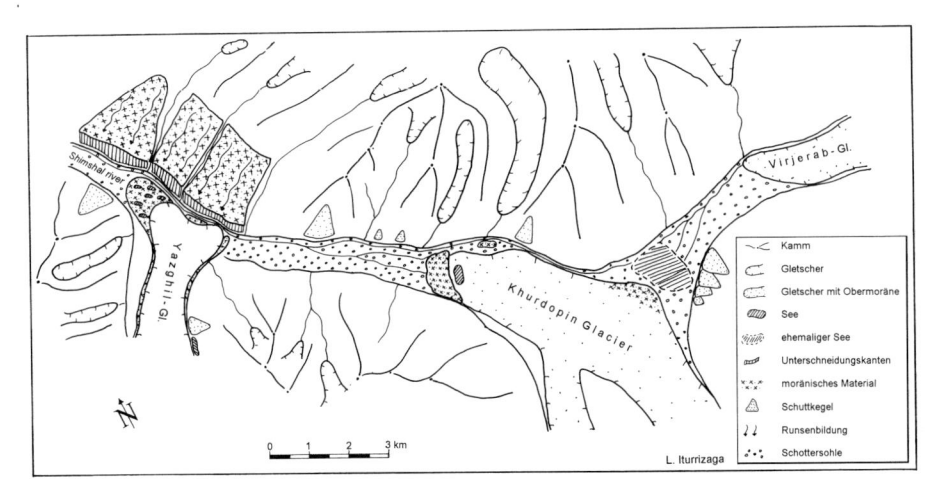

Abb. 13
Die glaziale Situation im oberen Shimshal-Tal, NW-Karakorum

2.1.2 Die Besonderheiten der topographischen Lagekonstellation von Endmoräne und Schwemmfächer

Werfen wir nun einen Blick auf ausgewählte Schuttkörperlokalitäten im Shimshal-Tal. Eine durch den – wahrscheinlich neoglazialen – Shimshal-Talgletscher abgelegte Endmoräne ist den Nebentälern *Bandasar* (Photo 18), das auf der orogr. rechten Shimshal-Talseite einmündet sowie insbesondere dem *Chukurdas*-Talausgang auf der orogr. linken Shimshal-Talseite in 3100 m Höhe vorgelagert (Photos 21 & 22, Abb. 14). Die Endmoränensegmente sind vom Schwemm- und Murmaterial eingebettet. Eine interessante Verzahnung zwischen „totem" Schuttkörper – d.h. die Endmoräne losgelöst von ihrem Ablagerungsagenz dem Shimshal-Gletscher – und dem noch durch Schuttlieferungen belebten Schwemmfächer zeigt sich hier.

Was sehr verwundern mag, ist die Intaktheit des Endmoränenbogens von Chukurdas (Photo 22). Zieht man in Betracht, welche großen Mengen an Schuttmaterial gegen die Endmoräne geschüttet worden sind, würde man eine Eliminierung der Grundgestalt der Endmoräne vermuten, v.a. wenn man bedenkt, daß die Endmoräne auf der Innenseite kein Widerlager im Fundamentbereich durch Haupt- oder Nebentalschotter aufzuweisen vermochte. Nun kann zum einen aus der guten Überlieferung der Endmoräne auf eine langsame, jahreszeitlich kontinuierliche Ablagerung aus dem Chukurdas-Tal geschlossen werden. Murabgänge hätten mit ihrer hohen Transportenergie sicherlich intensive Unterschneidungs- und Abtragungsprozesse an der Endmoräne bewirkt. Das immer noch verhältnismäßig enge Durchlaßtor, das der Chukurdas-Fluß in dem Endmoränenkranz geschaffen hat, spricht gegen den Abgang von extremen Murereignissen, wie sie am gegenüberliegenden Bandasar-Schwemmkegel abliefen. Es liegt hier ein eher reiner Schwemmfächer vor. Die Endmoräne wurde auf ihrer Außenhangseite allmählich von den Schottern aus dem Chukurdas-Tal ummantelt. Trotzdem ist es doch weiterhin bemerkenswert, daß die Abflußregime, die den Schwemmfächer überzogen haben, die Endmoräne nicht zerstört haben. Die dichte Packung des Moränenmaterials muß als Kriterium für die Abtragungsresistenz des moränischen Materials herangezogen werden. Eine scheinbar ähnliche Lagekonstellation von Endmoräne und Schwemmfächer ist aus dem Hunza-Tal bei *Yal* (2000 m) auf der orogr. linken Hunza-Talseite bekannt (s. Photo und Erläuterung bei SCHNEIDER 1957: 470); allerdings handelt es sich bei der Endmoräne um eine Ablagerung aus der Rakaposhi-N-Abdachung, also um eine Nebentalmoräne, während es sich im Shimshal-Tal um eine Haupttalmoräne handelt. Bei einer weiteren Beispiellokalität dagegen, nämlich bei der Sedimentkörperverzahnung am Shimshal-Talausgang an der Einmündung in das Hunza-Tal, liegt eine sehr diffuse Vermengung von Moränenmaterial des gegenüberliegenden Batura-Gletschers und dem Shimshal-Schwemmfächer vor.

Das Chukurdas-Tal besitzt ein relativ steiles Talgefälle und ist mit reichlich hangbekleidendem Moränenmaterial in leicht abrutschbereiter Lage ausstaffiert (Photo 21). Im Einzugsbereich befinden sich Gletscher, die ebenfalls für zeitweise sehr hohe stoßweise abgehende Schmelzwassermengen sorgen. Es besteht eine hohe Wahrscheinlichkeit, daß die Moränenablagerungen im Chukurdas-Tal auch in Zukunft in kleineren Murereignissen resedimentiert werden (ITURRIZAGA 1994: 98–102). Bislang scheint insbesondere der geringe Abfluß größere Murereignisse vereitelt zu haben.

Die vor dem Chukurdas-Talausgang abgelagerte Endmoräne versetzt den heutigen Apex des Schwemmkegels weiter gegen die Mitte der Shimshal-Taltiefenlinie, d.h. an die Lokalität der Innenseite der Endmoräne. Ein zentraler Abflußcanyon, wie z.B. beim gegenüberliegenden Murkegel von Bandasar (3080–3120 m, Photo 18), ist nicht vorhanden. Die Gesteinskomponenten des Schwemmfächers setzen sich überwiegend aus kopfgroßen Steinen zusammen, die zum größten Teil gut zugerundet sind. Die Schwemmfächeroberfläche ist aber auch mit kantengerundeten und teilweise nahezu kantigen Steinen übersät. Dabei muß man bedenken, daß zum einen Material aus der Endmoräne vom Chukurdas-Fluß verfrachtet wird, zum anderen können die kantigen Steine auch von Steinschlagaktivitäten her resultieren. Letzteres dürfte bei den topographischen Gegebenheiten des Schwemmfächers allerdings weniger Bedeutung finden. Der Endmoränenkranz, der den Schwemmfächer zweiteilt, limitiert den Beitrag der Steinschlagaktivitäten. Nur der fächeraufwärtige, von Schwemmfächeraktivitäten unbeeinflußte Schwemmfächerteil ist bestreut mit Gesteinsbruchstücken.

An der orogr. linken Shimshal-Talseite erblickt man an der Talflanke Überreste der talaufwärtigen Fortsetzung des Endmoränenzuges, der hier bereits als Ufermoräne anzusprechen ist. Zwischen den Moränenhinterlassenschaften an der orogr. linken Shimshal-Talseite und dem shimshal-talaufwärtigen Endmoränenschweif haben die Aufschüttungen des Chukurdas-Schwemmfächers die Endmoränenfassung durchbrochen.

Auf der talabwärtigen Seite der Schwemmfächerhälfte sind nur zwei Schwemmfächerterrassenniveaus ausgebildet, während auf der talaufwärtigen Seite noch mehrere Niveaus vorhanden sind. Das jüngste Schwemmfächerniveau des Chukurdas-Schwemmfächers kleidet die vorhergehenden Schwemmfächerterrassen bereits beträchtlich ein. Das Schwemmfächermaterial, aus dem sich das jüngste Schwemmfächerniveau aufbaut, stammt zu einem beträchtlichen Teil von den älteren Schwemmfächerniveaus, so daß man von einer partiellen **Schwemmfächermaterialumlagerung** sprechen kann. Am Steilufer des äußersten Schwemmfächerniveaus bilden sich beidseitig vom Schwemmfächerzentrum am Ende der Abflußbahnen kleine Schuttkegel von bis zu 4–5 m Höhe. Die zunächst relativ steilen, zahlreich vertretenen Schuttkegel an der Schwemmfächerstirn werden im Laufe der Zeit durch die Zufuhr von Wasser sukzessive verflacht. Sie werden sich im Laufe der Zeit miteinander verzahnen, bis die Verschmelzung soweit fortgeschritten ist, daß sie ein einheitliches Niveau ausbilden. Die Verschmelzung findet unabhängig davon statt, ob der Zubringerfluß akkumuliert oder denudiert. Im ersten Fall werden die Schuttkegel verflacht, so daß sie folglich seitlich ineinanderübergehen. Im zweiten Fall liefert der Zubringerfluß Schuttmaterial, das die Schuttkegel versteilt, sie aber aufgrund der Materialzufuhr miteinander verwachsen läßt. Es ist gut vorstellbar, daß durch den Chukurdas-Fluß und seine Abflußarme der Chukurdas-Schwemmfächer, der derzeit aus mehreren Niveaus besteht, diese Schwemmfächerniveaus bei weiterer Aufschotterung unter der neuen Schwemmfächeroberfläche gänzlich eingeebnet werden. In späterer Zeit wird dann nichts mehr auf ihre Existenz – außer bei der Ansicht eines Schwemmfächerquerprofilaufschlusses – hinweisen. Nur noch ein oder zwei Schwemmfächerniveaus werden sichtbar sein.

Der Chukurdas-Fluß, der bereits eine geringe Abflußmenge führt und dem eine beträchtliche Wassermenge für Bewässerungen des shimshalischen Kulturlandes entnommen wird, gliedert sich beim Verlassen des Chukurdas-Tals, also noch oberhalb der Endmoräne, in vielzählige Abflußarme auf, die knöchel- bis wadentief sind. Vor der Aufspaltung überschreitet der Chukurdas-Fluß die Kniehöhe nicht. Die gesamte Schwemmfächeroberfläche einwärts der Endmoräne scheint durch das eng miteinander verflochtene Abflußsystem überspült. Nur wenige Partien des Schwemmfächers sind von den Wassermassen verschont geblieben. Diese Überreste heben sich durch ihre braune Farbe, die das noch vorhandene feine Matrixmaterial verrät, gegenüber den gräulichen Abflußkanälen hervor. Besonders vertreten sind sie im Bereich zum Steiluferbereich hin, da die Wassermassen hier nicht mehr ausreichen, um die gesamte Breite des Schwemmfächers zu durchströmen. Die in vielgliedrige Zopfmuster gestaltete Abflußsysteme breiten sich in radialer Anordnung vor den Schwemmfächerbildungen höherer Ordnung als äußerstem Schwemmfächerring aus. Dieser äußerste Schwemmfächerring hebt sich höhenmäßig kaum von der Shimshal-Schottersohle ab. Die Tochter-Schwemmfächer, die bei allen Schwemmfächern im Frontbereich zu beobachten waren, weisen darauf hin, daß die Sedimentmengen, die aus den Nebentälern herausverfrachtet werden, ausreichen, um der Abtragungsenergie des Shimshal-Flusses zeitweise standzuhalten. Sie tauchen in einem flachen Winkel in die Shimshal-Schottersohle ein und sind durch das Fehlen einer markanten Gefällsstufe nicht so unterschneidungsanfällig wie die zur Shimshal-Schottersohle exponierten Steilufer der flachen glaziofluvialen Sedimentfächer, die den Wassermassen eine eindeutige Angriffsfläche bieten. Die geringe Höhe von 3–6 m dieser glaziofluvialen Aufschüttungen liefert sie Extremflutereignissen, bei denen der Wasserspiegel je nach Talbreite um ein Vielfaches ansteigt, besonders aus.

In Bezug auf die erwähnten sekundären Schuttkegel an den Uferkanten der Schwemmfächer sei hier auf deren **Stabilität bzw. Standhaftigkeit** eingegangen. Sie setzen sich im Gegensatz zu primären Schuttkegeln oftmals aus gerundetem, fluvialem Material zusammen. KNOBLICH (1967: 297) kommt in seinen Stabilitätsuntersuchungen von Schuttkörpern zu dem Ergebnis, daß lockere Kiese und Sande über einen langen

Zeitraum betrachtet weit standfester sind – vorausgesetzt sie haben eine bestimmte Böschungsneigung erreicht – als feinkörnige, bindige Gesteine. Gegenüber Wasser sind sie relativ unempfindlich, da die Reibung, auf der dessen Scherfestigkeit beruht, im Normalfall durch Wasserzufuhr nicht sonderlich beeinflußt wird. Des weiteren ist das Gesteinspaket gut durchlässig. Das in die Schutthalde penetrierende Wasser sickert nach unten und außen ab. Eine Wassersättigung der Schutthalde wird nur vereinzelt erreicht. Die Scherfestigkeit feinkörniger, bindiger Lockergesteine beruht größtenteils auf der unterschiedlichen Kohäsion, so daß Niederschlagsereignisse schnell zur Wassersättigung des Hanges führen können. Hanguntschneidungen treffen bindige und nicht-bindige Gesteine gleichermaßen. Die Beseitigung des Widerlagers im basalen Bereich einer Hangfront führt zumeist zu sofortigen Rutschungen. Lockermaterialanhäufungen sind allerdings anfälliger gegenüber Verstürzungen im hangaufwärtigen Bereich, da überhaupt keine Bindung zwischen den Gesteinskomponenten existiert, während bei bindigen Lockergesteinen trotz Unterschneidungsaktivitäten der hangaufwärtige Zusammenhalt für eine gewisse Zeit noch gewahrt bleibt.

Wie wird der Chukurdas-Schwemmfächer im Shimshal-Tal nun in ein paar Jahrhunderten oder Jahrtausenden aussehen? Der Schwemmfächer hat derzeit seine temporäre **maximale Aufschüttungshöhe** erreicht. Die Höhe der Endmoräne wird er nicht mehr erlangen, Aufschüttungsaktivitäten finden nur noch **innerhalb** des Endmoränenbogens statt. Den Schwemmfächerteil, der an den Außenhang der Endmoräne grenzt, kann man als derzeit inaktiv bezeichnen, worauf die flächendeckende Inkulturnahme durch Baumanpflanzungen und Feldbewirtschaftungen hinweisen. Schuttzubringerdienste leisten nur noch die angrenzenden Talflanken, von denen häufig Steinschlagereignisse abgehen. Nur wenige der Steine werden von den Shimshalis entfernt, da es sich überwiegend um für den Transport zu große Steine handelt und sie des weiteren in den für Brennholz genutzten Sanddornanpflanzungen nicht stören. Falls ein Gesteinsblock doch Anlaß zum Ärgernis für die Bewirtschaftung gibt, wird dieser zerschlagen und stückweise entfernt bzw. für bauliche Zwecke wie für den Mauer- oder Kanalbau genutzt. Diese zerschlagenen Gesteinsblöcke, die manchmal wochen-, monate- oder jahrelang noch an ihrer Lokalität verbleiben, sind nicht zu verwechseln mit Gesteinsblöcken, die beim Herunterrollen oder -fallen von den angrenzenden Talflanken zerbersten.

Zu guter Letzt stellt sich die Frage, ob die Endmoränenlage vor den Talausgängen Chukurdas und Bandasar auf einem Zufall beruht oder Ursächlichkeiten für die Eisstillstandslage von dem Widerlager der Sedimentbildungen her existieren, die aus den betreffenden Nebentälern nach dem hocheiszeitlichen Gletscherstand aufgeschüttet worden sind. Letztere Vermutung entzieht sich der Nachweisbarkeit.

2.1.3 Die gekappten Mur- und Schwemmkegel als Kennform glazialer Genese und ihr Aufbau durch Resedimentation von Moränenmaterial

Der *Zadgurbin*-Talausgang auf der orogr. rechten Shimshal-Talseite wird in einer Höhe von 3050 m von einem Murkegel mit einem Durchmesser von ca. 1 km und mit einer Uferkantenhöhe von 60 m gesäumt (Photo 18). Der Murkegel wird nach der auf ihm befindlichen Siedlung *Bandasar* bezeichnet. Das mit dem *Boesam-Pir* bis zu über 6000 m hinaufragende in S/SE-Exposition liegende Einzugsgebiet des Murkegels Bandasar beherbergt mehrere Gletscher von 1-4 km Länge mit Gletscherendzungenlagen um die 5000 m. Im unteren Talgefäßbereich ist das äußerst steile Zadgurbin-Tal gänzlich mit spätglazialen Moränendeponien ausgekleidet, die das Ausgangsmaterial für großmaßstäbige Murgänge bilden. Der Murkegel ist ein sehr homogen gestalteter Schuttkörper. Lediglich ein zentraler Abflußcanyon zerteilt den Murkegel in zwei Hälften. In seinem orogr. linken Kegelsegment ist die Fortsetzung der in dem Chukurdas-Schwemmfächer integrierten Endmoräne des Shimshal-Gletschers in den Murkegel eingebettet. Hier deutet allerdings nur noch wenig auf die Endmoräne hin. Nur noch ein kleiner walrückenförmiger Rest lugt aus der Murkegeloberfläche hinaus. Die aufgezeigte Verzahnung von Haupttalendmoräne und fluvialem Nebentalschuttkörper stellt eine weitere – nicht gesetzmäßige, sondern eher zufällige – Kombinationsform von glazialem und fluvialem sowie hangialem Schuttmaterial dar.

Wie beim Chukurdas-Schwemmfächer tragen auch beim Bandasar-Murkegel die seitlich angrenzenden Schutthalden nicht erheblich zum Schuttkörperaufbau bei. Es sind im Shimshal-Tal aber auch fluviale Schuttkörper zusammengesetzter Schuttzufuhr vertreten. Weiter talabwärts z.B. befindet sich auf der orogr. rechten Shimshal-Talseite am Ausgang des *Shegedi-Tals* (2900 m), gegenüber der Malangutti-Gletscherzunge, ein ineinandergeschachtelter Schwemmfächer, der von Schutthalden umsäumt wird und wesentlich von ihrer Schuttzufuhr profitiert. Die Zufuhr von Schuttmaterial aus den Hangwänden ist weitgehend unabhängig vom Vorfluterniveau im Gegensatz zur Schuttzufuhr aus dem Nebental.

Die nahezu senkrecht zur Schottersohle hin abschließenden **Ufersteilkanten** des Murkegels Bandasars werfen die Frage nach ihrer **Genese** und den Entstehungsbedingungen des gesamten Murkegels auf (vgl. hierzu KUHLE 1991: 153–154). Es bestehen prinzipiell zwei Bildungsmöglichkeiten der Steiluferkanten: 1. Sie sind als **fluviale Unterschneidungskanten** anzusprechen **oder** 2. Ihre Genese ist auf eine **Gletschereinlage** zurückzuführen und damit wäre der Murkegel selbst als Kamesbildung anzusprechen.

Es liegt nahe, daß die distalen Murkegelabschnitte rezent vor allem in den Sommermonaten durch fluviale Prozesse unterschnitten und sukzessive steil gehalten werden. Allerdings spricht gegen diese Anschauung zum einen, daß die zentrale sekundäre Schwemmfächerbildung eine Unterschneidung der Uferkanten eigentlich unterbindet und zum anderen, daß die sekundären Schuttkegelbildungen aus dem Murmaterial an der Basis der Steiluferkanten nicht hinfort gespült worden sind, es sich also um alte, aktuell in Bildung begriffene Uferkanten handelt. Des weiteren bezeugen die sekundären Uferkantenschuttkegel die Auflösung des Murkegels und zeigen, daß der Murkegel heute nicht mehr den gleichen Prozessen wie zu seiner Bildungszeit unterliegt. Heutige Murprozesse würden das Steilkantenprofil zerstören. Beide Indizien sprechen für eine glaziale Entstehungshypothese. Ein weiteres Indiz für die glaziale Hypothese besteht darin, daß unmittelbar talabwärts des Murkegels an den Talflanken Kamesbildungen erhalten sind (Photo 22). Ihre Größe liegt im Dekameterbereich. Diesen an den Hang gehefteten Schuttkörpern – sie besitzen keine Verbindung mit der Talsohle mehr – fehlt heute jegliches Widerlager und sie streichen in die Luft aus. Daraus folgt zwingend, daß der Murkegel nicht älter sein kann als die angesprochenen Kamesbildungen. Der Murkegel selbst muß gegen eine frühere Talgletschereinlage geschüttet worden sein.

Granit-Erratika auf dem 4350 m hohen Chatmerk-Paß belegen eine hochglaziale Eismächtigkeit von über 1300 m im Shimshal-Tal (KUHLE 1996b: 156). Daraus folgt, daß der Murkegel sich erst nach der hocheiszeitlichen Vergletscherung gebildet haben kann, nämlich bei einer geringeren Gletschermächtigkeit im Spätglazial. Während des Spätglazials als das Shimshal-Tal mit Gletschereis verfüllt war, wurde die Schuttfracht der Seitentäler und Runsen gegen den Gletscher in Form von Kames geschüttet. Erst nach der Deglaziation wurde der Murkegel in seiner Halbkreisform freigelegt. Im Postglazial erfuhr der Murkegel eine Weiterbildung durch Hangschutt-liefernde Prozesse sowie durch die sekundäre Kegelbildung im Frontbereich.

Es ist zu mutmaßen, daß sich der zentrale Abflußcanyon des Murkegels **bereits unmittelbar nach der Aufschüttung** in den Schuttkörper eingeschnitten hat, nämlich zu dem Zeitpunkt als noch genügend Feuchtigkeit bzw. Schmelzwasser vorhanden war und das leicht verfrachtbare Schuttmaterial des Einzugsgebietes weitgehend eliminiert war.

Heute befindet sich der nicht mehr in Weiterbildung. Es handelt sich um eine vorzeitliche Schuttkörperform. Die Aufschüttung findet dieserzeit dem Murkegel vorgelagert in

Form eines seichten Schwemmfächers statt. Wasserreiche Murgänge sowie Schwemmprozesse putzen den zentralen Murkegeleinschnitt alljährlich aus und bilden eine sekundäre Schwemmkegelaufschüttung.

Die Genese des Murkegels erfolgte in wenigen, katastrophisch ablaufenden Ereignissen durch die Resedimentation des im Einzugsbereich bereitgestellten Moränenmaterials. Die steilen Nebentalneigungen in Kombination mit zeitweise hohen Gletscherschmelzwasserraten liefern günstige Voraussetzungen für die Verlagerung des Moränenmaterials. Die heute bis in eine Höhenlage von 2700 m vorstossenden Gletscher im NW-Karakorum zeigen die aktuelle Kamesbildung in tiefen Lagen (Photo 15).

An die *Zadgurbin-Schlucht* (Photo 17), dem Zuliefergebiet des Murkegels Bandasar, schließt sich höhenwärts ab einer Höhe von 3900 m der *Maidur-Hochtalboden* an (Photo 19). Vom 4250 m hohen *Winian-Sar-Paß* erhält man einen guten Überblick über die Ausgestaltung des Hochtalbodens (Photo 19). Bis zu 500–700 m hohe **zusammengesetzte reine Sturzschutthalden** säumen auf beiden Talseiten über Kilometer die Talflanken. Sie sind auf eine glaziofluviale, wenige Meter hohe Terrasse eingestellt, die den Talboden breitflächig auslegt und sich durch ihren Bewuchs mit steppenartigen Gräsern von der Schottersohle deutlich abhebt. Es findet hier eine stark **selektive Rückverlegung** hinsichtlich der Gesteinsresistenz der Hänge statt. Anstehend sind hier Kalke und Schiefer, wobei letztere teilweise bereits komplett in Gesteinstrümmer zelegt worden sind. Aus dem Hang ragen isolierte Kalksteinfelspfeiler von über 100 m empor, die von Schutthalden umsäumt werden. Im circa 5500 m hohen Einzugsbereich lappt ein kleiner Hängegletscher herunter, dessen Schmelzwässer einige Schutthalden durch Wasserrinnen überformen. Diese Schutthalden stellen den unmittelbaren Übergang von den Schutthalden der semi-ariden Tallagen zu denen der subhumiden Hochlagen dar.

2.1.4 Zur maximalen Schwemmfächerausbreitung

Wenn man die durch den Shimshal-Fluß unterschnittenen Schwemm- und Murkegel im Hinblick auf ihren maximalen Ausbreitungsradius betrachetet, so stellt sich heraus, daß in der Mehrzahl der Fälle das Talgefäß für die ungehinderte Ausbreitung zweier gegenüberliegender Schwemmfächer zu schmal ist. Würde der Haupttalfluß für längere Zeit versiegen, beispielsweise durch einen Gletscherdamm, dann würden die gegenüberliegenden distalen Schwemmfächerenden miteinander sedimentologisch verschmelzen und eine gemeinsame Oberfläche ausbilden. Schaut man sich bezüglich der maximalen Ausbreitungsmöglichkeiten den Hodber-Schwemmfächer an, sieht man bereits auf Anhieb, daß, wenn man die gekappte Schwemmfächeroberfläche in Gedanken fächerabwärts verlängert, der distale Bereich des Schwemmfächers bis nahe der gegenüberliegenden Shimshal-Talseite reichen würde und sich nicht frei entfalten könnte.

Aufgrund der Endmoränenbarrieren, die den Hodber-Schwemmfächer beidseits begleiten, d.h. aufgrund der reduzierten Ausbreitungsmöglichkeiten des Hodber-Schwemmfächers, ist eine durch die Kanalisation bedingte größere Aufschüttungshöhe zu schlußfolgern. Innerhalb der beiden Endmoränenarme des Hodber-Tals, die in das Shimshal-Tal einmünden, kommt die erhöhte Ablagerungsmächtigkeit des Hodber-Schwemmfächers sehr deutlich zum Vorschein. Wären die Endmoränen sowohl des Hodber-Tals, dem orogr. linken Shimshal-Nebental, sowie des ehemaligen Shimshal-Talgletschers nicht vorhanden, würden die nahe beieinander liegenden Schwemmfächer des Chukurdas- und des Hodber-Tals sich miteinander verzahnen. So wird jedoch eine freie seitliche Entwicklung der Schwemmfächer durch die Moränenzüge verhindert (Abb. 14).

In den wenigsten Fällen existieren im NW-Karakorum frei entfaltete Schuttkörper. Meistens werden sie vom Fluß, vom Gletscher oder von glazialen Akkumulationen gekappt. „Freie Schuttkörper" kennzeichnen sich dadurch aus, daß sie nicht mit der

Genese anderer Sedimentkörper in **Konkurrenz** stehen. Es kommt auf die Dominanz des jeweiligen Transportagens an, welche Schuttkörperform sich zu behaupten vermag. Gletscher sind eindeutig über jedes andere Transportagens bezüglich der Transportenergie erhaben. Sie engen nicht nur die nicht-glaziale Schuttkörperentwicklung ein, sondern verhindern großflächig im unteren gletschererfüllten Talgefäß deren Ausbildung. Die Präsenz des Gletschers beinhaltet aber auch einen mannigfaltigen Schuttkörperreichtum der Formen, die gegen den Gletscher geschüttet werden **(mittelbare und unmittelbare Eiskontaktschuttkörper)**. Andererseits werden die Talflanken durch den Gletscher bzw. durch das durch den Gletscher mitbewegte Schuttmaterial abgehoben und die Flanken werden während der Gletscherbedeckung frei von Schuttbildungen gehalten. Schmilzt der Gletscher ab, so werden die auf den Gletscher eingestellten Schutthalden talabwärts verstürzen und den ehemals vom Gletscher bedeckten Felskern mit Schutt verkleiden.

2.1.5 Die hochlagernden Moränendeponien als Ausgangsmaterial für sekundäre Schutthalden und Murgänge

Bevorzugt in den weiträumig gestalteten Talkammern, wie sie bei *Sost* (2850 m), *Garkuch* (1800 m) oder *Gilgit* (1450 m) vorzufinden sind, sind die Talflanken bis mehrere hundert Meter über dem Talboden mit Grund- und Ufermoränenmaterial, in das vereinzelt Seesedimente eingelagert sind, verkleidet. Auch in Shimshal treten moränische, mantelartige Verkleidungen auf den vom Gletschereis polierten Talflanken auf der orogr. linken Shimshal-Talseite flächendeckend in Erscheinung (Photo 25). Die Talflanke reicht bis auf ca. 5000 m hinauf und zeigt in den Hochlagen im August Schneeeinlagen. Die hochlagernden Moränendeponien sind vielerorts bereits stark zerrunst. Einerseits konserviert das Moränenmaterial die Hangpartie, in dem es den anstehenden Fels vor den Atmosphärilien und dem fluvialen Hangabtrag schützt, andererseits stellt es in großer Fülle das Ausgangsmaterial für trockene und feuchte Massenbewegungen dar, die insbesondere zur Zeit der Schneeschmelze im Frühjahr sowie bei Niederschlagsereignissen mobilisiert werden. Diese sekundären Schuttkörper werden im nächsten Kapitel abgehandelt.

2.1.6 Die reinen und moränen-geprägten Schutthalden: Ihre Mur- und Steinschlaganfälligkeit

Neben den weit verbreiteten schuttfreien Steilwandpartien zählen die **Schutthalden** zu einem der augenfälligsten Landschaftsformen im NW-Karakorum (Photos 19, 23 & 26). Beachtlich ist ihre **vertikale Verbreitungsspannweite**. So sind sie nicht nur im Schneegrenzsaum als Zone maximaler Schuttproduktion vertreten, sondern sie kommen in der Höhenzone zwischen etwa 1000 und 5000 m, vereinzelt tiefer oder höher vor. Ein Großteil der Talflanken wird von diesem Lockermaterialsaum eingenommen. Die weite Verbreitung der Schuttkegel läßt sich auch aus der **glazialen Vorformung** des Reliefs erklären. Die glaziale Übersteilung der Talflanken lieferte den für die Schuttkörperaufschüttung in konischer Form notwendigen abrupten, **konkav geformten Gefällsknick** zwischen Talsohle und Talhang. Bei einem mäßig gestreckten, fluviatil herauspräparierten Hang würden Schuttdecken entstehen. Die Schuttlieferung wird in dem einstrahlungsreichen Gebirge durch die hochfrequenten Frostwechselzyklen, die zu jeder Jahreszeit in alternierenden Höhenbereichen auftreten, sowie die sporadisch ausgebildete Vegetationsdecke begünstigt. Bis zu 1200 m hohe und sich über mehrere Kilometer erstreckende Schutthalden mit Neigungswinkeln von bis zu 40° säumen die Talflanken im Shimshal-Tal, vor allem in dessen Mittellauf sowie auch als gletscherbegleitende Schutthalden in den Nebentälern. Die Vielzahl der Schutthalden befindet sich in einem gesättigten, kritischen Zustand, d.h. sie haben ihren maximalen Böschungswinkel, der zwischen 35 und 40° liegt, erreicht. Die Schutthalden zeigen nur selten eine Korngrößengradierung von oben nach unten auf, sondern bestehen aus sehr homogenen Gesteinsgrößen.

Die Schutthalden zeichnen sich in Shimshal durch eine hohe **Überprägung** durch gestreckt verlaufende, damm-förmig begrenzte Murgänge mit basalem Schuttlobus aus (Photo 25, Abb. 7). Die Anfälligkeit der Schutthalden gegenüber Murgängen erklärt sich aus ihrem hohen Feinmaterialgehalt an Ton und Silt. Das Feinmaterial hochlagernder Moränendeponien wird peu à peu hangabwärts verfrachtet. Insbesondere zur Zeit der Schneeschmelze werden die hochlagernden Moränendeponien an den Talflanken mobilisiert und entsenden Murgänge, die über den Schutthalden auslaufen. Am günstigsten für Murgänge sind im Extremfall die **Moränenschuttkegel**, d.h. Schuttkegel die unmittelbar aus der Umlagerung von Moränenmaterial entstanden sind. Die hohe Quellfähigkeit der Tonbestandteile überführt das Moränensubstrat bei Durchfeuchtung in ein plastisches Fließverhalten. Reine Schuttkegel sind aufgrund ihres durch ihre Einzelkomponenten verzahnten Kegelaufbaus nach dem „Baukastenprinzip" standfester und reagieren bei Niederschlagsereignissen tendenziell eher mit Steinschlagabgängen. Auch kantengerundete, aus dem Moränenmaterial stammende Gesteinsstücke sind teilweise auf den Schutthalden vorzufinden.

Die an die Siedlungsfläche Shimshals angrenzenden Schutthalden sind zum Teil durch Sanddornanpflanzungen in ihrer unteren Hälfte konsolidiert worden. Das Überdauern dieser Anpflanzungen, die überall im NW-Karakorum in den Siedlungsrandbereichen anzutreffen sind, ist ein Indiz dafür, daß die heutige Steinschlagaktivität nicht übermäßig hoch sein kann.

2.1.7 Ein schuttkörperloser Talausgang: Das Pamir Tang-Tal und die mächtigen Moränenverkleidungen im Shimshal-Tal

Oberhalb der Siedlung Shimshal münden bis zum Pamir Tang- und dem Yazghil-Tal keine Nebentäler in das Haupttal ein. So mutet das bis zu 2 km breite Shimshal-Tal in diesem Streckenabschnitt, dem eigentlichen Zungenbeckenbereich des ehemaligen Shimshal-Talgletschers, auffallend beraubt an ausladenden Schuttakkumulationen an. Auch Terrassen sind entlang der Talflanken nicht vorzufinden, die lediglich von Schutthalden flankiert werden. Das Pamir Tang-Tal, das unterhalb des Yazghil-Gletschers auf der orogr. rechten Shimshal-Talseite in dasselbige einmündet, zeigt keinen markanten fluvialen Schuttkörper an seinem Mündungsbereich (Photo 14). Das von NE nach SW verlaufende Pamir-Tal entwässert bis zu 6500 m hohe, gering vergletscherte Einzugsbereiche. Das mittlere, im Talgrundbereich eng V-talförmig gestaltete Pamir Tang-Tal ist reichlich mit bis zu mehrere hundert Meter hohen Moränenablagerungen sowie mit Schutthalden ausgekleidet (Photo 20). Die Fächerlosigkeit des Talausganges verwundert somit um so mehr. Die für viele der Karakorum-Gletscher typische Lawinenernährung und die damit einhergehende hohe Schuttlieferung ist bei den Gletschern des Pamir Tang-Tals und seiner Nebentäler allerdings nicht gegeben. Die Reliefenergiebeträge der Einzugsbereiche liegen deutlich unter denen des Karakorum-Hauptkamms. Eine Erklärung für das Fehlen des fluvialen Schuttkörpers am Talausgang ist in der Glazialgeschichte des Gebietes zu finden. Der Talausgang wurde während der Shimshal-Talvergletscherung weitgehend von Seitenmoränenmaterial abgeriegelt. Bis zu über 700 m hochreichende, spätglaziale Moränendeponien an der orogr. rechten Shimshal-Talseite beidseits des Pamir Tang-Talausganges belegen diesen Tatbestand (Photo 14). Der Pamir Tang-Fluß mußte sich nach der Deglaziation erst seinen Weg durch das Moränenmaterial bahnen, um Anschluß an den Vorfluter zu finden. Das Talgefälle des Pamir Tang-Tals ist im unteren Talverlauf moderater als im Zadgurbin-Tal und beinhaltet keine hohe gefällsbedingte Abtransportkraft.

Beim einige Kilometer weiter talabwärts gelegenen Zadgurbin-Tal ist der markante Gefällsbruch zwischen *Maidur-Hochtalboden* (3900 m, Photos 17 & 19) und dem Zadgurbin-Tal (3100 m) für Murabgänge und eine folgliche Murkegelbildung als außerordentlich günstig zu bewerten.

Der Erhaltungszustand des Moränenmantels ist äußerst gut, was insbesondere bei der aktiven Morphodynamik im NW-Karakorum auf die Jugendlichkeit dieser Ablagerungen hinweist. Oberflächlich weisen sie kaum eine Zerrunsung auf. Die rein hangiale Schuttkörperbildung wird durch die hangabdeckenden glazialen Sedimente gänzlich unterdrückt. Die Moränendeponien wurden und werden während des Postglazials und teilweise auch während des Spätglazials fluvial in über mehrere hundert Meter breite, **dreiecksförmige Segmente** zerschnitten. Im etwa 5500 m hohen Einzugsbereich sind größere Schneeflecken zu sehen, die das notwendige Schmelzwasser liefern. Im weiteren zeitlichen Verlauf werden die Moränendeponien sukzessive weiter zurückverlegt werden, ihre Dreiecksform wird deutlicher durch die fluvialen Prozesse herauspräpariert werden und es wird immer schwerer werden, sie von rein hangialen Schuttkörpern zu unterscheiden. Mit zunehmender Eliminierung der Moränendeponien von der Talflanke wird eine immer größere potentiell schuttliefernde Felsfläche frei, so daß der rein hangiale Schuttanfall sich mit den glazialen Sedimenten vermischt. Oberhalb der Moränenverkleidung ist die Gipfelpyramide in mehrere karförmige Stichtalschlüsse aufgeteilt. Die Kare sind durchgehend ausgesäumt mit Schutthalden und zeugen von einer regen Schuttproduktion unterhalb des Schneegrenzbereichs. Diese zirkus-förmig angeordneten **Karschutthalden** sind ein sehr typisches Landschaftselement im Shimshal-Tal. Oberhalb von 4000-4500 m sind sie häufig in den heute unvergletscherten, muldenförmigen Stichtalschlüssen zu beobachten.

Die Moränen werden heute durch den Shimshal-Fluß und seine Hochwasserereignisse unterschnitten. Die Sprunghöhe des Steilufers sowie die Mächtigkeit nehmen talabwärts ab. Die bis zu über 100 m hohen Steiluferkanten der Moränenverkleidungen lösen sich streckenweise, d.h. über mehrere 100 m, in einen homogenen sekundären Schutthaldensaum auf, der über die Hälfte der Steiluferkantenfläche einnimmt. Unmittelbar gegenüber der östlichen Yazghil-Gletscherteilzunge sind die Steilkanten in erdpyramidenförmige Pfeiler aufgelöst. Die Genese der sehr scharfkantig abschließenden Steilufer ist auf die frühere Einlage des Yazghil-Gletschers in Verbindung mit dem Khurdopin-Gletscher im Shimshal-Tal zurückzuführen.

2.1.8 Der Saumbereich zwischen Gletscher und schuttanliefernden Talflanken: Die Eiskontaktschuttkörper (Yazghil-Gletscher)

Der nach NNE abfließende, 31 km lange *Yazghil-Gletscher* auf der Karakorum-N-Abdachung kann als exemplarisch für Gletscher mit nur schmalen bis fehlenden Ufermoränentälern gelten. Nichtsdestotrotz wird er von einer Vielfalt von Schuttkörpern gesäumt. Der Lupghar- und der Momhil-Gletscher ähneln in ihrem Verbreitungsmuster der gletscherbegleitenden Schutthalden dem Yazghil-Gletscher. Das Besondere am orogr. linken Yazghil-Ufermoränental ist, daß es unmittelbar Verbindung mit dem Haupttalboden des Shimshal-Tals aufnimmt, so daß es sozusagen als eine Art fast abflußloses Nebental einmündet (Photo 14). An seinem Talausgang ist ein terrassenförmiger Schuttkörper aufgeschüttet. Das Ufertal ist wannenförmig ausgebildet und hangwärts wird es von unkonsolidierten Schutthalden begleitet. Etwa 1,5 km Yazghil-talaufwärts endet das Ufertal allerdings bereits wieder. Zur weiteren Begehung des Yazghil-Tals quert man nun den Gletscher und fädelt am beginnenden orogr. rechten Ufertal ein. Das Ufertal ist eng V-förmig gestaltet. Die Ufermoräne sowie die an der angrenzenden Talflanke befindlichen Schutthalden sind hier in der etwas feuchteren Umgebung des Gletschers fleckenartig mit Artemisia-Büscheln besetzt. Da es sich um eine der Hauptaufstiegsrouten zu einem der Weidegebiete der Shimshalis handelt, ist es wahrscheinlich, daß die Vegetation stark degradiert ist. Ein einzelner 1,50 m hoher Juniperus-Baum wurde gesichtet.

Der Yazghil-Gletscher kappt das Ufertal in einer Höhe von 3600 m. Die Schutthalden sowie ein Murschwemmkegel der angrenzenden Talflanke sind hier unmittelbar auf den Gletscher eingestellt und werden von ihm unterschnitten. Der Murschwemmkegel ist somit als Kamesbildung anzusprechen und wird von MEINERS (1996: 158) zeitlich in das Neoglazial (5500–1700 YBP) eingestuft. Der Murschwemmkegel besitzt ein konvex aufgewölbtes Querprofil, ist unzerteilt und weist eine distale Steilkante von ca. 20 m auf, die sehr scharfkantig und senkrecht den Schuttkörper zum Gletscher hin abschließt. Die eigentlich blanke Gletscheroberfläche wird an der Einmündung des Murschwemmkegels von einem halbkreisförmigen Schuttmantel bedeckt. Der Murschwemmkegel wird von spätglazialen Moränen, die z.T. erdpyramidenförmig verwittern, an den Talflanken eingerahmt. Weiter talaufwärts finden wir eine ähnliche Kamesbildung vor, jedoch besitzt sie keine so streng geometrische Form wie der beschriebene Murschwemmkegel. Der Einzugsbereich der orogr. rechten Yazghil-Talflanke reicht mit dem *Yazghil Sar* bis auf 5964 m hinauf und seine Gipfelpyramide wird von steil hinabhängenden kalten Gletschern bedeckt. Eisabbrüche sowie Schmelzwasserläufe sorgen für die Resedimentation der darunterliegenden Schuttdeponien aus hangialem und glazialem Material und somit für den Abgang von Murgängen. Die orogr. linke Yazghil-Gletscherseite, die mit dem *Shimshal White Horn* bis auf 6400 m hinaufragt, zeigt ähnliche Schuttkörperformen, jedoch sind hier die Talflanken noch reichlicher über mehrere Kilometer mit unkonsolidierten Schutthalden von bis zu 300–400 m Höhe verkleidet. Anstehend ist leicht verwitterbarer Schiefer und auch hier findet sich bei den Schutthalden keine ausgeprägte vertikale Gesteinsgrößensortierung vor. Am Yazghil-Gletscher wird – wie der Momhil- und Lupghar-Gletscher auch – von monotonen Schutthaldenserien über mehrere Kilometer begleitet. Angesichts der wenig resistenten Schiefer verwundert es, daß der Yazghil-Gletscher als strahlend weißer Blankeisgletscher in Erscheinung tritt. Man erwartet Schuttreichtum, die Gletscherlandschaft erscheint aber völlig schuttarm. Am lawinenernährten, hochschuttliefernden Shispar-Gletscher finden wir die inverse Landschaftssituation vor (Kap. B.III.3.3): Dort stehen hoch resistente Gneise an; der Gletscher zeigt eine komplett verschuttete Gletscheroberfläche auf. Die Schuttproduktion der oberen Einzugsbereiche dominiert über die Schuttzufuhr der angrenzenden, unterhalb der Schneegrenze gelegenen Talflanken die Herkunft des Obermoränenmaterials.

Ein sehr augenfälliges und typisches Merkmal von Gletscherrückgängen im Karakorum ist, daß sie sich mehr in Massenverlusten widerspiegeln als in Längenänderungen (KICK 1985). Das hat zur Folge, daß die basalen Talflankenabschnitte lange von einer Gletschereinfüllung belegt sind. Am Yazghil-Gletscher wird der Gletscherschwund bei den durch Ufermoränen begleiteten Gletscherabschnitten durch die in die Luft ausstreichenden, äußerst scharfgratigen Ufermoränenfirste deutlich. Die Ufermoräneninnenhänge überragen die Gletscheroberfläche um bis zu über 10–15 m, an anderen Gletschern bis zu über 80 m. Das bedeutet also, daß mit einem **Gletscherrückgang das Ufertal in seiner Ausformung komplett erhalten bleibt** und die **Schuttkörper von der Gletscherveränderung nicht tangiert** werden. Anders sieht es beim einem Gletschervorstoß des Yazghil-Gletschers aus. Hier durchbricht der Gletscher seine Ufermoränenfassung und unterschneidet die angrenzenden Schuttkörper.

Noch wert zu erwähnen ist, daß weder der Khurdopin-, Yazghil-, Malangutti- noch der Momhil-Gletscher kegelförmige **glaziofluviale Schuttkörper** talauswärts ihrer Zungenenden ausbilden. Das Gletschereis sowie die umfassende Endmoräne gehen unmittelbar in die Schottersohle über, scheinen ihr fast aufzuliegen. Die Gletscherzungen münden alle **gleichsohlig** in das übergeordnete Shimshal-Tal ein. Einen glaziofluvialen Schwemmfächer dagegen finden wir beim *Pasu-Gletscher* vor, der als 25,3 km langer Firnkesselgletscher zum Hunza-Tal hinabfließt. Der benachbarte *Ghulkin-Gletscher* weist ebenfalls einen glaziofluvialen Schwemmfächer mit etlichen Abflußrinnsalen auf. Die notwendige Voraussetzung dafür, daß sich die glaziofluvialen Schuttkörper ausbilden können, liegt in der Tatsache begründet, daß die Gletscherzungen ein wenig, aber nicht gänzlich zurückgezogen in ihrem Talgefäß enden, so daß der Schwemmfächer sich im Haupttal ausbreiten kann. Die Gletscherenden des Khurdopin-, Yazghil- und Malangutti-Gletschers erreichen jedoch fast die gegenüberliegende Talflanke bzw. münden bereits in das Haupttal ein (Abb. 12 & 14, Photo 14).

Auf der orogr. linken Shimshal-Talseite, unmittelbar talabwärts der Ausmündung des Yazghil-Ufertales ist ein Schuttkegeltyp präsent, der als überaus charakteristisch für die Sturzschuttkegel im NW-Karakorum gelten kann. Es handelt sich hierbei um einen Sturzschuttkegel, der von seinem Aufriß her eine **sanduhr-formähnliche Gestalt** annimmt, bei der allerdings der obere Abschnitt schmaler und niedriger ausgebildet ist als ihr unteres Segment (Photo 23). Genetisch ist diese Form so zu deuten, daß der Sturzschuttkegel bereits übersättigt mit Schutt ist. Die Zulieferrunse wird sukzessive mit Schutt verfüllt. Bei dem Schuttabfall kann es sich nicht um hochdynamische Massenbewegungen handeln, da die Steinkomponenten mindestens den Schuttkegelkörper, wenn nicht sogar dessen Basis erreichen könnten. Vielmehr handelt es sich hier um kurzläufige Steinschlagbewegungen. Dafür sprechen die niedrig angeschlossenen Einzugsbereiche an diesen Sturzschuttkörpertyp. Insgesamt gesehen ist dieser nach oben hin linear wachsende Schuttkörpertyp als Ausdruck der geringen basalen Schuttabfuhr bzw. der hohen Schuttproduktion zu sehen. Diese übersättigten Schuttkegel befinden sich in einem kritischen Stabilitätszustand. Zumeist sind diese Kegeltypen als isoliert stehende Schuttkörper anzutreffen. Dieser Schuttkörpertyp „Sturzschuttkegel mit schuttverfüllter Zulieferrunse" expandiert aus seiner eigentlichen Kegelform höhenwärts. Im Himalaya sind solche Schuttkörper selten bzw. in sehr modifizierter Form anzutreffen. Die Oberfläche des ca. 300 m hohen Sturzschuttkörpers zeigt keine fluvialen Überprägungen auf, denn der Einzugsbereich ist für größere Schneefleckenansammlungen zu niedrig. Unterschneidungen durch den Shimshal-Fluß führen zur basalen Auflösung des Kegels (Photo 23). Inwieweit an der Schuttverfüllung der Zulieferrunse in dem Steilrelief diskontinuierlicher Permafrost beteiligt ist, wäre zu untersuchen.

2.1.9 Eine abgesenkte Nivationsgrenze und die Entstehung von Steinschlagrunsen

Bei dem trockenen Klima des NW-Karakorum fragt es sich, wie überhaupt die sogenannten **Steinschlagrunsen** entstehen konnten, die für die Ausbildung ausgeprägter Einzelschuttkegel verantwortlich sind. Denn die Genese der Steinschlagrunsen geht ja nicht primär auf die wiederholt auftretende, rein gravitative Sturzbewegung von Gesteinskomponenten zurück – wie man bei der Bezeichnung geneigt ist anzunehmen –, sondern ist in erheblichem Maße auch auf fluviale Prozesse zurückzuführen, nämlich auf Schmelzwasserabkommen von kleinen Karglgetschern sowie insbesondere von Schneeflecken. Die Runse wurde erst **im Nachhinein** dominierend gegenüber den fluvialen Prozessen von den Steinschlagabgängen zwingend genutzt. Mit der Schneegrenzabsenkung während der hoch- und spätglazialen Eiszeit ging daran bindend eine **Absenkung der Nivationsuntergrenze** einher, die vor allem in den heute eis- und schneefreien bzw. nur saisonal mit Schneeflecken ausgelegten kleinen Einzugstrichtern der in Rede stehenden Schuttkegeltypen. Sie sind an niedrigere Einzugsbereiche bis etwa 4500 m angeschlossen und für ein in Eis oder Schnee magaziniertes Wasserresevoir sorgten, das reichlich Schmelzwasser lieferte und über die Zeit die Ausbildung der Runsen gewährleistete. Die primär fluvial entstandenen Runsen werden durch die Steinschlagabgänge, die auch bereits während ihrer Initialphase stattfanden, weiter ausmodelliert [18].

2.1.10 Das höhenwärtige Wachstum der Schuttkegel: Die Vertikaldistanz zwischen Schuttakkumulation und Zuliefergebiet

Betrachtet man die isolierten Einzelschuttkegel (Photo 23), so könnte man meinen, daß deren Kegelspitzen schon immer an die entsprechende Zulieferrunse herangereicht haben. Dazu ist prinzipiell anzumerken, daß bei Zuliefergebieten mit einer Steinschlagrunse der Abstand um so größer ist, je höher die Reliefenergie bzw. die Talflankenneigung ist. Der Schuttkegel wächst mit jeder Schuttzufuhr hangaufwärts zu seiner Steinschlagrunse. Bei den bis zu 1000 m im Vertikalmaß erreichenden verzahnten Schutthalden im Shimshal-Tal ist es naheliegend, daß der Schuttkegel beim höhenwärtigen Wachstum seine einstige Zulieferrinne durch seine permanente Gesteinsspende überdeckt hat und jetzt höher gelegene Zulieferrinnenabschnitte maßgeblich am Aufbau des Schuttkegels beteiligt sind. Je höher die Schutthalde empor wächst und je mehr Felswand sie verkleidet, desto kleiner wird das potentielle Einzugsgebiet für die Schuttzufuhr. Es ist nicht davon auszugehen, daß bei einer Überschüttung der ehemaligen Zulieferrunse die nächste Hauptzulieferrunse sich direkt darüber anschließt. Vielmehr ist es wahrscheinlich, daß sie horizontal verschoben ist. Der Apex der Schutthalde wird damit lateral verlagert. Zuerst sind Zuliefergebiet und Akkumulationsort also getrennt, bei weiterer Entwicklung überdeckt der Schuttkörper das ehemalige Zuliefergebiet bzw. immer mehr Felsfläche wird durch die Schuttakkumulation verdeckt, so daß auch weniger Schutt zugeführt wird. Je größer sich der Abstand zwischen Zulieferrunse und Akkumulationsort ausnimmt, desto länger ist der Weg, den die herabstürzende Gesteinskomponente zurücklegt und desto mehr besteht die Möglichkeit der Zerkleinerung des Gesteinsstücks. Der Transport der Blöcke erfolgt bei dem Schuttkegel gravitativ und ist also abhängig von der Schwerkraft der einzelnen Gesteinskomponenten. Folglich sammeln sich am Schutthaldenfuß relativ größere Blöcke, während die Gesteinsgröße nach oben hin abnimmt. So beobachtet man häufig leicht konkave Hangprofillinienverläufe. Bei stark konvexem Querprofil verläuft die saisonale Abflußlinie des Schuttkegels seitlich.

Beim Wachstum der Schuttkegel werden die gesteinsliefernden freien Hangteile sukzessive vom Schutt bedeckt (RAPP 1960b: 102). Die Höhe des verbleibenden freiliegenden Hangteiles verkleinert sich damit ständig. Damit ändert sich aber auch der Aufschüttungsprozeß von zuerst tief hinabfallenden Gesteinspartikeln (Phase A) zu nur noch eine geringe Vertikaldistanz zu überwindenden Steinschlägen (Phase B). Aufgrund der unterschiedlichen kinetischen Prozesse findet man in beiden Phasen eine andere Sortierung der Gesteinsbruchstücke vor. Während in Phase A noch die klassische Sturzsortierung des Materials vorhanden ist, d.h. die größten Blöcke am Fuße des Sturzkegels abgelagert werden, können in Phase B bevorzugt größere Blöcke aufgrund der geringen Fallhöhe und der damit verbundenen geringen kinetischen Energie im oberen Kegelteil durch den unüberwindbaren Reibungswiderstand der Gesteinsbruchstücke des Sturzkegels im wahrsten Sinne des Wortes „steckenbleiben". Dies ist vor allem bei grobblockigen Sturzkegeln der Fall.

RAPP (1957: 179) betrachtet die Schutthalden als Sonderform des Hanges im Übergang von der Entwicklung von der Felswand zur Peneplain. Des weiteren zeigt er auf, daß große Schutthalden vorzugsweise durch leicht verwitterbares Gestein entstehen und nicht primär durch die klimatischen Bedingungen (RAPP 1957: 193). Hier im Shimshal-Tal

---

[18] Zur nivalen Schuttkörpersequenz vgl. KUHLE (1987b) und LEHMKUHL (1989).

trifft beides zu: die Kombination von leicht verwitterbarem Gestein (Kalk und Schiefer) und die stark gesteinsaufbereitenden klimatischen Verhältnisse lassen nicht nur große, sondern riesige Schutthalden entstehen.

Um das Verhältnis zwischen Schuttlieferung und -abtransport eines Hanges zu beschreiben, kann man zwischen **verwitterungsbeschränkten** und **transportbeschränkten** Hangabschnitten unterscheiden (CHORLEY et al. 1984: 220–223, AHNERT 1996: 168). Beim verwitterungsbeschränkten Hangabschnitt ist der Schuttabtransport größer als die Schuttlieferung, beim transportbeschränkten Hangabschnitt verhält es sich umgekehrt. Es bietet sich nun für die Erläuterung der Schuttverhältnisse an einem Hang an, eine theoretische Trennungslinie zwischen dem Zuliefergebiet und dem Akkumulationsgebiet einzuführen, die man als **individuelle (temporäre) Schutthaldenobergrenze** bezeichnen kann. Der Zusatz „individuell" ist notwendig, um sie von der allgemeinen Schuttkörperobergrenze, die relief- und klima-gebunden ist, abzugrenzen. Je höher die individuelle Schutthaldenobergrenze im Laufe der Zeit durch die zunehmende Aufschüttungshöhe hangaufwärts verlagert wird, desto kleiner nimmt sich im Gegenzug die schuttliefernde Felsfläche aus. Das bedeutet gleichsam, daß die Schuttlieferung nachläßt und in einigen Fällen die Schutthalden ihre maximale Höhe erreicht haben.

2.1.11 Die Chronologisierung der Schuttkörper mittels der Gletschergeschichte: (Momhil-Tal)

Am Beispiel der Schuttkörperauskleidung des Talgefäßes talabwärts der Momhil-Gletscherzunge läßt sich sehr anschaulich die **Koppelung von Schuttkörperbildung und Gletscherstadien** nachvollziehen (Photo 26). Der 26 km lange, NNW-exponierte *Momhil-Gletscher* endet in einer Höhe von 2840 m, 5 km entfernt von der Konfluenz des Momhil-Tals mit dem Shimshal-Tal (s. zur jüngeren Gletschergeschichte MEINERS 1996: 139–146). Dieser gletscherfreie Talgefäßabschnitt ist durch einen historischen und einen spätglazialen, weiter höher gelegenen Gletscherpegel markiert. Das historische Gletscherstadium wird durch eine 2 km von der rezenten Gletscherzunge entfernten Endmoräne in 2790 m abgeschlossen. Eine deutliche **Zäsur in der Schutthaldenhöhe** läßt sich in der Höhe der Endmoräne feststellen. Während die Schutthalden taleinwärts der Endmoräne eine Höhe von etwa 50 m aufweisen, steigt die Höhe der Schutthalden talabwärts **sprunghaft** auf maximal 300 m an. Über diese markante Zäsur der Schutthaldenhöhe könnte auch ohne die Endmoränenlage – falls sie bereits ausgeräumt sein sollte – ein Indiziennachweis einer Eisrandlage geführt werden.

Über die Datierung der Endmoränenlage mittels der Zuordnung zu den von KUHLE (1994: 260) erarbeiteten Gletscherstadien läßt sich nun auch der Bildungszeitraum für die Schutthalden ausmachen. Das Alter der etwa 50 m hohen Schutthalden taleinwärts der historischen Endmoränenlage muß jünger als 400–180 Jahre sein, da zuvor das Talgefäß vom Momhil-Gletscher eingenommen wurde. Die Schutthalden talabwärts der Endmoränenlage sind deutlich älter. Ihr Bildungszeitraum begann bereits vor mehreren tausend Jahren nach dem Rückzug der neoglazialen bzw. spätglazialen Gletschereinlage. Die post-spätglazialen Schutthalden sind an den in das V-Tal eingelassenen basalen Trog gebunden. Das konkave U-Profil begünstigt die Ausbildung der Schutthalden, da hier die Akkumulation naturgemäß eher stattfindet als bei einem gestreckten Hang. Diese **basalen, trogtal-gebundenen Schutthaldenausbildung** finden wir auch am Lupghar-Talausgang sowie an der Konfluenz zum Shimshal-Tal vor. Des weiteren wird am Momhil-Gletscher ersichtlich, daß die Schutthaldenbildung unmittelbar nach der Deglaziation stattfindet – wobei beim Schuttkörperaufbau disloziertes Moränen- und Hangmaterial beteiligt sein kann – und glaziale Formenhinterlassenschaften sehr rasch zerstört werden.

2.1.12 Die Paßregionen als extralokale Schuttkörperstandorte (Ghujerab-Kette)

Der *Shimshal-Paß* (4560 m), im NE der Talschaft Shimshal gelegen, grenzt das zum Shaksgam-Fluß hin entwässernde Skorga-Braldu-Skamri-Gletschersystem gegen das Entwässerungsnetz des nördlichen Karakorum ab. Das nun zu erörternde Gebiet ist im Gebirgsfußbereich in den karbonischen Schiefern und in den Gipfelregionen in den permo-triassischen Kalken angelegt (SEARLE 1991: 140-143). Es bietet sich an, die Hochgebirgspässe als besonderes Landschaftssegment bezüglich der Schuttkörpervorkommen zu isolieren. Neben den klimatischen Gegebenheiten bestimmen vor allem die Reliefsituation sowie die Charakteristika des hydrographischen Netzes die individuelle Schuttkörpergestaltung. Insbesondere geringe Abflußraten der kleinräumigen Einzugsgebiete begünstigen die freie Entfaltung der Schuttkörperbildung im Haupttal. Bei der Näherung des engeren Paßgebietes **reduziert** sich die **Reliefvertikaldistanz** vielerorts auf ein Minimum. Sanft geneigte, oftmals **gerundete Geländeformen** bestimmen das Paßlandschaftsbild. Als Transfluenzpaß wartet der Shimshal-Paß mit äußerst gerundeten Landschaftsformen und einem Überzug des Anstehenden mit Grundmoränenmaterial auf (Photo 27). Hervorstechendes äußeres Merkmal der Schuttkörperformen in diesen Hochlagen ist die Sortierung der Schuttkomponenten durch Frostwechselprozesse. **Langsame Versatzbewegungen** dominieren gegenüber den rasch ablaufenden Sturzprozessen. Der Übergang zu einer, die Periglazialzone empfangenden Waldstufe, wie es in den feuchteren Hochgebirgen der Fall ist, ist am Shimshal-Paß nicht gegeben. Höhenwärts steigen die Niederschlagswerte im Karakorum beträchtlich an und Mattenvegetation überzieht und konsolidiert die Lockermaterialdeponien. Prinzipiell treffen wir hier aufgrund geringer Reliefenergien weniger Strukturformen an. Jenseits der eigentlichen Paßregion befinden sich in den Nebentalausgängen Frostschutthalden. Sie entbehren einem flächendeckenden Bewuchs. In einem benachbarten, aus südlicher Richtung zum Shurt-Tal zustoßenden Tal mit einer höchsten Einzugsbereichshöhe von 5900 m sind die auslaufenden, die Gipfel umrahmenden Kammverläufe in einer Höhe zwischen 4800 und 5300 m oberflächlich gänzlich in Schutthalden aufgelöst. Ein Einzugsgebiet fehlt nunmehr. Bei diesem Schutthaldenriegel kann nur noch eine Verflachung der Schutthalden stattfinden.

Der Schuttkörperaufbau steht z.T. im Einfluß glazialer sowie nivaler Einzugsbereiche. Die klimatische Schneegrenze verläuft in 5200 m. Auf der orogr. rechten Seite des vom Shimshal-Paß nach NW entwässernden Tals befindet sich in unmittelbarer Paßnähe der *Abdullah-Khan-Maidan-Gletscher*. Sein zweigeteiltes, eislappenförmiges, kaltes, d.h. abflußarmes Zungenende reicht bis auf ca. 5000 m hinab, an das sich ein ausladender 15-20° geneigter Murkegel anschließt. Er besitzt ein zentrales, jährlich variierendes und einige Meter breites Abflußbett. Vom Typ her gleicht er den gletscher-angeschlossenen sanderartigen Schuttkörpern am Hathi Parbat (Kap. B.VII.4). Das Schuttumfeld der steil abfließenden, kalten Gletscher gestaltet sich stabiler als bei den schmelzwasser-intensiven Gletscherströmen. Gleich einer Planierraupe schiebt der in SW-liche Richtung abfließende *Shurt-Gletscher* auf der E-Seite des Passes mit seinem Zungenende die während seiner Talfahrt aufgenommen Schuttmassen talwärts und bildet eine Satzendmoräne aus. Auch hier ist kein glaziofluvialer Schuttkegelkörper im Anschluß an das Gletscherende ausgebildet. Im Gegensatz zur NW-lich gelegenen Paßseite zeigt sich hier eine bis zu 1 km in der Breite messende Schottersohle, in der der Shurt-Fluß in zahlreichen miteinander verbundenen Abflußbahnen mäandriert. Die blank geputzte Schottersohle scheint alljährlich von Schmelzwasserfluten ganzsohlig durchspült zu werden. Die angrenzenden Schuttkörper zeigen aber nicht die aus den Tieflagen gewohnten Unterschneidungsfronten, die dort als markante Sprungkanten oder Ausbisse in Erscheinung treten. Die Verheilung von Unterschneidungsufern erfolgt andersartig. Die Uferhänge werden lappenartig von der Mattenvegetationsdecke überzogen, die durch Solifluktionsprozesse permanent hangabwärts verlagert wird und sich schließlich über den Uferabbruch hinwegschiebt. Hier

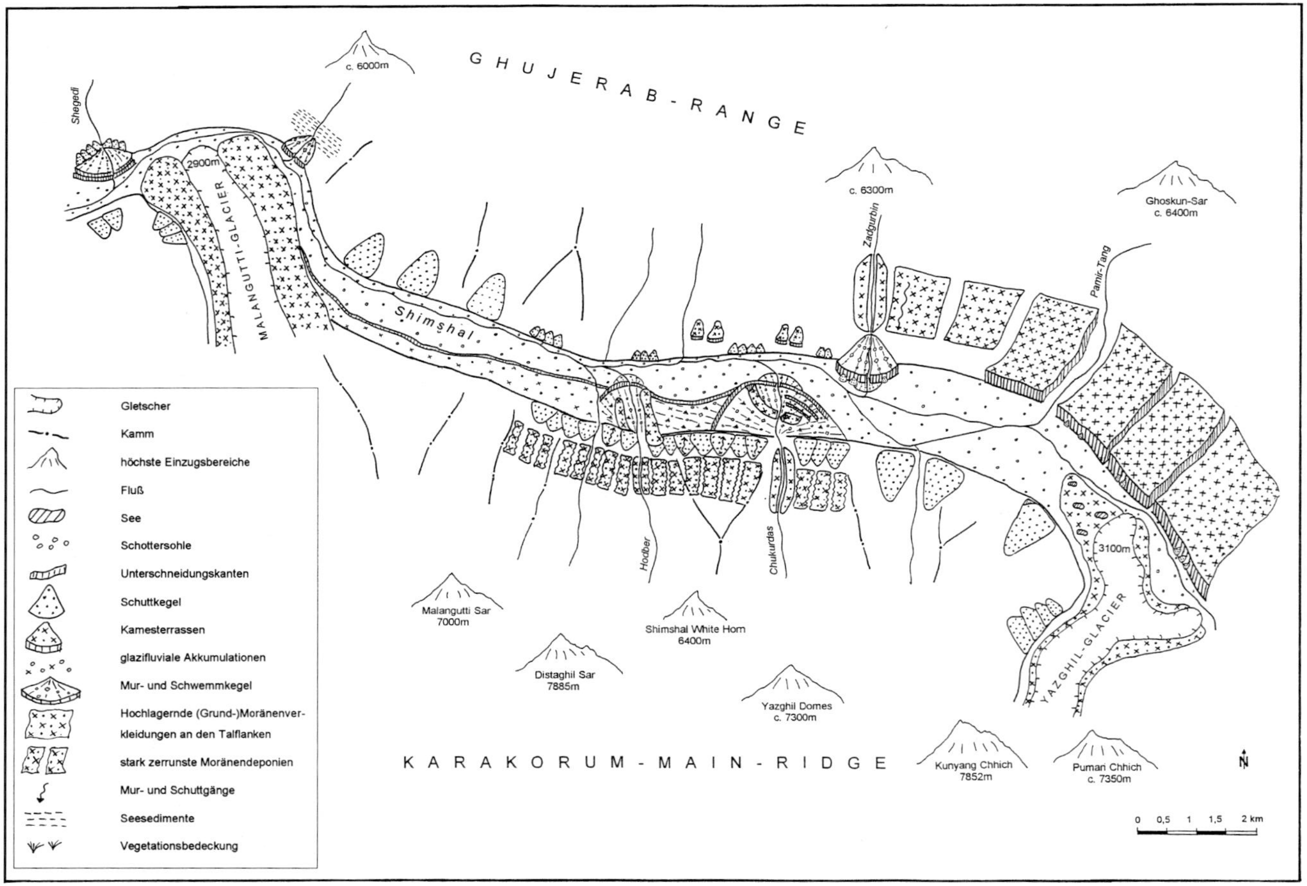

Abb. 14

Die Verbreitung der Schuttkörpervorkommen im oberen Shimshal-Tal zwischen der Yazghil-Gletscherzunge (3100 m) und der Malangutti-Gletscherzunge (2900 m) erfolgt ein wahrer Talzuschub. Die Schuttformen treten als basal abgerundete Schuttkörper in Erscheinung. Anhand der überlappenden Grasdecke wird deutlich, daß auf den Schuttkegeln permanent eine abwärtsgerichtete Kraftkomponente ruht.

2.1.13 Zusammenfassung

Im Shimshal-Tal und seinen Nebentälern ist im Untersuchungsgebiet des NW-Karakorum rein quantitativ gesehen das höchste Vorkommen an Schutthalden zu verzeichnen. Sie sind in auffallend dominierender Weise am Lupghar-, Momhil-, Malangutti- und Yazghil-Gletscher als gletscherbegleitende Schutthalden vertreten. Einen hohen Anteil nehmen die sekundären Schuttkörper, hervorgehend aus Moränenmaterial, ein. Nicht immer bilden sich aus den Moränenakkumulationen sekundäre Schutthalden. Teilweise werden sie zerrunst und zu Erdpyramiden umgeformt, je nach ihrer Materialzusammensetzung und der Steilheit der Ablagerung. Die Runsenzerschneidung kann sich erst ab einem bestimmten Böschungswinkel vollziehen. Auch die fluvialen Schuttkörper, die Mur- und Schwemmkegel, lösen sich an ihren Steilkanten zu sekundären Schutthalden auf. Weiterhin charakteristisch für das Landschaftsbild sind die **Karschutthalden** sowie die darunter sich anschließenden **Stichtalschutthalden**, die oberhalb einer Höhe von 4000-4500 m ausgebildet sind. Das Schuttkörperlandschaftsbild in der Talschaft Shimshal ähnelt dem des Hindukusch. Auch hier ist der duale Schuttkörperaufbau aus moränischem und hangialem sowie fluvialem Material vertreten. Abb. 14 gibt die Verbreitung der Schuttkörpervorkommen im Shimshal-Tal wider.

3. Ausgewählte Schuttkörpervorkommen aus der Talschaft Hunza (Karakorum-N-Abdachung)

3.1 Die Ufermoränentäler als günstige Depositionsräume (Batura-Gletscher)

Im Gegensatz zu dem eng bemessenen Raum für die Schuttkörperdeposition am Yazghil-Gletscher steht das ausladende Ufermoränental am *Batura-Gletscher*. Der 59 km lange Batura-Gletscher, der in das Hunza-Tal in einer Höhe von 2650 m einmündet, wird auf seiner orogr. linken Seite zwischen 3000 bis 3900 m von einem bis zu 1 km breiten, S-exponierten Ufermoränental begleitet. Die größte Breite weist es in einer Gleithanglage des Batura-Gletschers auf. Bei der Alm *Fatmahil* (3330 m) ist aus einem Nebental ein Schwemmschuttfächer mit einer Kegellängsausbreitung von knapp 1 km in das Ufermoränental geschüttet. Der Schwemmschuttfächer geht nahtlos in die Sedimente des Ufermoränentales über. Durch die über 30 m hohe Ufermoräne des Batura-Gletschers wird dem Schwemmschuttfächer eine distale Barriere gesetzt. Die zopfmusterförmig verflochtenen Abflußbahnen beeinflussen die Form des Nebentalschwemmfächers kaum. Ähnlich große Ufermoränental-Schuttkörperformationen sind auch im Himalaya vorzufinden. Im weiteren Verlauf der Untersuchung wird ersichtlich, daß sich höhenwärts die Schuttkörperformen des Karakorum denen im Himalaya zu gleichen beginnen.

Die S-exponierten Hänge im Batura-Ufertal weisen für die N-Abdachung des Karakorum eine vergleichsweise üppige Vegetationsbedeckung auf. Birken bilden die Waldgrenze und kommen in dieser subalpinen Stufe bis in eine Höhe von 3800 m vor. Hier greift die Periglazialzone mehrere hundert Meter in den lichten Waldbestand hinein. Insgesamt ist in dem orogr. linken Ufertal ein sehr heterogenes Schuttkörperbild ausgebildet. Bei der Alm Fatmahil säumen spätglaziale Moränen die Talflanke, die zu Erdpyramiden, besser zu Erdobelisken, aufgelöst sind (Photo 28). Es fragt sich, wieso hier keine sekundären Moränenschuttkegel ausgebildet sind wie beispielsweise am Momhil-Gletscher. Günstig für die Erdpyramidenausbildung ist eine sehr hohe **Standfestigkeit des Moränenmaterials** in Kombination mit der **Beimengung von großen Blöcken**, die durch ihre Schirmwirkung das darunterliegende Sediment vor dem Abtrag schützen. Das Moränenmaterial darf also einen nicht allzu hohen Feinmaterialgehalt aufweisen. Die Blockgröße der Schirmblöcke auf den Erdsäulen reicht am Batura-Gletscher bis zu 2,50 m im Durchmesser.

Die N-exponierte, orogr. rechte Batura-Talseite entbehrt dagegen der reichen Baumvegetation. Das schmale, meist V-förmige Ufertal endet bereits in 3000 m, in einer Höhe, in der das orogr. rechte Ufertal einsetzt. Die Einzugsbereiche der orogr. rechten Batura-Talseite unterschreiten über eine Distanz von 40 km nicht die 6000 m Höhenlinie und bilden die sogenannte *Batura-Mauer* aus. Die anstehenden Schiefer im Fußbereich der Talflanken verwittern zu gleichartigen Schutthalden, die sich über Dekakilometer formgleich hinwegstrecken und Frostausgleichshänge bilden. Ein äußerst homogenes Schuttkörperlandschaftsbild kennzeichnet diesen Talflankenzug. Nur vereinzelt sind aus Stichtaleinschnitten Kamesbildungen aufgeschüttet. Die Zone der reinen **Frostschuttkegel der Hochregionen** geht talabwärts unmittelbar **in die Schuttkegelzone der semi-ariden Tallagen über**. Gegenüber der Batura-Gletscherzunge auf der orogr. linken Hunza-Talseite in einer Höhe von 2650–2700 m sind sehr eindrucksvolle **Mursturzkegel und -halden** ausgebildet (s. BRUNSDEN 1984). Ihre Einzugsbereiche, die überwiegend aus Kalkstein aufgebaut sind, reichen bis auf 5200 m hinauf und besitzen ein nivales Einzugsgebiet. Ihr steiler Kegelmantel wird heute durch Schmelzwasserabgänge und Muren zentral und lateral, teilweise radialstrahlig zerschnitten. Diese Zerschneidungen heben sich durch die hellgraue Farbgebung der frischen Schuttbahnen deutlich vom braunen Kegelmantel ab. Formal stellen diese eine **Übergangsform zwischen den Schuttkegeln und den Murkegeln** dar. Ihre Neigung beläuft sich auf etwa 15–25°. Auch sie zeigen wie die Murschwemmfächer in Chitral eine zusammengesetzte Schutternährung. Ein Schuttkegel verdient noch besondere Aufmerksamkeit. Er fällt in die Kategorie des „Sturzschuttkegels mit schuttverfüllter Zulieferrunse". Bei dem in Betrachtung stehenden Exemplar handelt es sich allerdings um einen **strukturgebundenen Sturzschuttkegel** von etwa 250 m Höhe. Der Zuliefertrichter ist an der Verschneidungslinie von Schichtfläche und -kopf ausgebildet. Der Schuttkegel wächst nun flächig auf der Schichtfläche empor und nähert sich sukzessive der Kammlinie, die in einer Höhe von nur etwa 3700–3800 m liegt. Der Schuttkörper weist Mur- und Wasserrinnen als Überprägungen auf seiner Oberfläche auf. Er ist auf eine Terrasse eingestellt.

3.2 Zeitliche Einordnung der ausgewählten Schuttkörper im Hunza-Tal

Ufer- und Endmoränenreste im Hunza-Tal in einer Höhe von 2400–2480 m 2,7 km talabwärts des rezenten Batura-Gletscherendes werden von MEINERS (1996: 127) einem älteren historischen Stadium (1700–400 YBP) bzw. dem Neoglazial (3000 YBP) (MEINERS 1996: 129) zugeordnet. Das bedeutet für die beschriebenen Mursturzkegel und Sturzschuttkegel talaufwärts der Endmoräne auf der orogr. linken Hunza-Talseite, die sich unmittelbar gegenüber der heutigen Gletscherzunge befinden, daß sie in ihrer vollständigen Entfaltung nicht älter als 3000 Jahre sein können. Da die historische bzw. neoglaziale Gletschermächtigkeit die heutige Schuttkörperhöhe von mehreren hundert Metern unterschreitet, wäre es möglich, daß die Schuttkörper bereits als Kamesbildungen gegen den früheren Batura-Gletscher geschüttet worden sind. Dagegen spricht allerdings erstens das vollständige Fehlen von den sonst so charakteristischen Steilkanten der überlieferten gletscherlosen Kamesbildungen und zweitens, daß an einigen Stellen die Schuttkörper auf Terrassenreste eingestellt sind. Dies bedeutet, daß die Talflanke zuerst von Schuttkörpern nahezu gesäubert gewesen sein muß, damit sich **nachträglich** die in Rede stehenden Mursturzkegel und Sturzschuttkegel darauf einstellen konnten. Des weiteren ist bei diesen Schuttkörpern eine Grundmoränenmaterialbeteiligung am Aufbau festzustellen. Als Kamesbildung haben mit Sicherheit die weiter talabwärts gelegenen, heute mit bis über 1 km Radius aufweisenden Schwemmfächer auf der orogr. linken Hunza-Talseite gegenüber von *Sesoni* begonnen. Ihr Wurzelbereich liegt sehr weit zurückgezogen von der Hunza-Talschottersohle, wie in einer Art Bucht, die vom Gletscher nicht gänzlich ausgefüllt werden konnte und der Schutt aus dem Nebental folglich gegen den ehemaligen Gletscher geschüttet wurde.

DERBYSHIRE & OWEN (1990: 27) konstatieren für die Sedimentfächer des Hunza- und Gilgit-Tals ein wesentlich höheres Alter, als hier dargestellt. Sie äußern sich wie folgt dazu: „*The sediment fans in this area are essentially ancient, and few fans are still actively aggrading by fluvial or debris-flow processes.*" und begründen das hohe Alter folgendermaßen: „*This is evident by marked fanhead entrenchment and fan-toe truncation.*" Hierzu sei angemerkt, daß die Einschneidung in den Schuttkörper bereits unmittelbar nach der Aufschüttung erfolgen kann und die Zerschneidung nicht als unmittelbares Alterskriterium herangezogen werden kann. Nach ihrer Auffassung liegt eine Hauptbildungsphase der Sedimentfächer in der Gilgit-Region um 60 000 YBP nach der letzten Hauptvereisung vor: Im Hunza-Tal sollen die Schwemmfächer jünger sein und sich nach ca. 47 000 YBP entwickelt haben. Als bedeutendsten Prozeß stellen sie die Resedimentation von moränischem Material heraus. Moränisches Material, das von DERBYSHIRE et al. (1984) dem Hochglazial zugeordnet wird, ist nach den Gletscherstadien von KUHLE (1994: 260) in das Spätglazial zu datieren, so daß sich in der vorliegenden Studie für die Schwemm- und Murfächer ein sehr viel jüngeres Alter ergibt. Die Überschüttung von Schwemmschuttkegeln durch frischen Schutt kann auf ein einziges sommerliches Unwetter zurückzuführen sein, das sich im Einzugsbereich eines Schuttkörpers ereignete. Als Klimaindikator kann diese Art der Schuttzufuhr nur verwendet werden, wenn die Erscheinungen gehäuft vorkommen (vgl. GAMPER 1987: 78). Diesbezüglich sei noch auf die hohe morphologische Wirksamkeit von Starkregen hingewiesen, die erheblich größer ist als die von schwachem Dauerregen, und die Schuttkörper aufgrund ihrer Größe manchmal älter erscheinen lassen als sie eigentlich sind.

3.3 Die Schuttkörpervorkommen im Hassanabad/Shispar-Tal

Beim Hassanabad-Tals fällt die **Aufgeräumtheit und Frische der Schuttkörperlandschaft** sowie das **Fehlen ausgeprägter, gereifter Schuttkörper** auf (Photo 30). Wenig mächtige, teilweise hellgrau leuchtende Schuttkörperformen mit fehlendem fluvialen Einzugsgebiet und hohem Anteil an lehmigen Matrixanteil geben bereits die ersten Indizien auf eine **glaziale Herkunft** der Schuttkörper. Ein etwa 30 m hoher Endmoränenwall, der in einer Höhe von 2150 m und in einer Entfernung von ca. 3 km von der Talmündung den Hassanabad-Talboden riegelartig quert, markiert augenfällig einen historischen Gletschervorstoß (Abb. 15). Die Gletscheroszillationen des Hassanabad-Gletschers von mehreren Kilometern in einigen Monaten um die Jahrhundertwende wurde in der Literatur als Musterbeispiel eines surgenden Gletschers ausführlich dokumentiert[19]. So ist die

---

[19] In der Literatur (PILLEWIZER 1986, GOUDIE 1984, GERRARD 1990, HAYDEN 1907, MASON 1935, CONWAY 1889, VISSER 1938 u.a.) wird von einer bewegten Geschichte des Hassanabad-Gletschers in den letzten hundert Jahren berichtet. Im Jahre 1889 lagen der Mutschual- und der Shispar-Gletscher separat in zurückgezogener Lage in ihren Talgefäßen. HAYDEN (1907) berichtet, daß der Hassanabad-Gletscher innerhalb von 2 1/2 Monaten um 9,7 km vorstieß. Bis 1929 verharrte der Gletscher in etwa in dieser Endposition. In den darauffolgenden Dekaden zog der Gletscher sich

Schuttkörperlandschaft im Vorfeld des Hassanabad-Gletschers geprägt von jüngst stattgefundenen, kurzfristigen Gletscheroszillationen: Frische, aber bereits stark zerrunste und seichte Moränenakkumulationen tapezieren die unteren Talflanken. Der Talboden ist mit Grundmoränenmaterial ausgelegt. Schutthalden, die unmittelbar auf den Talboden eingestellt sind und somit erst nach dem Gletscherrückzug im Jahre 1929 sich zur Gänze entwickelt haben können, ziehen von den Talflanken herunter und kleiden das Grundmoränenmaterial ein. Diese Schutthalden weisen die klassische Sortierung von großen Blöcken im Hangfußbereich und kleineren Gesteinsstücken zur Haldenspitze hin auf.

Das Hassanabad-Tal erinnert in seiner engen Trogtalanlage an das Nilkanth-Tal im W-Himalaya. Dort finden wir allerdings eine gereifte Schuttkörperlandschaft vor, die sich bereits seit dem Neoglazial zu entwickeln vermochte. Das in N-S/SW-Richtung verlaufende *Hassanabad/Shispar-Tal* mündet auf der orogr. rechten Hunza-Talseite talabwärts von *Aliabad* (2250 m) in das Hunza-Tal ein. Am Hassanabad-Talausgang sind bis zu über 100 m hohe glazifluviale Terrassen deponiert, so daß sich der Hassanabad-Fluß lediglich in diese einzuschneiden vermag, aber keinen großen Schwemmfächer am Talausgang ausbildet. Das Hassanabad-Tal teilt sich talaufwärts in das westlich gelegene *Mutschual-Tal* und das östlich gelegene *Shispar-Tal* auf, so daß die Gesamtalanlage einen stimmgabelförmigen Grundriß aufweist. Diese Talanlage sowie auch die Komposition der Gletscher steht im Kontrast zum östlich benachbarten *Ghulkin-* und *Ghulmit-Tal*, die einen gemeinsamen Talursprung besitzen, sich dann aber in einzelne Talgefäße separieren. Im ersten Fall bestehen zwei Nährgebiete, im zweiten Tal nur eines für zwei Täler. Das Hassanabad-Tal zeichnet sich durch sehr steilflankige, engständige Trogtalflanken aus, die Ausdruck der hohen Gesteinsresistenz der anstehenden Gneise sind. Das Mutschual- und das Shispar-Tal sind heute gletschervefüllt, wobei die beiden Gletscher in der Hassanabad-Gletscherzunge konfluieren und in einer Höhe von 2500 m mit einer sich anschließenden Satzendmoräne enden.

Die höchsten Gipfel im Einzugsbereich des Hassanabad/Shispar-Tals stellen im Uhrzeigersinn von W nach E der *Sangemar Mar* (7000 m), der *Pasu II* (7478 m) und der *Pasu I* (7295 m), der *Shispare Sar* (7611 m), der *Ghenta* (7090 m) sowie der *Bojohaghur Duanasir* (7329 m) dar. Der 15 km lange Shispar/Hassanabad-Gletscher ist mit seiner unterhalb der Schneegrenze einsetzenden Gletscheroberfläche als Lawinenkesselgletscher anzusprechen und wartet mit entsprechendem **Schuttreichtum** auf. Die Schneegrenze verläuft innerhalb der Steilwand bei 4850 m. Auf beiden Seiten des Trogtales überwinden im mittleren Talverlauf die Talflanken auf einer Horizontaldistanz von nur 2 km denselben Betrag in der Vertikalen von 3000 m auf 5060 m auf der orogr. rechten bzw. von 3500 m auf 5725 m auf der orogr. linken Talseite. Auch im Talschluß fällt die S-exponierte Steilwand von 7295 m (Pasu II) auf 4000 m über 3,5 km Horizontaldistanz ab. Die durchschnittliche Hangneigung beläuft sich auf etwa 40–45°, die gerade in den unteren Talflankenbereichen deutlich überschritten wird und den Eindruck von einem aus regelrechten Gneispfeilern aufgebauten Massiv entstehen läßt. Eine Schuttablagerung kann nur basal stattfinden, nicht aber als Gesteinsauflage auf den Talflanken, da der hohe Böschungswinkel die Schuttdeposition nicht mehr erlaubt.

rasch zurück und wie PILLEWIZER im Jahre 1954 beobachtete (PILLEWIZER 1986:125) lagen die beiden Gletscher wieder getrennt voneinander in ihren Talkammern. Hiernach erfolgte wieder bis Ende der 70er Jahre ein Zusammenschluß der Gletscher, wie dieser auch im September 1992 noch angetroffen wurde.

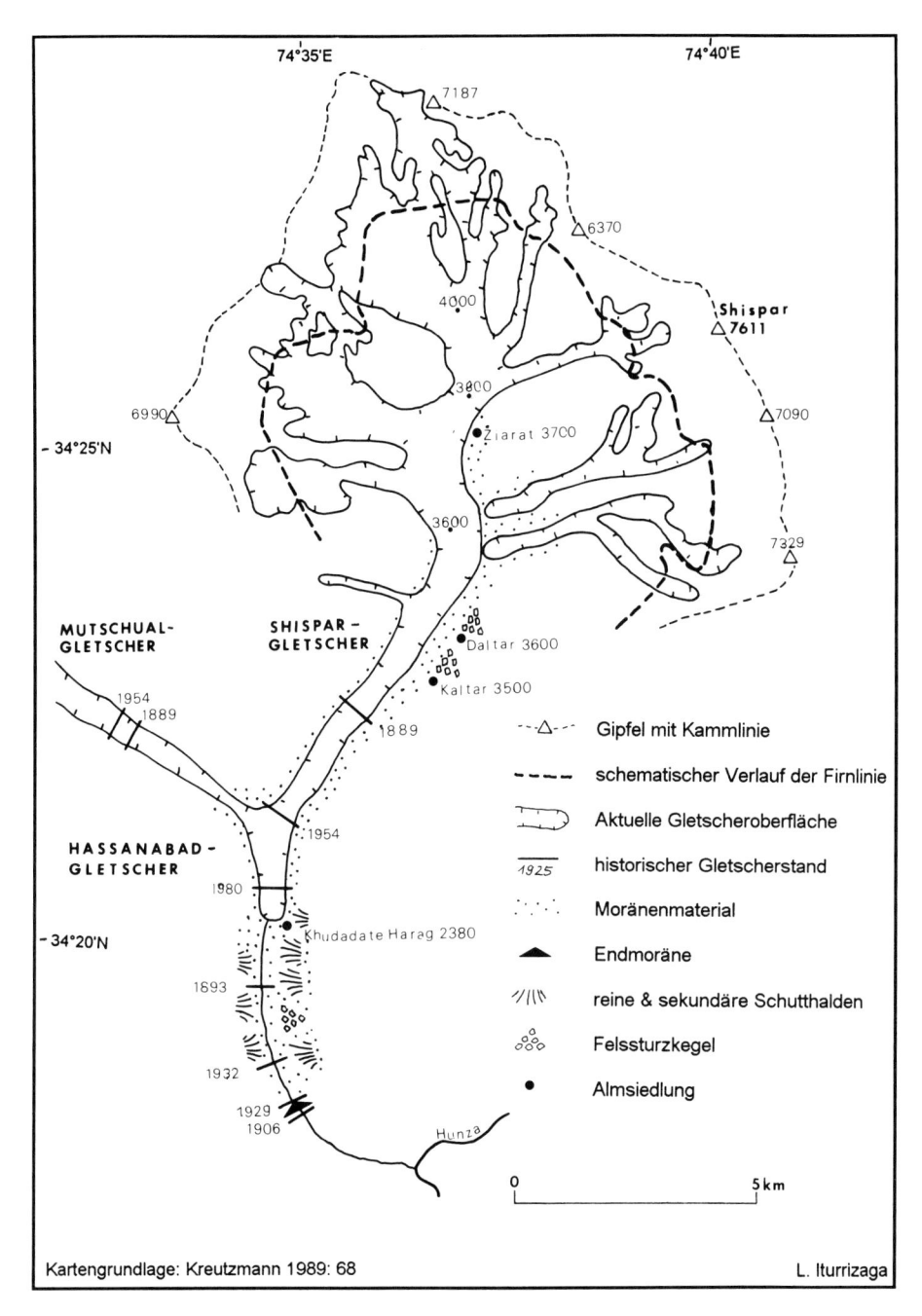

Abb. 15
*Die Übersicht über die Schuttkörperverteilungen der Hassanabad-Shispar-Talschaft
(Batura Muztagh, Karakorum-S-Abdachung)*

3.3.1 Die Schuttproduktion durch Eislawinen und die gletscherbegleitenden Schuttkörper im Shispar-Tal

Mindestens sechs Teilgletscherströme ergießen sich über eine Vertikaldistanz von etwa 3500 m von den Gipfeln des Pasu-Massivs und vereinigen sich in einer Höhe von ca. 4000 m im *Shispar-Gletscher*. Die Kammregion wird teils durch sehr mächtige Eisbalkone überlagert, welche das Ausgangsmaterial für die schutttransportierenden Eislawinen liefern. Dabei fällt auf, daß die Gletscherströme im oberen Shispar-Kesselbereich – noch unterhalb der Schneegrenze – kaum mit Schutt bedeckt sind, während weiter talabwärts die zerklüftete Gletscheroberfläche durchgängig mit einer Schuttdecke überzogen ist. Das durch die Eislawinen mittransportierte Gesteinsmaterial liegt im Kesselbereich aufgrund seiner höheren Dichte unter den Schnee- und Eismassen, während weiter talabwärts das Schuttmaterial ausschmilzt und der Gletscheroberfläche aufliegt. Der Mächtigkeit der Schneedecke, die zu einer das Schuttmaterial inkorporierenden Höhe heranwachsen müßte, um das Gesteinsmaterial einzuverleiben, ist aufgrund der Lage unterhalb der Schneegrenze ihre Grenze gesetzt. Weiterhin ungünstig wirkt sich eine bereits vorhandene Schuttdecke auf die Bildung einer hohen Schneedecke aus, da der Schnee zuerst die Steine bedeckt, von diesen teilweise in die Zwischenräume der Gesteinskomponenten hinabgleitet und diese aufzufüllen beginnt. Die gemusterte Gletscheroberfläche aus Schnee und Gestein fördert durch ihre geringere Albedo der Gesteinskörper das Abschmelzen einer Schneedecke. Vereinzelt heben sich aus der weißen Gletscheroberfläche im oberen Talkessel frische, grobeisklumpige Lawinenbahnen ab. Die breit runsenförmigen steilen Stichtäler sind auffallend wenig mit Gletschereis bedeckt, insbesondere in SW-Exposition. Im Übergangsbereich eines Steilwandgletschers zum Hauptgletscherstrom befinden sich zwei Eislawinenkegel, an deren Wurzelzone sich rutschbahn-förmige Eislawinenbahnen anschließen. Bei den übrigen Gletschern verläuft der Übergang vom Steilwandgletscher zum Hauptgletscher nahtlos. Hier könnte die Neigungsdifferenz zwischen Wand- und Talgletscher zu gering für die Kegelbildung sein, so daß sich das Eislawinenmaterial eher flächig auf dem Gletscher verteilt.

Am von orogr. links in das Shispar-Tal einmündenden *Ghenta-I-Gletscher* offenbart sich ein Gletschertor, auf dessen Toroberkante ein Schuttdeckenprofil aufgeschlossen ist. Ein durchschnittlich 20–30 cm mächtiger Horizont aus Feinmaterial und faustgroßen Gesteinsbruchstücken lagert der Gletscheroberfläche auf. Überwiegend bestehen die Schuttkomponenten aus stuhlgroßen Gesteinsblöcken. Aber auch über tischgroße Blöcke sind in großer Zahl vertreten. Das Schuttmaterial deckt das Gletschereis vollständig ab. Die Schuttkomponenten bestehen aus Gneis. Die beschriebene hohe Schuttlieferung durch Eislawinen wird derzeit noch nicht in den Hangschuttkörperkreislauf integriert, sondern erst nach einer angenommenen Deglaziation bildet es die Basis eines Großteils der folgenden Hangschuttkörper.

Das übrige Talgefäß ist in erster Linie durch Schuttkörper glazialer Herkunft geprägt (Photo 29). Unterhalb des Hauptgletscherkessels, also dem oberen Zusammenfluß der Lawinengletscherteilströme, setzen in einer Höhe von 3900 m bis zu 150 hohe und etwa 250 m breite spätglaziale Ufermoränenterrassen ein, welche vom *Ghenta-I-* und *Bojoghabur*-Gletscher herrühren und den Shispar-Gletscher in einem schmaleren Gletscherbett kanalisieren. Durch ihre große Breite sind die Ufermoränenterrassen nicht firstartig zugespitzt, sondern eine abgeplattete, vegetationsbesetzte Rückenfläche ist ausgebildet (ähnlich wie die *Märchenwiese (Fairy Meadows)* im Rakhiot-Tal am Nanga Parbat, Kap. B.IV.3). Das sehr schmale, 500–800 m breite Talgefäß des Shispar-Tals sowie seiner angrenzenden Seitentäler läßt die hohen abgelagerten Ufermoränen prononciert hervortreten. Die bereits von Pflanzen besiedelten Moränenplateaus stehen ganz im Gegensatz zu den sie begrenzenden Steilufern, die für das Moränenmaterial in typischerweise orgelpfeifen-förmig zerrunst sind. Zum anderen bilden sich entlang der Steilkanten **sekundäre**

Schutthalden von bis zu etwa 60–80 m Höhe aus, die teilweise mit büscheligen Steppengräsern und kleineren Zwergsträuchern bewachsen sind. Die Kegelform der einzelnen sekundären Schuttkegel wird durch die inaktiven und damit begrünten Partien der moränischen Steilkanten außerhalb der Schuttgänge deutlich vom umgebenden Schuttumfeld hervorgehoben.

Auf die Moränenplateaus sind **Blockschutthalden** eingestellt, die an ihrer Basis von Nadelhölzern besiedelt werden. Oberhalb befinden sich deutliche Abbruchnischen. Die Blockschutthalden sind jünger als die spätglazialen Moränenterrassen. Durch die hohe Gesteinsresistenz der Gneise setzen sich die Schuttkörper dementsprechend aus größeren Gesteinskomponenten zusammen. Bei den an die Steilwände angeschlossenen Sturzschuttkörper erweist sich der Akkumulationsradius der herunterfallenden Gesteinsbruchstücke als eng limitiert. Die mäßig geneigten Hänge besitzen die weitesten Akkumulationsradien, während bei den flachen Hängen die Fortbewegung der Massen aufgrund zu geringer Reliefenergie schnell zum Stillstand kommt und das Ausbreitungsgebiet wieder limitierter ist. Insgesamt ist die Morphodynamik auf den an die Ufermoränenterrasse angrenzenden Talflanken sehr gering. Die mächtigen Uferermoränen geben den glazial übersteilten Talflanken in ihrer Fußzone Halt, so daß wir hier eine aktive Nachbruchdynamik – wie weiter talabwärts – nicht vorfinden.

Die üppigen Ufermoränenbildungen – wo sie vom Gletscher unmittelbar unterschnitten werden – stellen maßgeblich das Ausgangsmaterial für das auf dem Gletscher befindliche Schuttmaterial dar. Weiter talabwärts sind an der Basis der Ufermoränenterrassen kleine Ufermoränenwälle von bis zu Dekameterhöhe wie ein in Falten geschlagenes Tuch ausgebildet. Auf der orogr. rechten Shispar-Talseite vermißt man solche glazialen Sedimentakkumulationen vollständig (Photo 29). Die Talseite gestaltet sich sowohl **moränenfrei als auch frei von anderweitigen Schuttablagerungen**. Steil ragen die aus Gneisen, Granodioriten und Marmoren bestehenden Trogtalflanken empor und vereiteln aufgrund ihrer Glattheit in Kombination mit hohen Neigungswinkeln eine länger andauernde Ablagerungsfläche für glaziales Schuttmaterial. Aber auch die Talflanken selbst, die weit unterhalb der Schneegrenze liegen, sind nicht stark in Auflösung begriffen. Die Abfuhr des Schuttes durch den Gletscher übersteigt die Schuttlieferung, die zu einer Schutthaldenbildung notwendig wäre, wie dies z.B. bei den auf den Yazghil-, Momhil- und Lupghar-Gletscher eingestellten Schutthalden in der Talschaft Shimshal der Fall ist. Dort stehen allerdings leicht verwitterbare Schiefer und Kalke an. Am Shispar-Gletscher wird sogar das anstehende Gestein unmittelbar vom Gletscher markant unterschnitten. Durch die Gletschereisfüllung der Talgefäße wird der Talboden zu einem Förderband des anfallenden Schuttes umgestaltet. Der zu Tal fallende Schutt wird mittels des Gletschers – im Vergleich zu einem Flußlauf relativ rasch – abgeführt. Um das Verhältnis zwischen Schuttkörpervorkommen und Gletscherbedeckung in einem Talgefäß zu beschreiben, ist es eigentlich geboten, einen entsprechenden Quotienten einzuführen, den man als „Gletscherschuttzahl" bezeichnen könnte und sich aus dem Verhältnis von Gletscherbedeckung zu Schuttkörpervorkommen ableitet.

Vergleicht man den Yazghil-Gletscher und den Hassanabad-Gletscher bezüglich ihrer Schuttbedeckung in Abhängigkeit von der Gesteinsresistenz des den Gletscher umgebenden anstehenden Gesteins, so wirkt diese Beziehung paradox. Der Yazghil-Gletscher wird ab 5500 m talabwärts von leicht verwitterbaren Schiefern begleitet, die dann in Kalksteinserien im unteren Talabschnitt übergehen. Die Gipfel werden durch Granite gebildet, die dem Hunza-Plutonit zugehörig sind. In unmittelbarer Nähe der Schneegrenzhöhe, der Höhenbereich, in dem die Frostwechselzahl ihr Maximum erreicht und somit die Frostverwitterung im Sinne der Gesteinssprengung optimal zur Ausbildung kommt, stehen Schiefer an. Nichtsdestotrotz zeigt sich die Yazghil-Gletscheroberfläche von einer verblüffenden Blankheit bzw. Schuttfreiheit. Der Hassanabad-Gletscher wird dagegen durchgehend von hoch resistenten Gneisen umrahmt. Die Gletscheroberfläche wird hier aber von einer mächtigen Schuttdecke eingenommen. Die enorme Verschuttung des Shispar/Hassanabad-Tals ist auf die schuttliefernden Eislawinenprozesse zurückzuführen, der Yazghil-Gletscher ist demgegenüber ein Firnmuldengletscher. Für die Verschuttung des Shispar-Gletschers als günstig zu bewerten ist die Anwesenheit mächtiger Moränendeponien vorangegangener Gletscherhochstände. Dieses diamiktische Material ist durch die Unterschneidung des Gletschers sowie auch durch Durchnässung leicht erodierbar und wird auf der Gletscheroberfläche fleckenartig abgelagert.

Der Shispar-Gletscher unterschneidet auf der orogr. rechten Talseite nahe der Konfluenz mit dem Mutschual-Tal in 2600 m Höhe tiefgreifend die Talflanke. Wenn das Tal einmal bis weiter talaufwärts dieser Lokalität gletscherfrei werden sollte, ist hier durch das fehlende Widerlager des Gletschers eine Bergsturzstelle vorgeformt. Aber bereits heute mutet die Stelle höchst abbruchanfällig aus. Der **Zusammenhang zwischen Deglaziation und Felsnachbrüchen** wird rezent im Hassanabad-Tal ebenfalls sehr augenfällig (vgl. GARDNER & HEWITT 1990, EVANS & CLAGUE 1988).

Die den Shispar-Gletscher begleitenden Talflanken steigen bis auf über 7000 m an. Bei einer Talbodenbreite von unter 1 km sowie Talflanken, die in der Vertikalen nur wenig zurückweichen, ergibt sich eine sehr flächenexpansive **Beschattung** des Talgrundes und setzt damit expositionsbedingte Unterschiede der geomorphologischen Ausgestaltung der Talflanken – besonders in den Wintermonaten – außer Kraft. Aus der Talschaft Shimshal sind Siedlungsstandorte bekannt, die von November bis Februar keine direkte Besonnung erfahren (ITURRIZAGA 1994).

3.3.2 Die Endmoräne und ihr Schuttkörperumfeld

Prinzipiell stellt die Endmoräne eine von der restlichen Landschaftsumgebung **isolierte Schuttakkumulation** dar. Je mehr Schuttmaterial im Talgefäß vorhanden ist, desto mehr Material steht zur Bildung der Endmoräne bereit. D.h. je länger ein Tal nicht von einer Vergletscherung heimgesucht wurde bzw. je mehr Gesteinsmaterial von den Hängen abgewittert wurde und in Form von Schuttkörpern abgelagert wurde, desto mehr Schuttmaterial steht für die Endmoräne bereit. Gleichzeitig bieten diese Akkumulationen dem vorstoßenden Gletscher ein gewisses Widerlager. Mit dem Vollzug der Ablagerung der Endmoräne ist gleichzeitig der Grundstein zu ihrer Zerstörung gelegt, in dem der nun forciert ablaufende Schmelzwasserabfluß die Endmoräne transformiert. Dies ist ein Tatbestand, der uns bei vielen Schuttkörperformen beggenet, der kurze Zustand eines Klimaxstadiums. Bei der Endmoräne trifft dies besonders gut zu, da sie keine neue Schutternährung erfährt. Bei hangialen Schuttkörpern ist es dagegen sehr schwer, ein solch eindeutiges Klimaxstadium festzustellen. Aus diesem Grund paßt der Ausdruck „toter Schuttkörper" – wie ihn LEIDLMAIR (1953: 23-24) für die Schuttkegel in den Alpen prägte – besser zu den glazialen Schuttkörpern, weil eine erneute Schuttzulieferung im allgemeinen nicht stattfindet.

Die Endmoräne im Hassanabad-Tal zeigt sich als ein klar von seiner Umgebung abgegrenzter Schuttkörper, der durch den Fluß halbseitig abgetragen wurde. Talabwärts der Endmoräne ist kein anschließender glaziofluvialer Schwemmfächer ausgebildet. Ein Hauptmerkmal eines Großteils der glazialen Akkumulationen besteht darin, daß sie **quer** zur fluvialen sowie gravitativen Ablagerung verläuft. Dieser Aspekt ist insofern von Wichtigkeit, als daß er als **grundlegendes Unterscheidungsmerkmal** zwischen glazialen und rein hangialen Schuttkörpern, die sich genetisch durch Abtragungsprozesse bereits formal nicht mehr identifizieren lassen, herangezogen werden kann.

3.3.3 Das junge Hassanabad-Gletschervorfeld: Hochlagernde Moränendeponien in Kombination mit rein hangialen Schuttkörpern und die rezente Nachbruchdynamik glazial übersteilter Trogtäler

Im Hassanabad-Tal ist die **moränen-geprägte Schuttkörperbildung** in sehr frischem Zustand nachvollziehbar. Allerdings findet dieser Tatbestand in der Literatur des glazialgeomorphologisch bearbeiteten Tals keine Berücksichtigung. Talabwärts der rezenten Gletscherzunge (2400 m) ist das untere Talgefäß wie mit einer wenig mächtigen Mörtelschicht ausgekleidet (Photo 30). Die Abtragung des jungen Moränenmaterials, das von zahlreichen engständigen Runsen zerfurcht wird, erfolgt zügig (Photo 31), wobei Starkregenereignisse einen erheblichen Beitrag dazu leisten. Die steilwandigen, glatten Trogtalflanken des Hassanabad-Tals bieten den vom Gletscher deponierten Moränenmaterial keine günstige Akkumulationsfläche (Photo 15). Bei Durchfeuchtung gerät das Moränenmaterial durch die geringe Haftreibung bei gleichzeitig hoher Neigung der Talflanken großflächig ins Rutschen. Eindrucksvoll ist die Schuttkörperentwicklung im Bereich zwischen Endmoräne (2150 m) und rezenter Gletscherzunge. In diesem Geländeabschnitt ist gut nachvollziehbar, welches Ausmaß Schuttkörperbildungen in kurzen Zeiträumen annehmen können. Ein Sturzschuttkegel erstreckt sich auf der orogr. linken Hassanabad-Talseite mit auffallend großen, bis zu mannshohen Gesteinsblöcken an der Basis. An ihm verdeutlicht sich die **aktive Nachbruchdynamik der übersteilten, glazial gebildeten Trogtalflanken nach der Deglaziation** (s. KUHLE, MEINERS & ITURRIZAGA 1998)[20]. Der etwa 100 m hohe Schuttkegel kann erst nach der Deglaziation in der ersten Hälfte des 20. Jahrhunderts aufgeschüttet worden sein. Damit kann er – bezogen auf die auf 1925 datierte Endmoräne – nicht älter als maximal 60-70 Jahre sein. Das Hassanabad-Tal wurde Mitte September 1992, kurze Zeit nach dem Niedergang der heftiger Niederschläge begangen. Der Schuttkegel zeigte zu dieser Zeit eine rege Steinschlagtätigkeit, worunter auch bis zu etwa 1 m im Durchmesser aufweisende Gesteinsblöcke fielen.

Es wird deutlich, daß **Größe und Mächtigkeit** von Schuttkörpern sowie daraus abgeleitete Sedimentationsraten keine Rückschlüsse auf deren Alter erlauben. **Extremereignisse**, die einen großen Anteil der Schuttkörper in nur wenigen Stunden, Tagen oder Monaten aufbauen, **wechseln mit langandauernden Ruhephasen oder sukzessivem Schuttkörperaufbau**. Ein Großteil des Schuttkörperaufbaus vollzieht sich unmittelbar nach der Deglaziation und erreicht auch sehr bald sein Klimaxstadium.

Die **Mur- und Schwemmkegelbildung** tritt in dem vergletscherten Talabschnitt aufgrund **mangelnden Raumangebotes** sowie der noch sehr juvenilen kurzen Stichtäler gänzlich zurück. Großzügig gestaltete Ufermoränentäler, wie wir sie aus den benachbarten Tälern kennen und die eine Schuttkörperentfaltung erlauben, sind nicht vorhanden.

4. Ein Diskussionsbeitrag zur rezenten Schuttproduktion: Das Verhältnis von primären zu sekundären Schuttlieferungen

Der hohe Anteil an resedimentierten und residualen Glazialschuttkörpern am Schuttkörperaufbau wirft die Frage auf, wie hoch die **heutige primäre Schuttproduktion**, die unmittelbar aus dem Anstehenden hervorgeht, einzuschätzen ist. Offenkundig ist, daß die vielfältigen sekundären Schuttkörpervorkommen dem Landschaftsbeobachter auf den ersten Blick eine viel zu hohe rezente Schuttlieferung suggerieren.

Das Ausmaß der heutigen Schuttproduktion wird im folgenden an den aktuell sehr intensiv schuttaufbereitenden ariden bis semi-ariden Hochgebirgsregionen des Hindu-

---

[20] Anbei sei auf die Arbeit von GARDNER & HEWITT (1990: 159) hingewiesen, die die rezent bergsturz-auslösende Wirkung des surgenden Bualtar-Gletschers im Karakorum belegt.

kusch und Karakorum erörtert werden. Vorweg soll jedoch einer grundsätzlichen Frage nachgegangen werden, die die Dauer des Schuttkörperaufbaus berührt: Aus wievielen Steinen setzt sich ein Schuttkegel größenordnungsmäßig zusammen und wieviel täglicher Steinschlagabgänge bedarf es zu seinem Aufbau? Dazu folgendes Fallbeispiel: Aus der Formel $1/6 \, \pi \times r^2 \times h$ ($\pi = 3{,}14$; r = Kegelradius; h = Höhe des Kegels) errechnet sich das Volumen eines halbierten Kegelkörpers. Diese Volumenberechnung ist für einen Sturzschuttkegel noch sehr hoch gegriffen, da die Mächtigkeit der Schuttkegel zumeist weniger als 1-3 m beträgt. Die Schuttkegel fransen jedoch basal schleppenartig aus und auch in der Zulieferrunse sind noch Schuttkomponenten abgelagert. Diese verstreuten diskontinuierlichen Ablagerungen zählen zum Kegelkörper dazu, so daß mit einem großzügigeren Kegelvolumen in diesem Fallbeispiel vorgegangen werden soll[21].

Ein Schuttkegel, der eine Kegellängsmantellinie von 35 m, eine Höhe von 20 m und einen Radius von 30 m besitzt und damit einen Böschungswinkel von 33° aufweist, besitzt ein Volumen von 9 424,77 m^3 und wird von 1 178 097 quaderförmigen Steinen mit einer Kantenlänge von 20 cm aufgebaut. Schuttkegel dieser Größe zählen zu denen kleineren Ausmasses, sind aber im Karakorum häufig vertreten. Wieviel Steinschlagabgänge sind im Postglazial für den Aufbau des Schuttkegels pro Tag zu verzeichnen? Setzt man für den Zeitraum des Postglazials 10 000 Jahre (3 650 000 Tage) an, so müßte etwa alle drei Tage ein Stein abgehen, um einen Schuttkegel der o.g. Größe aufzubauen. Halbiert man das berechnete Kegelvolumen für seichtere Schutthalden, so müßte alle 6 Tage ein Steinschlagereignis zu verzeichnen sein. Für die größeren Schuttkegel, die im Karakorum bis zu 1000 m Länge erreichen können, wären dann 10 bis 20zig mal so viele Steinschlagabgänge durchschnittlich zu registrieren.

Vergleichende Beobachtungen zur Schuttproduktion sollen an dieser Stelle von RAPP (1960a & 1960b) vorgestellt werden. RAPP (1960a: 91–92) kommt in seinen Studien über die rezente Morphodynamik von Schutthalden in Spitzbergen, die er über den Untersuchungszeitraum von 1882–1954 ausgewertet hat, zu folgendem Ergebnis: Die aktuelle Schuttkörperaufbereitung geht sehr langsam vor sich[22], obwohl die Schutthalden eine beachtliche Größe aufweisen und das Untersuchungsgebiet einer hohen Frostverwitterung unterliegt. Dieses **Mißverhältnis zwischen Zulieferung und Größe der Schutthalden** kann nicht damit erklärt werden, daß die Zulieferwände durch die Verwitterungsprozesse bereits aufgezehrt sind, da sich noch hohe Wandpartien an die Schutthalden anschließen. RAPP nimmt an, daß die Schuttproduktivität in dem 10 000 Jahre währenden **Postglazial einst wesentlich höher** lag.

---

[21] RAPP (1960a: 81) benutzte bei seinen Volumenberechnungen für die Schuttkegel in Spitzbergen Kartengrundlagen im Maßstab 1:2 000. Für die ausgewählten Untersuchungsgebiete in Hochasien liegt die beste Kartengrundlage im Maßstab 1:50 000 vor und ist damit noch völlig ungeeignet für genauere Berechnungen, so daß die Frage der Schuttproduktion nur mittels der Geländebeobachtungen und theoretischen Fallbeispielen diskutiert werden kann.
RAPP (1960a: 84) reduziert seine berechneten Volumenangaben, da es sich in natura nicht um Steinwürfel handelt, die lückenlos aufeinanderliegen, sondern um unregelmäßig geformte Gesteinskomponenten, zwischen denen sich Lufträume befinden, so daß er von dem errechneten Kegelvolumen ein Porenvolumen von etwa 30% abzieht.

[22] Die Wandrückverlegung betrug in dem Untersuchungsgebiet 0,02-0,2 mm pro Jahr (RAPP 1960a: 87–88), d.h. 2–5 m Wandrückverlegung in 10 000 Jahren, und fällt damit sehr gering aus. 7–10 m Wandrückverlegung gibt POSER (1954: 140) für die Alpen an.
Ein jährlicher Zuwachs von 1–5 m^3 pro Jahr pro Schuttkegel konnte verzeichnet werden (RAPP 1960a: 77). Der Großteil der großen Blöcke, die an den Schuttkegelspitzen ruhten, wurden im Untersuchungszeitraum von 1882–1954 nicht verlagert oder weiter aufbereitet (RAPP 1960a: 75). 58 kleinere Steinschlagereignisse waren in dem Zeitraum von 1952–1960 in Kärkevaggen, Spitzbergen zu verzeichnen (RAPP 1960b: 114).

Die Geländebeobachtungen im hochasiatischen Gebirgsraum ließen ähnliche Verhältnisse in der Schuttkörperproduktion als charakteristisch erscheinen: **Der Peak der primären Schuttproduktion** ist – wenngleich es sich um sehr intensiv schuttaufbereitende Hochgebirgsräume handelt – bereits **überschritten**. Die heutige Schuttproduktion erklärt nicht die im regionalen Teil dieser Arbeit beschriebenen übergroßen Schuttakkumulationen. Sie sind in ihrer Anlage ein Relikt der letzten Vereisungsphasen.

Der immer wieder bei der Geländebeobachtung aufgetretene Widerspruch, daß sich **unterhalb kleinräumiger Einzugsbereiche unproportional ausladende Schuttkörper** (Photos 9 & 11) und unterhalb großräumiger Einzugsbereiche sehr kleine Schuttkörper anschließen, kann nur mit der **engen Anbindung der Schuttkörperbildung an die vorzeitliche Vergletscherung** gelöst werden: Die unverhältnismäßig großen Schuttkörper sind auf die Dislozierung glazialer Sedimente im Einzugsgebiet zurückzuführen, während die „kleinen Schuttkörper" erkennen lassen, daß an moränenfreien und glazial weniger beanspruchten Talflankenpartien die eigentliche Schuttkörperproduktion gering ausfällt. Für die – in Anbetracht der Lockermaterialfülle – **geringe Schuttproduktion** spricht auch, daß die Frostschuttzone im Schneegrenzsaum, in dem die höchste Anzahl an Frostwechseln zu verzeichnen ist, im Gegensatz zu den Mittellagen sehr bescheidene Schuttkegelvorkommen aufweist (Photo 1). Die **Schuttkegelhöhe** nimmt hier im vertikalen Höhenstufenablauf **nach unten hin zu**, obwohl man bei primär aufgebauten Schuttkegeln das Gegenteil erwarten müßte, nämlich die größten Schuttkegelvorkommen in den frostverwitterungsintensiven Hochlagen. Dies unterstreicht, daß die Schuttkegel der Mittellagen „fremdbestimmt", d.h. durch glaziale Prozesse induziert aufgebaut sind. In den Gebirgsmittellagen der Untersuchungsgebiete in Hochasien sind **reine autochthone, ohne glaziale Einflüsse geprägte Schutthalden eher selten** ausgebildet. Denn auch wenn es sich um sekundäre Schutthalden handelt, sind glazial induzierte Nachbruchschutthalden häufig vertreten. Hier verstürzt das Anstehende aufgrund der Druckentlastung des Gesteins nach der Deglaziation. Die maximale Schuttlieferung fand kurz nach der Deglaziation der Talgefäße in Form eines regelrechten Kollaps der übersteilten Trogtalflanken und der instabil gelagerten glazialen Sedimente durch das fehlende Eiswiderlager statt.

Siedlungs- und Wirtschaftsflächen, die sich am Hangfuß von Steinschlaghalden befinden, stellen gute **Indikatoren** für das Ausmaß von aktuellen Steinschlagabgängen dar. In Shimshal waren nach einem leichten Niederschlagsereignis Anfang August 1992 Gesteinsblöcke auf die Flurfläche niedergegangen. Auch sie stammten weder aus der Schutthalde noch aus dem Anstehenden, sondern aus den über den Schutthalden restierenden hochlagernden Moränendeponien. Diese sekundären Steinschläge machen einen Großteil der Massenabgänge aus. Die Tatsache, daß es für viele Siedlungen überhaupt möglich ist, unterhalb von bis zu über 100 m hohen, nicht mit Sanddorn konsolidierten Steinschlaghalden ansässig zu sein, weist darauf hin, daß die aktuelle Aktivität der Schutthalden nicht allzu bedeutend ist. Das Scheitern der Bemühungen der Einheimischen, die Schutthalden mit Sanddornbüschen zu konsolidieren und die dafür notwendigen Bewässerungskanäle in die Schutthalden hinein zu verlegen, mag insbesondere auch an der Unterschneidung des Schutthaldenhanges durch den Bewässerungskanal selbst liegen. Zum anderen werden die Kanäle durch feuchte Massenbewegungen, wie Murgänge und Schuttströme zerstört, und nicht durch primäre Steinschlagereignisse.

Die Kahlheit der Schuttkörper in den trockenen Hochgebirgsregionen suggeriert eine überdimensionale rezente Aktivität der Schuttkörper. Im Vergleich mit anderen Hochgebirgsregionen ist dieser Schuttkörperraum auch sehr aktiv, jedoch ist der **fehlende Vegetationsbewuchs** der Schuttkörper primär **hygrisch bedingt** und nicht aktivitäts-bedingt (Photos 2 & 3). Daß die Schuttkörperoberflächen nicht konsolidiert sind, liegt auch oftmals an der fluvialen Unterschneidung der Schutthaldenbasis und nicht an der rezenten aktiven Schuttspende aus dem Einzugsgebiet.

RAPP (1960a & 1960b) hat in seinen Schutthaldenstudien sehr ausführlich mittels des Vergleichs unterschiedlich alter Photographien von Schutthalden gearbeitet und konnte die geringe Veränderung der Schutthaldenkörper über einen Zeitraum von über 70 Jahren belegen. Für die Untersuchungsgebiete in Hochasien wäre eine solche methodische Vorgehensweise auch erstrebenswert, jedoch sind solche Vergleichsaufnahmen noch kaum vorhanden. Es sei hier auf eine Photographie von FINSTERWALDER (1936) verwiesen, die den großen Feilenanbruch auf der orogr. rechten Rakhiot-Talseite zeigt, der heute ebenfalls in nahezu unveränderter Form vorliegt (vgl. Photo 34 in der vorliegenden Arbeit). Auch weitere Aufnahmen der Deutschen Nanga-Parbat-Expedition von 1936 aus dem Rakhiot-Tal bekunden eine erstaunlich geringe Veränderung der Schuttkörperformen gegenüber ihrem heutigen Zustand.

Für die Untersuchungsgebiete im Hindukusch und Karakorum kann festgehalten werden, **daß gegenwärtig die Resedimentation von glazialem Schuttmaterial die Neu-Schuttproduktion um ein Vielfaches übersteigt. Auf lange Sicht gesehen** bedeutet die heutige hohe Resedimentationsrate von hochlagernden Moränendeponien, daß sich das **Abtragungsregime** in diesen Gebirgen **allmählich wieder zu den primären Schuttprozessen verschieben** wird. Wenn das Moränenmaterial erst einmal eliminiert ist, erfolgen keine nennenswerten Schuttnachlieferungen mehr. Zugleich wird das Anstehende durch den fehlenden Moränenmantel den Verwitterungsagenzien wieder preisgegeben. Prinzipiell ist hervorzuheben, daß am Ende der großen Vereisungsphasen, wie zum Ausklang des Spätglazials, der von den Gletschern zusammengeschobene und zusammengehaltene **Schutt vom Eis großräumig freigegeben** wurde und zur weiteren Formung durch hangiale Prozesse bereitstand.

5. Zur Morphodynamik und Dauer der Schuttkörperbildung durch Starkregenereignisse

Nach einem außergewöhnlichen Starkniederschlagsereignis vom 07.09.–09.09.1992 war die zentrale Verkehrstrasse des Karakorum, der *Karakorum Highway (KKH)*, aufgrund zahlreicher Massenbewegungen insbesondere in dem 25 km langen Streckenabschnitt in der Hunza-Durchbruchsschlucht zwischen den Ortschaften *Bulchi Das* und *Muhammadabad*, weitgehend zerstört und für zwei Wochen nicht durchgängig befahrbar (BOHLE & PILARDEUX 1993, HEWITT 1993, REIMERS 1994, ITURRIZAGA 1996, 1997b). Am Beispiel der Zerstörung des Karakorum Highways zeigt sich eine **Überlagerung von eiszeitlich prädestinierter und von anthropogen induzierter Nachbruchdynamik** (KUHLE, MEINERS & ITURRIZAGA 1998).

In der Durchbruchsschlucht, außer in den Gleithanglagen, steht nur wenig Raum für Schuttakkumulationen zur Verfügung. Längstäler, die als Zulieferer für eine zusätzliche Schuttfracht fungieren, existieren kaum. Gneise und Granodiorite stehen an, die hohe Resistenz sowie eine massige Struktur aufweisen. Um so bemerkenswerter war die hohe Anzahl von Zerstörungen durch feuchte sowie trockene Massenbewegungen und ihre Variationsbreite. Ganze Straßenabschnitte wurden durch Bergstürze hinfortgerissen. Außerdem wurde die Verkehrstrasse durch vielzählige Murabgänge überfahren.

Die innere Verfestigung des Gesteins ist vor allem dann gegeben, wenn kein Wasser in den Poren, d.h. in den mikroskopisch feinen Haarrissen im Gestein vorhanden ist, da dieses weniger kompressibel ist als das Gestein. Aber selbst in Haarrissen und Klüften können je m^3 bis zu 10 l Wasser aufgenommen werden. Angesichts dieser Tatsache wird verständlich, daß Niederschläge auch im Festgestein großmaßstäbige Sturzereignisse auslösen können. Das Beispiel des Karakorum Highways zeigt eindringlich, daß Starkregenereignisse nicht nur wesentlich zur Schuttkörperbildung im Lockergestein, sondern auch im Festgestein beitragen (Photos 32 & 33).

Die Variationsbreite der Sturzprozesse ist äußerst vielfältig. Einige Beispiele seien hier exemplarisch angeführt. 1 km vor dem Streckenabschnitt Multanza, im an die Trasse angrenzenden Hangfußbereich sind an ebenen Gleitflächen 10 m lange Gesteinsplatten in Scheiben auf die Trasse abgerutscht und zwar unterhalb der Stelle, wo der Fels langsam zu einem Überhang ansetzt, so daß ein neues hohes Spannungspotential im Fels durch das fehlende Widerlager aufgebaut wurde (Photo 32). Die Gesteinspakete sind kaum zertrümmert, so daß es sich um einen eher langsamen Abbruchprozeß gehandelt haben muß. Grundsätzlich fällt auf, daß die Abbrüche im anstehenden Fels messerscharf getrennte, ebene Abrißflächen von über 10 m x 10 m Fläche hinterlassen und die Felswand geometrisch zerteilen. 1 km weiter talabwärts ereignete sich in demselben Gesteinsmaterial ein Bergsturz (2320 m, Streckenabschnitt bei Multanza), dessen Sturzmaterial das 200-300 m breite Flußbett des Hunza-Flusses bis über die Hälfte ausfüllte und das Flußbett auf die gegenüberliegende orogr. rechte Talseite verlegte, wo sich der Fluß rasch in die Schottersohle einschnitt und sich nun streckenweise an die gegenüberliegende Felswand schmiegt. Die Trasse ist durch das Ereignis vollkommen weggebrochen bzw. zerstört. Wäre das Tal an dieser Stelle enger gewesen, hätte die Bergsturzdeposition zu einer zeitweiligen Blockierung und damit zu einer Seeaufstauung führen können. Dieser Sachverhalt ergibt sich zum einen bei einem größer dimensionierten Bergsturz, wie das z.B. bei dem dokumentierten Bergsturz von Sarat im Jahre 1850 der Fall gewesen ist, der über einen Zeitraum von 6 Monaten einen See, der bis zur Ortschaft Ghulmit hinaufreichte, aufstaute (PAFFEN et al. 1956: 14).

In der weiter südlich gelegenen Schiefer-Paragneiszone mit grobkörnigen Marmoren, die im Wechsel mit Granatamphiboliten, Hornblende- und Quarzitschiefern auftreten (PAFFEN et al. 1956: 10), ist das Gestein dagegen kleinräumig stark zerklüftet. Kleine Gesteinspakete sind spitzwinklig in extremer Überhangposition auf die Trasse eingestellt. Auch hier ereigneten sich zahlreiche Felssturzprozesse, aber als anderes Charakteristikum tritt die Tatsache hinzu, daß die ganze Strecke fast flächendeckend gespickt mit aus Steinschlag hervorgegangenen Gesteinsbruchstücken verschiedener, aber eher kleinerer Größe war. Bei nur geringen Windstärken erwiesen sich die Felsflanken bereits als höchst steinschlaggefährdet. Bis zu hausgroße Blöcke, die gegebenenfalls mit ebenen Abbruchflächen auf die Trasse auftreffen, purzelten auf die Trasse (Photo 33).

Der **Indikatorwert einer Trasse** für das Auftreten von Massenbewegungen ist hoch. Die gradlinig, mit ebener Oberfläche verlaufende Trasse offenbart auch noch nachträglich das Ausmaß der erfolgten Massenbewegungen durch ihren Zerstörungsgrad, die ohne sie oftmals schwerlich erkennbar wären. Natürlich wird hierbei die signifikante Bedeutung der Trasse als auslösendes Moment für Massenbewegungen ignoriert. Nichtsdestotrotz, die anthropogene Einschneidung in den Fels durch die Trasse spiegelt das Prinzip des fehlenden Widerlagers durch Hangunterschneidung wider, das ebenfalls in natürlich ablaufenden Prozeßvorgängen anzutreffen ist und entbindet sie somit nicht der Übertragbarkeit auf nicht anthropogen induzierte Massenbewegungen.

Die geologische Entwicklung des Gebirgskörpers des Karakorum, seine Verknüpfung in den regionalen tektonischen Bauplan sowie Restspannungen aus früheren tektonischen Ereignissen der Gebirgsbildung sind im Karakorum mit Sicherheit für eine Vielzahl von Massenbewegungen als auslösendes Element mitverantwortlich (vgl. GATTINGER 1975: 61). Die intensive Gebirgsauffaltung im NW-Karakorum verursachte eine erheblich verstellte sowie gedrehte Lagerung von Gesteinsschichtungen, die potentielle Gleitflächen entlang jener Schichten lieferte, an denen das Gestein leicht spaltbar ist.

6. Zur Verschiebung der Periglazialzonen während der Eiszeiten in einem semi-ariden Hochgebirge

Die heutige Periglazialzone setzt im Karakorum ab einer Höhe von 3000 m höhenwärts ein (KALVODA 1992: 43). Ausschlaggebend für die Untergrenze der Solifluktionserscheinungen kann neben dem Temperaturfaktor der Mangel an Niederschlag sein. Nach SCHULTZ (1924: 172) ist deren Ausbildung von einer höheren Niederschlagsmenge von über 200 mm abhängig, die in den wüstenhaften Tallagen nicht gegeben ist. Auf eine **Verschiebung der Schuttkörpergürtel während der Eiszeiten** wurde bereits in der Einleitung hingewiesen. Die umfangreichen Glazialablagerungen im NW-Karakorum implizieren eine ehemals feuchtere Klimaphase. Nach KUHLE (1989a: 271–273) unterlag das Gebirge einer Schneegrenzabsenkung von mindestens 1200 m im Hochglazial, welches damit seinerzeit eine Schneegrenze in einer Höhenlage zwischen 3400–3800 m aufwies. Das Indus-Eisstromnetz erreichte seine tiefste Eisrandlage bei *Sazin* in 980 m im Indus-Tal. Mit der **Absenkung der Schneegrenze** ging zwangsläufig auch eine **Absenkung der Untergrenze der Periglazialzone** sowie ein **Absinken der oberen Waldgrenze und der heute ausgebildeten xerischen Walduntergrenze** einher. Das bedeutet zum einen, daß ein größerer Anteil an vegetationsbestandenen, konsolidierten Schuttkörpern vorhanden war und aber auch, daß die Frostwechsel in den Tieflagen häufiger waren als heute, d.h. die Solifluktionsuntergrenze tiefer hinabreichte. Nicht zu vernachlässigen ist jedoch die Tatsache, daß ein humideres Klima und seiner höheren Einstrahlungshemmung durch die Bewölkung sowie eine größere Vegetationsbedeckung die Frostwechsel im Vergleich zu einem ariden Klima und einer spärlichen Vegetationsbedeckung dämpft. Angesichts dieses Gesichtspunkts wird die theoretische Inszenierung des Schuttkörperszenarios zur Zeit des Hoch- und Spätglazials schwierig. Mit dem Absinken der oberen Waldgrenze während des Hochglazials ging auch die Ausweitung der Frostschuttkegel der Hochlagen einher sowie das Eingreifen der Periglazialprozesse in die Waldstufe.

7. Zusammenfassung

Aufgrund der uneinheitlichen, individuellen Vergletscherungssituation der Täler im NW-Karakorum sowie der sehr unterschiedlichen absoluten Reliefhöhen ist es unangemessen, ein schematisierendes Höhenstufenmuster der Schuttkörpervorkommen darzustellen, wie es für andere kleinräumigere, homogene Gebirgsgebiete erfolgt ist. Es können dennoch bestimmte Hauptverbreitungszonen sowie Verteilungsmuster bestimmter Schuttkörpertypen festgehalten werden. Die Schuttkörpervorkommen des NW-Karakorum sowie des östlichen Hindukusch – insbesondere die der Tallagen zwischen 1500 und 3000 m – ähneln sich sehr. Unterschiede ergeben sich bedingt durch die maximalen Reliefhöhen sowie daraus folgend durch die Gletscherbedeckung.

Der NW-Karakorum befindet sich in der **Übergangsphase vom glazial übersteilten und damit labilisierten Trogtal zur stabileren Form des fluvial geprägten Kerbtales**. Jedoch offenbaren die zahlreich vorkommenden unbewachsenen Schutt- und Felssturzhalden in Kombination mit den unkaschiert zu Tage tretenden Trogtalformen diese Transformationsphase eindringlicher als in anderen Untersuchungsgebieten. Die Form der glazial versteilten Täler wird sehr gut durch die hoch resistenten Gneise überliefert, andererseits unterliegen sie stellenweise einer hohen, großflächigen und plötzlich ablaufenden Nachbruchdynamik. Die in den Kalk- und Schieferserien angelegten Glazialtäler weisen eher eine sehr homogene, sukzessiv erfolgende Schutthaldenbildung an der Trogbasis auf, die ihre größte Schuttlieferung in der Entwicklung unmittelbar nach der Deglaziation besaß. Die weicheren Schiefer dürften die Trogtalform kurzzeitiger konservieren. Die Schutthalden verbergen oftmals die glaziale Talform und täuschen ein enges Kerbtal vor.

Der **weite vertikale Verbreitungsraum der Schutthalden** über mehrere tausend Höhenmeter impliziert bereits, daß **nicht** ein und dieselben **klimatischen Bedingungen primär ausschlaggebend** für ihr Auftreten sein können. Die Höhenzone der in erster Linie auf Insolations- und Salzverwitterung zurückgehenden Schutthalden der Tieflagen geht höhenwärts in die mehr auf Frostwechsel angewiesene Bildung der Schutthalden der Hochlagen über. Des weiteren müssen die Parameter wie Reliefgestaltung bedingt durch die glaziale Vorformung sowie die Vergletscherung als Schuttlieferanten an sich als Bildungsfaktoren mit einbezogen werden.

Wie HÖLLERMANN (1967: 7) bereits bemerkte, können **Schutthalden nicht als Abgrenzungsmerkmal der periglazialen Stufe** bzw. im Sinne POSERs (1957: 119) als Überleitung in den nivalen oder periglazialen Höhengürtel benutzt werden. Der Ort der Schuttablagerung kann erheblich tiefer liegen als der der Schuttproduktion. Im Untersuchungsgebiet reichen die über 1000 m hohen Schutthalden der Periglazialzone aufgrund der extremen Reliefverhältnisse bis auf 1500 m ü.M. hinunter, obwohl hier nicht die Untergrenze der Periglazialzone anzusetzen ist. Bereits die Schuttkegelwurzeln liegen nicht mehr in der periglazialen Stufe. Die Schuttkörperregion der sommer-warmen ariden Hochgebirgsgebiete mit Insolationsverwitterung geht nahtlos in die Schuttkörperregion der kalt-humiden Gletschergebiete über. Im NW-Karakorum tritt diese Verknüpfung von ariden Talregionen mit der Gletscherregion noch enger in Erscheinung als im Hindukusch.

Am Beispiel des Momhil-Gletschers konnte sehr klassisch die **Verknüpfung zwischen Gletscherrückgang und Schutthaldenbildung** gezeigt werden. Die glazial-induzierten Schutthalden zeigen sich als homogen ausgebildeter Schuttkörpersaum. Dabei ist anzumerken, daß die Korrelation zwischen Schutthaldenhöhe und Alter nur in der unmittelbaren Gletschervorfeldnähe nachzuvollziehen ist. Weiter talabwärts ist dieses Verhältnis nicht mehr anwendbar, da die Beschaffenheit der Einzugsbereiche im Talverlauf stark wechselt und ganz individuelle Schuttkörper in Erscheinung treten läßt.

Die Ufertalsaumbereiche des Yazghil-, Momhil- und Lupghar-Gletschers in den Shimshal-Nebentälern zeigen, daß die **Zone der hochdynamischen Murschuttkegel** – wie sie am Rakaposhi oder am Nanga Parbat vertreten ist – weitaus weniger markant ausgeprägt ist. Hier auf der Leeseite des Karakorum dominieren die Schutthalden die Ufermoränentäler.

Das Fehlen des Waldes in den ariden Gebirgsteilen und die Ausbildung einer **xerischen Waldungrenze** in den etwas humideren Gebirgsabschnitten bedingt zwangsläufig einen sehr viel höheren Anteil an **unkonsolidierten Schuttkörpern** als auf der Himalaya-S-Abdachung. Die xerische Waldungrenze sorgt für eine **bilaterale Verteilung** der unkonsolidierten Schuttkörper im Höhenstufenmuster. Wenn die Niederschlagsmenge nicht zu gering ist, dürften Periglazialprozesse im NW-Karakorum deutlicher und tiefreichender ausgeprägt sein. Die Vegetation als Aktivitätskriterium für die rezente Schuttlieferung entfällt im Karakorum weitgehend.

Im NW-Karakorum liegt – wie im Hindukusch auch – die Höhenzone der ausladenden Gebirgssedimentfächer zwischen 1000 und 3000 m (ITURRIZAGA 1998a). Diese **gekappten Mur-, Schwemmkegel und -fächer**, sind äußerst charakteristische Elemente in den ariden bis semi-ariden vergletscherten Hochgebirgsräumen mit entsprechendem Raumangebot. Sie können als Kennform glazial genetischer Schuttkörper ausgewiesen werden.

WICHE (1960: 198) stellt für den westlichen Karakorum fest, daß das Kennzeichnendste für die Schuttkörperbildung deren Aufbau aus lokalem Schutt sei. In der vorliegenden Arbeit liefern die Geländebefunde ein gänzlich konträres Bild: Die Schuttkörper stellen in einer Vielzahl der Fälle eine Mischform glazialer und hangialer Schuttlieferung dar bzw. bauen sich allein aus der Resedimentation glazialen Schuttmaterials auf. Die **zusammengesetzte Schuttzufuhr** ist äußerst typisch für die primär fluviale Schuttkörperbildung. Die Zufuhr erfolgt aus lokalem Hangschutt aus dem Zuliefergebiet, aus der Resedimentation von Moränenmaterial sowie durch auf den fluvialen Schuttkörper eingestellte (sekundäre) Steinschlag- und Murkegel. Das hohe Vorkommen von mächtigen, vor allem spätglazialen talhangverkleidenden Moränen führt zu diesem hohen Anteil von Mischschuttkörperformen aus hangialem und glazialem Material. Im Laufe der Zeit, d.h. in den nächsten Jahrtausenden, werden die Moränendeponien sukzessive ausgeräumt bzw. mehr in das Hangschuttbild inkorporiert werden und das rein hangiale Schuttkörpergeschehen wird wieder an Dominanz gewinnen.

Typisch für ehemals vergletscherte Gebiete ist weiterhin die **auffallend asymmetrische Schuttkörperentwicklung** der gegenüberliegenden Talflanken bedingt durch die unterschiedliche Verbreitung bzw. Erhaltung glazialer Sedimente.

Zu leicht gibt man sich der Vorstellung hin, daß die Talausgänge vor der Aufschüttung eines Sedimentfächers frei von jeglicher Sedimentakkumulation seien, sich sozusagen in einem Tabula rasa-Zustand befänden. Solch ein Landschaftszustand wurde bei der Konfluenz vom untergeordnetem Pamir Tang-Tal und übergeordnetem Shimshal-Tal vorgestellt. Vielmehr ist jedoch zutreffend, daß Talausgänge fast ausnahmslos Orte der Schuttakkumulation sind. Schuttkörperlos zeigen sich dagegen insbesondere kleine Stichtalausänge im Embryonalzustand, die mit einem abrupten Gefällsknick in die Schottersohle einmünden. Ihre Akkumulationsrate ist zu gering für eine persistierende Schuttkörperaufschüttung. Die kleinen Schuttlieferungen werden durch den Haupttalstrom zügig hinfort transportiert. Zum anderen sind viele Talausgänge mit Gletschern plombiert, in deren Anschluß sich keine glaziofluvialen Schuttkörper ausbilden, da sie unmittelbar in das übergeordnete Tal einmünden.

Wir können bei der fluvialen Schuttkörperbildung in den wenigsten Fällen davon ausgehen, daß es sich um eine lineare Entwicklung von Aufschüttungsphase, sogenanntem Klimaxstadium und Degradationsphase handelt. Vielmehr scheint ein unregelmäßig episodischer Bildungszyklus, teilweise in **katastrophischem Prozeßgeschehen**, den Schuttkörperaufbau und -fortbestand zu bestimmen. Als Vergleichsliteratur sei hier auf ABELE (1981: 7) verwiesen, der für die chilenischen Anden die sogenannten **kataklysmischen Schüttungen**, d.h. rasch verlaufende und relativ große Massenbewegungen und Abflüsse unterschiedlicher Genese, hervorhebt. Riesige Schuttkörper entstehen in sehr kurzer Zeit.

Aufgrund der Aridität und des raren Transportwassers gelangen die Schuttmassen oftmals sehr schnell wieder zur Ablagerung, d.h. der Schuttdurchtransport fällt insgesamt viel geringer aus als im Himalaya. Die Unterscheidung zwischen Hoch- und Niedermuren wird auf der Karakorum-N-Seite, auf der die Waldstufe z.T. gänzlich fehlt, hinfällig. In den Abschnitten, wo die Waldstufe ansatzweise ausgebildet ist, überwiegen die glazialinduzierten Murabgänge. Diese Abfassung über den NW-Karakorum gibt einen ersten schematischen Einblick in die Vielfalt der Schuttkörperformen. Es bedarf jedoch noch eingehender systematischer Detailarbeit, um die verschiedenen Mur- und Schwemmkegel mit all ihren Übergangsformen genauer gegeneinander abzugrenzen. Abb. 16 gibt abschließend eine Auswahl typischer Schuttkörpererscheinungen im Shimshal-Tal wider.

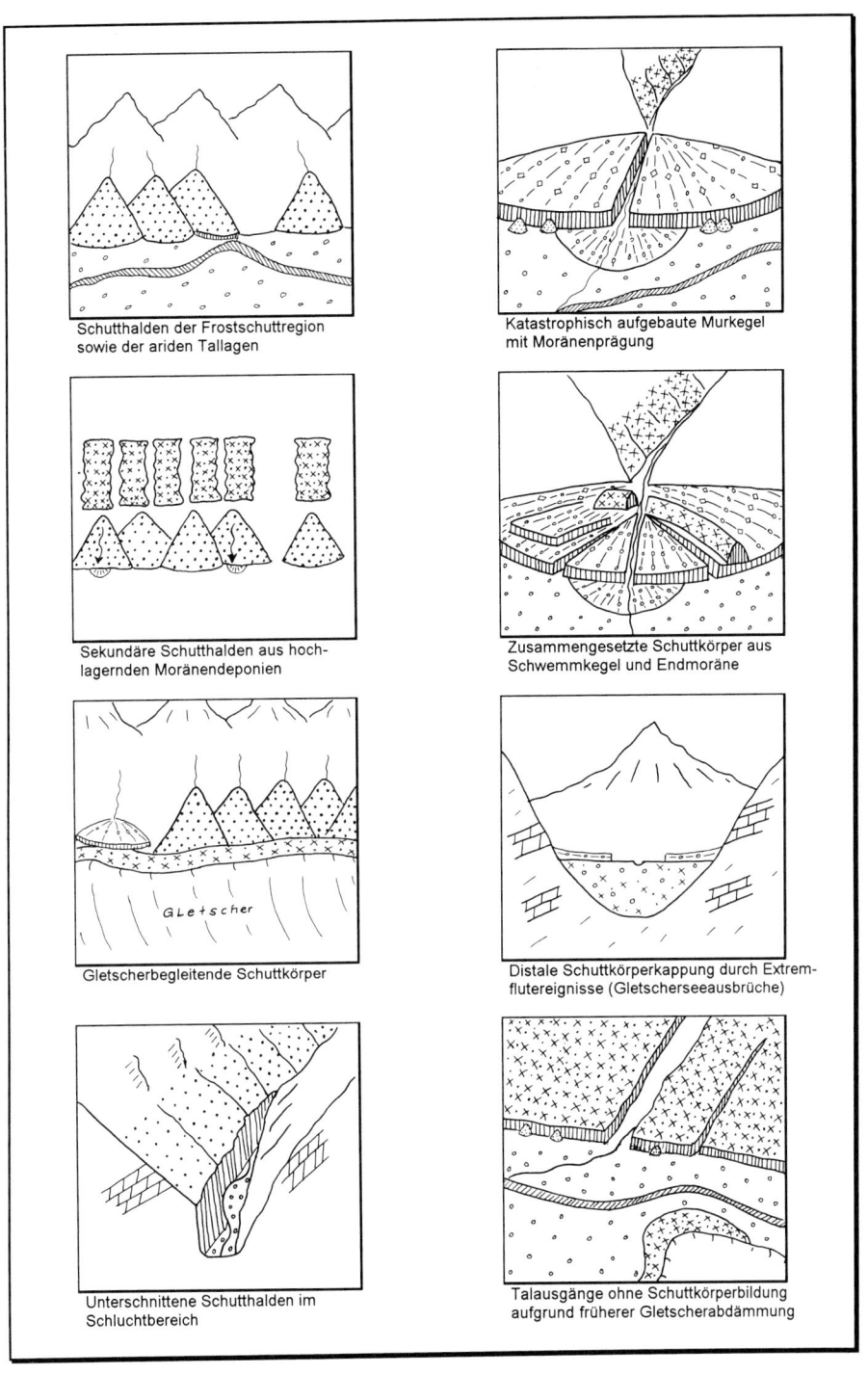

Abb. 16
Einige typische Schuttkörpererscheinungen im Shimshal-Tal

IV. Das Nanga Parbat-Massiv: Das Rakhiot-Tal (Nanga Parbat-N-Seite)

1. Eine Übersicht über das Nanga Parbat-Massiv

Das *Nanga Parbat-Massiv* (8125 m) bildet den westlichen Eckpfeiler der Himalaya-Kette, die in diesem Gebirgsbereich eng gepaart mit dem Karakorum verläuft (Abb. 1 & 11). Die beiden Gebirgsketten werden vom mittleren Indus-Tal voneinander getrennt. Mit über 8000 m Höhe stellt das Nanga Parbat-Massiv wahrlich ein markantes Gipfelschlußlicht in der Himalaya-Kette dar (Abb. 17). Besonders eindrucksvoll ist der Blick vom wüstenhaften Indus-Tal aus 1250 m SW-wärts auf die eisgepanzerte Gipfelpyramide des Nanga Parbat. Hier finden die Reliefvertikaldistanzen in dem asiatischen Hochgebirgsbogen ihre Extreme. Auf einer Horizontaldistanz von 28,5 km beträgt der Höhenunterschied vom Hauptgipfel des Massivs bis zur Tiefenlinie am Mündungsbereich des *Rakhiot-Tals* in den Indus-Fluß in 1194 m Höhe 6931 m. Übertroffen wird die gewaltige vertikale Reliefspanne von der benachbarten *Rupal-Flanke* auf der Nanga Parbat-S-Seite, wo die Wandpartie über 4500 m in die Tiefe stürzt. Die Rupal-Flanke galt lange Zeit durch die Beschreibungen der Expeditionen in den 30er Jahren dieses Jahrhunderts mit einer angegebenen Höhe von knapp 5000 m als die höchste Wand der Erde. Jedoch gebührt dieser Platz der *Dhaulagiri-W-Wand* mit 4622 m (KUHLE 1982: Abb. 109). Diese extremen Reliefverhältnisse am Nanga Parbat implizieren bereits, daß die Schuttkörper bis in sehr tiefe Regionen von Eis- und Schneelawinen geprägt werden können. Aber vor allem finden wir hier über eine Reliefspanne von über 4000 m Anstehendes, das bei Neigungen von über 40° gänzlich **frei von Schuttkörpern** ist. Aufgrund ihrer Exponiertheit gegenüber den Abtragungsagenzien dürften diese Gipfelpyramiden auf der geologischen Zeitskala nur von kurzer Dauer sein. Die Tatsache, daß das Nanga Parbat-Massiv vom in 1000 m Höhe verlaufenden Indus-Tal auf einer Horizontaldistanz von knapp 30 km 7000 m ansteigt und auf der S-Abdachung wieder 5000 m zum Rupal-Tal abfällt, zeichnet es als extreme Gipfelpyramide aus. Im Vergleich dazu fallen im Himalaya die Achttausender auf ihren N-Seiten auf das hochgelegene Tibet-Plateau ab und durchlaufen maximal eine Reliefvertikaldistanz von etwa 3000 m.

In schuttkörper-morphologischer Hinsicht läßt sich zwischen den nördlich gelegenen Karakorum-Talschaften und dem zum Gebirgssystem des Himalaya zu zählenden Rakhiot-Tal keine Trennung vollziehen. Die Schuttkörpervorkommen **ähneln** denen im *Jaglot-Tal* auf der *Rakaposhi-W-Seite*. Die Monsunausläufer erfassen das Nanga Parbat-Massiv als südlichst gelegene Gebirgskette in Pakistan, aber auch winterliche Depressionen haben Einfluß auf das Niederschlagsgeschehen (WEIERS 1995: 13 ff.)

Mit knapp 30 km Länge präsentiert sich das Rakhiot-Tal als ein Tal mittlerer Länge, das sich aufgrund seines gestreckten Verlaufs und guter Überblicksstandorte als sehr überschaubares Tal zeigt. Bezüglich der topographischen Aufgliederung des Rakhiot-Tals läßt sich feststellen, daß **keine ausgeprägten Nebentäler** vorhanden sind, so daß die **Mur- und Schwemmkegelbildung nur in begrenztem Maße** stattfinden kann. Zumeist handelt es sich um kurz angeschlossene, steil verlaufende **Stichtäler**, an deren Auslässen konsolidierte und unkonsolidierte Sturzschuttkegel sowie steilgeböschte Murlawinenkegel aufgeschüttet sind. Der Blick auf die Karte zeigt, daß das Rakhiot-Tal von seiner Anlage und Aufteilung her dem E-lich benachbarten Buldar-Tal sehr ähnelt.

Das Nanga Parbat-Massiv besteht vornehmlich aus Gneisen sowie kristallinen Schiefern. Zu ausführlicheren Informationen zur Geologie des Nanga Parbat-Gebietes sei auf MISCH (1935), GANSSER (1964: 60–67), SEARLE (1991: 291–295) verwiesen. FINSTERWALDER (1936: 323–324) bezeichnet die Höhenlage zwischen 4800 und 4200 m als „Ödlandzone" in Anspielung auf den Schuttgürtelsaum ohne nennenswerten Vegetationsbewuchs. Zwischen 4200 und 3800 m schließt sich die Matten- und Strauchvegetation

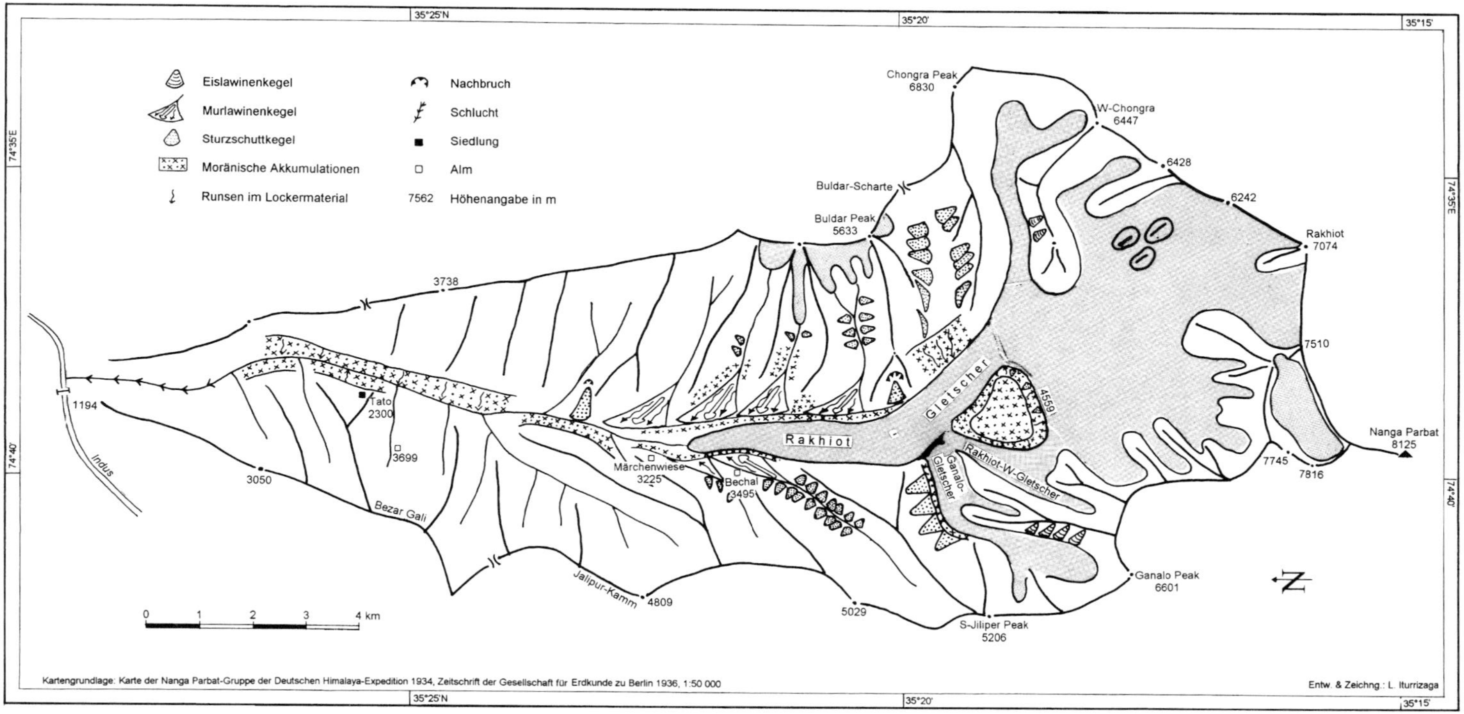

Abb. 17

Übersicht über die Schuttkörpervorkommen im Rakhiot-Tal, Nanga Parbat-N-Seite

gensten Bestand aus Birken zusammensetzt. Ansonsten sind die Schuttkörper an ihren basalen Enden mit großen, teilweise über mehrere Jahrhunderte alten Kiefern besetzt. Ab etwa 2400 bis 2100 m ist ein Steppengürtel ausgeprägt, talabwärts folgt dann eine Wüstenlandschaft. Die durch eine Vegetationsdecke konsolidierten Schuttkörper befinden sich zwischen 4200 und 2100 m.

Im oberen Talbereich ist das Rakhiot-Tal noch weit **U-Tal-förmig** gestaltet, talabwärts nimmt es immer mehr die **Kerbtal-** und dann schließlich die **Schluchtform** an. FINSTERWALDER (1936: 326-329) stellt – basierend auf den Notizen von RAECHEL – mehrere Niveaus, also **Reliefverflachungen** fest. Mit diesen Geländeverflachungen geht eine bevorzugte Eis- bzw. Schuttakkumulation einher.

2. Die Eisschuttkörper und die durch Eislawinen induzierte Schuttproduktion

Eislawinenschwangere Steilflanken säumen den Nanga Parbat-Kessel (Photo 34). Eingerahmt wird das obere Rakhiot-Tal mit dem Nanga Parbat im Zentrum durch den 6601 m hohen *Ganalo Peak* zur orogr. linken und dem 6830 m hohen *Chongra Peak* zur orogr. rechten Rakhiot-Talseite (Photo 34). Aus dieser Kammumrahmung ergießen sich der aus drei Teilkomponenten zusammengesetzte *Rakhiot-Gletscher* sowie der *Rakhiot-W-* und der *Ganalo-Gletscher*. Einst fanden die letzteren beiden Gletscher Anschluß an den Rakhiot-Hauptgletscher. Die Eisbalkone, die die Nanga Parbat-Flanke queren, stellen streng genommen **gekappte Eislawinenkegel** dar, nur daß die basale Unterschneidung, die bei einer fluvialen Kappung von Schuttkörpern nachträglich vorkommt, hier durch ein bereits **von vornherein fehlendes Widerlager** gestellt wird. Diese scheinbar gekappten Eislawinenkegel verdanken ihre Existenz dem Schneeballeffekt der Eismassen, die auch bei übersteilten Gehängewinkeln und in Überhangsituationen noch zusammenhalten. Von der Form her ähneln sie unterschnittenen Kamesbildungen tieferer Höhenlagen.

Während unterhalb der sehr hoch aufragenden Einzugsbereiche **Eislawinen zu Gletschern verheilen** (Photo 34), finden wir unterhalb der niedrigeren Kammverläufe lediglich **Eislawinenkegel** vor. Die steilen Hängegletscher zeigen ein **Wachstum von unten nach oben** im Gegensatz zu dem normalen Wachstum von oben nach unten. Zuerst entsteht durch die Eislawinenzufuhr der Eislawinenkegel, der peu à peu immer höher wächst, bis die Lawinen die **Zulieferrunse verstopfen** und diese sich schließlich zu einem Gletscher verdichten. Der steile Hängegletscher stellt dann die mit Lawinen verstopfte Zulieferrunse dar, wie diese z.B. auf der orogr. rechten Seite des Ganalo-Tals zu beobachten ist (Abb. 18). Die Eislawinenkegel können einen sehr steilen Böschungswinkel aufweisen, der den maximalen Böschungswinkel von trockenen Schuttkegeln wesentlich übersteigt.

FINSTERWALDER (1936: 324) beobachtete an der Nanga Parbat-N-Seite: *„Lawinenstürze fördern fast ununterbrochen auch viel Schuttmaterial aus den mehrere tausend Meter hohen Wandabstürzen zu Tal."* Anfang Oktober 1995 waren ebenfalls häufige Lawinenereignisse zu verzeichnen. Tage mit permanenten Lawinenereignissen wechselten mit gänzlich ruhigen Tagen, obwohl das Wetter recht stabil war. Eine Lawine überfuhr sogar walzenförmig den First der „Großen Moräne" (4500 m). Die heutige enorme Schuttlieferung durch die die Felswände aushobelnden Eislawinen kommen der hangialen Schuttkörperbildung **nicht** zugute. Das Schuttmaterial wird im und auf dem Gletscher sowie in dessen lateralem Umfeld transportiert und abgelagert. Nur wo die Eislawinen in eine Runse münden, an die sich beispielsweise ein Steinschlag- oder Murkegel anschließt, profitieren die Schuttkörper bereits heute von der Schuttlieferung.

Auf dem Rakhiot-Gletscher zeugen die weitverbreiteten Blockmassen, die sich vor allem an den seitlichen Gletscherrändern befinden, von großen **Berg- und Felssturz-**

```
     Eisbalkon
A    ⌴⌴⌴⌴         B  ⌴⌴⌴⌴         C   ⌴⌴⌴⌴         D   ⌴⌴⌴⌴
```

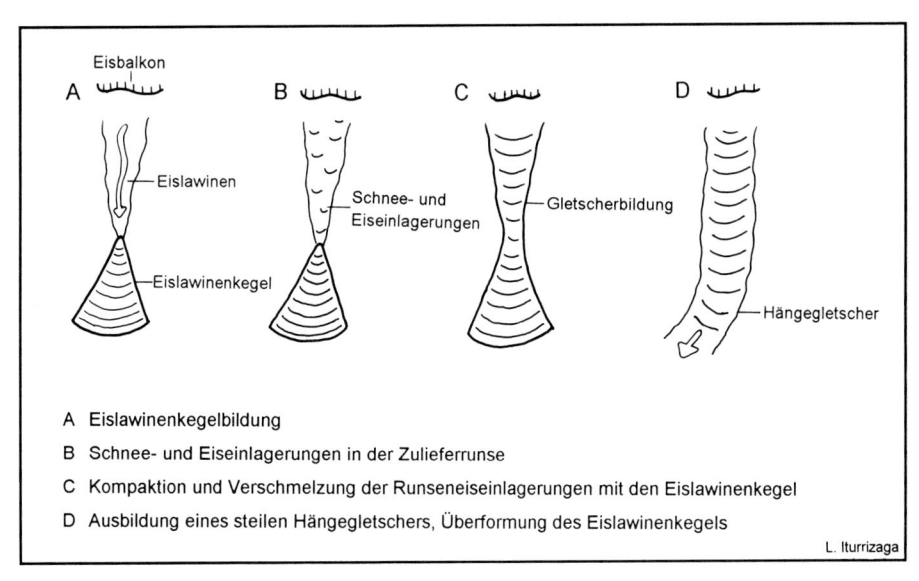

Abb. 18
Basales Gletscherwachstum aus Eislawinenkegeln

A Eislawinenkegelbildung
B Schnee- und Eiseinlagerungen in der Zulieferrunse
C Kompaktion und Verschmelzung der Runseneiseinlagerungen mit den Eislawinenkegel
D Ausbildung eines steilen Hängegletschers, Überformung des Eislawinenkegels

L. Iturrizaga

ereignissen. Das Bergsturzmaterial mutet äußerst frisch an. Da der Flechtenbewuchs erst mit der Ruhelage der Steine beginnt, hat die hellgraue Gesteinsfarbe jedoch kaum eine Aussagekraft für eine visuelle Altersabschätzung. Angesichts der regen Lawinentätigkeit und der damit postulierten Schuttproduktion verwundert die geringe Schuttbedeckung des Rakhiot-Gletschers. Er zeigt sich in weiten Teilen als ein Blankeisgletscher. Das Zungenende ist wiederum stark verschuttet. Der Rakhiot-W- und der Ganalo-Gletscher sind bereits ab ihrem Oberlauf verschuttet und weisen im Anschluß an den Rakhiot-Gletscher an ihren Basen ein mächtiges Schuttpodest aus Grundmoränenmaterial auf. Die kleinen steilen Hängegletscher sowie auch die Eislawinen präparieren die potentiellen Zulieferrunsen der Schuttkörper bei einem vermeintlichen Gletscherrückzug heraus. Die **strukturgebundene Schuttkörperentwicklung** kann somit **durch glaziale Prozesse vorbereitet** werden.

3. Die Schuttkörper zwischen 5000 und 3000 m mit besonderer Berücksichtigung der Ufermoränentäler als Schuttakkumulationsraum

Die Ufermoränentäler sind eine weitverbreitete Erscheinungsform in den asiatischen Hochgebirgen (Abb. 20). Insbesondere ihre stellenweise große Breite bei nur geringem Abtransport des Schuttmaterials durch den Vorfluter prädestiniert sie zu **günstigen Lokalitäten der Schuttdeposition**. D.h. die Gletschereinfüllung der Talgefäße schließt durch das Vorhandensein der breiten Ufertäler eine ungekappte Schuttkörperbildung nicht aus. In der amerikanischen sowie deutschen Literatur finden die Ufermoränentäler verwunderlicher Weise auffällig gering bis gar keine Erwähnung. Der Rakhiot-Gletscher wird ab einer Höhe von 3800 m beidseitig von Ufermoränentälern begleitet. Auf der orogr. linken Seite setzt das Ufermoränental durch die Einmündung des Ganalo-Gletschers aus. Beim talaufwärtigen Ganalo-Gletscher dagegen wird das Ufermoränental zum Talschluß hin immer schmaler bis schließlich die Ufermoräne von den angrenzenden Sturzschuttkegeln überschüttet wird (Photo 34). Diese Art des Ufermoränentalendes ist

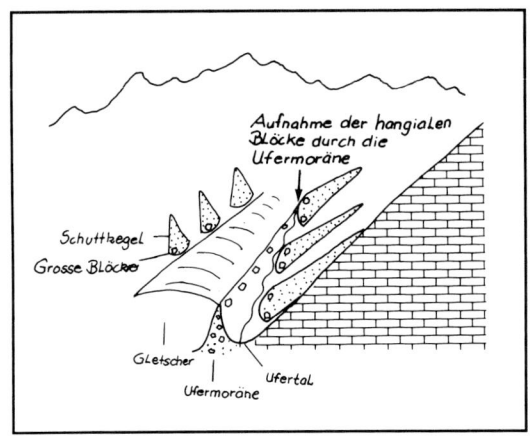

① Unterschneidung der Schuttkegel durch die Ufermoräne

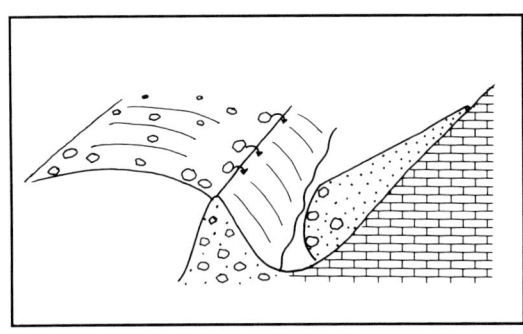

② Herkunft der Blöcke vom Gletscher

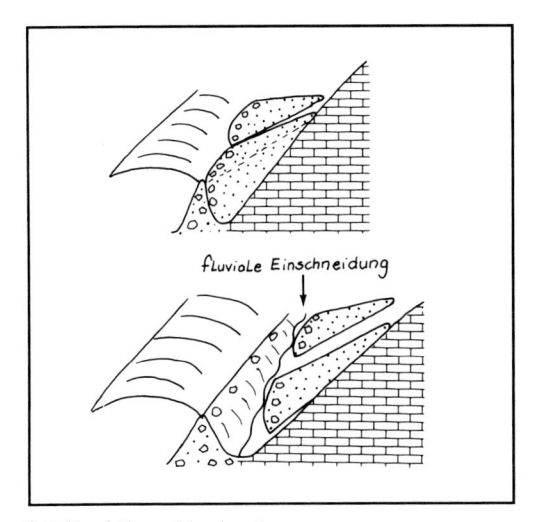

③ Relikte früherer Schuttkegelbasen

1. Die Blöcke stammen aus dem angrenzenden Hang. Der Gedanke hierzu ist der folgende: Die angrenzenden Schutthalden wurden basal durch die Ufermoräne unterschnitten. Die Sturzhalden sind naturgemäß in ihrem Aufbau nach der Korngröße sortiert, d.h. die größten Blöcke lagern am Kegelfuß. Bei der Unterschneidung der Schuttkegel wurden diese großen Blöcke langsam auf dem Ufermoränenfirst talabwärts transportiert. Ein Beweis hierfür wäre, daß die Blöcke auf dem Ufermoränenfirst eine Gesteinsart aufweisen, die nicht im Einzugsbereich des Gletschers ansteht, sondern an der angrenzenden Talflanke. Ein weiteres Indiz wäre, daß das Alter der Blöcke talaufwärts abnimmt.

2. Eine andere Möglichkeit wäre, daß die großen Blöcke von der Obermoränenbedeckung des Ganalo-Gletschers stammen. Dazu müßten die Blöcke also von der Gletscheroberfläche über den Ufermoränenfirst „schwappen".

3. Ein dritter Vorschlag wäre, daß die Sturzschuttkegel ehemals auf die Gletscheroberfläche eingestellt waren und der Ufermoränenaußenhang durch fluviale Einschneidung herauspräpariert worden ist. Damit wären die Blöcke als Relikte der Sturzschuttkegel anzusehen.

*Abb. 19
Darstellung verschiedener Erklärungsansätze zur Herkunft der linearen Blockansammlungen an den oberen Ufermoränenaußenhängen*

sehr häufig zu beobachten. Der auf der orogr. linken Ganalo-Talseite kurz unterhalb der Schneegrenze wird der Ausraum zwischen dem nur wenige Dekameter hohen rundkuppigen Ufermoränenwall und den auf ihn eingestellten Sturzschuttkegel so schmal, daß man hier eher von einer **Ufermoränenrinne** als von einem Ufermoränental sprechen sollte. Diese linienförmigen Ufermoränenrinnen sind speziell für die stark verschutteten Gletscher an deren Oberläufen charakteristisch. In dieser **Verzahnung von Moräne und Schuttkegel** in der Uferrinne kommen auch sehr bildhaft die **diametralen Gesetzmäßigkeiten der glazialen und hangialen Schuttablagerung** zum Ausdruck. Der Gletscher produziert unabhängig von einer Felswand diese satteldachförmige, sehr geometrische Schuttkörperform, agiert im Grunde genommen im ersten Prozeßschritt entgegen der Schwerkraft und somit verläuft die **Längsachse** der Aufschüttung **parallel zur Tiefenlinie**. Die hangiale Schuttkörperaufschüttung unterliegt dagegen dem rein gravitativen Prozeßgeschehen, so daß die Längsachse der Schuttkörper in **vertikaler Richtung** verläuft. Beide Ablagerungsformen, also glazial und hangial, sind von ihrer Ablagerungsrichtung entgegengesetzt ausgerichtet, so daß es zwangsläufig zu einem **Konkurrenzsystem** beider Ablagerungsformen kommt. Je nachdem wie mächtig die Moränendeposition ist und wie stark die hangiale Morphodynamik sich ausnimmt, erfolgt die Persistenz der Moräne oder die allmähliche (wiederhergestellte) Dominanz der Hangschuttkörper. Am Einsatz der Ufermoräne, d.h. an der Nahtstelle zwischen Ufermoräne und begrenzender Talflanke, ist häufig die **hangiale Überschüttung der Ufermoränen** zu beobachten (Photo 34). Die Sturzschuttkegel legen sich schleierartig über die Ufermoräne und verleiben diese unauffällig ein. Weiter talabwärts wird der Abstand zwischen Ufermoräne und Talhang immer größer. Die Ufermoränentallinie verläuft steiler talabwärts als der Ufermoränenfirst, so daß der Ufermoränenaußenhang an Höhe gewinnt und sich nun wie eine Mauer an der Basis der Schuttkörper auftürmt. Erst wenn das Ufermoränental soweit mit Schutt aufgefüllt ist, daß es die Ufermoränenfirsthöhe erreicht, kann eine völlige äußerliche Eliminierung der Ufermoräne stattfinden. Oder aber der Ganalo-Gletscher schmilzt soweit ab, daß die Ufermoräne von ihrem Innenhang verstürzt. Dieser Fall ist rezent weiter talabwärts zu beobachten.

An der orogr. linken Ganalo-Ufermoräne ist auch zu sehen, daß die **Blöcke** sich vermehrt **kurz unterhalb des Ufermoränenfirstes an dessen Außenhang in linienförmiger Anordnung** befinden (Photo 34). Dieses Muster ist an vielen Moränenaufschlüssen zu beobachten. Wie läßt sich ihre Position nun erklären? Einige Erklärungsmuster sollen diesbezüglich angeführt werden (Abb. 19). Keiner dieser Erklärungsversuche scheint hinreichend befriedigend und sie werfen allerdings die grundsätzliche Frage auf: Wie hat man sich die Genese der Ufermoränentäler vorzustellen? Man kann nicht von einem vorherigen Tabula-rasa-Zustand ausgehen, d.h. daß das Talgefäß seit dem Hochglazial bereits einmal komplett unvergletschert gewesen wäre, sondern man muß mit einbeziehen, daß es sich bei der heutigen Vergletscherung um eine Art Abschmelzrest einer im Hochglazial ausgedehnteren Vergletscherung handelt. In diesem Saum zwischen Gletscher und Talflanke kann Schuttmaterial, das den Gletscher bei höheren Gletscherpegeln lateral begleitet hat, auch noch beim Aufbau der Ufermoränentäler von Bedeutung sein. Die Ufermoränentäler sind im Grunde genommen ein Produkt des hohen Schuttanfalls, der in den oberen Einzugsbereichen durch Eislawinen produziert wird. Diese Schuttüberlast bedingt, daß der Gletscher nicht unmittelbar an die Talflanken angrenzt, sondern ein neues moränisches Gletscherschuttbett geschaffen wird.

Der orogr. linke Seitenarm des Rakhiot-Tals, der durch den Ganalo-Gletscher verfüllt ist, spiegelt in klassischer Weise die **Abhängigkeit der Schuttkörperbildung von der Einzugsbereichshöhe** wider: Während auf der orogr. rechten Ganalo-Talseite, die mit dem Ganalo-Peak bis auf 6606 m hinaufragt, **Eislawinenkegel** im Übergang zum Gletscher ausgebildet sind, finden wir auf der linken, mit dem *Jiliper-Peak* (5206 m) um 1400 m niedrigeren Talseite **Sturzschuttkegel** vor. Auf der orogr. rechten Ganalo-Talseite sind

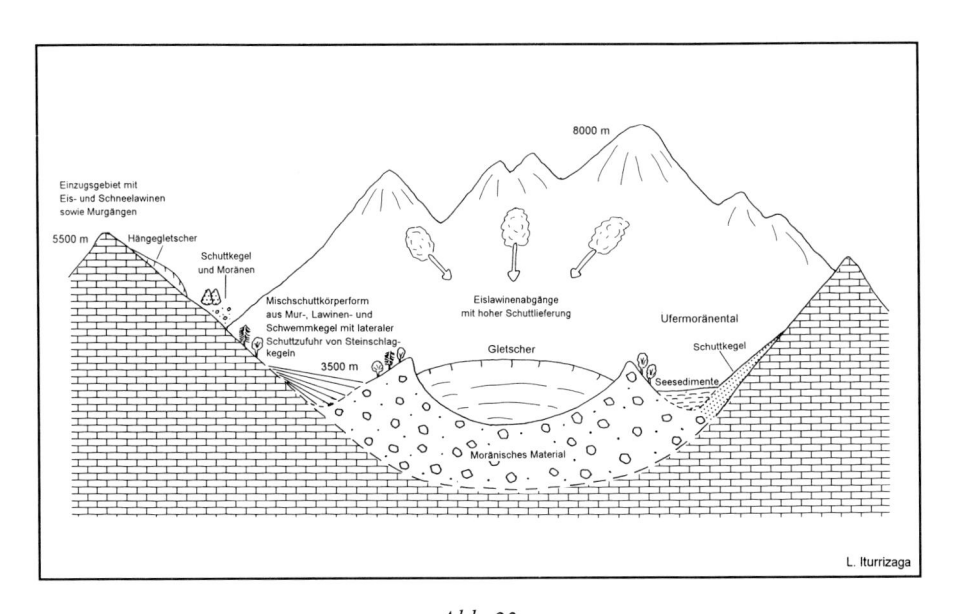

Abb. 20
Die Ufermoränentäler als Schuttkörpergunsträume – Ein schematischer Querschnitt durch ein vergletschertes Tal mit Ufermoränentälern und den höchsten Einzugsbereichen im Hintergrund

auch einige „verhungernde" Eislawinenkegel sichtbar. Auffallend und für ihre Genese charakteristisch sind die großen, bis zu mehrere Meter im Durchmesser aufweisenden Blöcke, die auf mittlerer Höhe auf dem Kegelmantel vorzufinden sind. Die Blöcke sind aufgrund ihres hohen Gewichtes in die Kegelmanteloberfläche eingeschlagen und in ihrer Bewegungsbahn steckengeblieben, so daß nicht die ansonsten übliche Sortierung der Gesteine mit abnehmender Korngröße hangaufwärts anzutreffen ist. Der talaufwärtigste dieser Kegel nimmt bereits den Habitus eines durch die Lawinentätigkeit produzierten Felsturzkegels ein (Photo 34). Sollte der im Talschluß befindliche Hängegletscher bei einer weiteren Anhebung der Schneegrenze abschmelzen, so ist unter diesem auch ein ähnlich grobblockiger Schuttkörper als Hinterlassenschaft zu erwarten.

Die Ufermoränentäler stellen in ihren Oberläufen, wo der Ufermoränenaußenhang und der angrenzende Hang spitzwinklig zusammenlaufen, regelrechte **Schneefleckenfallen** dar. Aus den angrenzenden Neben- und Stichtälern erfolgt in der Regel eine rege Lawinentätigkeit. Die verbleibenden Schneeflecken überdauern zum Teil die Sommermonate. Auf den Schneeflecken können sich herunterfallende Steine sammeln. Beim Abschmelzen ergibt sich ein im Nachhinein oftmals nicht aus der aktuellen Situation erklärbares Verteilungsmuster der Steine.

Die aktiven Ufermoränentalschuttkörper stehen den konsolidierten Ufermoränenaußenhängen sehr kontrastreich gegenüber. Dies kommt insbesondere durch den Unterschied im Vegetationskleid zum Ausdruck (Photo 35). Es gibt aber auch Fälle, bei dem der Gletscher die Ufermoränenhänge **überschüttet** und der Außenhang wie beim fluvial geprägten Schuttkörper langsam abflacht und durch Schmelzwasserbahnen zerfurcht ist. Vom Prinzip her wäre die „Große Moräne" (4500 m) ein solcher bortensanderartig aufgeschütteter Moränenhang (Photo 34 und KUHLE 1996a: 147). Der Bortensander (Ice Marginal Ramp – IMR) nach KUHLE (1984b, 1989b, 1990a, 1990b) ist im eigentlichen Sinn spezifisch für semi-aride Vorlandsvergletscherungen im Bereich von Eisrandlagen. Wesentlichstes Kennzeichen ist der Materialwechsel von moränischem zu glaziofluvialen

Sediment in einem fließendem Übergang (KUHLE 1991: 168). Der entsprechende Gletscher liefert in ausreichendem Maße das Wasser, um das moränische Material zu einer Schotterablagerung umzugestalten. Mit 7–15° ist der Sander noch relativ steil geböscht. Bei weiterhin mehr oder minder kontinuierlicher Schmelzwasserzufuhr verflachen die Bortensander allmählich und durchlaufen die Stadien des Anschlußkegels mit ausgeprägtem Ufermoränenfirst zu dem Endstadium des abgeflachten Übergangskegels.

3.1 Hochaktive Murlawinenkegel der Ufermoränentäler mit glazialem Einzugsgebiet

Die Stichtäler, die aus der *W-Abdachung des Buldar Peaks* (5633 m) und des *Chongra-Peaks* (6830 m) hervorgehen und auf der orogr. rechten Rakhiot-Talseite in dieses einmünden, werden durch die große „Blockschollen-Seitenmoräne" gänzlich abgeriegelt. FINSTERWALDER (1936), der diesen Begriff verwandt hat, bezeichnet diese Art der Moränenablagerung als typisch für die sich Blockschollen-artig bewegenden Gletscher, die zu einer stark angepreßten Ablagerung der Seitenmoränen an die Talflanken führt. Die Seitenmoräne am Rakhiot-Gletscher mißt bis zu 250 Höhenmeter. Die gute Überlieferung dieser spätglazialen Seitenmoräne in der Höhenzone intensiver Verwitterung und Abtragungsprozesse spricht für ihr junges Alter. An den Stellen, an denen der Seitenmoränenmantel zu schmal wird, **sacken** die auf diese Moränenterrasse eingestellten Schuttkegel nach unten hin **weg** (Photo 34). Es ist gut nachvollziehbar wie die ursprünglich deutlich durch ihre typische Zerrunsung und durch die auffällige Terrassenoberkante als Moräne zu identifizierende Schuttverkleidung durch die Resedimentation und die folgenden **Schuttkegeldurchbrüche** ihre **Diagnostizierbarkeit als glazialer Schuttkörper rasch verliert**. Im Laufe der Zeit werden diese üppigen Seitenmoränen aufgrund der basalen Unterschneidung durch den Rakhiot-Gletscher sukzessive nachbrechen. Lawinen und Regenfälle werden die Terrassenoberfläche von oben progressiv zerracheln, so daß die jetzt noch auf den breiten Abschnitten der Seitenmoränenterrasse stabil gelagerten Schuttkegel und -halden regelrecht wegsacken werden. Dies ist eine der wenigen Stellen, an der man noch ein mehrere hundert Meter über der Gletscheroberfläche verlaufendes ehemaliges Ufermoränental an der oberen Moränenkante nachzeichnen kann. Unterhalb dieser hermetischen Abriegelung des Buldar-E-Kar-Tals durch die Seitenmoräne sieht man in ausgezeichneter Weise, wie die Moränenterrasse durch Schuttkegeldurchbrüche bereits gänzlich eliminiert worden ist (Photo 34). Eine deutliche **Diskordanz in der Farbgebung** der Schuttablagerungen von dunkel- zu hellgrau ist gut wahrzunehmen. Diese Separationslinie zeichnet den alten Verlauf der Moränenterrasse nach, auf die die Sturzschuttkegel ursprünglich eingestellt waren. Die Weiterführung der Moränenterrasse an der Talflanke, also im Anstehenden, beweist auch, daß es sich bei dem Moränenpfropfen in dem Stichtal nicht um eine Podestmoräne handelt. Sicherlich ist die basale Schuttaufschüttung eines spätglazialen Stichtalgletschers auch an dieser Aufschüttung beteiligt. Eine ähnliche Kombination von glazialer und hangialer Schuttkörpersituation werden wir im Hathi Parbat-Tal (W-Himalaya) kennenlernen (Kap. B.VII.4). Allerdings wird dort die Abdämmung der Stichtäler in einer Höhe von 4100-4300 m durch die Podestmoränen, die aus den Stichtälern stammen, verursacht. Zum Vergleich sei auf die überaus abgerundeten Formen und die fluviatile Zerschneidung der Moränenkörper im W-Himalaya hingewiesen.

In dem Buldar-E-Kar-Tal sind auch noch die sehr schön ausgeprägten **strukturgebundenen Schutthalden** anzusprechen. Im Anstehenden sind hier keine Runsen ausgeprägt, sondern der Schutt gleitet auf den Schichtflächen hangabwärts. Die Hangfront ist durch die Frostverwitterungsprozesse schräg getreppt herauspräpariert. Man findet bei den eng hintereinander gescharten Schichtflächen in Kombination mit einer steil geneigten Tiefenlinie das charakteristische Bild der **in Richtung des abnehmenden Talgefälles**

einschwenkender Einzelkegel (Photo 34), die einen regelrechten Knick auf ihrer talabwärtigen Kegelmantellinie im Übergang von der Deposition auf der Schichtfläche zur unbegrenzten Kegeloberfläche aufweisen. Richtet man seinen Blick nur etwa 500 m nach rechts in das talaufwärtige benachbarte Stichtal, so sieht man, daß die kleinen Eisbruchgletscher (sie fließen von dem höher gelegenen Hängegletscher in den tiefer gelegenen Hängegletscher) die Schichtstruktur auch als Leitlinie nehmen und die einzelnen asymmetrischen Felsbastionen regelrecht heraussägen. Die Schichtflächen eignen sich gut zur Schneedeposition. Im Frühjahr können diese Schneedepositionen dann schneebrettartig auf die darunter liegenden Schuttkegel abgehen. Ihre schuttliefernde Tätigkeit dürfte sehr gering sein, bedenkt man vor allem, daß die Schichtflächen sehr steil geböscht sind und nur eine geringe Schneemächtigkeit erwarten lassen.

Auf der orogr. rechten Rakhiot-Talseite talabwärts des oberen Buldar-E-Kar-Tals befindet sich ein großer Feilenanbruch im Anstehenden und teilweise im Moränenmaterial in einer Gleithanglage. Er ist auch auf den Aufnahmen von FINSTERWALDER (1938: 112, Abb. 18) zu entnehmen. Nach oben hin franst der Anbruch fingerförmig aus, in der Mitte ist er tailliert und basal nimmt er das Bild eines Schuttkegels an. Diese Feilenanbrüche sind typisch für mächtige Moränenablagerungen, die durch einen Gletscher oder Fluß unterschnitten werden. Die Einzugsbereichshöhe der Ufermoränentalschuttkörper auf der orogr. rechten, W-exponierten Rakhiot-Talseite fällt vom 5633 m hohen *Buldar-Peak* lediglich um 400 m auf 5202 m oberhalb der Rakhiot-Gletscherzunge ab. Steile Hängegletscher, die durch Eisabbrüche Eislawinen entsenden, fließen von den Kammregionen hinab. An den Talausgängen dieser Stichtäler sind **hochaktive Murlawinenkegel** aufgeschüttet (Abb. 21). Der lichte Koniferen- und Birkenwald sowie auffällige Schneisen im Wald zeugen von Mur- und (Eis-)Lawinenabgängen. Diese Murlawinenkegel weisen eine hohe Dichte von tischgroßen, kantengerundeten Blöcken auf. Bis zu 2 m tiefe Erosionsfurchen durchfahren die Kegel.

Die Schuttkörper der Ufermoränentäler sind in der **periglazialen Höhenstufe** angesiedelt. Die rasch ablaufenden Massenbewegungen konstrastieren mit dem langsamen, durch Frostwechsel bedingten Schuttversatz. An geeigneten Talflanken, d.h. wenn sie nicht zu steil oder mit Grundmoränenmaterial verkleidet sind, sind periglaziale Schuttdecken ausgebildet.

Das orogr. rechte und linke Ufermoränental verlaufen fast spiegelsymmetrisch beidseits des Rakhiot-Gletschers. Das orogr. linke Ufermoränental endet talabwärts in der bis zu 1 km breiten Ufermoränenterrasse, der *Märchenwiese (Fairy Meadow,* 3300 m). Die **Ufermoränentalschuttkörper** fallen zusammen mit der einsetzenden oberen Waldgrenze, so daß die Schuttkörperfüße mit Vegetation (Birken, Kiefern, Juniperus) besetzt sind. Durch die Lawinenabgänge sind diese Baumbestände sehr gelichtet, im Gegensatz zu den an Massenbewegungen armen Außenhängen der Ufermoränen, die einen dichten Waldbestand aufweisen. Bei der Märchenwiese besitzt der Rakhiot-Gletscher durch die ihn begleitenden Moränenterrassen sein eigenes Moränentalgefäß und bleibt relativ unabhängig von der Talflankengestaltung.

Beim Aufstieg von der Märchenwiese zur *Alm Bechal* (3495 m) konnten auf den Oberflächen der mehrere hundert Meter breiten Murlawinenkegeln mehrere Murgänge verzeichnet werden, die nach Auskunft unseres Trägerführers 6-12 Jahre alt sind. In der Schwankungsbreite des Schneegrenzsaumes überlagern sich hohe Schneedepositionsraten mit zeitweise hohem Schmelzwasseranfall, so daß die Schuttkörper der Ufermoränentäler eine sehr frische, durch feuchte Massenbewegungen aufbereitete Oberfläche aufweisen. Lawinenabgänge im Jahre 1994, die aus dem E-exponierten Jiliper-Stichtal hervorgingen, haben nach Aussagen eines Einheimischen, Herrn Rehmat Nabi Raes, oberhalb von Bechal einen Großteil des Birkenbestandes hinfortgenommen. Am oberen Ende des Ufermoränentales tritt hier auch ein Schuttkörpertyp in Erscheinung, der in ähnlicher Weise in den tieferen, unvergletscherten Höhenlagen vorhanden ist. Es handelt sich hier-

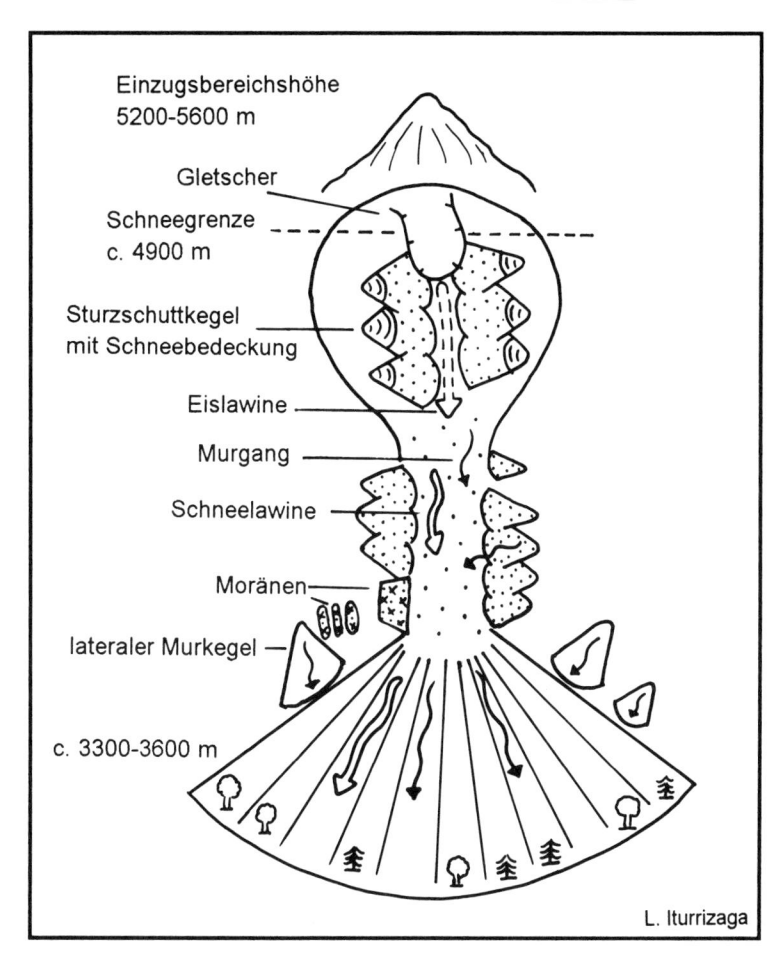

Abb. 21
Besonders aktiver Murlawinenkegel der Ufermoränentäler mit glazialem Einzugsgebiet

bei um den Murlawinenkegel, der lateral entscheidend durch Murkegel des Hauptales miternährt wird. Solch ein **zusammengesetzter Murkegel** ist am Talausgang des Jiliper-Tals vorzufinden. Des weiteren erhält der Murlawinenkegel **Schuttzulieferungen durch die Resedimentation der Schutthalden**, die das steil hinaufgehende Zulieferstichtal fast ununterbrochen begleiten. Bei Lawinenabgängen kann der Schutt dieser Lockermaterialdeponien leicht von den hinabstürzenden Schneemassen einverleibt werden und am Kegelfuß abgelagert werden. Bei den Muren, die auf die Murkegel in den Ufertälern abgehen, handelt es sich im Sinne von FRECH (1898) um Hochmuren, also Muren die oberhalb der Baum- bzw. Waldgrenze ihr Ursprungsgebiet besitzen. Die Geschiebequellen bestehen zum Teil aus Jungschutt, zum Teil aus Altschutt in Form von Glazialschutt.

Viele der Seitenstichtäler sind in ihrem Talschluß regelrecht trichter- bis wannenförmig gestaltet und gänzlich mit Schutthalden ausgekleidet (Photos 34 & 35). Einzelkegel sind nicht zu differenzieren. Dieser Schuttmantel erstreckt sich in einer Höhe zwischen etwa 4800 und 5400 m. Nur noch im oberen Teil der Schutthalden ragen die Felsbastionen hervor. Oberhalb der Schutthalden schließen sich mit Schnee oder Eis verfüllte Runsen bzw. z.T. auch Gletscher an. Diese großen Schuttsammelbecken mit einer schmalen steil hinabstürzenden Tiefenlinie bieten ideale Voraussetzungen für Schuttströme und Murgänge. Moränen sind in dieser Höhe nicht erhalten. Sie sind in den unteren Bereichen der Stichtäler anzutreffen. Im Hochglazial waren diese karförmigen Talschlüsse mit Gletschern verfüllt.

Einige kegelförmige Schuttkörper zeigen als Einzugsgebiet eine schmale, gestreckt bis geschwungen verlaufende Runse. Diese Runsen befinden sich nicht im Anstehenden, sondern sind in der seichten Boden- bzw. Vegetationsdecke ausgeschurft, so daß sie als markante helle Streifen an den Felsflanken hervortreten. Diese Runsen setzen kurz unterhalb der Kammlinie an und scheinen eigentlich kein ersichtliches Nährgebiet zu haben. Die Runsen gehen auf rasche Abschmelzvorgänge der Schneeflecken mit hoher erodierender Energie der rasch zu Tal stürzenden Schmelzwässer zurück.

3.2 Wie unterscheiden sich die Ufermoränentalschuttkörper von den Schuttkörpern der unvergletscherten Talgefäße?

Die eigentliche **Kegelform** ist bei den Ufermoränentalschuttkörpern oftmals schwer zu diagnostizieren. Sie unterscheiden sich von den gängigen kegelförmigen Schuttkörpern der unvergletscherten Täler dadurch, daß sie zumeist **keiner Unterschneidung durch den Vorfluter** unterliegen. Der das Ufermoränental bestreichende Abfluß ist so gering, daß er sich in einem kleinen Gebirgsbach ohne viel erodierende Schuttfracht sammelt. Der **distale Kegelsaum**, der oftmals durch eine durch Solifluktion sich hangabwärts schiebende und über das Bachufer überhängende Grasnarbe begrenzt wird, tritt als sehr **unscheinbare und ondulierte Abgrenzung** des Schuttkörpers in Erscheinung. Das distale Fundament der Schuttkörper wird durch Grund- bzw. Ufermoränenmaterial gebildet. Die gegenüberliegende „Talseite" wird durch den Ufermoränenaußenhang gestellt. In der Regel handelt es sich hierbei um tote Akkumulationen – es sei denn, der Gletscher durchbricht die Ufermoränenbegrenzung –, so daß keine aktive Gestaltung der Kegelkörper von ihrem distalen Bereich besteht. Unterschneidungen der Schuttkörper findet man zumeist durch den Gletscher und nicht durch den Ufermoränentalbach vor.

Auffällig ist, daß in den Ufertälern **keine ineinander geschachtelten Mur- und Schwemmkegel** ausgebildet sind. Diese sind an eine tiefer gelegene Höhenzone gebunden und vor allem an einen entsprechend erosiv tätigen Vorfluter, der die Kegelkörper kappt. Die Mur- und Lawinenkegel, die in die Ufertäler eingestellt sind, sind kaum gegeneinander abgrenzbar und verlaufen ineinander. Diese Ufermoränentalschuttkörper sind geprägt durch eine rezente hohe Dynamik in Form von Lawinen und Muren.

Ein Bewohner des Rakhiot-Tals, Herr Gulam Nabi, berichtete im Sommer 1995 über die **holozäne Bewegungsgeschichte des Rakhiot-Gletschers und seiner benachbarten Gletscher,** daß der Rakhiot-Gletscher im Rückzug sei. Er verwies auf eine Steinlokalität etwa 50 Horizontalmeter unterhalb der rezenten Gletscherzunge (3200 m), bis zu der der Gletscher noch vor 35 Jahren reichte. Auf der orogr. linken Rakhtiot-Talseite sei der *Ganalo-Gletscher* vorgestoßen, der inzwischen nahezu Kontakt zum Rakhiot-Gletscher findet. Vor 10–20 Jahren mußte man noch einen Fluß überqueren, um auf die „Große Moräne" zu gelangen. Heute muß der Ganalo-Gletscher weiter oberhalb überquert werden. Dieser Augenzeugenbericht steht im Gegensatz zu den eigentlich aus den Geländebeobachtungen zu vermutenden Schlüssen, nämlich daß der Rakhiot-Gletscher aufgrund seiner prallen Zunge vorstößt und der Ganalo-Gletscher langsam den Kontakt zum Rakhiot-Gletscher verliert.

Unterhalb der Rakhiot-Gletscherzunge stocken heute bereits schlanke Birken. Dieses Vegetationsvorkommen weist zum einen auf eine mindestens in den letzten 10 Jahren nicht weiter vorgerückte Gletscherzungenlage hin. Zum anderen zeigt es aber auch, daß keine katastrophischen Schmelzwasserfluten das Tal in diesem Zeitraum durchspült haben und für Schuttkörper-kappende Aktivitäten verantwortlich gemacht werden können.

Die *Märchenwiese-Moräne* löst sich an ihrer Steilabbruchfront in **sekundäre Schuttkegel** auf. Deren Zulieferbahnen weisen einen schmal-runsenförmigen gestreckten Verlauf auf. Sie verbreitern sich an ihrem oberen Ende dreiecksförmig, so daß hier der Aufriß eines sehr langgestielten Weinglases mit steilem Grundkegel gegeben ist. Die Eingliederung der bis zu 1 km breiten Märchenwiese-Terrasse in ein durch Erosionsprozesse geschaffenes ausgeglichenes Hangprofil wird wohl noch sehr lange dauern.

4. Der Mittellauf des Rakhiot-Tals (3000–2000 m) und die Rakhiot-Schlucht (2000–1200 m)

Der Umwandlungsgrad der Moränenterrassen im Mittellauf des Rakhiot-Tals zwischen 3000 und 2000 m ist im Vergleich zu anderen Tälern in dieser Höhenlage noch gering (Photo 36). Es findet eine Desintegration der Moränenaufschlüsse in erdpyramidenförmige Pfeiler statt, sekundäre Sturzkegel sind selten anzutreffen. Vereinzelt gehen talabwärts der Moränenterrassen aus den steilen Stichtälern Murlawinenkegel hervor. Bei der Hangschulter von *Bezar Gali* (3800 m) oberhalb von *Tato* (2300 m) auf der orogr. linken Rakhiot-Talseite finden sich keine reine Hangschuttdecken vor. Hier bekleidet eine **Grundmoränendecke** die Talflanke (KUHLE 1996a: 148–149). Die in einer Höhe von 3800 m befindlichen Erratika belegen neben einer 1400 m mächtigen Eisverfüllung des Rakhiot-Tals auch den Anschluß des Rakhiot-Gletschers mit dem eiszeitlichen Indus-Gletscher (KUHLE 1996a: 149). Der Kamm, der zum 4194 m hohen *Bezar Gali-Paß* hinaufführt, wird weiter hangaufwärts von auffällig kahlen, sehr frisch anmutenden Schutt- bzw. Blockmeeren bedeckt. Der Hangbereich ist sehr gering fluvial zerschnitten.

Nach dem man das schuttkörperreiche Indus-Tal verläßt und in das Rakhiot-Tal einbiegt, vermißt man in dem Schluchtabschnitt, der das Rakhiot-Tal auf den ersten 5 km einleitet, die Schuttkörper. Auf der Jeepspur von der *Rakhiot-Bridge* (1194 m) nach *Tato* (2300 m) wurden einige frische Rutschungen im Lockergestein – ausgelöst durch Regenfälle der vergangenen Tage – beobachtet. Im Jahre 1991 wurde der Jeeproad oberhalb von Tato durch einen „landslide" zerstört und bislang noch nicht wieder in Stand gesetzt. Am talaufwärtigen Ende der Schlucht haften an den Talflanken vereinzelt Moränenreste. Der Bereich der Mur- und Schwemmkegelbildung auf dem Haupttalboden fehlt. Auch die sonst für die Haupttäler so typischen Schutthalden zwischen 3000 und 1000 m sind hier nicht vorhanden. Das Fehlen der Schutthalden erklärt sich zum einen daraus, daß der potentielle Schutthaldenbereich durch die ablagerungsfeindliche Rakhiot-Schluchtstrecke belegt ist. Zum anderen steht das feuchtere Lokalklima des teilweise vergletscherten Rakhiot-Tals und der folglichen Konsolidierung der Hänge durch Wald- und Steppenbestand der Schutthaldenbildung ungünstig gegenüber. Des weiteren mangelt es an schuttliefernden Nebentälern.

5. Überlegungen zur Verknüpfung zwischen der historischen sowie vorzeitlichen glazialen Landschaftssituation mit der Entwicklung der Schuttkörperbildung

Das Rakhiot-Tal zeigt eine stark **glazial geprägte Schuttkörperlandschaft**. Im oberen Einzugsbereich dominieren die **Eislawinenschuttkörper**. Der heute gletscherfreie Talgefäßabschnitt ist ausgekleidet mit **spätglazialen Moränenterrassen**, auf die die Schuttkörper der Stichtäler eingestellt sind. Im mittleren Rakhiot-Tal nehmen die Moränenterrassen über die halbe Talbreite ein. Sie vereiteln die talbodennahe Schuttkörperausbildung. Das Tal klingt mit der Rakhiot-Schlucht aus, in der aufgrund der Talenge und kombiniert mit der Steilheit der Talflanken kaum Schuttakkumulation möglich ist. Im

Vergleich zu den lang und flach auslaufenden Seitentälern ist hier ein **gerafftes Schuttkörperlängstalprofil** ausgebildet. So sind auch nur einige der Elemente der langen Längstalprofile enthalten. Speziell die **varietätenreichen Umwandlungsschuttkörper**, die aus dem Moränenmaterial hervorgehen, **fehlen** in der gewohnten Vielzahl.

Es zeigt sich im Rakhiot-Tal eine in glazialer Hinsicht sehr frische Landschaft (FINSTERWALDER 1936: 332), bei der sich die hoch- sowie spätglaziale höhere Gletschereinfüllung aufgrund der überlieferten Moränen und der Talflankengestaltung anschaulich nachvollziehen läßt. Von einem Standpunkt aus ca. 4000 m auf der orogr. linken Seite gewinnt man einen Panoramablick (Photo 34) vom Nanga Parbat im S bis zum Indus-Tal im N in nur knapp über 1000 m Höhe. Extrapoliert man die Ufermoränen talabwärts, so läßt sich der eiszeitliche, etwa 26 km lange Rakhiot-Gletscher mit einer Eismächtigkeit von 1400 m, der **Anschluß an den Indus-Tal-Hauptgletscher** hatte (KUHLE 1996a: 149), gedanklich sehr gut – auch anhand der überschliffenen Hangformen – rekonstruieren. Zeugnis für die spätglaziale Gletscherausdehnung legen die bis zu über hundert Meter hohen Moränenterrassen zwischen ca. 3500 und 2200 m ab.

Über die **glaziale Vergangenheit** des Nanga Parbat-Massivs und die Indus-Tal-Vergletscherung gibt der Aufsatz von KUHLE (1996a) näheren Aufschluß. Die hocheiszeitliche Schneegrenze verlief bei ca. 3400–3600 m und war demnach um circa 1200 m gegenüber der heutigen Schneegrenze abgesenkt. Die Gletscher des Nanga Parbat-Massivs mündeten in das bis zu einer Höhe von 1800–1900 m über dem Talboden mit dem Indus-Gletscher verfüllte Indus-Tal. Der Indus-Gletscher reichte **bis auf 980 m bei Sassin** hinunter. Die eiszeitliche Rakhiot-Gletschermächtigkeit belief sich auf ca. 1300 m. Der spätglaziale Rakhiot-Gletscher reichte bis 1700 m hinab. Die Frage drängt sich auf, welche Veränderungen die Schuttkörpersituation während der eiszeitlichen Vergletscherungen und nach den Deglaziationen erfahren hat. Hierzu sei ein Phänomen erwähnt, das in allen vergletscherten Gebirgsgebieten auftritt: nämlich, daß die **eiszeitliche Aufhöhung der Gletscheroberfläche** gegen den Talschluß hin sukzessive abnimmt. D.h. während in den Talmündungsbereichen die Talflanken von bis zu 2000 m hohen Gletschern bedeckt und dementsprechend moränenverkleidet waren, fällt dieser **Gletscherschwankungssaum in den Hochlagen wesentlich geringer** aus. Zwangsläufig findet bereits aus quantitativer Sichtweise eine geringere Umwandlung der vorhandenen Moränenverkleidungen taleinwärts statt – vorausgesetzt die Moränenablagerung findet in gleichem Maße talab- sowie talaufwärts statt.

Aus dem Gesagten folgt, daß die Schuttkörper, die heute als **Stauschuttkörper** gegen das Eis geschüttet werden, im Spätglazial zum größten Teil auch schon als Stauschuttkörper vorhanden waren. Da die Schwankung der Gletscheraufhöhung von Vergletscherungs- zu Deglaziationsstadium im oberen Einzugsbereich relativ gering ist, hat sich an dem Aufbau der Stauschuttkörper – außer einer ehemaligen höheren Basis (die heute z.T. noch durch die oberen Moränenkanten überliefert sind), nicht sehr viel geändert. Aufgrund der abgesenkten Schneegrenze ist der Einfluß von Eislawinen im Zuliefergebiet allerdings höher einzustufen.

Zwischen hoch- und spätglazialer Gletschermächtigkeit besteht ein **großer quantitativer Sprung** besteht, während die Höhendifferenz zum Neoglazial bzw. Holozän eine geringere ist. Des weiteren ist auch evident, daß die jeweiligen Unterschiede der Gletschermächtigkeit im Ursprungsgebiet nur zwischen wenigen hundert Metern schwanken, während talauswärts die Gletscherpegelhöhen **divergieren** und der Höhenunterschied sich bereits auf über 1000 m beläuft.

Während des Hochglazials dagegen waren die Nebentälchen mit Gletschern verfüllt und hatten Anschluß an den Rakhiot-Gletscher (s. Karte in KUHLE 1996a: 155/156), so daß dort **keine** Schuttkörperausbildung vorhanden war. Nur oberhalb der hochglazialen Gletscheroberfläche war die Entwicklung von Schuttkörpern möglich. Dabei ist zu berücksichtigen, daß mit zunehmender Eisausfüllung der Talgefäße die Reliefvertikaldistanz der verbleibenden eisfreien Talflanken abnimmt und somit auch die Reliefenergie. Das hat zur Folge, daß im Hochglazial die nach N rasch absinkenden Kammverläufe (Jalipur- und Buldar-Kamm) – auf der orogr. rechten Rakhiot-Talseite mit dem Buldar-Kamm in einer Höhe von 3700 m bereits eisüberflossen waren. D.h. innerhalb von einer Entfernung von weniger als 20 km vom höchsten Einzugsbereichspunkt, dem Nanga Parbat, standen hier keine schuttliefernden Einzugsbereiche mehr zur Verfügung. Mit abnehmender Gletschermächtigkeit im weiteren Indus-Talverlauf ändert sich die Situation wieder.

Da die Ablagerung von glazialem Schutt prinzipiell erst unterhalb der Schneegrenze stattfindet, ist ein bestimmtes Verteilungsmuster der Schuttkörper in vertikaler Hinsicht schon vorgegeben. Geht man davon aus, daß im **Nährgebiet**, also oberhalb der Schneegrenze, tendenziell eher ein **Ausschurf** stattfindet und im **Zehrgebiet** die **verstärkte Ablagerung** von glazialem Schutt, so läßt sich folgendes festhalten: Je höher die Schneegrenze ansteigt, desto weiter talaufwärts beginnt die Moränenablagerung oder umgekehrt je tiefer die Schneegrenze in das Talgefäß hinabtaucht, desto weiter talabwärts verschiebt sich die Moränenmaterialablagerung.

Zugegebenermaßen ist dieser Gedanke jedoch sehr statisch gefaßt: Da die Schneegrenze nicht sprunghaft um mehrere hundert Meter im Interglazial ansteigt, sondern sukzessive, folgt daraus, daß mit der Deglaziation auch eine glaziale Schuttablagerung oberhalb der maximalen Schneegrenzabsenkung erfolgt und nicht mehr ganz nachzuvollziehen ist, welchem Gletscherstadium nun diese Schuttablagerungen angehören.

An den hochglazialen bis historischen **Gletscherpegeloberflächenhöhen** läßt sich die Lage der **Untergrenze der früheren Schuttdeposition** nachtasten. Dabei kann erst in der Höhe der zu den Gletscherstadien **zugehörigen Schneegrenzen** begonnen werden, denn ab diesem Niveau findet die glaziale Schuttablagerung statt. Mit dem Anstieg der Schneegrenze sinkt die Schuttakkumulationsuntergrenze in das Relief hinein. D.h. durch die Deglaziation werden die Talflanken zur Schuttlieferung und -deposition sukzessive freigegeben. Unterhalb der Schneegrenze fallen die abgelagerten Moränen der Umwandlung durch fluviale und gravitative Prozesse anheim. Hangschuttkörper stellen sich auf die Moränen ein oder verschütten sie gänzlich. Fluviale Prozesse sorgen für die zerrachelte und bald orgelpfeifenförmige Auflösung der Moränenaufschlüsse. Ein Grundmoränenfundament bleibt den Hangschuttkörpern jedoch eigen.

Es läßt sich weiterhin feststellen, daß obwohl die **obersten Einzugsbereiche** mit die lebhafteste Schuttproduktion aufweisen, wir über den langen Zeitraum gesehen hier mit die **genetisch stabilsten Schuttkörperformen** und überregional gesehen (humid und arid) die **gleichförmigsten** vorfinden (zumeist handelt es sich um von Lawinen überprägte Sturzschuttkegel).

6. Ein kleiner Exkurs zum Rupal-Tal auf der Nanga Parbat-S-Seite

An der Rupal-Flanke treffen wir die eher seltene Situation an, daß talabwärts der Rupal-Gletscherzunge (3673 m) vier der Seitentalgletscher auf der orogr. linken Rupal-Talseite den Haupttalboden erreichen und dort auf mächtigen Schuttpodesten auslaufen. Sie dämmen teilweise das Haupttal. Diese in S-Exposition liegenden Seitentalpodestgletscher profitieren von der Eis- und Schneelieferung aus den hochangeschlossenen Einzugsbereichen des Nanga Parbat-Massivs. Hier bleibt also die Schwemm- und Murkegelausbildung aufgrund der ungewöhnlich tief hinabreichenden Seitentalgletscher in den Nebentälern aus. Das im Rakhiot-Tal aufgestellte Höhenstufenmuster der Schuttkörper wird hier durch das Vorstoßen der glazialen Region unterlaufen. Im Rupal-Tal ist die Haupttalvergletscherung gering. Die Höhe des angeschlossenen Einzugsbereiches bleibt unter der der Seitentäler, die die längsten Gletscher in dieser Talschaft entsenden und damit ein gegensätzliches Bild zum Rakhiot-Tal schaffen.

7. Die Chronologisierung der Schuttkörper

Für das Nanga Parbat-Gebiet liegt eine detaillierte zeitliche Einordnung der Moränen von KUHLE (1996a) vor, die eine entsprechende Alterszuordnung für die Schuttkörper erlaubt. Die Schuttkörper oberhalb der hocheiszeitlichen Gletscheroberfläche (also im Rakhiot-Tal oberhalb von 4600 m taleinwärts bis ca. 3700 m talauswärts) können **weit über 17 000 Jahre** alt sein, d.h. würmeiszeitlich (s. Tab. 1). Da aber in dieser Höhenregion die Schuttproduktion und der Abgang von (Eis-)Lawinen sehr rege vonstatten geht, ist zumindest das Material der **Kegeloberflächen sehr jung**, die **Kegelkerne** können dagegen Schuttmaterial **älteren Datums** enthalten. In den Höhenlagen über 5000 m finden wir **keine moränen-geprägten** oder **-unterlagerten** Schuttkörper mehr. Die Felswandpartien zwischen der maximal skizzierten hocheiszeitlichen Eismächtigkeit (wobei hier von einer Mindestmächtigkeit ausgegangen wird) und der spätglazialen Gletscheroberfläche – d.h. zwischen 4500 und 1800 m talabwärts – wurden im späten Hochglazial eisfrei und standen damit zur Schuttlieferung und gegebenenfalls als Depositionsflächen bereit. Die hangialen Schuttkörper der Ufertäler können somit bereits im frühen bis mittleren Spätglazial angelegt worden sein und sich **synchron zur spätglazialen Vergletscherung** entfaltet haben. Der Rückzug des spätglazialen Rakhiot-Gletschers tangiert die in den bis zu mehrere hundert Meter breiten Ufertälern und auf den Moränenterrassen deponierten Schuttkörper nur wenig. Lediglich im Bereich unterhalb der Märchenwiesen-Terrasse bis zur spätglazialen Eisrandlage in 1700 m erfolgt nun durch die Eisfreiheit und dem damit fehlenden Widerlager der an die Talflanken angelagerten Moränendeponien eine rasche Rückverlegung der glazialen Sedimente. Die postglaziale Schuttkörperentwicklung konnte ab 13 000 Jahre vor heute erfolgen. Natürlich muß man die sich über einen langen Zeitraum hinziehende Deglaziation, die phasenweise vonstatten geht, bei der Alterabschätzung mit einbeziehen.

8. Zusammenfassung

Im Rakhiot-Tal verbleibt nur ein geringer Flächenanteil für rein hangiale und fluviale Schuttablagerungen. Das obere Rakhiot-Tal wird vom Rakhiot-Gletscher sowie seinen benachbarten Gletschern gänzlich eingenommen. Ab einer Basishöhe von 4000 m erlaubt die Ausbildung von Ufertälern die gletscherbegleitende Schuttkörperdeposition. Talabwärts der Rakhiot-Gletscherzunge okkupieren die Moränenterrassen die unteren hundert Meter der Talflanken. Im unteren Talabschnitt verengt sich das bereits von der U-Talform in die Kerbtalform übergehende Rakhiot-Tal dann schließlich zur Schlucht, so daß hier die Depositionsfläche minimal ist. Eine Höhenzone der reinen Mur- und Schwemmkegel ist nicht ausgebildet, nur vereinzelt treten diese Schuttkörper auf. Nachstehende Tabelle gibt die sich im Rakhiot-Tal abzeichnenden Höhenstufen der Schuttkörpervorkommen wider (Tab. 3):

Höhenstufen	Art der Schuttkörpervorkommen
8125–5500 m	Schuttkörperfreie Wandpartien, Eislawinen- und Eislawinenschuttkörper
5500–4000 m	Lawinenschuttkörper, Mischschuttkörperformen aus Eis, Schnee und Schutt, Sturzschuttkegel (z.T. mit Eiseinlage), Schuttversatz durch periglaziale Prozesse
4000–3000 m	Ufermoränentalschuttkörper in Form von Lawinen-, Mur- und Sturzschuttkegeln, z.T. überprägt durch Eislawinenabgänge (Gletscherabbrüche); im distalen Kegelbereich sind die Schuttkörper mit Vegetation besetzt; der Baumbestand ist teilweise durch Lawinenabgänge stark minimiert, Schuttversatz durch periglaziale Prozesse
3000–1700 m	Umwandlung der Moränendeponien durch Erosionsprozesse in sekundäre Schuttkörper; Einsetzen der xerischen Trockengrenze bei ca. 2300 m und damit Übergang der konsolidierten Schuttkörper zu unkonsolidierten
1700–1200 m	Schluchtbereich ohne nennenswerte Schuttkörper, im talaufwärtigen Bereich Umlagerung von Moränenmaterial

Tab. 3
Übersicht über die Schuttkörperhöhenstufen im Rakhiot-Tal
(Nanga Parbat-N-Abdachung)

Die **Schuttakkumulationsobergrenze** liegt bei etwa 5500-5800 m. In den direkten Bereichen der Gletschernährgebiete wird sie durch die Dominanz der Eislawinen nach unten gedrückt und verläuft an den Gletscherwurzeln bei 5000 m. Der obere Rakhiot-Talkessel wird von Eislawinenkegeln eingenommen. In Abhängigkeit von der Einzugsbereichshöhe finden sich in gleicher Höhenlage Eislawinen- und Sturzschuttkegel vor. An die mit steilen Hängegletschern besetzten Einzugsbereiche mit Höhen von 5800-6000 m schließen sich rezent sehr **aktive Murlawinenkegel** an, die in die Ufermoränentäler geschüttet sind und als paradigmatische Schuttkörperformen des gletscherbegleitenden Raumes gelten können. Die Ausstaffierung der steilen Stichtäler mit unkonsolidierten Schuttkegeln und -halden sowie mit Moränenmaterial bei einem ausreichenden Schmelzwasserangebot bieten günstige Voraussetzungen für die Mobilisierung des Lockermaterials. Insbesondere Lawinen überarbeiten die Kegeloberflächen. Seitlich umrahmt werden diese polygenetischen Schuttkörper durch Schuttkegel oder kleinere Murkegel der Haupttalflanke. Zwischen einer Höhe von 3800 und 2000 m befinden sich durch eine Vegetationsdecke bzw. durch Wald konsolidierte Schuttkörper vor, soweit sie nicht durch Lawinen und Rodungsaktivitäten der Talbewohner entfernt worden sind. Bei etwa 2300 m setzt die xerische Walduntergrenze ein und Lockerschuttkörper dominieren das Talgefäß. Die schuttkörperarmen Talausgänge sind aufgrund der vorgegebenen Reliefverhältnisse in Form der Schlucht in einem Großteil der um die Gipfeltrabanten gescharten Täler anzutreffen. Folgende Typen der gletscherbegleitenden Schuttkörper über 3000 m Basishöhe, die sich auch für andere Gebirgstäler der Hochregionen als charakteristisch erwiesen, können ausgesondert werden:
1. Besonders aktiver Schuttkörpertyp des Murlawinenkegels mit glazialem Einzugsbereich und stichtal-förmiger Zulieferrunse, die zumeist mit unkonsolidierten Sturzschuttkegeln ausstaffiert ist (Abb. 21). Variante: Kleinere Murkegel aus der Haupttalflanke tragen zur Schuttlieferung des Hauptkegels bei.
2. Sturzschuttkegel mit fluvial seicht zerrunstem, breitbodenförmigen saisonal nivalem Einzugsgebiet

3. Sturzschuttkegel mit schmalen, hangaufwärts divergierenden Schuttrunsen und saisonal nivalem Einzugsgebiet
4. Steinschlagmurkegel mit langgestreckter Zulieferrunse und unscheinbarem Einzugsgebiet

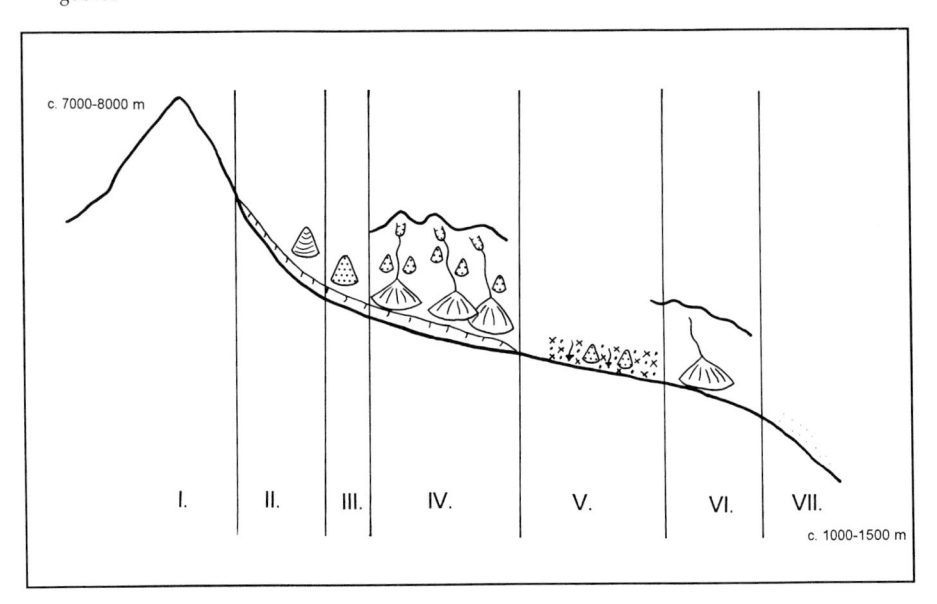

```
c. 7000-8000 m




       I.    II.   III.   IV.    V.     VI.   VII.
                                         c. 1000-1500 m
```

I. Die schuttkörperfreien Gipfelpyramiden, hohe Schuttlieferung durch Eislawinen

II. Eislawinenkegel

III. Unmittelbar auf den Gletscher eingestellte Sturzschuttkegel, Mischschuttkörperformen aus Schutt und Eis

IV. Ufertalschuttkörper mit hoher aktueller Morphodynamik (z.B. Lawinen-, Mur-, Sturzschuttkegel)

V. Resedimentation spätglazialer Moränendeponien, konsolidierte Schuttkörper

VI. Schwemm- & Murkegel in den unvergletscherten Talweitungen

VII. Schluchtbereich oder Konfluenzstufe ohne größere Schuttkörperbildungen

Abb. 22
Eine typische zentral-periphere Schuttkörperabfolge in den steilen, um die Gipfeltrabanten gescharten Tälern

Gletscherzungenveränderungen in horizontaler Richtung von wenigen hundert Metern ändern die heutige Schuttkörpersituation im Rakhiot-Tal nur wenig. Die hangialen Schuttkörper sind bereits auf die über 100 m hohen Ufermoränen der Märchenwiese sowie die der gegenüberliegenden Talseite eingestellt, so daß deren Existenz sich relativ unabhängig von kleinräumigen Gletscherschwankungen vollzieht. Natürlich finden durch die Gletscherbewegungen Nachbrüche an den Ufermoräneninnenkanten statt. Ab einem bestimmten Zerstörungsgrad der Ufermoräne wird ihr dann der Terrassencharakter genommen und es entsteht eine unmittelbare Verbindung zwischen Hangschuttkörper und Gletscherrand.

Es konnte gezeigt werden, daß die Vertikaldistanz der Schwankungsbreite der den Talflanken anlagernden Moränenmaterial höhenwärts abnimmt. Zu den oberen Einzugsbereichen hin, also gegen das Gebirgsinnere hin, nimmt damit auch das Ausmaß der Schuttkörperumwandlung aus quantitativen Gesichtspunkten der Ablagerung von eiszeitlichen zu postglazialen Schuttkörpern ab.

Die vorgestellten Schuttkörper der oberen Einzugsbereiche sowie die gletscherbegleitenden Schuttkörper des Nanga Parbat im ariden W-Himalaya sowie des Rakaposhi im NW-Karakorum gleichen denen im humiden Zentral Himalaya. Abschließend stellt Abb. 22 den zentral-peripheren Wandel der Schuttkörper, der als typisch für die steilen, um die Gipfeltrabanten gescharten Täler angesehen werden kann, schematisch dar.

V. Die schuttreichen, ariden bis semi-ariden Hochgebirgsgebiete gemäßigter bis geringer Reliefenergie unter vorwiegend nivalem Einfluß: Der E-Karakorum, die Ladakh- und Zanskar-Kette

1. Die Schuttkörpervorkommen im Indus-Tal in der Umgebung von Leh und in ausgewählten Seitentälern

1.1 Einführung

Das nun folgende Untersuchungsgebiet, das von der *Ladakh-Kette* im N sowie von der *Zanskar-Kette* im S eingefaßt wird, liegt 300 km östlich vom Nanga Parbat-Massiv (Abb. 1). Geologisch gesehen befinden wir uns hier in der Übergangszone vom Karakorum zum Himalaya. Der Schuttanfall im Indus-Tal steht dem des NW-Karakorum bezüglich seiner augenscheinlichen Menge nicht wesentlich nach, jedoch sind die Schuttkörpervorkommen im Indus-Haupttal größtenteils in den Sedimentfächern akkumuliert sowie in den seichten Schuttdecken, während im NW-Karakorum vielmehr varietätenreiche zusammengesetzte Schuttkörperformen überwiegen.

Aufschluß über die geologischen Verhältnisse in Ladakh gibt u.a. SEARLE (1991: 37ff.), worauf sich die folgenden Ausführungen stützen. Die Ladakh-Kette wird südlich durch den Indus-Fluß und nördlich durch den Shyok-Fluß eingefaßt. Gesteinsbestimmend für die Ladakh-Kette ist der Granit. Der Ladakh-Batholith zeigt sich sehr homogen in seiner Zusammensetzung, vorherrschend sind Granodiorite sowie Tonalite. Südlich der Ladakh-Kette fügt sich die Indus Suture Zone an, die Kollisionszone zwischen dem Karakorum-Lhasa-Terrane und der Indischen Platte. Sie erstreckt sich über eine Länge von 2000 km von Kohistan bis Südtibet. Wir befinden uns im Indus-Tal an der plattentektonischen Verschweißungsnaht zwischen indischer und eurasischer Kontinentalmasse. Die Zanskar-Kette schließt sich weiter südlich an die Indus Suture Zone an und bildet südwärts den Übergang zum Hohen Himalaya. Die Zanskar-Kette wird vornehmlich von der Sedimentary-Shelf-Facies aufgebaut, die den nördlichen Abschluß an die Indische Platte bildet.

Das Ladakh-Gebirge erstreckt sich über eine Entfernung von 360 km und ist maximal 50 km breit, so daß wir hier von einem verhältnismäßig kleinen Gebirgssegment des asiatischen Hochgebirgsgürtels sprechen können. Trotz seiner im Vergleich zu seinen Nachbargebirgen niedrigeren Höhe wird es auf seiner gesamten Längserstreckung durch keinen Flußlauf durchbrochen. Der von N aus dem Aghil-Gebirge kommende Shyok-Fluß wird durch die Auftürmung des Ladakh-Gebirges in NE-liche Richtung umgelenkt. Die Zanskar-Kette gliedert sich ebenfalls in die generelle Streichrichtung NW-SE des Karakorum und des Ladakh-Gebirges ein. Im Gegensatz zur Ladakh-Kette wird die Zanskar-Kette von mehreren Flüssen durchbrochen und stellt somit keine lokale Wasserscheide dar. Die Einzugsbereiche der Schuttkörper in diesem Arbeitsgebiet sind größtenteils fluvial oder nival. Obwohl die Gebirge bis auf maximal etwa 6000 m hinaufreichen, sind bei den ariden Klimaverhältnissen keine größeren Gletscher ausgebildet. Das Untersuchungsgebiet ist gänzlich waldlos, nicht einmal eine xerische Waldgrenze ist ausgebildet.

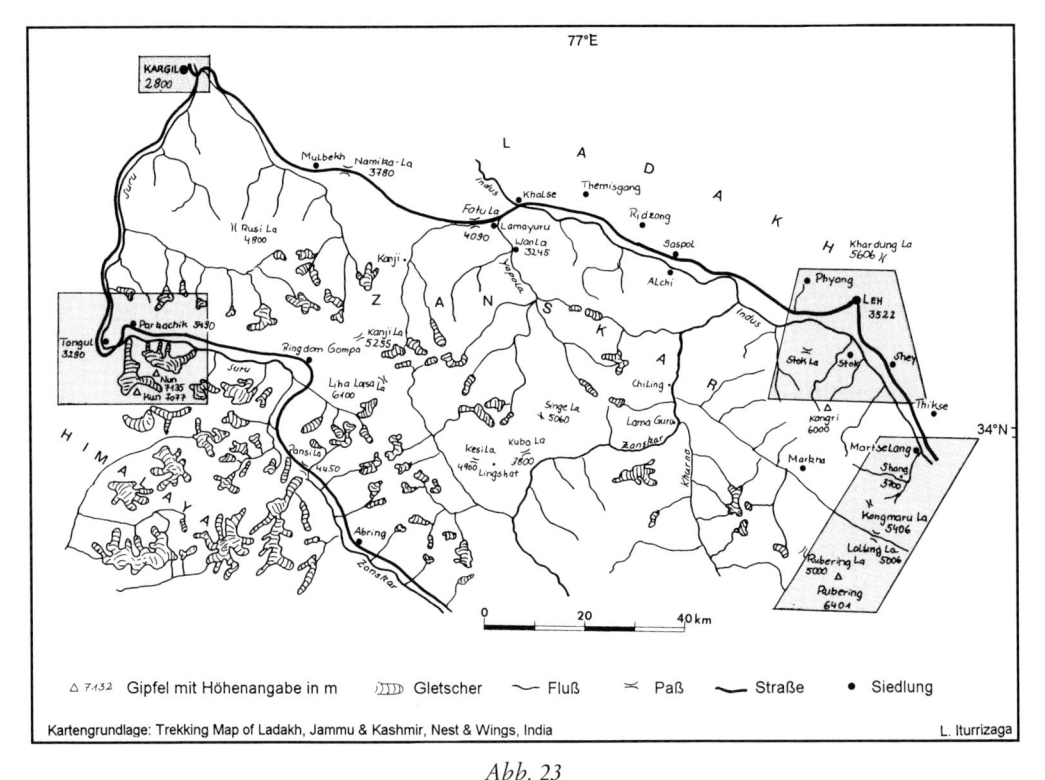

Abb. 23
Lage der Untersuchungsgebiete im Ladakh- und Zanskar-Gebirge sowie im W-Himalaya

Durch die Abwesenheit von Gletschern existieren auch keine lokalen klimatischen Gunststandorte, die das Aufkommen von Baumgruppen ermöglichen würden.

1.2 Das Klima und die Schuttlieferung

Die mittlere **Frostwechselgrenze** pendelt in Ladakh zwischen 3000 und 6000 m, wobei die Unter- und Obergrenze der Schuttzone mit diesen Frostwechselgrenzen übereinstimmt (DRONIA 1979: 461). Nach den Messungen von DRONIA (ebd.) nimmt die Schwankungsbreite der Gesteinstemperaturen oberhalb von 3000 m zu und ab 5000 m sinkt sie wieder geringfügig ab. In Ladakh wurden Gesteinstemperaturwerte von bis zu 62°C in 3650 m Höhe gemessen, in 5000 m Höhe sogar immer noch 55°C (DRONIA 1979: 468). Damit dürfte die Insolationsverwitterung neben der Frostverwitterung einen bedeutsamen Anteil an der Gesteinsaufbereitung haben. *Leh* (3522 m) erhält 115 mm Jahresniederschlag, davon fallen 58 mm im Mittel an knapp 7 Tagen von Mai bis September (DRONIA 1979: 464). Die Jahresmitteltemperatur liegt bei 5,6°C, für die Meereshöhe ein relativ hoher Wert.

DRONIA (1979: 66) vermerkt zur aktuellen Gesteinsaufbereitung: *„Die Verwitterung und Gesteinszerkleinerung scheint in allem sehr intensiv und offensichtlich in vollem Gange zu sein. Die wenigen Wiesenmatten sind mit Steinen unterschiedlichster Größe förmlich übersät. Daß dabei viele Steine aus frischer Abwitterung 'der jährlichen Saison' stammen, ließ sich unzweifelhaft an dem unter vielen Steinen frisch vergilbten Gras feststellen."*

Ein Unterschied zum NW-Karakorum besteht weiterhin darin, daß die im NW-Karakorum exponentielle Niederschlagszunahme mit der Höhe in Ladakh scheinbar nicht in dem Maße gegeben ist bzw. die Gebirgsketten nicht so hoch hinaufragen, daß sie die vermeintlich niederschlagsreichere Zone erreichen. Das Untersuchungsgebiet liegt im Regenschatten des Himalaya-Hauptkammes. Heiße trockene Sommer und kalte, nicht besonders schneereiche Winter sind klimabestimmend. In Ladakh fehlt auch die hochgebirgstypische Mattenregion (DRONIA 1979: 466).

Die Ortschaft Leh wurde im Monat Juli aufgesucht. Seinerzeit trieben die aus S/SE-SW-licher Richtung kommenden Monsunwinde auf die Himalaya-Kette zu und erbrachten Niederschläge, ein nach Angaben Einheimischer durchaus typisches Erscheinungsbild zu dieser Jahreszeit. Es wurden allerdings keine durch die Niederschläge ausgelösten Massenbewegungen verzeichnet. Die Abfuhr des Verwitterungsmaterials ist bei den ariden Klimaverhältnissen in Ladakh aufgrund der geringen Reliefneigungen noch geringer als im NW-Karakorum.

1.3 Die Mur- und Schwemmfächer im Indus-Tal in der Umgebung von Leh

Die Weite des Indus-Tals von mehreren Kilometern erlaubt den Schuttakkumulationen aus den Seitentälern der Ladakh- und Zanskar-Gebirgskette eine vergleichsweise **freie Entfaltungsmöglichkeit**. Das **Schuttkörperlandschaftsbild** zeigt sich **homogen** und wird durch eine offenbare Regelmäßigkeit der **ineinanderüberfließenden Mur- und Schwemmfächer** beider Talseiten, die Kegellängslinien von bis zu etwa 3–4 km besitzen, bestimmt (Photos 37 & 38). Über Dekakilometer setzen sich die ausladenden Sedimentfächer fort. Glaziale Sedimenthinterlassenschaften – wie sie im Hunza-Tal z.B. als hochlagernde Moränen zu beobachten waren – treten auf Anhieb nicht unmittelbar ins Auge. Man vermißt auch die steilen, gekappten Murkegel sowie die hunderte von Metern hohen Schutthalden.

Das Indus-Tal weist eine weiträumige, symmetrisch anmutende Talanlage auf. Aus den zumeist kurzläufigen, in den Gebirgskörper eingeschnittenen Nebentälern des Indus-Tals breiten sich gleichmäßig die ausladenden Schwemmfächer, denen DREW (1873: 441) den Namen „alluvial fans" verlieh, aus. Wie nebeneinander aufgereihte Armsessel, deren Sitzflächen von Schwemmfächern und deren Lehnen durch die linienhaften Ausläufer der Gebirgsmassive gebildet werden, stellt sich die Landschaftzusammensetzung aus Schutt und anstehendem Gestein dem Betrachter dar (Photo 37). Die distalen Uferteilkanten der Sedimentfächer zum Indus-Fluß hin messen an einigen Lokalitäten 10–15 m, belaufen sich aber zumeist auf wenige Meter. Dieser Tatbestand steht ganz im Gegensatz zu den Schwemmfächern des Hunza-Tals und seiner Nachbartäler, in denen Steilufer von bis zu 60 m Höhe keine Seltenheit sind. **Seitlich umrahmt** werden die Hauptschwemmfächer mit Neigungen von 4–8° aus den lateralen Gebirgsausläufern kommenden **untergeordneten kleineren Schwemm- oder Murkegeln,** die eine steilere Neigung von ca. 8–15° aufweisen (Photo 37). Die fächerbegleitenden Schuttkörper tragen also auch zum Schwemmfächeraufbau bei.

Trotz dem augenscheinlich symmetrischen Schuttkörperaufbau der gegenüberliegenden Indus-Talseiten, bestehen in den Schuttkörperformen einige Unterschiede. Die orogr. linke Indus-Talseite der Ladakh-Kette weist höhere Einzugsbereiche auf und langläufigere Nebentäler als die orogr. rechte Talseite der Zanskar-Kette. Es ergeben sich unterschiedliche Schuttkörperbildungen auf den gegenüberliegenden Talseiten. Während auf der Zanskar-Talseite Schwemmfächer, bei denen der „Schwemmprozeß" überwiegt, ausgebildet sind, entsendet das Gebirgsmassiv der Ladakh-Kette etwas stärker geneigtere Murschwemmfächer, die auch offensichtlich mit moränischem Material gemischt sind. Diese Murschwemmfächer verlassen kaum ihre seitlichen Kammumrahmungen, während die wesentlich ausladenderen Schwemmfächer auf der orogr. linken Indus-Talseite noch über einen Kilometer das Zanskar-Massiv über die Ausläufer des Zanskar-Massivs hinauslaufen (Abb. 24).

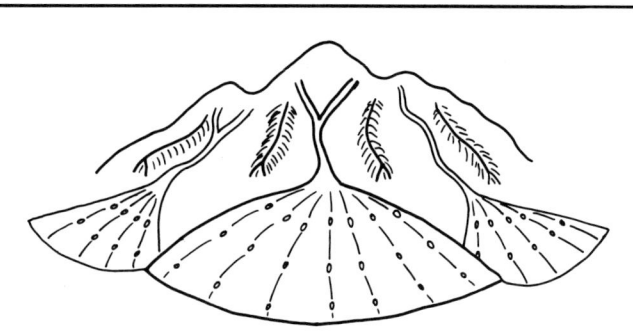

freiliegender Schuttkörper: Der Schuttkörper kann sich ungehindert im Haupttal entfalten.

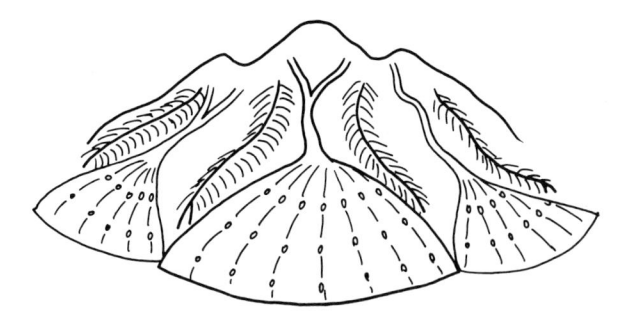

teilweise gebirgs-umrahmter Schuttkörper: Der Schuttkörper wird anfangs lateral durch in das Haupttal hineinreichende Gebirgsausläufer seines Zuliefergebietes begleitet und entfaltet sich dann unkanalisiert im Haupttal.

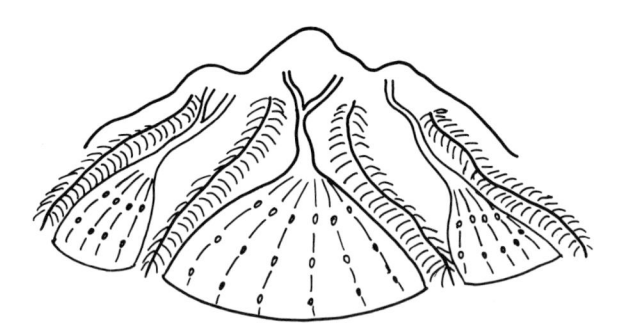

gebirgs-umrahmter Schuttkörper: Der Schuttkörper wird lateral durch in das Haupttal hineinreichende Gebirgsausläufer seines Zuliefergebietes begleitet und durchgängig kanalisiert.

L. Iturrizaga

Abb. 24
Die räumliche Lage der Schuttkörper in Bezug auf das Haupt- und Nebental

Die freie Entfaltung der Schwemmfächer der Indus-Nebentäler zeigt die im Verhältnis zur Schuttzulieferung geringe Erosionsleistung des Indus-Flusses. Die Schwemmfächer der orogr. rechten Indus-Talseite bei Leh weisen bis zu über 1 m Länge erreichende Gesteinsblöcke auf. Von der Erscheinungsform der Blöcke eingelagert in sandigem Gesteinsmaterial her, kann man auf moränische Ablagerungen oder Murdepositionen schließen. Auf der Zanskar-Seite stehen leichter verwitterbare Sedimentgesteine an, die eine höhere Schuttzufuhr gewährleisten. Die höchsten Einzugsbereiche unterliegen nivalen, z.T. auch glazialen Einflüssen. Die Schwemmfächer werden von seichten Abflußkanälen durchlaufen.

Wie nach dem Rasensprengersystem wechseln von Zeit zu Zeit die Abflußkanäle ihre Laufbahn auf der Fächeroberfläche, so daß ein ausgeglichenes Schwemmfächeroberflächenprofil geschaffen wird. Der Aufblick auf die Schwemmfächer aus 3800 m Höhe zeigt vielzählige vernarbte, derzeit nicht mehr aktive Abflußkanäle (Photo 37). Bei dem Schwemmfächer talabwärts des Hauptfächers bei der Talkammer *Stok* (3460 m) auf der orogr. linken Indus-Talseite ist nur ein Hauptabflußkanal sichtbar, der sich auf der orogr. linken Nebentalseite entlang schlängelt, um in der Tiefenlinie zwischen den mit dem weiter talabwärts verzahnten Fächer abzufließen. Dagegen wird der Stok-Fächer von zahlreichen aktiven Abflußkanälen durchstreift. Am Fuß des Stok-Schwemmfächers ist stark zugerundetes Gesteinsmaterial auf der Fächeroberfläche entblößt. Zum Teil schuppen die Gesteinsoberflächen oberflächlich ab. Einige Gesteine zeigen braun-rötliche, wüstenlackartige Krustierungen auf. Die Oberfläche des Schwemmfächers ist heute weitgehend inaktiv: Schwemmfächeraufwärts wird das Gesteinsmaterial kantiger. Die Blockgröße ist vergleichsweise klein, in etwa tellergroß. Die Blöcke schwimmen in feinerem Matrixmaterial. Bis zu 1 m Höhe aufweisende Wälle können auf den seit Jahrhunderten praktizierten Terrassenbau zurückgeführt werden, der auf dem Fächer mancherorts diese wallartigen Feinsedimentstrukturen entstehen ließ und die vereinzelt Murgängen ähneln.

Die hügeligen, quer zum Indus-Tal verlaufenden Gebirgsgrate sind auf der orogr. linken Indus-Talseite oberhalb der Ortschaft *Stok* mit faust- bis hand- oder sogar tellergroßen Gesteinskomponenten metamorphen Ursprungs übersät. Eine dünnschichtige Schuttdecke, die nur stellenweise von Grasbüscheln durchbrochen wird, verkleidet die Hänge. In verwaschenen Strukturen sind girlandenförmige Schuttmuster ausgebildet. An einigen Lokalitäten sind die Gebirgskämme niederer Höhe, d.h. die nur einige hundert Meter über das Indus-Tal hinaufragen, bis zur Gratlinie von der Verwitterung angegriffen und mit einem Schuttmantel bedeckt (Photo 37). Es handelt sich hierbei nicht um tiefgründige Schutthalden, sondern eher um einen durchgängigen Verwitterungsmantel (vgl. Drew 1873: 445). Ein Zuliefergebiet in Gestalt von trichterförmigen, schuttsammelnden Runsen existiert nicht mehr. Falls sie zuvor vorhanden waren, sind sie nun vollständig von Schutt überdeckt. Stellenweise handelt es sich auch um glaziale Schuttrelikte. In den quer zum Indus-Tal verlaufenden Gebirgskämmen finden sich des öfteren Sandtennen. Im Apex-Fächerbereich ist häufig ein fluvialer Schotterkörperaufbau zu beobachten, während weiter zum distalen Fächerbereich die Flugsandkomponente überwiegt und ein blockarmer bis blockloser Auslauf des Schwemmfächers zu diagnostizieren ist. Die die Schwemmfächer umrahmenden Gebirgszüge sind lokal mit Kamesterrassen versehen, auf die hangiale Schuttkörper eingestellt sind. Auf der orogr. linken Indus-Talseite sind den Schwemmfächern des öfteren glaziofluviale Terrassen vorgelagert.

Oberhalb von Leh ist ein klassisches Zungenbecken mit Endmoräneneinfassungen ausgebildet (Kuhle 1996a: 153). Der Erhaltungszustand dieser Moränenform ist ausgesprochen gut. Auch Kamesbildungen in der Gebirgsumrahmung sind gut überliefert. Zur Frage nach dem Erhaltungszustand von glazialen Depositionen in der Konkurrenz mit nachträglich fluvialen Aufschüttungsformen sei auf die Schuttkörperkombination von Endmoräne und Schwemmfächer bei Chukurdas hingewiesen, wo die Endmoräne trotz der fluvialen Aktivitäten aus dem Chukurdas-Nebental sich in einem sehr guten Erhaltungszustand befindet. Dieses Zungenbecken deutet bereits darauf hin, daß die Einzugsbereiche in Ladakh einen grundsätzlichen **Wandel von glazialen zu fluvialen oder nivalen Prozessen** vom Spät- zum Postglazial erfahren haben. Durch ihre Höhe im Schneegrenzsaum sind die Gebirgsketten in Ladakh besonders **anfällig** für eine derartige Transformation. So schließt sich unterhalb des Zungenbeckens ein glaziofluvialer Murschwemmkegel an, der heute nur noch durch fluviale und nivale Prozesse aufgebaut oder degradiert wird.

Auf dem Weg zum *Nun-Kun-Massivs* nach *Kargil* (2800 m) sind diverse Varianten der Sturzschuttkegel mit fluvialem Einzugsgebiet mit Höhen im Dekameterbereich anzutreffen. Auch sekundäre Schuttkörper in Form von Schutthalden hervorgehend aus Moränenmaterial sind vielerorts vertreten. Eine interessante Interferenz von hangialem und hangfremden Schuttmaterial ist bei der Lokalität *Lamayuru* (3000 m) im *Moon Valley* gegeben. Hier ist das Moon Valley bis zu mehrere hundert Meter mit Seesedimenten verfüllt, die durch fluviale und gravitative Massenabgänge sukzessive rückverlegt werden[23]. Vielerorts verwittern sie in Form von Schutthaldensäumen. Die hangiale Schuttproduktion ist größtenteils durch die hangauflagernden Seesedimente gänzlich unterdrückt und eine eigene hangfremde Schuttlandschaft entsteht. Die großräumige Erhaltung der leicht erodierbaren lakustrinen Sedimente ist durch die extreme Aridität in diesem Gebiet gewährleistet.

1.4 Die Schuttkörpervorkommen im Stok-Tal (Zanskar-N-Abdachung)

Das nach N verlaufende *Stok-Tal* besitzt maximale Einzugsbereichshöhen von etwa 6000m, die mit kleinen Firnfeldern besetzt sind. Im Interesse steht hier der Stok-Talabschnitt in einer Höhenlage von 3600 m. Die metamorphen parallel geschichteten Gesteinsschichten der Indus-Formation im Stok-Tal fallen nach S ein. Der gesamte Talflankencharakter wird von der Diagonalen bestimmt – ein Bild wider die linear-gravitative, geometrische Fallinie. Die direkte Linearerosion ist hier der resistenten Gesteinslagerung unterlegen. Bereits bei geringen Reliefvertikaldistanzen im Bereich von 300–500 Höhenmeter dominieren in diesem Talabschnitt wie auch in den benachbarten Tälern die **Strukturformen**. Die fiederförmig zerrunsten Gebirgsmassive der gegenüberliegenden Indus-Talseite im Granit sind nicht anzutreffen. Vielmehr bilden sich Schuttakkumulationen, die der Schräglagerung des Gesteins nachtasten. Das Einzugsgebiet stellt nicht eine Trichterform dar, sondern eine mehr oder weniger geradlinige Bezugsquelle des Schichtpaketes, nämlich die **Schichtkopfkluft**. Diese Form der Schuttbildung ist als **strukturgebundener Sturzschuttkegel** anzusprechen.

Die grobblockigen Schuttakkumulationen im Stok-Tal sind von größter Steilheit gekennzeichnet (37°) bei gleichzeitig geringer Mächtigkeit. Die Höhe der Schutthalden liegt im Dekameterbereich. Je steiler eine Schutthalde ist, desto größer ist die Wahrscheinlichkeit, daß sie eher seicht ist. Es handelt sich um zusammengesetzte Schutthalden, wobei jeder Einzelkegel aus einem der Schichtpakete entstammt. Hochwasser- und Mur-

---

[23] Die geologische Hypothese zur Entstehung der „Moon-Landschaft" bei Lamayuru lautet, daß der Talabschnitt von einem Süßwassersee eingenommen wurde, der vor 35 000 Jahren aufgestaut wurde, d.h. im späten Pleistozän (MATTAUSCH 1993: 283). Die hellgelben Seesedimente, die sich an den Talwänden entlangziehen, markieren den ehemaligen Wasserspiegelhöchststand. Die Verschiebung der Erdkruste vor 3000 Jahren verbreiterte das Tal, so daß das Wasser zum Indus hin abfloß. Dieser Auffassung entgegen zu halten ist, daß an vielen Lokalitäten im Indus-Tal wie in seinen Nebentälern moränische Funde (mündl. Mitt. Prof. KUHLE im Gelände im August 1993) eine ausgedehnte Vergletscherung belegen. Naheliegend wäre es, daß es sich bei den Seesedimenten um Depositionen eines Gletscherstausees handelt.

verbauungen in den Indus-Seitentälern verweisen auf sommerliche Flutereignisse hin, die die Schuttkörper unterschneiden.

Eine Schuttkörperform auf der orogr. rechten Stok-Talseite paßt nicht ganz in das zuvor beschriebene Landschaftsbild. Es handelt sich um eine Schuttakkumulation, die die Form eines auftauchenden Wales besitzt, welcher sich an die orogr. rechte Stok-Talseite anschmiegt. Bislang ist dieser längliche Schuttkörper noch nicht durch die darüberliegenden Abflußrinnen zerschnitten worden. Gegen eine Aufschüttung aus dem darüberliegenden Hang spricht folgendes: Der Schuttkörper korrespondiert nicht mit den darüberliegenden Einzugsgebieten, vielmehr zieht er an diesen kontinuierlich mit einer scharf abgrenzbaren Oberkante vorbei. Oberhalb dieser länglichen Sedimentform sind bereits kleine, wenig hohe Schutthalden ausgebildet, die auf den Sedimentkörper eingestellt sind. Das talaufwärtige Ende der Sedimentakkumulation – im übertragenen Sinne die Schwanzflosse des Wales – ragt etwas in die Schottersohle hinein und bildet einen kleinen Damm. Diese Querlagerung deutet auf eine glaziale Aufschüttungsform hin. Die Höhe der Aufschüttungsform beträgt ca. 30 m, die Länge ca. 150 m.

Ein für das Tal vergleichsweise großer Murkegel wurde auf der orogr. rechten Stok-Talseite gesichtet. Das Einzugsgebiet liegt in den schräg N-S verlaufenden Schichtpaketen und zieht ca. 500 m in die Höhe. Drei wenig ausgeprägte Abflußsysteme, die sowohl auf der Schichtfläche verlaufen als auch die Schichtpakete durchbrechen, laufen auf den Murkegel zu. Die Abflußrinnen weisen keinerlei zwischenzeitliche Verflachungen auf, auch im oberen Hangbereich sind keine Mulden oder karoiden Formen zu sehen, wo sich Schnee oder auch Schutt in größerer Menge sammeln könnte. Was nämlich verwundert, ist das durchaus **kleine Einzugsgebiet**, das der großen Murakkumulation nur zur Verfügung steht. Es fragt sich, ob nicht eine ortsfremde Schuttablagerung, nämlich hochlagerndes Moränenmaterial, ehemals mit einen Beitrag zum Aufbau des Murkegels geleistet hat.

Der Murkegel weist ein konvex gewölbtes Längsprofil auf. Seine Oberfläche ist durch bereits trockengefallene Abflußrinnen teilweise zopfmusterartig unduliert, aber auch zwei etwas tiefer eingeschnittene (ca. 50 cm) trockengefallene Abflußkanäle bahnen sich auf der orogr. rechten Fächerseite ihren Lauf. Der talabwärtigere von beiden hat sogar einen kleinen, etwa 20 m im Radius erreichenden sekundären, parasitären Schuttfächer aufgeschüttet. Die Ufersteilkante bildet streckenweise eine senkrechte Abbruchwand von ca. 10 m Höhe. Dort, wo die sekundären Murgänge verlaufen, ist die Steilkante pfotenartig eingekerbt. Der Stok-Fluß verläuft nur wenige Meter von den Steilufern entfernt, den kleinen sekundären Schuttfächer schneidet er unmittelbar an bzw. der Schuttfächer verleiht dem Fluß den Impetus, sein Bett auf die gegenüberliegende Talseite zu verlagern. Im Gegensatz zum NW-Karakorum, wo Seitentäler regelrecht mit Moränenmaterial zusedimentiert sind, sind hier nicht einmal hochlagernde Moränendeponien zu finden. Allerdings gibt es im Talbodenbereich immer wieder Hinweise auf glaziale Aufschüttungen.

Zusammenfassend läßt sich bemerken, daß wir in dem Untersuchungsgebiet der Ladakh- und Zanskar-Kette ähnliche klimatische Verhältnisse wie im NW-Karakorum wiederfinden, jedoch besteht aufgrund geringerer Reliefvertikaldistanzen und damit einhergehend einer geringeren Vergletscherung eine gänzlich andere Verteilung der Schuttkörper. In den großräumigen Talanlagen, wie im Indus-Tal bei Leh, sind zum einen **Großschuttkörperformen** in Gestalt der ausladenden Murschwemmfächer vorhanden, zum anderen sind die umrahmenden, sanft geneigten Gebirgszüge fast durchgängig mit **Kleinschutt** bedeckt. Nur wo die Böschungswinkel des Anstehenden sehr hoch sind, bilden sich basal die Schuttkegel aus. Die lokale Erosionsbasis in Ladakh liegt im niedrigsten Fall bei 3000 m. Bei maximalen Reliefeinzugsbereichshöhen von 6000 m, aber zumeist geringeren Höhen, verläuft die Abtragungsleistung der Flüsse im Vergleich zum NW-Karakorum gedämpfter ab.

In der Ladakh-Zanskar-Gebirgskette spiegelt sich das Bild einer in Schutt ertrinkenden Gebirgslandschaft wider. Den Kontrast zwischen hoch hinaufragenden schuttfreien

Wandpartien und dem Übermaß an Schutt in den Tallagen andererseits wie im NW-Karakorum und Hindukusch findet man in dieser Kombination nicht. Vielmehr ist das ganze Gebirgsskelett mit Schutt hangialen und glazialen Ursprungs überkleidet. Generell findet man mehr mit Kleinschutt bedeckte Hänge vor, die für die gesamte Höhenspanne von 3000 m bis zur Firngrenze charakteristisch sind und damit für die Periglazialregion ein sehr **homogenes Schuttkörperbild** vermitteln. Die ausgeprägten Form-Schuttkörper fehlen. Die Solifluktionsprozesse spielen sich aufgrund der fehlenden Vegetation vorwiegend im Bereich ungehemmter Prozeßabläufe ab. Die Überlagerung verschiedener geomorphologischer Formen, die als Typicum der reliefbetonten Gebirge aufgezeigt wurde, tritt aufgrund der Talweite und der geringeren Reliefenergie in diesem Untersuchungsgebiet zurück. Aus den in petrographischer Hinsicht verschiedenartigen Einzugsgebieten der sich gegenüberliegenden Ladakh- und Zanskar-Kette – d.h. Granite auf der einen und Sedimente auf der anderen Indus-Talseite – ergeben sich eher Unterschiede bezüglich der Ausbildung von Sturzschuttkörpern als bei der Ausbildung von fluvialen Schuttkörpern. In den unvergletscherten Gebirgskammregionen wird vielerorts die **Schuttkörperobergrenze nicht erreicht**, sondern die Hochregionen werden bis zu den meist rundkuppigen Gipfelbereichen mit einer seichten Schuttdecke überzogen, die je nach Hangneigung durch Frostwechsel entsprechende Sortierungen aufweist. Prinzipiell überwiegen die Gleitbewegungen gegenüber den Sturzbewegungen beim Aufbau der hier ausschließlich trockenen Schuttkegel.

Es bietet sich an, bei den vorgestellten ausladenden Murschwemmkegeln zwischen denjenigen, die aus ihrem Talgefäß heraustreten, den „**freiliegenden Schuttkörpern**" und denjenigen, deren Aufschüttung in der Umrahmung der Gebirgskämme erfolgt, den „**teilweise gebirgsumrahmten**" und den „**gebirgsumrahmten Schuttkörpern**" zu unterscheiden (Abb. 24). Streng genommen sind in räumlicher Hinsicht letztere dem Nebental zugehörig, während die freiliegenden Schuttkörper bereits zum Schuttkörperformenschatz des Haupttales zählen. Die Sturzschuttkegel sind dagegen eigentlich immer dem unmittelbar korrespondierenden Tal zugehörig und an dessen Talflanken anliegend.

Bei einer gedachten Schneegrenzabsenkung von nur wenigen hundert Metern werden die heute nivalen/periglazialen Einzugsbereiche, die nur wenig über 5000 m hoch sind, in glaziale Einzugsbereiche transformiert. Aufgrund des sanft geneigten Reliefs und dem damit relativ großen potentiellen Nährgebiet dürfte der Wechsel von „unvergletschert" zu „vergletschert" eher sprunghaft vor sich gegen. D.h. diese Hochgebirgsgebiete erfahren bei klimatischen Veränderungen einen starken genetischen Wandel bezüglich ihrer Schuttkörperformen.

1.5 Die Schuttkörpervorkommen im Martselang-Tal (Zanskar-N-Abdachung) unter besonderer Berücksichtigung der strukturgebundenen Schuttkörper

Während im Indus-Haupttal die Schwemm- und Murfächer markant in den Vordergrund der Landschaftsbetrachtung treten, stellen im *Martselang-Tal*, einem orogr. linken Indus-Nebental, die von der **geologischen Struktur bestimmte Talflankengestaltung** und ihre Schuttkörperformen das augenfälligste Landschaftselement dar (Photos 39 & 40). Im Gegensatz zu den Seitentälern des NW-Karakorum ist das Martselang-Tal mit sehr geringen Reliefvertikaldistanzen von z.T. nur wenigen hundert Metern ausgestattet, so daß außer im Talschlußbereich die Gebirgskämme kaum die Schneegrenze[24] erreichen und selbst die nivalen Einzugsbereiche im Unter- und Mittellauf selten vertreten sind. Das in S-N-Richtung verlaufende, knapp 20 km lange und in einer Höhe von 3200 m in

---

[24] Nach BURBANK & FORT (1985) verläuft die Schneegrenze in Ladakh und Zanskar zwischen 5200 und 5400 m.

das Indus-Tal einmündende Martselang-Tal schließt mit dem 5100 m hohen *Konmaru La*[25] ab, der von bis zu 5400 m hinaufragenden Talflanken eingerahmt wird. Hier sind die Grate z.T. mit perennierenden Schneeflecken besetzt (Photo 42). Im oberen Einzugsbereich gabelt sich das Martselang-Tal in zwei Talkammern auf, die durch eine gemeinsame Gradführung miteinander verbunden sind. Vom Konmaru La aus nach S geblickt, gewinnt man einen Blick auf einen, mit kurzen Kargletschern besetzten, kuppelförmigen Einzugsbereich, der im *Rubering* (6401 m) gipfelt. Das Landschaftsbild zeigt sich hier in überwiegend gerundeten Formen, die aktuell hauptsächlich auf Solifluktionsprozesse, vorzeitlich auf glaziale Überformung des Anstehenden zurückzuführen sind. Lediglich einige Abflußbetten zerschneiden breit-kerbförmig die einheitlichen Flächen, an deren Enden **Murkegel der nivalen sowie periglazialen Stufe** aufgeschüttet sind (Photo 42). Die sanft geneigten Hänge sind im Paßbereich gepflastert mit kantigem, scherbenförmigem Gesteinsschutt, der vielerorts in Steinstreifen sortiert ist. Die tertiären Konglomerate stehen lokal bis zu den Gipfeln an und verwittern dort zu feinen Schutthalden. Blickt man in Richtung der Saser-Kette nach N, so ist deutlich zu sehen, wie die aus Granit aufgebauten Gebirgskämme der Ladakh-Kette die weicheren Trogtalprofile formt, während die hier anstehenden Sedimentgesteine tendenziell Kerbtalprofile mit Schluchten fördern. Aber auch im obersten Martselang-Tal im Übergang zur N-Abdachung des Rubering dominiert die rundliche Geländeformung, die an die tibetische Landschaft zu erinnern vermag. Die Hänge sind nicht mehr als 20° geneigt und nur mit schütterer Vegetation bedeckt. Unterhalb von Nivationsleisten und Schneeflecken schließen sich mancherorts **Murkegel** an, die **nicht durch ihre Vollform zur Geltung** kommen, sondern durch die zahlreichen, **markanten Einzelmurgänge auf ihrer Kegeloberfläche**, die im distalen Bereich unmerklich in die Schottersohle des übergeordneten Tals übergeht (Photo 42).

Ab 4400 m bis etwa 4000 m wird das Martselang-Tal schluchtartig enger. Seine Talanlage gestaltet sich im oberen Mittellauf perlschnurartig mit hintereinander geschalteten kleinen Talkammern, verengt sich lokal schluchtförmig und weist teilweise riegelförmige Felsvorsprünge auf. Mehrere Gefällsstufen sind in den Talverlauf eingebunden, streckenweise beträgt das Talgefälle bis zu 2–3 %. An einigen Stellen durchschneidet der Fluß messerscharf das Anstehende und hinterläßt eine Art Durchgangstür im basalen Talgefäß. Eine Torrentenschottersohle füllt den Talboden in den breiteren Talabschnitten aus (Photo 39). Die Martselang-Talschaft ist wenig zertalt in Nebentäler, so daß die fluviale Schuttkörperbildung zwangsläufig zurücktritt. Lediglich das *Shang Nala* gesellt sich auf halber Strecke zum Martselang-Tal hinzu. Bemerkenswert sind die **Murverbauungen** der Einheimischen in einer Höhe von 3860 m im mittleren Martselang-Tal oberhalb von *Chang* (3700 m). Denn schaut man sich den Einzugsbereich des Martselang-Tals an, so mutet er mit seiner geringen Reliefenergie und seinen nicht allzu üppigen Schuttakkumulationen nicht gerade mur-anfällig an. Zum anderen kann man bereits an der geringen Trübung des Wassers feststellen, daß sich im Einzugsbereich keine Gletscher befinden, die mit ihren Schmelzwässern murauslösend sein könnten. Die frisch durchspülte Schottersohle zeigt allerdings Anzeichen einer saisonalen Überflutung über ihre gesamte Breite. Der leicht abführbare Kleinschutt, der die Hänge mancherorts flächendeckend säumt, muß bei Starkregenereignissen ein erhebliches Schuttpotential für Schlamm- und Murströme liefern.

Außer den sehr wenig Raum einnehmenden Murkegeln der nivalen Stufe fehlen im Martselang-Tal die ausladenden Mur- und Schwemmkegel. Nur an einzelnen Lokalitäten finden sich diese fluvialen Schuttkörper, wie z.B. im Mittellauf des Martselang-Tales, wo ein Murkegel sich hauptsächlich aus resedimentiertem Moränenmaterial aufbaut (3600 m). Das sich immer wieder streckenweise extrem verengende Martselang-Tal fördert durch

---

[25] In den Kartenwerken ist der Konmaru-Paß meist höher angegeben, z.B. in Nelles Map mit 5406 m.

diesen kanalisierenden Effekt die fluviale Abtragung in den weiten Talkammern, die eigentlich günstige Schuttablagerungsräume darstellen. Dort, wo das Martselang-Tal potentielle Depositionsflächen für die Ausbildung von Schwemm- und Murkegeln bietet, wird der Talboden von großräumigen moränischen Akkumulationen von bis zu 60-80 m Höhe eingenommen. An ihren Steilkanten lösen sich diese blockreichen Ablagerungen, die sich talaufwärts von Chang auf der orogr. rechten Martselang-Talseite befinden, zu Erdpyramiden auf (Photo 38). Durch die Nebentalabflüsse, die sich durch die Moränenakkumulationen ihren Weg zum Hauptfluß bahnen, werden kleine, 2–3 m im Durchmesser erreichende, sekundäre murkegelartige Schuttkörper aufgeschüttet. Die Moränen werden durch Erosionsfurchen tatzenförmig zerschnitten.

Im Mittellauf des Martselang-Tals werden die Talflanken und ihre Schuttkörperformen deutlich von der **geologischen Struktur gesteuert** (Photo 39). Hier treten violette und grünliche Buntsandsteine zu Tage, die größtenteils fast seiger stehen und äußerst bizarre Verwitterungsstrukturen aufweisen. Wie Zahnlücken tauchen die durch ihre geringere Verwitterungsresistenz bedingten Hohlräume zwischen den resistenteren Schichten auf (Photo 39). An der Basis der seiger stehenden Schichten sind mannshohe, teilweise auch höhere **zusammengesetzte Schutthaufen** ausgebildet. Sie setzen sich aus griffelähnlichen, länglichen Gesteinsfragmenten zusammen und erinnern an grèzes litées-artige Aufschüttungen (Photo 40). Die Hohlräume zwischen den Schichten sind mit Schutt verfüllt. In diesen Schattlagen sind die Schuttakkumulationen fleckenartig mit xerophytischen Pflanzenbüscheln besetzt.

Ein Großteil der Schutthalden erreicht mit Werten von 37-38° fast ihren maximalen Böschungswinkel. Es handelt sich vorwiegend um sehr gering mächtige Schutthalden. Viele der gravitativ aufgebauten Schutthaldenkörper besitzen eine Höhe von nur wenigen Metern, sind haufenförmig aufgeschüttet oder liegen als seichter Schuttschleier dem Anstehenden auf. Maximal erreichen sie Höhen von durchschnittlich 100 m. Die Hänge sind bedeckt mit sehr feinkörnigen Buntsandstein-Schutthalden, z.T. weisen die Schuttkegel blätterteigartige Oberflächenstrukturierungen auf.

Bei den Schuttkörpern sind Überprägungen durch Murgänge, Mur- und Wasserrinnen, wie wir sie als charakteristisch für die Schutthalden im NW-Karakorum vorgefunden haben, recht selten vorhanden. Dies hat seine Ursache zum einen in den geringen Höhen der Einzugsbereiche, die nicht einmal die Ausbildung perennierender – und vielleicht auch jahreszeitlicher – Schneeflecken erlauben und somit kein Schmelzwasser zur Schuttumlagerung zur Verfügung steht, zum anderen fehlt ihnen der notwendige tonige Feinmaterialanteil, wie er in moränischen Akkumulationen vorliegt und diese Überprägungen begünstigen. Dies bestätigt sich an den Moränen oberhalb von Chang, die rillenförmig zerschnitten sind (Photo 38).

Auch im Unterlauf des Martselang-Tals bestimmt die geologische Strukturierung der Talflanken die Schuttkörperformen. Hier stehen tertiäre Konglomerate an, die teilweise in bis zu über 2 m im Durchmesser erreichende Gesteinskugeln verwittern. Diese Konglomeratkugeln bilden entlang klar gezeichneter Schichtflächen zerstreute Schuttakkumulationen aus, wobei die größten Blöcke an der Haldenbasis lagern. In einer Höhe von 3385 m befindet sich auf der orogr. rechten Martselang-Talseite eine in die Basis der Schutthalden eingeschaltete kamesartige Aufschüttung, die zum einen durch den Fluß unterschnitten sowie zum anderen durch einen höher liegenden Bewässerungskanal angeschnitten wird. Sie korrespondiert von ihrer Höhenlage mit der beschriebenen Kamesbildung aus dem Stok-Tal. Das etwa 15 m hohe Aufschlußprofil zeigt größere Blöcke eingebettet in einer feinen Matrix. Weiter talabwärts ist das moränische Fundament, auf das die Schutthalden eingestellt sind, bereits von den Schuttabgängen zerstört bzw. mit in die Schutthalde einverleibt worden.

Was weiterhin an den hier ausgebildeten Schutthalden auffällt, ist, daß bei vielen zusammengesetzten Schutthalden die eigentliche Kegelform nicht vorhanden ist. Viel

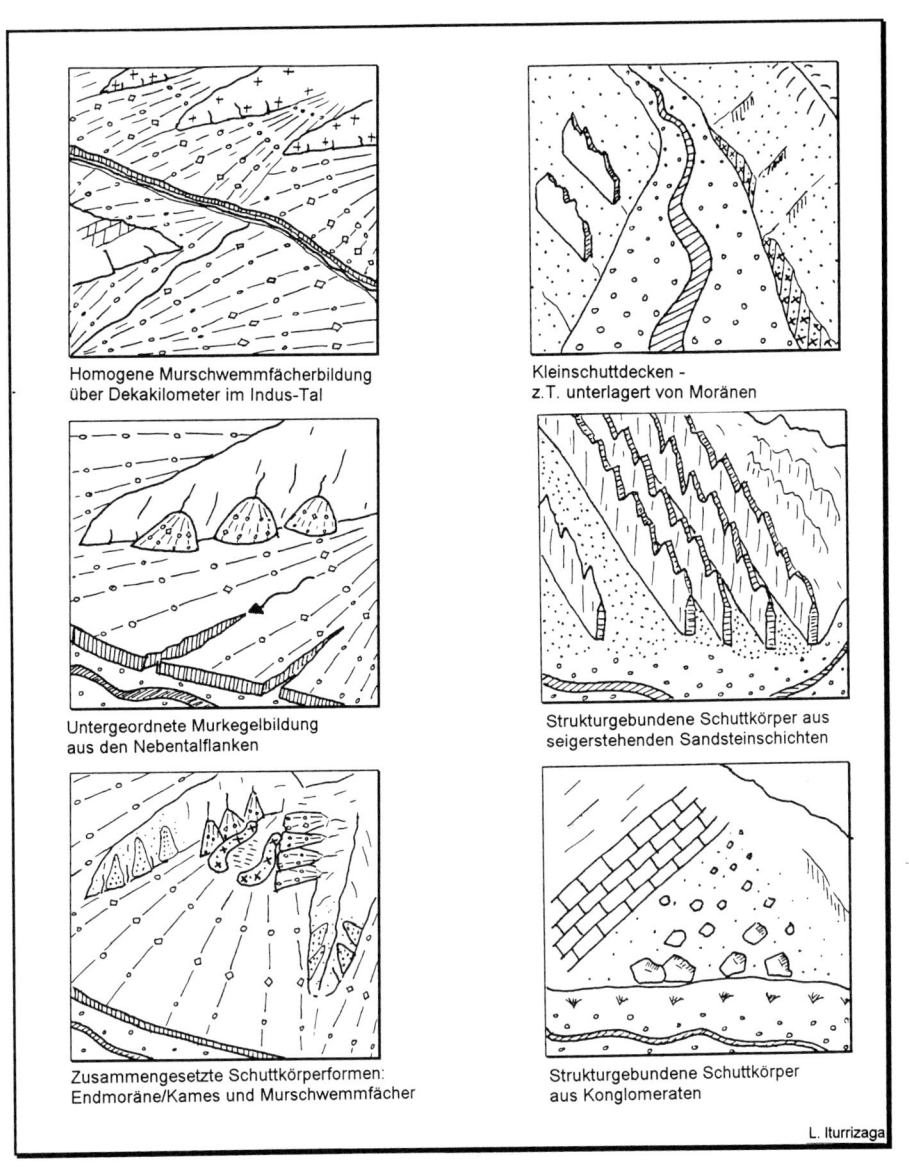

Abb. 25
Einige ausgewählte Schuttkörperformen im Ladakh- und Zanskar-Gebirge

mehr befinden sich die Hangpartien **im Übergang zu einem Schuttausgleichshang**, bei dem nur noch isoliert Felsrippen und -bastionen hervorlucken (Photo 39). Zum anderen wird das Gebirgsskelett eher sukzessive durch kleinere, aufgrund der geringen Reliefenergien kurzläufigen Schuttabgänge eingehüllt. Die Hangneigungen betragen auf beiden Talseiten etwa 34°.

Am Martselang-Talausgang ist ein komplex aufgebauter Murschwemmfächer aufgeschüttet. Seine Kegellängslinie besitzt eine Länge von etwa 1200-1500 m. Ineinanderschachtelte, kamesartige Schuttkomplexe werden durch tiefe, bis zu 30 m breite Erosionsfurchen zerschnitten. Kantengerundetes Gesteinsmaterial wechselt mit kantigem. Konglomeratartig bricht das verbackene Gesteinsmaterial an den Steilufern in Kugeln mit Durchmessern von 2–3 m heraus. Im distalen Bereich weist der fluviale Schuttkörper Neigungen von 8°, im mittleren Bereich zwischen 2–3° und zur Kegelwurzel hin wieder höhere Neigungswerte von bis zu 6–8° auf.

Die Einzugsbereiche der Schuttkörper im Martselang-Tal sind vornehmlich **nival oder fluvial** geprägt. Ab einer Basishöhe von 4000 m stehen die Schuttkörper im Einflußbereich perennierend nivaler Einzugsbereiche. Als Folge der geringen Reliefbeträge im Martselang-Tal sind Steilwandausbildungen sowie auch langläufige Steinschlagrunsen nicht vertreten. Auch finden wir keinen offensichtlichen Aufbau der Schuttkörper bedingt durch die glaziale Nachbruchdynamik. Vielmehr überwiegt der **allmähliche Schuttkörperaufbau** durch die Gesteinszerkleinerung durch physikalische Verwitterung. Monogenetische bzw. wenig komplex aufgebaute Schuttkörper beherrschen das Landschaftsbild. Beim überwiegenden Teil der Schuttkörper handelt es sich um **primäre Schuttkörper**, d.h. die Schuttlieferung stammt unmittelbar aus dem Anstehenden, womit sich das Untersuchungsgebiet grundlegend von den Hochgebirgsregionen im Hindukusch und NW-Karakorum unterscheidet. Die sekundäre Schuttkörperbildung läuft bei den moränischen Akkumulationen sehr verhalten ab. Auch sind im Martselang-Tal keine hochlagernden Moränen an den Talflanken erhalten. Die Buntsandstein-Schutthalden verwittern in sehr homogenen Korngrößen, so daß die Schuttkegel auch eine gleichmäßige vertikale Korngrößengradierung zeigen. Sie sind bestimmt durch kleinere Gesteinsgrößen. Andere Buntsandstein-Schutthalden weisen dagegen eine ausgeprägte Trennung von Blöcken an der Basis und feinerem Gesteinsmaterial im Restbereich der Schutthalde auf. Eine graduelle vertikale Abnahme der Korngröße ist dabei nicht zu verzeichnen. Die Schutthalden weisen eine Höhe von durchschnittlich 3–5 m auf. Die ariden Klimaverhältnisse erlauben im gesamten Martselang-Tal kein Baumwuchs. Distelartige Pflanzen sowie Artemisia-Büschel besiedeln die Schuttkörper. Die Kahlheit der Schutthalden ist nicht in erster Linie aktivitäts-bedingt, sondern klimatisch-bedingt.

Den Klimamessungen von DRONIA (1979) zufolge erstreckt sich der Frostwechselbereich zwischen 3000 und 6000m und ermöglicht damit die heutige Schuttlieferung. Die Schuttkörper sind vorwiegend talflanken-gebunden, d.h. sie erstrecken sich kaum entlang der Talsohle und liegen als ungeteilte Schuttkörper vor. Bei ähnlich ariden Klimabedingungen wie im NW-Karakorum, aber geringeren absoluten Reliefhöhen und -unterschieden erhalten wir in Ladakh zwar ein ebenfalls sehr hohes Schuttaufkommen, jedoch eine gänzlich **andere Verteilung des Schuttes**. Der Schutt, größtenteils Kleinschutt, kleidet den Gebirgskörper vornehmlich durch in situ-Verwitterungsprozesse ein. Die Sturzprozesse treten beim Aufbau der Schuttkörper in den Hintergrund. Beim Martselang-Tal tritt eine stark petrographisch-gesteuerte Schuttkörperbildung auf.

Der **hypsometrisch/zentral-periphere Wandel** der Schuttkörperformen geschieht sehr unauffällig. Im breiten Indus-Haupttal dominieren die ausladenden Mur- und Schwemmfächer (3500 m). In den angeschlossenen Nebentälern sind nur noch die hangverkleidenden Schuttkörperformen weitverbreitet. Ab einer Höhe von 4700 m setzt die offenkundige Sortierung des Schuttes durch Frostwechselprozesse ein. Abb. 25 stellt zusammenfassend ausgewählte Schuttkörperformen des Ladakh- und Zanskar-Gebirges vor.

VI. Ein Übergangsgebiet vom E-Karakorum zum W-Himalaya: Die Nun-Kun-N-Abdachung – Die schuttarmen vergletscherten Talschlüsse

1. Einführung

Das *Nun-Kun-Massiv*[26] (7135 m/7087 m) im westlichen Abschnitt der Zanskar-Kette, 150 km Luftlinie westlich von Leh bzw. knapp 200 km östlich vom Nanga Parbat (8125 m), leitet vom Ost-Karakorum zum Himalaya-Hauptkamm über (Abb. 1). Im Anschluß an die schuttkörperreichen Gebirgsmassive des Hindukusch und des Karakorum sowie der Zanskar- und Ladakh-Kette wartet die N-Abdachung des Nun-Kun-Massivs mit dem *mittleren Suru-Talabschnitt* mit einem sehr gemischten Schuttkörpervorkommen auf, das zwischen Schuttkörperarmut in den oberen Einzugsbereichen (Photo 44) und diversen Schuttkörperbildungen in den Tallagen variiert (Photo 45). Das Suru-Tal entwässert das Gebirgsmassiv zum Indus hin, wobei das Nun-Kun-Massiv nicht den Talschluß des Suru-Tals bildet, sondern ihm orogr. links zur Seite steht. Die Nun-Kun-Doppelgipfel überragen die Ladakh- und Zanskar-Kette um über 1000 m. Im Nun-Kun-Massiv ist eine glaziale Stufe mit mehreren Gletschern mit bis zu 10 km Länge ausgebildet[27], die größtenteils durch den Eisschwund charakterisiert sind und zurückgezogen und eingesunken in ihren Ufermoränenfassungen liegen. Die absoluten Reliefvertikaldistanzen bleiben mit einer maximalen Höhenspanne von 3500 m über lange Horizontaldistanzen für die Reliefverhältnisse Hochasiens moderat. Der in Betrachtung stehende Suru-Talboden verläuft in einer Höhe zwischen 3500 und 3300 m. Die Nebentalwurzeln auf der orogr. linken Suru-Talseite setzen in einer Höhe zwischen 4800 und 4600 m an bis sie in einer Höhe von etwa 4000 m über eine Konfluenzstufe in das Suru-Tal münden. Das Suru-Tal ist im Vergleich zum wüstenhaft-trockenen *Kargil* (2800 m) am Suru-Talausgang nahe dem Indus-Tal vom Niederschlag, der aus von S kommenden monsunalen Ausläufern stammt, bereits wesentlich begünstigt. Schätzungsweise beläuft sich die jährliche Niederschlagsmenge dieser alpin-trockenen Gebirgslandschaft auf 400–700 mm. Xerophytische Strauchvegetation besiedelt die Schuttkörper. Einheimische berichten von Wintertemperaturen um -20°C bis -30°C im mittleren Suru-Tal, welche für den kontinentalen Charakter des Gebirges sprechen. In der Tiefenlinie des Suru-Tals waren an einer Engstelle in einer Höhe von 3450 m im Monat Juli Lawinenschneebrücken erhalten. Im folgenden steht der Abschnitt des Suru-Tals zwischen *Tongul* (3290 m) und *Parkachik* (3490 m) auf der N-Abdachung des Nun-Kun-Massivs im Augenmerk der Untersuchung (Abb. 23).

Die Talanlage des Suru-Tals ist klassisch **trogtalförmig** ausgebildet (Photo 45). Deutlich zeigen die das Trogtal auskleidenden, mehrere hundert Meter hohen Moränenakkumulationen, insbesondere auf der orogr. linken Suru-Talseite zwischen Parkachik und Tongul, die Hinterlassenschaften einer ehemaligen Gletschereinfüllung des Suru-Tals. Die gletscherverfüllten Nebentäler auf der orogr. linken Talseite münden alle als Hängetäler über eine bis zu über 500 m hohe Konfluenzstufe in das Suru-Tal ein (Photo 45). An den Talausgängen finden sich gut überlieferte Endmoränenfassungen sowie Podestmoränen, die den Talboden okkupieren (Photo 45).

---

[26] Das Nun Kun-Massiv wird durch die etwa 5 km voneinander entfernt liegenden Gipfel *Nun* (7135 m/34°00'48"N/76°03'22"E) und dem etwas niedrigeren *Kun* (7077 m/33°58'56"N/76°01'31"E) gebildet. Sie werden auch als *Ser* oder *Nana* und *Mer* oder *Kana* bezeichnet (BURRARD & HAYDEN 1932: 14). Der mehr kuppelförmige Kun ist mit Eis verfirnt, der Nun zeigt sich als dunkler, pyramidenförmiger Felsgipfel (Photo 44).
[27] Für alle vier im Untersuchungsgebiet befindlichen Gletscher liegen unterschiedliche Namensgebungen in den sehr dürftigen Kartenwerken und Expeditionsberichten vor. Die hier verwandten Gletscherbezeichnungen wurden in Anlehnung an den Aufsatz von RÖTHLISBERGER (1986: 97–106) übernommen.

2. Die Schuttkörpervorkommen nahe der glazialen Einzugsbereiche im Suru-Tal

2.1 Der Parkachik-Gletscher und sein Schuttkörperumfeld

Der von N nach S abfließende, 10 km lange *Parkachik-Gletscher* (Photo 44) überfließt nach etwa 6 km Lauflänge die für das Suru-Tal typische Konfluenzstufe in Form eines Eisbruchgletschers und endet als potentiell talsperrender Gletscher auf der Suru-Talsohle. Nur wenige Dekameter fehlen zu einer Abriegelung des Suru-Tals. Noch zu Beginn dieses Jahrhunderts soll nach Aussagen von Dorfbewohnern des Suru-Tals der Gletscher bis an die orogr. rechte Suru-Talseite vorgestoßen sein. Beim Parkachik-Gletscher muß bei einem Vergleich mit den gletscherbegleitenden Schuttkörperformen der Karakorum-Gletscher nach dem Negativkriterium-Verfahren vorgegangen werden. Der Parkachik-Gletscher weist weder Ufertäler noch großzügige gletscherbegleitende Schuttakkumulationen auf (Photo 44). Nur in einem Ausraum hinter einem Felsvorsprung ist zwischen Gletscher und angrenzender Talflanke ein kurzes Ufertälchen mit einem See ausgebildet. Auch sind keine Moränenleisten ehemaliger Gletscherhochstände konserviert, so daß die sekundären Glazialschuttkegel nicht vorhanden sind. Der flache, spaltenarme und blankeisige Gletscherstrom wird im Mittellauf des Parkachik-Tals randlich von schmalen, d.h. einige Meter breiten und bis zu etwa einem Meter hohen Moränenwällen, gesäumt. In zwei bis drei Mittelmoränenwällen von bis zu etwa 5 m Breite tritt die Abführung des Schuttes aus dem Einzugsbereich oberflächlich in Erscheinung. Auch am Rand des Parkachik-Gletschers befinden sich streckenweise solche „Moränenbahnen", die aber nicht zu Ufermoränenwällen ausgebildet sind. Die Schuttkörper sind unmittelbar auf die Gletscheroberfläche eingestellt. Die Schuttlieferung der an den Gletscher angrenzenden nivalen Einzugsbereiche zeigt sich allerdings äußerst gering. So sind auf der orogr. linken Parkachik-Talseite so gut wie keine ausladenden Schuttkegel vorhanden (Photo 44). Diese Talflanke reicht im Mittellauf auch nur lediglich bis auf 4700 m hinauf und nimmt talabwärts kontinuierlich an Höhe ab, wo sie als ehemals vom Eis überflossener Gebirgskamm ausgebildet ist. Lediglich auf der orogr. rechten Parkachik-Talseite befindet sich ein vom Eis gekappter Schuttkegel, mit einer abgerundeten Steiluferkante von etwa 5–10m Höhe mit einem nivalen Einzugsgebiet, das auf knapp 5200–5400 m hinaufreicht. Die Gesteinsgrößensortierung ist gleichmäßig.

Die metamorphen, horizontal gelagerten anstehenden Gesteine der orogr. rechten Talflanke zeigen eine stark wellige Oberflächenformung[28]. Die in Längsrichtung verlaufenden, wannenförmigen Runsen innerhalb dieses Wellenmusters beherbergen kaum Schutt bzw. an ihren Ausgängen sind keine größeren Schuttkörper aufgeschüttet. Z.T. ist ein seichter, spitz-girlanden-förmiger gletscherbegleitender Schuttkörpersaum von einigen Metern Höhe ausgebildet. Der Schuttanfall im oberen gletscherverfüllten Parkachik-Tal ist ausgesprochen gering und das ganze Tal wirkt äußerst sauber. Keinerlei Hinterlassenschaften von Bergsturz- oder größeren Felssturzereignissen sind vorhanden. Auch an einer Lokalität, an der der Gletscher unmittelbar das Anstehende unterschneidet und die Felsflanke vom Gletscher zurückgestutzt wurde, findet sich keine größere Schuttakkumulation vor. Sie muß bereits vom Gletscher hinfort transportiert worden sein. In die Mittelmoränen sind teilweise größere Felsbrocken integriert.

---

[28] Zur Geologie des Suru-Tales sei auf die Arbeit von HONEGGER (1983) verwiesen. Die Permo-triadische Trennzone des Tethys Himalayas, bestehend aus einer Wechsellagerung von gebänderten Marmoren und Amphiboliten, wird überlagert von der Nun-Kun-Decke, die den Gipfelbildner des Nun-Kun-Massivs darstellt. Die permo-triadische Trennzone wird von einem Kristallin-Basement unterlagert.

2.2 Der Sentik-Gletscher und sein Schuttkörperumfeld

Der Talschluß des *Sentik-Tals* weist einen etwa 6000–6500 m hohen Einzugsbereich auf. Die Steilflanken dieses N-exponierten Talkessels sind mit Eisbruchgletschern und Eisbalkonen bedeckt. Der anstehende Fels tritt hier kaum zu Tage. Nur an einigen Steilstellen werden Felspartien vom Eis freigegeben. An der Basis dieser Steilstufen sind ansatzweise auch kleine Eislawinenkegel ausgebildet, während im restlichen Talkessel die hängenden Eismassen formlos in den Talgletscher übergehen. Auch beim Sentik-Gletscher gestaltet sich die Gletscheroberfläche auffallend schuttfrei. Lediglich im Saumbereich zwischen Gletscher und Talflanke konnten vereinzelte Gesteinsansammlungen mit kaum mehr als einem Dutzend größerer Einzelkomponenten verzeichnet werden. Das in einer Höhe von 4800 m beginnende Tal ist nur auf einem Abschnitt von etwa 1,5 km vergletschert. Der Sentik-Gletscher endet in einer Höhe von 4130 m in einer flach auslaufenden, blankeisigen Gletscherzunge ohne Anschluß an eine prägnante Endmoräne. Einzelne Endmoränenwallsequenzen sind etwas weiter talauswärts oberhalb der Konfluenzstufe erhalten. Das verbleibende Talgefäß gestaltet sich als Niedertaulandschaft eines ehemaligen Gletscherhochstandes. Seichte Moränenleisten von bis zu 30–50 m Höhe, die noch mit Eis durchsetzt sind, kleiden das trogtalförmige Sentik-Tal wannenförmig aus. Diese historischen Moränenleisten, an die hangaufwärts nivale Einzugsbereiche – mit dem *Tanak* bis zu 5810 m hoch – angeschlossen sind, wurden bislang nur wenig durch feuchte und trockene Massenbewegungen zerstört. So vermißt man auch in diesem Tal die typischen Sturzschuttkegel als gletscherbegleitende Schuttkörper der Hochlagen. Im Gegenzug dazu ist der Talboden mit glazialem Schutt gänzlich verfüllt. Die vorhandenen E-exponierten Schuttkegel sind mit Schneeflecken besetzt. Teilweise sind auf den Schuttkegeloberflächen muschelförmige Schuttwälle als Hinterlassenschaft nivaler Formung zu erkennen. Die hier anstehenden Gesteine der Bor Zash-Einheit (HONEGGER 1983: 49) bilden wie im Parkachik-Tal auch keine linienförmigen, sondern eher wannenförmige, dicht gescharte Runsen oder besser Trichter aus, die hier schneeverfüllt sind.

2.3 Der Tarangoz-Gletscher und zur zeitlichen Einordnung der Schuttkörper im Suru-Tal

Der ganz im W des Untersuchungsgebiets liegende *Tarangoz-Gletscher* endet unmittelbar oberhalb der zum Suru-Tal hinleitenden Konfluenzstufe. Entlang dieser Steilstufe ziehen gut erhaltene, bis zu 40 m hohe Seitenmoränenzüge bis zum Suru-Talboden hinab. Interessant ist nun für die Einordnung der hangialen Schuttkörper folgendes: Von RÖTHLISBERGER (1986: 100–103) werden diese Moränen sowie auch ähnliche Moränenzüge weiter talaufwärts bei Tongul vom Rantac-Gletscher als eiszeitlich mit einer Schneegrenzabsenkung von nur 400–500 m (RÖTHLISBERGER 1986: 135–136) eingeordnet. Sie sollen ein Alter von knapp 20 000 Jahren haben. Dieses hohe Alter erstaunt, da sich nun die Frage stellt, welches Alter denn dann erst die talhangverkleidenden Moränen zwischen Parkachik und Tongul auf der orogr. linken Suru-Talseite besitzen sollen sowie zu welcher Zeit der Umlaufberg auf der orogr. rechten Suru-Talseite vom Eis überflossen wurde. Legt man die glaziale Chronologie von RÖTHLISBERGER bei der Einordnung der hangialen Schuttkörper im Suru-Tal zugrunde, so hätten die Schutthalden ein Mindestalter von 20 000 Jahren. Von einer Hauptalvergletscherung ist bei RÖTHLISBERGER nicht die Rede, die längsten Gletscher sollten eine Länge von 20 km erreicht haben (RÖTHLISBERGER 1986: 135), wobei der Parkachik-Gletscher nach RÖTHLISBERGER bereits heute 14 km lang ist.

Der Frische der hangialen Schuttkörper und dem guten Erhaltungszustand der glazialen Schuttkörper nach zu urteilen, ergibt sich für die Verfasserin hier ein anderes Bild für die zeitliche Einordnung der Schuttkörper. Das Gletschervorfeld des Tarangoz-Gletschers zeigt sich in seinen Randbereichen ähnlich freigeputzt von hangialen Schuttkörpern wie das rezent-historische Gletschervorfeld des Sentik-Gletschers. Nur wenige Meter hohe Schutthalden vermochten sich seit der Deglaziation im Tarangoz-Gletschervorfeld auszubilden, während weiter talabwärts, an den länger eisfreien Talflanken bereits bis zu über hundert Meter hohe (Mur-)Schuttkegel aufgeschüttet sind. Die quer ins Suru-Tal hineinlaufenden Moränenfassungen sind ältestenfalls ins Spätglazial (s. Tab. 1) einzuordnen. Eiszeitlich war das Suru-Tal bis über 1000 m mit Eis verfüllt, was Erratika (KUHLE & KUHLE 1997: 121) in einer Höhe von 4200 m auf der orogr. linken Parkachik-Talseite belegen. Die Zerstörung des Umlaufberges setzte somit im oberen Teil nach der hochglazialen Deglaziation ein. Die Umwandlung der hangverkleidenden spätglazialen Moränen konnte erst im ausklingenden Spätglazial einsetzen. Die Schuttkörper im Suru-Tal entwickelten sich nach dem Spätglazial zur Gänze, teilweise, wie unterhalb des Parkachik-Gletschers, vermutlich erst im Neoglazial.

3. Ausgewählte Schuttkörperformen im Suru-Tal

Das glazial-ausgeformte Suru-Tal zeigt einen etwa 300–400 m breiten Talboden, der streckenweise von einer breiten Schottersohle, z.T. von moränischen Akkumulationen eingenommen wird. Des weiteren erstreckt sich im Talgrund ein linsen-förmiger, zweigeteilter, mehrere hundert Meter langer und etwa 150–200 m hoher **Rundhöcker**. Der Rundhöcker wird ringsherum sukzessive durch Steinschlagprozesse und größere Nachbrüche **aktuell zerstört**. Der Schutt formiert sich nicht kegelförmig, sondern bedeckt den Rundhöcker durchgängig als seichter Schuttschleier, aus dem vielerorts Felsrippen hervorlucken. Die heutigen linear-erosiven und gravitativen Prozesse zerstören die vorzeitliche glaziale Rundhöckerform. Auf dem Rücken des Rundhöckers ist die Restoberfläche des ursprünglichen Rundhöckers plattenförmig erhalten. Sie tritt in Form einer aufgesetzten, teilweise blätterartig-zerfallenden Gesteinsschicht in Erscheinung, die eine Vorstellung für die Rückverlegung des Rundhöckers gibt. Danach müßten im oberen Bereich des Rundhöckers bereits bis zu über 1 m der ursprünglichen Rundhöckeroberfläche abgetragen sein. Die orogr. rechte Suru-Talseite zeigt sich als nur etwa 800–1000 m hoher Gebirgskammausläufer, einem Umlaufberg, ebenfalls eisüberflossen und wirkt wie ein größeres Abbild des Rundhöckers auf dem Talgrund (Photo 45). Sein Einzugsbereich verläuft unterhalb der Schneegrenze. Auch hier sind zum Teil flächendeckend unkonsolidierte Schuttkegel sowie vereinzelt Murschuttkegel anzutreffen. Besonders interessant für die Schuttkörperbildung sind die niedrigen Einzugsbereiche, d.h. Talflanken, deren maximale Höhen unterhalb der Schneegrenze liegen. An ihnen läßt sich nämlich ein Nachweis für die Genese der Schutthalden führen. Ein Beispiel dafür bietet der in Rede stehende Umlaufberg, dessen Hänge von bis zu mehrere hundert Meter hohen Schutthalden mit einem fluvialen bzw. saisonal u.U. nivalen Einzugsbereich gesäumt werden, während in den Hochlagen die gletscherbegleitenden Schutthalden wie am Parkachik-Gletscher nur sehr spärlich ausgebildet sind. Diese Verteilung der Schutthalden spricht dafür, daß sie nicht primär klima-gebunden sind, sondern auch auf die **Nachbruchdynamik, initiiert durch die eiszeitliche und spätglaziale Vergletscherung**, zurückzuführen sind. An vielen Beispiellokalitäten sind im Suru-Tal gerundete Felsoberflächen erhalten, die unterhalb ihrer Gipfelkuppe in mehr oder weniger grobblockigen Abbrüchen nachstürzen und die glaziale Felsformung zerstören. Besonders augenfällig ist dies an der Suru-talabwärts zugewandten Seite eines Felsriegels (3500–3600 m) zu beobachten, der unmittelbar talabwärts des Parkachik-Gletschers gegen das Suru-Tal vorspringt und der unterhalb seiner Gipfelkuppe grobblockig nachbricht. Im Suru-Tal finden wir demnach die **inverse Höhenverteilung der trockenen Schutthalden**, wie sie ansonsten in semi-ariden vergletscherten Gebirgen auftritt, nämlich eine Zunahme des Anteiles der unkonsolidierten Schuttkörper nach unten hin.

Oberhalb von Parkachik sind einige Murschuttkegel mit nivalem Einzugsgebiet ausgebildet. Viele der Murschuttkegel im Suru-Tal weisen in ihrem distalen Bereich, d.h. in etwa im unteren Viertel der Schuttkörper, eine auffällige Abweichung der ansonsten ausgeglichenen Kegeloberfläche auf: An der Basis tritt eine Steilkante aus der Kegeloberfläche hervor, die sich dann in konvexer Wölbung mit der Kegeloberfläche vereint. Der herausragende Sedimentkörper wurde bereits durch Massenbewegungsprozesse der generellen Neigungstendenz der Kegeloberfläche angepaßt. Feuchte Massenbewegungen haben die Steilkante linienhaft aufgelöst, so daß hier eine pfotenförmige Gestalt der Kegelbasis wiederzufinden ist. Teilweise sind die Erosionsfurchen canyonartig bis zu mehrere Meter Breite in den distalen Kegelleib hineingeschnitten. Wenn es sich bei der hervortretenden Sedimentform in dem Schuttkegel um eine aus dem Hang aufgeschüttete Schuttkörperform handeln sollte, müßte diese genetisch von der Hauptschuttkegelaufschüttung getrennt werden. Die Steilkante verlangt zu ihrer Entstehung nach unterschneidenden Prozeßabläufen. D.h. ein ehemals an der Basis mächtiger Schuttkegel oder vielmehr ein Murkegel, der in geomorphologischer Hinsicht zur Ruhe gekommen ist, müßte durch fluviale Prozesse seitens der Schottersohle unterschnitten worden sein. Eine erneute Schuttzufuhr beginnt den alten Schuttkörper zu überdecken, die fluvialen Aktivitäten treten zurück. Es handelt sich um eine polyphasige Entstehungsgeschichte dieser Schuttbildung. Eine denkbare Alternative zu diesem skizzierten Entstehungsablauf wäre die Erklärung der Steilkante durch die Schüttung des Schuttmaterials gegen den ehemals vorgerückten Parkachik-Gletscher, also in Form einer Kamesbildung, die nach dem Rückzug des Gletschers durch die jetzt verstärkt einsetzende Schuttzufuhr übermantelt wird. Dieser Gedanke ist in diesem Beispiel von daher gut nachvollziehbar, als daß die rezente Parkachik-Gletscherzunge nur wenige hundert Meter talaufwärts zu Ende kommt.

Blickt man von einem hochgelegenen Überblicksstandort Suru-talabwärts, so fällt auf, daß die talhangverkleidenden Schuttkörper insbesondere auf der orogr. linken Suru-Talseite, im distalen Bereich alle mit einer konvexen Wölbung abschließen und nicht wie üblich, mit einem gestreckten oder konkav auslaufenden Kegelfuß. Bei diesen Schuttkörpern handelt es sich nicht um Hangschuttkörper, sondern um moränische Ablagerungen. Dies wird besonders daran erkenntlich, daß sie aktuell von ihrem Einzugsgebiet kegelförmig zerschnitten werden wohlgemerkt, die Kegelform wird aus den moränischen Ablagerungen durch die fluviale Zerschneidung erst **nachträglich** aus einer durchgehenden Schuttoberfläche herausmodelliert. Typisch für die seitlichen Begrenzungen dieser Moränenkegel sind die feilenförmigen, zackenförmig aneinandergereihten Erosionsanrisse, die sich in hellbrauner Farbe deutlich von den vegetationsbedeckten Steilkanten abheben. Der Suru-Fluß unterschneidet die distalen Moränenkegel und das Aufschlußprofil zeigt die für Moränen charakteristische Zusammensetzung von grob gerundeten Blöcken in feiner Matrix. Der im Talgrund konservierte Lawinenschnee weist auf die Überprägung der Schuttkörper durch Lawinenabgänge hin.

Weiter talabwärts, zwischen den quer ins Suru-Tal abgelagerten Endmoränen des Rantac- und des Tarangoz-Gletschers, sind auf der orogr. linken Suru-Talseite noch die bis zu 300–400 m an Höhe erreichenden Murschuttkegel erwähnenswert. Sie zeigen formal keinen Hinweis auf eine glaziale Genese. Sie weisen eine vertikale Gradierung nach der Gesteinsgröße auf. Bis zu tischgroße Blöcke säumen die Kegelenden.

4. Zur zeitlichen Einordnung der Schuttkörper im mittleren Suru-Tal

Von RÖTHLISBERGER (1986: 97–106) liegen Altersdatierungen für einige Moränen im Suru-Tal vor sowie eine Chronologie der Gletscherstände. Im Kapitel B.VI.2.3 über den

Tarangoz-Gletscher wurde bereits Stellung zur zeitlichen Einordnung der Schuttkörper im Suru-Tal bezogen. RÖTHLISBERGER (1986) postuliert eine ungestörte Bodenbildung über 10 000 Jahre an der Eisrandlage bei Tongul (3290 m) vor 19 500 (+/- 1500) und einen letzteiszeitlichen Gletschervorstoß des Rantac-Gletschers, einem Nachbargletscher des Sentik-Gletschers, nach diesem Zeitpunkt. Die Steilheit des Reliefs führt RÖTHLISBERGER bei einer Schneegrenzabsenkung als Ungunstkriterium für eine größere Vergletscherungsausdehnung an, d.h. es steht potentiell zu wenig Nährgebietsfläche zur Verfügung. Dieses Argument scheint nicht ganz einleuchtend, da bereits aktuell der Parkachik-Gletscher den Suru-Talboden in einer Höhe von 3500 m erreicht. Auf der orogr. rechten Parkachik-Talseite belegen die o.g. Erratika in einer Höhe von 4200 m eine hochglaziale Vergletscherung mit einer Mindestmächtigkeit von 1000 m. Ebenfalls weisen die beschriebenen Rundhöcker und Moränenleisten auf eine mächtige Eisverfüllung des Suru-Tals hin.

5. Zusammenfassung für die Schuttkörpervorkommen im Nun-Kun-Massiv

Mit dem Suru-Tal und der Nun-Kun-N-Abdachung im westlichen Zanskar-Gebirge wurde ein Gebirgsabschnitt vorgestellt, der sich in seinen oberen glazialen Einzugsbereichen **arm an rein hangialen Schuttkörpern** zeigt. Bei den mächtigen Flankenvereisungen der Gipfelpyramiden fehlen die notwendigen Reliefenergien sowie das Vorhandensein noch eisfreier Felsflächen zu einer produktiven Schuttlieferung. Auch die gletscherbegleitenden Talflanken bleiben mit einer Höhe zwischen 5800–5000 m bei einem Talbodenniveau bei durchschnittlich zwischen 4600–4100 m relativ niedrig und unvergletschert, so daß auch die ansonsten typischen Gletscherabbrüche und Gletschermuren der Ufermoränentäler nicht präsent sind. Des weiteren stehen auf der Nun-Kun-N-Abdachung sehr resistente metamorphe Gesteine an (z.B. Marmore, Amphibolite, Hornfels, Quarzite, Gneise), die unter den gegebenen klimatischen Verhältnissen nur gering schuttproduktiv sind. Zugleich finden wir im tiefer gelegenen Suru-Tal im Bereich der unteren Kristallindecke trockene Schutthalden, die implizieren, daß die Schutthaldenbildung durch die eiszeitliche Instabilisierung der Talflanken hier forciert abläuft.

Im Nun-Kun-Massiv besitzen die meisten Schuttkörper nivale und fluviale Einzugsgebiete. Die gletscherbegleitenden Schuttkörper am Sentik- sowie am Parkachik-Gletscher sind z.T. mit Eis unterlegt. Die Schuttproduktion durch Lawinenabgänge dürfte bei den geringen Reliefvertikaldistanzen, vor allem im Suru-Tal, nicht bedeutend sein. In einer Höhe zwischen 3500 und 3200 m – das ist der untersuchte Abschnitt des Suru-Tals – sind Sturzschutthalden ausgebildet, die teilweise gar nicht und teilweise nur sehr spärlich mit Vegetation besetzt sind. Die Moränenkegel dagegen wurden von einem mattenartigen Vegetationsbesatz bis in eine Höhe von etwa 4000 m eingenommen. Sekundäre Sturzschuttkörper aus moränischem Material sind selten. Vielmehr handelt es sich um polygenetisch entstandene Mischformen aus glazialer und hangialer Schuttzulieferung, die heute durch die fluvialen Prozesse geformt und immer mehr vermengt werden. Fast alle Murschuttkegel zeigen eine starke Überprägung durch fluviale Prozesse. Da die Talausgänge alle mit Gletschern plombiert sind oder sich Moränen sowie glaziofluviale Terrassen unterhalb der Konfluenzstufe anschließen, tritt die reine Mur- und Schwemmkegelbildung im Suru-Tal in den Hintergrund. Weiter talabwärts in der Talkammer von *Panikhar* (3240 m) finden wir ausladende, sich frei entfaltende Murschuttkegel, teilweise mit moränischem Fundament.

Aufgrund der immer noch vergleichsweise geringen absoluten Höhen im Suru-Tal finden wir nur sehr wenig Schuttkörper vor, die sich im Schneegrenzsaum befinden. Der Großteil der Schuttkörper ist weit **unterhalb der Schneegrenze** angesiedelt. Am Suru-Tal wird sehr deutlich, daß die heutigen Prozesse, die die Schuttkörper bilden, das vorzeitliche, glazial herausgearbeitete Relief zerstören. Wie am Beispiel der Schuttablagerun-

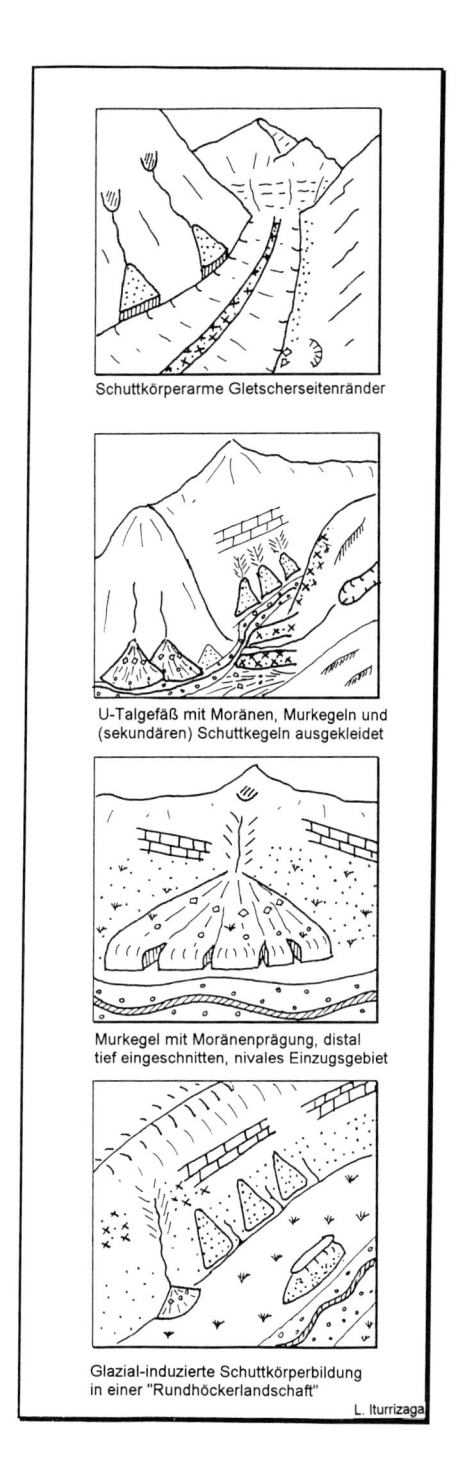

Abb. 26
Einige exemplarische Schuttkörpervorkommen im Nun-Kun-Gebiet (W-Himalaya)

gen des Suru-Tals erläutert, ist das Merkmal glazialer Sedimentationsformen zumeist, daß sie unvermittelt aus der geometrischen Fallinie des Hanges hervortreten. Eine Genese des Schuttkörpers aus dem Anstehenden ist somit nicht nachvollziehbar. Besonders erkenntlich werden die glazialen Schuttkörperformen erst durch ihre Art der Auflösung.

6. Schuttkörpervorkommen zwischen Leh und Manali (More Plains 4500 m)

Um in das nächste Untersuchungsgebiet im W-Himalaya, das Kamet-Nanda-Devi-Massiv zu gelangen, wurde der 476 km lange *Leh-Manali-Highway* eingeschlagen (Abb. 27) Hierbei wurden die *Pir-Panjal-Berge*, der *Hohe Himalaya* sowie das *Zanskar-Gebirge* gequert. Nur von Mitte Juli bis Anfang Oktober ist diese Strecke, die vier Pässe, davon zwei über 5000 m quert, passierbar. Das *Rong-Tal* (auch *Gya Chu-Tal*), das bei *Upshi* (3400 m) in den Indus entwässert und nach *Manali* hinleitet, ähnelt dem westlich parallel verlaufenden Martselang-Tal, allerdings ist die Talanlage im Unterlauf des Rong-Tals schluchtförmiger ausgebildet. Im unteren Bereich des Rong-Tals herrschen **strukturgebundene Schuttkörper** der anstehenden Konglomerate und Buntsandsteine vor. Weiter talaufwärts, wo sich das Tal langsam verbreitert, sind mehrphasige, ineinandergeschaltete, z.T. kamesartige **Murschwemmkegel** ausgebildet.

Im Gegensatz zum Martselang-Tal, sind im Rong-Tal die Talflanken ab einer Höhe von 3500 m streckenweise über mehrere hundert Meter mit Grundmoränenmaterial verkleidet, die in Erdpyramiden aufgelöst sind und das Hanggeschehen dominieren. Die moränischen Akkumulationen setzen sich talaufwärts fort und klingen höhenwärts langsam aus. Etwas mehr als 50 km SE-lich von Upshi erreicht man den *Taglang La* (5328 m), wo – in SE-liche Richtung geblickt – der **tibetische Landschaftscharakter** mit rund geformten, weitläufigen Gebirgszügen sich ankündigt. Hier ist das Anstehende – vornehmlich Kalke – gänzlich mit **Solifluktions- und einfachen Schuttdecken** verkleidet, die die typischen Steinstreifenmuster aufweisen. Der Niederschlag dürfte in diesem Gebiet nur wenige 100 mm betragen. Firnkappen, perennierende Schneeflecken und Nivationsleisten sind erst ab einer Höhe von über 5500 m zu verzeichnen. Es liegt eines der wenigen Untersuchungsgebiete vor, in denen die **Schuttkörperobergrenze lokal nicht erreicht** wird (vgl. Photo 43). Die unvergletscherten Gebirgskämme sind teilweise bis zur Gipfelregion mit Schutt bedeckt, was nur durch die geringen Reliefneigungen, d.h. insbesondere durch das Fehlen von Gipfelwandpartien gewährleistet ist. Die hohe Schneegrenze bei etwa 5800–5900 m gibt das Relief vollständig für die Schuttkörperbildungen frei.

Südlich des Taglang La schließen sich nun in einer Höhe von 4500-4600 m die *More Plains* an, ein 54 km breites Hochplateau (Photo 43). Hier finden wir, in einem 3–7 km breiten, topfebenen Hochtal, optimale Bedingungen zur **Schwemmfächerbildung bei freien Entfaltungsmöglichkeiten**. Ein interessanter Punkt an den Hochplateaus ist, daß sie beim Absinken der Schneegrenze auf Plateauhöhe flächendeckend vergletschern bzw. zum Nährgebiet werden und sich auch entsprechend die glazialen Ablagerungen anders gestalten als in den vorgestellten reliefbetonten Talschaften. Auf dem Hochplateau dominieren die **Grundmoräneneinfüllungen** den Talboden (s. KUHLE 1994, 1996b zum Tibet-Plateau). Die Schwemmfächer der angrenzenden Gebirgsgruppen des Hochtals im Zanskar-Gebirge gehen **übergangslos** in diese eiszeitlichen Grundmoränenvorkommen über. An einigen Talausgängen in E-Exposition konnten Kamesbildungen beobachtet werden. Die Schwemmfächer mit Kegellängsmantelerstreckungen von mehreren Kilometern besitzen sehr geringe Neigungswerte, die im distalen Bereich bei 1° liegen. In den Kegelwurzelbereichen können die Schwemmfächer durch nival induzierte Murabgänge überprägt sein. Sturzschuttkegel sind – wenn überhaupt – nur vereinzelt an den Talausgängen der dem Plateau aufgesetzten Gebirgsgruppen vorzufinden.

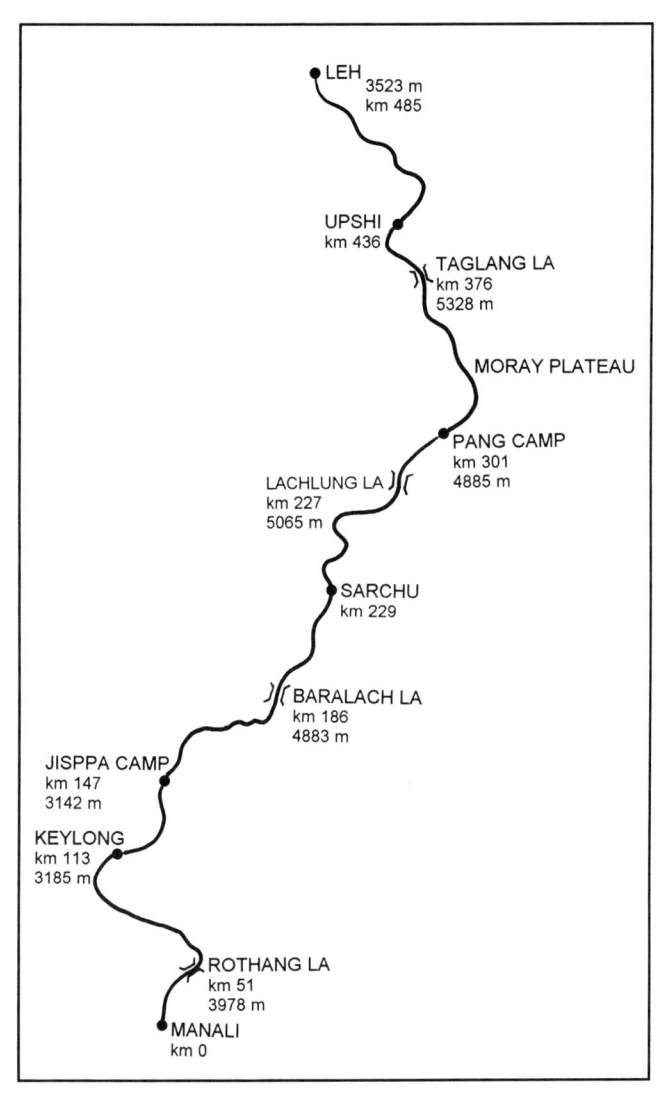

Abb. 27
Übersichtsskizze über die Route Leh-Manali

Die maximalen Höhenunterschiede betragen etwa 1500 m und das über eine Horizontaldistanz von mehreren Dekakilometern. Die den Hochtalboden einfassenden Gebirgsgruppen erreichen Höhen zwischen 5800-6000 m. Je höher die Schuttdepositionsfläche liegt, wie bei den Hochplateaus, desto geringer fällt aufgrund der kleineren vorhandenen Reliefenergie der Einfluß von hochdynamischen Massenverlagerungsprozessen aus, wie z.B. die stark schuttproduzierende Lawinenbeteiligung am Aufbau der Schuttkörper. Die Depositionsfläche überwiegt in den More Plains die schuttliefernden Einzugsbereichsflächen. Auf dem Hochplateau ist auch ein Salzsee ausgebildet, der die hohe Aridität des Gebietes widerspiegelt. Bei den More Plains ist der karge Bewuchs der Schuttkörper eindeutig klimatisch-bedingt und nicht aktivitäts-bedingt. Allgemein gesprochen ist der Aufbau der Schuttkörper in dieser reliefarmen Hochgebirgsregion wenig komplex. Die Gebirgsgruppen werden hauptsächlich von in situ verwittertem Primärschutt eingekleidet. Bei den Schwemmfächern ergibt sich die bereits erwähnte Verzahnung von fluvialem Gesteinsmaterial mit Grundmoränenmaterial. Dieser Schuttkörpertyp dominiert die Hochplateaubereiche und kann als **Grundmoränenschwemmfächer** bezeichnet werden. Die Schwemmfächer verlaufen in ihren zentralen und distalen Teilen mit den seitlich benachbarten Schwemmfächern sowie auch mit denen der gegenüberliegenden Talseite. Eine Abgrenzung des einzelnen Schwemmfächerindividuums ist nicht mehr möglich. Das Grundmoränenmaterial verbindet sozusagen die einzelnen Schwemmfächer.

Am SE-lichen Rand des Hochtalbodens, talabwärts von *Pang*, sind sekundäre Schuttkörperformen aus Schotterablagerungen, die bis zu mehrere Dekameter Mächtigkeit besitzen, zu beobachten, die z.T. durch Abtragunsgsprozesse wie Erdpyramiden obeliskenförmig herausmodelliert werden. Der Wasserhaushalt dieser Schotterkörper ist so ungünstig, daß hier kaum noch Pflanzen zu siedeln vermögen.

Die weitläufigen Schwemmfächer sowie auch die mächtigen Schotterserien erinnern an die Schuttkörpervorkommen im nördlich gelegenen *Chuja-Becken* (2200 m) des *Altai-Gebirges* (49-51°N/87-89°E) in S-Sibirien. Hier reichen die Einzugsbereiche der Beckeneinfassenden Gebirgsgruppen „nur" auf knapp über 4000 m hinauf (*Belucha* 4506 m), besitzen aber bei humiderem Klima alpine Vergletscherungen.

Etwa 50 km vor *Manali* (3000 m) überwindet man den letzten Paß, den *Rothang La* (3978m). Dieser 4000-m-Paß agiert bereits als merkliche Wetterscheide. Der SW-Monsun hat sich an der S-Abdachung des Himalaya schon zu einem großen Teil abgeregnet, weiter nördlich erhalten die Gebirgsgebiete wesentlich weniger Niederschlag. Während südlich des Passes die Landschaft an die Schweizer Alpen erinnert, wirkt das Kulu- sowie das Lahaul-Tal mit ihrer Grasbüschelvegetation sehr trocken.

VII. Die mäßig schuttbedeckten Hochgebirgsgebiete des humiden Kumaon-/Garhwal-Himalaya (Trisul/Nanda-Devi- und Kamet-Massiv) mit lokal extremen Reliefenergien

Mit dem folgendem Untersuchungsgebiet wird nun der endgültige Übergang vom Schuttkörperformenschatz der ariden bis semi-ariden Hochgebirgsregionen zu dem des stark monsunal geprägten W-Himalaya vollzogen. Von Interesse wird u.a. sein, inwieweit die Schuttkörperformen des Hindukusch und Karakorum, die beide ähnliche Schuttkörperformationen aufweisen, im W-Himalaya wiederzufinden sind bzw. welche Modifikationen sie aufweisen.

1. Zur Landschaftssituation im Kumaon-Himalaya

Der hier zu behandelnde Abschnitt des Himalaya-Gebirges liegt zwischen 30°10'N–31°00'N und 79°10'–80°00'E und bildet somit nach der Gebirgseinteilung nach GANSSER (1964: 80) einen Ausschnitt des Kumaon-Himalaya. Die Untersuchungsgebiete des Kumaon-Himalaya liegen 500 km östlich vom vorhergehenden Arbeitsgebiet des Nun-Kun-Gebiets. Bei den näher zu untersuchenden Talschaften handelt es sich um das *Alaknanda-Haupttal* und vier ausgewählte Nebentäler, das *Nilkanth-, Hathi Parbat-, Nandakini-* und *Rishi-Tal*. Der *Kumaon-Himalaya* steht im Übergang vom West- zum Zentral-Himalaya. Berge, wie der *Nanda Devi* (7816 m), der höchste Berg Indiens, *Trisul* (7120 m), *Kamet* (7756 m), *Mana Peak* (7272 m), *Satopanth* (7075 m) und der *Chaukhamba* (7138 m) zählen mit zu den höchsten Einzugsbereichen. Das Hauptstreichen des Hohen Himalaya-Gebirgszuges verläuft vom Kamet über den Mana Peak sowie dem Nanda Devi als äußerstem Gipfelpfeiler in N/S-Richtung, während die anschließenden Hauptkettenzüge (*Panwali Doar* (6663 m) – *Trisul II* (6690 m) – *Nanda Ghunti* (6309 m) bzw. *Jatropani* (4071 m)) in W/E-liche Richtung umschwenken. Der Kumaon-Himalaya zeichnet sich durch **lokal extreme Reliefenergien** aus, allerdings im Vergleich zum NW-Karakorum oftmals über eher **kürzere Vertikaldistanzen**. Zwischen dem in N/S-Richtung verlaufenden Kamet-Mana-Peak-Hathi-Parbat-Gebirgskamm im E und dem Satopanth-Chaukhamba-Gebirgskamm, die in einer Entfernung von etwa 35 km liegen und Gipfelhöhen von über 7000 m aufweisen, schneidet sich der Alaknanda-Fluß in *Badrinath* bis auf 3120 m ein. Der Alaknanda-Fluß, der in seinem Ursprungstal vom *Satopanth-Gletscher* sowie vom *Bhagirath Kharah Bamak-Gletscher* gespeist wird, behauptet sich als Hauptentwässerer dieser Gebirgsregion. Neben dem Bhagirathi-Fluß, der vom Gangotri-Gletscher ausgeht, stellt er den Hauptquellfluß des Ganges dar.

Die W-Seite der Kamet-Abdachung fällt von 7756 m über eine Horizontaldistanz von 12 km auf 3996 m bei *Ghastoli* ab. Mit die höchsten Reliefbeträge treten an der Dunagiri-W-Seite auf. Vom 7066 m hohen *Dunagiri* schneidet sich das Tolma Gad-Tal über eine Horizontaldistanz von nur 11 km auf eine Höhe von 2161 m bei *Surajthota* ein. Ein Reliefbetrag von knapp 5000 m mit einer mittleren Hangneigung von 25° wird hier überwunden.

Im Gegensatz zu den weitläufig angelegten, klar strukturierten Talschaften im NW-Karakorum – wie beispielsweise das über 60 km geradlinige verlaufende Shimshal-Tal – ist hier ein **gedrängt verdichtetes, dendritisch angelegtes Talnetz** vorzufinden. Kurz angeschlossene Talkammern sind um die Durchbruchsschlucht des Alaknanda- und Dhauli-Ganga-Tals geschart. Die mit zahlreichen Gefällsstufen versehenen Talverläufe sprechen für die **Jugendlichkeit** dieser **antezedenten Flußläufe**. Die für die regionalen Gebirgsabschnitte typischen Talkonfiguration bestimmen die Schuttkörperverteilung insbesondere im zentral-peripheren Wandel.

Das **rezente Vergletscherungsbild** des Kumaon-Himalaya zeigt sich flächenmäßig **zerrissen**. Die Gletscherlängen rangieren zwischen 3 und 15 km. Zu den längsten Gletschern rechnet der *Bhagirath-Kharak-Gletscher* mit 15 km. Er mißt damit nur knapp ein Drittel der Länge des Batura-Gletschers. Bei der Mehrzahl der Gletscher handelt es sich um dem Felsgehänge mehr oder weniger steil aufsitzende Gletscher, wie Hängegletscher oder Simsvergletscherungen, die das Talbodenniveau des übergeordneten Tals nicht erreichen. Häufig aus Eisbruchgletschern hervorgehende Talgletscher von einigen Kilometern Länge bilden lappenförmige, flach abfallende Zungen aus (Photo 51). Die im Zehrgebiet etwas längeren Eisbruchgletscher (Photo 49) sind gemäß ihrer Ernährung aus zahlreichen Lawinensträngen **stark verschuttet** und enden in einer für diese Gletscher typischen steil abfallenden, blanken Gletscherzunge. Da ein Großteil der Gletscherfläche nur geringfügige Ausmaße im Bereich des Nährgebietes aufweist und sich damit viele Gletschereisakkumulationen **oberhalb der Schneegrenze** befinden, sind gletscherbegleitende Schuttkörper nur in sehr begrenztem Umfange vorhanden. Vielmehr handelt es sich um **gletscherabwärts anknüpfende Schuttkörperformen**, die durch den **geringen Schmelzwasseranfall** nur **wenig überformt** sind.

Während des Hochglazials war das Relief des Kumaon-Himalaya mit dekakilometerlangen Talgletschern verfüllt. Eine ausgedehnte **pleistozäne Vergletscherung** im Kumaon-Himalaya, die mit ihren Endmoränen bis auf eine **Talbodenhöhe von 1000 m** hinunterreichte, wird von NAND et al. (1989: 22–30) postuliert[29]. Große Erratikablöcke befinden sich u.a. nahe *Joshimath* (1800 m). Die niederen Himalayaketten sind großflächig bedeckt mit moränischem Material (NAND et al. 1989: 23). Gletschermächtigkeiten werden mit 600-900 m veranschlagt (ebd. 1989: 30). Neuere Geländebefunde von KUHLE (1995) zeigten eine hocheiszeitliche Eisrandlage in einer Höhe von 1100 m im Alaknanda-Tal nahe der Siedlung *Pipalkoti*[30]. Perfekt überlieferte **Trogtäler** mit **schluchtartigen Tiefenlinienbereichen** bis in die Höhenlage von 1400 m hinab bestimmen die Talgefäßgestaltung der Haupt- und Nebentäler und damit auch die Schuttkörperentwicklung in Form **basaler Schutthaldenrampen**. Die vorherrschende Talgefäßenge steht der **Schwemmfächerbildung** in vielen Talverläufen **ungünstig** gegenüber. Lediglich Gleithanglagen erlauben schmale Terrassenpositionen, auf die Schuttkegel und -halden eingestellt sind. **Geschlossene Wandpartien ohne Runsennetzwerk**, die sich vorwiegend aus Gneisen und Graniten zusammensetzen (GANSSER 1964: 108-115), sind typisch für die Talverläufe zwischen 1500-3000 m.

Die ausgewählten Gebirgsmassive des Kumaon-Himalaya liegen in der unmittelbaren Einflußsphäre des **SW-Monsuns**. Der reichliche Niederschlag sorgt für einen üppigen Vegetationsbewuchs, der die Schuttkörper fast lückenlos bis in eine Höhe von 3500 m überzieht. Das in den W/E-lich streichenden, S-exponierten Gebirgskamm einbezogene Trisulgebiet ist auf der **Himalaya-Luv-Seite** den regenbringenden Monsunwinden in voller Blöße ausgesetzt. Bereits wenige Dekakilometer weiter nordöstlich, auf der **Lee-Seite des Hohen Himalaya**, nimmt der Niederschlag im Gebiet der Dunagiri-N-Abdachung merklich ab (KHACHER 1979: 173). In dieser Zeit wurde das Untersuchungsgebiet von Ende August bis zum 15.09.1993 in allen durchgangenen Höhenlagen von ergiebigen Niederschlägen erfaßt. Diesbezüglich ergaben die Geländebeobachtungen im Trisul-Basislager in einer Höhe von 4150 m, daß – obwohl die eigentlichen Niederschläge, die

---

[29] Zur Vergletscherungssituation schreiben NAND et al. (1989: 23): *„During the Pleistocene Age, vast areas of Garhwal experienced glaciation. Everywhere there is clear evidence of extensive glaciation of the mountains up to the altitude of 1800 m while glacial drift and terminal moraines extend down even to altitudes of 1400 m, covering hill sides and valley floors. The sudden and widespread extinction of Siwalik mammals is attributed to the intense cold of the Ice Age. Accumulations of moraine debris are seen on the tops of sides of many of the ranges of the Lesser Himalaya, which do not support glaciers at the present time. Huge erratic boulders are found at Sukkhi and Joshimath (at about 1800 m). Ancient recessional and lateral moraines are seen before the snouts of the existing glaciers. It is believed that Pleistocene glaciers descended up to 1000 m in Himalaya."*

[30] Zur Vergletscherung des NW-Garhwal-Himalaya s. SHARMA & OWEN (1996).

aus der Monsunströmung resultierten, bereits vorüber waren -, immer wieder neue Quellbewölkung am frühen Vormittag aus dem engen Nandakini-Tal hinaufgetrieben wurde. Die Bewölkung breitete sich in den Talkesseln aus und spätestens gegen Mittag waren stundenweise Niederschlagsereignisse zu verzeichnen. Die **in dem subtropischen Bergregenwald gespeicherte Feuchtigkeit** wurde mit der durch die morgendliche Erwärmung entstehenden Verdunstung und Konvektionsbewölkung herausgekämmt. Schneefall von einigen Dekazentimetern konnte ab einer Höhe von 4600 m beobachtet werden. Auf den Schutthalden blieb der Schnee ab einer Höhe von 4800–4900 m liegen. Der Monsunregen setzt in der Regel Ende Juni ein (KHACHER 1979: 193). Das in dem Kartenwerk „Survey of India, Trekking Map Series, Badari-Kedar" enthaltene Klimadiagramm von der Station Joshimath (1880 m) registriert ein Niederschlagsmaximum Ende August/ Anfang September. Spitzenwerte liegen bei 600 mm/Monat. Joshimath weist eine Jahresniederschlagssumme von 1075 mm auf, wovon 53,1% während der Monsunzeit sowie 22,5% in der Vor- und Nachmonsunzeit niedergehen (NAND & KUMAR 1989: 73). Schneefall ist bis hinunter auf 1350 m zu verzeichnen (NAND & KUMAR 1989: 77). Die S-Seite des Gebirgsmassivs erhält wesentlich mehr Schnee, der auch tiefer hinab reicht als auf der N-Seite (KHACHER 1979: 193). Die Schneehöhe in den Monaten zwischen November und Mai liegt zwischen 3–5 m Schnee. Das reichliche Niederschlagsangebot und die gemäßigteren Temperaturen stehen dem Auftreten von Frostverwitterungsprozessen ungünstig gegenüber. Die **Schuttproduktion** fällt in den feucht-tropisch geprägten Gebirgsregionen **geringer** aus als in den kontinentaleren Gebirgsregionen wie dem Karakorum. Das anstehende Gestein ist im Untersuchungsgebiet unterhalb der Waldgrenze, die bei ca. 3600 m verläuft, durch den **üppigen Vegetationsbewuchs,** der bis in das Tiefland übergreift, vor der Einstrahlung geschützt. Des weiteren wird die **Einstrahlung** durch die dichte Bewölkung im Gegensatz zu den einstrahlungsreichen Subtropen sehr **gedämpft**. So beginnt das eigentliche Stockwerk der minder konsolidierten Schuttkegelkörper erst oberhalb der Baumgrenze. Die Schwemm- und Murkegelbildung, wie wir sie als Charakteristikum der Trockengebiete kennengelernt haben, fehlt in jener Ausgeprägtheit. Die hohen Niederschlagsmengen führen zwangsläufig zu einem wesentlich höheren **Sedimentdurchtransport** als in den Trockengebieten, wo kurzläufige Massenbewegungen eher die Regel sind. Andererseits muß angemerkt werden, daß die Monsunströmung zwischen 3000 und 4000 m ihre Maximalniederschlagswerte erreicht und höhenwärts die Niederschlagsmenge wieder abnimmt, was bedeutet, daß das Schneeangebot und damit die Gletscherernährung geringer ausfällt. Die höchste Anzahl an Frostwechselzyklen tritt nach Messungen von SHIRAIWA (1992: 9–10) im *Langtang-Tal* in einer Höhe zwischen 5600 und 6200 m auf. Die höchste Anzahl an jährlichen Frostwechseln werden auf der S-Seite mit 216 Frostwechseln (5600 m), auf der N-Seite mit 125 in einer Höhe von 6200 m erreicht.

2. Die Schuttkörpervorkommen im Alaknanda-Tal

2.1 Zur Lage und Petrographie

Der zu behandelnde Alaknanda-Talabschnitt befindet sich talaufwärts der Einmündung des *Dhauli-Flusses* in den Alaknanda-Fluß, nahe bei *Joshimath* (1850 m), bis hin zum Konfluenzbereich mit dem *Saraswati-Fluß* in 3180 m. Ein Schwerpunkt der Schuttkörperbetrachtung wird der Talabschnitt zwischen *Mana* (3190 m) und *Badrinath* (3020m) sein. Der Talabschnitt zwischen Joshimath und Badrinath kennzeichnet sich durch eine enge Schluchttalstrecke. Markant ist der abrupte Talsohlenanstieg des Alaknanda-Flusses zwischen *Govind Ghat* (1830 m) und *Badrinath* (3020 m). Auf einer Horizontaldistanz von 13 km werden 1190 m Vertikaldistanz im Längstalprofil des Alaknanda-Flusses überwunden. Der Alaknanda-Fluß wird von dem *Bhagirath Kharak-Gletscher* sowie dem *Satopanth-Gletscher* gespeist, deren Einzugsbereiche bis auf 7075 m mit dem *Satopanth* bzw. auf 7138 m mit dem *Chaukamba* hinaufreichen.

Die **petrographischen** Voraussetzungen für die Schuttkörperbildung im Alaknanda-Tal sollen hier anhand der geologischen Ausführungen von GANSSER (1964: 108–115) gekürzt referiert werden: Die Schluchtpartie ist angelegt in Gneisen, Quarziten und Schiefern. Die hoch quarzithaltigen Gneise erreichen eine Mächtigkeit von über 9000 m. Die Quarzite fallen mit einem Winkel von 45° nach N ein, nordwärts sogar mit 60°. Bei Badrinath stellt sich eine flache, von SW nach NW streichende Antikline ein. Diese Antikline ist durchsetzt von Pegmatiten, Granit Dykes und dem Badrinath-Granit. Unterlegt wird der Badrinath-Granit von „lime silicates" und Biotit-Gneisen in der Umgebung von Badrinath. Vielerorts werden die Badrinath-Granite überlagert von flachlagernden, schwarzen graphitischen Schiefern und Gneisen. Sie stellen die Reste einer alten Sedimentdecke dar, in die der Granit intrudierte. Die schwarzen Schiefer formen die flachen Gipfelaufbauten wie beispielsweise des *Shivlings* (6543 m). So findet man im Untersuchungsgebiet aufgrund der beschriebenen Gesteinsverhältnisse eher **grobblockige Schuttakkumulationen** vor.

2.2 Der Alaknanda-Schluchttalbereich

Größere Schuttkörperaufschüttungen können sich auf der schmalen, nur einige Dekameter breiten Talsohle der *Alaknanda-Schluchttalstrecke* nicht entwickeln. Im Konfluenzbereich mit dem *Bhuinder-Fluß* in einer Höhe von 1750 m sind auf eine Flußterrasse mehrere Dekameter hohe **konsolidierte Steinschlaghalden** eingestellt. Das im metamorphen Gestein angelegte Einzugsgebiet zeigt sich **runsenlos** und produziert Schuttkörperbildungen relativ homogener Gesteinsbruchstückgrößen. Die Schutthalden wirken durch den unvermittelten Übergang der bewachsenen Schutthaldenoberfläche zu den steil aufragenden Wandpartien wie an den Fels angeheftet. Auf Schichtkopfausbissen der seiger stehenden Gesteinsschichten sowie auf den weitflächigen, schwächer geneigten Schichtflächen fassen Konifern Fuß und schützen das Gestein vor Abtragungsprozessen. Aktuell kommt es nur vereinzelt zu Steinschlag- und Felssturzereignissen. Diese Art der Schuttkörperbildungen zeigen sich als typisch für die Schluchttalverläufe im Untersuchungsgebiet. Weiter talaufwärts, unterhalb von Badrinath, säumen stark durch den Fluß und durch hangiale Abtragungsprozesse beschnittene Moränenablagerungen die Hangfüße im Schluchtbereich. Der hohe Feinmaterialanteil der Moränenkörper führt zu einer geriffelten, runsenförmigen Auflösung der Schuttkörperoberfläche. In einer Höhe von 2500 m sind kegelförmige, schuttdurchmischte **Lawinenschneereste** am Fuße der Moränendeponien in der Talsohle zu beobachten. Bis zu 15–20 m im Durchmesser aufweisende Blöcke lagern auf dem Talboden.

2.3 Die Schuttkörpervorkommen im oberen Alaknanda-Tal unter besonderer Berücksichtigung der glazialen Reliefausformung

Nähert man sich der Ortschaft *Badrinath* (3020 m), so eröffnet sich im Talverlauf immer mehr eine **Schuttlandschaft glazialen Ursprungs**, die sich neben einem augenfälligen **Trogtalprofil** durch die Ausstaffierung des Talbodens mit Grundmoräne sowie mit glaziofluvialen Ablagerungen und Seesedimenten auszeichnet. **Rein hangiale Schuttkörpervorkommen** weichen somit gegenüber den **polygenetisch entstandenen, mit moränischen Ablagerungen verzahnten Schuttkörpern** zurück. Im unteren Alaknanda-Talverlauf erklärt sich die Abwesenheit der glazialen Schuttkörper durch die Talenge und der dadurch forciert ablaufenden Ausräumung. Ab einer Höhe von 3100 m beginnt sich nun das Alaknanda-Tal nach der 18 km langen Schluchtstrecke von Joshimath aus nach einer augenfälligen Gefällsstufe im Tallängsprofil zu weiten. Ausladende Kegelbildungen, auf denen vielerorts Siedlungen postiert sind, nehmen den Alaknanda-Talboden ein. Die glazial übersteilten, bis zu über mehrere tausend Meter hinaufragenden Trogtalflanken fördern das Auftreten **hochkinetischer** Massenbewegungen. An der Einmündung des vom Mana-Paß hinabfließenden Saraswati-Flußes in den Alaknanda-Fluß bei der Ansiedlung *Mana* (3190 m) zeigen sich offenkundige Vergletscherungsspuren in Form von rundgeschliffenen Felspartien, Konfluenzstufen und Grundmoräneneinlagerungen.

Ein bergsturz-artig anmutender Schuttkörper leitet die Schuttserie auf der orogr. linken Alaknanda-Talseite ein. Hierbei handelt es sich um eine Eisrandlage, die nach KUHLE (1994: 260, Tab. 1) in das spätere Spätglazial einzuordnen ist (mündliche Mitteilung von Herrn Prof. KUHLE am 02.07.1996). Im Hangbereich oberhalb der Eisrandlage sind Nachbruchstrukturen im Anstehenden ersichtlich. Eine bereits vernarbte, muschelförmige Ausbißstelle tritt besonders markant ins Auge. Auf die Endmoräne sind nach ihrer Ablage Berg- und Felsstürze niedergestürzt. Die großflächigen Abrißnischen auf der orogr. linken Alaknanda-Talseite zeugen von den Abbruchereignissen. Das Sturzmaterial ist bis auf die gegenüberliegende Talflanke gebrandet. Wenig unterhalb der Eisrandlage zeigt sich deutlich der der Talflanke anhaftende Moränenmantel eines älteren spätglazialen Stadiums. Postglazial und rezent wird dieser durch hangiale Prozesse aufgelöst. Feilenartige Anrisse offenbaren das glaziale Lockermaterial (Abb. 28).

Die Schuttkörpermorphologie der Talflanken zeigt ähnliche Formen wie im Hindukusch und NW-Karakorum, wo die zerschnittenen, **dem Hang auflagernden Moränendecken** in dreieckiger Form herauspräpariert worden sind (Abb. 10). So beinhalten auch hier die Schuttkegel ehemalig dem Hang auflagerndes, verstürztes Moränenmaterial. An dieser Talflanke befinden sich u.a. kegelartige Aufschüttungen von mehreren 100 m Höhe **seitlich** der Runsenverläufe der Murschuttkegel. Sie heben sich unvermittelt, ohne eine Zulieferrunse, von der hangaufwärtigen, ebenmäßig gestalteten Hangpartie ab. Seitlich weisen diese Schuttakkumulationen eine markante Sprungkante auf, die an ihrem Aufschlußprofil **feilenartige** Anbrüche im Sediment aufzeigt. So entspricht die Vollform dieser „Pseudoschuttkegel" nicht dem üblichen Kegelsektor, sondern eher der Form eines Tortenstücks (Abb. 28). Anfangs lag das Grundmoränenmaterial als **flächendeckender** Überzug auf den Talflanken. Der dreieckige Aufriß wurde **nachträglich** durch die seitliche Erosion der Hanggerinne aus dem glazialen Schuttmantel herauspräpariert.

Weiter talaufwärts folgen auf der orogr. rechten und linken Alaknanda-Talseite **Murschutthalden**, deren Einzelkegel Radien von mehreren hundert Metern und durchschnittliche Neigungen von 15–20° besitzen. Großflächig angelegte Mur- und Lawinenverbauungen in Form von Wallbauten auf der orogr. rechten Alaknanda-Talseite, oberhalb von Badrinath, weisen auf die zeitweilige Aktivität dieser Schuttkörper hin. Die oberflächlich weitgehend konsolidierten Murschuttkegel sind auf ein Terrassenniveau eingestellt. Es handelt sich hierbei um eine Grundmoränenterrasse. In einer Höhe von 3150 m präsentiert sich zum ersten Mal der Typ eines **Murschuttkegelkörpers mit markanter zentraler Einschneidung**. Die Gletscherschmelzwässer sowie die heftigen Monsunregengüsse liefern Wasser für sporadisch sehr hohe Abflußraten. Die Zulieferrunsen sind hoch verschuttet. Die Bereitstellung dieser Schuttdeponien mit über hausgroßen Blöcken in Kombination mit Schmelzwasserabgängen auf den steilen Talflanken liefert optimale Vorraussetzungen für den Abgang von Muren. Solche großmaßstäbigen Murgänge wären in der Lage den Alaknanda-Fluß kurzzeitig zu dämmen. Der zentrale Einschnitt des in Rede stehenden Murschuttkegels befindet sich aktuell **in Weiterbildung**. Die Schuttlieferung der glazial überschliffenen Felsflanken ist jedoch im Gegensatz zu dem Schuttanfall in den Seitentälern, wie im Nilkanth-Tal, gering. Große Blöcke, die nicht bis zum Kegelfuß vordringen, zeugen von **Felsstürzen kurzer Laufländge**. Basal sind in den Kegelkör-

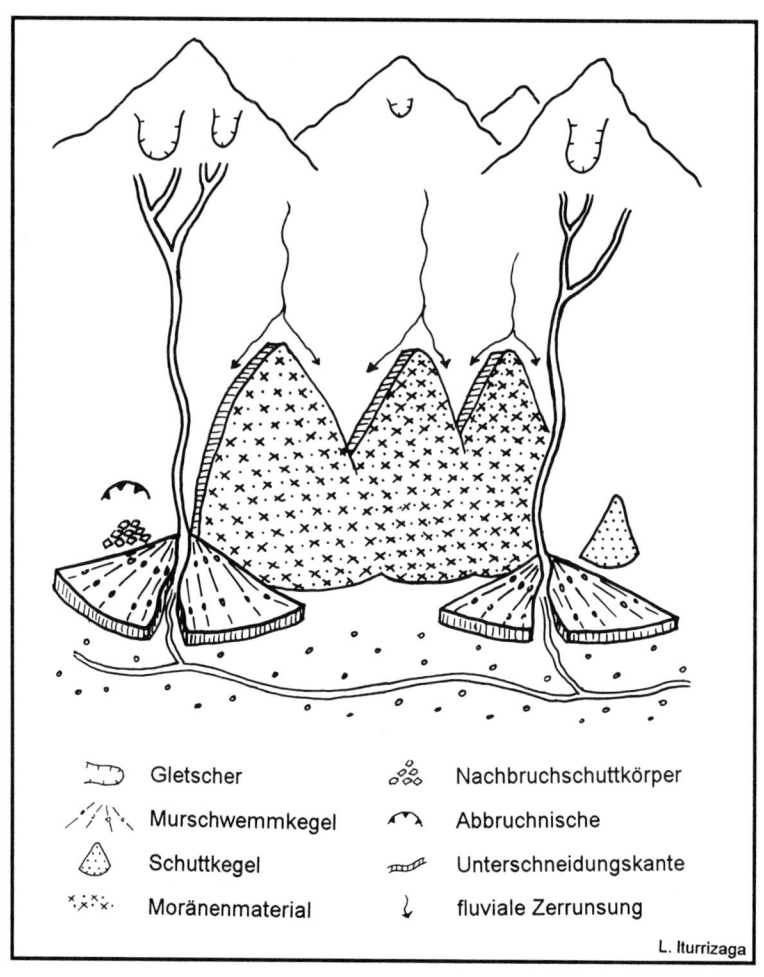

Abb. 28
Nachträglich aus dem Moränenmantel herauspräparierte kegelförmige Residualschuttkörper

per Seesedimente eingeschaltet. Pfeilgeschoßartig, frisch abgegangene Murgänge mit einer äußerst **geradlinigen, schmalen Zulieferbahn** ziehen auf den Murschuttkörpern der orogr. linken Alaknanda-Talseite herab (Photo 48).

Die **Breite des Alaknanda-Trogtalgrundes** reicht für eine freie Entfaltung der Murschuttkegel nicht aus. Die distalen Enden der gegenüberliegenden Schuttkörper würden ohne die Einschneidung des Alaknanda-Flusses miteinander verwachsen. Der Alaknanda-Fluß stutzt die distalen Murschuttkegelbereiche zurück und schafft Uferkantenhöhen von mehreren Dekameter Höhe. Sekundäre Kegelbildungen an den Enden der Einschneidungskanäle konnten nicht beobachtet werden. Die Abtransportleistung des Vorfluters überwiegt über die Menge der Sedimentzufuhr aus den untergeordneten Stichtälern. Bei *Mana* (3190 m) reduziert sich die kegelförmige Aufschüttungsform auf ein Minimum und nimmt beinahe Terrassenform an. Die **terrassenartige Einschneidung** an den distalen Kegelenden beruht auf der Tatsache, daß das Fundament durch **Grundmoränenmaterial** gebildet wird. Die hangialen Schuttkörper stellten sich nach der Deglaziation auf das Grundmoränenmaterial ein. Die Kegelkörper der orogr. rechten und linken Alaknanda-Talseite waren in ihrer **Initialphase** durch das moränische Fundament **miteinander verbunden**. Das Fundament wurde **nachträglich** durch fluviale Prozesse zerschnitten (Abb. 29).

Auf der orogr. linken Alaknanda-Talseite wird ein offensichtlicher Wandel in der Talflankenmorphologie sichtbar. Die **Einsatzhöhe der Runsentrichterform** sinkt talabwärts ab. Man kann diesen Tatbestand mit den Deglaziationsphasen sowie mit dem talabwärts sinkenden Gletscherpegel korrelieren. Im talabwärtigen Alaknanda-Talabschnitt hatte die Runsenbildung aufgrund der **Eisfreiheit mehr Zeit fortzuschreiten** als in dem noch gletscherbedeckten Talabschnitt. Oberhalb des Gletscherpegels, der in etwa dem Niveau der Verbreiterung der Runsen entspricht, sind lokal konsolidierte Schutthalden zu beobachten.

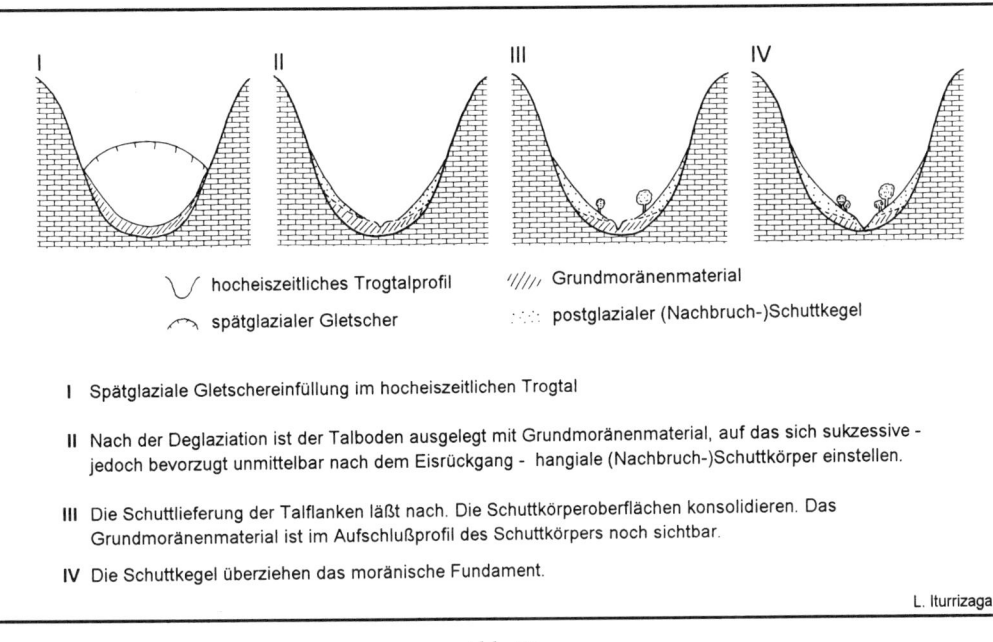

\\/ hocheiszeitliches Trogtalprofil ///// Grundmoränenmaterial

⌒ spätglazialer Gletscher ⋰ postglazialer (Nachbruch-)Schuttkegel

I Spätglaziale Gletschereinfüllung im hocheiszeitlichen Trogtal

II Nach der Deglaziation ist der Talboden ausgelegt mit Grundmoränenmaterial, auf das sich sukzessive - jedoch bevorzugt unmittelbar nach dem Eisrückgang - hangiale (Nachbruch-)Schuttkörper einstellen.

III Die Schuttlieferung der Talflanken läßt nach. Die Schuttkörperoberflächen konsolidieren. Das Grundmoränenmaterial ist im Aufschlußprofil des Schuttkörpers noch sichtbar.

IV Die Schuttkegel überziehen das moränische Fundament.

L. Iturrizaga

Abb. 29
Schema der Schuttkörperentwicklung nach der spätglazialen Deglaziation mit Grundmoränenmaterialfundament

An der *Konfluenz des Saraswati-Tals mit dem Alaknanda-Tal* offenbart sich sehr offenkundig eine Schuttkörperlandschaft, deren Genese **nachhaltig** durch die **glaziale Vorformung des Reliefs** beeinflußt wird. Der Gebirgseckpfeiler im Konfluenzbereich beider Täler (auf der orogr. linken Alaknanda-Talseite bzw. auf der orogr. rechten Saraswati-Talseite), der aus dem Badrinath-Granit sowie aus Gneisen aufgebaut ist und mit vielen Intrusionsgängen versehen ist, wurde in prägnanter Weise **glazial rundgeformt und poliert**. Vielzählige **Nachbrüche** in Form von **Felsstürzen** sind der Anfang einer langen Talformentwicklung, nämlich zur fluvialen und **stabilen Form des Kerbtales**. Eingestellt sind die Schuttkörper auf eine Grundmoränenterrasse, die durch den Alaknanda-Fluß heute stark zurückgestutzt wird. Die Sprunghöhe der Terrasse beträgt maximal 100 m.

Im oberen Alaknanda-Talbereich beginnen die Schuttkörper die Grundmoränenterrasse langsam zu **überschütten** (Abb. 29). Später einmal – in einigen hundert Jahren vielleicht – wird von dem basalen Aufschluß der Grundmoränenterrasse nichts mehr zu sehen sein. Der Schuttkegelmantel hat sich dann schleierartig über das Fremdmaterial gelegt. Das **moränische Kernmaterial** bleibt von außen verborgen. Auch das Moränenmaterial selbst löst sich in kleine sekundäre Spezialschuttkegel auf. Das Aufschlußprofil, das mit zahlreichen Viehgangeln rautenförmig gemustert ist, ist mit aus dem Hang stammenden bis zu wohnblock-großen Blöcken bestückt. Sturz- und Steinschlagschuttkegel mit deutlicher **Größensortierung** der Gesteinsstücke sind vorhanden. Auf der orogr. rechten Alaknanda-Talseite ist die **Nachbruchmorphodynamik** in der **Gleithanglage** des damaligen Gletscherverlaufes wesentlich **geringer** ausgeprägt. Hier reihen sich Schuttkegel mit einer auffällig **konvexen Kegeloberflächenwölbung im Wurzelbereich** unspektakulär unter der geschlossenen Gesteinsfront auf.

Im weiter talaufwärtigen des Alaknanda-Tals dominiert der Typ des **Murschuttkegels mit zentraler Einschneidung**. Die sich hangaufwärts stark verästelnden Zubringerrunsen entsorgen ein weitläufiges Einzugsgebiet, so daß eine beachtliche zentrale Zerschneidung der Kegelkörper aktuell stattfindet. Der Einzugsbereich steigt mit dem *Bangneu* bis auf 5706 m an. Gletscherfelder und Schneeeinlagen in den Kuppenbereichen des Massivs sorgen – neben den rein gravitativen Steinsturzbewegungen – durch ihren Schmelzwasseranfall für den Abtransport des Schuttmaterials aus den Runsen. Der zentrale Einschnitt wird durch zahlreiche kleinere Murgänge, die sich in ihrer Gesamtheit zu einem kegelförmigen Aufriß formieren, und von Wasserrinnen begleitet. Kleinere **parasitäre**, mehr oder minder konsolidierte **Steinschlagschuttkegel** umsäumen die laterale Murschuttkegeloberfläche und tragen zu dessen Schuttlieferung bei.

An dieser Stelle soll die Frage aufgenommen werden, wie die **Hangformung am Grunde der Schuttkegel und -halden** aussieht. O. LEHMANN (1933)[31] ging in seiner Theorie über die Hangformung von einem **konvexen Felskern** aus. Gegen diese theoretischen Überlegungen spricht bei der Herausarbeitung der Schuttkörpertypen im Kumaon-Himalaya, daß 1. eine Vielzahl der Schuttkörper auf Grundmoränenmaterial eingestellt ist. Teilweise ist dieses noch sichtbar, teilweise ist es bereits durch hangiale Schuttlieferungen überschüttet worden und entzieht sich fast der Nachweisbarkeit. Die **basal** mit Grundmoränenmaterial bedeckten Talflanken werden der klassischen Trogtalformung entsprechen und somit eher eine **konkave Felshohlform** aufzeigen. Diese Hohlform wird später zur basalen Hangbegrenzung der postglazialen Schuttkegel. 2. Nach der Deglaziation ist eine sehr rasch ablaufende Nachbruchdynamik zu verzeichnen (vgl. HEWITT 1995), die in der Kürze der zur Verfügung stehenden Zeit von einigen Zehner- bis zu einigen hundert Jahren kaum eine konvexe Hangformung im Sinne LEHMANNs erlaubt. Die beiden genannten Punkte beruhen jedoch auch auf theoretischen Grundüberlegungen. LEHMANN nimmt bei seiner Theorie des konvexen Felskernes ein gestrecktes Schutthaldenprofil an (LEHMANN 1933: 94). Die Mehrzahl der Schutthalden weist jedoch ein konkaves Profil auf, so daß bei einem konvexen Felskern die Mächtigkeit der Schutthalden noch geringer ist, als von LEHMANN schematisch dargestellt. Des weiteren besitzen einige Schuttkegel ein derart konkav durchhängendes Profil, daß die Vorstellung eines konvexen Felskernes – sowie dessen langer Bildungszeitraum – aus rein geometrischen Gesichtspunkten problematisch wird. Zieht man allerdings die Vorstellung der „Wandfußsockelbildung" (KUHLE 1983: 149–150) in Erwägung, wird die Ausbildung eines konvexen Felskerns eher plausibel. Diese Theorie beinhaltet, daß die Abtragungsleistung im unvergletscherten Teil einer Talflankenpartie höher ist als die eiszeitliche Erosionstätigkeit des Gletschers, so daß die Talflanke oberhalb der Gletscheroberfläche stark zurückweicht und im basalen Teil der Talflanke ein Felssockel zurückbleibt.

Ein mit geophysikalischen Methoden aufgenommenes Profil eines Felskernes einer Schutthalde in Spitzbergen von HARTMANN-BRENNER (1972: 89) wies eine mehr oder weniger konkave Form des Felskernes auf.

---

[31] LEHMANNs Berechnungen zur Hangformung sind eine Weiterführung der Ergebnisse von FISHER (1866).

2.4 Die Formgestaltung der Einzugsbereiche

Die Einzugsbereiche der besprochenen Schuttkörper gestalten sich unterhalb der in einer Höhe von etwa 5500 m endenden Hängegletscherzungen breitboden-artig. Diese flächigen Abschnitte sind leicht fluvial zerrunst. Weiter hangabwärts ab einer Höhe von ca. 5000–4500 m setzen schmale Hangrunsen ein, die die Abfuhr der oberhalb angesammelten Schuttfracht kanalisieren und sie schließlich an ihrem Ausgang verteilen. Die Hangrunsen sind teilweise noch sehr unausgeprägt, d.h. die sie formenden Hangbäche besitzen kein fixiertes Gerinne und sind wenig verzweigt. Die Hangbachsohle richtet sich vornehmlich nach dem Böschungswinkel, auf dem sie abfließt (STINY 1910: 84). Ansatzweise kann man der Form des Einzugsbereiches mit seiner Zulieferrinne das der gestielten Birne zusprechen, teilweise erscheint sie auch weinglass-förmig.

Die Murschwemmkegel sind in ihren distalen Bereichen miteinander verwachsen. Der Abstand der Zulieferrunsen von mehreren hundert Metern sorgt für die Isolierung der Kegelspitzen. Die zentrale Einschneidung der Murschuttkegel und die Unterschneidung der distalen Uferkanten verändern am nachhaltigsten die eigentliche Kegelmantelform. Die Murschwemmkegel oberhalb von Mana sind durch gesteinsstrukturbedingt stark verästelte Zulieferrunsen gekennzeichnet, die hangabwärts trichterförmig konvergieren. Bei einigen Schuttkegeln fehlt das verbindende Glied der Zulieferrunse zwischen Abtragungs- und Auftragungsgebiet. Hier sind die Schuttkegel der geschlossenen Wand vorgelagert. Abbruchnischen an der Wand offenbaren das Herkunftsgebiet.

2.5 Zum Alter und zur Genese der Schuttkörpervorkommen

Anhand der in Kap. B.VII.2 beschriebenen Eisrandlage bei Badrinath läßt sich das annähernde Alter der Schuttkörpervorkommen im Alaknanda-Tal oberhalb einer Talbodenhöhe von 3000 m ermitteln. Die Eisrandlage gehört dem **späten Spätglazial** an, d.h. sie ist in die Zeitperiode zwischen 14 250 und 13 000 vor heute einzuordnen (Tab. 1). Die **talaufwärts** dieser Eisrandlage befindlichen Schuttkörper müssen demnach jünger sein als das Alter der entsprechenden Eisrandlage. In talaufwärtige Richtung verjüngen die Schuttkörper. Die Schuttkörper zwischen der spätglazialen und neoglazialen Eisrandlage haben ein durchschnittliches Alter von ca. 10 000 Jahren. Die Kegelgröße nimmt talaufwärts ab. Die Schuttkörper **talabwärts** der Eisrandlage sind älter als 14 250-13 000 Jahre.

Bei den Murschuttkegeln handelt es sich um **polygenetische** und damit auch um **polyphasig** entstandene Schuttkörperformen. Ihr Fundament wird durch **hoch- und spätglaziales Grundmoränenmaterial** gebildet. Es ist zu mutmaßen, daß es sich unmittelbar nach der Deglaziation um weitgehend **unkonsolidierte** Schuttkörper handelte. Berg- und Felsstürze sowie Steinschlagereignisse als Folge der Druckentlastung der Talflanken nach der Deglaziation nahmen seinerzeit den größten Anteil an dem Schuttkörperaufbau an. Das an den Talflanken haftende und heute bereits stark eliminierte Moränenmaterial wurde mit in die Schuttkörperbildungen einverleibt. Mit der Einschneidung des Alaknanda-Tals in das Grundmoränenmaterial wird für die Murschuttkegel gleichzeitig das **Vorfluterniveau tiefer gelegt**, so daß die zentrale Einschneidung der Murschuttkegel **forciert** abläuft. Unmittelbar unterhalb der Eisrandlage schließt sich der oben beschriebene kegelförmige Moränenkörper an, der dem frühen Spätglazial zuzuordnen ist.

3. Die Schuttkörperformen im Nilkanth-Tal

Das *Nilkanth-Tal* (auch Rishi-Tal genannt), ein orogr. rechtes Alaknanda-Nebental von vergleichsweiser kurzer Tallänge von 6 km und das in W/E-liche Richtung verläuft, wird vom 6596 m hohen *Nilkanth* im Talschluß begrenzt (Abb. 31, Photo 46). Auf der orogr. linken Nilkanth-Talseite wird das Tal vom 5965 m hohen *Narayan Parbat* flankiert. Das Nilkanth-Talbodenniveau liegt im Talschluß in einer Höhe von 4300 m, so daß die E-Flanke des Nilkanth eine Vertikaldistanz von knapp 2300 m mißt. Der moderaten Höhe dieser Flanke stehen ihre hohen Neigungsbeträge gegenüber, die einen äußerst **steilflankigen, eng bemessenen Talschlußkessel** ausbilden. Die Schuttkörper formieren sich in einer zirkusförmigen Anordnung, die lediglich durch den Nilkanth-Gletscher durchbrochen wird. Der knapp 2 km lange, primär lawinengenährte *Nilkanth-Gletscher* wird umsäumt von einer rundkuppigen, bewachsenen, 30-40 m hohen Ufermoräne, die zum Gletscherzungenende hin parallel zur Gletscherfließrichtung ausläuft (Photo 46). Die Uferomoräneninnenflanken gehen mit einem nur wenige Meter messenden Steilhang direkt in den gänzlich mit Obermoränenmaterial abgedeckten Nilkanth-Gletscher über. Seitlich des Gletschers sind nur im Übergang zum engeren talabwärtigen Trogtalrelief **ufertal-ähnliche Abschnitte** von einigen hundert Metern Länge ausgebildet. Die Talschlußkammer ist **zweigeteilt** entwickelt: So füllt das Nilkanth-Gletscherbett nur etwas mehr als die Hälfte des Talkessels aus, während der verbleibende Talschlußausraum die Ausbildung von diversen, **basal ungekappten** Schuttkörpern sowie eines Blockgletschers erlaubt. Der der Blockgletscherzunge vorgelagerte Talbodenabschnitt ist mit einer kargen Vegetationsdecke bestockt. Nach der Maximal-Schneegrenzberechnungsmethode ((6596 m + 4100 m) : 2 = 5348 m) errechnet sich eine Schneegrenzhöhe von 5350 m.

Die Gipfelaufbauten des Nilkanth bestehen aus Gneisen. Unterlagert werden diese von den „Badrinath-Graniten", zumeist Tourmalin-Granite (GANSSER 1994: 108–118), in dem das Nilkanth-Trogtal eingelassen ist. Dementsprechend sind die Schutthalden größtenteils sehr grobblockig ausgebildet. In einer Höhe von 3122 m, nahe *Badrinath*, mündet das Nilkanth-Tal mit einer deutlich geformten Konfluenzstufe – vergleichbar mit der topographischen Situation der Konfluenz des Arwa-Tals mit dem Alaknanda-Tal – in das Alaknanda-Tal auf dessen orogr. rechten Seite ein. Aus den genannten Angaben errechnet sich ein durchschnittliches Talgefälle von 10°. Auf geringem Raum sowie in geringer vertikaler Höhendistanz sind im Nilkanth-Tal **mannigfaltige Übergänge der Schuttkörperbildung** zu studieren.

3.1 Die Schuttkörper im oberen Nilkanth-Talkessel

Bei den hier zu besprechenden Schuttkörperformen handelt es sich in dem *oberen Nilkanth-Talkesselgefäß* ab einer Basishöhe von 4000 m um **nahezu vegetationsfreie** Schuttkörperformen der Frostschuttregion. Sie liegen im Durchschnitt einige hundert Meter bis zu 1000 m unter der Schneegrenze. Die Höhe der Schuttkegelkörper beträgt zwischen 300-450 m. Die hangialen Schuttkörper sind zur orogr. rechten Seite des Nilkanth-Gletschers alle auf den im Talkessel befindlichen Blockgletscher eingestellt. Es handelt sich zumeist um **ungekappte**, d.h. **frei entwickelte**, basal nicht unterschnittene Schuttkörperformen. Die Neigung der **Schuttkegel und -halden** beträgt beginnend bei dem **Moränenschuttkegel** bei 15-25°, die Neigung der **Schneeschuttkegel** liegt bei 27-30°, stellenweise etwas höher, die Neigung der **Podestmoräne** beläuft sich auf 25–33°, die der Schutthalden auf bis zu 37°.

Die Nilkanth-E-Flanke wurde im Untersuchungsmonat Ende September 1993 über den ganzen Tag verteilt von zahlreichen Lawinenabgängen, die auf der Gletscheroberfläche ausliefen, bestrichen. Der Nilkanth-Gipfel ist – wie auch der benachbarte *Shivling* (6543 m) – als Horn-Gipfel ausgebildet und trägt eine wächtenartig gestaltete Eiskappe. Die maximale Gipfelhöhe konzentriert sich nur auf eine sehr kleine Fläche. Zwei annähernd isolierte **Eislawinenkegel** sowie ein **Zwillings-Eislawinenkegel**, der durch eine Felssteilstufe gekappt wird und talabwärts **regenerierte**

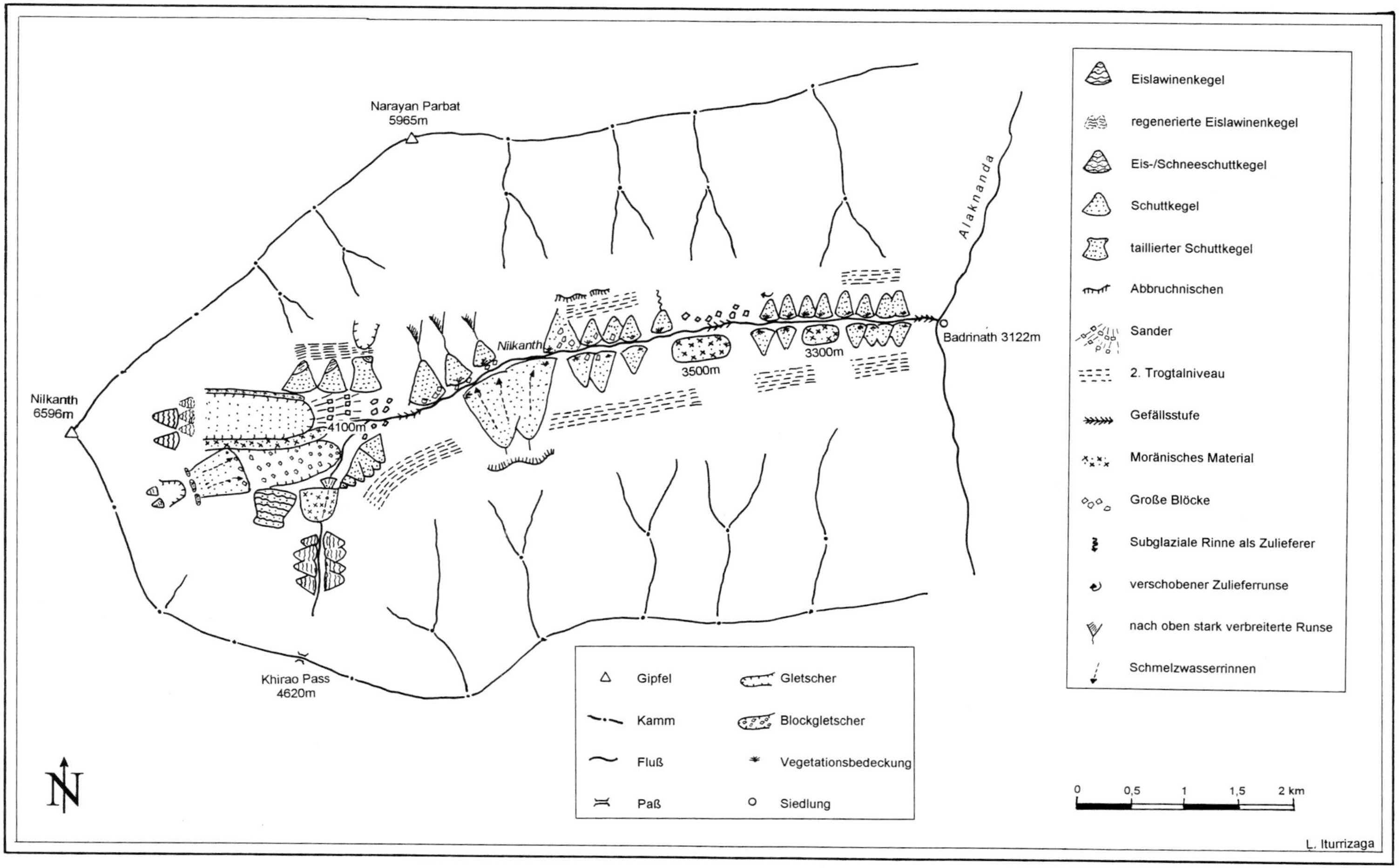

Abb. 30
Die Schuttkörpervorkommen im Nilkanth-Tal

Lawinenhalden aufschüttet, stellen in einer Höhe von 4700–5300 m die Hauptzulieferer des Nilkanth-Gletschers dar. Die Ernährung dieser Eislawinenkegel erfolgt nach Beobachtungen zumeist im Abgang des gipfelwärtigen Steilflankeneises in sanduhrartiger, rieselnder Bewegungsverlaufsform der Eis- und Schneemassen. Nach einem 300–400 m hohen Gletscherbruch setzt die mit dem von den Lawinen aus den Steilflanken herausgebrochenem **Schutt abgedeckte Gletscheroberfläche** ein. Die Gesteinskomponenten sind zumeist stuhl- bis tischgroß. Großes Blockwerk aus Bergsturzereignissen ist, außer eingeregelt in der orogr. rechten Ufermoräne, nicht vorhanden. Die Gletscherzunge läuft in einer breiten Schuttschürze aus (Photo 47). Sie kann als **glaziofluvialer Schwemmfächer** oder -kegel eingeordnet werden, der durch die sich anschließende Talenge rasch in die Schottersohle des Nilkanth-Tals **kanalisiert** wird. Es handelt sich um ein „Bortensander-artigen Schuttkörper", der bereits zum „Übergangskegel" abgeflacht ist.

Zur *orogr. linken Seite* des Gletschers sind die Schuttkegel auf den Gletscher eingestellt (Photo 47). Hier ist der Ufermoränenwall nur vage ausgeprägt. Zur *orogr. rechten Seite*, jenseits des Nilkanth-Gletscherbettes, zieht ein nur wenige hundert Meter langer Hängegletscher in Form einer Eisschürze hinab, genährt von drei bis vier kleinen **Eis- und Lawinenkegeln** von einigen Dekametern Höhe. Der in 100–150 m Entfernung, auf **einem Schuttkegel liegende Moränenwall** zeigt den Rückzug des Gletschers an. Der Gletscher hat sich ursprünglich auf den hangabwärtigen ausladenden Schuttkegel aufgeschoben. Der Endmoränenkranz ist durch Abflußbahnen weitgehend zerlegt worden und wird nun schrittweise in den Schuttkegelkörper mit einverleibt. Den Innenraum des in Auflösung begriffenen Moränenkranzes bedeckt eine junge, sich aufwölbende Schutteinfüllung. Im Kegelwurzelbereich, unterhalb des Moränenkranzes, weist der Schuttkörper durch die Verlagerung des moränischen Materials einen hohen Feinmaterialgehalt auf.

Der an den Moränenkranz anschließende Schuttkörper zeigt die Merkmalsausprägung eines unkonsolidierten Schuttkegels mit einer Tendenz zur Verflachung durch glaziale Schmelzwasserabgänge. Allerdings ist die fluviale Überprägung aufgrund des geringen Abflusses des Gletschers als Folge der Höhenlage und des geringen Gletschervolumens eher gering. Ein Großteil des Abflusses versickert in dem luftig aufgebauten Kegelkörper. An der Kegelbasis lagern bis zu tischgroße, frische – worauf außer den Bruchkanten der fehlende Flechtenbewuchs sowie die helle Gesteinsfarbe hinweisen – Gesteinsbruchstücke. Die flache kegelabwärtige Neigung geht auf die den Schuttkegel radial bestreichenden Gletscherschmelzwässer zurück. Der Schuttkegel läuft auf dem in der orogr. rechten Talkesselhälfte befindlichen Blockgletscher mit einer Neigung zwischen 4-8° aus und kann sich basal weitgehend **frei entwickeln**. Die beschriebene Formenzusammensetzung kann zusammenfassend als **Moränenkranzschuttkegel mit Korngrößensortierung und mit rezentem Gletscher im Einzugsbereich** beschrieben werden.

Nicht ganz verständlich ist allerdings die Tatsache, daß sich an eine vergletscherte Talflankenpartie ein so ausladender Schuttkegel anschließt. Zu klären ist, wie die **Beschickung des Kegelkörpers** mit Schuttkomponenten vor sich geht. Als Herkunftsgebiete des Debrismaterials sind die bis zu 6000 m hinaufragenden Gneiswände der Nilkanth-E-Flanke zu identifizieren. Auf der Gletscheroberfläche, die der Schutt zu seinem Ablagerungspunkt auf der Kegeloberfläche passieren muß, befindet sich kein Schutt. D.h. der aus der Wand fallende Schutt wird in dem kleinen Gletscher einverleibt und auf „moränischem Wege" an der Gletscherzunge wieder preisgegeben, so daß dann letztendlich die Schuttkomponenten alle als ursprünglich glazial überprägt angesehen werden müßten. Gegen diese Vorstellung spricht der äußerst kantige Habitus aller auf dem Schuttkegel befindlichen Gesteinsstücke, allerdings handelt es sich auch nur um einen sehr kurzen Gletschertransportweg. Eine andere Entstehungsvariante könnte sein, daß der Schuttkegel sich vor der Existenz des Hängegletschers gebildet hat und der Kegel heute nicht mehr in Weiterbildung begriffen ist. Dem widerspricht der sehr frische, flechtenfreie Zustand der Gesteinsstücke.

Weiter den Talkessel gegen den Uhrzeigersinn von den oben beschriebenen Schuttkegeln aus blickend, reicht die Lawinenzufuhr nicht mehr aus, Gletschereis entstehen zu lassen. An dieser Lokalität sind nun **Schneeschuttkegel** entwickelt, d.h. der Schutt ist gänzlich eingebettet in eine Schneematrix (Photo 46). Die Schneemassen sind Hinterlassenschaften von Lawinenereignissen. Hangiale, gravitativ bedingte Versatzbewegungen im Schuttkörper sowie Schmelzprozesse rufen die **Spaltenbildung im Schneeschuttkegel** hervor. Der Aufriß dieser Schneeschuttkegel inklusive ihrem Einzugsbereich entspricht einer spiegelsymmetrischen Kegelform. Die **Taillierung der Kegelkörper** befindet sich im oberen Drittel bis Viertel. Diese sich **hangaufwärts verbreiternden Einzugstrichter** bieten günstige Schneeakkumulationsflächen, die Schneedepots für Lawinenabgänge liefern. Zahlreiche Lawinen haben die Kegelkörper in diesem Sommer bestrichen. Die durch schmale lange Gräben modulierte Kegeloberfläche zeugt von den vielen, teilweise sehr energiereichen Schmelzwasserabgängen. An der Basis des Schneeschuttkegels finden die Lawinenabgänge in Form **kompaktierter perennierender Schneefelder** ihren Ausdruck, denen zu ihrer Erhaltung die **N-Exposition** dieses Schuttkegels zugute kommt.

Die einzige potentielle Öffnung des Nilkanth-Talkessels in Form eines von SW nach NE verlaufenden Nebentales, wird auf der orogr. rechten Nilkanth-Talseite, von einer 350 m hohen **Podestmoräne** plombiert. Dieses Nebental führt zu einem in 4600 m Höhe befindlichen Paß, der zum benachbarten *Khirao-Tal* hinleitet. Die Podestmoräne fügt sich in optischer Hinsicht harmonisch in die angrenzenden Schuttkegelfolgen ein und erscheint wie ein von seinem Einzugsbereich gekappter Schuttkegel. Die Materialzusammensetzung entspricht jedoch derer von Moränenmaterial: Größeres Blockwerk ist eingebettet in eine Feinmaterialmatrix. Die Podestmoräne wird von saisonal ihr Bett verlagernden Wildbächen eingeschnitten. Sie lassen an der Basis der Podestmoräne aus Moränenmaterial bestehende Kegelkörper entstehen, die hier als **Moränenschutt- bzw. -schwemmkegel** bezeichnet werden sollen. Der Moränenkörper findet sich dieserzeit in Auflösung begriffen und wird von fluvialen und nivalen Prozessen umgelagert. Der Talboden ist durch das moränische Material um über hundert Meter aufgehöht. Bis zum Paß wird dieses Nebental beidseits von beschneiten, lawinen-bestrichenen Schuttkegeln von maximal 100–150 m Höhe begleitet. Am Paßübergang in 4620 m Höhe befinden sich – soweit der Blick es in dem Wolkenmeer erkennen ließ – auf der dem Khirao-Tal zugewandten Talseite Staffelbrüche im angelagerten Moränenmaterial. Moränenschollen sind hier getreppt aneinandergereiht.

An die Podestmoräne schließen sich weiter talabwärts auf der orogr. rechten Nilkanth-Talseite **Steinschlagschutthalden** an, zusammengesetzt aus einem Dutzend Einzelkegeln, die talabwärts an Höhe und Größe wesentlich zunehmen. Die Basis dieser Steinschlagkegel reicht auf 4100–4050 m hinab. Überformt sind diese zusammengesetzten Schutthalden von schmalen **Schmelzwasserläufen**, die auf die in den Steinschlagrinnen sowie auf flacheren Felscoloirs befindlichen Schneedepots zurückzuführen sind. Die auf den Schutthalden befindlichen Abflußbahnen werden lateral begleitet von Wällen. Schuttloben, wie sie bei Murgängen anzutreffen wären, sind nicht vorhanden. Schneeflecken besetzen die Halden an ihren Wurzelbereichen sowie in der Depression im Übergang zur naheliegenden orogr. rechten Ufermoräne des Nilkanth-Gletschers. An die Schuttkegelwurzeln schließen hangaufwärts schwach entwickelte, **fadenförmige Zulieferrunsen** geringer Tiefe an. Partienweise sind die Felsgehänge an diesem Schroffenhang auch **runsenfrei**. Die Gesteinsschüttung auf die Schutthalden erfolgt nicht nur durch die kanalisierten Runsen, sondern die **geschlossene Wand** wittert ebenfalls in beträchtlichem Umfang ab. Schwächer geneigtes Felsgehänge oberhalb der Schuttkegelwurzeln bietet eine Akkumulationsfläche für den durch Frostverwitterung abgesprengten Schutt. Bei Lawinenereignissen wird dieser **schubweise** den Schuttkegeln zugeführt. Am Fuße der

Schutthalden lagern bis zu tischgroße, aus der Wand herausgewitterte Gesteinsstücke. Von einer durchgehend nach Gesteinsgrößen sortierten Schutthalde kann allerdings nicht gesprochen werden. Auf der bereits durch eine dünne Vegetationsdecke **konsolidierten** Schutthalde rollen die Gesteinsstücke über die Schutthaldenoberfläche ab und wirken **kaum integriert** in die eigentliche Schuttkörperform. Auffallend an diesen, mit keiner betonten Steingrößensortierung versehenen Schutthalden ist eine **lineare Anordnung von größerem Steinwerk** als es der Schutthalde eigen ist. Diese Steinreihe zieht talaufwärts vom Schutthalden-Apexbereich zum Talboden hinab. Zu mutmaßen ist, daß die Steinansammlung auf einen auf der Schutthalde perennierenden Firn- oder Schneefleck zurückzuführen ist, an dem die größeren Gesteinsblöcke am unteren Rande restierten.

Der **Abtransport von Schuttmaterial** in diesem orogr. rechten Talkesselabschnitt ist **gering**. Der Talboden wird durch den stationären Blockgletscher ausgefüllt. Talabwärts wird das Talbecken durch die orogr. rechte Ufermoräne des Nilkanth-Gletschers kanalisiert, trotzdem finden sich hier keine nennenswerten Abflußlinien. Auch der Abfluß des Nilkanth-Tals ist mit einigen Dekakubikmetern pro Sekunde äußerst gering, welcher nicht zuletzt auf den gletschereisabdeckenden Schuttmantel des Nilkanth-Gletschers zurückzuführen ist.

Die *orogr. linke Nilkanth-Talseite* wird von einer in steilaufragenden, in Gneispfeiler zerlegten Wandpartie flankiert, die in dem 5965 m hohen *Narayan Parbat* kulminiert und die weitere Trabantengipfel kirchturmförmig in Erscheinung treten läßt (Photo 46). Streng angelehnt an die Kluftstruktur, oftmals aber auch Verwerfungslinien in diagonaler Richtung folgend, verlaufen die tief eingelassenen Runsen in dem massig-kristallinen Gestein. Die Runsen nehmen bereits Schluchtcharakter an und können als kleine **Wandschluchten** bezeichnet werden. Auffallend bei diesen Wandschluchten ist, daß sie sich hangaufwärts verbreitern, also in einer engen V-form in den Fels eingekerbt sind. Diese als **glazial-induzierte Kerbschluchtrunsen** näher zu spezifizierenden Schuttzubringer sind auch am Hathi Parbat anzutreffen. Die hangaufwärtige Runsenverbreiterung entspricht nicht unmittelbar einer fluvialen Entwicklung, sondern könnte auf die Existenz einer ehemalig wandabdeckenden Vergletscherung zurückzuführen sein. Die Runse besaß in Gipfelnähe am meisten Zeit sich zu entwickeln. Erst bei sinkendem Gletscherpegel konnte die Runsenentwicklung weiter hangabwärts fortschreiten.

Nun die orogr. linke, S-exponierte Nilkanth-Talseite betrachtend, schließen an den Nilkanth-Gletscher unbewachsene Schuttkegel mit einer Höhe von 100–150 m an (Photo 47). Die Schuttkegel werden in unterschiedlichem Maße von Lawinenschnee **überdeckt**. Aufgrund der geringeren Höhenlage, der geringeren Frequenz der Lawinenereignisse sowie der S-Exposition der Schuttkegel handelt es sich hier nicht um die bereits beschriebenen Schneeschuttkegel (s.o.), sondern primär um Schuttkegel, bei denen die auf dem Kegelleib deponierten Lawinenschneemassen immer wieder **abschmelzen**. Die Zulieferrunsen sind vom Apex bis zu den höchsten Einzugsbereichen **schneeverfüllt**. Beachtlich ist die Länge dieser Runsen, die schätzungsweise 600 m beträgt. Weiter talabwärts fällt ein Schuttkegel auf, der von seiner geometrischen Form her **tailliert** in Erscheinung tritt. Zurückzuführen ist die Andersartigkeit dieses Kegels auf den im Kegeleinzugsbereich befindlichen, steil hinabfließenden, in einer Höhe von 4300 m über einer Felssteilstufe endenden Gletscher. Unter der Steilstufe sammelt sich in **breiter Front** das Schuttmaterial, das auf einer steil geneigten Schichtfläche abgleitet und sich die Schuttdecke somit trichterförmig verengt. Nach einer erneuten Steilstufe beginnt nun die Kegelaufschüttung. Dieser Schuttkegel ist – wie auch der erwähnte Moränenkranzschuttkegel – **lawinenschneefrei** bedingt durch die **fehlenden Lawinenrunsen**. Die Wasserabläufe auf dem Schuttkegel, die aus den angrenzenden Runsen entstammen, folgen nicht der Kegelscheitellinie, sondern entwässern über eine Steilstufe seitlich im peripheren Teil des Schuttkegels. Die beschriebenen Schuttkegel befinden sich im Übergang zum Schneeschuttkegeltyp, die zu **reinen Schuttkegeln ausapern**. Auf den talabwärtigen Schuttkegeln ist die seichte Lawinenschneedecke bereits fast gänzlich weggeschmolzen bzw. sie liegt dem Kegelleib nur noch oberflächlich auf, so daß hier keine Eiszementmatrix besteht wie bei den echten Schneeschuttkegeln. Interessanterweise konnte hier zum ersten Mal beobachtet werden, daß sich unterhalb der Firnhalden ein kleiner Schuttkranz ausgebildet hat (Photo 47), der auf einen Firnmoränenwall im Sinne von SCHWEIZER (1968) und DÜRR (1970) hindeutet (zur Frage der Genese dieser Schuttwälle s. Kap. B.VII.4.4).

3.2 Evolutive Schuttkörperreihe in Abhängigkeit von der Einzugsbereichshöhe und der Exposition

Die Schuttkörpervorkommen im oberen Nilkanth-Talkessel demonstrieren klassisch die **Abhängigkeit der Schuttkörperausbildung von der Einzugsbereichshöhe** (Abb. 31). Unterhalb den maximalen Einzugsbereichshöhen bilden sich Eislawinenkegel, die zur Gletscherernährung beitragen. Der aus der Steilwand herausexpedierte Schutt wird somit dem Gletscher als späterem Moränenschutt zugeführt.

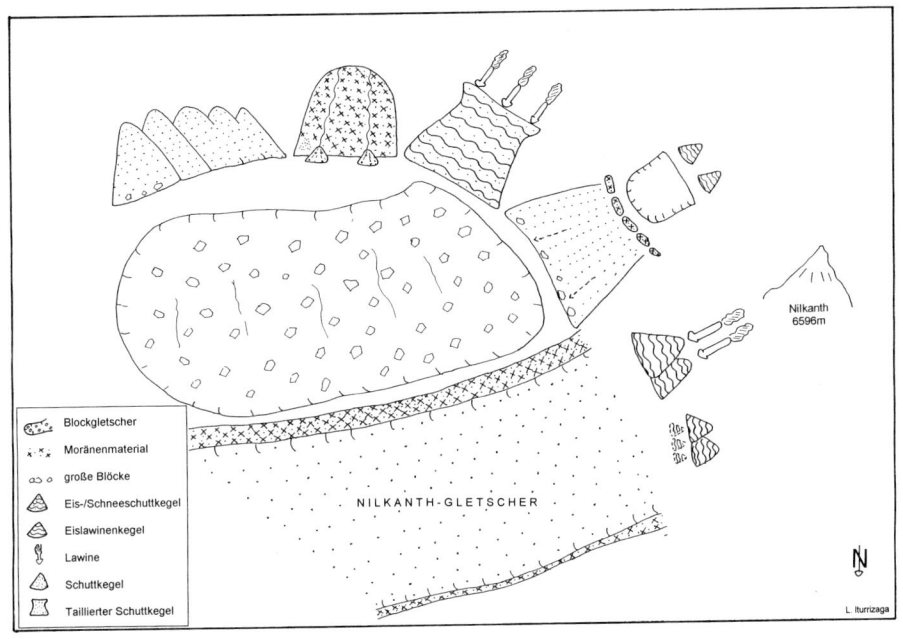

Abb. 31
Eine evolutive Schuttkörperreihe im oberen Nilkanth-Tal zwischen 4100 und 5500 m

In unserem Fall tritt er als den Gletscher gänzlich abdeckende Obermoräne in Erscheinung. Aufgrund sinkender Einzugsbereichshöhen gen S hin reicht die Eislawinenzufuhr hier nur noch aus, um einem auf dem Felsgehänge aufsitzenden Hängegletscher auszubilden. An ihn schließt sich hangabwärts ein moränen-überprägter und durch die Gletscherschmelzwässer abgeflachter Schuttkegel an. In NE-Exposition sinken die Einzugsbereichshöhen weiter ab. Die Lawinenzufuhr ist für die Gletscherbildung zu schwach ausgebildet. Der Schuttanteil überwiegt in den hier ausgebildeten Schneeschuttkegeln. In S-Exposition apern die Schneeschuttkegel – trotz sehr hoher Einzugsbereichshöhe – zu reinen Schuttkegeln aus. In N-Exposition finden wir bei minimalen Einzugsbereichshöhen (4600 m im Paßbereich) eine in Auflösung begriffene Podestmoräne vor.

Auf sie sind beschneite Schuttkegel eingestellt. Reine Schuttkegel schließen sich in NW-Exposition an Einzugsbereichshöhen von unter 5000 m an. Hier wird an einem sehr kleinräumig gewählten Beispiel deutlich, wie sehr die Einzugsbereichshöhen die Ausbildung des Schuttkörpertyps bestimmt.

3.3 Die Schuttkörperformen zwischen 4000 und 3100 m

Im folgenden gilt die Aufmerksamkeit den Schuttkörpern im Bereich des Nilkanth-Trogtales, das von einer Talbodenhöhe von 4000 m bis hinab auf 3100 m zu verfolgen ist (Photos 47 & 48). Wichtig zu erwähnen ist für die zu erörternde Schuttkörperentwicklung der **zweistockwerkige Trogtalaufbau** des Nilkanth-Tals. Von dem Haupttrogtalgefäß hebt sich ein weiteres, in dieses eingeschachteltes und damit jüngeres Trogtalprofil ab, das durch eine sanfter geneigte Abdachungsfläche in das ältere Trogtalprofil übergeht (Abb. 32 und Photos 47 & 48).

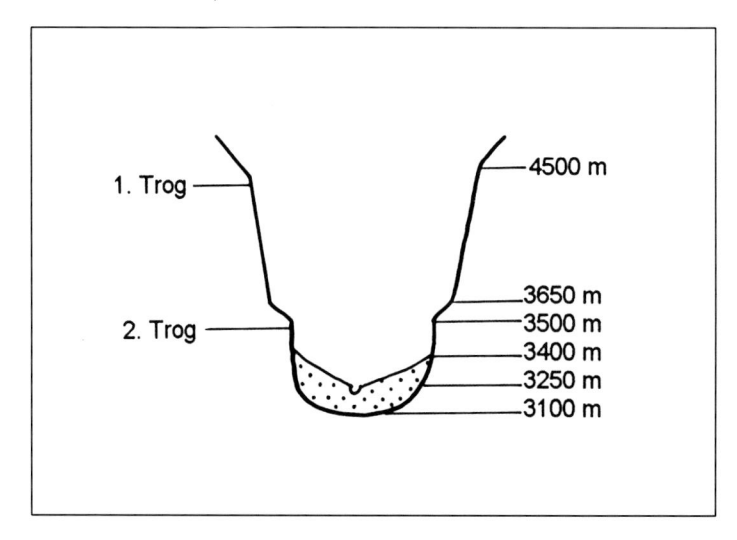

Abb. 32
Zweistöckiges Trogtalquerprofil des Nilkanth-Tals mit ungefähren Höhenangaben aus dem unteren Talverlauf

Diese Übergangsabdachungsfläche ist im unteren Talbereich mit Bäumen und Sträuchern bestanden. Weiter talaufwärts lagert ihr Frostschuttmaterial in seichter Mächtigkeit auf. Zum Gesamtcharakter dieses Talabschnittes läßt sich anmerken, daß die Steilflanken von ineinander verzahnten, mehr oder minder bewachsenen Schuttkegeln gesäumt werden. Diese zeigen sehr **individuelle** Formen und Überprägungen auf. Die Höhe der Schuttkegel reicht von 50 bis 350 m. Zwischen dem Nilkanth-Gletscherzungenende, an das der glaziofluviale Schwemmkegel angeschlossen ist, bis hinab in eine Talbodenhöhe von 3500 m lagern in den distalen Abschnitten fast aller Schuttkegel bis zu hausgroße Blöcke (Photo 48). Auf der orogr. linken Nilkanth-Talseite werden die großteils konsolidierten Sturzschuttkegel durch glazial induzierte, frische Schuttströme zentral und seitlich überfahren. Die Schuttkegel sind hier unmittelbar auf den Talboden eingestellt. An ihrem Fuß befindet sich ein in Längsrichtung des Tals verlaufender Schuttwall. Eine nennenswerte Unterschneidung der Schuttkegel durch den Nilkanth-Fluß, die in Form von Steilkanten ersichtlich werden würde, findet nicht statt. Der Nilkanth-Fluß mäandriert in enger Amplitude in der Verschneidungszone der gegenüberliegenden Schuttkegel. Steiluferabschnitte im verfestigten Lockermaterial sind lediglich bei den moränischen Ablagerungen in 3500 und 3300 m Höhe zu diagnostizieren. Auf diesen Steilkanten stocken bereits Sträucher und Bäume (Photo 48). Auch die Steilwände der Konfluenzstufe in 3200–3100 m zeigen sich bewachsen. Die äußerst geringe Eintiefung des Nilkanth-Flusses spricht – in Anbetracht eines um mehrere hundert Meter tiefer gelegenen Vorfluterniveaus des Alaknanda-Flusses – aufgrund der geringen rückschreitenden Erosion für die **Jugendlichkeit der Schuttkörper** sowie die **heutige oder jüngste Aktivität der Schuttkegel**. Der Talboden wird maximal bis zu 200 m tief mit Schutt und unterlagerndem Moränenmaterial verfüllt sein.

Die Beschaffenheit der Gesteinsflanken ist geprägt von einer äußerst hohen Mürbe. **Nachbruchereignisse** in muschelförmiger und eng getreppter Ausbildung sind durch die unausgeglichene, rauhe Gesteinsfront, bestehend aus stark geklüfteten Gneisen mit zahlreichen Intrusionsgängen versehen, vorgezeichnet (Photo 48). Äußerst morbides, bröckeliges und hoch schuttlieferndes Gestein steht lokal im Nilkanth-Tal an.

Eine bis zu 100 m hohe, über die Schuttkegel aufragende Steilwandstufe, die auf die Gletscherausschürfung zurückgeht, bestimmt die Art des Zusammenhangs zwischen Einzugsgebiet und Akkumulationskörper (s. Abb. 30). So sind die meisten der Kegelkörper nicht direkt an eine Stein- oder Lawinenrunse angeschlossen, sondern werden durch den auf der über der Steilstufe anschließenden flacher geneigten Hangabschnitt mit Schutt beliefert.

Auf der orogr. linken Nilkanth-Talseite befindet sich in einer Höhe von 3550 m eine **Kamesbildung**. Auf den ersten Blick paradox erscheint die Kombination einer mit zahlreichen, frisch anmutenden Abbrüchen versehenen Felswand und einem Schuttkörper mit einer relativ konsolidierten Oberfläche. Der heute konsolidierte Sturzschuttkegel ist auf ein Terrassenniveau glazialer Herkunft eingestellt. Im zentralen Teil der Uferkante ist eine bauchige sekundäre Kegelaufschüttung zu beobachten. Gesetzt, den Fall, das korrelate Sturzmaterial der Abbruchnische befände sich am Grund des Kegels, dann müßte der Kame gemäß der Frische der Abbruchnischen sehr jung sein.

Auf der orogr. rechten Nilkanth-Talseite ist eine Schuttkörperform besonders erwähnenswert. Hierbei handelt es sich um zwischen 300–350 m an Höhe erreichende **Zwillingsmurschuttkegel**. Zwei kurz angeschlossene Steinschlagrunsen, getrennt durch einen Felssporn, beliefern zwei miteinander verwachsene Kegel. Ihr Einzugsgebiet wird von einer 100–150 m messenden Abbruchsfront gestellt. Auffallenderweise lagern an deren Basis keine größeren Gesteinsblöcke. Diese müßten nach der zu mutmaßenden Größe der Gesteinsbrocken durch einen Gletscher abtransportiert worden sein. Auch auf diesem Kegelkörper prägen Murbahnen das Oberflächenbild.

Die nun folgenden Schuttkegel weisen vergleichsweise **geringere flächenmäßige Ausmaße** auf. Sie gestalten sich in ihrer Ausprägung allerdings sehr abwechslungsreich. In einer Höhenlage von 3400 m sind die Schuttkegel auf eine moränische Akkumulation eingestellt. Sie müssen somit **jünger** sein als das entsprechende Gletscherstadium. Zur orogr. linken Seite zeigen sich äußerst grobblockige Schuttkegelaufschüttungen (Photo 48). In einer Talbodenhöhe von 3600 m zeigt sich die Abdachungsfläche über dem 2. Trog mit Busch- und Baumwerk bewachsen, das eine geringe Lawinenbeeinflussung sowie auch eine Inaktivität des Steinschlages belegt.

Weiter talabwärts fällt in einer Höhe von 3300 m eine bis zu ca. 100 m Höhe aufweisende, mit Himalaya-Gräsern bedeckte, sich aus zwei Schuttkegeln zusammensetzende Schuttkörperform ins Auge. Die Hauptbildungsperiode dieser konsolidierten Schuttkegel ist nicht rezent. Heute werden die Schuttkegel – wie an der talaufwärtigen Kegelwurzel ersichtlich – nur vereinzelt mit Schuttlieferungen beschickt. Das Zuliefergebiet erstreckt sich in einer steilen, im metamorphen Gestein angelegten Trogtalflanke. Steinschlagrunsen sind hier nicht ausgebildet, sondern fadenartige Wasserfälle, die sich **linear-erosiv** in den wannenförmigen Fels einschneiden. Die bereits sehr beachtliche Einschneidung in den Fels mag angesichts der geringen Zerschneidung der Kegelleiber durch den Abfluß der Wildbäche verwundern. Auf dem talabwärtigen Kegelkörper hat der Wildbach an dessen Basis einen sekundären Kegelkörper akkumuliert. Beim talaufwärtigen Kegelkörper versiegt der Wildbach in dem kleinen Schuttmeer bereits an der Kegelwurzel.

Die kegelförmigen Schuttkörper werden durch von Steinschlag- und Felssturzabgängen **wannen- bis trogförmige** herauspräparierte Einzugsgebiete begleitet. Diese Ausbildung ist **gesteinsbedingt**. Die Einzugsbereiche der Kegelkörper werden auch teilweise in Form von ehemals **subglazialen Rinnen** gestellt, die in vertikalen Abständen von einigen Dekametern kleine Strudeltöpfe aufweisen. Im unteren Talverlauf finden sich groß dimensionierte, d.h. von einer Länge von bis zu 50 m erreichende Abbruchnischen. Die Begehung der orogr. linken Nilkanth-Talschulter ermöglichte einen Einblick in den Einzugsbereich der Schuttkörper auf der orogr. rechten Nilkanth-Talseite zwischen 3600 und 3300 m Basishöhe. Hier wird ersichtlich, daß ein kleiner steil hinabfließender Hängegletscher den Gipfelbereich umkränzt und die Ernährung für die oben beschriebenen Schuttkörper bildet.

3.4 Phasen der Kegelaktivität

Verschiedene Entwicklungsphasen der **Kegelaktivität** lassen sich im Nilkanth-Tal voneinander abgrenzen:

1. Die post-spätglaziale Schuttkörperentwicklung: Nach dem Rückzug des Nilkanth-Gletscherteilstromes am Ende des Spätglazials erfolgte die Auskleidung des basalen Talgefäßes mit **Grundmoränenmaterial**. Der untere Talabschnitt im Hassanabad-Tal, das hier von der Talanlage in Form eines engen Trogtales als Vergleich herangezogen werden soll, demonstrierte wie schnell eine historische Moränenimprägnierung der Talflanken eliminiert wird. Nach einer anhand der Moränenablagerungen (3300 m) berechneten Schneegrenzdepression von 400 m, sind die moränischen Ablagerungen nach den Gletscherstadien von KUHLE (1994: 260) in das **Neoglazial** einzuordnen (Tab. 1). Daraus läßt sich folgern, daß die Schuttkörper ein maximales Alter von 5000 Jahren besitzen. Zu mutmaßen ist, daß sie wesentlich jünger sind. Unmittelbar nach dem Gletscherrückzug ist die wahrscheinlich aktivste Phase der Schuttkörperbildung anzusetzen.

2. Die postglazial-historische Schuttkegelentwicklung: Die hausgroßen Gesteinsblöcke aus Berg- und Blockstürzen **lagern** den Schuttkegeln **auf** und sind nicht vom Kegelmaterial umhüllt worden. So sind diese zeitlich zwischen der Kegelbildungsphase nach dem letzten Gletscherrückzug im Neoglazial und der heutigen unter Punkt 3 beschriebenen Prozeßdynamik einzuordnen. Diese Nachbruchereignisse laufen in dem steilwandigen Trogtal durch die glaziale Ausformung forciert ab. Die Bewachsung der Schuttkegel mit grasartigen Pflanzen und Kugelpolsterpflanzen ist ebenfalls in diesem Zeitabschnitt wiederzufinden.

3. Das heutige Prozeßgeschehen zeigt sich durch:
a) vereinzelte, teilweise beachtliche Steinschlagereignisse, die auf der Kegeloberfläche inselförmig verstreut abgelagert werden und die zumeist keine eigenständigen Akkumulationskörper bilden. Die frischen Schuttinseln auf den konsolidierten Kegelleibern zeugen von einer rezenten Kegelaktivitätsphase.
b) Felsstürze, die die Kegelkörper älterer Generationen in Form von peripheren Übergußkegeln bedecken.
c) Lawinenabgänge, die Gesteinsmaterial sowohl im mittleren als auch im distalen Kegelbereich ablagern.

d) **Überprägungen durch Wildbäche**, die aber nur eine sehr geringe Einschneidungstiefe von wenigen Dekazentimetern besitzen. Diese Wildbäche schütten aufgrund der geringen Abtransportkraft des Vorfluters kleine **kegelförmige Schuttdecken** auf den Hauptschuttkegelkörper auf.

Auffallend wenig Wald- bzw. Baumbestand findet sich im Nilkanth-Tal an. Im Hathi Parbat-Tal liegt die Waldgrenze bei ca. 3600 m, im Nandakini-Tal etwas tiefer. Inwieweit der fehlende Baumbewuchs als Indiz für die rezente Kegelaktivität gewertet werden kann, bleibt offen. Es ist anzunehmen, daß ein Großteil der Waldflächen für die naheliegenden Siedlungskonzentrationen Badrinath sowie Mana abgeholzt wurde.

3.5 Zusammenfassende Betrachtung

Die Ausprägungen der Schuttkörperformen im oberen Nilkanth-Talkessel hinterlassen das Bild eines seiner Eismassen beraubten Talkessels mit einem sehr heterogenen Schuttkörperformenschatz. Der orogr. rechte Teilabschnitt ist insbesondere schuttüberladen. Grundlegend anders als im Untersuchungsgebiet des Trisul- und Hathi Parbat-Gebietes zeigen sich die Beschaffenheit der Einzugsgebiete bedingt durch die Petrographie. Während die Vergleichstäler typische Runsenstrukturen aufweisen, prägen im Nilkanth-Tal zum einen geschlossene Wandpartien oder andere spezifische lineare Zulieferrunsen die Zuliefergebiete. Im Nilkanth-Tal sind zumeist geschlossene, runsenfreie Gesteinsfronten für das Zuliefergebiet charakteristisch. Nach oben hin sich verbreiternde glazial-induzierte Kerbschluchtrunsen treten im mittleren Nilkanth-Tal auf (vgl. Ausführungen bei KUHLE 1983: 149ff. zu den Wandschluchten).

Bei einer rezenten Schneegrenzhöhe von 5350 m liegen die in einer Höhenlage von 4700–3100 m befindlichen Schuttkörper deutlich **unterhalb der Schneegrenze**. Die **Schuttkörperobergrenze** liegt – primär gesteuert durch die hohen Reliefneigungen – bei etwa 5000 m und damit selbst für den humiden Himalaya sehr niedrig. Die Schuttkörperentwicklung im oberen Talausraum wird dadurch begünstigt, daß der Nilkanth-Gletscher im Talgefäß nur wenig Raum einnimmt und die Lawinenzufuhr an den benachbarten Wänden nicht hoch genug ist, Gletschereis entstehen zu lassen, sondern **kegelförmige Mischschuttkörperformen aus Schutt und Eis**. Im oberen Einzugsbereich des Nilkanth-Talkessels sind die Schuttkörperbildungen geprägt durch **Eis- und Schneelawinenereignisse** sowie durch lawinengenährte Gletscher, die in Form von **Murschuttkegeln mit Moränenkranz** und **Eisschuttkegeln**, zu erkennen sind. Die in größerer Höhe (4600–4750 m) befindlichen Schutthalden des angeschlossenen orogr. rechten Nebentales sind aufgrund ihres niedrig gelegeneren Einzugsgebietes lediglich schneebedeckt und werden von Lawinen bestrichen. **Taillierte Schuttkegel** konnten als Grundrißform einiger Schuttkörper identifiziert werden, die auf Schneedepots sowie Gletscher im Einzugsbereich zurückzuführen sind.

Die fast zu vernachlässigende Einschneidung des Nilkanth-Flusses bedingt eine von oben, d.h. **hangial gesteuerte** und nicht eine basal gesteuerte Schuttkörperentwicklung und steht somit entgegengesetzt zu der Schuttkörperbildung in vielen Tälern des Karakorum. Die basal gesteuerte Schuttkegelentwicklung wird erst einsetzen, wenn die rückschreitende Erosion im Nilkanth-Tal sich stärker bemerkbar macht oder höhere Abflußwerte des Nilkanth-Flusses zu verzeichnen sind. Die Kegelkörper laufen zumeist flach in der Tiefenlinie aus. Die moränischen Akkumulationen, die dem Neoglazial zugeordnet werden konnten, weisen die Schuttkegelakkumulationen als **nicht älter als 5000 Jahre** aus. Hierzu sei noch angemerkt, daß speziell Lawinenkesselgletscher zu surgeartigen Vorstößen neigen, so daß die Schuttakkumulationen im Nilkanth-Tal durchaus noch jünger sein können. Der weite Talausraum im oberen Einzugsbereich des Nilkanth-Tals in einer Höhe von 4300 bis 4100 m bei einer gleichzeitig geringen Vergletscherungsbedeckung des Talkessels erlaubt eine üppige Schuttkörperentwicklung. Die Einzugsbereiche der Kegelkörper variieren von Gletschereis, Lawinenrunsen, Steinschlagrunsen, Bergsturznischen bis zu abwitternden Wänden. In der Zusammenschau weisen die Kegelkörper Überprägungen durch Wasserrinnen, kleine Murbahnen und Steinschlagereignisse auf. Phasen der Kegelkonsolidierung wechseln mit aktiven Perioden der Schuttlieferung. Eine Phase von Fels- und Bergstürzen tritt markant hervor. Die **Jugendlichkeit der Abbruchnischen** und das **Fehlen korrelater Aufschüttungsformen** spricht für einen Abtransport des Sturzmaterials durch einen Gletscher. Das Nilkanth-Tal weist keine reinen Murkegel auf. Zumeist handelt es sich um Mischschuttkörperformen, die durch Steinschlag und Muren aufgebaut werden, wobei erstere Prozeßform überwiegt. Es sind auch keine Verschachtelungen der Schuttkegel vorhanden. Die Ausbildung von **Murkegeln** sowie Murgängen auf Schuttkegeln war nur ansatzweise zu beobachten. Gegen die ausladernde Murkegelbildung sprechen primär **fehlende Schuttmaterialdepots** sowie die relativ hohen Niederschlagswerte über das ganze Jahr verteilt.

Höhenzone	Art der Schuttkörpervorkommen
4700–4100 m	Eislawinenkegel, Schneeschuttkegel, reine Sturzschuttkegel, moränenüberprägte Schuttkegel (Moränenkranzschuttkegel), Überprägungen durch Schmelzwasserrinnen und kleine Murgänge, Einzugsbereiche mit Höhen bis zu max. 6500 m mit hoher Frequenz von Eis- und Schneelawinenabgängen
4100–3700 m	Murschuttkegel mit Höhen bis zu 300 m, z.T. Felssturzhinterlassenschaften an der Kegelbasis, max. Höhen der Einzugsbereiche (z.T. glazial) verweilen unter 5500 m, vereinzelte Lawinenereignisse, zumeist im Frühjahr
3700–3200 m	Größtenteils weitgehend konsolidierte Schuttkegel, teilweise frische Steinschlaginseln auf den konsolidierten Schuttkegeln, max. Höhe nur noch 100 m, Einzugsbereiche (nival) reichen bis auf 4500 m hinauf.

Tab. 4
Die vertikale Verbreitung der Schuttkörpervorkommen im Nilkanth-Tal

4. Die Schuttkörperformen im Hathi Parbat-Tal

Das *Hathi Parbat-Tal*, ein orogr. linkes Alaknanda-Nebental, befindet sich auf der W-Abdachung des in N/S-liche Richtung ziehenden Kamet-Mana-Peak-Gebirgszuges (Abb. 33). Das *Bhuinder Ganga-Tal* gewährt in einer Höhe von 1820 m vom Alaknanda-Tal aus den Zugang zum Hathi Parbat-Tal. Das Hathi Parbat-Tal zeigt hier einen sehr **engen Talquerschnitt**. Die Talflanken ragen **trogtalförmig** empor. **Lawinenereignisse** reichen an der bis zu ca. 3500 m hohen Talflanke bis in eine Höhe von 2000 m hinab. In 2560 m gabelt sich das Bhuinder-Ganga-Tal in das *Valley of Flowers* und in das Hathi Parbat-Tal auf. Das Hathi Parbat-Tal gestaltet sich hier noch **eng-trogtalförmig**. Die Talflanken steigen extrem steil zu den höchsten Einzugsbereichen hinauf. In den an die Schuttkegel anschließenden Runsen befinden sich vielerorts Lawinenschneereste. Die **steilen Stichnebentäler mit Wildbachcharakter** akkumulieren an ihren Talausgängen über zimmergroße Blöcke. Die Akkumulationsformen sind radialstrahlig, aber nicht kegelförmig am Talausgang abgelagert. Ausgedehnte Kegel- und Fächerbildungen existieren in der Tiefenlinie sowie in den Hangbereichen nicht.

4.1 Die obere Hathi Parbat-Talkammer (ab 3500 m talaufwärts)

Der Talschluß weist einen vielfältige Schuttkörperformenschatz aus. Er wird vornehmlich durch **glaziale Einzugsbereiche** bestimmt und wird im N vom *Hathi Parbat* (6727 m) eingerahmt, während der südliche, höchste Gipfel durch den *Barmai* mit 5879 m Höhe präsentiert wird. Die orogr. linke Hathi Parbat-Talseite wird von einer nur knapp 5000 m überragenden Gebirgskette gesäumt. Die zwei bis in das Hathi Parbat-Tal vorstoßenden Gletscher, der *Hathi Parbat-Gletscher* sowie der *Barmai-Gletscher*, prägen die morphologische Talsituation. Während auf der orogr. rechten Hathi Parbat-Talseite in einer Basishöhenlage zwischen 3700 und 4000 m ausladende Murschuttkegel mit glazialem Eingzugsgebiet ausgebildet sind und somit fast den gesamten Talgrund einnehmen, zeigt die orogr. linke Talseite nur verhältnismäßig kleine, steil aufgeschüttete Schuttkörper. Auf der Hathi Parbat-W-Abdachung wird eine Vertikaldistanz von 2963 m über eine Horizontaldistanz von 4 km durchlaufen, das entspricht einer durchschnittlichen Hangneigung von 37°. Der Hathi Parbat-Gletscher stößt bis in eine Höhenlage von 3700 m vor. Seine Zunge würde das Tal fast abriegeln, wenn nicht ein schmaler Ausraum den Schmelzwässern Durchlaß gewähren würde. Die Waldgrenze verläuft bei etwa 3800 m, so daß die Schuttkörper talaufwärts nur noch mit Strauch- und Mattenvegetation überzogen sind. Ab 4000 m setzen die unkonsolidierten Froststurzkegel ein (Photo 49).

4.2 Die eismarginalen Schuttkörper des Barmai-Gletschers

Der *südliche Hathi Parbat-Talkesselabschnitt* wird von dem eislawinengenährten, in nördliche Richtung abfließenden *Barmai-Gletscher* ausgefüllt, der hauptsächlich von Eislawinen des *Barmai* (5879 m) sowie aus der benachbarten orogr. rechten Talflanke heraus durch Gletscherzuströme ernährt wird (Abb. 33). Ab einer Höhe von ca. 4300 m zeigt der Gletscher bis zu seinem Gletscherzungenende in 3900 m eine **starke Verschuttung** seiner Oberfläche auf. Die Gletscheroberfläche geht in Form einer Satzendmoräne in die eher rundkuppigen, mehrere Dekameter hohen Uferrinnenmoränenwälle über. Blickt man von der Gletscherzunge talaufwärts, so sieht man, wie die Tiefenlinienlandschaft gänzlich mit Schutt bedeckt ist. In den Ufertälchen, deren Talböden lediglich aus der Verschneidung von Ufermoränenaußenhang und den angrenzenden Hangschuttkörpern besteht, restieren im Sommer **Altschneeinseln**. Auf den teilweise eisglatten Oberflächen sammeln sich Gesteinsstücke der Hänge. Beim Abtauen dieser Schneeinseln verbleiben dann u.U. Schuttwälle und -hügel. Beidseits des Barmai-Gletschers sind ab einer Basishöhe von 4300 m auf der orogr. linken und ab 4200 m auf der orogr. rechten Hathi Parbat-Talseite Hangschuttkörper ausgebildet.

Die Schuttkörpervorkommen auf der orogr. rechten Hathi Parbat-Talseite in der Höhenlage von 4400 m: Die Einzugsbereiche der orogr. rechten Hathi Parbat-Talseite reichen im Talschluß bis knapp auf 6000 m hinauf. Die Gesteinsschichten streichen südwärts in die Luft aus und bilden die höchsten Erhebungen in Form isolierter Gipfeltrabanten aus (Photo 49). Auf den N-exponierten, gestaffelten Schichtflächen sammelt sich der Schnee, der durch **Lawinenrutsche** entweder auf der Gletscheroberfläche deponiert wird oder in Lawinenrunsen einmündet. Die Barmai-Gletscheroberfläche liegt im oberen Einzugsbereich zwischen 4500 und 4300 m. Die auf der orogr. rechten Hathi Parbat-Talseite angrenzende, N-exponierte Talflanke wird in ihrem Wandfußbereich von **Eislawinenkegeln** eingenommen, die unmittelbar mit dem Barmai-Gletscher verschmelzen. Ihre Höhe mißt wenige Dekameter bis zu 200 m. Ernährt werden sie durch bis zu über 500 Höhenmeter über den proximalen Kegelbereich hinaufragende Einzugsgebiete.

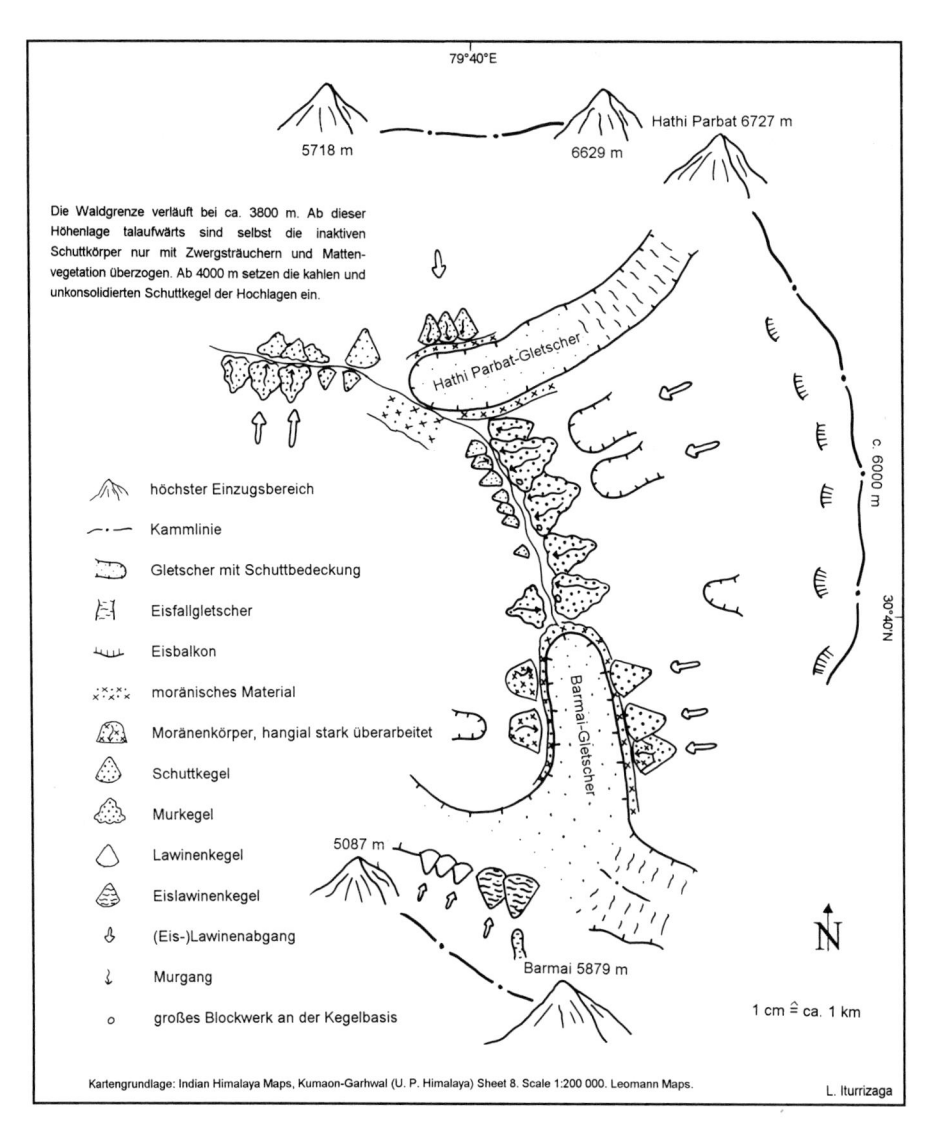

Abb. 33
Übersichtskarte der Schuttkörpervorkommen im oberen Hathi Parbat-Tal

Die Einzugsbereiche sind zum einen durch steil hinaufragende Felspartien gekennzeichnet, die nur auf flacheren Gesimsstellen Schnee- und Eisdeponien erlauben. Hier finden wir die **kleineren Schnee- und Eislawinenkegel** vor. Zum anderen weisen sie sich durch schmale, längliche Runsen aus, die sich hangaufwärts **trichterförmig verbreitern** und Mulden zur Schneeakkumulation bieten. Sie sind durch zahlreiche Lawinenabgänge bereits stark zerfurcht. Eine benachbarte Runse wird bei **gleicher Einzugsbereichshöhe** wie die mit schneebelegtem Trichter zwischen zwei hervorspringenden Felsbastionen von einem schmalen **Eisfall** eingenommen, der hangabwärts in einen **Eislawinenkegel** übergeht. Der Runsentrichter bietet anscheinend **günstige** Schneeakkumulationsflächen. Auf der Oberfläche des Eislawinenkegels treten **inselartig die Schuttbeimengungen** der Eislawinenabgänge zutage. Ab dieser Höhenlage von ca. 4300 m beginnt der Barmai-Gletscher extrem stark zu **verschutten**. Die weiter talabwärts angeschlossenen Eisfälle sorgen für eine weitere Schuttzufuhr bzw. die Höhenlage unterhalb der Schneegrenze erlaubt das **Austauen des Schuttes** auf der Gletscheroberfläche. Der durch die Eislawinen produzierte Schutt, der dem Gletscher zugeführt wird, geht der Schuttkegelbildung gewissermaßen **verloren**.

Ab einer Basishöhe von 4200 m setzen in das orogr. rechte Ufertal geschüttete Steinschlagkegel ein (Photo 49). Diese **Ufertalsteinschlagkegel** unterscheiden sich von den reinen Sturzschuttkegeln durch das Fehlen bogenförmiger distaler Bereiche und ihre geringe Unterschneidung sowie durch ihr moränisches Fundament. Prinzipiell läßt sich weiterhin festhalten, daß das Wachstum der Schutthalden, die an stabile Seitenmoränenwälle grenzen, dadurch begünstigt wird, daß die Anhäufung von Grobschutt ein stabiles Widerlager für das spätere vertikale Wachstum der Halde schafft. Der talaufwärtigste der in Rede stehenden Steinschlagkegel zeigt auf halber Höhe seines Schuttleibes einen **Moränenkranz mit hangabwärtigem Podest** (Photo 49). Im Einzugsbereich befinden sich heute nur noch über die Gipfelleisten lappende Eisbalkone. Die Runsen der Einzugsbereiche sind fingerförmig verzweigt. In ihnen liegen jetzt, Anfang Oktober, Schneeeinlagerungen bis hinab in eine Höhe von circa 4700 m. Das Moränenpodest hebt sich durch seinen partiellen Bewuchs deutlich von dem umgebenden Schutt des Steinschlagkegels ab. Durch Schmelzwasserabflüsse wird das Moränenpodest **heute fluvial zerschnitten**. Das Moränenmaterial wurde bereits so häufig umgelagert, daß sich der Moränenkörper – vor allem in seinem zentralen Teil – in einen Schuttkegelkörper zu **verwandeln** beginnt. Der benachbarte talabwärtige Steinschlagkegel zeigt sich **ohne** eine derartige Überformung. Die zwischen beiden Schuttkegeln hervorragenden Felsbastionen werden im Laufe der Zeit mit in die Schuttkegel eingearbeitet und die jetzt noch voneinander getrennten Kegel werden zu einer Halde **zusammenwachsen**.

Weiter talabwärts ab einer Kegelbasishöhe von 4000 m setzt eine auffällige **Überformung der kegelförmigen, schütter mit Vegetation bewachsenen Schuttkörper durch Murgänge** auf der orogr. rechten und linken Hathi Parbat-Talseite ein (Photo 50). Die Überformung der **ehemaligen Steinschlagkegel** ist allerdings soweit fortgeschritten, daß der Murprozeß dominant ist und die Schuttkörper als **Mursturzkegel** – einer Kombination von Mur- und Sturzprozessen – einzuordnen sind. Die **Oberflächenneigung** dieser Kegelkörper nimmt mit zunehmendem Einfluß von Murgängen ab. Sie liegt hier zwischen 5-8° im distalen Kegelbereich und steigt bis zu 25-30° im proximalen Kegelbereich an. Hinzu kommt, daß das **Widerlager** der Ufermoräne im Gegensatz zu den talaufwärtigen Schuttkörpern **fehlt**, so daß der Schuttkegel sich fächerförmig ausbreiten kann und ein flacherer Aufschüttungswinkel begünstigt wird. Ein frischer, in diesem oder vorhergehenden Jahr abgegangener Murgang durchzieht die Kegeloberfläche. Der von **Schuttdämmen** begleitete Murgang wird durch blendend graues, frisches Gesteinsmaterial gebildet. Im Einzugsbereich des Schuttkegels kann man eine steil hinabhängende Gletscherzunge erblicken, an die sich eine ca. 200 m lange Runse in der Felswand anschließt, die die Verbindung zum Kegelkörper schafft. Die Gletscherzunge liegt schätzungsweise in einer Höhe von 4400 m. **Rasche und reichliche Schmelzwasserabgänge** mobilisierten das Kegelschuttmaterial und führten zur **oberflächlichen Zerfurchung** des Kegelleibes. Die Murgänge vergangener Abgänge sind **radialstrahlig** über die Kegeloberfläche verteilt.

Nordwärts, d.h. Hathi Parbat-Tal talabwärts, steigen die Talflanken bis auf etwa 6500 m an. Hier werden zwei kurze Hängegletscher mit breiter über Felsvorsprüngen endenden Zungenenden entsendet. An sie schließen sich **weit ausladende, flach auslaufende Murschuttkegel** an. Die Kegelleiber zeigen ein stark **konkav-durchhängendes** Längsprofil. Ihre Zuliefergebiete sind klar durch Felsriegel voneinander abgetrennt. Die Neigung der Murschuttkegel beträgt im distalen Bereich zwischen 3-7°. Knöchelhohe Rasengesellschaften sowie kniehohe Gebüsche überziehen die Kegeloberflächen. Schmale Murgänge zerfurchen radialstrahlig die Kegeloberfläche. Bis zu stuhlgroße, vereinzelt auch tischgroße Blöcke liegen verstreut, teilweise linienförmig, teilweise konzentrisch angeordnet im distalen Kegelpart als Gesteinsfracht ehemaliger Murgänge. Zum Teil sind die Blöcke mit Flechten überzogen. Die in einer Höhenlage von 4100–4200 m unterhalb der Schneegrenze endenden Hängegletscher zeigen an ihren Zungenenden gletschertorähnliche Schmelzwasseraustrittsstellen. An einigen Lokalitäten ziehen sich über die steilen Felsgehängepartien fadenartige Wasserfälle. Schlagartige und vermehrte Schmelzwasserauslässe in den Sommermonaten (Gletscherstuben) verlagern das Schuttmaterial und führen zu **glazial induzierten Murgängen**, die die Schuttkegeloberfläche in zahlreiche **Wallstrukturen** zerlegen. Bei den Murgängen handelt es sich lediglich um die **Resedimentation** des Murkegelmaterials und nicht um frische Schuttzufuhr. Als Fazit läßt sich festhalten, daß die sich unmittelbar an die Gletscher anschließenden Schuttkegel **flacher** sind als die Schuttkegel mit langer Zulieferrunse.

Die Schuttkörperformen auf der orogr. linken Hathi Parbat-Talseite in der Höhenlage von 4400 m: Zur orogr. linken des Barmai-Gletschers ist im obersten Talbereich noch kein Ufertal ausgebildet. So schließt sich an die Gletscherfläche ein breites Schuttpodest von äußerst grobblockiger Zusammensetzung an. Bis zu zimmergroße Blöcke sind in diesem kleinen Schuttmeer enthalten. In einer Basishöhe von 4400 m ist eine 150 m hohe Felswand zu erblicken, die basal Schutthalden aufzeigt. Der Einzugsbereich, der nicht bis oben hin eingesehen werden konnte, ist beachtlich niedrig. So zeigt sich die Felswand aufgrund der **geringen Reliefenergie** relativ geschlossen. Steinschlagrunsen sind nicht herauspräpariert worden. Die Schuttstücke des Kegels sind zumeist kantig und bis zu stuhlgroß.

4.3 Die Transformation von glazialen zu rein hangialen Schuttkörpern

Auf der *orogr. linken Hathi Parbat-Talseite* fallen zwei Schuttkörperformen ins Auge, die man auf den ersten Blick als „geköpfte Schuttkegel" einordnen könnte. Ihnen fehlt im oberen Drittel abrupt der Anschluß zu einem höher hinaufragenden Einzugsgebiet (Photo 50). Extrapoliert man die Schuttkörperoberflächenneigung höhenwärts, so streicht die Oberfläche sprunghaft in die Luft aus. Auf den zweiten Blick und von einem höheren Standpunkt aus sieht man die **eingebuchtete Form des oberen Kegelabschnittes** sowie die sehr **feinkörnige Matrix** des Schuttkörpers, die auf seine glaziale Genese hindeuten. Diese Schuttkörperformen sind **primär** als **Podestmoränen** anzusprechen. Die unter 5000 m verweilenden Einzugsbereiche entsendeten **während des Neoglazials** nur sehr kurze Gletscher, die keinen Anschluß zum Barmai-Gletscher fanden und podestmoränen-artige Schuttdeponien an den Nebentalausgängen hinterließen. Das Material ist – obwohl es im eigentlichen Sinne Moränenmaterial ist – durchgängig **kantig**, was auf die äußerst geringe Transportentfernung des Geschiebes zurückzuführen ist. **Rezent** werden die Moränenkörper von **Hangprozessen** überformt. Markant zeichnet sich dies am talaufwärtigen Moränenkörper ab, der zentral durch einen jungen **Murgang** mit entsprechendem **Schuttlobus** eingeschnitten wird. Der Schuttlobus ist auf die in dem kleinen Ufermoränentälchen abgelagerte Altschneeinsel eingestellt. Schmelzwässer, die sich in dem glazial geformten Becken auf dem Moränenschuttkörper gesammelt haben und deren rasche Abfuhr einen Durchbruch der oberen Moränenrampe verursacht haben, könnten auslösend für das Murereignis gewesen sein. Die verbleibende Schuttmantelfläche wird ebenfalls von aneinandergereihten, bereits vernarbten Murgängen eingenommen. Vor allem von den angrenzenden Talflanken wird der sich im Verfall befindliche Moränenkörper mit frischem Frostschutt beliefert und durch von dort abgehende Schneerutsche und kleine Lawinen überformt.

Durch die **heutigen linear-erosiven Prozesse** wird die steile Rampenform der Podestmoräne zerstört, die Oberflächenneigung herabgesetzt und in ferner Zeit schließlich ein **ausgeglichenes Tiefenlinienlängsprofil** produziert, so daß der Schuttkörper in einem gleichsinnigen Gefälle Anschluß zu seinem Einzugsbereich findet. So wird das Moränenmaterial im Laufe der Zeit immer wieder **umgelagert** und das **Feinmaterial ausgespült** werden, bis schließlich die Einzelkomponenten in ihrer Gesamtheit **nicht mehr als glazigen,** sondern vornehmlich als **hangial** auszuweisen sind.

In struktur-geomorphologischer Hinsicht sind die Schuttkörper in den Ausräumen **zwischen Schichtkopfhang und -fläche** der metamorphen Schiefer eingelagert. In der Schichtkopfwandfußpartie sowie im Übergang von den auf den Schuttkörper einfallenden Schichtflächen zur Schuttkörperfläche befinden sich bevorzugt Schneeflecken. Der Einzugsbereich ist als nival bis glazio-nival einzuordnen. Ein aus der Moränenform abgesetzter länglicher, vegetationsbesetzter Schuttkörper ist noch augenfällig.

4.4 Ein Einschub: Wie ist die Genese der den Schuttkegeln auflagernden „Wallbögen" und „Einmuldungen" zu erklären?

Im oberen Drittel der **heutigen Sturzschuttkegel** konnten **wallförmige Schuttbögen**, die sehr sauber vom Schuttkegelkörper abgegrenzt sind (Photo 49), häufiger beobachtet werden. Sie queren den Kegelkörper in isohypsenparalleler Richtung. Dieserzeit werden die Wallbögen durch Schmelzwasserabgänge **zerschnitten**. Es handelt sich also um eher **inaktive Schuttkörperpartien**, was für eine Zusammensetzung aus moränischem Material spricht. Schneeflecken befanden sich im Sommer in den hangaufwärtigen Einmuldungen hinter den Wällen nicht.

Zu diesen Erscheinungsformen hinleitende Geländebeobachtungen aus den **Alpen** finden sich bei KREBS (1925: 99-108) und bei FROMME (1953: 115), die „**Schneeschuttwälle**" beschreiben, sowie bei DÜRR (1970: 39-40) und SCHWEIZER (1968: 119-122), die von „**Firnmoränen**" sprechen. Unter „Schneeschuttwällen" im Sinne von KREBS werden **moränen-artige Schuttwülste** verstanden, deren Genese auf das über einen auf der Schutthalde befindlichen **Schneefleck** hinabrollende Geröll, das sich am Fuße des Schneeflecks zu einem Wall sammelt, zurückgeht (protalus ramparts). Allerdings sprechen gegen diese Auffassung die Beobachtungen von DÜRR (1970) und SCHWEIZER (1968), die zeigen, daß der hinabstürzende Schutt zumeist **im Schnee restiert** und nur manchmal das Ende des Schneeflecks erreicht, so daß hiermit die konzentrierte Schuttansammlung nicht erklärt werden kann. Die beiden Autoren fassen diese Wallbögen als „Firnmoränen" am Fuße perennierender Firnflecken auf. Der Schutt **wandert mit den Schneemassen** hangabwärts und schmilzt am Ende des Firnflecks oder der -halde aus. Des weiteren sei noch angemerkt, daß bereits DREW (1873: 445) in seinen Studien in Ladakh darauf hingewiesen hat, daß sich am Fuße schneebedeckter Schuttkegel aufgrund des Hinabrollens von aus der Wand abgewittertem Schutt über die Schneedecke beachtliche Steinwälle bilden können, die nicht mit Moränen zu verwechseln seien. Die Frage bei den Wällen in unserem Fall ist also, ob es sich um vorzeitliche Formen, d.h. Moränen, oder um Jetztzeitformen, d.h. um Schneeschuttwälle, handelt. Von den beschriebenen Firnmoränen (DÜRR 1970: 39-40, SCHWEIZER 1968: 119-122) bzw. Schneeschuttwällen (KREBS 1925: 99-100) unterscheiden sich die in Rede stehenden Wallbögen im **Himalaya** erstens durch unmittelbar angeschlossene Gletscherenden an den Kegelapex sowie zweitens durch die Lage des Walles im Apex und nicht im distalen Kegelbereich. 1. sowie 2. legen in unserem Beispiel eine eher **glaziale Genese** der Wallkörper nahe. Es fragt sich nun, ob es sich bei den in Rede stehenden Wallbögen um eine „echte Moräne" handelt, d.h. die Gletscherzunge dem Schuttkörper ehemals aufgelegen hat oder ob sich im Apexbereich eine **perennierende Firnhalde** befunden hat und der Wallbogen als „Firnmoräne" ausgewiesen werden kann. Aktuell – in den Monaten September und Oktober – konnten an keinem der Wallbögen Schneeflecken gesichtet werden. Es handelt sich hier um Rückzugsrelikte vergangener Gletscherendlagen.

Nun noch eine abschließende Bemerkung zur **Altersfrage** der Wallbögen: Die Wallbögen sind auf jeden Fall – handle es sich nun um echte Moränen oder um das Produkt von perennierenden Firnhalden – als rezent nicht in Weiterbildung befindliche Formen anzusprechen. Die Existenz solcher **quer** zur Hauptablagerungsrichtung des Schuttkegels liegenden Schuttwälle und ihr relativ **guter Erhaltungszustand** impliziert, daß die Schuttwälle sehr jung sein müssen oder die Schuttkegelaktivität sehr gering ist, da die Wallbögen noch in sehr prägnanter Form erhalten sind. Die Standfestigkeit der Wallbögen läßt sich auf Permafrost im Innern dieser Schuttkörper zurückführen.

4.5 Die Schuttkörperformen auf der orogr. linken Hathi Parbat-Talseite zwischen 4000 und 3700 m

Talabwärts, unterhalb der Barmai-Gletscherzunge, schließen sich auf der *orogr. linken Hathi Parbat-Talseite* mit Vegetation bedeckte, steil aufgeschüttete Schuttkegel mit einer Vertikaldistanz von einigen Dekametern bis zu ca. 100 m an. Das Einzugsgebiet reicht kaum höher als 4500 m hinauf und liegt damit höhenmäßig deutlich unter der bis zu über 6000 m messenden orogr. rechten Hathi Parbat-Talseite. So finden wir hier größtenteils unvergletscherte und im Sommer schneefreie Talflankenabschnitte vor. Die Schuttkörperentwicklung sowie der Ausbreitungsradius der Schuttkörper auf dieser Talseite sind äußerst gering. Die ausladenden Murschuttkegel der gegenüberliegenden Talseite beherrschen den Talgrund und drängen den Hathi Parbat-Fluß auf die orogr. linke Talseite. In einer Talbodenhöhe von 3800 m setzen die Schuttkegel aufgrund einer an der Talflanke heftenden moränischen Akkumulation aus. Sie ist mit dichtem Strauchwerk besetzt und wird zentral durch einen Murgang zerschnitten. Die anstehenden metamorphen Schiefer sind höhenwärts freigelegt, liefern heute aber nur einen geringen Schuttabwurf. Der 5000 m hohe Einzugsbereich wird über eine Konfluenzstufe erreicht.

4.6 Die Schuttkörperformen unterhalb der Hathi Parbat-Gletscherzunge

In das orogr. rechte Hathi Parbat-Ufermoränentälchen sind zwischen einer Basishöhe von 3700 und 3900 m Sturz- und Mursturzkegel unmittelbar **gegen die Ufermoräne** geschüttet. Die orogr. rechte Ufermoräne des Hathi Parbat-Gletschers limitiert den maximalen Ausbreitungsradius der Schuttkegel. Der Ufermoränenaußenhang, der sich von der Ufertaltiefenlinie noch um 20-50 m höhenwärts absetzt, ist im Gegensatz zu den nahezu **baumfreien** Schuttkegeln mit einem dichten Waldbewuchs bestanden. Die Mursturzkegel sind mit niedrigen Himalaya-Polsterwuchspflanzen besetzt. Wasserrinnen im Übergang zu Murbahnen ziehen auf den **bauchigen** Kegeloberflächen vom Kegelscheitel aus seitlich talabwärts. Lediglich ein Murgang wird durch Baumbestand begleitet. Im Apexbereich der Schuttkegel befinden sich Lawinenschneereste. Der **fehlende Baumbewuchs** – der eigentlich in dieser Höhenlage und auf diesem Untergrund gegeben wäre – spricht für die Überfahrung der Kegeloberfläche durch **Lawinenereignisse**. Die Mursturzkegel zeigen ein **konvexes Kegeloberflächen-Längsprofil** und wirken durch ihre bauchige Form äußerst schuttgesättigt. Die Größe der Kegel nimmt talabwärts zu und es fragt sich, ob **die Abnahme der Kegelgröße talaufwärts** mit den **Deglaziationsphasen zu korrelieren** ist, d.h. also mit dem kürzeren für die Schuttkegelbildung zur Verfügung stehendem Zeitraum. Zu dieser Frage kann vorerst lediglich bemerkt werden, daß durch die **Kappung** der heutigen orogr. rechten Hathi Parbat-Ufermoräne die Schuttkegelgröße zwangsläufig kleiner gehalten ist, es sich also um eine räumlich-geometrische Zwangsläufigkeit handelt.

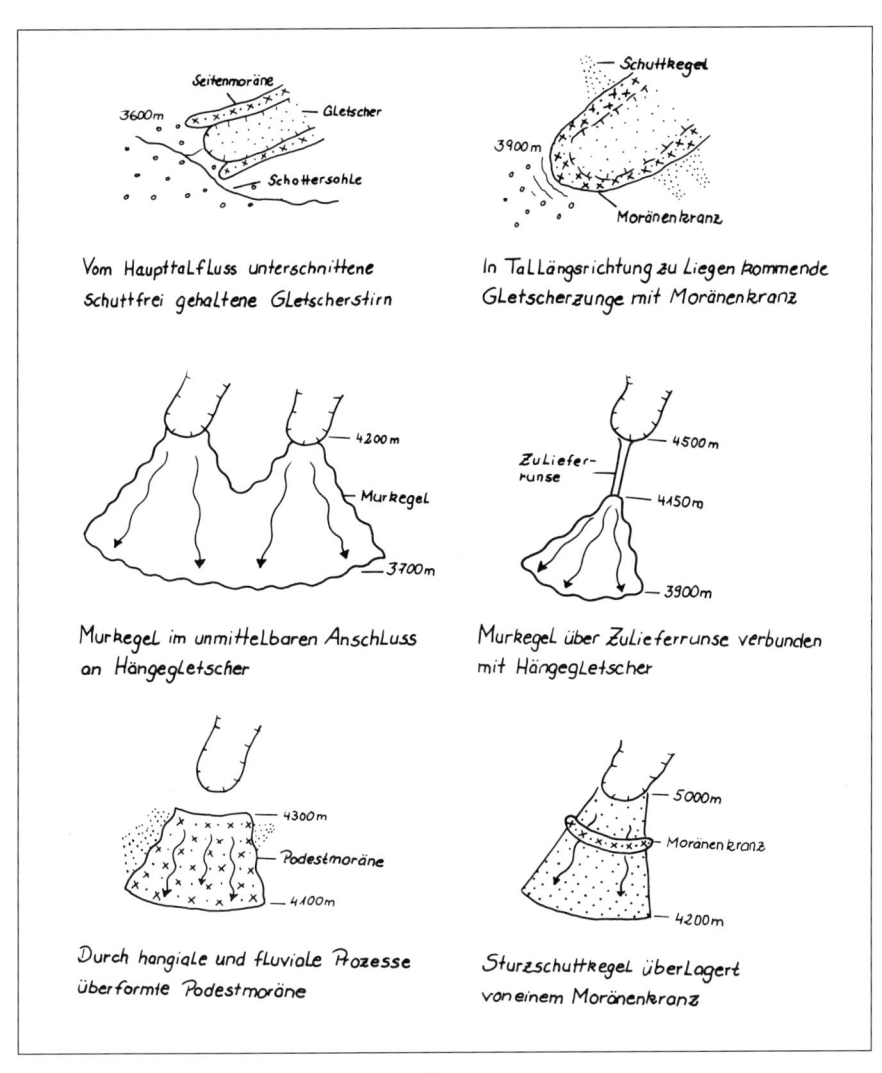

Abb. 34
Die Schuttkörpervorkommen unterhalb verschiedener glazialer Einzugsbereiche im oberen Hathi Parbat-Tal

Ein ähnliches Schicksal müßte theoretisch auch den talabwärtigen Schuttkegeln bei einem vorangegangenen Gletschervorstoß beschieden gewesen sein. Allerdings sollten die Schuttkegel dann auch ein **moränisches Fundament** aufweisen, das aber **nicht** beobachtet werden konnte. Die in Betrachtung stehende S-exponierte Talflanke reicht nur bis auf ca. 4500 m hinauf und ist heute (im Monat Oktober des Jahres 1993) gänzlich **gletscher- und schneefrei**. Selbst an Verebnungsstellen sind keine Schneedepositionen zu sichten. Die Talflanke zeigt eine äußerst **beanspruchte Oberflächenstruktur**. Lauter kleine Felsabbrüche reihen sich mosaikartig aneinander. **Frische Abbrüche** sind insbesondere 200 m über dem Apexbereich der Schuttkegel an den ausbeißenden Schichtköpfen vorzufinden. Korrelate größerflächige **Schuttinseln** sind auf dem Kegelmantel verstreut. Es fragt sich, ob ausschließlich die heutige Morphodynamik für die Morbidität der Talflanke verantwortlich zu machen ist. Das würde bedeuten, allein die winterlichen Lawinenabgänge würden das Gestein derart beanspruchen. Es könnte aber auch eine Instabilisierung des Gesteinsverbandes durch vorzeitliche Prozesse in Frage kommen.

Ab einer Schuttkegelbasishöhe von 3550 m setzen Schuttkörperformen ein, die gänzlich mit Wald bestanden sind. Die **Weiterbildung** dieser Schuttkörper findet nur noch **partiell** statt. Vereinzelt sind an den Wandfüßen frische Schuttinseln auszumachen. Wasserrinnen und Murgänge kleineren Ausmaßes zerfurchen die Schuttkörperoberfläche. Schneisen im Wald zeugen von Lawinenereignissen. Die eigentlichen schuttkörperaufbauenden Prozesse des Steinschlages sowie der Schuttzufuhr durch Lawinen und ehemals auch durch Eislawinen zur Zeit der Initialphase sind vergleichsweise **inaktiv**. Wir finden hier den Fall vor, daß in der **postglazialen Wärmezeit** keine Zerschneidung, sondern eine **Konservierung** der Schuttkegel in dieser Höhenstufe vorzufinden ist (vgl. LEIDLMAIR 1953: 31). Die Unterschneidung durch den Hathi Parbat-Fluß ist – wie durch die niedrigen Kegelufersteilkanten von nur 1 m offenbar wird – gering. Die hier inzwischen bis 5100 m hinaufreichenden Einzugsbereiche auf der orogr. rechten Hathi Parbat-Talseite sind – soweit es beobachtet werden konnte – **gletscherfrei**. Einige Schnee- und Firneisinseln lagern auf den Felsgesimsen. Die lehnstuhlsessel-geformten Einzugsbereiche bieten allerdings sehr günstige **Schneedepositionsmöglichkeiten**, die im Frühjahr in größeren **Lawinenabgängen** abgehen können.

In den Zulieferrinnen, die teilweise durch ihre weit **fortgeschrittene** Rückverlegung in die Felswand Schluchtcharakter annehmen, lagern vielerorts Lawinenschneereste. Deutliche Konfluenzstufen, die mit Moränenschutt bzw. Blockgletscher belegt sind, münden auf der orogr. linken Hathi Parbat-Talseite mit Stufenhöhen von 300 m in das Haupttal. Heute werden diese glazial rund geformten Felspartien **linear-erosiv** zerschnitten. Orientiert ist die Schuttkegelausbildung an die Schichtstufenstruktur. An der Nahtstelle zwischen Schichtfläche und -kopf gleitet der Schutt hinab und wird am Hangfuß kegelförmig aufgeschüttet. Abb. 34 faßt die Schuttkörper im oberen Hathi Parbat-Tal, die unmittelbar im Anschluß an glaziale Einzugsbereiche aufgeschüttet sind, zusammen. Insbesondere unter den steil hinabhängenden Gletscherzungen sind **sanderartige Murkegel** ausgebildet.

4.7 Zur Altersstellung der Schuttkörper

Die **heutige Schneegrenze** im Hathi Parbat-Einzugsbereich liegt bei 5100 m. Eine Schneegrenzabsenkung von 300 m wäre notwendig, damit der folgende, talabwärtige Hathi Parbat-Talabschnitt bis auf eine Talbodenhöhe von 3100 m vergletschert wäre. Ein Schneegrenzabsenkungsbetrag von 300 m fällt in das **Neoglazial** (Tab. 1). D.h. die in Rede stehenden Schuttkörper bestanden vor dem Zeitraum von 5000 bis 1700 Jahren vor heute noch nicht oder wurden gegen den Gletscherkörper in Form von Kames geschüttet. Erst nach der Deglaziation, d.h. für den betreffenden Talabschnitt vor maximal 5000 Jahren vor heute, konnten sich die Schuttkegel talbodenfüllend auf dem vom Gletscher zurückgelassenen Grundmoränenmaterial bilden. Moränisches Material konnte am Talgrund, d.h. an der Kegelbasis nicht mehr eindeutig identifiziert werden. Das moränische Material muß durch die hangiale Schuttzufuhr gänzlich umgelagert und überschüttet worden sein.

4.8 Die Schuttkörperausbildung im Anschluß an Gletscherzungen

Der von orogr. rechts einmündende *Hathi Parbat-Gletscher* liegt der Haupttalschottersohle auf und geht nahtlos, d.h. ohne nennenswerte Schuttakkumulationen in diese über. Die breite, frisch durchspülte Schottersohle weist auf einen für das Tal vergleichsweise hohen Schmelzwasseranfall des Hathi Parbat-Gletschers sowie auf einen hohen Schuttabtransport hin. Bei einem angenommenen Rückzug des Hathi Parbat-Gletschers in sein Talgefäß zurück, würde sich an die Gletscherzunge ebenfalls ein kegelförmiger Schuttkörper anschließen, der sich zwanglos in die benachbarten Kegel einreihen würde, wie dies weiter talaufwärts zu beobachten ist. Die Ufermoränen würden nach einiger Zeit von dem Kegelkörper mit einverleibt werden. Der Barmai-Gletscher endet als Haupttalgletscher ohne eine Kegelbildung ebenfalls flach aufliegend auf der Hathi Parbat-Schottersohle mit einer mächtigen, den Gletscher umrahmenden Endmoräne. Das Gletschereis wird durch den auflagernden Schutt in hohem Maße vor der Ablation geschützt. Das talabwärtige Schotterbett ist sehr schmal ausgebildet. Der ebenfalls hoch schuttbelastete Hathi Parbat-Gletscher wird an seinem Zungenende vom Hathi Parbat-Fluß unterschnitten, so daß die Gletscherzunge von Schuttakkumulationen sauber gehalten wird und damit ungehemmt Schmelzprozessen ausgesetzt ist. Am Beispiel der dem Talboden **flach auflagernden Hathi Parbat-Gletscherzunge** wird die **Beziehung zwischen Schuttkörperbildung und von dem sich an das Gletscherende anschließenden Gefällsknick** deutlich. Der von der Gletscheroberfläche in die Talsohle freigegebene Schutt, d.h. das Obermoränenmaterial, wird in die Schottersohle als **kanalisierter Schuttkörper** eingebunden. Die **steilen Hängegletscher** transformieren die unterhalb angeschlossenen Kegelleiber durch „Moränenkränze", die aber auch eher als **gestauchte Schuttkörperdeponien** bezeichnet werden können. Die sehr hoch endenden Gletscher, also knapp unterhalb der Schneegrenze, zerfurchen die Schuttkegel aufgrund ihres geringeren Schmelzwasserabflusses nur gering. Unterhalb der steil hinabhängenden Gletscherzungen, die bei 4200-4100 m enden, schließen sich großzügig ausgebildete Murschuttkegel an, die durch in Gefällsrichtung verlaufende Moränenleisten zerteilt werden. In der Höhenlage zwischen 4100-4300 m befinden sich podestmoränen-artige Schuttkörper, die heute maßgeblich von hangialen Prozessen überformt werden. Befände sich hier kein Haupttalgletscher, so würden durch das fehlende Widerlager flachere Schuttkegelbildungen präsent sein. Unterhalb eines mit Vegetation besetzten **Blockgletschers** (3500 m) auf der orogr. linken Hathi Parbat-Talseite schließt sich ein sehr grobblockiger kleiner Murkegel mit wildbachartiger Zulieferbahn an.

4.9 Zusammenfassung

Zwischen 3700 und 3900 m sind **Ufertalschuttkegel** auf der orogr. rechten Hathi Parbat-Gletscherseite ausgebildet, am Barmai-Gletscher zwischen 4000 bis 4300 m. Oberhalb von 4300 m Basishöhe überwiegt die Schnee- und Eiszufuhr, so daß hier **Lawinen- und Eislawinenkegel** vorkommen (Abb. 33). **Moränische Depositionen** befinden sich durch die Neuschuttzufuhr der angrenzenden Hänge und der fluvialen Umlagerung im **Wandel zu hangialen Schuttkörpern**. Während oberhalb von 4000 m die **unkonsolidierten Sturzschuttkegel** dominieren, setzen talabwärts mit **Vegetation besetzte Schuttkörperformen** ein. Die durch Murgänge überprägten Schutthalden, die **Mursturzhalden**, zeigen ein deutlich flacheres Längsgefälle als die Sturzschuttkegel. Degradation der Schuttkegel und Aufbau der Murschuttkörper verlaufen **synchron**. Unterhalb von 3550 m Basishöhe befinden sich die kegelförmigen Schuttkörper in einem „inaktiveren Gleichgewichtszustand" als die Murschuttkörper. Die Kegelleiber, die einer aktiveren Schuttlieferungsperiode zuzuordnen sind, werden bei den hier für den Himalaya nicht allzu humiden Klimaverhältnissen und den gletscherfreien Einzugsbereichen durch den dichten Baumbewuchs **konserviert**. Vereinzelte Neuschuttzufuhr in Form von Felsabbrüchen sind zu verzeichnen. Der Großteil der Schuttkörper ist **polygenetischer Natur**, d.h. sie werden geprägt durch Steinschlag, Felsstürze, Murgänge, Schuttströme und Lawinenabgänge, teilweise auch durch Eislawinenabgänge. Das Grundgerüst, d.h. der den Kegelkörper konstituierende Schutt, ist bei den Schuttkörpern unterhalb von 3700 m größtenteils nicht rezent. Heute ist nicht mehr der Steinschlag der dominante Prozeß, sondern Lawinen und Muren. Die zahlreichen Übergangsformen zwischen Schneeschuttkörpern und reinen Schuttkörpern wie im Nilkanth- und Nandakini-Tal sind hier im Hathi Parbat-Tal nicht anzutreffen. Die Schuttakkumulationsobergrenze liegt bei durchschnittlich 4400 m. Abschließend ist zusammenfassend eine Übersicht über die Schuttkörperhöhenstufen im Hathi Parbat-Tal angefügt (Tab. 5).

Höhenstufe	Schuttkörpervorkommen	Höhe und Art der Einzugsbereiche
4500–4300 m	Eislawinenkegel, Lawinenkegel, der Schutt wird größtenteils als Obermoräne abgeführt	6000 m, glazial/nival
4300–4000 m	Podestmoränenartige Schuttkörper (moränen-überprägte Schuttkegel) Ufertalschuttkegel längs des Barmai-Gletschers	5500 m, glazial/nival
4000–3700 m	Schütter mit Vegetation besetzte Mur- und Sturzschuttkegel	6000 m, glazial
3900–3700 m	Ufertalschuttkegel längs des Hathi Parbat-Gletschers	5000–4500 m, nival/fluvial
3700–3550 m	konvex bauchige konsolidierte Schuttkegel	4500 m, nival/fluvial
3550 m– talabwärts	mit dichtem Baumwuchs versehene konsolidierte Schutt- und Murkegel, kleine unkonsolidierte Wildbachmurkegel	4500 m, fluvial

Tab. 5
Höhenstufen der Schuttkörpervorkommen im Hathi Parbat-Tal

5. Die Schuttkörperformen im Nandakini-Tal (Trisul-S/SW-Seite)

5.1 Die Himalaya-Vorketten (1400 –3700 m)

Joshimath (1875 m), an der Einmündung des Dhauli-Flusses in den Alaknanda-Fluß gelegen, stellte den Ausgangspunkt dieser Feldkampagne dar, deren Ziel der obere Einzugsbereich des Nandakini-Tals mit dem dortigen Trisul-Massiv war. Das Tal wurde nicht direkt von der Mündung des Nandakini-Flusses in den Alaknanda-Fluß erkundet, sondern von N in das Nandakini-Tal in 2500 m eingefädelt und somit auch einige Pässe gequert, die gute landschaftliche Überblicke in dem mit einer sehr einheitlichen Gipfelflur ausgestatteten Himalaya-Vorkettenrelief bieten. Die Berghänge werden durch üppigen **Monsunbergwald** gesäumt, der u.a. mit immergrünen Eichen und mit Bartflechten behangenen Kiefern ausgestattet ist. Birken und Rhododendron sind an der oberen Waldgrenze vertreten, die bei 3700 m verläuft. Anstehend ist hier massig-kristallines Gestein mit Glimmerschiefer von grau bis grüner Farbgebung. Bei klaren Sichtverhältnissen kann man von *Auli* sowie auch weiter hangaufwärts einen guten Überblick über die Einzugsbereiche des Mandami-Parbat (6193 m), des Chaukhamba (7138 m) sowie des Nilkanth (6596 m) erhalten. Weiter Alaknanda-Tal-einwärts gewinnt man ebenfalls einen Blick auf den Kamet (7756 m)-Mana-Peak (7272 m)-Hathi Parbat (6727 m)-Gebirgskamm. Bei der Geländebegehung waren die Gebirgsmassive allerdings bis zu einer Höhenlage von um die 2500 m mit Wolken behangen. Am Morgen des 25.08.1993 hatte es bereits **34 Stunden** mehr oder weniger ununterbrochen **geregnet**. Denkt man an die Massenbewegungsprozesse und folgliche Schuttkörperbildung im Karakorum, die bereits von leichtem Dauerregen ausgelöst wurden, ist dieses konsolidierte Schuttkleid vergleichsweise stabil. Die gesichteten, äußerst steilen Talflanken, die in zahlreiche wie Kirchturmspitzen anmutende Gebirgssegmente zergliedert sind, beherbergen Gletscher, die bis zu einer Höhe von schätzungsweise 4000 m hinabreichen. Bei der Alm *Gilgar* (3650 m) trifft man ein rundkuppiges Relief an. Der 3700 m hohe *Kuari-Paß* leitet zum *Berehi-Tal* über. Die höchsten Gipfel der Kammumrahmung erreichen mit dem *Bugial Koti* 5188 m, dem *Ronti* 6063 m sowie dem *Nanda Ghunti* 6309 m. Die Hauptvergletscherung des Nanda Ghunti verläuft in N/E-liche Richtung, während zum Birehi-Tal nur kleine Gletscher hinabreichen. Der Talschluß wird durch einen steilen Talkessel gebildet: *Singjanri* liegt in 2783 m, während der Nanda Ghunti auf 6309 m, also 3526 m höher, über eine Horizontaldistanz von 6 km hinaufragt. Anstehend ist hier sehr resistentes Quarzitgestein. In der Tiefenlinie des Birehi-Tals ist an der Konfluenz mit dem Ghar-Gadhera-Fluß in einer Höhe von 1950 m eine Schuttkörperform zu erkennen, die als **Moränenablagerung** anzusprechen ist, die beidseits von den genannten Flußläufen umflossen wird. Dieser Moränenzug schmiegt sich an die orogr. rechte Birehi-Talseite, verlängert den auslaufenden Gebirgszug zwischen dem Birehi- und Ghar-Gadhera-Fluß und vollzieht dann in räumlicher Hinsicht den Übergang von einer an die Talflanke angelehnten Ufermoräne zu einer losgelösten Moränenakkumulation im Talmittelgrund. Lockermaterial liegt entblößt vom Vegetationskleid im unteren Verlauf des Moränenzuges. Fluviale Unterschneidungsprozesse beidseits mobilisieren die steilen Moränenflanken und führen zu flächigen Hangrutschungen. Auf ihre **Genese als vom Gletscher abgelegte Sedimentakkumulation – im Unterschied zum hangialen Schuttkörper –** weisen mehrere Indizien hin: 1. Die Form des Ablagerungskörpers zeigt eine geometrische Frontalansicht in Form eines **Satteldaches** wie sie von rezenten Seitenmoränen bekannt ist. Der Ablagerungskörper ist **abgesetzt von der Talflanke**. Dieser derzeit dicht bewaldete Ausraum kann heute nicht mit fluvialer Einschneidung erklärt werden, aber mit einem für Gletscherseitenbereiche typischen Ufertal. 2. Es besteht hangaufwärts **keine Abrißfront**, die das Material als Bergsturzmaterial ausweisen könnte, wogegen auch die markante geometrische Formgebung (s. Punkt 1) sprechen würde. 3. Es besteht hangaufwärts kein Einzugsbereich, durch den die Akkumulation fluvialen Prozessen zuzuschreiben wäre. 4. Die Höhe des oben beschriebenen Einzugsbereiches (*Nanda Ghunti* 6309 m) schließt eine ehemalige Gletscherlage in dieser Talbodenhöhe von 1900 m nicht aus. 5. Die auf der gegenüberliegenden orogr. linken Birehi-Talseite befindliche Siedlung *Jhenjipani* mit der Anlage von Terrassen impliziert als Siedlungsgrund landwirtschaftlich nutzbares Lockermaterial, das im restlichen Untersuchungsgebiet häufig als Moränenmaterial diagnostiziert werden konnte.

Die Querung des Birehi-Flusses zeigt ein enges Schluchtprofil von in etwa 150 m Höhe und 50 m Breite. Der Bhagini-Paß (3000 m) eröffnet den Weg ins Nandakini-Tal. Anzutreffen sind hier glazial zurückgeschliffene Dreiecksflanken, an denen basal konsolidierte Schuttkegel akkumuliert sind. Auf dem Rückmarsch vom Trisul wurde auch das untere Nandakini-Tal begangen. Das Schuttkörperlandschaftsbild zeigt sich durch die alles überwuchernde Vegetationsdecke sehr unspezifisch. Die geometrischen Formen der konsolidierten Schuttkörper sind kaum zu identifizieren. Auch hier treten ausladende fluviale Schuttkörper wie Mur- und Schwemmkegel kaum auf. Lediglich Kamesterrassen, wie bei *Gulari* (1600–1700 m), fallen ins Auge.

Die Schuttkörpervorkommen in einer Höhenlage zwischen 1000 und 3000 m: Während im Karakorum die Höhenlage zwischen 1000 und 3000 m in den Haupt- und Nebentälern der Hauptausbildungsbereich für die heute aktiven Mur- und Schwemmschuttkegel/-fächer sowie für Sturzschuttkegel und -halden darstellt, sind hier im West-Himalaya Fächer- und Kegelbildungen aufgrund der **geringeren Schuttproduktion, der engen Talanlage sowie des hohen Schuttdurchtransportes** selten zu beobachten. Die vegetationsbedeckten Schuttkörper in Form von Hangschuttdecken sind rezent so gut wie nicht in Weiterbildung begriffen, sondern werden durch vielfältige Rutschungen und andere Massenbewegungserscheinungen umgelagert. Diese Hangverletzungen verheilen extrem schnell.

5.2 Die Schuttkörperformen im oberen Einzugsbereich des Nandakini-Tals

In näherer Betrachtung bezüglich der Akkumulationsverhältnisse und deren Formausbildungen steht der *Talschluß des Nandakini-Tals*. In einer Höhe von 3500 m, nach einem schlucht- bis kerbtalförmigen Talverlauf, teilt sich das Nandakini-Tal in zwei großräumige Talkessel auf: 1. in den im Hauptal unvergletscherten, tendenziell mehr S-exponierten Talschlußbereich (Abb. 35). Er endet in einem ca. 5500 m gelegenen Col, das zum Einzugsgebiet des Nanda Ghunti-Gletschers sowie Ronti-Gletschers hinleitet und dessen Schmelzwässer zum Rishi-Ganga-Fluß entwässern. Umgeben wird dieser Talschluß vom *Nanda Ghunti* (6309 m) und vom *Trisul I* (7120 m) (Photo 51). 2. Zum anderen zweigt hier der N-exponierte *Shilasamudra-Talkessel* ab, der durch eine klassische Kesselform mit steil aufragenden zirkulär angeordneten Talflanken begrenzt wird (Photo 52). *Trisul II* (6690 m), *Trisul III* (6008 m) und *Tribhuj* (5055 m) gehören zu den kammumrahmenden Gipfeln im E und S. Genährt durch vielzählige Lawinengletscherströme und -kegel fließt hier der stark schuttbedeckte Shilasamudra-Gletscher in NW-liche Richtung ab und erreicht mit seinem Zungenende den Nandakini-Fluß.

5.2.1 Die Schuttkörper am Fuße des Trisul (7120 m) oberhalb einer Höhe von 3500 m

Das Trisul-Massiv ist Teil eines Gebirgszuges, der sich in N/S-liche Richtung erstreckt (Photo 51). Es fällt nach S um über 1000 m in seinen Gipfellagen ab, während nach N hin die Gipfel noch länger auf über 6000 m verweilen. Die tiefergeschalteten Flachniveaus und Tallagen stehen mit ihren Schuttkörpervorkommen je nach Einzugsbereichshöhe im Einfluß von **Eislawinen- und Schneelawinenabgängen** sowie der Schmelzwässer von **Schneeflecken**. Das Nandakini-Tal verläuft 5 km in N/S-Richtung, schwenkt dann in der Einmündung in ein Schluchttrogalprofil in E/W-Richtung um und mündet nach 40 km in den Alaknanda-Fluß. Die **großzügigsten Schuttablagerungslokalitäten** befinden sich am Fuße des Trisul-Massivs in einer Höhe **zwischen 3500–5400 m** sowie in niederen Lagen nach Verlassen der engen Kerbtäler in einer Höhe zwischen 1500–2000 m. Die Nandakini-Talbodenbasis endet in 4550 m, wo sich der See *Homkund*, ein zwischen zwei Ufermoränen aufgestauter See befindet. Der nach S exponierte, nach NW abfließende Shilasamudra-Gletscher stellt mit 3 km Länge den längsten rezenten Gletscher im Trisul-Talkessel dar.

5.2.2 Die Eisschuttkörperformen der Trisul-I-W-Abdachung

Die geradlinig von der höchsten Kulmination des Trisul I (7120 m) über mehrere Kilometer nach E absinkende Gipfelkammlinie sowie ein **tiefergelegenes Plateau** verschaffen das Bild eines schräg auftauchenden, sehr klobigen und rund geformten Gipfelmassivs (Photo 51). Der Trisul-Gipfel trägt eine **Eiskappe**. Vom Eis entblößte, lediglich mit Eisflecken betupfte Schichtflächen wechseln mit eis- und schneegefüllten, großzügig angelegten **Eislawinenrunsen**. Diese breit ausgehobenen Eislawinenrunsen, die den Gipfelkomplex maßgeblich **ausgehöhlt** und damit zurückverlegt haben, beginnen bereits 500 m unterhalb des Gipfels. Die Eislawinenrunsen beliefern die aus lateral überlappenden Eislawinenkegeln bestehenden **Eislawinenhalden**. Der bei den Eislawinenabgängen **aus den Wänden extrahierte Schutt** ist unter den Eismassen begraben und taut auch nicht an die Oberfläche aus, so daß hier weiße Eislawinenhalden vorzufinden sind. Der Schutt lagert aufgrund seines höheren Gewichtes in der Lawinenmasse unten. Frisch abgegangene Eislawinen sind auf den in 5800 m gelegenen Plateaugletscher eingestellt. Ältere, komprimierte Eislawinenabgänge tragen bereits unmittelbar zur **Gletscherernährung** bei. Dieses zweite Plateau ist in etwa 5500–5800 m eingezogen. Eisflankenabbrüche und überhängende Simsgletscher deuten auf die Gletscherüberlast des Plateaus hin. So sind auch hier die aus den Eisabbrüchen resultierenden Eislawinenkegel auf das Hauptplateau eingestellt. Doch überschreiten die Eislawinenkegel bzw. insbesondere **ein Eislawinenkegel** maßgeblich die Breite des Hauptplateaus und läuft in der Ernährung eines nahezu senkrecht abfallenden Eisfalls aus, der in einer platt auslaufenden Gletscherzunge in 4600 m endet. Dieser *Trisul-Eisbruchgletscher* läuft in einer spiegelglatten, nur wenig konvex aufgewölbten Gletscherzunge aus. Wo der Eisbruchgletscher seine beidseitige Felsumrahmung verläßt, beginnen laterale Moränenwälle, das Zungenende zu säumen. Hier – weit unterhalb der Schneegrenze – taut der vom Eis mitgeführte Schutt seitlich aus. Die Existenz dieses Eisbruchgletschers ist nicht ohne weiteres selbstverständlich. Eingereiht in eine Serie von Steinschlagkegeln Nandakini-talabwärts und Lawinenschuttkegeln talaufwärts tritt dieser exponiert aus dem Talflankenbild heraus. Im **genetischen** Verlauf ging dem Eisbruchgletscher eine **Stellung als Schuttkegel bzw. Eislawinenkegel** innerhalb dieser Schutthaldenserie **voraus**. Der überquellende Simsgletscher und der Lawinenkegel, an den zwei große Lawinenrunsen angeschlossen sind, initiierten die Entstehung des Eisbruchgletschers. Als günstig für die Gletscherbildung gegenüber den talabwärts gelegenen mit ähnlichen Einzugsbereichen ausgestatteten Schuttkegeln ist das höhere Talbodenniveau und somit eine **höher gelegene Akkumulationsbasis** zu bewerten. Dieses Beispiel verdeutlicht wie aus Lawinenschuttkegeln, die zu Eisbruchgletschern verheilen, die eigentliche Höhenstufe der Frostschuttkegel unvermittelt und zeitweise von Gletschern durchbrochen wird.

Unterhalb des Hauptplateaus treten wir 1000–1500 m tiefer in ein anderes Schuttablagerungsregime ein. Der Einfluß der Eislawinen tritt zurück. Schneelawinen **überformen** die Nacktschuttkörper. Die Felswände sind durch die intensiven **Frostverwitterungsprozesse** entsprechend stark aufgerauht und in Felsvorsprünge und -aushöhlungen ausmodelliert. Bis zur Konfluenz des Nandakini-Tals mit dem vergletscherten Shilasamudra-Tal säumen ein Dutzend **Steinschlagkegel**, die ansatzweise zu **Steinschlaghalden** verschmelzen, die orogr. linke Nandakini-Talseite. Die Einzugsbereiche der Steinschlagkegel unterliegen **nivaler** Gestaltung. Die Steinschlagkegel mit ihren dazugehörigen Zulieferrunsen entsprechen der klassischen Form eines **umgestülpten Trichters**. Bei zwei Schuttkegeln haben sich die trennenden Felsrippen zwischen den Lawinensteinschlagrunsen aufgelöst und bilden ein breites **muldenförmiges Einzugsgebiet**, das im Apexbereich der Schuttkegel nur wenig tailliert erscheint. Es sind vornehmlich diese breiten Einzugsbereiche, die während der für über eine Woche anhaltenden monsunalen Niederschläge zu Beginn des September 1993 vermehrt **Lawinenabgänge** zeigten. Diese **Sommerlawinen** besaßen Schneemächtigkeiten von bis zu mehreren Metern. Die Kegeltrichter werden zum einen direkt durch Niederschlagsereignisse mit Schnee gefüllt, zum anderen beliefern die überhängenden Eisbalkone des Hauptplateaus sie mit Schnee und Eisabbrüchen. Interessanterweise reichen die Lawinen weiter **talabwärts** wesentlich tiefer bis auf **Höhen zwischen 4000 und 3800 m** herunter. Dieser Umstand begründet sich nicht in

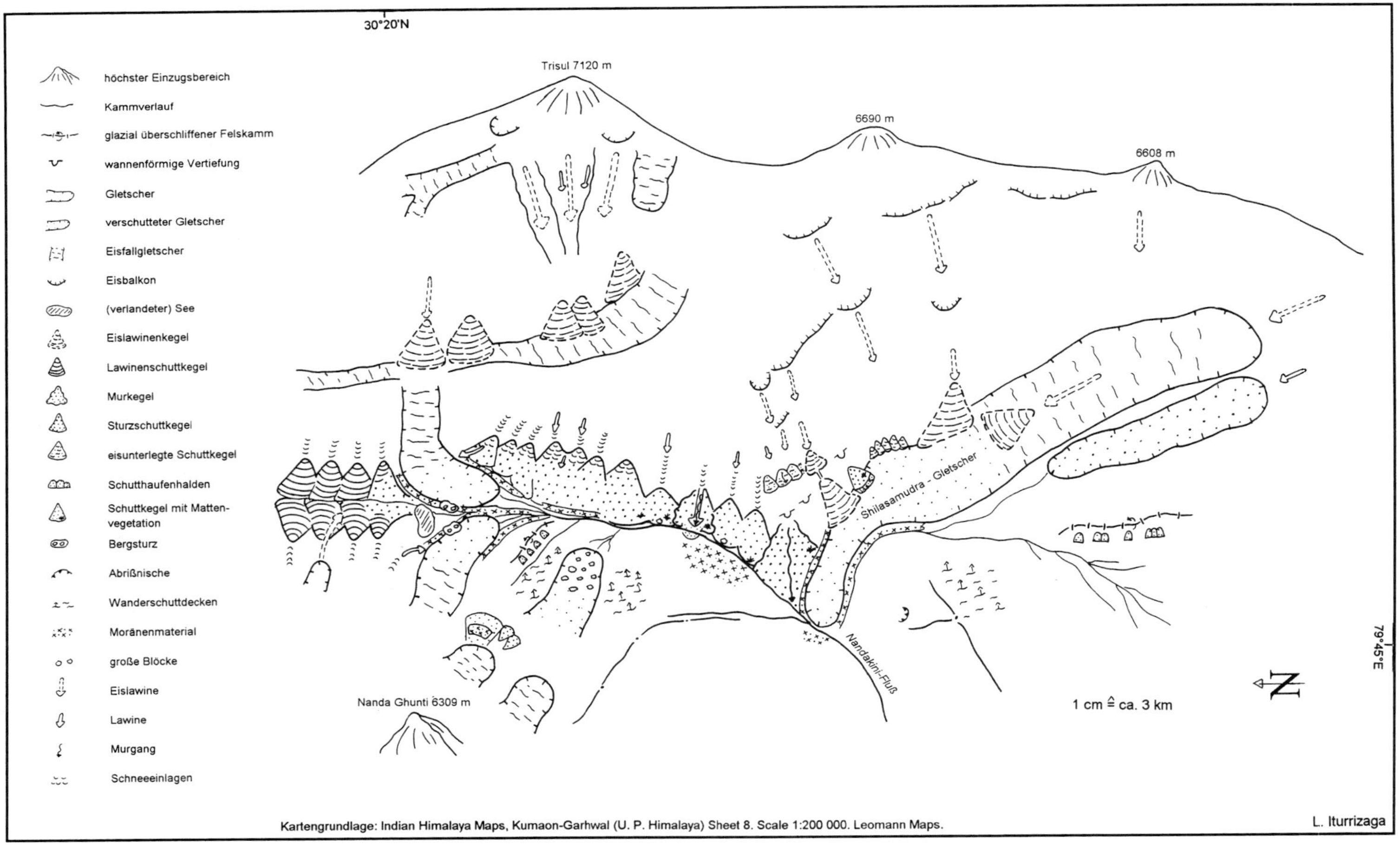

Abb. 35

Übersicht über die Schuttkörpervorkommen im oberen Nandakini-Tal (Trisul-SW-/W-Abdachung)

einer Zufälligkeit von dem Auftreten größerer und günstigerer Akkumulationsbereiche, sondern findet seine Ursache darin, daß die Felswände talabwärts einer nicht so intensiven Auflösung unterliegen wie dies talaufwärts der Fall ist. Im Anstehenden sind zwar verhältnismäßig kurze, aber tiefer hinabreichende Lawinenrunsen ausgebildet. Dieser **Wandel in der Talflankenmorphologie** vollzieht sich nicht allmählich, sondern wird durch ein Hervorspringen der Felswandpartien über eine Vertikaldistanz von 150–200 m in einer Höhenlage zwischen **4700 m und 4400 m** eingeleitet.

Stufenartige Felsvorsprünge werden in inselartige Bastionen aufgelöst. Mit der zunehmenden Auflösung des Gesteinsverbandes nimmt die Gesteinsoberfläche zu und folglich die Geschwindigkeit der Rückverlegung. Mit der Ausbildung eines schuttbedeckten Streckhanges beginnt dann die Hangentwicklung sich umzukehren. Der Hang wird nun durch die Schuttauflage konserviert (periglazialer Frostausgleichshang).

Bei der **Materialzusammensetzung der Schuttkegel** handelt es sich vorwiegend um überaus **frisches** Gesteinsblockmaterial aus Granit von Hand- bis Tischgröße mit äußerst **geringem Flechtenbesatz**. So sind sie von ihrer Farbgebung blendend grau. Die einzelnen Gesteinskomponenten sind **fast ohne Matrixmaterial** übereinander gelagert. Das Feinmaterial wird durch die ergiebigen Niederschläge ständig **ausgespült**, so daß das Blockwerk in **stabiler** Weise durch die **hohe Reibung der kantigen Gesteinsstücke** verzahnt ist. Diese Lagerung erweist sich stabiler als die mit Feinmaterial zementierten Schuttkegel, die bei einer Ausspülung des Feinmaterials in verschiedenster Weise mobil werden. Während und nach den Niederschlägen Anfang September gingen auf diesen Schuttkegeln nur **wenige Steinschlagprozesse** ab. Denkt man an die Schuttkegel der Talschaft Shimshal, deren Gesteinsstücke zumeist mit **sandig-lehmigen Matrixmaterial von moränischen Ablagerungen verbacken** sind, erinnert man sich, daß die Schuttkegel bei der Auswaschung ihres Bindemittels **hochdynamisch** werden. Auch die Lagerung der Gesteinskomponenten der Schieferschutthalden im Batura-Tal erwies sich als sehr **instabil** und **steinschlaganfällig** bei Wind und Regen.

5.2.3 Die freien und doch vernetzten Schuttkörper am Trisul-Paß

Das Nandakini-Tal endet in einem 5500 m hoch gelegenen Paß (Photo 52). Dieser untere Paßbereich wird beidseits von Lawinenschuttkegeln gesäumt, die sich in seitlicher Vernetzung zu **Lawinenschutthalden** zusammenfügen. Im talabwärtigen Bereich, nahe des Homkund-Sees, befinden sich noch unverschneite Schuttkegel, die teilweise Bewuchs mit Rasenpolstern aufzeigen. Der äußerste, an den Trisul-Eisbruchgletscher angrenzende Schuttkegel zeigt eine vertikale Aufgliederung seines Vegetationsbewuchses: Während die rechte Kegelhälfte in der Aufsicht mit Vegetation besetzt ist – ein Abschnitt, der im Schuttzufuhrschatten liegt –, zeigt sich die linke Kegelhälfte weitgehend vegetationsfrei.

Die sich spiegelsymmetrisch gegenüberliegenden Lawinenschuttkegel **verwachsen** in ihren Basen miteinander. Die gemeinsame Schuttkörperbasis, zu der jeder Einzelkegel mit seiner Schuttproduktion beiträgt, fundamentiert diese über ein Dutzend zählenden Kegel. Eine Unterscheidung der Schuttkörper durch einen Gletscher oder ein Fließgewässer bleibt aus. **Unbeschnittene Schuttkörper** wie diese sind im Hochgebirge eine **Rarität**, für Paßlagen jedoch eher typisch. Die in der Paßschneise gesammelten Schmelzwässer reichen nicht aus, um sich in die Schuttmassen einzugraben und sie abzuführen. Zahlreiche, frisch abgegangene Lawinenabgänge, die die unter der Schneebedeckung versteckten Schuttkörpermassen freilegen, sind auch hier auf den Schuttkörperoberflächen zu beobachten. Durch das fehlende Schneewiderlager beim Abgang der **ersten** Lawine, folgen die Nachlawinen nach dem Dominosteinprinzip in **rascher Abfolge**.

5.2.4 Die Schuttkörperformen am Nanda Ghunti (6309 m)

Auf der *orogr. rechten* Nandakini-Talseite stellt der *Nanda Ghunti* mit 6309 m den höchsten Einzugsbereich dar. Die SW-Flanke des Nanda Ghunti zeichnet sich durch ihre stark **strukturgebundene Auffächerung**, die über die ganze Felsflanke beibehalten wird, aus. Das Nanda Ghunti-Massiv ist mit seinen schwächer geneigten Hangpartien im Gipfelbereich mit ausladenden **Gletscherschürzen** bedeckt. Das Massiv baut sich aus einer Doppelgipfelstruktur auf. In dem Muldenbereich zwischen den beiden Gipfeln ergießen sich steil abbrechende fladenartige Gletschermassen. In den hochkant getreppten Gesteinssegmenten sammeln sich in den Übergängen zwischen den Schichtflächen und -köpfen Schnee- und Eismassen, die diese Ausräume zu **Eislawinen-** bzw. **Gletscherbahnen** modelliert haben. Diese zahlreich ausgebildeten Lawinenbahnen ernähren die darunter in einer Höhe von 5800 m anschließenden Zungengletscher. Hangabwärts befinden sich ebenfalls strukturbedingte Gassen in den Gesteinsmassiven. Jedoch reicht hier unterhalb der Schneegrenze die Lawinenzufuhr nicht mehr aus, um darunterliegend noch Lawinenkegel aufzubauen. In einer Höhenlage zwischen **4500 und 4900 m sind Schuttkegel mit Lawinenüberprägung** ausgebildet, die größtenteils mit einer **Schneedecke** überzogen sind. Auffallend anders gestaltet sich ein Schuttkegel, der im Übergang von der äußerst breiten und kurzen Zufuhrschneise nicht in die gewohnte linear gestaltete Kegelform übergeht, sondern eine muldenförmige Ausbuchtung im Apexbereich vorzeigt, die der Schuttakkumulation eine **rampenähnliche äußere Form** verleiht. Eine Ähnlichkeit mit der Form einer Podestmoräne läßt sich erkennen. So fließt auch direkt oberhalb der Schuttakkumulation ein Hängegletscher ab, dessen Zunge abrupt nach einer konvexen Aufwölbung über einer Schichtkopfpartie endet, aber vergleichsweise flach ausläuft. Zu mutmaßen ist, daß der Gletscher ehemals tiefer hinab gereicht hat und somit diese **Eindellung im oberen Schuttkegelbereich** verursacht hat oder aber, daß diese durch abbrechende Eismassen entstanden ist und rezent auch noch weiter gebildet wird. Der Schuttkegel ist unterhalb der Mulde durch zahlreiche **Abflußbahnen** sowie auch Lawinenbahnen wie ein ausgebreiteter, in Falten geschlagener Mantel wellig zerrunst. Die Muldenform begünstigt die Ansammlung von Schneemassen, die bei raschen Schmelzprozessen zu Murgängen bzw. prägnanten Abflußbahnen auf den Schuttkegeloberflächen führen können. Auch hier werden die Schuttkegel basal durch moränische Akkumulationen begrenzt, sie nehmen aber in räumlicher Hinsicht eher eine Stellung als Fundament ein. Eine Überschüttung des moränischen Materials hat noch nicht stattgefunden, die Schuttkegel laufen auf den moränischen Akkumulationen aus. Das Schuttmaterial dieser Schuttkegel ist im Gegensatz zu den Kegeln auf der orogr. linken Nandakini-Talseite, die sich aus den blendend grauen Gesteinsbruchstücken zusammensetzen, mit verschiedenartigen **Flechten** überzogen, so daß diese Schuttkegel weniger aktiv wirken. Eine **Altersbestimmung** von Gesteinsbruchstücken mittels der **Flechtengröße** kann nur ganz bedingt vorgenommen werden. Der Flechtenbewuchs beginnt erst nach einer gewissen Zeit der **Ruhestellung** der Gesteinsblöcke. Wird der Gesteinskörper umgelagert oder anderen mechanischen Einflüssen ausgesetzt, so führt dies zumeist zum Absterben des gegen Ortsverlagerungen ihres Untergrundes hochempfindlichen Flechtenbesatzes. Die Flechtengröße impliziert lediglich ein Maß für die Dauer der Ruhelage des Gesteinsbruchstückes. Die Gesteinsbruchstücke sind häufig mit Flechtenindividuen der Gattung *Rhizocarpon geographicum* von 1–3 cm Durchmesser besetzt. Bei einer Wachstumsrate von 1 cm^2 in 60 Jahren (BESCHEL 1950: 154) bzw. 13–14 mm in 100 Jahren (LUCKMAN & FISKE 1995) würde dies einer Ruhelagedauer von 60–200 Jahren entsprechen. Mit Abnahme der hygrischen Kontinentalität, also höheren Niederschlagswerten, nimmt die Schnelligkeit des Flechtenwachstums allerdings zu (BESCHEL 1950: 153), so daß die genannten Jahreswachstumsraten nur als ungefährer Anhaltspunkt gewertet werden können. Die sehr glatten Gesteinsoberflächen der schiefrigen Gesteine erschweren zudem eine Flechtenbesiedlung (vgl. BESCHEL 1950: 153).

Ein weiterer durch Eislawinen genährter Gletscher, der *Nanda Ghunti-Eisbruchgletscher*, ergießt sich in südliche Richtung bis zu einer Höhenlage von 4350 m. Sein Gletscherbett lehnt sich vornehmlich an die vorgegebenen Gesteinsstrukturen an. Es verläuft zwischen Schichtfläche und Schichtköpfen. Diese Talflanken, angelegt in metamorphen Schiefern, erheben sich kastenförmig über 100 m hoch über die Eisbruchgletscheroberfläche. Von der Schichtkopftalseite rühren großmaßstäbige **Bergsturzereignisse** her, wie die auf der Ufermoräne dieses Eisbruchgletschers mittransportierten **über hausgroßen Blöcke** erschließen lassen. Diese Blöcke sind auch noch weiter talabwärts im Nandakini-Tal vorzufinden, wo sich die linke und rechte Ufermoräne der beiden Eisbruchgletscher zur Mittelmoräne vereinigt haben. Hierzu sei noch angemerkt, daß Bergstürze so gut wie nicht im Winter vorkommen (HEIM 1932). In dieser Zeit findet lediglich die Präparation des Gesteins für die später ablaufenden Massenbewegungen statt. Erst wenn es im Frühjahr taut, ereignen sich die Sturzprozesse.

Fast spiegelsymmetrisch-aktiv zeigt sich die Tatsache, daß nach dem **September-Niederschlagsereignis** beide Eisbruchgletscher von Lawinen aus den angrenzenden Talflanken im Zungenbereich erfaßt wurden und die hier bereits an die Zunge angrenzenden Moränenwülste durchbrochen haben. Während es sich bei der Lawine des Trisul-Eisbruchgletschers um eine Lawine aus einem Schneeakkumulationsgebiet in Runsenform handelte, ist die Lawine am Nanda Ghunti-Eisbruchgletscher auf das **Abrutschen von Schneemassen**, die auf einer geneigten Schichtfläche deponiert waren, zurückzuführen. An dieser Felsgehängepartie auf der orogr. linken Nanda Ghunti-Talseite sind die verschiedenen Übergänge im Bereich der Schneegrenze auf den **Schichtflächensimsen** in einem Höhenintervall von nur 150 m gut zu erkennen: Die unteren talabwärts geneigten Felssimse sind reichlich mit Schutt bedeckt. Weiter hangaufwärts sind diese Schuttakkumulationen leicht verschneit, während die oberen Schichtflächen bereits durchgängige Schneedecken aufweisen und das Herkunftsgebiet der Lawinenereignisse darstellt. An diesen Übergangsformen verdeutlicht sich sehr immanent die Tatsache der **Mitfuhr von Lockermaterial bei Lawinenereignissen**, gerade im Bereich der Schneegrenzlage. Hier begünstigen die hohe Schuttzufuhr sowie der **Wechsel von Schneebedeckung und folglichen Schmelzprozessen** die **Schuttmitfuhr**. Bei der in Rede stehenden Lawine des Trisul-Eisbruchgletschers haben sich durch die Ausräumung des Schnees in der Lawinenbahn und dem somit **fehlenden Widerlager** für die anderen schneeverfüllten Einzugstrichter charakteristische **Nachlawinen** kleineren Ausmaßes ergeben.

5.2.5 Die Verzahnungen von glazialen und hangialen Schuttkörpern

Der Nandakini-Talboden ist ausstaffiert mit **glazialen Schuttkörperablagerungen** ehemalig vorgerückter Gletscherendlagen **postglazialen** Alters. Vornehmlich die von den Gletschern zurückgelassenen Ufermoränen **beschneiden** die hangialen Schuttkörper in ihrer Basis. Nahezu in spiegelsymmetrischer Form sind die jungen Moränenkränze von Ufer- und Stirnmoräne des Trisul- und Nanda Ghunti-Eisbruchgletschers auf dem Talboden abgelegt, so daß sich die orogr. rechte Ufermoräne des Trisul-Eisbruchgletschers sowie die orogr. linke Ufermoräne des Nanda Ghunti-Eisbruchgletschers streckenweise miteinander vereinen. Diese Ufermoränenverschmelzung führt zur Aufstauung eines mit bescheidenen Ausmaßen von circa 100 m^2-Fläche versehenen Sees – *Homkund-See* genannt – in einer Höhe von 4450 m, der die Abflüsse des Cols sammelt. Wie die Seesedimentablagerungen zeigen, ist dieser See in letzter Zeit erheblich geschrumpft. Umrahmt wird das Trisul-Eisbruchgletscherende von einem zungenbeckenbildenden Moränenwall, der bis in eine Höhe von etwa 4200 m hinabreicht und durchbrochen wird von einem kleinen Gletscherbach. Das Gletscherende liegt, eingesunken in seinem **Schuttbett**, im Innenraum dieses Moränenkranzes circa 150 m weiter talaufwärts in 4350 m

Höhe. Eine wallartige Schuttlandschaft, die noch mit Eis unterlegt ist, umkränzt die Gletscherzunge und vermittelt den Rückzug des Gletschers. Die Größe der auf der Gletscheroberfläche vereinzelt liegenden Gesteinskomponenten ist vorwiegend tellergroß. Der Gletschersaumbereich wird durch ein **kamesartiges Schutthügelmeer** gestaltet.

Ein ehemals höherer Gletscherstand wird durch eine 30-40 m hohe Ufermoräne auf der orogr. rechten Gletscherseite mit steil geneigtem Innenhang und flacherem Außenhang gekennzeichnet. Diese Ufermoräne ist besetzt mit wohnblockgroßen, aus Bergsturzereignissen stammenden Blöcken. Die orogr. linke Ufermoräne bildet den Übergang zu einer Kamesterrasse bzw. Uferbildung (Photo 51). Sie gestaltet sich in der Gleithanglage der Gletscherbewegungskurve im Firstbereich wallartig, wohingegen sich die Flanken der orogr. rechten Ufermoräne nach oben hin spitzwinklig verschneiden. An dieser Lokalität wird das aus der Rückverlegung der Schichtkopffront hervorgehende Lockermaterial **gegen** die Ufermoräne geschüttet. Eine schmale **Ufermulde trennt** diese beiden Akkumulationsformen „Moränenwall" und „Schuttkegel" von einer wirklichen Symbiose zur polygenetischen Form der Kamesterrasse. Am talaufwärtigen potentiellen Beginn der Ufermoräne, nämlich ab dort, wo der Gletscher in das Haupttal einmündet und das Felsgehänge verläßt, wurde die Ufermoräne durch **Lawinenereignisse** partiell zerstört. Auch die Ufermulde ist hier nicht mehr vorhanden. Die Trennung zwischen Schuttkegel und glazialer Aufschüttung verschwimmt. Verfolgen wir den Verzahnungsbereich zwischen beiden Akkumulationsformen weiter talabwärts, so ist über zwei weitere Schuttkegel die Ufermoräne als **Schuttbarriere** ausgebildet. Wiederum ein Stück weiter talabwärts geschaut, setzt nun eine **Kamesterrasse** über mehrere Schuttkegel an deren Basis hinwegziehend ein. Wo die Kamesterrasse hangaufwärts aufhört und wo der Schuttkegel beginnt, ist kaum auseinander zu halten.

Die Schuttkegel, die am Ansatz der Ufermoräne ausgebildet und auf diese eingestellt sind, sind ein Charakteristikum gletscherbegleitender Schuttkörperformen (**Ufermoränenschuttkegel**). Diese Lagekonstellation von Ufermoräne und Schuttkegel ist nur dann vorzufinden, wenn ein breites Ufertal fehlt oder die Schuttproduktion der Hänge so hoch ist, daß das Ufertal verschüttet wird.

5.2.6 Die gesteinsstrukturbedingte Asymmetrie und ihre Auswirkungen auf die Ausprägung der Schuttkörperformen

Die Talanlage des Nandakini-Tals ist von einer **strukturbedingten Asymmetrie** der Talflanken in Schichtköpfe und -flächen geprägt und wirkt sich entsprechend auf die ihnen innewohnenden Neigungsverhältnisse sowie auf die talseitige Verteilung der Schuttakkumulationen aus (Abb. 36, Photo 52). So befinden sich auf der orogr. linken paraklinalen, durch **Schichtköpfe** gebildeten und damit sehr **steilen** Nandakini-Talseite durchgehend mehr oder weniger bewachsene Schuttkegel, während vor allem in dem Höhenintervall des Talbodenniveaus zwischen 3500 m und 4200 m auf der orogr. rechten, kataklinalen Nandakini-Talseite etwas **sanfter geneigte Schichtflächen** das sehr einheitliche Talflankenbild bestimmen. Auf dieser Talflanke befinden sich keine tief eingreifenden Abflußbahnen oder gar Runsenbildungen, sondern jahresweise wechselnde Wasserabläufe fließen über den mit üppigen Himalayagräsern bewachsenen Schichthang, ohne morphologisch stark wirksam zu sein. Ohne nennenswerte Schuttakkumulationen hangialer Natur taucht der in Rede stehende orogr. rechte Nandakini-Talabschnitt in die Schottersohle ein. Lediglich Moränenakkumulationen bedecken den Hang.

Die Einzugsbereichshöhe des nach NE-exponierten Schichthanges erreicht das Schneegrenzniveau nicht. Die Kammregion ist schneefrei, so daß sich die Höhe in etwa auf 4800 m belaufen wird. Das sommerliche Abflußregime ist demnach **pluvialer**, im Winter sowie im Frühjahr **nivaler** Natur. Auffallend ist der gute Erhaltungszustand die

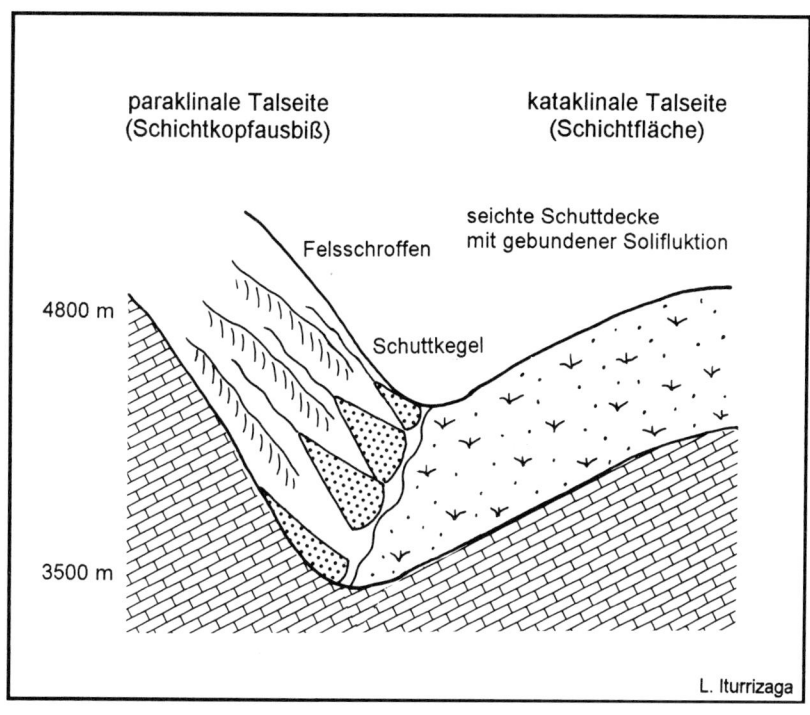

Abb. 36
Systematische Talasymmetrie und die strukturgebundenen Schuttkörper

ser Schichtfläche. Lediglich eine markante Abflußbahn zerschneidet die Hangfläche: Sie rührt von einer karartigen Einmuldung im oberen Hangbereich her und verläuft nach einiger Zeit parallel zum Haupttal, bis sie vor dem Schluchtbereich des Nandakini-Tals in dieses einmündet und zuvor das durch den Shilasamudra-Gletscher angelagerte Moränenmaterial durchschneidet. Diese Abflußverlaufsform bzw. deren Flußbettform, die einerseits auf der Schichtfläche stattfindet und andererseits einen Schichtkopfhang herauspräpariert und vor allem dann in paralleler Richtung zum Haupttal abfließt, birgt die äußere Form angelagerten Moränenmaterials in sich. Auffälligstes Konvergenzmerkmal ist die Satteldachform, die für Moränendeponien typisch ist. Des weiteren tritt auf der orogr. linken Nandakini-Talseite ein überschliffener Felsriegel in Erscheinung, der von der Talfront schräg zur Talmitte zuläuft und einen Schluchteinschnitt vor der Einmündung des Shilasamudra-Tals schafft. Dieser Felsriegel ist weitgehend bewachsen, von einer kreisförmigen Hangverletzung, die sein Materialinneres als Anstehendes offenbart, abgesehen. Diese beiden beschriebenen Formausbildungen auf der orogr. rechten und linken Nandakini-Talseite kann man beispielsweise in einem Luftbild fälschlicherweise leicht als Form eines Zungenbeckens deuten, was aber anhand der Geländebefunde unzutreffend ist.

Bis zu dekameterhohe Anschnitte der Schuttkörper, herbeigeführt durch fluviale Aktivitäten des Nandakini-Flusses, erscheinen dagegen auf der *orogr. linken Nandakini-Talseite*. An ihrer haupttalseitigen Aufschlußfront befinden sich sowohl an der Basis als auch im Übergang zur Kegeloberfläche zimmergroße Blöcke, quadratisch bis rechtwinklig in der Form. Im Inneren werden einige der Schuttkegel ebenfalls durch **hohe laterale Abbruchfronten** am Abflußbett begleitet und im distalen Kegelbereich ist frisch aufgeschüttetes, teilweise in Wälle gegliedertes, kantiges Schuttmaterial anzutreffen. Wie die bis in eine Höhenlage von 3800 m abgegangene Lawine zeigt, sind diese frischen, murähnlichen Formen nicht nur auf fluidale Aktivitäten zurückzuführen, sondern auch auf Lawinen, die den ganzen 15–20 m breiten Talquerschnitt ausfüllen.

5.2.7 Die Schuttkörperformen zwischen 3500 und 4600 m

Während das Längsprofil der meisten Schuttkegel gestreckt bis schwach konkav ist, zeigen einige Schuttkegel in ihrem Spitzenbereich konvexe Aufwölbungen auf. Der Böschungswinkel liegt zwischen 30–36°. Wenn der Schutt eine geringe Auflagemächtigkeit aufweist und eine rauhe Ablagerungsfläche geboten ist, können Neigungswinkel von bis zu über 40° auftreten.

Zwischen einer Höhenlage von **3500 und 4000 m** Talbodenniveau sind die Schuttkegel im Nandakini-Tal weitgehend mit Vegetation besetzt. Weiter talaufwärts sind nur noch die basalen Teile der Schuttkegel bewachsen, während der **frische Schuttabwurf**, der sich in einer **fingerförmig** ausbreitenden Schuttdecke zeigt, die Vegetationsdecke unter sich begräbt. Dieses aufgegliederte Schuttbild demonstriert beispielhaft die Genese des initialen Schuttkegelaufbaus sowie die **Verlaufsrichtungen der Sturzbahnen**. Wiederum talaufwärts dominieren der Gesteinsschutt über die Vegetationsbedeckung und der aus der Felsfront abgeworfene Schutt erreicht den Talboden, so daß der o.g. **Kamesterrassenzug überschüttet** wird und im Schuttkegelprofil kaum noch sichtbar ist. Nun setzen die Schuttkegel bedingt durch den bis zum Talboden hinabstürzenden Trisul-Eisbruchgletscher aus. Die weiter talaufwärts anschließenden Schuttkegel sind mit einer mehr oder weniger dicken Schneedecke überzogen. Sie befinden sich inmitten der **Schwankungsbreite des temporären Schneegrenzsaumes**.

Die talabwärtigen bewachsenen Schuttkegel reichen bis über 1500 m unter die klimatische Schneegrenze, d.h. bis auf 3500 m, bei einer vertikalen Ausdehnung von 300-500 Höhenmeter. Nichtsdestotrotz werden die zentralen Einschneidungsläufe von mehreren Dekameter Breite aufgrund **tief hinabreichender Kanalisierungsrunsen** im Felsgehänge (bis auf 3900 m) von Lawinenereignissen ausgehoben. Die Lawinen sind von solch einer Mächtigkeit, daß die Lawinenzungen bis in eine Höhe von 3800 m hinab in den Sommermonaten überdauern, während die Schneegrenze bei 4800–4900 m verweilt. Die Lawinenrunsen im Felsgehänge verlieren nicht den Anschluß zu ihrem Einzugsgebiet, sie sind fast durchgehend mit einer Schneeeinlage versehen.

Nicht nur Einschneidungsformen in den Kegeloberflächen sind zu beobachten sondern auch großflächige Aufschüttungsformen. So findet man bei zweien dieser Kegel bis auf die Nandakini-Talsohle verlaufende **Murereignisse**, denen zwar die Ausbildung der lateralen Murwälle fehlt, aber die Prozeßeigenschaften sowie die Aufschüttungsform eines Murgangs gegeben sind. Der unbewachsene Schuttlobus endet in einer konvex aufgewölbten Zunge, die sich durch ihre runde Formung von den umliegenden älteren mit einer deutlichen Sprungkante versehenen Schuttkegel abhebt. Die Materialzusammensetzung besteht aus neben hand- bis tellergroßen Gesteinskomponenten, vorwiegend aus stuhl- bis tischgroßen Blöcken. Größere Blöcke aus Felssturzereignissen sind nicht anzutreffen. Diese über **hausgroßen Blöcke** findet man an den benachbarten Kegelaufschlüssen sowohl an der Basis als auch im Übergang zur Kegeloberfläche. Die Herkunft dieser quaderförmigen Blöcke ist nicht unmittelbar aus dem angrenzenden Felsgehänge zu erschließen, da für diese in Runsen aufgelöste Schichtkopfflanke diese aus dem Schichtpaket herausgelösten metamorphen Blöcke nicht typisch sind. Wir finden sie vielmehr im oberen Einzugsbereich des Nandakini-Tals, wo sie den Seiten- und Ufermoränen der Eisbruchgletscher aufsitzen. Diese Tatsache erhärtet den Beweis, daß es sich hierbei – abgesehen von dem geomorphologischen Indiz der Existenz der für moränisches Material typischen lehmigen Matrix – um Kamesbildungen handelt.

5.2.8 Der Shilasamudra-Talkessel (Trisul-SW-Abdachung)

Das *Shilasamudra-Tal* mündet als orogr. linkes Nebental in einer Höhe von 3600 m in das Nandakini-Tal ein und liegt am Fuße der SW-Trisul-Flanke (Photo 52, Abb. 35). Der Shilasamudra-Talkessel wird ebenfalls strukturell in **zwei natürliche Großeinheiten** aufgegliedert: Während die *orogr. linke*, NE-exponierte Shilasamudra-Talseite durch im Mittel von ungefähr 15–20° steilen **Schichtflächen** und **auflagernden Schuttdecken** verschiedener Mächtigkeit und Formgebung bestimmt wird, zeigt sich die *orogr. rechte*, S- bis SW-exponierte Shilasamudra-Talseite als durch **Schichtköpfe** geprägte Steilflanke von bis zu 50° Neigung, die zumeist nur **basale Hangschuttakkumulationen** in **isolierter Kegelform** erlaubt. Die durch überhängende Eisbalkone bekleidete W-exponierte Trisul-Steilflanke trägt durch Lawinenabgänge zur Ausbildung des circa 3,5 km langen, **stark schuttbedeckten** *Shilasamudra-Gletschers* bei, der mit seiner steil abfallenden Gletscherstirn das Nandakini-Tal in einer Höhe von 3550 m erreicht, es aber nicht blockiert. Wenige Dekameter trennen den distalen Gletscherzungenausläufer von der gegenüberliegenden orogr. rechten Nandakini-Talflanke. Ufermoränenzüge auf der orogr. rechten Nandakini-Talseite zeugen von einer ehemaligen weiter vorgerückten Gletscherendposition. Sie laufen in der engen, talabwärts folgenden *Nandakini-Schlucht* aus und setzen sich in basalen bis zu 20 m hohen **moränischen Hangverkleidungen** fort. Talaufwärts des Schluchtverlaufs befinden sich zahlreiche über tischgroße, kantige Blöcke. Zum Teil handelt es sich hierbei um Blockwerk, das als Obermoränenmaterial vom Shilasamudra-Gletscher über die steile Gletscherstirn hinabgeglitten ist, im Flußbett abgelegt wurde und die Abtransportkraft des Nandakini-Flusses übersteigt. Dieses im Flußbett verstreute Blockwerk ist als Akkumulationsform nicht mehr den hangialen Schuttkörpern zugehörig, sondern ist bereits zu den Akkumulationsformen der Flußschottersohle zu zählen.

Der Shilasamudra-Gletscher füllt den Talkessel nur zu Zweidrittel aus. Der verbleibende Raum wird durch **Gletscher- und Schneeschmelzwässer überformte moränische Akkumulationen** sowie **fächerförmige Schuttakkumulationen** und **Frostverwitterungsanhäufungen** unterhalb länglicher Felsriegel in das Talgefäß eingestreuter Felsgrate – insbesondere auf der E-exponierten, orogr. linken Shilasamudra-Talseite – eingenommen.

Während die Eislawinenzufuhr an der NW-exponierten Talflanke zur unmittelbaren **Gletscherausbildung** ausreicht, wird die SW-exponierte, *orogr. rechte Shilasamudra-Talflanke* durch **Eislawinenabgänge** und dem mitgeführten Schutt regelrecht **ausgehobelt**. Die offenliegenden, ohne Eisbalkone und Schuttbedeckung versehen Felsgehänge zeigen die Beanspruchung deutlich in Form von in vertikal-linearer Anordnung verlaufenden **breiten Runsen** mit zwischengeschalteten Aushöhlungen der Gesteinsfront, welche insbesondere verstärkt **unterhalb von Eisbalkonabbrüchen** vorzufinden sind.

Der zwischen Schichtfläche und -kopf, wie eine lange Rolltreppe abfließende Shilasamudra-Eisbruchgletscher zeigt in seinem Übergang in den ebeneren, auf dem Talgrund befindlichen schuttbedeckten Gletscherabschnitt einen in die Gletscheroberfläche integrierten **Eislawinenkegel**, der über den Eisbruch abgefahren ist. Der gesamte, flachliegende Gletscherpart ist mit frisch anmutendem Gesteinsschutt von unterschiedlicher Größe übersät. Allerdings überschreitet die Größe die kleine Zimmergröße nicht. Die Blöcke, die über eine Vertikaldistanz von bis zu 2500 m von den Talflanken mit den Eislawinen hinabgefegt werden, unterliegen einer erheblichen **Zertrümmerung** und somit der Zerkleinerung. Die **üppige Schuttbedeckung** des Gletschers in Form der Obermoräne ist als Ausdruck der Eislawinenernährung und deren **intensiver Felsbearbeitung** aufzufassen. Das Schuttmaterial ist frei von Flechtenbesatz.

Neben dem steilen Haupteisbruchgletscher schließt sich talabwärts ein breit auslaufender **Eislawinenschuttkegel** von circa 350 m Breite an, der direkt auf den Shilasamudra-Gletscher eingestellt ist. Der Eislawinenschuttkegel verschmilzt nicht unmittelbar mit dem Gletscher, sondern hebt sich durch seine weißen Lawinenmassen von der schuttbedeckten Gletscheroberfläche durch scharf ausgebildete Konturen ab. Zahlreiche Lawinenbahnen auf der Kegeloberfläche deuten auf kleinere, frisch abgegangene Lawinenereignisse hin. Ein größerer Lawinenabgang gibt die Schuttbeimengung eines Lawinenabganges sowie des Kegels preis. Das Schutteisgemisch weist eine in braunen Pastelltönen, in unterschiedlichen Schattierungen gehaltene Oberflächenfarbe auf. In der Höhenlage von 4000 m sind die Temperaturen hoch genug, daß der Schutt aus den Schnee- und Eismassen ausschmilzt. Bemerkenswert ist an diesem Eislawinenschuttkegel die **verschleppte Ausmündung** der Zulieferrunse. D.h. sie verläuft nicht in gestreckt vertikaler Richtung, sondern knickt talähnlich mit geringem Gefälle in mehr horizontale Richtung ein – ein oft zu beobachtendes Phänomen im Himalaya. Der Einzugsbereich wird durch mit Flankeneis besetzten und durch kleinere Lawinenabgänge sowie bedingt durch die subtropische Einstrahlung geriffelte Firnwände gestellt.

Ein **Ufertal** ist auch im weiter talabwärtigen Verzahnungsbereich zwischen Steilwand und Gletscher **nicht** ausgebildet, so daß die kegelförmigen Schuttkörper **direkt auf den Gletscher eingestellt** sind. Talabwärts schließen sich an den Lawinenschuttkegel kleinere, d.h. bis zu 10 bis höchstens 15 m Höhe erreichende **Eislawinenschuttkegelserien** an. Der in ihrem Einzugsbereich befindlichen **steil abbrechenden Gletscherzunge** gegenüber wirkt die Größe der Kegelkörper unverhältnismäßig klein, würde man doch bei einem Gletscherabbruch diesen Ausmaßes eigentlich größere Kegelaufschüttungen erwarten. Die vom Gletscherabbruch zu den Eiskegeln hin vermittelnde Steilwand zeigt die o.g. Merkmale einer durch Eislawinenabgänge, in runsenähnlicher und getreppter Form stark ausgehobelten Gesteinsfront. Auch weiter talaufwärts setzen sich diese fort. Allerdings fehlen bei einigen Runsen heute hier die unmittelbar angeschlossenen Gletscherabbruchzungen. Ihre Modellierung erfolgte in einer **anders gearteten, historischen Vergletscherungssituation** der Steilwand, nämlich als sich oberhalb der Runse noch ein Gletscherabbruch befand.

In einer Höhe von 3800 m ist auf der orogr. rechten Steilwandflanke eine mit Gräsern und Gebüsch bewachsene, kegelförmige **Kamesbildung** angeschlossen, die rezent vom Gletscher unterschnitten wird und die eine auf eine höhere Gletscheroberfläche hinweisende, zerrunste Steilkante von circa 15 m Höhe besitzt. Die **Steilkantengenese** ist hier durch die aktuelle Gletschereinlage eindeutig durch das ehemalige glaziale Widerlager sowie die rezente glaziale Unterschneidung zu erklären und nicht durch fluviale Prozesse. Dieser Schuttkörper besaß nie die Form eines im distalen Teil flach auslaufenden Kegels, sondern erhielt durch die Schüttungen gegen den Eiskörper sowie nach der Gletscheroberflächenerniedrigung seine **gestutzte Form**. Zentral wird die Aufschüttung durch einen Abflußkanal zerschnitten, der allerdings dieserzeit vernarbt. Dieser oberflächenkonsolidierte Schuttkörper belegt, daß die Steilwand nicht durchgängig von hangdynamischen Prozessen bestrichen wird, sondern daß **aktive** und **inaktive** Partien bestehen und vor allem **zeitlich variieren.**

Wiederum talabwärts ist eine **zusammengesetzte Schuttkörperform** bemerkenswert: So wie Gletscher nach der Überwindung einer Felssteilsufe mit dem Abbruch der Gletschermassen und talabwärtiger Regeneration reagieren, so findet man auch das Phänomen der **Formregenerierung** bei der Schuttkörperkegelbildung. Zwei **untereinandergeschaltete Eislawinenschuttkegel** sind durch eine Runse verbunden, die durch ihre kanalisierende Wirkung die erneute, untere Kegelbildung gewährleistet. Diese Verheilung der Kegelformen erwies sich bereits für die vorhergehenden Untersuchungsgebiete als sehr **typische Erscheinungsform** der Eisschuttkörper-Ausstaffierung der Himalaya-Steilflanken. Die große Vertikaldistanz von über 3000 m und der Wechsel von Steilwänden und steilen, aber ablagerungsgeeigneten Felssimsen ermöglicht die Ausbildung dieser über mehrere Höhenstockwerke verteilten Schuttkörperform.

Die großräumige Ausbreitung der beschriebenen, unmittelbar auf den Gletscher eingestellten Kegelkörper auf der orogr. rechten Shilasamudra-Talseite impliziert zum einen eine geringe Fließgeschwindigkeit des Gletschers und dessen folglich geringe Schuttabtransportleistung, zum anderen belegt sie die hohe Schuttzulieferung der angrenzenden Steilflanken.

Ein **zweites, isoliertes Schuttkörperstockwerk** ist auf der S-exponierten Shiliasamudra-Talflanke in einer Höhe **zwischen 4300 und 4800 m** an einer etwas flacher geneigten Steilwandpartie eingezogen, die noch Vegetationsbesatz aufweist. In dieser vergleichsweise höhenwärts eisbalkonfreien Zone sind **kegelartige Schuttdecken** ausgebildet. In ihren Wurzelbereichen werden sie von einer Schneedecke überzogen. Ein **pfeilförmiger Murgang** auf der Schuttkegeloberfläche impliziert die Lage des Schuttkegels **unterhalb der Schneegrenze** bzw. die in der S/SW-Exposition herrschende **Einstrahlungsgunst**, die Schmelzprozesse erlaubt. Weiter talaufwärts in diesem Stockwerk schließen sich mächtigere Schuttdecken an, die **eisunterlegt** sind. Girlandenförmige, horizontal parallel verlaufende Schuttwälle zieren die Basis der Schuttdecken und weisen auf den **fluidalen** Charakter dieser Schuttkörper sowie auf den Permafrostkern hin. In ihrem Einzugsbereich befindet sich ein schmaler Eisbruchgletscher, der sich über einige hundert Meter Vertikaldistanz erstreckt. Umrandet werden die Schuttmassen von einem seitlichen, an seinem Außenhang bewachsenen satteldachförmigen **Schuttwall**, gleich einer Seitenmoräne. Der benachbarte bereits durchgängig von einer Schneedecke überzogene Eislawinenschuttkegel (der obere des zusammengesetzten Eislawinenschuttkegels) zeigt ebenfalls eine solche Schutteinfassung. Hinsichtlich der Genese fragt sich, ob der **Eiskern** dieser Schuttdecken auf Eislawinenabgänge zurückgeht oder aber, ob dem Felsgehänge ehemals ein Simsgletscher bzw. Eisbruchgletscher aufsaß, so daß diese Schuttkörperform als ein Abschmelzrest bzw. als eine **komprimierte Satzendmoräne** eines Gletschers aufzufassen ist und damit als glazigen zu deuten wäre. Die eisunterlegte Schuttkegeldecke „zerfließt" in einzelne **Schuttstränge**, die sich einige Dekameter tiefer bündeln und in eine tief eingeschnittene Runse münden. Diese Schuttkörperlokalität mit ihren **basalen** Abfuhrbahnen zeigt sehr anschaulich den **dynamischen** Charakter hinsichtlich des **Schuttdurchtransportes** innerhalb der Schuttkörper. Auch die tiefergelegenen, vegetationsbedeckten aus dem Nandakini-Tal beschriebenen Schuttkegel unterliegen durch die Unterschneidung des Flusses der permanenten Weiterbildung. **Gravitativ** verlagern sich die Bestandteile der Schuttkegel tiefenlinienwärts und werden vom Nandakini-Fluß abtransportiert. Am Runsenausgang der in Rede stehenden Schuttkörperlokalität schließt eine **Kamesbildung**, d.h. ein gegen den Eiskörper des Shilasamudra-Gletschers geschütteter Schuttkörper, an. Er wird **zentral** von einem ca. 10–15 m breiten, frisch ausgeputzten **Schutt- und Schneeabfuhrcanyon** separiert. Die reichlichen, im Einzugsgebiet auf dem Felsgehänge bereitgestellten **Schuttdeponien** kombiniert mit in der Höhenlage von ab unter 5000 m zu verzeichnenden **Schmelzprozessen** sorgen für **Murabgänge**.

Ein weiteres Indiz, daß es sich bei den Eisschuttkörpern um **vorzeitliche, glaziale Formen** handelt, belegen die weiter abwärts angeschlossenen karähnlichen, großen **wannenförmigen Aushöhlungen**, die in einer Höhe zwischen 3900 und 4200 m in die Steilwand eingelassen sind. Im horizontalen Durchmesser messen sie mehrere hundert Meter Breite. Die **flächige** Ausformung ist auf **ehemals glazial-abgelaufene** Prozesse durch tiefer hinabreichende Gletscherzungenenden und im Gletscherrückzug auftretende, die Talflanken aushobelnde Eislawinenabgänge an deren steil abbrechenden Zungenpartien zurückzuführen. Der Übergang des Felsgesims in die Steilflanke weist eine rundgeschliffene Felsoberfläche auf. **Heute** werden diese Aushöhlungen **fluvial** durch periodisch auftretende fadenartige Wasserfälle **linear-erosiv** überprägt.

Die *orogr. linke Shilasamudra-Talseite* tritt als **rundkuppiges, glazial überformtes Relief** in Erscheinung. Die Talflanke reicht mit circa 5500–6000 m nur wenig über die Schneegrenze. Überwiegend **nivalen** und **periglazialen** Formungsprozessen unterliegt die orogr. linke Shilasamudra-Talflanke. Die knapp 6000 m hohen Einzugsbereiche ragen nicht hoch genug auf, um die Gletscherbildung zu gewährleisten. Vereinzelt tritt Flankeneis auf. Die **Schuttproduktion** gestaltet sich wesentlich **moderater** als vorhergehend beschrieben. Lang auslaufende Moränenzüge, die die rein hangialen Ablagerungen verdrängt haben, bekleiden den **gletscherfreien** Talgrund. Das im Bewuchs eingebettete Blockmeer wird durch breit verstreute, saisonal jeweils unterschiedlich beflossene Abflußbahnen zerfurcht. Die spät- und vielleicht auch neoglazial unterschnittenen Felsriegel liefern auf ihren Schichtkopfseiten frischen Schutt, der sich in **kegelförmigen Schutthaufen** auftürmt, die sich zu **Schutthaufenhalden** zusammenfügen.

Die Hangpartien werden von **Wanderschuttdecken** bemantelt, in die vorwiegend stuhl- bis tischgroße, scharfkantige Gesteinsblöcke eingebettet sind. Die Gesteinsblöcke sind häufig mit Flechten dicht bedeckt (*Rhizocarpon geographicum*), was auf ihre Bewegungsruhe hinweist. Die aalglatten, blanken und flach ausbeißenden Schieferflächen offenbaren die **Seichtheit** der auflagernden Schuttdecken. **Langsamer Schuttversatz** in Form von **solifluidalen** Prozessen kennzeichnet die Talflanke im Gegensatz zu den **hochenergetischen, plötzlich** und **rasch ablaufenden Sturzprozessen** von Eis, Schnee und Schutt auf der gegenüberliegenden Talflanke.

Im September 1993 konnte auch hier auf der orogr. linken Shilasamudra-Talseite ein augenfälliger **Lawinenabgang** auf dieser Talflanke diagnostiziert werden, der den geradlinig abschließenden Schneeüberzug bei etwa 5000 m mit seinem Schneelobus durchbrach und in einer Höhe von etwa 4800 m endete, den Mittel- und Unterhang also unberührt ließ.

Der Vergleich zwischen orogr. rechter und linker Shilasamdura-Talseite zeigt, daß in gleicher absoluter Höhenlage die **Schuttproduktion je nach maximaler Einzugsbereichshöhe** und Exposition sehr **unterschiedlich** ausgebildet ist.

5.2.9 Wo liegt die Schuttakkumulationsobergrenze (SAO) und die heutige Schuttkörpergunstzone?

Zur Schuttakkumulation sind **Geländeverebnungen** notwendig. Jegliche Flachstellen oberhalb der Schneegrenze – bis zu einer bestimmten Höhe – werden mit Schnee besetzt und beherbergen somit Schneeakkumulationen. Schuttakkumulationen sind an den Steilwandflanken bis in eine Höhe von 4900 m anzutreffen (z.B. auf der orogr. linken Nandakini-Talseite), auf den flacher geneigten Hangpartien bis ca. 5500 m (z.B. auf der orogr. linken Shilasamudra-Talseite).

Unterhalb der steileren Gehängepartien mit hoch hinaufragenden, angeschlossenen Einzugsbereichen wird die Schuttakkumulationsobergrenze durch schnee- und eisinduzierte Massenbewegungen, deren korrelate Akkumulationen sich weit hangabwärts erstrecken, *nach unten* gedrückt. Die Schuttakkumulationsobergrenze zeigt sich in Abhängigkeit der Reliefverhältnisse und der an sie gebundenen Eiskörperbildung äußerst **diskontinuierlich**.

Die **optimalen Voraussetzungen** für die heutige Formation von Schuttkörpern befindet sich in einer Höhenlage zwischen 4000 und 4800 m unterhalb der **schichtkopfgesteuerten Felsgehängepartien**, deren Einzugsbereiche durch Steinschlagrunsen – frei von überhängenden Eisbalkonen – gebildet werden.

5.2.10 Zur Altersabschätzung der Schuttkörper

Die glazialen Schuttkörperdeponien ermöglichen eine zeitliche Synchronisation der hangialen Schuttkörper. Die auf die glazialen Akkumulationen eingestellten Schuttkörper weisen zwangsläufig ein gleiches oder jüngeres Alter als die glazialen Fundamente auf. Damit das Nandakini-Tal bis zu einer Höhe von 3500 m eisverfüllt war, müßte die

Schneegrenze um 700 m abgesenkt gewesen sein. Im Neoglazial kann man mit diesem Betrag auf jeden Fall rechnen, d.h. die besprochenen Schuttakkumulationen im Nandakini-Tal zwischen einer Höhe von 3600–4500 m können nicht älter als ca. 5000 Jahre sein bzw. nehmen mit Näherung zum Paßbereich an Alter ab (Tab. 1). Die Felsriegel-säumenden Schutthaufen sind nur wenige Jahrhunderte alt.

Die Schuttkegel unterlagen im Neoglazial der glazialen Ausräumung oder Unterschneidung. Der Talgrund wurde mit Grundmoränenmaterial tapeziert, auf das sich nach dem Rückzug des Eises die Schuttkegel einstellten. Während der Gletschereinlage wurden die Schuttkörper gegen den Gletscher geschüttet. Durch den Grund- und Flankenschliff des Gletschereises sowie durch die Druckentlastung nach dem Gletscherrückzug wurde der Gebirgskörper neben den in dieser Höhenlage sehr intensiven Verwitterungsprozessen morbide gemacht und für die Gesteinsaufbereitung präpariert.

5.2.11 Zusammenfassung

Innerhalb der Vertikalhöhenspanne von 3500 bis 5500 m werden folgende Schuttkörperformen auf der paraklinalen, *orogr. linken Nandakini-Talseite* durchschritten:

1. Zwischen 3500 und 4000 m: **Vegetationsbedeckte Schuttkegel mit zentraler Abflußbahn**, herbeigeführt durch Lawinenereignisse oder Schmelzprozesse der obigen **Schneeeinlage**. Es findet einen nur sehr **geringe Überformung** durch Steinschlag oder fluviale Prozesse der Kegeloberfläche statt. In den Lawinenrunsen im Felsgehänge befindet sich Schnee im Sommer. Partiell findet eine **sekundäre Schuttkegelaufschüttung** durch **Murereignisse** statt. Diese frischen Schuttloben sind frei von Vegetation.
2. Zwischen 3500 und 4000 m: **Vegetationsbedeckte Schuttkegel ohne zentrale Abflußbahn**, aber mit **hohem Schuttabwurf** aus den Steinschlagrunsen im Felsgehänge. Sowohl die unter 1. und 2. genannten Schuttkörper weisen in ihren basalen Abschnitten **Grundmoränenmaterial** auf. **Fluviale Überprägung** durch kleine Abflußrunsen auf der Kegeloberfläche ist zu beobachten. Die Lawinenrunsen im Felsgehänge weisen eine Schneeeinlage auf.
3. Zwischen 4000 und 4500 m: **Weitgehend vegetationsfreie Sturzschuttkegel.** Der reichliche Schuttabwurf überdeckt die Kamesterrasse an der Basis der Kegel. Sie werden in ihren Wurzelregionen von Schneeeinlagen und Lawinen überprägt.
4. Zwischen 4500 und 5000 m: **Lawinenschuttkegel.** Die ab 5000 m auftretenden Lawinenschuttkegel sind von einer Schneedecke überzogen, die die Sommermonate überdauert. Eine Unterschneidung der Kegelkörper findet in der Paßlage nicht statt. Die Einzugsbereiche sind nivalen Ursprungs. Schnee- sowie vereinzelt auch Eislawinen überformen die Kegel.
5. Ab einer Basishöhe von 5500 m erfolgt die Ausbildung von **Eislawinenkegeln**, die z.T. zur Gletscherernährung beitragen.

Auf der *orogr. rechten Nandakini-Talseite* gestaltet sich die Schuttkörperausbildung weniger abwechslungsreich und ist von geringeren Schuttkörpervorkommen gekennzeichnet als auf der orogr. linken Talseite, nicht zuletzt aufgrund geringerer Einzugsbereichshöhen.

1. Unterhalb der Hängegletscher befinden sich durch das Gletschereis, im **Apexbereich deformierte Schuttkegel**. Sie zeigen deutliche Einmuldungen im Apexbereich auf. Das Blockmaterial dieser aus den Felswänden mit Schutt beschickten Schuttkegel ist mit Flechten bestückt.
2. Die vom Eis überflossenen, sich im Talboden länglich erstreckenden Felsriegel wer-

den basal von **Schutthaufen und -decken** gesäumt. Der Akkumulationsradius ist sehr limitiert aufgrund der geringen Sturzhöhe von nur einigen Dekametern. Der umsäumende Vegetationsbewuchs greift bei inaktiven Gehängepartien in die Schuttkörper ein.
3. Bergsturzereignisse liefern **chaotische**, zerstreute Ablagerungen, die größtenteils auf den Ufermoränen abgelagert sind und peu à peu talabwärts verfrachtet werden.

Die mäßig geneigten Hangpartien (15°) werden durch **seichte Frostverwitterungsdecken** im Schiefer in einer Höhe zwischen 4000 und 4800 m verkleidet. Wanderschuttbewegungen der periglazialen Stufe sind hier sehr deutlich ausgeprägt.

Im Shilasamudra-Talkessel, der durch hohe Einzugsbereiche (6500–7000 m) gekennzeichnet ist, trifft man **eislawinenabhängige Schuttkörperformen** an. Reine Sturzschuttkegel weichen hier unter der Dominanz der Eislawinen ganz zurück.

1. **Eislawinenkegel**: Sie nehmen die Stellung zwischen Lawinenkegeln und zu Eisbruchgletschern verheilenden Eislawinenkegeln, die bereits aus Gletschereis bestehen, ein. Sie reichen hinab bis in eine Basishöhenlage von 3900 m. Die Eislawinenkegel weisen basale Durchmesser bis zu 350 m auf und sind bis zu 200–300 m hoch.
2. **Zusammengesetzte regenerierte Eislawinenkegel**: Die extremen Reliefverhältnisse erlauben die Ausbildung von in der Vertikale untereinandergeschalteten Eislawinenkegeln in einer Höhenlage zwischen 3700–4500 m.
3. **Gletscherwiderlagerschuttkörper (Kames)**: Als gletscherbegleitende Stauschuttkörperformen wurden Kames in einer Höhe zwischen 3700–3800 m gegen die ehemals höhere Gletscheroberfläche geschüttet und sind heute mit einer markanten Steilkante versehen, die rezent durch die Gletscherunterschneidung weiterhin steil gehalten wird.
4. **Eisunterlegte Schuttdecken und -kegel (Protalus ramparts)**: Sie befinden sich in einer Höhe zwischen 4300 und 4800 m auf flacheren Gehängepartien, die auch noch im Einfluß von Eislawinen stehen. Die Einstrahlungsgunst der W-Exposition legt den Detritus von den Schneemassen frei.

Wir finden in dem Talkessel großräumig eine **stark asymmetrische Schuttkörperausbildung bedingt durch die Strukturvorgaben der anstehenden Gesteine** vor. Weiterhin auffällig ist, daß im Nandakini- und Shilasamudra-Talkessel **keine hochlagernden Moränendeponien** vorhanden sind. Es erfolgt **kaum eine sekundäre Schuttkörperbildung** aus moränischem Material. Somit treten die Umwandlungsschuttkörper in den Hintergrund. Bemerkenswert ist weiterhin, daß ausgeprägte Mur- und Schwemmkegelartige Bildungen in diesem Talkessel gänzlich fehlen. Es treten häufig Kombinationsformen aus Lawinen-, Steinschlag- und Murprozessen auf, wobei letztgenannter Prozeß aber nie dominierend in Erscheinung tritt. Die Schuttkörpervorkommen der beiden Talkessel befinden sich allesamt **oberhalb der Waldgrenze**. Mit der Schluchtpassage zwischen 3300 und 3500 m setzt auch der Wald im oberen Nandakini-Tal aus. Katabatische Winde sowie ein kälteres Eigenklima des vergletscherten Talkessels mögen für die hier sehr tief verlaufende Waldgrenze verantwortlich sein. Es wurde in diesem Kapitel deutlich, wie die Reliefverhältnisse die Schuttkörperausbildung steuern und ein **Konkurrenzsystem** zwischen Eiskörperbildungen und Schuttkörperformen entsteht.

6. Die Nanda Devi-Schlucht als Beispiel für schuttablagerungsfeindliche Talgefäße bei extremen Reliefenergieverhältnissen

Von Interesse ist bei der folgenden Betrachtung der vom Lata Peak einsehbare Schluchtbereich des Rishi-Tals, der sich über eine Distanz von 15–20 km erstreckt (Photo

53). Der in einer breiten Synklinale angelegte Nanda Devi-Doppelgipfel besteht aus schwach gefalteten Martoli-Phylliten und Quarziten (GANSSER 1964: 116–118). Der *Nanda Devi-Ost-Gipfel* (7434 m) liegt 3 km entfernt vom *Nanda Devi-West-Gipfel* (7816 m). Während der Gipfelbereich aus z.T. sehr feinkörnigen Sedimenten aufgebaut ist, schließen sich talabwärts hochresistente Gneise und Marmore an, die den Rishi-Schluchtbereich formen. Der Nanda Devi ist eingereiht in eine Gebirgskette von 85 km Länge mit 12 Gipfeln über 6400 m. Die niedrigste Depression liegt bei 5183 m, abgesehen von dem *Rishi-Ganga-Tal*, einem Nebental des Dhauli Ganga-Tals. Dem Nanda Devi steht der *Nanda Ghunti* (6309 m) im W und der *Dunagiri* (7066 m) im N zur Seite. Das Nanda Devi-Massiv beherbergt auf seiner W-Abdachung den *Dakhini Nanda Devi-Gletscher* (7 km) und den *Dakhini Rishi-Gletscher* (8 km), die laut der Kumaon-Himalaya Karte (Sheet 8/1987) miteinander konfluieren. Das circa 35 km lange Rishi-Tal entwässert weiterhin die Abflüsse des *Nanda Ghunti-, Ronti-, Bethartoli-, Trishul-, Uttari Nanda Devi-, Uttari Rishi-, Shangabang-, Raman-* und des *Hanuman-Gletschers*, deren Längen zwischen 4 und maximal 14 km rangieren.

Etwa 1500 m unterhalb des Nanda Devi-Gipfels auf dessen NW-Abdachung erlauben moderater geneigte Steilflankenpartien die Ablagerung von **Eislawinenkegeln** in einer einheitlichen Höhenlage. Weiter hangabwärts schließt sich wieder eine steiler geneigte Wandpartie an, so daß der sonst zu beobachtende **Übergang von Eislawinenkegeln zu Sturzschuttkegeln** aufgrund der Ablagerungsungunst der Reliefverhältnisse **ausbleibt**. Ein potentieller Schuttablagerungsraum dürfte sich zwischen der Dakhini Nanda Devi- sowie der Dakhini-Rishi-Gletscherzunge und einer Höhenlage von 4000 m befinden. Dieser Talabschnitt konnte jedoch nicht eingesehen werden. Der Blick vom 3700 m hohen *Lata Peak* zeigt die die N-Abdachung des Nanda Devi-Kessels entwässernde Rishi-Schlucht. Im Hintergrund thront der 7816 m hohe Nanda Devi, im Vordergrund verläuft der Rishi-Fluß in einer Höhenlage von 2800 m. Eine Vertikaldistanz von etwa 4300 m wird auf einer Horizontaldistanz von 18 km vornehmlich durch Steilrelief überwunden. Nur noch 8 km trennen das Rishi-Tal von der Einmündung in das Dhauli Ganga-Tal in einer Höhe von 2000 m. Hier präsentiert sich eines der **schuttärmsten** Himalaya-Talabschnitte überhaupt. An manchen Stellen sind im Tiefenlinienbereich **Felssturzkegel** vorzufinden. So zeugen die Schluchtwände auch von zahlreichen Abrißnischen. Im Rishi-Tal fehlt der flacher geneigte obere Talmittellauf zwischen 4000 und 3000 m, wie wir ihn beispielsweise aus dem Rakhiot-Tal als bezüglich der Reliefvertialdistanzen angemessenes Vergleichstal kennen und der eine Schuttablagerungsgunst bietet – auch gerade für Glazialschuttdeponien. Die folgenden Werte verdeutlichen die Steilheit der Schluchtflanken, die v.a. auf der orogr. rechten Rishi-Talseite vorhanden sind. Auf einer Horizontaldistanz von nur 8 km ist der 7066 m hohe *Dunagiri* auf der orogr. rechten Rishi-Talseite an dessen Tiefenlinie in einer Höhe von 3000 m angeschlossen bzw. der *Hanuman* (6075 m) auf einer Horizontaldistanz von nur 4 km bei einer Vertikaldistanz von 3000 m. Die **vertikale Ausbreitung des Schutthaldengürtels** der Hochregionen wird bei extremen Reliefenergien stark **reduziert**. Eislawinen reichen tiefer hinab und engen den Schutthaldensaum ein. Die Schuttkörperobergrenze wird bei den extremen Steilflanken vergleichsweise nach unten verlegt. Die Ausbildung von Mur- und Schwemmkegeln ist kaum gegeben. Die **Ungunst** für die Schuttkörperbildung ist hier als eine **Kombination** aus hoher Gesteinsresistenz und einem engem Talquerschnitt, der die Fließ- und damit die Abtransportkraft des Haupttalflusses erhöht, und dem folglichen mangelndem Raumangebot zu erklären. Die Rishi-Schlucht liefert ein Extrembeispiel für eine äußerst karge Schuttkörperlandschaft im Himalaya.

Der **zentral-periphere Schuttkörperwandel** vom Gebirgsinnern zum nächst größeren Vorfluter gestaltet sich monoton. Da im Schluchtbereich auch der Glazialschutt entweder keine Ablagerung fand oder sehr rasch eliminiert wurde, finden wir rezent auch nicht die in so vielen Tälern charakteristischen Umwandlungsschuttkörper des Talmittellaufs vor. Von den Schuttkörpern der höheren Einzugsbereiche wie den Eislawinenkegeln und eher gering ausgebildeten Sturzschuttkegeln, findet ein großer höhenmäßiger Sprung zu den sich schließlich in den Tieflagen vereinzelt abgelagerten Kamesbildungen und Murschwemmfächern statt.

7. Zusammenfassung über die Schuttkörpervorkommen im Kumaon-/ Garhwal-Himalaya

Die *Alaknanda-Talschaft* bietet – ausgenommen der Schluchttalstrecken – mit seinen kleinräumig angeschlossenen Nebentälern, wie dem Nilkanth-Tal oder dem Hathi Parbat-Tal, günstige Bedingungen für die Schuttkörperentwicklung und -erhaltung. Da die Nebentalschlußbereiche nicht gänzlich von Gletschern eingenommen werden, verbleibt der übrige Talausraum für gletscherbegleitende Mischformen aus Schutt, Schnee und Eis. Weiter talabwärts erreichen die steil hinabfließenden Hängegletscher das übergeordnete Nebental nicht mehr. Hier werden die unterhalb der Gletscherzunge befindlichen Schuttkörper glazial geformt und überprägt.

Im Trisul-Gebiet erscheint eine klare Differenzierung der Schuttkegel. Während die Schutthalden bis auf eine Höhe von 4000 m Basishöhe noch Vegetation aufzeigen und konsolidiert sind, setzen weiter talaufwärts, ab 4200 m die „lebenden", „aktiven" Schuttkegel ein – in einer Höhenlage, in der die Alpen bereits das Gipfelniveau erreichen und im Karakorum die Zone der „großen Schutthalden" höhenwärts fast überschritten ist.

Die herauskristallisierten Ablagerungsformen und deren Abfolge sind **Spezifika des extremen Hochgebirges**. Die Höhe des Talbodens verläuft am Zungenende des Shilasamudra-Gletschers auf einer Höhe von 3500 m, während der Trisul (7120 m) ihn um 3620 m in einer Horizontaldistanz von nur 4 km überragt. Von den 3620 m Vertikaldistanz liegen Zweidrittel über der Schneegrenze – eine Reliefsituation mit speziellen Ablagerungseigenschaften, die in den Alpen nicht aufzufinden ist. Würden an der Trisul-W-Abdachung nicht zwei Plateaus eingezogen sein, die die Eismassen der Gipfelregionen bündeln sowie nordwärts abführen und von den tieferen Regionen fern hielten, wären auch hier – wie auf der orogr. rechten Shilasamudra-Talseite – eislawinengeprägte Schuttkörperformen vorherrschend.

In allen untersuchten Tälern des Kumaon-/Garhwal konnte keine Zone ausladender Mur- und Schwemmkegel – wie in den ariden Gebirgsgebieten – diagnostiziert werden. Dies hat allerdings nicht primär seine Ursache in fehlenden, zur Verlagerung bereitstehenden Schuttdeponien sowie klimatische Gründe, sondern die topographischen Rahmenbedingungen, d.h. die Dominanz von sehr engen Talgefäßen, stehen einer Schuttkörperablagerung prinzipiell ungünstig gegenüber. Die Transformation von glazialen Schuttkörpern durch hangiale Prozesse vollzieht sich weniger augenfällig als in den trockneren Hochgebirgsgebieten. Hochlagernde Moränendeponien mit sekundärer Schutthaldenbildung sind kaum anzutreffen. Die engen Trogtäler in Kombination mit hohen Niederschlagswerten führen zu einer geringeren Überlieferung glazialer Sedimente im Vergleich zu anderen Hochgebirgsgebieten.

VIII. Die Schuttkörperformen in ausgewählten Untersuchungsgebieten des Zentral-Himalaya: Extreme Reliefenergien auf der Himalaya-S-Seite

In diesem Kapitel stehen vornehmlich die Schuttkörperformen der Himalaya-S-Abdachung im Interesse der Untersuchung (27°30'–29°00'N/82°30'–88°00'E). Im Gesamtüberblick über die Forschungsgebiete weist diese Gebirgsregion die **humidesten Klimabedingungen** sowie **extreme Reliefenergien** auf. Nachdem im vorangegangen

Abschnitt die Schuttkörper der humiden Gebirgsregionen am Beispiel des Garhwal/ Kumaon-Himalaya systematisch behandelt worden sind, sollen nun exemplarisch die wesentlichen Grundzüge der Schuttkörpersituation auf der Himalaya-S-Abdachung anhand des *Modi* und *Madi Kholas, Buri Gandakis, Marsyandi Kholas* und dem *Arun-* sowie *Barun-Tal* vorgestellt werden. Zuvor jedoch wenden wir uns noch einem semi-ariden Gebirgsabschnitt auf der *Himalaya-N-Abdachung in Dolpo* zu, in dem wir ein Schuttkörperszenario antreffen, das mit als typisch für die trockenere Himalaya-Leeseite gelten kann.

1. Mäßig bis gering mit Schuttkörpern ausgestattete Gebiete im semi-ariden Lower Dolpo-Gebiet mit vorwiegend mäßigen Reliefenergien

1.1 Einleitung

Das Untersuchungsgebiet im *Lower Dolpo-Gebiet* liegt zwischen dem *Kanjiroba Himal* im N/NW und dem *Dhaulagiri Himal* im SW (Abb. 1). Hauptentwässerer des Dhaulagiri ist auf seiner NW-Abdachung der *Barbung Khola-Fluß*, der talabwärts in den *Thulo Beri Khola-Fluß* übergeht. Dolpo stellt ein interessantes **Übergangsgebiet** hinsichtlich der Schuttkörperausbildungen zwischen den besprochenen ariden Gebieten des E-Hindukusch, Karakorum sowie der Ladakh- und Zanskar-Kette auf der einen Seite und der humiden Himalaya-S-Seite auf der anderen Seite dar. Das Lower Dolpo-Gebiet leitet auf der W- bis NW-Seite des Dhaulagiri-Massivs zur ariden Himalaya-N-Seite über und ist im untersuchten Abschnitt durch eine vergleichsweise geringe Vergletscherungsbedeckung gekennzeichnet. Der *Kanjiroba Main Peak* (North) erreicht 6861 m und der South-Gipfel 6883 m, der *Putha Hiunchuli* im S des Untersuchungsgebietes 7246 m. Im Mittelpart bleiben die Gipfelhöhen des *Kagmara Lekh-Gebirgszuges* unter 6000 m (*Kagmara I* 5961 m, *Triangel Peak* 5863 m).

Der Niederschlag beträgt in *Jumla* (2424 m) lediglich 696 mm/Jahr (HMG of Nepal, Climatological Records of Nepal 1968, zitiert aus KLEINERT 1983: 47). So zeichnet sich die Gebirgslandschaft durch eine aufgelichtete Steppenvegetation aus (z.B. Juniperus, Himalaya-Zeder). Im Talbodenbereich ist xerophytische und sukkulente Vegetation vertreten (z.B. Agaven).

Der *Dhaulagiri-Himal* wurde in geomorphologischer Hinsicht detailliert von KUHLE (1978a, 1978b, 1980, 1982) beschrieben sowie auch insbesondere auf Periglazialerscheinungen und deren höhenmäßige Verbreitung hin untersucht. Hierbei konnte insbesondere eine Zone optimaler Strukturbodenausprägung und solifluidaler Aktivitäten bei etwa 5000 m nachgewiesen werden. Auf der Dhaulagiri-N-Abdachung wurde des weiteren eine Strukturboden- und Solifluktionsobergrenze in 5600 m erfaßt (KUHLE 1978b: 350). Dabei ist die empirische Existenz dieser Obergrenzen auf die arideren Leelagen des Himalaya beschränkt. Das Besondere an den extremen Hochgebirgen Asiens ist, daß die periglaziale Stufe eine vertikale Ausdehnung von bis zu 3000 m mißt und dabei eine bilaterale Ausprägung aufweist (KUHLE 1982, 1987a: 29, u.a.). Als Folge des Föhneffektes auf der Himalaya-Leeseite reicht der Wald in manchen Gebirgsabschnitten bis auf 4400 m hinauf (KUHLE 1982: 128). Im Gegenzug dazu ist hier aber auch eine xerische Waldunter- grenze ausgebildet, die mit der Solifluktionsuntergrenze nahe zusammen fällt, so daß wir hier den Fall vorliegen haben, daß der Solifluktionsgürtel die Waldstufe durchmißt und nahezu ungebundene Solifluktion auftritt (KUHLE 1987a: 30). Auf der Himalaya-S-Abdachung fehlt die Stufe der gehemmten bis freien Solifluktion gänzlich (KUHLE 1982: 131). Diese Verschneidung von Waldgrenze und Solifluktionsuntergrenze steht im scharfen Kontrast zur Situation in den Alpen, wo die Solifluktionsstufe oberhalb der Waldgrenze endet. Die Periglazialregion greift bis zu 800 m, maximal sogar bis 1300 m, unter die obere Waldgrenze. Als Indikatoren für den periglazialen Schuttversatz wurden dabei besonders Sproßdeformationen sowie Hangterrassetten, aber auch Steinpflasterbildungen herangezogen, die bis in eine Höhe von 3000 m diagnostiziert wurden (KUHLE 1982: 125). Oberhalb von 4000–4200 m setzt auf der Himalaya-N-Abdachung in der Mattenregion die gebundene Solifluktion ein (KUHLE 1982: 126). Die Ausbildung einer diskontinuierlichen xerischen Waldunterrgrenze führt auch in diesem Untersuchungsgebiet zu einer bilateralen Verteilung der kahlen und teilweise unkonsolidierten Schuttkörper im Höhenstufenprofil. Wir finden in Dolpo vornehmlich engräumige Talanlagen vor, teilweise auch schluchtartige Talverengungen. Nur stellenweise treten geringe Talweitungen auf, die eine größere fluviale Kegelbildung erlauben. Insgesamt zeigt sich das Relief primär durch ehemals glaziale und rezent durch Periglazialprozesse rund geformt. Aus dem Flugzeug erblickt man bereits, wie seiger stehende Schichten das Landschaftsbild differenzieren und hier eine **Strukturabhängigkeit** der Schuttkörperbildung besteht. Die Schneefallgrenze lag Anfang Februar 1995 bei 3500 m. Die Schneehöhe betrug 20–40 cm, an den S-Hängen war der Schnee z.T. völlig weggeschmolzen. Nach einem Schneefallereignis Ende Februar reichte der Schnee bis auf 2300 m hinab. Nach KUHLE (1995: 149) war das Thulo Beri Khola in 1900 m im Hochglazial noch mit einem 550 m mächtigen Auslaßgletscher des Tibet-Plateaus verfüllt.

1.2 Das untere Barbung Khola und das Thulo-Bheri-Tal: Die Umwandlungsschuttkörper sowie tief hinabreichende Sturzschuttkegel

Im Unterlauf des Barbung Kholas in einer Höhe zwischen 2000 und 2900 m treffen wir auf zahlreiche **Umwandlungsschuttkörper, die primär aus moränischem Material** aufgebaut sind (Photos 54–56). Talabwärts von *Kakkotgaun* (3000 m) sind insbesondere auf der orogr. rechten Barbung Khola-Seite bis zu über 150 m hohe Moränendepositionen von der spätglazialen Vergletscherung abgelegt. Sie sind auf ihren Rückenflächen lückig mit Nadelbäumen besetzt. Basal werden sie streckenweise vom Fluß unterschnitten. Die flußwärtigen Steilkanten lösen sich in kegelförmige sekundäre Schuttkörper und Residualschuttkörper von mehreren Dekametern Höhe auf (Photo 57). Die Kegelform ist hier nicht durch Aufschüttung, sondern **nachträglich** durch Zerschneidung eines Schuttkörpers entstanden. Bei einigen Kegelexemplaren ist die dreiecksförmige Kegeloberfläche konsolidiert und mit Nadelbäumen bestanden, während die seitlichen Randpartien des Kegels durch Abbruchkanten gekennzeichnet sind. Die Moränen erscheinen als deutlich vom Hangprofil abgesetzte Schuttkörperformen. Ihre Integration in das hangiale Schuttkörpergeschehen durch linear-erosive Prozesse wird aufgrund ihrer Mächtigkeit eines sehr langen Umwandlungsprozesses bedürfen.

Abgesehen von Seesedimenten, die sich talaufwärts der beschriebenen Moränenlokalität befinden, zeigt sich der Barbung Khola-Talabschnitt hier sehr arm an rein hangialen Schuttkörpern. Der Talboden ist partienweise immer wieder mit Moränenresten ausgelegt. Die Talanlage besteht aus sehr steilflankigen Trog- bis Kerbtalflanken. So ist auch der von hier nur etwa 10 km entfernte *Dhaulagiri II* (7751 m) sowie der etwa 15 km entfernte *Dhaulagiri-Hauptgipfel* (8172 m) aufgrund des tief in den Gebirgskörper eingeschnittenen Barbung Kholas nicht ersichtlich. Die Auflösung der Talflanken in Stichtäler oder kleine Nebentäler durch rückschreitende Erosion ist gering, so daß auch kaum kanalisierende Trichtergebiete für eine konzentrierte Schuttkörperbildung zur Verfügung stehen. Weiter talabwärts, zwischen 2600 und 2300 m, nimmt das Barbung Khola eine eng-kerbtalförmige Gestaltung ein. Die Talflanken sind hier mit einem Moränenüberzug imprägniert und vereinzelt durch Murabgänge zerfurcht. An Felsausbissen sind immer wieder strukturgebundene Sturzschuttkörper zwischengeschaltet, die in ihrer Höhe 100 m nicht überschreiten. Im *Suligad-Tal*, das unterhalb von *Dunai* (2180 m) mit dem Barbung

Khola konfluiert, sind bis in eine Höhe von 2600 m hinauf eine Vielzahl von 10–15 m hohen, kärglich mit Sträuchern besetzten **Sturzschuttkegeln und -halden** im schiefrigen Gestein mit Gesteinskomponenten von 10–30 cm Durchmesser ausgebildet. Es handelt sich um sukzessiv gebildete Schuttkörper und nicht um katastrophisch entstandene Nachbruchschuttkörper.

Klimadaten über die saisonale Verbreitung der Frostwechselzone und die Anzahl der Frostwechsel liegen von diesem Untersuchungsgebiet nicht vor. Im Gegensatz zur Himalaya-S-Abdachung wird die **Frostwechselregion** jedoch aufgrund der semi-ariden Verhältnisse **tiefer hinabreichen**, d.h. bis unter 3000 m. Die Kahlheit der Schuttkörper ist sicherlich eher auf klimatische oder auch auf anthropogene Einflüsse zurückzuführen als auf ihre aktive Schuttzulieferung. Es sind häufig frische Schuttinseln auf den Schuttkegeloberflächen zu beobachten, jedoch steht diese bescheidene Schuttlieferung in keinem Vergleich zur aktuellen Morphodynamik im NW-Karakorum. Des weiteren werden einige der Schuttkegel vom Suligad-Fluß unterschnitten, so daß die Dynamik der Schuttkegel teils basal gesteuert wird. Des weiteren sind kegelförmige **Umwandlungsschuttkörper** aus moränischem Material vertreten. Sie zeigen eine zentrale Einschneidung und sind zumeist ein wenig konvex aufgewölbt (Photo 55).

Zurück im Hauptal sind ab *Juphal* (2510 m) im Thulo Bheri Khola in einer Talbodenhöhe zwischen 2000 und 1800 m einige isoliert auftretende Murschwemmkegel mit einer maximalen radialen Erstreckung von etwa 500–700 m vertreten. Der größte unter ihnen bei *Ruma* auf der orogr. rechten Beri-Talseite hat sich gänzlich über die Talsohle ausgebreitet und die Form seines distalen Endes wird maßgeblich durch den Thulo Beri-Fluß bestimmt (Photo 58). Selbst in der Höhe unter 2000 m sind noch Sturzschuttkegel sowie kleine Muraufschüttungen mit langer linearer Zulieferunse ausgebildet. Auf der orogr. linken Thulo Beri-Talseite in einer Höhe von 2100 m sind **staffelartige Rutschungen im Schiefer** zu beobachten (Photo 58). Es handelt sich nicht um pluvial ausgelöste Durchtränkungsfließungen, sondern ein lokaler Wasseraustritt sorgt für die Durchfeuchtung des Anstehenden und seiner Schuttauflage. Im Vergleich zur nahe gelegenen Himalaya-S-Seite nehmen die Rutschungskörper sowie die durch sie initiierte Hangrückverlegung einen verschwindend geringen Anteil am Schuttkörperaufbau ein.

Die Talflanken im benachbarten Garpung Khola sind stark strukturgebunden zergliedert. Die strukturierte Auffächerung der Talflanken, die durch die höhere Schneebedeckung auf den Schichtflächen prononciert hervortritt, setzt sich bis in den Gipfelbereich fort. Typische alpine Wildbäche mit Verklausungen münden aus den kurz angeschlossenen Nebentälern mit nivalem Einzugsgebiet. Die korrespondierenden Murkegel sind durch den dichten Koniferenwald größtenteils abgedeckt. Ein aktiver durch Lawinen bestrichener Murlawinenkegel wurde in einer Höhe von 2800 m gesichtet, diese können aber durchaus noch tiefer hinabreichen.

1.3 Zusammenfassung

Am Übergang von der Himalaya-N-Seite zur Himalaya-S-Seite liegt der **abrupteste Wandel im Schuttkörperbild** Hochasiens vor bedingt durch die Funktion des Himalaya-Hauptkammes als Klimascheide zum einen sowie durch die sich wandelnden Reliefverhältnisse zum anderen. Im Lower Dolpo-Gebiet ist ein trocken-alpiner Landschaftscharakter vertreten. Nach den humiden Abschnitten des W-Himalaya treffen wir weiter östlich auf ein Gebiet auf der Lee-Seite des Himalaya, wo die Ausprägung einer xerischen Waldunthergrenze[32] gegeben ist und sich das Schuttkörperlandschaftsbild den

---

[32] In Dolpo ist die natürliche Verbreitung des Waldes stark anthropogen verändert und insbesondere im Thulo Beri-Tal ist es schwer, die natürlichen Verbreitungsareale des Waldes mit seinen Höhengrenzen anzugeben.

westlichsten Untersuchungsgebieten im Hindukusch und Karakorum ein klein wenig zu ähneln beginnt. Die rezente Schuttproduktion ist in diesem semi-ariden Gebirgsabschnitt nicht annähernd so hoch wie in den ariden Hochgebirgen Pakistans. Das Dolpo-Gebiet nimmt bezüglich des Schuttkörperinventars eine Zwischenstellung zwischen den semi-ariden und den humiden Gebirgsgebieten ein. Die aktuelle Schuttproduktion ist gering, aber nicht vernachlässigbar. Die Schuttkegelhöhe beläuft sich von wenigen Metern bis zu meistens nicht mehr als 10–20 m, so daß ausschließlich die basale Hangzone von diesen Schuttkörpern bedeckt wird. Die meisten Radi der Murkegel liegen im Dekameterbereich. Es handelt sich oftmals um mittel- bis kleinblockige Schuttkegel, deren Genese strukturgebunden ist.

Die Schneegrenze verläuft vergleichsweise hoch, so daß im Untersuchungsgebiet weitgehend nivale Einzugsbereiche vorhanden sind. Die Einzugsbereichshöhen liegen zumeist knapp unter 6000 m und sind damit für eine Vergletscherung zu niedrig. Das bedeutet, daß der Ausbildung des Periglazialraums hier eine Vertikalspanne von 3000 m eingeräumt wird. In Dolpo erfährt die rein hangiale Schuttkörperbildung eine starke Beeinflussung durch die Ablagerung glazialer Sedimente. Allerdings gestaltet sich die **Überlieferung** sowie die **sekundäre Schuttkörperbildung** aus den moränischen Ablagerungen heraus anders als im Hindukusch und Karakorum. Das Moränenmaterial liegt dem Anstehenden z.T. als nahezu intakter Schuttmantel auf und wird nur stellenweise durch Erosionsfurchen zerschnitten und augenfällig. Der Moränenmantel ist oberflächlich halb-konsolidiert. Die baumlosen und zumeist auch strauchlosen, aber mit einer Art Mattenvegetation besetzten glazialen Sedimente sind bei Niederschlagsereignissen nicht so anfällig gegenüber linear-erosiven Prozessen, wie diese im Karakorum oder Hindukusch, so daß die für dort typische Zerrachelung der Moränendepositionen in Dolpo fehlt. Es existieren auch selten sekundäre Schuttkörper in Form von Schutthalden, die aus hochlagernden Moränen resedimentiert wurden, sondern zumeist in Form von Murkegeln. Trockenkarge Felshänge sowie strukturgebundene Schuttkörperformen bestimmen das Landschaftsbild. Schuttkegel sind wesentlich häufiger vertreten als Schutthalden. Auch die Schwemmkegel sind durchweg nur als **unverzahnte Schuttkörper** vorzufinden. Glaziofluviale Terrassenkörper sind im gesamten Untersuchungsgebiet nur selten anzutreffen. Vereinzelt finden sich kegelförmig vom Fluß herauspräparierte glaziofluviale Terrassen in den Engtalstrecken.

2. Die Schuttkörpervorkommen auf der Annapurna-S-Seite am Beispiel des Modi-, Mardi-, Seti- und Madi-Kholas

2.1 Allgemeiner Überblick

Von der Himalaya-N-Seite vollzieht sich nun mit dem Eintritt auf die Himalaya-S-Seite auf einer sehr kurzen Horizontaldistanz ein krasser **Wandel bezüglich der Schuttkörpervorkommen**. Dieser Wechsel ist einerseits stark klimatisch bedingt, andererseits wird er durch die unterschiedlichen Reliefverhältnisse gesteuert. Das schuttliefernde Frostverwitterungsregime läuft auf der humiden und bewölkungsreichen Luv-Seite des Himalaya wesentlich gedämpfter ab als auf dessen Lee-Seite. Die Waldstufe ist als durchgehende Höhenstufe ausgebildet und schützt das Anstehende vor den Verwitterungsagenzien. Es überwiegen die **konsolidierten Schuttkörper**. Die unkonsolidierten Sturzschuttkörper sind im Landschaftsbild vergleichsweise wenig vertreten. In dem gewählten Ausschnitt der Himalaya-S-Abdachung nimmt die Vergletscherung einen sehr bescheidenen Anteil ein, so daß die gletscherbegleitenden Schuttkörper in den Hintergrund treten. Die rezente klimatische Schneegrenze verläuft auf der Annapurna-S-Abdachung bei 5487 m (KUHLE 1982: 168). Im Interesse der folgenden Betrachtung steht schwerpunktmäßig die

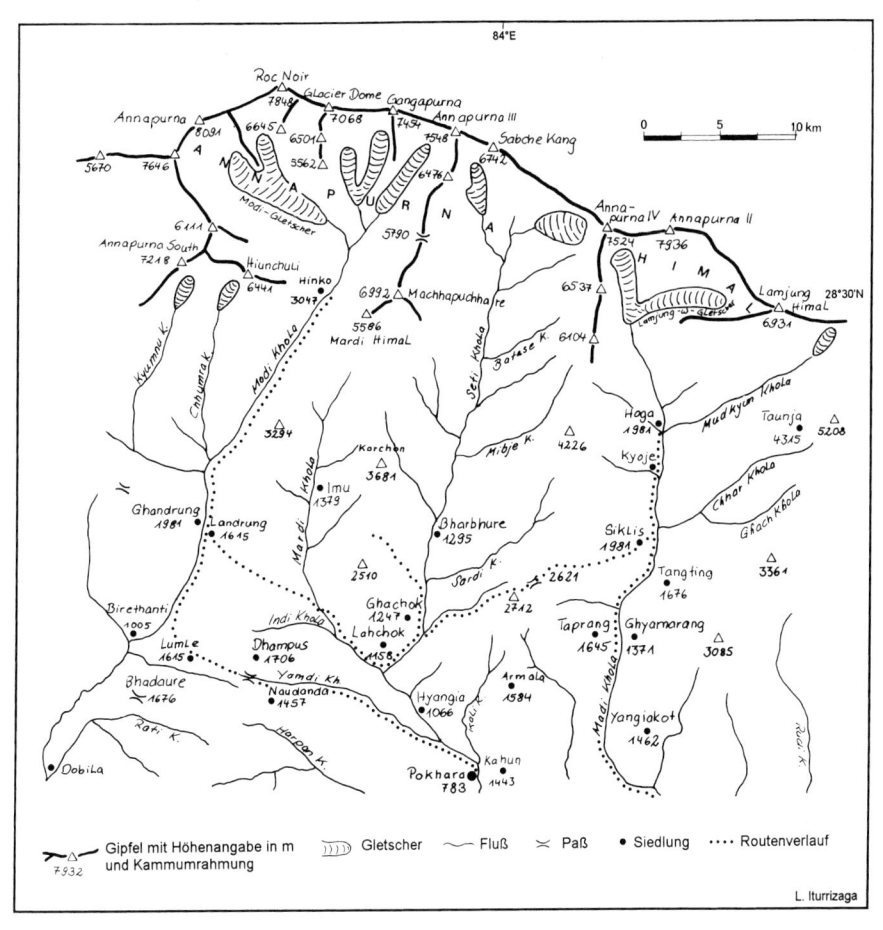

Abb. 37
Übersichtskarte über die Untersuchungsgebiete auf der Annapurna-S-Abdachung

Beziehung zwischen **Reliefvertikaldistanz bzw. -energie und Schuttkörperbildung**, die am Beispiel eines Gebirgsmassivs verdeutlicht werden soll, das sehr große Reliefvertikaldistanzen mit hoher Neigung und eine geringe Vergletscherungsbedeckung vereint. Die sehr geringen Höhenunterschiede der Gebirgsrandbereiche in den Himalaya-Vorketten, die in nur 10–20 km von den höchsten, bis zu über 8000 m hinaufragenden Einzugsbereichen entfernt liegen, stehen den großen Höhenunterschieden im Gebirgszentrum sehr kontrastreich gegenüber. Sie bedingen **einen abrupten Wechsel von glazialen zu fluvialen Einzugsbereichen** der Schuttkörper.

Das Annapurna-Massiv ist zwischen dem *Dhaulagiri* (8167 m) im W und dem *Manaslu* (8156 m) im E lokalisiert (Abb. 37). Vom Dhaulagiri wird das Annapurna-Massiv durch das *Kali Gandaki*, vom Manaslu durch das *Marsyandi Khola* getrennt. Der Annapurna Himal stellt eine geschlossene Einheit dar; er selbst wird von keinem Quertal durchbrochen. Die Annapurna I-W-Abdachung fällt von 8091 m auf 1270 m in der Durchbruchsschlucht des Kali Gandakis auf einer Horizontaldistanz von 17,5 km hinab. Aber nicht nur zu den Durchbruchstälern hin weist das Massiv beachtliche Vertikaldistanzen auf, sondern vor allem auch auf seiner S-Abdachung. Den äußersten NWlichen Eckpfeiler des Annapurna Himal bildet der *Niligiri* (7061 m), nach E schließt sich der *Tilicho Peak* (7134 m), der *Baraha Shikha (Fang)* (7647 m), die Annapurna I (8091 m), der höchste Gipfel des Massivs, der *Kangshar Kang (Roc Noir)* (7485 m), der *Tarke Kang (Glacier Dome)* (7069 m), die *Gangapurna* (7454 m), die Annapurna III (7855 m), die *Annapurna IV* (7525 m), die *Annapurna II* (7937 m) sowie schließlich ganz im E der *Lamjung Himal* (6931 m) an. Dem Massiv etwas südlich vorgelagert sind die *Annapurna South* (7219 m), der *Hiunchuli* (6441 m) und der *Machhapuchhare* (6993 m). Diese Berggipfel wurzeln auf einer Horizontaldistanz von nur 45 km. In einer Entfernung von etwa 30 km befindet sich bereits die um z.T. 7000 m niedriger gelegene Erosionsbasis des Himalaya-Vorlands (z.B. *Kusma* bei 1000 m). Dementsprechend schluchtförmig sind die Talanlagen des *Modi-, Seti- und Madi-Kholas* gestaltet.

Ganz im Gegensatz dazu stehen die Reliefverhältnisse auf der Annapurna-N-Abdachung, die auf das Tibetische Plateau in einer Höhe zwischen durchschnittlich 4000-5000 m eingestellt ist. Niedrigere Gebirgsketten wie der *Muktinath Himal* und der *Pukhung Himal* mit durchschnittlichen Gipfelhöhen zwischen 4800 und 6500 m leiten nordwärts allmählich zum Plateaubereich über. Die Talbodenniveaus laufen hier über 3500 m Höhe und außer im oberen *Marsyandi Khola* und östlich von *Tukuche* (2591 m) und *Jomosoom* (2713 m) finden wir in diesem ariden Gebirgsraum auf der Lee-Seite des Himalaya kaum Waldbestände vor. Hier sind die unkonsolidierten Lockerschuttkörper vorherrschend. Der Annapurna Himal weist dagegen auf seiner S-Abdachung mit die **höchsten Niederschlagswerte im Himalaya** auf und der tropische Bergregenwald stockt auf den Schuttkörpern bis zu einer Höhe von 3600 m. KLEINERT (1983: 91) gibt für *Lumle* 6170 mm Niederschlag/Jahr für einen allerdings nur zweijährigen Meßzeitraum an. Es handelt sich hierbei sicherlich um einen sehr hohen Niederschlagswert; festzuhalten ist jedoch, daß die orographische Barriere der Annapurna-S-Abdachung zu erheblichen **Stauniederschlägen** von bis zu mehreren 1000 mm/Jahr führt und das Schuttkörpergeschehen maßgeblich beeinflußt.

Die Gipfelflanken des Annapurna-Massivs zeigen einen **kluftgesteuerten Aufbau** ihrer Südwände (KUHLE & ROESRATH 1990: 17). Die Gesteinsstruktur prädestiniert die Verlaufsrichtungen der Schuttkörperzulieferrunsen sowie die Akkumulationsorte. Weiter talabwärts, unterhalb von etwa 4000–3500 m treten die struktur-gesteuerten Schuttkörper zurück. KUHLE (1983: 143–147) widmet sich in seiner geomorphologischen Monographie über den Dhaulagiri-Annapurna Himal auch den Schuttkörpern der periglaziären Region (Schuttkegel und -halden, Murkegel) und weist u.a. auf die strukturgebundene Schuttkörperbildung hin.

Als wesentliches Unterscheidungsmerkmal zu den vorgestellten Schuttkörpern des Hindukusch und Karakorum ist festzustellen, daß die Grob- und Kleinschuttliefernde Frostverwitterung in diesen subtropisch-humiden Gebieten des Himalaya nicht so tief hinabreicht (vgl. KUHLE 1987a: 20). Die Solifluktionsuntergrenze verläuft bei etwa 3000 m (KUHLE 1982). Frostwechselgeprägte Schuttdecken sind also noch bis zu 600–800 m unter der in 3700–3600 m verlaufenden Waldgrenze anzutreffen (KUHLE 1987a: 30). In den Himalaya-Vorketten reicht die **lateritische Verwitterung** auf der Himalaya-S-Abdachung bis auf 2000 m Höhe hinauf (BOESCH 1974, KALVODA 1992: 46), die in dieser Höhenstufe einen mehrere Meter mächtigen Verwitterungsmantel produziert. Schuttkörperformen resultieren aus der zumeist katastrophisch ablaufenden Verlagerung dieses Schuttmantels.

2.2 Das Modi Khola: Die Schuttkörperlandschaft in den Engtalbereichen

Das *Modi Khola*, das zum *Annapurna Base Camp* (4095 m) hinaufführt und das Ziel dieser Feldkampagne darstellte, konnte Mitte Januar 1995 aufgrund von Lawinengefahr in einer Engtalpassage nicht bis zum Talschluß begangen werden[33]. Der Annapurna-Kessel, in dem sich der *S-Annapurna-, W-Annapurna- und E-Annapurna-Gletscher* befinden und vom Fang, der Annapurna I, dem Glacier Dome, der Gangapurna und der Annapurna III eingerahmt werden, ist lediglich durch einen Schluchtabschnitt, der zwischen der Annapurna South (7219 m) bzw. dem Hiunchuli (6441 m) zur orogr. rechten und dem Machhapuchhare (6993 m) zur orogr. linken Modi Khola-Seite hindurchführt, zugänglich. Bei der Lokalität von *Hinko Cave* (3030 m) sind der Hiunchuli sowie der Machhapuchhare auf einer Horizontaldistanz von nur 3,5–4 km an die in einer Höhe von 3000–3500 m verlaufende Tiefenlinie angeschlossen. Die beiden Gipfel liegen in einer Entfernung von 9,6 km. Das schlucht- bis eng-trogtalförmige Talgefäß wird hier bis zum in 3000 m liegenden Talgrund mit Schnee- und Eislawinen bestrichen und ausgeformt. Eine der Hauptlawinenschneisen führt unmittelbar an der Lokalität von *Hinko Cave* entlang. Die orogr. rechte Talflanke ragt so steil empor, daß nur ihre ersten hundert Meter ersichtlich sind, der obere Einzugsbereich jedoch nicht mehr einsehbar ist. Das Schuttkörperbild zeigt sich undifferenziert. Die Kegelform der Schuttkörper ist oftmals nur ansatzweise ausgebildet. Die Sturzschuttkörper sind aus sehr **grobblockigem Gesteinsmaterial** aufgebaut und sind bereits als **Felssturzkegel mit Größensortierung** zu bezeichnen. Sie sind z.T. reine Nachbruchschuttkörper, z.T. auch durch die schuttliefernde Tätigkeit von Eis- und Schneelawinen aufgebaut. Einer der größten Blöcke mit einer Höhe von über 8-10 m bildet die Lokalität Hinko Cave. Aber auch noch größere Blöcke säumen die Tiefenlinien. Wir finden **Lawinenfelssturzkegel** vor, die nicht oder nur sehr wenig durch Murgänge überprägt worden sind. Im zentralen Teil der Schuttkegel fehlt der Baumbesatz. Die steilen schuttliefernden Felswände zeigen frische Abbruchnischen. Zwischen diese Sturzschuttkörper, die den unteren Abschnitt des engen Trogtales auskleiden, sind an größere Zuliefergebiete Murkegel angeschlossen, die basal mit Grundmoränenmaterial und glaziofluvialen Terrassensegmenten verzahnt sind.

Auf der Basis von Photographien (u.a. in OHMORI 1994: 34–35) soll hier kurz auf die Schuttkörperausstattung des Annapurna-Kessels eingegangen werden. Die Annapurna-S-Wand ist gänzlich mit Lawinenkegelgletschern austaffiert. Deutlich ausgeprägte **Eislawinenkegel** verheilen talabwärts zu Gletschern. Jeweils bis zu sechs solcher Einzelkegel ernähren die steil abfließenden, eisspaltenreichen Gletscher. Die Ausbildung der individuellen Lawinenkegel ist eng gebunden an die **gesteinsstruktur-gesteuerten Zulieferbahnen**. An diesem Beispiel wird sehr transparent, wie in den Hochlagen die Lawinenkegel nicht nur **form-analog** zu den Sturzschuttkegeln, sondern auch in **genetischer Hinsicht** ähnlich entstehen, so daß sich der Sprung zwischen Eis- bzw. Schneeschuttkörpern und Gesteinsschuttkörpern in vielen geomorphologischen Übergangsformen peu à peu vollziehen kann.

Die Einzugsbereichshöhe von durchweg über 7000 m sorgt für die gänzliche Eisausfüllung der unteren Talflankenpartien, so daß kein Raum für die Ausbildung von Schuttkörpern verbleibt, wie z.B. in den vorgestellten Talkesseln des W-Himalaya. Aufgrund der Steilheit der Wände in Kombination mit ihrer großen vertikalen Ausdehnung fällt die Vergletscherung jedoch längenmäßig bescheiden aus, denn die eigentliche Gletscherausbildung erfolgt erst unterhalb der Schneegrenze im Zehrgebiet, so daß die Gletscher kaum über 3 km lang sind. Zahlreiche Lawinentobel sind im oberen Modi Khola vorhanden; der dichte Bambusbewuchs der Schuttkörper setzt bei Hinko Cave gänzlich aus. Die Waldgrenze verläuft bei 3600 m. Der Bambusgürtel bremst die Lawinen nur geringfügig. Schneelawinen kleineren Ausmasses gingen im Januar 1995 bis zur Lokalität *Himalaya Hotel* (2550 m) hinunter. Aus gutem Grunde wurde dieser Standort als Lodge für Trek-

---

[33] Im März 1998 hatte die Verfasserin die Gelegenheit, die Schlucht bis zum Machhapuchhare Base Camp (3800 m) zu passieren. In dieser Jahreszeit waren bis in den April hinein ebenfalls starke Schneefälle zu verzeichnen.

king-Touristen wieder aufgegeben und in das talabwärtige *Doban* (2410 m) verlegt, das vor den Eis- und Schneelawinen des Hiunchuli relativ geschützt liegt. Überreste von Schneelawinen, die in den vorgezeichneten Runsen hinabliefen, konnten bis in eine Höhe von 2000 m beobachtet werden. Die schuttumlagernde Wirkung dieser an niedrigere Einzugsbereiche angeschlossenen Lawinen dürfte gering ausfallen. In einem vergangenen Januar fiel nach Angaben eines nepalesischen Checkpost-Officers bei *Khudi Ghar* (2300 m) 1 m Schnee. Hohe Lawinenaktivität besteht oberhalb von Doban, wo z.T. der Schnee in riesigen Tobeln („funnels") zu Tale geleitet wird. Teilweise akkumuliert der Schnee auch auf halber Talflankenhöhe und bleibt dort den ganzen Winter über liegen.

Die systematische Auflösung der Talflanken in Rinnen und Runsen ist in dem Talabschnitt bei Hinko Cave nicht gegeben. Vielmehr bestimmt die Gesteinsstruktur gänzlich das Talflankenbild, so daß die Zulieferrunsen nicht in gravitativ-linearer Weise angeordnet sind. So ziehen auf der orogr. linken Modi Khola-Seite die Gesteinsbänke diagonal über die Talflanke. Auf beiden Talseiten sind stark zerschnittene kegelförmige Schuttkörper anzutreffen. Die zentralen Zerschneidungen der konsolidierten Murschuttkegel in einer Höhe zwischen 2300-2500 m offenbaren mittels ihrer Aufschlüsse, daß diese Schuttkörper Moränenmaterial enthalten (mündl. Mitteilung von Herrn Prof. KUHLE Mitte Januar 1995 im Gelände). Auf der orogr. rechten Modi Khola-Seite unterhalb von *Bamboo* (2350 m) sind große, d.h. im Aufriß bis zu mehrere hundert Meter lange und breite eiszeitliche Gletscherschliffflächen vorhanden, wie sie auch im Arun-Tal anzutreffen sind. Diese Flächen sind vollkommen schutt- sowie vegetationsfrei und stellen ein zwar kleinräumiges, aber sich immer in den Himalaya-Tälern wiederholendes Landschaftselement dar. Des weiteren ist ein Großteil der Hänge als Schroffen ausgebildet, die mit Himalaya-Gräsern besetzt sind, aber ausgeprägte Schuttkörper vermissen lassen. Talabwärts von *Chomrong* (2155 m) sind die Hänge unterhalb einer Höhe von ca. 2300–2000 m teilweise fast durchgängig terrassiert worden. Das Modi Khola weist talaufwärts von Chomrong ein klassisches, sehr enges Trogtalprofil auf, während es talabwärts ein enges Schluchtkerbtalprofil besitzt. Die Schuttkörper zwischen Chomrong und Hinko Cave (konsolidierte Mursturzschuttkegel) erreichen eine Höhe von 50–200 m. Talabwärts von Chomrong dominieren die konsolidierten Hangschuttdecken die Talflanken. Die Höhe der Murschwemmkegel übersteigt durchschnittlich nicht 5–10 m.

So wie das Haupttal selbst, verlieren die begleitenden Gebirgskämme talauswärts – jedoch noch rapider – an Höhe, so daß die Reliefvertikaldistanzen bei Gebirgskammhöhen zwischen 4500 und 2000 m bei einer korrespondierenden Tiefenlinie zwischen 3500 und 1000 m lediglich ca. 1000 m betragen. Südlich des Machhapuchhare und des Hiunchuli finden wir eine deutliche **Zäsur der schuttliefernden Prozesse**. Während bei den hohen Einzugsbereichen Eislawinen noch die Funktion der **Schuttproduktion** und damit verbunden der **Hangausformung** übernehmen, kommen wir weiter talabwärts bei Einzugsbereichen von 4500 m in den Bereich von Schneelawinen, die die Hänge und ihre Schuttkörper überprägen aber nicht formen. Noch weiter talabwärts treten wir in den Bereich ein, in dem Altschutt, z.T. Glazialschutt, unterhalb der Waldgrenze resedimentiert wird. Die Jungschuttproduktion fällt hier vorzugsweise den **Bergstürzen** zu. An der Konfluenz des Modi Kholas und des Chomrong Kholas bei der Siedlung *Chomrong* (2155 m) befindet sich beispielsweise ein solcher Bergsturz. Auf der Himalaya-S-Abdachung ist die rezente Schuttproduktion in den Mittel- und Tieflagen im Vergleich zum Karakorum aufgrund der hohen Feuchtigkeit, die die Frostwechselaktivität mindert bzw. gänzlich verhindert, sehr gering. Sekundäre Schuttkörper dominieren das Landschaftsbild. Murgänge und Rutschungen zerfurchen die Schuttauflagen der Hänge.

Das knapp 45 km lange, in N-S/SW-Richtung verlaufende Modi Khola, das im Annapurna-Kessel seinen Ursprung hat, mündet bei *Kusma* in einer Höhe von 686 m in das Kali Gandaki ein. Auf seiner ganzen Lauflänge von der *Hinko-Schlucht* (3000 m) bis nach *Chandrakot* sind nur sehr **sporadisch kleine Mur- und Schwemmkegel** zu verzeichnen. So finden sich auch nur wenige Siedlungen im Tiefenlinienbereich. Sie sind zumeist in Hangmittellage positioniert. Die Murschwemmkegel besitzen oftmals ein sehr steil geneigtes, kurz angeschlossenes Zuliefertal mit **fluvialem Einzugsgebiet**. Zahlreiche Uferanbrüche werden im konsolidierten Lockermaterial durch den Zulieferstrom an den Talflanken erzeugt. Eine sekundäre Ernährung der Murschwemmkegel durch Schuttkörper der angrenzenden Haupttalflanken, wie dies v.a. im Karakorum beobachtet werden konnte, ist nicht vorhanden. In dem engen Modi Khola-Talgefäß können sich die Murschwemmkegel nur stellenweise in ihrer optimalen konischen Form entwickeln, denn der Modi-Fluß schneidet sich weit in die Schuttkörper ein. Die Mehrzahl der Murschwemmkegel weist einen zentralen, tief eingeschnitten Kegelstrom auf. Es handelt sich zumeist um **Einzelkegel**, die einfach, also **nicht ineinandergeschachtelt**, aufgebaut sind und auch nicht mit benachbarten Schuttkörpern zu Halden verwachsen.

Die Hänge werden vor allem durch vielzählige kleinmaßstäbige Rutschungen verletzt (IVES & MESSERLI 1989), jedoch resultieren hieraus keine größeren Schuttablagerungskörper. Auf der orogr. linken Modi Khola-Talseite sind auf mittlerer Hanghöhe in 1700 m **Schieferfließungen** vorhanden. Aber auch hier fehlt die ausgesprochene Schuttkörperakkumulation, wie sie z.B. bei der großen Schieferfließung in Chitral vorliegt. Der **Sedimentdurchtransport** ist im Himalaya bedingt durch das hohe Feuchtigkeitsangebot wesentlich höher als dasjenige in den Trockengebieten. Aufgrund der geringen und nur sehr sporadisch auftretenden Niederschläge „verdursten" viele Massenbewegungsprozesse regelrecht und bilden inmitten des Hanges deutliche Schuttkörperformen aus. In den Himalaya-Vorketten dagegen sind oftmals erdzungenförmige Schuttloben vorzufinden, die allerdings teilweise bis zur Unkenntlichkeit wieder zerfließen. Des weiteren kommt hinzu, daß die ausgebildeten Schuttkörper in nur wenigen Jahren wieder bereits vollkommen mit Vegetation bewachsen sind und damit sehr schwer diagnostizierbar werden.

KUHLE (1984a: 5) weist auf einen **Gürtel größter Rutschungsintensität** auf der Himalaya-S-Abdachung hin, der unterhalb der Periglazialregion in einer Höhe zwischen 600 und 2800 m im Wald gelegen ist. Die drei von ihm ausgegliederten Rutschungsetagen geben bereits Hinweise auf die Schuttkörpersituation und deren Herkunftsregionen. Er unterscheidet zwischen 1. durch jahreszeitlich ausdauernden Schnee ausgelöste, mur-ähnliche linienhafte Rutschungen, die bis in die unterste Nebenwaldstufe hineinreichen (zwischen 2800–1800 m); 2. Prozesse, die keinen Anschluß an die Periglazial- und Nivalregion haben. Es handelt sich um autochthone Intitialprozesse (zwischen 1800–900 m) und 3. erdgletscherartige Durchtränkungsfließungen (zwischen 1500–700 m).

In der Tiefenlinie des Modi Kholas (1200-1400 m) talabwärts von *Gandrung* (1905 m) sind im Aufriß kegelförmige Schuttkörper zu erkennen, die aus der Vogelflugperspektive als **form-identisch mit Schwemmkegeln** zu bezeichnen wären. Es handelt sich hierbei allerdings um halbkreisförmige, vom mäandrierenden Modi-Fluß herauspräparierte Terrassensegmente. An sie ist von den angrenzenden Talflanken kein Zulieferfluß angeschlossen; ihre Oberfläche ist fast topfeben. Der auf einem schmalen Talboden mäandrierende Flußlauf schafft ähnliche Schuttkörperformen wie diejenigen, die aus den Nebentälern aufgeschüttet werden.

Grundsätzlich läßt sich zu den Massenbewegungsprozessen festhalten, daß in den tieferen Lagen eine sehr hohe Morphodynamik in Form von kleineren Rutschungen, aber auch größer dimensionierten Murgängen sichtbar wurde. Insbesondere konnten **Resedimentationen von Moränenmaterial** bis in eine Höhe von 1400 m diagnostiziert werden.

2.3 Das Mardi Khola: Die Schuttkörperlandschaft in den Talweitungen

Quert man vom Modi Khola über den *Deorali-Paß* (2000 m) in das benachbarte *Mardi Khola*, dessen höchste Gipfel im Einzugsbereich der Machhapuchhare (6993 m) sowie der Mardi Himal (5588 m) darstellen, so eröffnet sich in diesem Tal eine **1,5 bis 2 km breite Schottersohle** (1200 m). Hier ist aufgrund des Raumangebotes des Talgefässes eine gänzlich andere Schuttkörpersituation als im kerbtalförmigen Modi Khola ausgebildet. Der Mardi-Talboden ist in dem beckenartigen Bereich gänzlich ausgefüllt mit Flußschottern, die durch den in zahlreiche Abflußarme aufgespaltenen Mardi-Fluß bestrichen werden. Flach geneigte Schwemmkegel sind auf die Schottersohle eingestellt. Ihre distalen Uferkanten weisen nicht die typische Bogenform der Kegel auf, sondern werden durch den Mardi-Fluß aufgrund ihrer nur sehr geringen Mächtigkeit unregelmäßig oder onduliert geformt. Die Nebentalausgänge des Mardi Kholas sind vergleichsweise schuttarm gestaltet, vergleicht man sie mit den großen Murschwemmkegeln des Karakorum. Das Talgefäß wird bestimmt von den Terrassen und der Schottersohle des Haupttales. Die Nebentalschuttkörper greifen nur sehr bedingt in das Haupttal ein.

2.4 Das Seti Khola: Das Konkurrenzsystem fluviale Nebentalschuttkörper versus Haupttalterrassen

Talaufwärts des Konfluenzbereiches des *Mardi Kholas* mit dem *Seti Khola* ist im letzt genannten Tal eine wahrlich gigantische **Terrassenlandschaft** in einer Höhe von 1100-1400 m ausgebildet (Photo 62). Das Seti Khola entspringt zwischen der Annapurna III (7855 m) und der Annapurna IV (7525 m). Nach FORT (1987) gehen die Sedimentaufschüttungen im Seti Khola sowie weiter talabwärts im *Pokhara Becken* auf ein vor 500 Jahren stattgefundenes Erebeben zurück, das Steinlawinen und Schlammströme („rock avalanches and debris flows") an der Annapurna-S-Seite auslöste und das ursprüngliche Relief unter einer durchschnittlich 100 m dicken Schuttdecke mit einem Ausmaß von 4 km² begrub. Seitdem soll sich der Seti-Fluß mit 20 cm/Jahr in die katastrophisch abgelagerte Schuttlandschaft eingeschnitten und damit die Hälfte des Schuttkörpers abtransportiert haben. Die mehrphasig entstandene Terrassenlandschaft läßt allerdings in Bezug auf ihre Landschaftsumgebung eher auf eine **glazifluviale Genese** schließen. Dies belegen jüngste Untersuchungen von KUHLE, der 300 m oberhalb der Seti Khola-Tiefenlinie Graniterratika gefunden hat sowie an den Talausgängen und –flanken Kamesbildungen und –Terrassen (mündl. Mitteilung von Herrn Prof. KUHLE im April 1998). Hinzu kommt, daß die mehrphasige Genese auch Ruhephasen der Erosion voraussetzt und damit der Abtrag – bei der Erdbeben-induzierten Genese der Terrassen – über 20 cm/Jahr liegen müßte und dieser Betrag für das kleine Einzugsgebiet sehr hoch gegriffen scheint. Allerdings kann solch eine katastrophenartige Genese, wie wir sie ja u.a. auch aus den Anden, aus dem Altai-Gebirge und aus den Rocky Mountains kennen, nicht ausgeschlossen werden.

Im Seti Khola finden wir eine eindeutige **Dominanz der Haupttalschuttkörper** in Form einer üppigen Terrassenausfüllung des Talgefäßes vor. Die Nebentalflüsse sind kaum in der Lage, kegelförmige Schuttkörper aufzuschütten, sondern schneiden sich allmählich in die Terrassenkörper ein, so daß hier das besagte „**Konkurrenzsystem**" zwischen den kegelförmigen Schuttkörpern der Nebentäler und den Terrassen der Haupttäler vorliegt. Aus bis zu sieben Hauptniveaus setzen sich die Terrassen zusammen, teilweise sind noch kleine Unterterrassen dazwischen geschaltet. Die Abbröckelungen der Terrassenabbrüche bestehen zum Teil aus Konglomeraten, die kugelartig aus dem Aufschlußverband hinausgebrochen sind.

2.5 Das Madi Khola: Schuttarmut der oberen Einzugsbereiche bedingt durch extreme Reliefenergien

Das Madi Khola entspringt zwischen der *Annapurna IV* und der *Annapurna II*, die ca. 4 km voneinander entfernt liegen. Ihre Südwände in Verbindung mit dem östlich gele-

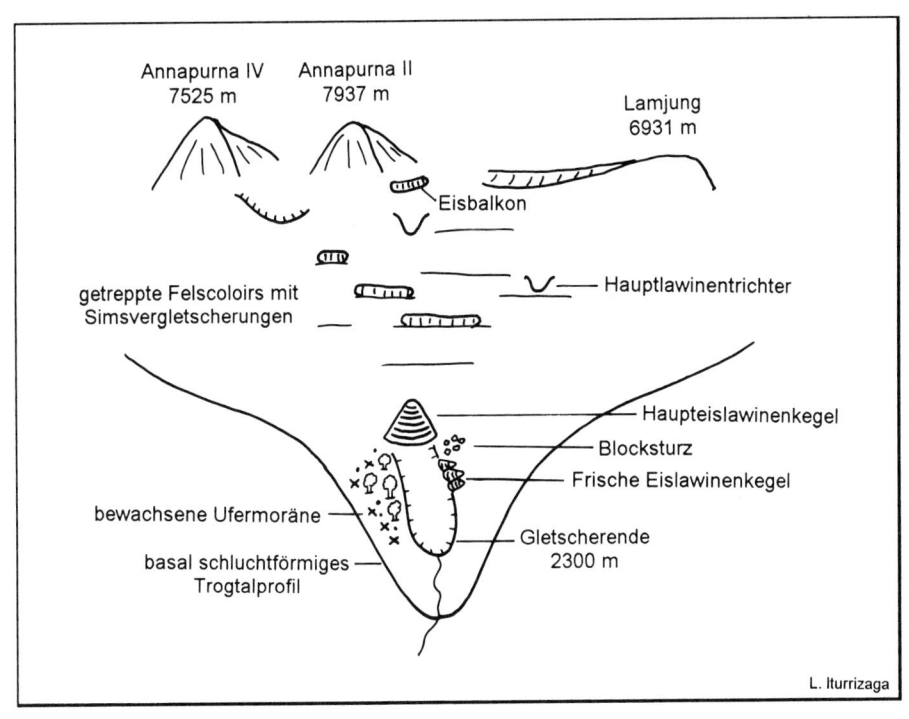

Abb. 38
Übersichtsskizze zur Annapurna IV/II-Lamjung-Südflanke

genen *Lamjung* (6931 m) bilden eine eindrucksvolle Steilwand aus (Photo 60, Abb. 38). Auf einer Horizontaldistanz von knapp 10 km fällt das Massiv von knapp 8000 m auf 2500 m, also um 5500 Höhenmeter, ab. Die Talwurzel liegt bei ca. 2500–2600 m, d.h. extrem niedrig und befindet sich in einem sehr engräumigen Talkessel von wenigen hundert Metern Breite. Dieser ist lediglich von einer schmalen Ufermoräne auf der orogr. rechten Madi Khola-Talseite – und auch hier aufgrund des dichten Baumbewuchses nur äußerst schlecht – einsehbar. Vom Wandfuß verläuft ein 2 km langer Lawinenkegelgletscher in südliche Richtung, dessen Zunge in 2300 m endet (Photo 60) und damit eine außergewöhnlich tiefe rezente Eisrandlage für die Gletscherverhältnisse im Himalaya darstellt.

Die Südflanke ist, soweit einsehbar, annähernd **schuttfrei**. Wandverflachungen werden von kleinen Simsvergletscherungen eingenommen. Die Eisüberlast der schmalen Gesimse führt zu häufigen Eisabbrüchen und damit zu Eislawinen. Eine Hauptlawinenschneise befindet sich zwischen der Annapurna II und dem Lamjung Himal. Sie ist im oberen Abschnitt U-förmig, im unteren Abschnitt etwas V-förmig spitz zulaufend herausgeschliffen. Solche, aus dem Fels herausgearbeiteten Hohlformen finden sich auch an anderen Stellen, insbesondere zum Lamjung Himal hin. Ihre Höhe beläuft sich von einigen Dekametern auf bis zu über 100 m. Sie befinden sich vorzugsweise unterhalb überhängender Eisbalkone. Diese trichterförmigen Hohlformen stellen eine Art von Initialstadium zur Stichtalbildung dar bzw. die Zulieferbahnen für künftige Sturzschuttkegel bei einer eventuellen Schneegrenzanhebung. Der sonst so typische **Schutthaldengürtel** der Frostregion ist aufgrund der Reliefsteilheit **nicht ausgebildet**. Dies ist eines der anschaulichsten Beispiele für die **Reduzierung bzw. Eliminierung des Schutthaldengürtels aufgrund der Reliefverhältnisse** im Himalaya überhaupt. Der **zentral-periphere**

Wandel der Schuttkörperformen vom Gebirgsinnern zum Gebirgsvorland wird hier aufgrund fehlender Depositionsflächen **außer Kraft gesetzt**. Eislawinenabgänge bearbeiten die Talflanken bis in eine Höhe von 2500 m. Der Wandfuß ist gesäumt von Eislawinenkegeln und nicht von Sturzschuttkegeln. Ein Blocksturzkegel konnte auf der orogr. linken Madi Khola-Seite gesichtet werden. Das Talgefäß ist so eng konzipiert, daß der Madi-Gletscher aus nur einem großen Lawinenkegel hervorgeht. Der Saumbereich sowie die Oberfläche des Lawinenkegelgletschers sehen relativ sauber, d.h. schuttarm aus, da der Gletscher wahrscheinlich sehr häufig mit Lawinen bestrichen wird. Die Schattlage begünstigt das Überdauern der Schneemassen auf der Gletscheroberfläche. Die Lawinen durchlaufen eine Vertikaldistanz von schätzungsweise 3000 m, zuerst sanduhrartig und dann erfolgt sehr rasch die „Staubwolkenbildung" aufgrund der fehlenden Kanalisation der Lawine. Hält man sich vor Augen, daß die **Eislawinenuntergrenze** der sonstigen 8000er im Himalaya bei Höhen von durchschnittlich 4000 m liegt, wenn nicht sogar teilweise höher, kommt der Einordnung der Schuttkörpersituation an der Annapurna-S-Abdachung eine Ausnahmerolle zu. Es läßt sich aus diesem Fallbeispiel sehr deutlich ableiten, daß die Höhengrenzen der Schuttkörperbildung in erster Linie abhängig sind von der Reliefsituation. Diese Höhengürtel der Schuttkörper sind nicht in dem Maße an das Klima gebunden, wie z.B. die Waldgrenze. Der Schuttkörpergürtel kann aufgrund der Reliefverhältnisse höhenmäßig stark verschoben werden.

Des weiteren sollte man es nicht versäumen, sich hier zu vergegenwärtigen, daß oberhalb der Waldgrenze, die bei ca. 3600–3800 m verläuft, die Gipfelaufbauten – teils der blanke Fels, teils mit Eis bedeckt – um weitere 4000 m hinaufragen. Die freien Felsflächen sind den Atmosphärilien stark exponiert und stellen die potentiellen Schuttlieferer dar. Angesichts dieser Tatsache, wirkt die Größendimension des Schuttkörperangebotes eigentlich sehr gering. Hinzu kommt, daß das Madi Khola für die Schuttablagerung der Hochregionen die ungünstigsten Bedingungen von den drei vorgestellten Tälern bietet.

Weiter talabwärts schneidet sich das Madi Khola tief in das Relief ein und das Tal nimmt kerb- bis schluchttalförmige Züge an. Das Relief ist bei *Siklis* (1990 m) mit einer bei ca. 600-800 m verlaufenden Tiefenlinie ähnlich wie im *Arun-Tal* bei *Num* (1435 m) gestaltet (Kap. B.VIII.4.56). Auch im Madi Khola sind Murschwemmkegel vergleichsweise selten vertreten. An den wenigen Exemplaren wird aber eines sehr deutlich, nämlich daß die Murschwemmkegel zumeist aus sehr großem Blockwerk bestehen. Diese Anhäufung von Blockwerk ist bei den Schuttkörpern des Karakorum wesentlich seltener anzutreffen. Eine Unterscheidung in **feinmaterialhaltige** und in **blockschutthaltige** Murschwemmkegel bietet sich zur Charakterisierung dieser Schuttkörper an. Das Flußbett des Madi Kholas ist ebenfalls ausstaffiert mit über mannshohem Blockwerk.

2.6 Betrachtungen zur Altersstellung der Schuttkörper

Der Anteil an primären **Jung-Schuttkörpern**, die eigentlich insbesondere in den Hochlagen vorzufinden sind, ist in dem Untersuchungsgebiet auffallend **gering** und ist vor allem auf die für die Schuttkörperdeposition sehr ungünstigen Reliefverhältnisse zurückzuführen. Die sekundäre Schuttkörperbildung, d.h. die durch die Resedimentation von Jung- oder Altschutt entstandenen Schuttkörper, ist dagegen insbesondere in der Himalaya-Vorkettenregion sehr hoch, jedoch in ihrer sichtbaren Ausprägung durch die sich sehr **rasch regenerierende**, dichte und die Schuttkörper kaschierende **Vegetationsdecke** nicht sehr prägnant. Die untersuchten Talabschnitte liegen alle unterhalb einer Höhe von 3000 m, so daß sich die Korrelation mit den historischen und neoglazialen Eisrandlagen der Bearbeitung entzieht. Ein Sonderfall stellt in dieser Hinsicht der Madi-Lawinenkesselgletscher dar, dessen neoglaziale Eisrandlage in einer tiefer als 2300 m gelegenen Höhe geendet haben muß. Allerdings liegen hier noch keine publizierten

Ergebnisse zur neoglazialen Vergletscherungsreichweite vor, so daß eine Alterseinordnung hier entfällt.

Hocheiszeitlich hat der Madi-Gletscher bis auf 600 m hinabgereicht, der Marsyandi-Gletscher bis auf 450 m bei *Dumre* (KUHLE 1995: 149). Unterhalb von etwa 1000 m dürften die bereits lateritisch verwitterten Schuttkörper der die hocheiszeitliche Gletscheroberfläche überragenden Talflanken als vorzeitlich einzuordnen sein und ein Alter von über 20 000 – 60 000 Jahren besitzen.

Die Talflanken sind sehr häufig mit spätglazialem Moränenmaterial verkleidet. Sie sind zumeist durch die rezenten fluvialen Prozesse in dreiecksförmige Flächen zerschnitten bzw. gänzlich aufgelöst. Anstehend ist in den Himalaya-Vorketten größtenteils Schiefer, das Erratikum bildet der Augengneis. Bei *Siklis* (1990 m) beispielsweise liegen die Moränenüberzüge der Talflanken nahe des Siedlungsbereiches frei von Baumbewuchs und sehr gut sichtbar.

2.7 Zusammenfassung

Auf engstem Raum, d.h. zwischen der Himalaya-N- und -S-Abdachung, vollzieht sich ein krasser Sprung in der Ausprägung und Verteilung der Schuttkörpervorkommen. Die wichtigsten Determinanten der Schuttkörperbildung, nämlich Relief und Klima, sind auf den beiden Abdachungen extrem konträr vertreten. Im ganzen asiatischen Hochgebirgsgürtel ist der Gegensatz von Schuttkörperbildung, die unter humiden und hoch-reliefenergetischen Bedingungen zum einen und unter semi-ariden und bei moderateren Reliefvertikaldistanzen zum anderen verläuft, so offenbar wie an dieser Schlüssellokalität. Diese Zäsur in der Schuttkörperbildung kann eindrucksvoll entlang der großen Durchbruchstäler die unmittelbar zur Himalaya-N-Abdachung sowie dem Tibetischen Plateau hinleiten, verfolgt werden.

An der Annapurna-S-Abdachung wird der Schutthaldengürtel der humiden Hochregionen bei extremen Reliefenergien zusammengedrängt, tiefer gelegt oder ganz eliminiert. Letztere Situation ist als eine Funktion extremster Reliefenergien anzusehen, die die Massenbewegungsprozesse forciert ablaufen lassen sowie keine Depositionsflächen bieten und somit die steilen Talflanken schuttfrei halten. Die Schuttkörpersituation gestaltet sich ähnlich wie auf der Nanda Devi-N-Abdachung. Sie kann aber insbesondere als paradigmatisch für die S-Abdachungen der in den humiden Himalaya-Regionen gelegenen 8000er gelten, die in ihrem Talwurzelbereich unmittelbar in einen tiefgelegenen Schluchtbereich übergehen. Modifikationen in der Schuttkörperverteilung ergeben sich durch die individuellen Reliefkonfigurationen. Die Überprägung der Schuttkörper durch Eislawinen erfolgt an der Annapurna-S-Abdachung stellenweise bis in eine Höhe von 2500 m.

Aufgrund des sehr abrupten Abfalles der Gebirgskämme talauswärts sind die dem Gebirgszentrum sehr nahe liegenden Schuttkörper nicht mehr durch glaziale, nivale und periglaziale Einzugsbereiche gekennzeichnet, sondern unterliegen bereits der Bildung aus fluvialen Einzugsbereichen. Aufgrunddessen ist der Bereich der **Übergangsschuttkörperformen** vom glazialen zum fluvialen Regime nur sehr **gering** ausgeprägt – wenn überhaupt. Dies ist ein entscheidender Unterschied zu den Gebirgsregionen, deren Kammverläufe noch in weiter talauswärtiger Entfernung eine große Höhe bewahren, wie z.B. in vielen Talschaften des Karakorum.

Der Schuttkörpergürtel wird auf einen sehr schmalen Höhensaum reduziert bzw. an manchen Stellen setzt er gänzlich aus. Die Schuttablagerungsbedingungen im obersten Einzugsbereich werden vom Modi- über das Seti- zum Madi Khola hin immer ungünstiger. Während das Modi Khola noch einen vergletscherten Talkessel aufweist, besitzt das Seti Khola zwar einen leicht kesselartigen Talschluß, aber nur noch steile Wand- bzw. Karlgletscher. Der Talschluß des Madi Kholas gestaltet sich mit der S-Seite der Annapurna II und dem Lamjung mauerartig, so daß hier nur noch Simsvergletscherungen und überhängende Eisbalkone vorzufinden sind, deren Eisabbrüche zu einem Lawinenkegelgletscher verheilen. Das *Sabche Kar* im Seti Khola berherbergt noch Moränenakkumulationen, während die Steilflanken des Madi Kholas weitgehend frei von Hang- und Glazialschutt sind.

Die katastrophisch-großflächig abgelagerten Sedimente sind als ein eigener Schuttkörpertyp herauszustellen. Ihrer Verbreitung in den Hochgebirgen wurde bislang gewiß noch nicht genug Aufmerksamkeit geschenkt. Aktuell lassen sich solche Ereignisse z.B. bei der bekannten Gletscherabbruchkatastrophe am Huascaran (Peru) nachvollziehen. Bei den Massenbewegungsprozessen handelt es sich sowohl im oberen Modi Khola sowie im mittleren Modi Khola zum großen Teil um die Resedimentation von Moränenmaterial. Der Anteil an autochthonen Schuttkörpern ist vergleichsweise gering. Des weiteren konnte ein charakteristisches Bild für die Schuttkörper der Schluchtbereiche dargestellt werden. In diesem Untersuchungsgebiet überwiegen die Niedermuren, die zum größten Teil aus Altschutt hervorgehen. Obwohl wir im Annapurna Himal Einzugsbereichshöhen vorfinden, die die des Karakorum übertreffen, ist die Vergletscherung aufgrund der tiefgelegenen Talbodenniveaus gering ausgebildet.

3. Die Schuttkörpervorkommen in der Manaslu-Region (Buri Gandaki und Marsyandi Khola)

3.1 Allgemeine Betrachtungen zur natürlichen Ausstattung des Untersuchungsgebietes

Das *Manaslu-Massiv* wird von zwei der großen Himalaya-Durchbruchstäler, dem *Buri Gandaki* sowie dem *Marsyandi Khola* eingefaßt[34]. Am Beispiel der für die Himalaya-Südseite typischen Talverlaufsformen sollen im folgenden überblickshaft ihre paradigmatischen Schuttkörperformen vorgestellt werden. Die beiden Haupttäler des Untersuchungsgebietes sind größtenteils in Gneisen angelegt, die als hoch resistente Gesteine die eiszeitlichen, steilflankigen Trogtalprofile gut überliefern und zu einem spezifischen Schuttkörperbild führen. Im *Dudh Khola*, dem Verbindungstal des Marsyandi Khola zum Buri Gandaki, stehen im Oberlauf Kalksteine und Quarzite an, die sich weiter talaufwärts mit den Graniten der höchsten Einzugsbereiche verzahnen. Die Talverläufe im Himalaya-Vorland sind in den wenig resistenten Schiefern der Navakot-Decken angelegt, die sich bei Durchfeuchtung für Rutschungen und Murgänge höchst anfällig zeigen. Die Gesteinsverteilung bestimmt im Untersuchungsgebiet maßgeblich die Art der Schuttkörpervorkommen. Geologische Arbeiten über das Manaslu-Gebiet liegen u.a. von FORT (1979) vor.

Die folgenden jährlichen Niederschlagswerte sind für ausgewählte Stationen des Untersuchungsgebietes vom Department of Irrigation, Hydrology and Meteorology (1971–84) veröffentlicht (zitiert aus JACOBSEN 1990: 19): *Arughat Bazar* (518 m) erhält 2881 mm, *Jagat (Setibas)* (1334 m) 1513 mm, *Samdo* (3650 m) 1696 mm und *Khudi Bazar* (823 m) im Marsyandi Khola 3251 mm. Die hohen jährlichen Niederschlagswerte im Himalaya-Vorland von um die 3000 mm weisen bereits auf das hohe Transportpotential hin, das zur Umlagerung von Schuttmassen zur Verfügung steht. Weiter Himalaya-einwärts nehmen die Niederschlagswerte auf um die Hälfte ab. Durch die Durchbruchstäler gelangen jedoch immer noch Monsunniederschläge talaufwärts, denn im Vergleich zur im gänzlichen Regenschatten des Annapurna-Kammes liegenden Siedlung *Manang Bhot* (3420 m), die nur 442 mm/Jahr erhält, liegen im Manaslu-Gebiet die Niederschläge noch relativ hoch. Andererseits vermag angesichts einer prinzipiellen Niederschlagszunahme mit der Höhe der niedrige Wert von Samdo erstaunen.

3.2 Ausgewählte Schuttkörpervorkommen im Buri Gandaki und Marsyandi Khola

Im Höhenbereich unter 800 m, in dem die Schiefer der Navakot-Decken den Gesteinsaufbau bestimmen, sind **breitflächige Hanganrisse durch Durchfeuchtung** der dominierende Prozeß der Hangrückverlegung (vgl. auch „Durchtränkungsfließungen" in KUHLE 1984a: 3). Wulst- bis unregelmäßig kegelförmige Schuttakkumulationsformen sind unterhalb der Abrißnischen angehäuft. Manchmal fehlen prägnante Ablagerungsformen, da aufgrund der sehr hohen Durchfeuchtungsraten das Schuttmaterial unmittelbar vom Vorfluter abtransportiert wird. Die Einzugsbereiche dieser Schuttkörperbildungen liegen zumeist nur wenige hundert Meter höher als der Schuttakkumulationsbereich, so daß es sich hier um ein **autochthones Prozeßgeschehen** handelt. In den tieferen Talabschnitten wird der Schuttkörperaufbau vornehmlich durch die Resedimentation von Moränendecken bestimmt.

---

[34] Zur Genese dieser Durchbruchstäler sei auf die Arbeiten von ODELL (1925), WAGER (1937) und HAGEN (1954) verwiesen.

Isoliert sind **einzelne Murschwemmkegel**, die zentral zerschnitten sind, in den engen Talausraum des Buri Gandakis aufgeschüttet. Ihre Radien liegen im Dekameterbereich und ihre distalen Uferbereiche laufen flach in der Haupttalschottersohle aus. Es handelt sich um sehr grobblockreiche Schuttkörper, die keine zusätzliche Schuttzufuhr von den lateral angrenzenden Haupttalflanken erfahren. Zum anderen sind **katastrophisch aufgebaute, formschöne Murkegel** vertreten, deren Zulieferrinnen randlich mit zahlreichen Feilen- und Uferbrüchen versehen sind. Die streckenweise nur 15–20 m breite Talsohle des Buri Gandaki ist vielerorts mit bis zu zimmergroßen Blöcken ausgelegt.

Die beiden Haupttäler, das Buri Gandaki und das Marsyandi Khola, kennzeichnen sich durch extrem steile Hangneigungen und hohe Reliefenergien in bereits sehr geringer absoluter Höhenlage. Der **Hauptschluchtbereich** setzt im Buri Gandaki bereits bei 1000 m ü.M. ein. Aber auch talab- sowie talaufwärts sind die **Täler eng-kerbtal- bis schluchtförmig** gestaltet, so daß **ein nur geringes Angebot an Depositionsflächen** für Schuttkörper besteht. Die Seitentäler münden ebenfalls zumeist als steile Stichtäler über Konfluenzstufen in die Haupttäler ein. Oftmals sind sie in ihren Unterläufen verklaust; weiter talaufwärts geht der Schluchtbereich dann in die Trogtalform über.

Die Einzugsbereichshöhen steigen Himalaya-einwärts sprunghaft auf über 5000 m an. Damit einher geht auch der Übergang von den in den schiefrigen Gesteinen der Vorketten dominierenden Hangrutschungen zu den linienhaften Massenbewegungsprozessen, bei denen eine weite Horizontaldistanz zwischen Zuliefergebiet und Akkumulationsort besteht und die Schuttkörperbildungen häufig **allochthoner Genese** sind. Die Gneispfeiler im **Schluchtbereich** des Buri Gandaki sind mit den typischen muschelförmigen Ausbissen bestückt, die die Abbruchstellen von Felsstürzen nachzeichnen. Die **glazial rund geformten Felswände** werden **postglazial** durch fluviale Unterschneidung, aber auch insbesondere durch **entlastungskluftgesteuerte Nachbrüche** weit oberhalb der Tiefenlinie **zerstört**. In den Durchbruchstälern bilden die **Bergsturz- sowie Felssturzakkumulationen** die augenfälligsten Schuttkörper. Im Buri Gandaki liegen drei größere Bergstürze vor (JACOBSEN 1990: 31–32), u.a. talabwärts von *Jagat* (1235 m). Talaufwärts dieses Bergsturzereignisses zeugen Seesedimente von einer ehemaligen Aufstauung des Buri Gandakis. Die grobblockigen Bergsturzformen sind z.T. mit Bäumen bestanden. Etwas weiter talabwärts nahe von *Labubesi* (ca. 700 m) ist eine feinmaterial-reiche, unbewachsene Bergsturzakkumulation deponiert, die einen giebelförmigen First aufweist und vom Buri Gandaki unterschnitten wird. Nach JACOBSEN (1990: 31) handelt es sich um ein Bergsturzereignis vom August 1968. Das Marsyandi Khola ist talabwärts von *Tal* (1700 m) von einem Bergsturz nahezu blockiert. Auf die Genese dieser Akkumulationsformen soll hier nicht näher eingegangen werden, da diese nicht in den Schuttkörperkanon in dieser Arbeit aufgenommen worden sind.

Im Talverlauf des Buri Gandakis stößt man immer wieder auf moränische Akkumulationskörper, die zum großen Teil mit Vegetation überzogen sind. Häufig geben sie durch Unterschneidung des Buri Gandakis einen großflächigen Aufschluß preis, der neben der Form des Ablagerungskörpers – die gegen rein hangiale Ablagerungsbedingungen spricht –, auch das glazigene Material verrät. **Sekundäre glaziale Schuttkörperbildungen**, wie wir sie in den ariden Gebirgsgebieten kennengelernt haben, sind hier **weniger ausgeprägt**. Selbst großflächige Grundmoränenaufschlüsse in einer Höhe von 2200 m beidseits des Buri Gandakis liefern zementfest verbackene, topfebene Steilflanken ohne nennenswerte basale sekundäre Schuttkörperbildungen. Seesedimente sind in 2085 m Höhe, talabwärts von *Gap*, unmittelbar am Wegesrand aufgeschlossen, die allerdings von nur einem kleinen sekundären Schutthaldensaum von 30 cm Höhe gesäumt werden.

Die wenigen Talweitungen, wie bei *Philam* (1595 m), werden von mächtigen **glazialen Akkumulationen** bestimmt, die heute fluvial zerschnitten werden. An der Basis der bis zu 150–200 m hohen Kamesbildungen auf der orogr. linken Buri Gandaki-Seite sind **Murschwemmkegel** mit einem Radius von 300-400 m geschüttet, die zwar z.T. besiedelt sind, aber im zentralen Teil aktuell durch Murschübe eingeschnitten werden (Photo 67). Diese aus vorwiegend moränischem Material rekrutierten fluvialen Schuttkörper wurden bislang in einer Vielzahl von Tälern des Hindukusch, Karakorum und Himalaya angetroffen und können als **vergletscherungsabhängige Schuttkörperformen** als durchaus **typisch für die Talmittelläufe** gelten.

Auf der orogr. linken Buri Gandaki-Seite stehen nun im weiteren Talverlauf der *Ganesh Himal*, der *Thaple Himal* und der *Kutang* zur Seite. Der höchste Gipfel ist der Ganesh I mit 7423 m. Auf der orogr. rechten Buri Gandaki-Seite wird der in S-N-Richtung verlaufende Gebirgskamm mit dem *Himalchuli* (7892 m) eingeleitet. Weiter nördlich folgt dann der *Peak 29* (7879 m) sowie schließlich der *Manaslu* (8162 m). Im mittleren Buri Gandaki gestaltet sich der Schluchtverlauf noch prägnanter als im Unterlauf. Das *Shringi Khola* vermittelt vom *Shringi* (7177 m) im *Thaple Himal* über eine Horizontaldistanz von 10 km zur Konfluenz mit dem Buri Gandaki in einer Höhe von c. 1500 m, d.h. über einen Reliefunterschied von 5677 m. Noch extremer gestalten sich die Reliefverhältnisse unmittelbar etwas Buri Gandaki-talaufwärts: Hier ragt von *Gap* (2095 m) die Talflanke über eine Horizontaldistanz von 5 km 3840 m auf 5935 m mit dem *Lapuchun-Gipfel* auf. Die Talquerprofile zeigen sich größtenteils schlucht- bis eng-trogtalförmig und lassen auf den schmalen Talböden kaum Raum für größere Schuttkörperbildungen. Der enge Talquerschnitt erhöht die Fließgeschwindigkeit und damit auch die Abtransportleistung des Buri Gandaki-Flusses. Häufig vorzufinden sind glaziofluviale Terrassen, die durch den mäandrierenden Buri Gandaki-Fluß kegel- bzw. halbkreisförmig herausmodelliert werden. Auf diese Terrassen können Felsnachbrüche oder kleinere Hangschutt- oder -schwemmkegel eingestellt sein. Die Seitentäler münden oftmals über steile Konfluenzstufen in das Haupttal ein. Ab 3000 m Talbodenhöhe setzt verstärkt die **Linearerosion** an den Talflanken an.

Kleine Gletschereinlagen oder perennierende Schneeflecken in den bis zu 5500–6000 m hohen Gipfellagen liefern das notwendige Schmelzwasser. Zuliefergebiet und Akkumulationsort der Schuttkörper sind durch die Steilflanken über eine Vertikaldistanz von über 1000 Höhenmeter voneinander getrennt. Ab einer Höhe von 3400 m, etwas talabwärts von *Samagoan* (3500 m), weitet sich das Buri Gandaki und hier kündigt sich auch gleichzeitig ein **anderes Schuttkörperablagerungsregime** an. Der großzügige Talausraum an der Biegung des Buri Gandaki von E/W-licher in S/N-liche Verlaufsrichtung am Fuße der Manaslu-NE-Abdachung ist ausgelegt mit glaziofluvialen Terrassen sowie Seesedimenten, die bereits von FORT (1979) beschrieben wurden. Hier ist wieder das Konkurrenzsystem Hauptalterrassen/fluviale Schuttkörper der Nebentäler vertreten. Als wichtigstes Merkmal dieser **Höhenstufe zwischen 3400 und 3900 m** ist das gehäufte Vorkommen von **Murkegeln mit glazialem Einzugsgebiet** zu nennen (Photo 66). Es handelt sich um sehr grobblockreiche, mehr unkonsolidierte Schuttkörper mit Neigungswinkeln zwischen 8 und 15°. Sie sind mit Wald bestanden, der an rezenten Murgangsbahnen etwas aufgelichtet erscheint. Es sind verschiedenartige **Übergangsformen zwischen Mur-, Steinschlag- und Lawinenkegeln mit unterschiedlicher rezenter Aktivität** anzutreffen. Einen besonderen Schuttkörpertyp bilden die Murschwemmkegel im unmittelbaren Anschluß an die rezenten Gletscherenden, denen mächtige spätglaziale, z.T. auch neoglaziale, fluvial durchschnittene Endmoränenkränze vorlagern. Ein Beispiel dafür liefert das Gletschervorfeld des *Manaslu-NE-Gletschers*, dessen Zungenende in diesem Fall noch ein kleiner Endmoränenstausee vorgelagert ist. Hangabwärts finden wir einen **glaziofluvialen Übergangskegel** mit einer Kegelmantellängslinie von etwa 700-900 m vor und dessen Schuttmaterial größtenteils aus resedimentiertem Moränenmaterial besteht. Die bis zu tischgroßen Blöcke bauen den Murschwemmfächer auf, während das Feinmaterial sukzessive ausgespült wird. Auch weiter talaufwärts ist solch ein glaziofluvialer Schuttkörper, allerdings in der steileren Variante eines Kegels, aufgeschüttet (Photo 66). Die Bildungsvoraussetzung dieser Schuttkörper besteht darin, daß die Gletscherzungen in unterer Hanghöhe enden und nicht dem Talboden aufliegen – wie z.B. im Shimshal- oder Hathi Parbat-Tal –, so daß noch ein Ausraum sowie das nötige Hanggefälle zur Murschwemmkegelbildung gegeben sind. Diese sanderartigen Schuttkörper sind in den oberen Himalaya-Talläufen ab einer Höhe von 3500 m bis 4600 m als typische Schutt-körperform vertreten.

An der Konfluenz des vom *Larkya La* (5213 m) herunterlaufenden Larkya-Tals mit dem Buri Gandaki sowie dem *Samdo-Tal* nahe *Samdo* (3855 m) breiten sich in dem großzügigen Talausraum, insbesondere auf der orogr. linken Buri Gandaki-Seite, moränische, breitflächige Terrassen des Spätglazials von bis zu 100 m Höhe aus. Auch hier vermögen sich keine rein fluvialen Schuttkörper zu entwickeln, sondern die Nebentalflüsse zerschneiden lediglich die glazialen Akkumulationen. Auf die glazigenen Terrassen sind konsolidierte Hangschuttkegel eingestellt. An der orogr. linken Larkya-Talseite ist überaus deutlich der glaziale Überschliff, den die Talflanke erfahren hat, zu ersehen. Die Talflanke ist partienweise mit Moränenmaterial verkleidet, wie es vor allem die Feilenbrüche an Runseneinschnitten zeigen. Ansonsten zeichnen sich die Hänge durch **periglaziale Schuttdeckenbildungen** aus. Isoliert tritt ein 50–60 m hohes Felskliff aus metamorphem Gestein aus dem Hang heraus. An der Basis sind bis zu 15 m hohe Schutthalden aufgeschüttet, die bereits gänzlich konsolidiert sind und mit einer gebundenen Solifluktions-schuttdecke überzogen sind. Ein eingefrorener Wasserfall durchzieht das Felskliff, der über die Jahre sukzessive die in den Fels eingeschnittene Runse durch sein saisonales Auftauen und Wiedergefrieren aushöhlen wird.

Die Waldgrenze verläuft im Buri Gandaki bei 3700 m und der Übergang von den eindeutig aktivitäts-bedingt kahlen Schuttkörpern zu den klimatisch-bedingt vegetationsarmen oder kahlen Schuttkörpern setzt ein. Ab einer Höhe von 3800 m sind vereinzelt Sturzschuttkegel zu beobachten. Weiter talaufwärts werden sie als **gletscherbegleitende Schuttkegel** in den Nebentälern des Buri Gandaki talflankenbestimmend. Sie sind beispielsweise an zwei Gletschern der *Manaslu-N-Abdachung* vorzufinden, deren höchster Einzugsbereich bei 6994 m liegt, als **zusammengesetzte Schutthalden** mit sehr unterschiedlicher Größe der Einzelschuttkegel in ein linienförmiges Ufermoränental in einer Höhe von 4000–4500 m geschüttet. Die Ufermoränentäler sind bereits so hoch mit Schutt aufgefüllt, daß die distalen Kegelbereiche kurz unterhalb des Ufermoränenfirstes enden. Im Winter 1994/95 waren die Schuttkegel leicht beschneit. Während der Feldarbeitsperiode wurde nur einmal Schneefall von ca. 20 cm in 3800 m zur Jahreswende verzeichnet. Die Schuttkegel sind im oberen Buri Gandaki auf der orogr. rechten Seite zwischen 4200 und 4500 m hinsichtlich ihrer Größe und Form ebenfalls sehr unregelmäßig ausgebildet. Z.T. erfolgt ihr Aufbau **schichtkopfgesteuert**, jedoch ist die Gesteinslagerung des metamorphen Gesteins äußerst faltenbetont und komplex angelegt, so daß ein dementsprechend unstrukturiertes Schuttkörperlandschaftsbild entsteht.

Der *Jarkya Himal* zur orogr. linken Buri Gandaki-Seite, vis-à-vis dem Manaslu-Massiv, vermittelt bereits zum **tibetischen Landschaftscharakter** mit rundkuppigen Geländeformen hin. Hier sind kaum noch Sturzschuttkörperformen vorhanden, sondern moränisches Schuttmaterial bekleidet die sanft geneigten Hänge. Die Tiefenlinieneinschnitte offenbaren die glazigenen Sedimente, die hier in Aufschlüssen in obeliskenförmigen Erosionsformen anstehen. Bei den Schuttkörpern handelt es sich zumeist um durch Gleitschutt entstandene Akkumulationsformen. Der Gang über den sich lang hinstreckenden Paßbereich des *Larkya La* (5213 m) eröffnet wahrlich eine in Schutt ertrinkende Landschaftspassage. Vornehmlich große, kantige Gesteinskomponenten von Stuhl- bis zur Tischgröße pflastern den Talboden, der durch den langsam verödenden *Larkya-Gletscher* ausgelegt ist. Das Schuttmaterial ist somit als Obermoränenmaterial anzusprechen. Vom Larkya La aus gewinnt man in W-liche Richtung geblickt einen guten Überblick über die Landschaftsformen des oberen *Dudh Khola* im *Peri Himal* (Photo 63). Die höchsten Gipfel werden durch den *Himlung* (7125 m), den *Cheo* (6812 m) sowie den *Panwal* (6885 m) gestellt. Von ihnen fließen drei Hauptgletscherströme ab, der *Kichkekhola-Gletscher*, der *Himlung-S-Gletscher* sowie ein weiterer *unbenannter Gletscher*. Die beiden erstgenannten Gletscher vereinigen sich talabwärts zum *Dudh Khola-Gletscher* und kommen bei 3650 m zu Ende. Zwischen den drei Gletschern sind „große Moräneninseln" – ähnlich wie die Große Moräne am Fuße der Nanga Parbat-N-Seite – ausgebildet. Wie in den anderen Untersuchungsgebieten auch, sowohl in den ariden als auch in dem humiden Gebirgsregionen, finden sich hier eine Vielzahl gletscherbegleitender Schuttkörper vor. Allgemein gesprochen läßt sich eine **höhenwärtige Angleichung der Schuttkörperformen in den grundsätzlich klimatisch unterschiedlichen Gebirgsregionen verzeichnen**. Zum einen werden die **Schuttproduktionsbedingungen** aufgrund sich in den ariden und humiden Gebirgsgebieten mit der Höhe angleichenden Frostwechselmustern **uniformer**; zum anderen finden wir **ähnliche Ablagerungsbedingungen** in den oberen vergletscherten Einzugsbereichen der klimatisch unterschiedlichen Gebirgsregionen vor.

Die im oberen Dudh Khola auf der orogr. rechten Seite des Kichkekhola-Gletschers ausgebildeten Sturzschuttkegel in den Ufermoränentälern erreichen eine Höhe von etwa 400 Höhenmeter (Photo 63). Auch hier handelt es sich nicht um einen homogen ausgebildeten gletscherbegleitenden Schutthaldensaum, sondern der Schuttkegelaufbau ist an die komplexe Gesteinsstrukturvorgabe gebunden und dementsprechend verschiedenartig ausgeprägt. Zum Teil besteht keine räumliche Trennung zwischen Zuliefergebiet und Akkumulationskörper, d.h. die verschutteten Zulieferbahnen gehen übergangslos in den Schuttkegel über. Die Zuliefergebiete stellen keine linearen Runsenverläufe dar, sondern sie zeigen die Tendenz **höhenwärts zu divergieren** und entsorgen somit eine große Felsfläche vom Schutt.

Das orogr. linke **Ufermoränental** des Dudh-Gletschers setzt in einer Höhe von etwa 4500m als schmaler Ausraum ein und setzt sich talabwärts **wannenförmig** verbreiternd bis in eine Höhe von 3700 m fort (Photo 65). Die angrenzende Ufermoräne ragt etwa 50-100 m über den bis zu mehrere hundert Meter breiten Ufertalboden hinauf und bietet günstige Schuttablagerungsmöglichkeiten. Trotzdem sind nur vereinzelt kleine Murkegel sowie Felsnachbrüche auf den Ufertalboden eingestellt. Die Talflanken sind bis in eine Höhe von 3800-3900 m mit Birken sowie Nadelbäumen bestanden. Aus dieser Geländesituation wird ersichtlich, daß die Ufertäler vornehmlich ein Produkt der Schuttüberlast der oberen Einzugsbereiche sind – d.h. durch das vom Gletscher mitverfrachtete Schuttmaterial aufgebaut werden – und nicht durch eine aktive Schuttlieferung der unmittelbar angrenzenden Hänge entstehen. Abb. 39 gibt einen schematischen Überblick über eine typische Schuttkörperabfolge längs der Gletscherläufe.

Von dem weiter Dudh Khola talabwärts liegenden an die Manaslu-W-Seite angeschlossenen Talkessel, der im S vom 6533 m hohen *Phungi* eingegrenzt wird, fließt der

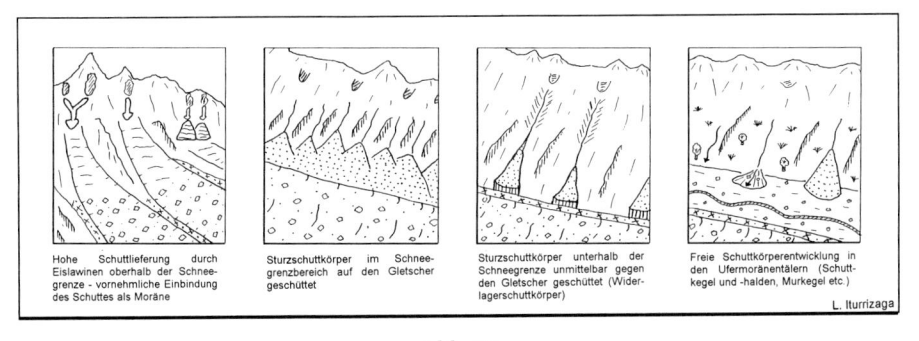

Abb. 39
Eine exemplarische zentral-periphere Sequenz der gletscherbegleitenden Schuttkörper

Phungi-NE-Gletscher bis in eine Höhe von 3300 m hinab und endet damit nur wenig unterhalb der Dudh-Gletscherzunge als nahezu talsperrender Gletscher (Photo 64). Der Manaslu-W-Talkessel zeigt sich, was die Schuttkörperakkumulationen betrifft, vergleichsweise unspektakulär. Hier okkupieren die vom bis zu über 8000 m hohen Einzugsbereich heruntergießenden Gletscher die Talflanken. Bei einem möglichen Rückzug der steilen, breiten Hängegletscher, die heute keinen Anschluß an den Phungi-NE-Gletscher besitzen, würden diese wohl ausgeformten Trogtäler die typischen glazial-induzierten Schutthaldenbildungen hinterlassen. Ein isolierter Felsspornkamm, der eiszeitlich eisüberflossen war, beherbergt in dem Talkessel **periglaziale Schuttdeckenbildungen** (Photo 64). Der Phungi-NE-Gletscher, der rezent bis auf 3300 m hinabfließt, wird von schmalen Ufermoränentälern begleitet. Auf der orogr. rechten Phungi-NE-Gletscherseite sind **Sturzschuttkegel** in das Ufertal geschüttet, die vollends bewaldet sind und auch heute kaum noch Schuttlieferung erfahren. Sie sind als **vorzeitliche Schuttkörperformen** anzusprechen. An den heute größtenteils bewaldeten Ufertalsturzschuttkegeln in einer vorgefundenen Mindesthöhe von 3300 m ist deutlich die **höhenwärtige Verschiebung der Zone höchster Frostwechselintensität und damit der höchsten Schuttproduktion im Laufe der eiszeitlichen bzw. spätglazialen Deglaziation** abzulesen. Das heißt, daß sich mit steigender Schneegrenze konsequenterweise die Periglazialregion bzw. deren Untergrenze ebenfalls sukzessive nach oben verlagert hat. Der Verschiebung der Obergrenze der Periglazialregion und ihrer sichtlichen Ausprägung ist allerdings zum einen durch die Steilheit des Reliefs, d.h. dem Vorkommen von Wänden, sowie der Einnahme des Reliefs durch Gletscher, ein Limit gesetzt. Die Genese der in Rede stehenden konsolidierten Schuttkegel ist unter den heutigen klimatischen Bedingungen sowie der Beschaffenheit ihrer Einzugsbereiche nicht zu erklären, sondern verlangt nach einer schuttproduktiveren Klimaphase, die im Spätglazial gegeben war. In dieser Zeit reichte die Höhenstufe der unkonsolidierten Schuttkegel, die heute bei etwa 4000 m ihre Untergrenze findet, wesentlich weiter hinab – an dem gewählten Beispiel nachweislich um mindestens 700 Höhenmeter.

Erwähnenswert sind im Bereich zwischen der rezenten Eisrandlage des Dudh Khola-Gletschers und der in das Dudh Khola einmündenden Phungi-NE-Gletscherzunge noch das Auftreten größerer **Nachbrüche im Lockermaterial sowie im Festgestein** auf der orogr. linken Dudh Khola-Seite. Ein auf ein Starkregenereignis oder auf den unvermittelten Abgang von hohen Schmelzwassermengen zurückgehender Murkegel erstreckt sich im unteren Ende des Dudh Khola-Ufermoränentales. Die über 400 m emporziehende und tief kerbförmige Zulieferrunse wird über ihre ganze Lauflänge von **Feilen- und Uferbrüchen** begleitet, so daß über die gesamte Länge der Zubringerrunse eine Schuttzulieferung durch Hangschuttdeckenunterschneidung erfolgte und z.T. noch erfolgt. Der rezent in Aufschüttung befindliche Murkegel besitzt eine Längserstreckung von bis zu 600 m. Etwas weiter talabwärts finden wir an einem gegen das Ufermoränental vorspringenden Gebirgskammausläufer aus dem Manaslu-W-Talkessel einen birnenförmigen Ausbiß von einer Höhe von 300–400 m – der dem des Ausbisses am Rakhiot-Gletscher gleichkommt – und der durch die Unterschneidung des großen Murabganges ausgelöst worden sein könnte.

Auf der orogr. linken Dudh Khola-Seite an der Phungi-NNW-Abdachung sind in einer Basishöhe zwischen 3200 und 3000 m typische **Mischschuttkörperformen aus Steinschlag-, Mur- und Lawinenzufuhr**, wie sie auch für die Alpen geläufig sind, ausgebildet. Der Einzugsbereich reicht hier mit einem Vorgipfel des Phungi bis auf maximal 6304 m hinauf. Die Zuliefergebiete zeigen sich löffelförmig, d.h. mit einem leicht ausgehöhlten, karförmigen Abtragungsbereich unter dem eine mehrere hundert Meter durchlaufende Abfuhrrunse angeschlossen ist. Schreitet man das Dudh Khola weiter talabwärts zur Konfluenz mit dem Marsyandi Khola, so eröffnet sich im Talmittellauf zwischen 2700 und 2200 m ein **alpin** anmutendes Landschaftsbild mit **geringerer Morpho-**

dynamik als talaufwärts im Dudh Khola und geringeren Reliefenergien. Die Schuttkörper sind zumeist dicht mit Wald bestanden. An einigen Trogschultern sind Nachbrüche vorhanden. Die Schuttkörperformen in der Fortsetzung des Dudh Kholas, dem *Marsyandi Khola*, stellen sich in lokal modifizierter Form ähnlich wie im Buri Gandaki dar. Talabwärts von *Thonje* (1810 m) sind auch hier **Schluchtschuttkörperformen** (grobblockige Nachbruchschutthalden, z.T. eingestellt auf glaziofluviale Terrassen, Bergsturzakkumulationen, stark vom Vorfluter zurückgestutzte fluviale Nebentalschuttkörper, etc.) vorzufinden. Bei der Konfluenz des *Ngadi Khola*, das von der Himalchuli-W-Abdachung hinabläuft und mit dem Marsyandi Khola nahe *Bahundanda* (1100 m) konfluiert, ist eine großzügig ausgebreitete Kamesterrassenlandschaft ausgebildet. Diese Schuttkörperlandschaften sind eigentlich überall in den Talweitungen der Himalaya-S-Abdachungstäler, die je nach Reliefangebot in verschiedenen Höhenlagen vorkommen, anzutreffen. Bis unterhalb von Besisahar (790 m) sind im Marsyandi Khola mächtige Grundmoränen und glaziofluviale Ablagerungen aufgeschlossen.

3.3 Zur zeitlichen Einordnung der Schuttkörper

Die Vergletscherungsgeschichte des Manaslu Himalaya wurde von JACOBSEN (1990) bearbeitet. Die von JACOBSEN (1990: 70) postulierten hochglazialen Eisrandlagen bei etwa 1000 m in den Haupttälern wurden in jüngster Zeit von KUHLE (1995: 149) durch Moränenfunde in einer Höhe von 450 m bei *Dumre* im Marsyandi Khola in Frage gestellt. Das würde für das Alter der Schuttkörperbildungen bedeuten, daß erst talabwärts dieser letztgenannten Eisrandlage bzw. gleichläufig mit der hochglazialen Gletscheroberfläche Schuttkörper anzutreffen sind, die älter als „Hochglazial" sind. Hier treffen wir auf präquartäre Laterite, die auf den unvergletscherten Kuppenbereichen der Himalaya-Hills anzutreffen sind (mündl. Mitteilg. von Herrn Prof. KUHLE im Gelände am 13.01.1995). Auf die zerschnittene im Hauptal abgelagerte Grundmoräne sind kleinere Hangschuttfächer eingestellt. Im Bereich der Eisrandlage ist eine charakteristische Austaulandschaft mit Kamesbildungen vorzufinden.

Die Grundmoränen und Kamesbildungen im mittleren Talabschnitt des Buri Gandaki (1100 m) sind in das Spätglazial einzuordnen. Das bedeutet, daß die Murschwemmkegel, deren Zulieferströme sich den Weg durch die Kamesbildungen bahnen, jünger sein müssen als diese glaziale Akkumulationen und in das Postglazial einzuordnen sind. Die Nachbruchschuttkörper sind größtenteils als Folge der spätglazialen Deglaziation postglazial bzw. in vielen Fällen auch historischen bis rezenten Alters. Die Zerstörung der rundgeformten Talflankenpartien impliziert, daß sie einer vorzeitlichen glazialen Genese unterlagen. Die heutigen Prozesse streben die Schaffung der stabileren Form des Kerbtales an.

Weiter talaufwärts in einer Höhe von 3500 m deuten die gletscherbegleitenden konsolidierten Sturzschuttkörper darauf hin, daß die Stufe höchster Frostwechsel einst tiefer reichte. Heute spielen sich nunmehr auf diesen vorzeitlichen relikten Schuttkörpern größtenteils nur noch langsame Versatz- und Gleitbewegungen des Schuttes ab.

3.4 Abschließende Bemerkungen und Zusammenfassung

Es läßt sich rein optisch **keine** sukzessive Auffüllung der Haupttäler von der hochglazialen Eisrandlage zu den rezenten Gletscherenden hin nachvollziehen, wie es eine theoretische Gedankenkonzeption vermuten lassen könnte. Gegen eine solche Idealvorstellung spricht vor allem, daß sich im Talverlauf die Einzugsbereiche grundlegend ändern sowie daß in den verschiedenen Höhenlagen verschiedene Schuttproduktionsvoraussetzungen gelten.

Höhenstufen	Schuttkörpervorkommen
bis 800 m	unkonsolidierte und konsolidierte durch Übersättigung der Hangschuttauflage, plötzlich entstandene Schuttkörper autochthone Mur- und Schwemmkegel kleineren Ausmaßes (Kegellängsmantellinien zwischen etwa 20–300 m) mit zentraler Einschneidung Schuttkörperaufbau durch Resedimentation von glazigenem Material
800–1500 m	unterer Schluchtbereich mit nur sehr geringen Schuttkörpervorkommen, vereinzelt grobblockige Mur- und Schwemmkegelvorkommen (Kegellängsmantellinien im Dekameterbereich), ansonsten glaziofluviale Terrassen Fels- und Bergsturzakkumulationen, entlastungskluftgesteuert, d.h. durch Schwinden der spätglazialen sowie eiszeitlichen Gletschereinfüllung sowie durch extreme Durchfeuchtung eine Vielzahl unspezifischer, zerstreuter Schuttakkumulationen
1500–3400 m	Durchbruchsschlucht mit vielen Fels- und Bergsturzakkumulationen an vereinzelten Stellen mit Anschluß an hohe Einzugsbereiche allochthone Schuttkörper, ggfs. Lawinenüberprägung In den Talweitungen Moränenakkumulationen, die durch fluviale Prozesse durchbrochen und resedimentiert werden und zu moränisch-geprägten sekundären Schuttkörpern führen im Buri Gandaki ab 2500 m langsame Talweitung
3400–3900 m	gehäuftes Vorkommen allochthoner Murschwemmkegel, d.h. mit nivalem und glazialem Einzugsgebiet glaziofluviale, sehr grobblockige und ausladende Murschwemmkegel, Übergangskegel Sturzschuttkegel mit Lawinenüberprägung Solifluktionsschuttbildungen vorzeitliche, konsolidierte Sturzschuttkegelbildungen
3900 m–5500 m	gletscherbegleitende Schuttkörper in Form von unkonsolidierten Sturzschuttkegeln sowie kleinen z.T. konsolidierten Murakkumulationskörpern (Radius im Meterbereich) Mischakkumulationsformen aus Schnee, Eis und Schutt Solifluktionsschuttbildungen, periglaziale Schuttdecken
5500 m und höher	soweit es die Einzugsbereichshöhen gestatten Eislawinenschuttkegelbildung in den sanfter geneigten Geländesituationen des trockneren Larkya Himals periglaziale Schuttdeckenbildung

Tab. 6
Die Schuttkörperhöhenstufen in den Durchbruchstälern der Himalaya-S-Abdachung am Beispiel des Buri Gandaki und des Marsyandi Khola

Der Großteil der Mischschuttkörperformen aus hangialem und glazialem Material im Mittellauf des Buri Gandakis ist durch den dichten Vegetationsbewuchs seiner eigentlichen Ablagerungsform entstellt. Was bei den Schuttkörpern der Himalaya-S-Abdachungstäler im Vergleich zu denen des Karakorum und Hindukusch auffällt, ist, daß die Mischung von rein hangialem und moränischem Material eher gering ausfällt. Insbesondere die hochlagernden spätglazialen Moränendeponien, die postglazial durch hangiale Prozesse resedimentiert werden und zu den sekundären, sehr feinmaterialhaltigen Sturzschuttkörpern führen, fehlen größtenteils in den Himalaya-Tälern. Auf die Kamesbildungen sind zwar Hangschuttkörper eingestellt, aber der **weiteren Durchmischung von glazialem und hangialem Material ist durch die rasche Konsolidierung der Schuttkörper vorerst Einhalt geboten**. Nur episodisch auftretende, zumeist linienhafte Massenbewegungen, ausgelöst durch Durchfeuchtung, oder breitflächige Rutschungen in den Akkumulationskörpern, fördern eine weitere Vermengung von glazialem und hangialem Schuttmaterial.

Weiterhin ist prinzipiell zu beobachten, daß in den Himalaya-Tälern die Haupttalschuttkörper – insbesondere in Form der glaziofluvialen Terrassen und Kamesterrassen – gegenüber den fluvialen Nebentalschuttkörper dominieren. D.h. nicht nur die topographische Ausstattung der engen schluchtförmigen Längstäler verhindert die Ausbreitung der fluvialen Schuttkörper in den Haupttälern, sondern die einstige hohe Schuttfracht der Haupttäler. Des weiteren besitzen die Nebentalausgänge, die meistens als Schluchten oder Konfluenzstufen in das Haupttal einmünden, keine solche Moränenauskleidung wie die Täler des Karakorum.

Zahlreiche Zeugen von Seeaufstauungen, die gletscherdamm- oder bergsturzinduziert waren und vorzeitlichen sowie rezenten Datums sind, bestücken das Buri Gandaki und das Marsyandi Khola, so daß zum einen auf eine Ausputzung der Schluchtbereiche durch katastrophisch entwässernde natürliche Stauseen geschlossen werden kann; zum anderen verändern die Stauseesedimente, insbesondere im Buri Gandaki, erheblich das ursprüngliche Längstalprofil, so daß sich für die schuttliefernden Nebentäler das Vorfluterniveau hinter den Dammbildungen vielerorts stark erhöht zeigt. Tab. 6 zeigt abschließend die Schuttkörperhöhenstufen für die ausgewählten Täler auf der Himalaya-S-Abdachung.

4. Nur mäßige Schuttbedeckung bei zum Teil extremen Reliefenergien im humiden Zentral-Himalaya: Das Makalu-Massiv (8463 m) mit dem Barun- und Arun-Tal

4.1 Allgemeiner Überblick

Das östlichste und letzte Untersuchungsgebiet stellt die *Makalu-Region* mit dem *Barun-* und *Arun-Tal* dar. Das Bemerkenswerte an diesem Gebirgsgebiet sind die Reliefverhältnisse. An den Makalu (8463 m) ist über eine Horizontaldistanz von etwa 60 km das Himalaya-Vorland in einer Höhe von nur 457 m bei *Tumlingtar* angeschlossen. Das *Kangchenjunga-Massiv* (8586 m) befindet sich weitere 60 km östlich davon. Beim Arun-Tal liegt uns eines der großen Durchbruchstäler des Hohen Himalaya vor, das antezedent einer großen Quer-Antiklinale folgt[35]. Bereits von Tumlingtar aus bietet sich der Blick auf das Makalu-Massiv sowie auf den vorgelagerten *Baruntse* (7220 m) und den *Chamlang* (7290 m). Ins Auge stechend sind die langen, horizontal verlaufenden Gipfelgratlinien, die sich über mehrere Kilometer hin erstrecken, stellenweise sind sie tief eingeschnitten und lassen die über 7000 m hohen Gipfelpyramiden isoliert aus dem Landschaftsverband herausragen. Der Makalu reiht sich im E der Mt. Everest-Lhotse-Kette ein.

---

[35] Zur Diskussion über die Genese des Arun-Tals siehe ODELL 1925, WAGER 1937.

Dem geologischen Aufbau der Makalu-Region widmeten sich BORDET (1961) und GANSSER (1964: 160–161). Die Gipfelpyramide des Makalu ist aus dem weißen, 2000 m mächtigen Makalu-Granit aufgebaut, der in den S-gerichteten Deckenbau der Everest-Gruppe einbezogen ist. Darunter folgen die „injection zone" mit 1500–2000 m Mächtigkeit sowie die Schwarzen Gneise. Das mittlere Barun-Tal ist ausschließlich in den Barun Gneisen angelegt, während der Unterlauf des Barun-Tals petrographisch bereits zu den Navakot- und Kathmandu-Decken („Tinjure Zone") des Arun-Tals hinleitet. Das untere Arun-Tal ist größtenteils in einer Migmatitzone angelegt. Die quartäre Landschaftsgeschichte des Arun- und Barun-Tals wurde von KALVODA (1979 & 1992: 83–122) bearbeitet. BRUNSDEN et al. (1981) haben sich in ihrer Arbeit dem geomorphologischen Prozeßgeschehen südlich unseres Untersuchungsgebietes im unteren Tamur-Tal gewidmet und die typischen „debris slides", „debris flows" und „rock slides" der in den Schiefern, Phylliten und Quarziten angelegten Himalaya-Fußzone dargelegt.

Aufgrund der Unwegsamkeit des unteren Barun-Talverlaufes – bedingt durch die enge Schluchtanlage – ist die Makalu-S-Abdachung nicht auf direktem Wege via dem Barun-Tal zugänglich, sondern das weiter südlich gelegene Paralleltal, das *Kasuwa Khola* und die Passierung zweier Pässe, dem 4195 m hohen *Shipton La* sowie dem 4075 m hohen *Tutu La*, erlauben die Einfädelung in das Barun-Tal bei einer Höhenlage von 3200 m. Der unscheinbare schluchtförmige Talausgang des Barun-Tals in einer Höhe von 1250 m läßt nicht vermuten, daß der Barun-Fluß die gesamte Makalu-S-Abdachung entwässert.

4.2 Die Schuttkörpervorkommen im oberen Barun-Tal oberhalb der Waldgrenze

In etwa 20 km Luftlinie NW-lich des Makalu (8463 m) (Photo 68), der als fünft höchster Berg der Erde isoliert aus dem weiteren Gebirgsmassiv herausragt, befindet sich der Mount Everest (8848 m). Der Übergang wird durch den *Lhotse* (8516 m), dem *Lhotse Sar* (8383 m) sowie dem *Kanchungtse* (Makalu II) (7660 m) gebildet. In SE-liche Richtung schließt sich der *S.E.-Peak* mit 8010 m an. Dann nimmt die als *Kumbhakarna Himal* bezeichnete Himalaya-Kette ihren Verlauf in niedrigeren Höhen. Der folgende *Peak 3* mißt lediglich noch 6477 m sowie der *Peak 5* 6404 m. Die von ihnen weitere 15-20 km gelegenen Pässe *Chhiranchorma* (4380 m) und *Popti Paß* (4230 m) schaffen Verbindungsschneisen zwischen dem Himalaya und dem im weiteren Sinne gesehenen Einzugsbereich des Arun-Flusses. Trotz der hohen Einzugsbereiche von über 8000 m reicht der 20 km lange, von NW nach SE abfließende obere Barun-Gletscher nur bis auf 4700 m hinunter. Die SW-Flanke des Makalus stürzt über 3600 m Vertikaldistanz zur Gletscherzunge hinab. Vom Makalu zieht im NW das obere Barun-Tal hinab, welches nach 55 km Lauflänge in ESE-liche Richtung bei 1250 m in das Arun-Tal mündet. 30 km SE-lich des Makalu fließt 7300 m tiefer der Arun.

Aufgrund der großen Höhenlage des oberen Barun-Gletschers sind hier zwischen 4700–5100 m die gletscherbegleitenden Ufermoränentäler nur noch sehr vage entwickelt (Photos 68 & 69). Auf der orogr. linken oberen Barun-Gletscherseite fehlt das Ufermoränental eigentlich vollends, während die orogr. rechte Talseite noch einen stark verschutteten Ausraum zwischen Ufermoräne und angrenzender Talflanke aufweist. Weiter gletscheraufwärts bestimmen die an die Talflanken zementierten Moränenleisten das basale Hanggeschehen. Hier im **Schneegrenzbereich** findet die **aktivste rezente Jungschuttlieferung** statt. Der gesamte obere Barun-Gletscher, außer seine Zulieferströme oberhalb der Schneegrenze, ist mit Obermoränenmaterial bedeckt. Auch die schmalen Ufermoränentäler sowie die Ufermoränen selbst sind mit grobblockigen, teilweise bis zu stuhlgroßen Granit- und Gneisgesteinsstücken übersät, so daß die Abgrenzung zwischen Gletscher und Ufermoränental sehr unscheinbar ist. Einen ausgeprägten Bereich der Eislawinenschuttkörper finden wir in diesem Talabschnitt nicht. Die Schuttkörperverteilung längs des Gletschers zeigt sich ungeordnet: einige Nachbruchschuttkörper, deren Genese auf die Unterschneidung der Talflanke durch den Gletscher zurückzuführen ist, Moränenschuttkörper sowie einzelne grobblockige Schuttkegel säumen die Talflanken. Festzuhalten ist, daß die Schuttkörper der Ufermoränentäler des oberen Barun-Gletschers **oberhalb der Waldgrenze** angesiedelt sind und damit in den distalen Bereichen nur noch von einem seichten Überzug von Mattenvegetation erfaßt werden. Das hohe Hinaufreichen der Mattenvegetation bis auf über 5000 m bedingt eine große Vertikalspanne von gehemmten Solifluktionsprozessen.

Das Barun-Tal ist am Fuße der Makalu-S-Seite durch seine Talkonfiguration sehr großräumig gestaltet und bietet in den Ufermoränentälern sowie in den unvergletscherten Hochtalbodenabschnitten in einer Höhe zwischen 4000 und 4700 m günstige Schuttablagerungsbedingungen. Zwischen dem *Makalu-Basislager* (4800 m) und der Alm *Shershon* (4645 m) befindet sich ein unvergletscherter Talabschnitt, der insbesondere durch Moränenakkumulationen verschiedenen Alters sein Gepräge erfährt. Die Resedimentation, der in 4600–5000 m bis zu mehrere hundert Meter hohen Moränenakkumulationen durch fluviale Prozesse produziert einen ausladenden grobblockigen sanderartigen Murschwemmkegel (Photo 70) talabwärts von Shershon mit einer Längserstreckung von bis zu schätzungsweise etwa 500 m. Der glaziofluviale Schuttkörper setzt sich aus bis zu über mannshohen Blöcken zusammen und die Kegeloberfläche wird durch die Unregelmäßigkeit des Blockwerks bestimmt. Die feinere Zwischenmatrix ist von Mattenvegetation überzogen. Das Vorhandensein unvergletscherter Hochtalböden erlaubt – im Gegensatz zu den oberen Einzugsbereichen im Karakorum – die Ausbreitung solcher **glaziofluvialen Schuttkörper in großer Höhenlage**. Des weiteren finden wir auf der orogr. rechten Barun-Talseite in E-Exposition eine Reihe von reinen Sturzschuttkegeln von bis zu etwa 50–100 m Höhe vor, die unmittelbar auf den Talboden oder auf Moränenleisten eingestellt sind. Sie erfahren eine geringe Überprägung durch Massenbewegungen wie Lawinen und Schmelzwasserabgänge, da die Steilflanken kaum Depositionsmöglichkeiten für Schnee liefern und die Einzugsbereichshöhe relativ gering ist. Obwohl teilweise steil hinabhängende und mächtige Eisbalkone im Einzugsbereich lagern, zeigen sich die Schuttkegel Lawinenschnee frei.

Der in W/E-Richtung abfließende *Lower Barun-Gletscher* wird auf der orogr. linken Barun-Talseite in einer Höhe zwischen 4600 und 4400 m durch ein großräumiges Ufermoränental begleitet. Ein bis zu über 100 m Höhe erreichender Ufermoränenwall thront als mächtige Barriere zwischen dem Lower Barun-Gletscher und dem Ufertal. Der Moränenwall ist im unteren Verlauf nahezu frei von Vegetation, so daß man den Eindruck einer sehr frisch anmutenden Schuttakkumulation gewinnt, der Moränengrad ist jedoch gut abgerundet. Die Materialkonsistenz des Ufermoränentalbodens unterscheidet sich nur unauffällig von der des anschließenden Ufermoränenwalles. Der Ufermoränentalgrund ist dicht bedeckt mit zumeist kantigem, groben Blockwerk. Eine Abflußbahn, die vorwiegend vom oberen Barun-Gletscher gespeist wird und die bereits eine Terrasse herausmodelliert hat, bestimmt die Ufertaltopographie. Auch hier befinden wir uns noch oberhalb der Waldgrenze und Periglazialerscheinungen mustern die Schuttauflage der angrenzenden Hänge. Bis zu tischgroße Granitblöcke, die häufig als Wanderblöcke vorzufinden sind, wechseln mit feiner Zwischenmatrix. Die orogr. linke Barun-Talseite weist zahlreiche Einschnitte mit diversen **Murgängen** auf. Es handelt sich um Murabgänge, die aus der fluvialen Verlagerung von Periglazial- und/oder Moränenmaterial hervorgehen. Die Akkumulationen sind alle isoliert stehend. In dieser Zone durchbrechen linearerosive Prozesse, die zumeist ein nivales Einzugsgebiet aufweisen, die flächenhaften Solifluktionsprozesse. Aber auch strukturgebundene Schuttkegel sind in dem Ufermoränental anzutreffen.

Auf der orogr. rechten Barun-Talseite ist ein etwa 350 m hoher Sturzschuttkegel zu erwähnen, der unterhalb einer steil hinabfließenden Simsgletscherzunge des pyramidenförmigen *Pik 6* (6840 m), die über einer Felsschwelle endet, ausgebildet ist. Der Schuttkegel weist keine spitzzulaufende Kegelspitze auf, sondern ist an seiner Wurzel stark eingedellt. Diese Einbuchtung ist auf Eis-, Schneelawinen sowie aber auch Schmelzwasserabgänge zurückzuführen. Der Schuttkegelmantel ist überprägt durch Abflußbahnen.

4.3 Die Umgestaltung des eiszeitlichen Trogtalprofils zu einem kerbförmigen Ausgleichstalprofil: Die Nachbruchschuttkörperformen

Das mittlere Barun-Tal in einer Höhe zwischen 3900 und 3200 m weist eine **augenfällige glaziale Trogtalformung** auf, die stark an die Landschaftsformen in Norwegen mit seinen Glockenbergen zu erinnern vermag (Photo 71). Weiter talabwärts verschmälert sich das Barun-Tal. Die Waldgrenze verläuft auf der Makalu-S-Seite mit über 4100 m mit am höchsten in den ausgewählten Untersuchungsgebieten des Karakorum und Himalaya. Diese hohe Waldgrenze wird lediglich auf der Himalaya-N-Abdachung übertroffen, wo der Föhneffekt für eine Erhöhung der Jahresmitteltemperatur sorgt und der Wald bis auf 4400 m hinaufreicht (KUHLE 1982: 128). Allerdings vereiteln im Barun-Tal vielerorts die steilen Trogtalflanken kombiniert mit Lawinenabgängen das Hinaufreichen des Waldes bis zu seiner klimatisch maximalen Höhe und er verbleibt reliefbedingt nur im Talbodensaum des Barun-Tals.

Im basalen Trogtalbereich, d.h. in den ersten hundert Metern über dem Talboden bis kurz unterhalb der Trogschulter, ist eine **Zone gehäufter Nachbrüche** zu diagnostizieren. Mit der größte Nachbruch im Barun-Tal ist auf der orogr. rechten Barun-Talseite in der S-Kurve zwischen der Lower Barun-Gletscherzunge und der Alm *Yangri Kharkha* (3595 m) in einer Höhe von 3800 m anzutreffen. Die turmartige, dunkle Gneis-Talflanke zeigt eine etwa 300 m hohe, hell leuchtende Ausbißstelle, die die Talflanke regelrecht unterhöhlt. Die korrespondierende Akkumulationsform ist durch Wald dicht bestanden. An dieser Lokalität ist das Talgefäß auch mit Moränenterrassen ausgestattet, auf die die Bergsturzakkumulation möglicherweise eingestellt ist. Was im allgemeinen auffällt, ist, daß die konsolidierten Schuttkörper von der glatten Trogtalflanke rezent durch zeitweise fließende Wasserläufe lateral **abgesetzt werden** und mit ihren konvex aufgewölbten Außenkanten wie auf den Fels aufgesetzt erscheinen. Vielzählige kleinere Nachbrüche sind weiter talabwärts zu beobachten, die in der Felswand tiefe, muschelartige Ausbisse hinterlassen. Diese Nachbrüche sind allesamt eine **Folge der Deglaziation**, da nun der glazial übersteilten Talflanke das Widerlager des Gletschers fehlt. An vielen Stellen findet man auch eine zwiebelschalartige Ablösung ganzer Schichtpakete, die auf den hohen Entlastungsdruck hinweist oder aber die Talflanke kollabiert an kleinen Sektionen regelrecht, so daß das anstehende Gestein sich an der Schwächezone rutschbahnförmig zu einem grobblockigen Kegel auftürmt. Das teilweise nun **überhängende Talquerprofil** stellt eine äußerst instabile Talform dar und die Langzeitmorphodynamik zielt in Richtung der **stabileren Form des Kerbtales** hin.

Interessant ist, daß sich unmittelbar weiter talaufwärts des beschriebenen Abbruches in einer Höhe von 3900 m Sturzschuttkegel von bis zu 50 m Höhe anschließen, die auf eine **sukzessive Bildung** zurückgehen. Die an die Schuttkegel angeschlossene Talflanke ist ebenmäßig gestaltet und zeigt keine auffälligen Abbruchnischen. Die Trogschulter bietet eine Depositionsmöglichkeit für eine seichte Schneedecke, die z.T. lawinenartig abgehen kann und die Schuttkegelwurzeln überzieht. Die bereits wandartige Talflanke reicht bis in die Zone höchster Frostwechsel hinauf und damit intensiver Schuttlieferung. Auf den steilen Talflanken ist keine Ablagerung gegeben, so daß die Deposition erst auf dem Barun-Talboden stattfindet.

Häufig wurden im Barun-Tal sowie auch in anderen Himalaya-Tälern über Steilstufen **eingefrorene Wasserfälle** beobachtet. Ihnen muß eine **hohe morphologische**

Wirksamkeit in Bezug auf die Grobaufbereitung des anstehenden Gesteins zugeschrieben werden. Weiter Barun-talabwärts ist das basale Talgefäß gänzlich von moränischen Akkumulationen ausgefüllt (Photo 72). Sie sind heute mit einer üppigen Vegetationsdecke überzogen; lediglich der sie unterschneidende Fluß präpariert nun markante unkonsolidierte Steiluferkantenbereiche heraus. Auf sie eingestellt sind Hangschuttkörper kleineren Ausmaßes.

4.4 Einschub: Der Anteil der Schuttkörpervorkommen – eine Frage der Perspektive

Nur zu leicht ist man geneigt, das Ausmaß und Volumen von Ablagerungskörpern im Gebirge zu überschätzen[36]. Dieser Umstand liegt darin begründet, daß man zumeist als Wanderer in der Tiefenlinie oder Tiefenliniennähe unterwegs ist und das Landschaftsbild hier von Akkumulationskörpern geprägt ist. Des weiteren resultieren die meisten der Gefahren für den Gebirgsreisenden aus hangdynamischen Prozessen bzw. der Bewegung von Schuttmaterial. Hinzu kommt, daß die Talflanken oftmals so steil sind, daß es für den Beschauer aus der Tiefe eigentlich nie möglich ist, die ganze Relieffront zu erfassen – die noch mehrere tausend Meter emporreichen kann – und folglich das Vorkommen der basalen Schuttkörper in ihrem Anteil an der Gebirgslandschaft überbewertet wird. Häufig fehlt dem Betrachter die Sicht auf die oberen 2000-3000 Höhenmeter bis zum Gipfelbereich – das Lamjung-Annapurna-Massiv sowie Abschnitte des Barbung Kholas bieten eindrucksvolle Beispiele dafür.

Je weiter man talaufwärts schreitet, desto geringer nimmt sich ab einer gewissen Höhe aufgrund der zunehmenden Reliefsteilheit der prozentuale Schuttkörperanteil aus, wobei hinzukommt, daß mit der Höhe die Felsflankenoberflächengröße und damit die potentiellen Ablagerungsflächen insgesamt abnehmen.

4.5 Das Arun-Tal zwischen Tumlingtar (450 m) und der Konfluenz mit dem Barun-Tal (1250 m)

Das Arun-Tal, dessen antezedente Talanlage an einer großen Quer-Antiklinale orientiert ist, vermittelt zwischen dem Makalu-Massiv im W und dem Kangchenjunga-Massiv im E. Hier in der Himalaya-Fußzone wiederholen sich im Prinzip die Schuttkörperformen, wie sie für das Annapurna- und Manaslu-Untersuchungsgebiet vorgestellt wurden. Ein Flickenteppich von landslides überzieht die Gebirgsketten mit maximalen Einzugsbereichshöhen von 3000 m. Breitflächige Rutschungen dominieren über den linear-erosiven Massenbewegungsarten. Vielzählige Durchtränkungsfließungen sind zu beobachten, jedoch können sie – wie unterhalb von *Num* (1450 m) – auch durch unregulierte Bewässerungsmaßnahmen beim Naßreißanbau in den hier anstehenden Schiefern anthropogen verursacht sein. Die Verheilung von Anrissen im Anstehenden vollzieht sich unter den subtropischen Klimaverhältnissen äußerst rasch. Ein mit meterhoher Pioniervegetation versehener landslide auf der orogr. rechten Arun-Talseite in einer Höhe von 1000 m ereignete sich nach Angaben unseres Sirdars erst vor 4–5 Jahren (s. auch IVES & MESSERLI 1989).

Bei den aus dem kerbtalförmigen Talprofil heraustretenden morphologischen Verflachungen, auf denen häufig Siedlungen postiert sind (wie z.B. bei Num), handelt es sich um moränische Ablagerungen (mündl. Mitteilung im Gelände von Herrn Prof. KUHLE

---

[36] Ein Photo von KALVODA (1992: im Phototeil S. 96–97), das das Barun-Tal zum Makalu hin zeigt, photographiert aus einer Höhe von schätzungsweise 6000 m, vermittelt einen guten Eindruck darüber, welch einen verschwindend kleinen Anteil die Schuttkörper an der Ausfüllung des Gebirgsmassivs einnehmen.

am 22.11.1994). Bei *Tumlingtar* (450 m) schließen sich talaufwärts Schotterterrassen mit Sprunghöhen von 40–50 m Höhe und kündigen den Ausklang der tief eingeschnittenen Gebirgstäler an.

4.6 Zeitliche Einordnung der Schuttkörper

Die Talverläufe im mittleren Barun-Tal sowie im mittleren Iswa Khola sind streckenweise im Trogfußbereich gänzlich mit spätglazialen moränischen Ablagerungen ausgekleidet. Auf sie sind jüngere, d.h. postglaziale, rezent kaum aktive, konsolidierte Schuttkörper eingestellt. Das heutige Prozeßgeschehen konzentriert sich auf die **periglaziale Überformung der mehrphasig, d.h. im Spät- und Postglazial entstandenen Schuttkörper.**

Die steilen Trogtalflanken zeigen sich äußerst **nachbruchbereit**, aber insgesamt nehmen die rezent katastrophisch aufgebauten Grobblocksturzkörper in den mittleren Talregionen nur einen verhältnismäßig kleinen Anteil am Prozeßgeschehen ein, wenngleich sie die augenfälligsten Schuttkörperformen repräsentieren. Ihre Bildung erfolgte zum Großteil postglazial.

In den tieferen Lagen des Arun-Tals im Bereich von Tumlingtar ist ein tiefgründig verwitterter Roterdemantel ausgebildet. Diese Gebiete wurden von der hochglazialen Vereisung nicht erfaßt. Die hier in situ entwickelte Hangschuttbekleidung ist damit den ältesten Schuttkörpern, d.h. nach den Gletscherstadien von KUHLE (1994: 260) älter als mindestens 60 000 Jahre, zuzuordnen.

4.7 Zusammenfassung

Das ab einer Höhe von 3200 m begangene Barun-Tal gliedert sich sehr augenfällig in verschiedene Schuttkörperablagerungsabschnitte: Zwischen 3200 (und tiefer) und 3800 m ist das Talgefäß basal mit Moränen ausgekleidet. Auf sie sind z.T. konsolidierte, hangiale Schuttkörper eingestellt. Insbesondere ab einer Höhe von 3500 m sind zahlreiche Felsstürze (Nachbrüche) zu registrieren. Ab 4000 m Höhe findet dann die Ausbildung von Ufertalschuttkörpern statt und der Übergang zu den klimatisch-bedingt kahlen Schuttkörpern vollzieht sich allmählich. Ab einer Höhe von 4500 m treffen wir bereits vereinzelt auf (Eis)-Lawinenschuttkörper. Die Ufermoränentäler am oberen Barun-Talgletscher sind nur sehr dürftig ausgebildet, da das Gletscherzungenende relativ hoch endet und damit dem Schneegrenzbereich näher gerückt ist. So sind die Schuttkörper hier teilweise bereits auf den Gletscher eingestellt. Es handelt sich vorwiegend um Sturzschuttkörper, Murkegel sind nicht ausgebildet. Soweit sich dies sagen läßt, scheint im Makalu-Einzugsbereich ein vergleichsweise arides Höhengebirgsklima zu herrschen. Obwohl das Einzugsgebiet des Barun-Gletschers, das an das Mount Everest-Massiv anschließt, bis auf über 8000 m hinaufragt, endet der obere Barun-Gletscher schon auf 4700 m (d.h. zum Vergleich: 2000 m höher als der Batura-Gletscher im NW-Karakorum). Und so zeigen sich auch die unkonsolidierten Schuttkörper aktivitäts-bedingt, aber auch klimatischbedingt vegetationslos. Die auf den großen Moränenrücken am Fuße des Makalus befindlichen Periglazialschuttdecken, die bis auf über 5000 m hinaufziehen, vollziehen hier den Wandel von gehemmter zu freier Solifluktion.

Die großen Moränendeponien werden – ähnlich wie am Manaslu – durch kleine Flußläufe verschnitten und liefern u.a. das Ausgangsmaterial für einen glaziofluvialen Schwemmkegel.

Im mittleren Barun-Talgefäß zwischen 3500 und 4000 m wird die Präsenz **zweier Formungssysteme unterschiedlichen Alters,** die sich in der selben Höhenstufe überschneiden, anhand der runden und der sie zerstörenden schroffen Formengebung deutlich, wobei erstere auf der glazialen Formenausgestaltung und letztere auf den rezenten linear-erosiven sowie auch auf Nachbruchprozessen beruht.

Verlassen wir nun das Barun-Tal und werfen einen Blick auf das Arun-Tal, so bestimmen hier glazigene Kerbtäler, teilweise mit Schluchtcharakter, die Talanlage. In dem Arun-Talabschnitt zwischen 600 und 1300 m treten die Mur- und Schwemmkegel nicht zuletzt aufgrund der Talenge stark zurück. Die fluvialen Einzugsbereiche erreichen nur noch Höhen von 3000-3500 m und die Verwitterungsschuttdecken werden durch einen üppigen Vegetationsbestand – soweit nicht abgeholzt – gebunden. Die z.T. im Schiefer angelegten Talflanken zeigen sich sehr rutschungsanfällig. Moränische Ablagerungen stellen im Hangverlauf oftmals die einzigen größerflächigen Verflachungen dar.

5. Zusammenfassung über die Schuttkörpervorkommen im Zentral-Himalaya

Als erster Gesamteindruck eines Vergleichs mit dem Schuttkörpervorkommen im Karakorum läßt sich feststellen, daß sich der Schuttkörperformenschatz des Himalaya nicht so varietätenreich wie in den Trockengebieten zeigt. Die komplexe zusammengesetzte Schuttlieferung ist nicht so häufig vertreten. Während in den Trockengebieten die Form der Schuttkörper sehr markant in den Vordergrund tritt, d.h. sehr geometrisch ausgebildet ist, ist sie bei den Schuttkörpern des Himalaya weniger deutlich ausgeprägt. Die Fließ- und Rutschungskörper besitzen eher amorphe Gestaltmerkmale. Auch die zahlreichen Nachbruchschuttkörper der Durchbruchsschluchtbereiche sind oftmals mehr regellos bzw. haufenförmig angelegt, als daß die strenge Kegelform sichtbar werden würde.

Trotz der höheren maximalen Einzugsbereichshöhen ist die Vergletscherung auf der Himalaya-S-Abdachung in wesentlich geringerem Umfange ausgebildet als im NW-Karakorum. Damit reichen die gletscherbegleitenden Schuttkörper nur bis maximal etwa 3600 m hinab. Die Lawinenkegelgletscher, die maximal bis auf 2300 m hinunterreichen, profitieren hinsichtlich ihrer niedrigeren Höhenlage von den steilen Reliefverhältnissen, die keine Nährgebietsfläche, sondern eine Durchtransportstrecke liefern. Damit sind die Talflanken aber auch zugleich weitgehend schuttfrei und die üblichen Schuttkörper-Übergangsformen vom Nährgebiet zur Gletscherzunge fehlen.

Die Sedimentationsgunsträume sind in den Mittelläufen der Himalaya-S-Abdachung rarer gesät, so daß die Mur- und Schwemmkegelbildung neben ungünstigeren Murgangsvoraussetzungen als in den Trockengebieten stark gehemmt ist. Erst in den Gebirgsvorlandbereichen kommt es zu einer gesteigerten Schuttkörperablagerung, aber dann zumeist in Form von Haupttalakkumulationen, den Terrassen.

Die ausladende Murschwemmkegelbildung in den Mittellagen ist ein Charakteristikum der ariden bis semi-ariden Hochgebirgsregionen sowie der aus ihnen gebildeten sekundären Schuttkörperformen.

Das Ausmaß der rezenten Vergletscherung in den Himalaya-Untersuchungsgebieten ist vielerorts wesentlich geringer als in denen des Karakorum, so daß die gletscherbegleitenden Schuttkörperformationen entsprechend weniger vertreten sind. In den oberen vergletscherten Talkesseln des Zentralen Himalaya ist ein arides Gebirgsklima zu verzeichnen. Die Gletscheroberflächen sind hier stark verschuttet und aktive Steinschlaghalden begleiten die Gletscher (insbesondere in der Mount-Everest-Makalu-Region).

In den Mittellagen sind die sukzessiv-kontinuierlich entstandenen Steinschlaghalden eher selten vertreten, insbesondere in den Engtalstrecken dominieren die Nachbruchschuttkörper. Die Moränenüberzüge der Talflanken, die besonders augenfällig durch ihre Zerrachelung werden können und sich im Karakorum zu sekundären Schutthalden reformieren, sind ebenso nicht typisch in den humiden Gebirgsabschnitten des Himalaya. Sie sind entweder bereits durch Niederschläge eliminiert oder durch einen Vegetationsüberzug konsolidiert. Dagegen sind größere „Moränenpfropfen" in den weiteren Talgefäßabschnitten häufiger vorzufinden (z.B. im mittleren Barun-, Buri Gandaki- und im unteren Barbung Khola-Tal). Sie werden vom Fluß unterschnitten und ihre Steilkanten werden von sekundären Schutthalden gesäumt.

Der Schuttdurchtransport ist im Himalaya langläufiger als im Karakorum. Durch Niederschlagsprozesse abgespültes Fein- und Grobschuttmaterial wird bei den zumeist ergiebigen Niederschlägen unmittelbar vom Vorfluter aufgenommen und talabwärts verfrachtet, während in den Trockengebieten das Schuttmaterial oftmals nur am Hang verlagert wird, nicht aber bis zum Vorfluter. Im Karakorum liegt eine augenfällige Residualschuttkörperlandschaft der spätglazialen Vereisung vor. Im Himalaya ist diese nicht so gut überliefert, sie läßt sich aber aufgrund der Beobachtungen in den Trockengebieten relativ gut nachvollziehen.

C. ERGEBNISTEIL: EINE ZUSAMMENSCHAU DER GELÄNDEBEFUNDE

Die im empirisch-regionalen Teil der Arbeit gewonnenen Einzelbeobachtungen zu den Schuttkörpern in ausgewählten Untersuchungsgebieten Hochasiens sollen nun in einem letzten Schritt thematisch zusammengefaßt und in ihren individuellen Charakteristika gegenübergestellt werden. Dabei ist zu betonen, daß es sich bei den Schuttkörpern großteils um vielfältige Übergangs- bzw. Mischformen handelt und gewiß nicht um einen Formenschatz mit exakt festlegbaren Typen. Die dominanten geomorphologischen Prozesse prägen letztendlich den Schuttkörpertyp. Das beinhaltet, daß die Erfassung des **evolutiven Elementes** bei der Betrachtung der Schuttkörper von großer Bedeutung ist. Neben der Extrahierung spezieller Schuttkörpertypen konnte eine Typologie von Schuttkörperlandschaften herausgearbeitet werden, bei denen zum einen in den individuellen Gebirgsgebieten Hochasiens **spezifische** Schuttkörperformen auftreten, zum anderen aber auch **überregional verbreitete** Schuttkörper das Landschaftsbild bestimmen.

Zu Beginn dieser Schlußbetrachtung werden die Voraussetzungen und die grundsätzlichen Abhängigkeiten der Schuttkörperbildung von den Parametern Relief, Klima und Vergletscherung – wie sie in der Arbeit aufbereitet wurden – zusammenfassend dargestellt und im Gesamtkontext abschließend bewertet. Im nächsten Abschnitt folgen prinzipielle Erwägungen zur Höhenstufung sowie zum zentral-peripheren Wandel der Schuttkörper. Des weiteren werden die Merkmale der Schuttkörperzusammensetzung in den humiden, semi-ariden und ariden Hochgebirgen gegenübergestellt sowie für sie paradigmatische Schuttkörpertypen auszugsweise vorgestellt.

1. Die Schuttkörper und die Reliefverhältnisse

Die Schuttkörperverbreitung ist im Hochgebirge in erster Linie eine Funktion der Reliefverhältnisse. Wird der maximale Böschungswinkel der Talflanken überschritten, kann keine Schuttablagerung – außer am Wandfuß – stattfinden. So kann unabhängig vom Klima der **Schuttkörpergürtel** aufgrund hoher Reliefenergien auf einen sehr **schmalen Höhensaum reduziert** sein oder aussetzen. Letztere Situation spiegelt extrem steile Reliefverhältnisse über lange Vertikaldistanzen wider. Der Mangel an Depositionsflächen hält die steilen Talflanken nicht nur schutt- sondern großteils sogar eisfrei. Dies ist an der Annapurna-S-Abdachung der Fall, wo aufgrund der Reliefsteilheit keine Froststurzschuttkegel ausgebildet sind, sondern die Höhenzone der Eislawinenkörper nahtlos in die Schuttkörperregion der fluvialen Höhenstufe übergeht. Während der Hindukusch und Karakorum vorwiegend in Längstälern aufgefiedert sind und nur wenige Quertäler aufweisen, wird die Haupttalanlage auf der Himalaya-S-Seite von den Durchbruchstälern bestimmt. Dies hat unmittelbare Konsequenzen für die Schuttkörperverbreitung. Die **Längstäler** bieten durch ihr Raumangebot wesentlich günstigere Ablagerungsverhältnisse als die streckenweise schluchtartig ausgebildeten **Quertäler**. An den Talauslässen der Quertäler des Himalaya überwiegen dann die Sedimentakkumulationen des Hauptales in Form von glaziofluvialen Terrassen, so daß die Nebentäler durch sie teilweise gänzlich abgeriegelt werden. Mit abnehmender absoluter Höhe und zunehmender Reliefvertikalspanne trifft man auf eine zunehmende Komplexität der Ablagerungsformen in den Talsohlenbereichen, es sei denn die Reliefverhältnisse sind als Wand ausgebildet. Die hohe Reliefvertikaldistanz bedingt neben der hohen Prozeßdynamik das Durchlaufen des Zuliefergebietes von verschiedenen Höhenstufen, was wiederum die polygenetische Ablagerungsform fördert. Diese Beziehung wird jedoch insbesondere durch die Ablagerung von moränischem Material unterlaufen, denn hierbei können schon bei geringen Einzugsbereichshöhen sehr komplexe Schuttakkumulationen entstehen. Mit zunehmender Höhe nimmt der Anteil der Schuttkörper ab einer gewissen Höhe in den stark reliefierten Gebirgsgebieten **sprunghaft** ab bzw. die Schuttkörperobergrenze taucht in das Relief ein. Je nach der Konfiguration von Nebentalgebirgsausläufern und Talbodenausraum wurden „**freie**", „**teilweise gebirgsumrahmte**" und „**gebirgsumrahmte Schuttkörper**" unterschieden. Mit zunehmender Kanalisierung des Schuttkörpers durch die Gebirgsumrahmung erfolgt nicht nur eine größere Aufschüttungshöhe, sondern sie bedingt zugleich durch ihre längere Lauflänge eine höhere laterale Schuttzufuhr durch die an den Schuttkörper angrenzenden Talflanken.

Die Form der fluvialen Schuttkörper wird entscheidend beeinflußt durch das zur Verfügung stehende Raumangebot. Ihre Ausbreitung ergibt sich aus dem Verhältnis zwischen der Schuttlast des Seitenbaches und der Erosionstätigkeit des Haupttalflusses. Wenn die Mächtigkeit der Schuttablagerung die Abtransportkraft des Vorfluters um ein Vielfaches übersteigt, wie z.B. üppige Moränen- und Stauseeablagerungen, werden diese in der Anfangsphase vom Vorfluter stark unterschnitten und es entstehen nahezu vertikale Steilkantenkliffs an den Schuttkörpern. In der weiteren Entwicklung ist die Schuttkörperperformung durch den Vorfluter jedoch nur sehr gering. Wir finden in jedem Tal eine andere Schuttkörpersituation in Abhängigkeit von der Topographie sowie von der Vergletscherungssituation vor. Fast in jedem Talzug setzen die Schuttkörper bedingt durch extreme Reliefverhältnisse aus, sei es durch in die Talanlagen eingestreute Schlucht- oder Klammbereiche oder durch Konfluenzstufen. Bei einem geringen Abfluß forciert ein enges Talgefäß eine große Ablagerungsmächtigkeit. Unterschreitet das Talgefäß jedoch eine gewisse Mindestbreite in Relation zur Abflußmenge, so wird eine Schuttablagerung vereitelt, was in vielen der Durchbruchstäler der Fall ist. Die extremen Reliefverhältnisse bedingen das Vorkommen **klimatisch-verschiedenartig zusammengesetzter Einzugsbereiche**. Ein hoher Anteil der Schuttkörper ist als **allochthon** zu bezeichnen, d.h. der Ablagerungsort liegt wesentlich tiefer als der klimatische Höhengürtel, aus der die Schuttspende stammt.

2. Die Schuttkörper und das Klima

Das Forschungsgebiet weist einen hygrischen Gradienten auf, der von perhumiden bis zu ariden Klimaverhältnissen in den Gebirgstallagen reicht. Dieses Humiditätsgefälle im asiatischen Hochgebirgsraum läßt sich nicht unmittelbar in einem W-E-Profil widergeben, d.h. von arid im W zu humid im E, da die Reliefverhältnisse das Niederschlagsverteilungsmuster entscheidend modifizieren. Der markanteste Wechsel im Niederschlagsangebot vollzieht sich am Himalaya-Hauptkamm, dessen luvseitige S-Abdachung die höchsten Niederschlagswerte im Untersuchungsraum, seine leeseitige N-Abdachung jedoch wüstenhafte Niederschlagswerte aufweist. In Kombination mit den sich hier ändernden Reliefbedingungen vollzieht sich auch der abrupte Wandel von den feuchten Schuttkörperformationen zu den trockenen, der eine Klimaabhängigkeit der Schuttkörperbildung bereits impliziert.

Im Sommerniederschlagsgebiet des Himalaya ist eine Niederschlagsmaximalzone bei etwa 3000 m ausgebildet, höhenwärts nimmt der Niederschlag wieder ab. Das bedeutet, das die über dem oberen Kondensationsniveau befindliche Periglazialzone besonders ariden Strahlungswetterlagen ausgesetzt ist und der Frostverwitterung – und damit der Schuttproduktion – Vorschub geleistet wird. Dieser Umstand gilt für den Karakorum höhenstufen-übergreifender, d.h. bis in die tiefen Tallagen hinein, da dieser durch einen wesentlich geringeren Bewölkungsbedeckungsgrad gekennzeichnet ist als der Himalaya.

Für den Karakorum ist die o.g. Niederschlagsmaximalzone in der Literatur nicht belegt, dagegen wird von einer eher kontinuierlichen Niederschlagszunahme mit der Höhe von 100 mm/Jahr in den Tallagen bis zu über 2000 mm/Jahr in den Hochlagen ausgegangen, so daß ein extremer vertikaler hygrischer Gradient besteht. Die tiefer gelegenen Tallagen sind – auch bedingt durch den „Troll-Effekt" – semi-arid bis arid. Der als Winterniederschlagsgebiet deklarierte Karakorum wird im Sommer von Monsunausläufern erfaßt, die die Schuttkörperbildung entscheidend prägen, wenn nicht sogar maßgeblich bestimmen. D.h. die **Abweichungen auf der statistischen Klimaskala** behaupten sich in der Schuttkörperbildung als die **dominanten geomorphologischen Prozeßinitiatoren**.

Höhenwärts gleichen sich die klimatischen Bedingungen in den untersuchten Gebirgen an, so daß überregional ähnliche Schuttproduktionsbedingungen herrschen. Das Relief sowie seine Struktur sind über die klimatischen Parameter hinsichtlich der Schuttkörperverbreitung erhaben. Nichstdestotrotz existieren eindeutig klimaspezifische Typen der Schuttkörperformen in den asiatischen Hochgebirgen, da die gesteinsaufbereitenden Prozesse und somit die Schuttlieferung eine Funktion der klimatischen Verhältnisse sind. Die schuttreiche Frostwechsellandschaft der ariden Hochgebirgsgebiete mit ihren Sturzschuttkörpern legt dafür Zeugnis ab. Bedingt durch das humide Klima auf der Himalaya-S-Seite fallen die Frostverwitterungsprozesse im Vergleich zu den Trockengebieten geringer aus und folglich auch die Schuttlieferung. Des weiteren bestimmen die Vegetationsverhältnisse als Ausdruck des Klimas die Schuttkörpergestaltung und damit ihren Konsolidierungsgrad. So ist insbesondere in Teilen des Karakorum sowie des Hindukusch eine xerische Walduntergrenze ausgebildet, die ein **bilaterales Höhenstufenmuster der unkonsolidierten Schuttkörper** entstehen läßt, die durch die Waldstufe in einer Höhe zwischen 2500–3600 m separiert wird.

Die Schuttkörperformung ist im wesentlichen ein Ergebnis der Wasserbeteiligung bei der Schuttverlagerung und damit der klimatischen Verhältnisse. So unterscheidet sich der gesamte **Schuttkreislauf** in Abhängigkeit vom Niederschlagsangebot in den ariden und humiden Gebieten. Während in den Trockengebieten ein eher **kurzläufiger Schutttransport** dominiert, ist auf der Himalaya-S-Abdachung der **langläufige Schuttdurchtransport** charakteristisch. Auch die Art und Frequenz der schuttkörperaufbauenden Prozesse ist vom Niederschlagsangebot und dessen Variabilität determiniert. Starkregenereignisse führen insbesondere in den Trockengebieten zu extremen Höhepunkten im Schuttkörperaufbau.

Die Ausprägung der Schuttkörper ist abhängig von den jeweiligen Humiditätshöhenstufen. Besonders im Himalaya ist die Lageposition zum oberen Kondensationsniveau von Bedeutung für den Grad der Vegetationsbedeckung (vgl. MIEHE 1990: 340). In den ariden Hochgebirgsabschnitten, wie dem Karakorum und Hindukusch, führen die Hangaufwinde im Sinne TROLLs (1952) zu einer Konvektionsbewölkung in den höheren Hangteilen, so daß wir hier oftmals einen Waldbestandssaum vorfinden, der die Schuttauflage konsolidiert bzw. das Anstehende vor den Verwitterungsagenzien schützt.

Bei gleichen Ablagerungsbedingungen in verschiedenen Gebirgsgebieten bestimmen also die klimatischen Verhältnisse die Art des sich aufbauenden Schuttkörpertyps.

3. Die Schuttkörper und die Vergletscherung

Als indirekter Ausdruck des vorzeitlichen Klimas hat sich die **hoch- bis späteiszeitliche Vergletscherungsausdehnung** mit ihrer glazialen Talgestaltung und ihren glazialen Sedimenthinterlassenschaften als der **wichtigste überregionale Geoparameter in der Schuttkörperverbreitung** in dem Gebirgsraum Hochasien herausgestellt. Sie hat die postglaziale Schuttkörperverbreitung maßgeblich diktiert. Die spätglazialen Moränenrelikte, die in allen Untersuchungsgebieten überliefert sind und die Talgefäße bis zu mehrere hundert Meter über der Tiefenlinie verkleiden, werden im Postglazial durch hangiale Prozesse in vielfältiger Weise transformiert, so daß eine Fülle von Schuttkörpermischformen produziert werden, die **glazialen Umwandlungsschuttkörper**. Eine Residualschuttkörperlandschaft hervorgehend aus moränischem Material prägt in den Talmittelläufen das Schuttablagerungsgeschehen. Der **duale Schuttkörperaufbau** aus spätglazialem Moränenmaterial an der Basis und darauf eingestellten postglazialen Schuttlieferungen spielt bei den Schuttkörpertypen mit die bedeutendste Rolle. **Die sekundären Schuttkörper aus disloziertem Moränenmaterial** sowie die **passive Schuttkörperbildung**, d.h. die Zerschneidung einer ehemals geschlossenen Moränenverkleidung in kegelförmige Schuttkörper, **dominieren über der Primärschuttkörperverbreitung.**

Die offenkundig hohe Beteiligung glazialer Sedimente am Schuttkörperaufbau sowie die mannigfaltigen Mischschuttkörperformen aus glazialem und hangialem Schuttmaterial haben in der geomorphologischen Literatur über Hochasien bislang noch keine Erwähnung gefunden. Auch in den ariden Gebirgsregionen, wo die moränischen Ablagerungen durch den fehlenden Vegetationsbewuchs besonders augenscheinlich sind, scheint man aufgrund der **heutigen** – hinsichtlich der Vergletscherung ungünstigen – klimatischen Verhältnisse, die in den Tallagen Wüstencharakter aufweisen, eine glaziale Genese der postglazialen Schuttkörperbildung nicht in Betracht zu ziehen.

In der vorliegenden Arbeit wurde aufgezeigt, daß **glazial-induzierte und glazialgeprägte Schuttkörper bis in die Tieflagen** der Untersuchungsgebiete (weit unter 1000 m ü. N.N.) hinabreichen. Auch die **glaziale Reliefformung** ist verantwortlich für einen Großteil der Nachbruchschuttkörpervorkommen. Folglich kann nach den vorgestellten Untersuchungsergebnissen hinsichtlich der glazial-geprägten Schuttkörperverbreitung der **minimalistischen Auffassung bezüglich der Vergletscherungsausdehnung** in Hochasien, wie sie z.B. von SCHNEIDER (1959) oder v. WISSMANN (1959) vertreten wird, **nicht zugestimmt** werden. Vielmehr bestätigen sie die von KUHLE (u.a. 1982, 1989a, 1994 & 1996b) nachgewiesenen Vergletscherungsausdehnungen mit Schneegrenzabsenkungen von bis zu über 1300 m in diesen Hochgebirgsgebieten. Kernpunkt für diese gegensätzlichen Auffassungen bezüglich der quartären Vergletscherungssituation in den asiatischen Hochgebirgen (s. dazu KICK 1996, RÖTHLISBERGER 1986) sind u.a. die **unterschiedlichen Identifizierungen von moränischem und hangeigenem Schuttmaterial.**

Insbesondere die Schuttkegel können sich im glazial gestalteten Relief besser ausbilden als in fluvial geprägten Kerbtälern, da bei den glazialen Trogtälern die konkavgeformte Talflanke die Schuttkörperbildung aus rein geometrischen Gründen begünstigt. Des weiteren führt die durch die Deglaziation hervorgerufene Druckentlastung sowie das nun fehlende Widerlager des Gletschers an übersteilten Talflanken und Schuttkörperpartien zu diversen **Nachbruchschuttkörpern.** Wie aus einer Springform nach der Deglaziation befreit, kollabieren Talflankenpartien und hinterlassen katastrophisch entstandene Schuttkörper. Gletscherrückgang und Sturzschutthaldenbildung sind unmittelbar miteinander verzahnt. Diese Beziehung läßt sich in fast jedem historischen Gletschervorfeld anschaulich nachvollziehen.

Die Art der Schuttkörperverteilung findet auch in enger Abhängigkeit von der **rezenten Vergletscherungsausdehnung** statt. Im NW-Karakorum reichen trotz der hohen Aridität **die gletscher-begleitenden Schuttkörper** um über 1000 m tiefer (bis auf etwa 2500 m) als es auf der Himalaya-S-Abdachung der Fall ist. Je nach Art der Gletschertypen und der Lage der Gletscherzungenenden im Talgefäß ergeben sich spezifische **Gletscheranschluß-Schuttkörper.** Insbesondere im Kumaon-/Garwhal-Himalaya sind die im Postglazial durch steile **Hängegletscher überprägten Schuttkegelwurzelbereiche** vertreten. Diese Schuttkegel weisen Moränenkränze in halber Höhe auf oder sind im Übergang zu podestmoränenartigen Schuttkörperbildungen ausgebildet.

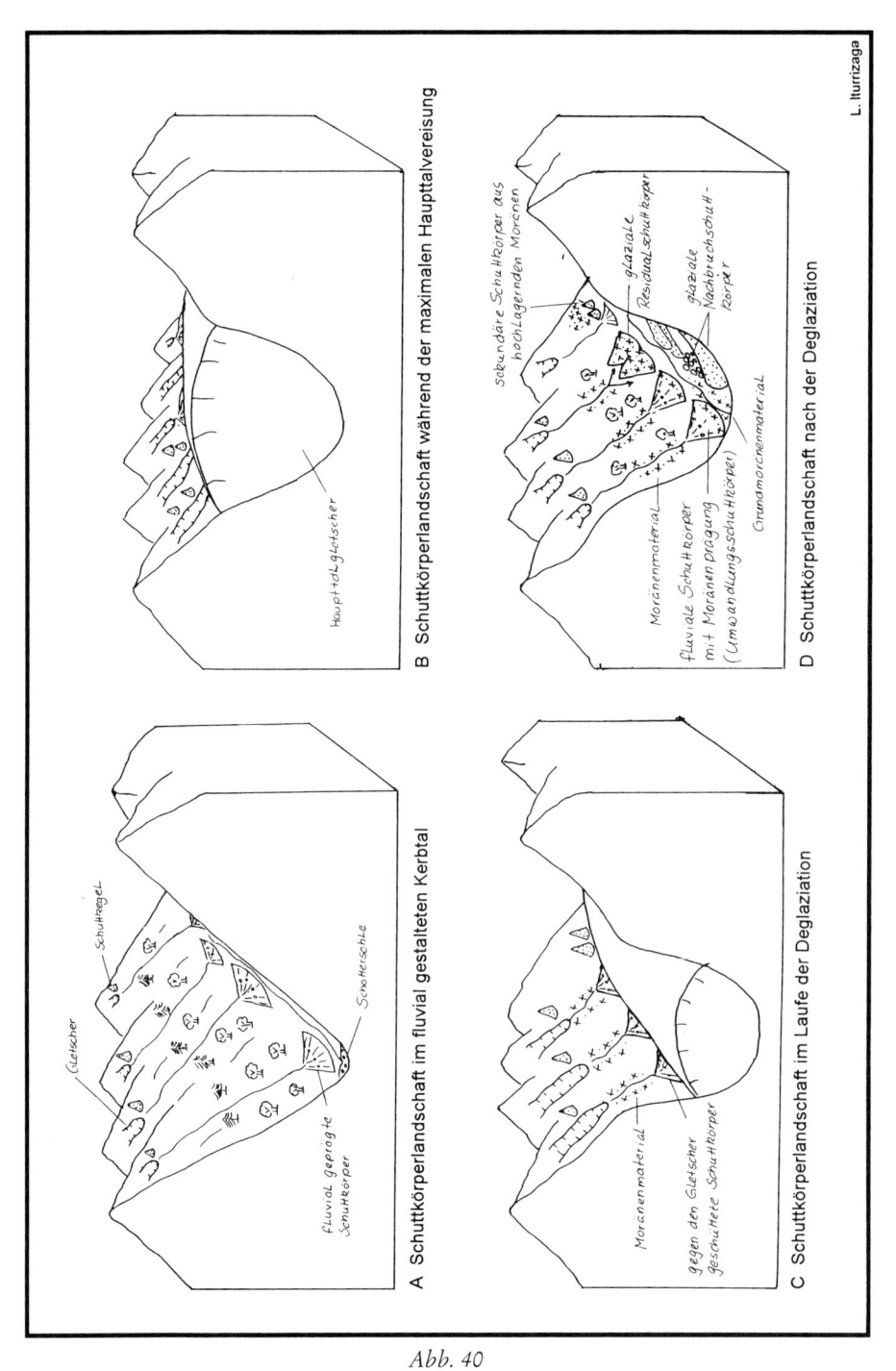

Abb. 40
Generalisierte Darstellung der Schuttkörperlandschaft während der Transformation von einem fluvial gestalteten Kerbtal zu einem glazialen Trogtal, das durch Nachbruchprozesse wieder zu einer trogförmigen Kerbtallandschaft umgestaltet wird.

Die Verschiebung der Schuttkörperhöhenstufen während der Eiszeiten und die daraus folgenden unterschiedlichen Voraussetzungen für die Schuttkörperbildung

Ein schematischer Abriß der Schuttkörperentwicklung während der jeweiligen Vereisungsphasen in Hochasien ist in Tab. 7 widergegeben. Im Unterschied zur heutigen Gletscherverbreitung waren im **Hochglazial** auch die tributären Einzugsgebiete mit Gletschern verfüllt, was bedeutet, daß somit nicht nur die potentiellen **Zuliefergebiete der Schuttkörper mit Gletschern plombiert waren, sondern auch die Akkumulationsgebiete**, so daß die **Mur- und Schwemmkegelbildung zu dieser Zeit stark gehemmt** wurde. Erst eine gering mächtigere Vergletscherungssituation, wie diese vor allem im ausklingenden Spätglazial bestand, gewährleistet das **frei liegende Reliefangebot** sowie die **hinreichende Schuttproduktion** durch die eisfreien Talflanken zur gletscherbegleitenden Schuttkörperbildung. Diese spätglazialen Schuttkörper, die postglazial durch hangiale Prozesse überformt werden, prägen das heutige Gebirgslandschaftsbild. Der angesprochene Gedanke gipfelt darin, daß bei einem reliefübergeordneten Inlandeis die Schuttkörperbildung – abgesehen vom Grundmoränenbelag – durch die fehlenden Zuliefergebiete extrem gering ausfällt. Dieses Beispiel führt sehr transparent vor Augen, daß hinsichtlich der geomorphologischen Gesetzmäßigkeiten **keine linear steigerbaren Kausalketten** existieren, sondern daß ab einem bestimmten Entwicklungsgrad vielmehr „**Sprünge**" und „**Umkehrpunkte**" das Landschaftsgeschehen und die Landschaftsformen bestimmen, wenn ein Faktor nämlich, wie in diesem Falle die Vergletscherung, potenziert wird.

Während des Spätglazials bestanden vielerorts günstige Voraussetzungen für gegen den Gletscher geschüttete Schuttkörper (Widerlagerschuttkörper), da nicht alle Nebentalgletscher Anschluß an den Haupttalgletscher hatten. Diese Schuttkörper sind je nach den lokalen Verhältnissen im Hindukusch und Karakorum gut erhalten und liefern zahlreiche polygenetische Folgeschuttkörper.

Interessant ist die Frage, ob bzw. inwieweit das **Prinzip des Aktualismus** hinsichtlich der Schuttkörperbildung trägt (s. hierzu KUHLE 1991: 55). Gab es früher Schuttkörper, die heute nicht mehr präsent sind bzw. existieren heute Schuttkörper, die während der Eiszeiten nicht vorkamen? Dazu muß man sich vergegenwärtigen, daß während die Gletscher um 200 m pro 0,6°C Abkühlung tiefer hinabreichten, die Periglazialregion sich um nur 100 m pro 0,6°C Abkühlung absenkte. D.h. u.a. daß die Gletscherzungen eiszeitlich mit wärmeren Klimabedingungen konfrontiert waren, als dies heute der Fall ist. Somit müßten die gletscherbegleitenden Schuttkörper demnach in den Tieflagen nicht mehr von der Periglazialregion erfaßt worden sein. Heute befinden sich die gletscherbegleitenden Schuttkörper jedoch vorwiegend im Periglazialmilieu. Die Umwandlungsschuttkörper waren seinerzeit nicht in dem heutigen Umfang vertreten bzw. gingen aus hochglazialem Moränenmaterial hervor, das heute weitgehend ausgeräumt worden ist.

In den oberen Einzugsbereichen fällt die Änderung der Schuttkörperverhältnisse durch die geringere Gletscheraufhöhung als in den Talmittel- und -unterläufen weniger ins Gewicht. Besonders im Himalaya treffen wir auf zahlreiche **fossile Schuttkegel** in den Höhenlagen um 3500 m, deren Verbreitung im Hochglazial nur in sehr geringem Ausmaße ausgeprägt gewesen sein dürfte.

Allgemeinhin wurden die Periglazialregion und auch die fluviale Höhenstufe im Hochglazial in den humiden Gebieten durch die weitreichende Gletscherbedeckung stark eingeengt und die Schuttkörperbildungsvoraussetzungen waren in dieser Zeit nur sehr bedingt als günstig anzusehen. Dieserzeit finden wir sehr günstige Schuttablagerungsbedingungen bei einer vergleichsweisen hohen Vergletscherungsuntergrenze der Nebentäler.

Gletscherstadium mit Interglazialen (nach KUHLE 1994)	Einige Charakteristika der Schuttkörperentwicklung
Hochglazial (Würm) 60 000 – 18 000 BP	• Partielle Ausräumung der Talschuttkörper des Riß/Würm-Interglazials • Verfüllung der tributären Täler mit Gletschern, so daß Mur- und Schwemmkegelbildung in nur geringem Ausmaße stattfand • Reduzierung der Periglazialregion in humiden Gebirgen durch Gletscherabdeckung • Glaziale Gestaltung der Talgefäßformen, die heute noch überliefert sind Trogtäler bzw. deren übersteilte Talflanken kombiniert mit hoher Nachbruchdynamik begünstigen den Schuttkörperaufbau im Spätglazial • hohe Schuttproduktionsphase am Ende des Hochglazials mit einsetzender Deglaziation
Spätglazial 17 000 – 13 000 oder 10 000 BP	• Ausräumung der Schuttkörper des Würm/Spätglazial-Interglazials • talabwärts der spätglazialen Eisrandlagen sind heute die ältesten Schuttkörper erhalten • Ablagerung der heute in den meisten der Talgefäße dominierenden hangverkleidenden Moränenkörper im Ausklang des Spätglazials • hohe Schuttproduktion am Ende des Spätglazials mit einsetzender Deglaziation • Zerstörung des glazialen Großreliefs insbesondere durch Massenbewegungsprozesse und Linearerosion und entsprechender Schuttkörperaufbau • Transformation der U-Täler in V-Täler durch hangiale Ausgleichsprozesse
Postglazial Neoglazial 5 500 – 1 700 BP	• Gletschervorstöße bewegen sich innerhalb der spätglazialen Eisrandlagen bzw. in dessen mehr oder weniger gut überliefertem Moränenkorsett, so daß die hangialen Schuttkörper, die auf die spätglazialen Moränen eingestellt sind, vielerorts nicht von den neoglazialen Gletscheroszillationen tangiert werden. • Resedimentation der glazialen Schuttkörper und Bildung von mannigfaltigen Mischschuttkörperformen aus hangialem und glazialem Schuttmaterial
Historisch/rezent 1700 –heute	• historische Gletschervorstösse sprengen gelegentlich den neoglazialen Rahmen und beeinflussen die hangiale Schuttkörperbildung • weiterhin Zerstörung des eiszeitlichen Reliefs, Nachbruchschuttkörperbildung sehr geringe Überlieferung hochglazialer Moränen, Ausräumung durch hangiale Prozesse sowie nachfolgende spätglaziale Vergletscherung • Resedimentation der hangverkleidenden spätglazialen Moränen sowie Vermischung mit hangialem Schuttmaterial • Gletscherseeausbrüche tragen neben den Extremfluten zur Kappung der Schuttkörper bei (dies war vielleicht noch maßgeblicher im ausklingenden Spätglazial der Fall) • Überlieferung von gegen den Gletscher geschütteten Schuttkörpern (Kames)

Tab. 7
Charakteristika der Schuttkörperentwicklung in Bezug auf die Vergletscherungssituation in den Gebirgen Hochasiens

Wie ist die Deglaziation an den Schuttkörperformen über ein Tallängsprofil nachzuvollziehen und existieren typische Schuttkörpersukzessionsformen?

Der Schuttkörperaufbau erfolgte nach der Deglaziation zwangsläufig sukzessive von der ehemaligen zur rezenten Gletscherlage hin, so daß wir talabwärts die älteren Schuttkörper und in der Nähe der Gletscherendlagen die jüngsten Schuttkegel vorfinden. Nach dem Prinzip der Schuttkörperchronologisierung mit den Gletscherstadien könnte man davon ausgehen, daß die Mächtigkeit bzw. die Größe der Schuttkörper mit dem größeren Bildungszeitraum talabwärts zunimmt. Die **sukzessive Auffüllung der Täler** mit Schutt nach der Deglaziation läßt sich jedoch **mittels der Größe** der Schuttkörperformen über ein längeres Tallängsprofil <u>nicht</u> nachweisen, da über diese Beziehung die Art der Einzugsbereiche der Nebentäler im fortschreitenden Talverlauf für die Schuttkörperbildung ausschlaggebender ist und die Einzugsbereiche über das Tallängsprofil gesehen sehr unterschiedlich ausfallen. Des weiteren vollzieht sich die Schuttkörperentwicklung periodenhaft und insbesondere bevorzugt an Instabilitäten im Reliefaufbau und damit nicht homogen.

Im unmittelbaren Gletscherumfeld jedoch, wo die Einzugsbereiche und die Ablagerungsbedingungen homogener sind, ist die Versuchsanordnung angemessener. Und hier läßt sich auch beobachten, daß die Schuttkörper mit zunehmender Distanz zum rezenten Gletscherende an Größe zunehmen und zwangsläufig talabwärts älteren Datums sein müssen. Einschränkend muß aber dazu gesagt werden, daß sich mit wachsender Entwicklungsdauer die Größenunterschiede der Schuttkörper nivellieren werden und eine Art „Klimaxstadium der Schuttkörperentwicklung" erreicht wird.

Weiterhin ist bei diesem Gedanken mit einzubeziehen, daß auch auf die spätglazialen Gletscher sowie in deren ggfs. vorhandenen Ufermoränentälern hangial Schuttkörper in Form von Kames und Kamesbildungen geschüttet worden sind und es sich bei vielen der heute präsenten Schuttkörper um „Sackungsschuttkörper" aus einem Gemisch von hangialem und moränischem Material handelt, die durch den Gletscherrückzug ihr Widerlager verloren haben und verstürzt sind. D.h. zum einen, daß **das Material dieser polygenetischen Schuttkörper wesentlich älter sein kann als die Form, die erst im Postglazial zur Entfaltung kam**. Zum anderen bedeutet dies, daß wir nach der Deglaziation in Bezug auf die Schuttkörpersituation **keinen Tabula rasa-Zustand** vorfinden, sondern die Dimension und Art der Ablagerung moränischen Materials maßgeblich den postglazialen Schuttkörperaufbau bestimmen.

Das o.g. „Größenkriterium zur Altersabschätzung" kann also aufgrund der sich ändernden Schuttproduktionsbedingungen mit der Höhe sowie der sich wandelnden Einzugsbereichshöhen und -arten im Talverlauf nicht angewendet werden, jedoch ändert sich vom rezenten Gletscherende zum Talausgang die **Art der Schuttkörperformen** in Abhängigkeit von einer früheren Vergletscherung in den klimatisch unterschiedlichen Gebieten in für sie sehr charakteristischer Weise. Diese **Schuttkörpersukzession**, die den Deglaziationsphasen sozusagen nachtastet, tritt bedingt durch die jeweiligen Reliefverhältnisse in den einzelnen Talschaften in individueller bzw. modifizierter Form auf. In den Untersuchungsgebieten der trockenen Hochgebirgsregionen gingen die zerrachelten hochlagernden Moränendeponien in 2000–3000 m, die in sekundäre Schutthalden verlagert wurden, talabwärts in eher geschlossene Moränenverkleidungen über (1500 m), die besser konserviert waren als die talaufwärtigen Ablagerungen der gleichen Vereisungsphase.

4. Die Schuttkörper und die Petrographie

Die Schuttlieferung ist eng abhängig von den petrographischen Verhältnissen. Durch die umfänglichen moränischen Ablagerungen tritt die Beschaffenheit des anstehenden

Gesteins bei der Schuttkörperbildung vielerorts in den Hintergrund. Die glazialen Sedimente determinieren das Schuttkörperbild. Im Himalaya sowie im Karakorum finden wir in den zentralen Bereichen vornehmlich Massengesteine wie die Granite, in den Vorkettenbereichen Metamorphite und Sedimente wie vor allem Kalke und Schiefer. Die höchsten Gipfel bestehen nicht immer – wie man meinen möchte – aus magmatischen Gesteinen, sondern können auch aus Sedimenten aufgebaut sein, wie z.B. der Nilkanth, die Annapurna oder der Mount Everest. Die Kalke und Schiefer, wie sie auf der Karakorum-N-Abdachung im Shimshal- und Batura-Tal anstehen, zeigen sich bei den subtropischen Klimaverhältnissen äußerst verwitterungsfreudig und ergeben homogene, kleinstückige Gesteinsfragmente, während die Schuttkörper am Fuße der Granit- und Gneiswände eher aus grobblockigen Gesteinskomponenten zusammengesetzt sind. So sind im ersten Fall bezüglich der Gesteinsgrößenverteilung gleichsortierte und im zweiten Fall eher gradierte Schuttkörper anzutreffen. Aber nicht nur die Gesteinsart, sondern auch die Gesteinslagerung entscheidet über das Maß der Schuttproduktion. Wie in den Untersuchungen aufgezeigt, erweisen sich die ausbeißenden Schichtköpfe als Schuttlieferanten produktiver als die Schichtflächen, was in der vorliegenden Arbeit unter „**systematischer Schuttkegelbildung durch Schichtkopfrückverlegung**" gefaßt wird. Die strukturgebundenen Schuttkörperformen sind sowohl in den reliefenergiereichen als auch in den reliefenergiearmen Gebirgsgebieten vorzufinden. Die Strukturabhängigkeit der Reliefformung und der korrespondierenden Schuttkörper läßt sich im Vertikalbereich von wenigen Metern bis zu mehreren tausend Metern an den großen Gipfelbauten nachvollziehen.

Auch die hochenergetischen Eislawinen präparieren die **Strukturform des Gebirgskörpers** in den Hochlagen heraus und bahnen sich nicht ihren Weg in der direkten Fallinie der Wandflucht, sondern folgen in ihrem Lauf den strukturellen Gesteinsinhomogenitäten. Bei einer Schneegrenzerhöhung werden die von den Eislawinen herausmodellierten Strukturformen in Form der an die Nahtstelle von Schichtkopf- und -flächenpartie gebundene Runsenbildung von Steinschlag- und Lawinenprozessen weiterbearbeitet und ausmodelliert. D.h. **die heutigen Sturzschuttkegel mit nivalem Einzugsgebiet befinden sich dann unterhalb ursprünglich glazial herausgebildeter Runsen.**

Die **systematische Talasymmetrie** – bedingt durch die Gesteinslagerungsverhältnisse – bestimmt im Sinne einer strukturgebundenen Schuttkörperbildung die Schuttkörperverteilung im gesamten Talgefäß. Während die Basis des Schichtkopfhanges mit Sturzschuttkörpern versehen ist (paraklinale Talseite), sind auf dem Schichtflächenhang Schuttkörper, wie Wander- und Gleitschuttdecken, ausgebildet (kataklinale Talseite).

Extrem gesteinsgebundene Schuttkörperbildungen entstehen beispielsweise im Schiefer, der bei übermäßiger Durchfeuchtung großflächig ins Rutschen gerät und prägnante Ablagerungskörper bildet. Diese Schuttkörperformen sind auch in den ariden Tallagen des Hindukusch zu beobachten, wo großräumig Schiefer ansteht und was zeigt, wie bei der Schuttkörperbildung das Anstehende über die klimatischen Unterschiede in den Untersuchungsgebieten dominiert.

Die Schuttkörpervorkommen in Ladakh, wo in dem Indus-Talabschnitt bei Leh auf der orogr. linken Talseite Sedimente und auf der orogr. rechten Talseite Granite anstehen, zeigen, daß sich trotz der unterschiedlichen petrographischen Verhältnisse auf beiden Talseiten gleichartige Schuttkörper ausbilden, jedoch mit der Einschränkung, daß in den Sedimentgesteinen strukturgebundene Schuttkörper vorzufinden sind.

5. Die Schuttkörpertypen

Die aufgezeigten Schuttkörperformen für Hochasien sind zu unterschiedlich, als daß man sie in einem schablonenhaften Diagramm nach dem Schema „Schwemmkegel, Murkegel und Schuttkegel" sinnvoll darstellen könnte, ohne den einzelnen Schuttkörpertyp und seine Genese maßgeblich zu entstellen. Es handelt sich vielmehr um ein **Kontinuum von Schuttkörpervarianten**, bei denen der Anteil der jeweiligen Prägungs- und Überprägungsprozesse zu einer spezifischen Schuttkörperform führt. Der fließende Übergang von den unterschiedlichen Schuttkörperindividuen zu einer scheinbar markanten Klimax- oder Rein-Schuttkörperform existiert nur für einige, aber nicht für alle Schuttkörpertypen. Die systematische Beschreibung der Schuttkörper in den verschiedenen Untersuchungsgebieten lieferte im Laufe der Arbeit einen Katalog von Kriterien, der für die Spezifizierung der trockenen und feuchten Schuttkörper anwendbar ist (Tab. 8). Die Vielzahl der Kriterien läßt bereits erkennen, daß zahlreiche Schuttkörpervarietäten entstehen können. Es bestehen **Grund- oder Archetypen der Schuttkörper.** Prinzipiell kann die Schuttzufuhr durch Eislawinen, Schneelawinen, Murgänge, saisonale, Schwemmprozesse, Steinschlag, Felssturz, Resedimentation von Lockermaterial (Moränen, Seesedimente) erfolgen. Je nach Gewichtung der Prozesse am Schuttkörperaufbau erfolgt die entsprechende genetisch ausgerichtete Schuttkörperbenennung (z.B. Murlawinenkegel). Hierbei wird zwischen **trockenen** und **feuchten Schuttkörpern** unterschieden.

Die **unüberprägten Sturzschuttkörper** stellen mit die eindeutigste Schuttkörperform dar. Jedoch auch sie können z.B. als nicht mehr eindeutig identifizierbarer glazialer Residualschuttkörper vorliegen. Je nach Themenschwerpunkt lassen sich beispielsweise verschiedene Schutthalden- und -kegeltypen differenzieren (Abb. 41 greift einige davon heraus): Sturzschutthalden (Steinschlag-, Felssturzhalden), Gleitschutthalden, strukturgebundene Schutthalden, verwachsene Schutthalden (besonders in den Paßlagen), neigungsadaptierte Schutthalden, Übergußschutthalden, Gesimsschutthalden, abgesetzte Schutthalden, gleichsortierte Schutthalden, gradierte Schutthalden, moränengeprägte Schutthalden, sekundäre Schutthalden, unterschnittene Schutthalden, Widerlager-Schutthalden, Rinnenschutthalden, Schneeklammschuttkegel, parasitäre Neuschuttkegel, Durchgangsschutthalden u.s.w.

Prinzipiell dominieren in formaler Hinsicht die Verbreitung der Schutthalden über die der Schuttkegel. Die klassische Form eines Sturzschuttkegels mit linearer Zulieferrunse ist vergleichsweise selten ausgebildet und vornehmlich an die reliefreichen Hochregionen gebunden. Bereits eine geringfügige Änderung eines Reliefparameters kann zu einem anderen Schuttkörpertyp führen. Zwei benachbarte Schuttkegel können gänzlich unterschiedlich ausfallen, da der Einfluß einer Reliefkonstante überwiegt oder es kommt anstatt der Schuttkörperausbildung sogar zur Gletscherausbildung.

An dieser Stelle sei noch erwähnt, daß der **Begriff des Murkegels** auf eine Vielzahl von formal weit auseinanderklaffenden Ausbildungen von Schuttkörpern verwandt wird. Es ist schwer zu verstehen, daß die ausladenden Murkegel der Talmittellagen mit Ufersteilkanten von über 100 m in den Trockengebieten mit weitläufigem Zuliefergebiet die gleiche Benennung erfahren sollen wie die seichten Murkegel der Periglazialregion, die unmittelbar mit einem glazialen oder nivalen Einzugsgebiet verknüpft sind. Im Grunde genommen muß entweder eine Neubenennung dieser Schuttkörper in Erwägung gezogen werden oder die Höhenstufe sowie die Art des Einzugsbereiches müssen mitangegeben werden, um die Murkegel eindeutiger zu differenzieren (z.B. periglazialer Gletschermurkegel).

Die **Mischschuttkörperformen** sind prinzipiell typischer als die aus nur ein- und demselben Prozeß aufgebauten Schuttkörper. Allein aus der Tatsache heraus, daß der Durchtransport des Schuttmaterials oftmals über verschiedene Höhenstufen erfolgt, wird die Existenz von zahlreichen Mischformen der Schuttkörper transparent. Gerade die Änderung von einer übersteilten „**Eiszeit- bzw. Austau-Schuttkörperlandschaft**" zu einer postglazialen „**Ausgleichsschuttkörperlandschaft**" führt zu polygenetischen Schuttkörperformen, die an sich in verschiedene moränen-geprägte bzw. residuale Schuttkörpertypen untergliedert werden können.

Art und Beschaffenheit des Einzugsgebietes	Klimaverhältnisse/ Art des Feuchtigkeitsangebotes	Depositionsfläche	Art und Frequenz der Schuttlieferung	Ausgangsmaterial	Form des Schuttkörpers	Böschungswinkel, Längs- und Querprofil	Zerschneidungsgrad äußerer Aufbau
glazial, periglazial, nival, fluvial	arid, semi-arid, humid	Talboden mit/ohne Fließgewässer	Steinschlag, Felssturz, Mure, Eis- oder Schneelawine, kontinuierliche Schwemmaufschüttung	Lockersediment oder Festgestein	haufen-, kegel-, fächer-, halden-, deckenförmig, geometrisch geformt unregelmäßig geformt	maximaler Böschungswinkel	ungeteilter Schuttkörper
geschlossene Wand, Steinschlagrunse, Lawinenrunse, -tobel, Breitboden	Schmelzwässer (nival oder glazial) pluvial	Terrasse	kontinuierlich, periodisch, katastrophisch	sekundäre Schuttkörper aus moränischem oder fluvialem Material (Terrassen), Seesedimente		konkav/konvex	zentrale Einschneidung
Petrographie: magmatische, metamorphe, Sediment-Gesteine	Verteilung der Niederschläge, Häufigkeit der Starkregenereignisse	Gletscherufertal mit/ohne Fließgewässer	Gleit- oder Fallschutt	allochthone oder autochthone Schuttkörper			radialstrahlige Zerschneidung
Neigungsgrad der Talflanke		Felsgesims	monogenetisch polygenetisch	Jung- oder Altschutt			ineinandergeschachtelter Schuttkörper (mehrphasig)
strukturgebundene Formung der Talflanke		moränisches Material (z.B. Grundmoräne)	eiszeitlich induzierte Nachbruchschuttkörper	Eis/Schnee gemischt mit Schutt			
Gletscherschliffflächen		beweglich/unbeweglich	Frost-, Insolations-, Salzverwitterung				
		geneigt/schräg	aktuelle oder vorzeitliche Schuttlieferung				

Tab. 8
Ausgewählter Kriterienkatalog zu einer Schuttkörpertypologie
(Fortsetzung nächste Seite)

Fortsetzung Tab. 8

Zustand der distalen Kegelbereiche	Korn- bzw. Gesteinsstückgröße	Beschaffenheit und Sortierung der Gesteinsstücke	Verfestigung/ Durchfeuchtung	Vegetationsbedeckung	Exposition	Verzahnung mit anderen Schuttkörpern	Überprägungserscheinungen der Schuttkörperoberfläche und häufige Mischformen
flach auslaufend	Dominanz von Blockwerk oder hoher Anteil an pelitischem Material bzw. feinmaterial- oder blockhaltige Schuttkörper	schiefrig, körnig, massig, rauhbrüchig, glattbrüchig	kohärent oder kohäsionslos konsolidiert/unkonsolidiert	kahl - klimatischbedingt	N, S, E, W und jeweils in welcher Höhenlage	isoliert stehend	Wasser- und Murrinnen, Muren, Lawinen, Felsstürze
unterschnitten mit Kliffbildung	gemischte Korngrößenverteilung	kantig, kantengerundet gerundet, stark gerundet	Wassergehalt des Schuttkörpers	kahl - aktivitätsbedingt	Schattlage vornehmlich reliefbedingt (in engen Talgefäßen) oder rein expositionsbedingt	zusammengesetzte Schuttkörper: hangial/moränisch, hangial/fluvial, hangial/lakustrin	Steinschlagkegel überprägt durch Muren oder Lawinen, Schwemmkegel überprägt durch Muren, Schutt- und Schwemmkegel überprägt durch Moränen
sekundäre Schuttkegelbildung am Kliff	nach der Korngröße sortiert, gleichverteilt, große Blöcke auf der ganzen Halde verstreut	Eiskern		vegetationsbedeckt (Baumbestand)			
Erdpyramidenförmige Auflösung	luftig oder dicht gelagert			mit Schneisen versehen, stark aufgelichtet			
im Wasser auslaufend (See)	Sortierung der Gesteinskomponenten durch Frostaktivität						

Art und Lage der Schuttkörperober- und untergrenze	Lagebeziehung des Einzugsbereiches und des Schuttkörpers zur Schneegrenze	Lagebeziehung des Einzugsbereiches und des Schuttkörpers zur Waldgrenze und Art der Waldgrenze	Lagebeziehung zum Haupt- bzw. Nebental	Lagebeziehung zum Gletscher und zu glazialen Ablagerungen	Entwicklungsphase	Alter der Schuttkörper, Synchronisation mit Gletscherstadien
relief- bzw. topographisch-bedingt glazial-bedingt klimatisch-bedingt	unterhalb/oberhalb der Schneegrenze	unterhalb/oberhalb der Waldgrenze	freiliegend, (Hauptalschuttkörper), teilweise gebirgsumrahmt, gebirgsumrahmt	gletscherbegleitend (Ufertalschuttkörper) eingestellt auf den Gletscher oder in das Ufertal	embryonale Schutthalde	Lage oberhalb/unterhalb rezenter, historischer, neo-, post-, spät- oder hocheiszeitlicher Eisrandlage
	im Schneegrenzsaum	xerische oder thermische Waldgrenze	hanggebunden	unmittelbar gletscheranschließend (glaziofluvialer Schwemmkegel, Bortensander) mittelbar gletscheranschließend	aktive Schuttlieferung nachlassende Schuttlieferung inaktiv wieder aktiv wieder aktiv, aber andersartige Schuttzufuhr	Lagerungsverhältnis in Bezug auf andere Schuttkörper
				eingestellt auf moränisches Material (Grundmoräne)		

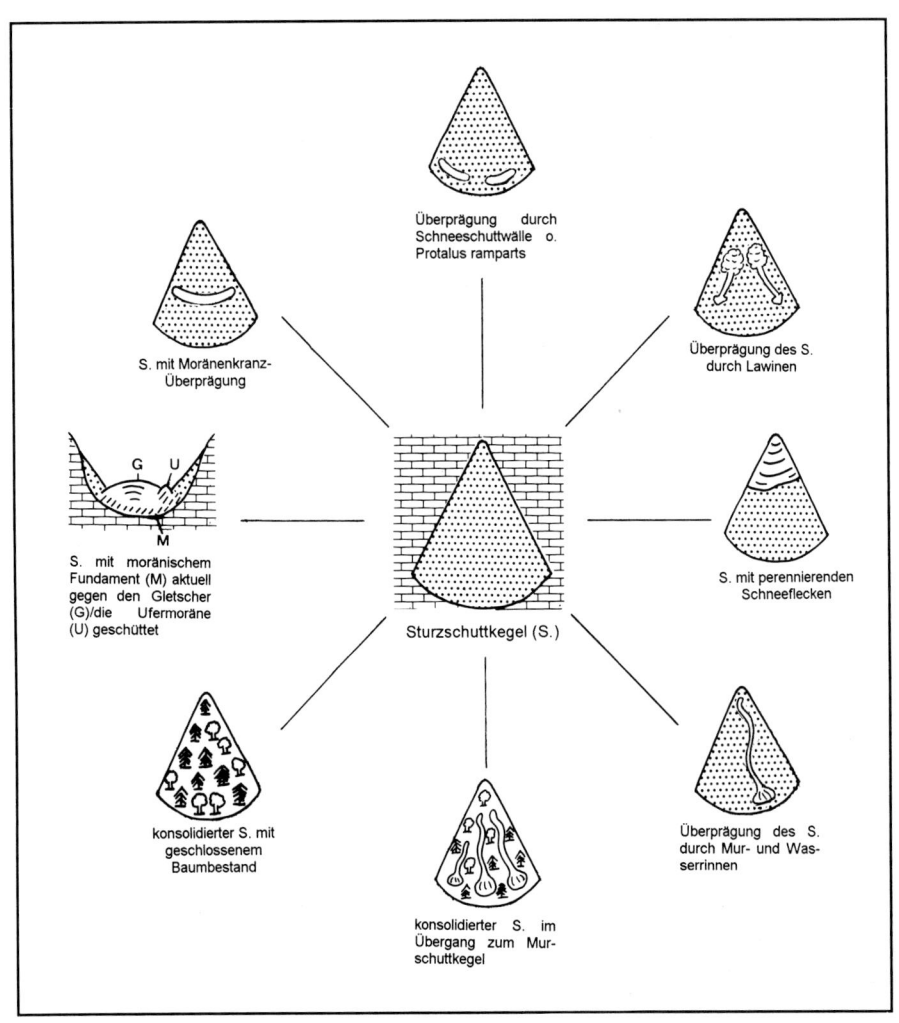

Abb. 41
Der Sturzschuttkegel als Grundtyp und einige seiner typischen Modikationsformen

Die **Mischschuttkörperformen** lassen sich differenzieren in
1. Schuttkörpergrundtypen, die von anderen Prozessen überformt, aber nicht vollständig transformiert werden. Dies ist bei vielen Mursturzkegeln zutreffend, die eigentlich fossile Schuttkegel darstellen, die durch Murprozesse überformt werden. In vielen Fällen ist es die Frage, ob wirklich von Überprägungsprozessen zu sprechen ist oder ob es sich nicht um die eigentlich kegelaufbauenden Prozesse handelt.
2. Schuttkörpertypen, die seit Beginn ihres Bestehens einer polygenetischen Bildung unterliegen. Hierzu gehören beispielsweise die Murschwemmkegel. Beispiele für Mischschuttkörperformen sind Lawinensturzkegel, Mursturzkegel, Murschwemmfächer mit lateraler Schuttzulieferung durch Steinschlag- und/oder Murkegel etc.

3. Der duale Schuttkörperaufbau aus moränischem und hangialen Schuttmaterial gehört zu den dominanten Mischschuttkörpertypen im Untersuchungsgebiet. Beispiele sind Murschwemmkegel mit Grundmoränenbasis, Grundmoränenschwemmfächer der Paßlagen, sekundäre Schuttkegel aus hochlagernden Moränen. Prinzipiell sind diese Schuttkörper sowohl in den ariden als auch in den humiden Gebirgsgebieten anzutreffen.

Typisierung der Schuttkörper nach der topographischen Lage

Als eine übergreifende Typologie der Schuttkörper bietet sich an, die Schuttkörper nach ihrer **topographischen Lage** zu anderen Landschaftselementen zu benennen. Einige Beispiele sollen hier noch einmal exemplarisch erwähnt werden. Als bedeutende und bislang noch nicht beachtete Akkumulationsform sind die **Ufermoränentalschuttkörper** hervorzuheben. Die Ufermoränentalschuttkörper bezeichnen keinen einzelnen Typ, sondern vielmehr eine charakteristische Zusammensetzung einer Schuttkörperlandschaft in den Ausräumen, die die Gletscher lateral begleiten. Sie fällt regional je nach den klimatischen Bedingungen, der Einzugsbereichshöhe und der Breite des Ufertales unterschiedlich aus, jedoch gibt es einige dominante Grundzüge der Schuttkörperbildung. Das gemeinsame Merkmal dieser je nach Vergletscherungssituation überregional verbreiteten Schuttkörper ist, daß sie ein **moränisches Fundament** und keine augenfälligen distalen Unterschneidungen besitzen. Durch das Fehlen eines abtransportstarken Vorfluters können die Schuttkörper **zwangsläufig keine markanten zentralen Einschneidungen**, wie dies bei den in ein gletscherfreies Tal geschütteten Schwemm- und Murkegeln der Fall ist, aufweisen. Eine Einschneidung könnte nur dann stattfinden, wenn der fluviale Schuttkörper über den Ufermoränenfirst hinweg aufgeschüttet wird und durch die Unterschneidung des Gletschers eine distale Steilkante herauspräpariert würde.

Des weiteren handelt es sich häufig um aktuell durch eine **hohe Morphodynamik versehene Schuttkörper**, gesetzt, den Fall die Einzugsbereiche ragen eine gewisse Höhendistanz über die Schneegrenze hinauf. Denn dann sind die Voraussetzungen für die Ausbildung kleiner Hängegletscher gegeben, deren Schmelzwasserabkommen in den steilen Stichtälern, die mit Schutthalden und moränischem Material ausgekleidet sind, murauslösend sein können. Des weiteren tragen Eis- und Schneelawinen entscheidend zur Modellierung der Schuttkörperoberfläche sowie zur Schuttzulieferung bei. Als besonderer Schuttkörpertyp ist der **zumeist hochaktive Schuttkörper der Ufermoränentäler**, eine Kombination aus Mur- und Lawinenkegel mit zusätzlicher Zufuhr durch seitlich angrenzende Mur- und Steinschlagkegel abzugrenzen, dessen glazialer Einzugsbereich nicht weit über die Schneegrenze hinaufragt.

Die Ufertalschuttkörper sind fast durchgehend im Bereich der **Periglazialzone** angesiedelt, so daß die Schuttkörperoberflächen durch Frostprozesse be- und aufgearbeitet werden. D.h. sie sind nicht nur rasch ablaufenden Massenbewegungsprozessen, sondern auch langsamen Versatzbewegungen ausgesetzt.

Ist erst einmal ein breites Ufertal mit einem hohen Ufermoränenwall ausgebildet, in dem sich die hangiale Schuttablagerung vollzieht, geht die weitere Schuttkörperentwicklung relativ **unabhängig von den Oszillationen des Gletschers** vonstatten. Je näher man der Gletscherwurzel kommt, desto geringfügiger äußern sich die Gletschervorstösse und -rückzüge durch Aufhöhungen und Einsenkungen der Gletscheroberfläche, so daß sich diese Oszillationen im Höhensaum der begleitenden Ufermoräne abspielen und gegebenenfalls den Ufermoräneninnenhang unterschneiden. Die Ufertalschuttkörper werden jedoch von diesen Gletscheraktivitäten nicht tangiert. Am höhenwärtigen Ansatz des Ufermoränentales findet dagegen eine sehr enge Verzahnung zwischen hangialen Sturzschuttkörpern und Ufermoräne statt. Hier wird die Ufermoräne von den Schuttkegeln überschüttet.

Insbesondere im Himalaya treffen wir in den Ufertälern, die Breiten von bis zu mehreren hundert Metern aufweisen können, eher bescheidene Schuttkörperaktivitäten an, da hier die Einzugsbereiche kaum über die Schneegrenze hinaufreichen. Oftmals besetzen in den unteren Ufertalabschnitten fossile, heute mit Wald bestandene Sturzschuttkörper die Talflanken. Je nach Abflußmenge des Ufermoränentalbaches wird hier das ebene Ufertal langsam aufgeschottert. Die Ufermoränentalbildung ist eine Folge der Schuttüberlast der oberen Einzugsbereiche.

Als weitere nach der Topographie eingeordnete Schuttkörper wurden die **Paßschuttkörper** ausgesondert. Die gewählten Paßbeispiele befinden sich in einer Höhenlage zwischen 3600 und 4700 m. Es handelt sich hierbei um in den Sommermonaten zeitweise schneefreie Pässe. Die Pässe sind in ihren beidseitigen Haupttiefenlinien gletscherfrei, d.h. eine freie Schuttkörperentfaltung ist hier möglich. Unterscheidungen sind aufgrund des kleinen, zu entwässernden Gebietes gering gehalten. Auch diese Schuttkörper befinden sich durchgehend in der Periglazialregion und die sukzessive Schuttkörperbildung dominiert über der katastrophischen. Basal miteinander verzahnte Schuttkörper der gegenüberliegenden Talflanken sind typisch für die Paßregionen.

Der Schritt von den Paßschuttkörpern zu den Schuttkörpern der Hochplateaus ist nicht weit. Die ehemalig vergletscherten Hochplateaus sind teppichartig mit Grundmoränenmaterial ausgelegt. Die das Plateau einfassenden Gebirge entsenden weitläufige, freiliegende Schwemmfächer mit geringen Oberflächenneigungswinkeln, deren Abgrenzung untereinander nur im Wurzelbereich durch die Gebirgsumrahmung ersichtlich wird. Diese zweiphasig entstandenen Schuttkörper wurden als „**Grundmoränenschwemmfächer**" bezeichnet.

Eine weitere charakteristische Schuttkörperformation weisen die großen **Durchbruchsschluchten** auf. Hier sind Nachbruchschuttkörper, z.T. auf gering mächtige glaziofluviale Terrassen eingestellt. Vor allem die hoch-resistenten gneisartigen und granitischen Gesteine zeigen eine gute Überlieferung eiszeitlicher und damit auch übersteilter Trogtalprofile. Diese tendieren zu grobblockigen Nachbruchschuttkörpern im Laufe der Deglaziation, d.h. mit dem Entzug des Eiswiderlagers. An manchen Lokalitäten sind Seesedimente ehemals dämmender Bergsturzereignisse oder auch Gletscherdämme vorzufinden. Das Fehlen von seitlichen Zuliefertälern und des notwendigen Depositionsraumes läßt die Mur- und Schwemmkegelbildung in diesen Quertälern zurückweichen. Eine weitere Möglichkeit ist die Benennung der Schuttkörper **nach kleineren Reliefelementen**, wie z.B. „Gesimsschutthalden".

Die glazialen Umwandlungsschuttkörper und die passive Schuttkörpergestaltung: die sekundären und residualen Schuttkörper

In den Untersuchungsgebieten existiert eine Vielfalt von Folgeschuttkörpern, die aus primären Schuttkörpern hervorgegangen sind, wobei hinsichtlich der Mutter- und Tochterschuttkörper zwischen **form- sowie genetisch-gleichen Schuttkörpern** und den **form- sowie genetisch-verschiedenen Schuttkörpern** zu unterscheiden ist. Erstere wurden in der Arbeit auch als „**regenerierte Schuttkörper**" bezeichnet (z.B. untereinandergeschachtelte Eislawinenkegel). Letztere Schuttkörper sind weit häufiger vertreten und kommen insbesondere bei der Verlagerung von moränischen Ablagerungen vor (z.B. Schuttkegelbildung unterhalb hochlagernder Moränendeponien), sie sind auch bei fluvialen Schuttkörpern ausgebildet (basale Schuttkegelbildung an Murschwemmkegelsteilkanten). Besonders augenfällig ist die sekundäre Schuttkörperbildung in den Trockengebieten. Speziell in einer Höhenlage zwischen 1500 und 3500 m ist nicht das anstehende Gestein entscheidend für die Schuttlieferung, sondern die Art und Verbreitung der Moränenauskleidung der Talgefäße.

Viele der Schuttkörper befinden sich hinsichtlich ihrer genetischen Weiterentwicklung in der Transformationsphase von ursprünglich glazialen Sedimentationsprozessen zu nivalen, fluvialen und rein gravitativen Sedimentations- und Abtragungsprozessen. Diese Schuttkörper wurden in der Arbeit als **Umwandlungsschuttkörper** bezeichnet. Diese sind zu unterscheiden in „sekundäre Schuttkörper" und „residuale Schuttkörper". Während erstere aus hangialem und glazialem Material bestehen können, bezeichnen letztere Schuttkörperformen die Relikte glazialer Schuttkörperformen, die durch die postglaziale hangiale Überformung herauspräpariert wurden. Es handelt sich um eine **passive Schuttkörpergestaltung**, d.h. die kegelförmigen Schuttkörper stellen Erosionsformen einer ehemals geschlossenen Moränenverkleidung der Talflanken dar.

Der duale Schuttkörperaufbau mit Grundmoränenmaterial an der Basis und der fluvialen Schuttlieferung aus den Nebentälern ist besonders in den trockenen Hochgebirgsgebieten an den freiliegenden Aufschlüssen der fluvialen Schuttkörper gut zu erkennen. Die moränischen Relikte werden sukzessive von den postglazialen Hangprozessen zerstört und von hangialem und fluvialem Schuttmaterial eingekleidet, so daß diese Schuttkörper einen heute nicht mehr erkenntlichen **Moränenkern** besitzen. Des weiteren lassen sich die Widerlagerschuttkörper, d.h. die gegen den Gletscher geschütteten Schuttkörper, in **unmittelbare und mittelbare Eiskontakt-Schuttkörper** untergliedern. Im ersten Fall ist der Schuttkörper direkt gegen den Gletscher aufgeschüttet und im zweiten kann der Aufbau gegen eine Ufermoräne erfolgen.

Typische Beispiele für moränengeprägte Schuttkörper:

a) Resedimentation von hochlagerndem moränischem Material in Schutthalden und -kegel
b) Resedimentation von moränischem Material in den Nebentalläufen zu Schwemm- und Murkegeln in den Haupttälern
c) aus (Grund-)Moränenmaterial herauspräparierte residuale kegelförmige Schuttkörper
d) durch hangiale Prozesse überformte Kamesbildungen bzw. Eiskontaktschuttkörper
e) fluviale Schuttlieferung aus dem Nebental auf ein Grundmoränenfundament eingestellt (dualer Schuttkörperaufbau)
f) Grundmoränenschwemmfächer: fluviale Ablagerungen, die in Hochplateaubereichen mit dort weitflächig verbreitetem Grundmoränenmaterial verzahnt sind

Die genetischen Schuttkörpersukzessionen im Verzahnungsbereich von Ufermoräne und hangialer Schuttzufuhr im Laufe der Deglaziation

Im Verzahnungsbereich von Ufermoräne und den Schuttkörpern der angrenzenden Talflanken lassen sich bestimmte **genetische Sukzessionen der Schuttkörperbildung** im Laufe der Deglaziation nachvollziehen. Grundsätzlich kann sich die Ufermoränentalbildung erst **unterhalb der Schneegrenze** vollziehen und setzt häufig im Fließschatten eines Felsvorsprunges ein. Es ist dabei zu beachten, daß in der Initialphase der Ufermoränentalbildung davon auszugehen ist, daß hangiale Schuttkörper die Talflanken bereits säumen und sie von der lateralen Schuttlast des Gletschers zurückgestutzt werden und nicht, daß das Ufermoränental zu diesem Zeitpunkt schuttkörperfrei wäre. Talabwärts werden die Ufermoränentäler gewöhnlich breiter und können sogar Terrassencharakter annehmen (z.B. bei *Fairy Meadows auf der Nanga Parbat-S-Abdachung*). Aufgrund topographischer und glazialer Gegebenheiten können die Ufermoränentäler jedoch sehr unvermittelt aussetzen. Am oberen Ansatz des Ufermoränentales, wo es eher einer Ufermoränenrinne gleicht, spielt sich sehr rasch die Überschüttung der Ufermoräne durch hangiale Schuttlieferungen in Form von Sturzschuttkegeln ab. In diesem Höhensaum des Schneegrenz-

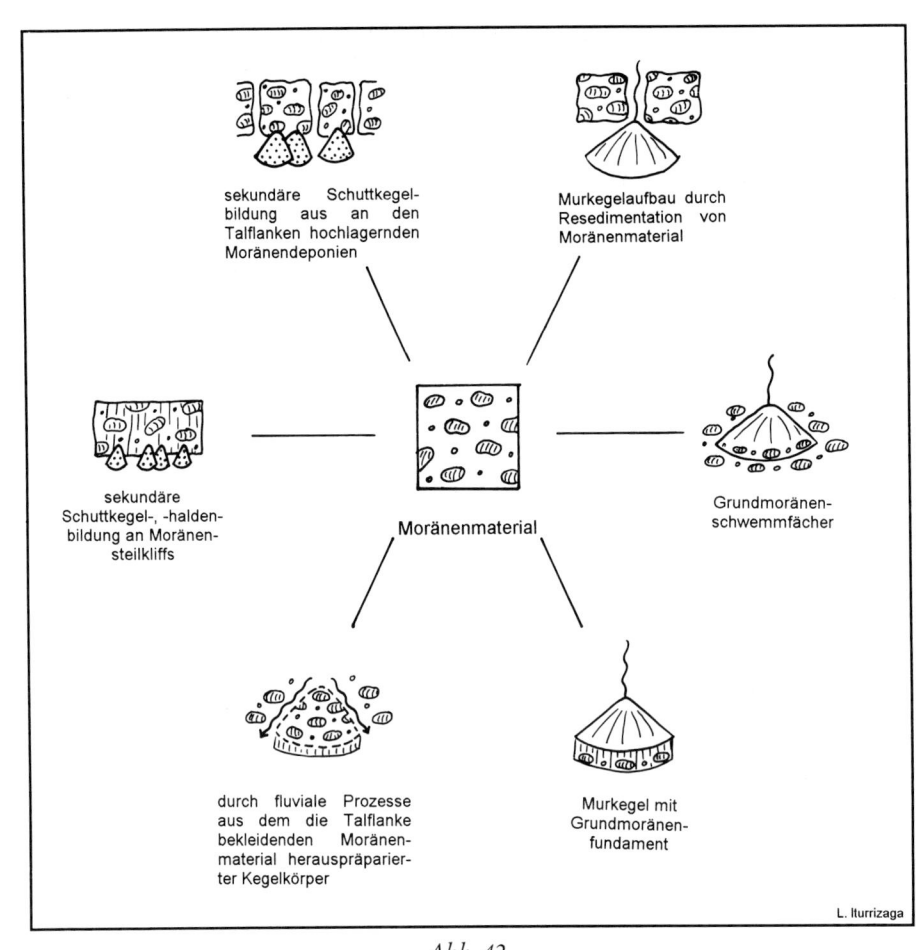

Abb. 42
Typische Beispiele für Umwandlungsschuttkörper aus Moränenmaterial sowie für Mischschuttkörperformen aus glazialem und hangialem Moränenmaterial

bereichs ist eine hohe Schuttspende durch die Frostwechsel-bedingte Aufbereitung des Gesteins gegeben. Diese zusammengesetzten Schuttkörper aus hangialem Schuttmaterial und mit Moränenkern sind je nach der Ausbildung der Ufermoräne unmittelbar auf den Gletscher eingestellt. Weiter talabwärts, wo der Ausraum zwischen Gletscher und Ufermoräne zumeist größer ist, findet dieser Prozeß erst bei einer hinreichenden Hangschuttlieferung statt. Hinzukommt, daß hier die Aufschotterung des Ufertales der Abflüsse der angrenzenden Nebentäler erfolgt. Manchmal kommt es zur Seesedimentablagerung, wenn das Ufermoränental durch eine seitliche Ausbuchtung des Gletschers bei einem Gletschervorstoß abgeriegelt wird.

Nach dem Austauen des Gletschers verbleibt vorerst noch die moränisch-aufgebaute Steilkante im distalen Bereich des zusammengesetzten Schuttkörpers, die aber sukzessive durch Hangschuttlieferungen zum einen und rückschreitende Erosion im Tiefenlinienbereich zum anderen zurückverlegt und damit der moränische Kern des Schuttkörpers unkenntlich wird.

6. Die Form der Schuttkörper

Die steilen Reliefverhältnisse im Hochgebirge fördern die Hervorhebung der Form der Schuttkörper. Die **Formkonvergenz** vieler Schuttkörper führt jedoch dazu, daß ein Großteil der Schuttkörper einfach als Schuttkegel bezeichnet und wenig differenziert wird. Wäre die Form der Schuttkörper unterschiedlicher und damit verbunden die Genese augenscheinlicher, so würde die Namensgebung vielfältiger ausfallen.

Prinzipiell wird die Form der Schutthalden durch das **Wasserangebot** entscheidend bestimmt. Wasser ist bei allen Schuttkörperbildungen mittelbar oder unmittelbar beteiligt, auch bei den sogenannten trockenen Schuttkörpern. Zum einen ist Wasser bei der Frostverwitterung beteiligt, zum anderen beim weiteren sekundären Versatz der Einzelpartikel der Schuttkegel. Je nach der Wasserbeteiligung beim Schuttkörperaufbau können diverse Übergänge von Schuttkegeln zu Schwemmfächern beobachtet werden. Es handelt sich hierbei um ein **Kontinuum der Schuttkörperformen**, wobei jeder Typ eigentlich nur eine Momentaufnahme darstellt bzw. den Schuttkörper, der zu einer Zeit am häufigsten und mit einem bestimmten augenfälligen Erscheinungsbild auftritt.

Die Formkonvergenzen führen sogar dazu, daß **nachträglich aus dem Lockermaterial herauspräparierte Kegelkörper** als solche **bislang nicht erkannt** wurden. In der vorliegenden Arbeit wurden die aus einem Moränenmantel, der die Talflanken bis zu mehrere hundert Meter über die Tiefenlinie einkleiden kann, durch fluviale Prozesse nachträglich herauspräparierten kegelförmigen Schuttkörper, die fluvialen Schuttkörper zum Verwechseln ähnlich sehen, als **Residualschuttkörperform** vorgestellt. Das auffälligste Merkmal dieser passiven Schuttkörperbildung ist, daß die Kegelspitzen der Schuttkörper nicht an eine Zulieferrunse anschließen, sondern daß die Kegelspitze durch seitlich verlaufende Runsenabflüsse aus dem Lockermaterial herausgeschnitten wird; die Kegelspitze ist gewissermaßen „tot". Im Kegelwurzelbereich, wo sich der Grundmoränenmantel an die Talflanke anschmiegt, weisen diese moränen-geprägten Schuttkörper wesentlich höhere Neigungswerte als die ihnen ähnlich sehenden reinen fluvialen Schuttkörper auf.

Ein weiterer Punkt ist die **kontrastierende geometrische Form glazialer und hangialer Schuttkörper**. Die Ablagerungsrichtungen des glazialen und hangialen Schuttkörperaufbaus sind entgegengesetzt, so daß die heutige hangiale, in Gefällsrichtung verlaufende Zerschneidung der glazialen, in Tallängsrichtung abgelagerten Sedimentkörper durch fluviale Prozesse und Nachbruchprozesse sehr deutlich zum Ausdruck kommt.

Bei den glazialen Schuttkörpern zeigt sich ein extremer Gegensatz zwischen Form und innerem Aufbau. Während die innere Beschaffenheit von moränischen Ablagerungen großteils chaotisch ist, zeigt sich die äußere Form dagegen erstaunlich akkurat und geometrisch gestaltet.

Bei der Formung der Schuttkörper ist zu unterscheiden, ob sie nur hangial oder auch basal geschieht. In Hochgebirgsgebieten, wie dem Karakorum, findet die Schuttkörperformung überwiegend sowohl hangial als auch basal statt. Im Gegensatz dazu vollzieht sich die Schuttkörperformung in Ladakh primär hangial.

Nach dem Erreichen einer gewissen kritischen Länge der Schutthalden scheint sich ihr Neigungswinkel nicht mehr zu verändern. BRUNSDEN et al. (1984: 564) mutmaßen für die Schutthalden in ihrem Untersuchungsgebiet im NW-Karakorum, daß sich keine Veränderung des Neigungswinkels ab einer Schutthaldenhöhe von 60 m vollzieht.

7. Zum Einzugsbereich der Schuttkörper

Die Abfolgen von „Art des Einzugsgebiets – Durchtransportstrecke – Ablagerungskörper" lassen sich in vertikalen Serien oder Sequenzen festhalten. Die Durchtransportstrecke als Verbindungsglied kann sehr kurzläufig ausgebildet sein, bereits verschüttet oder gar nicht vorhanden sein, d.h. z.B. sie ist als reine Fallstrecke in der Wand präsent. Als eine geomorphologische Abfolge ist die „Nivationssequenz" zu nennen (KUHLE 1987b: 200). Je nach Ausbildung und Länge der Durchtransportstrecke bietet es sich an, zwischen „gestreckter" oder „gestauchter" zu unterscheiden. Weiterhin kann man „**glaziale Sequenzen**" ausgliedern, wobei der Schuttkörper entweder unmittelbaren Anschluß zum Gletscher, ihn aber auch durch den Rückzug des Gletschers bereits verloren haben kann. Die unterhalb der Gletscher aufgeschütteten Schuttkörper variieren von Sturzschuttkegeln mit glazialer Schmelzwasserüberprägung bis hin zu den sanderartigen glaziofluvialen Schwemmschuttkörpern.

Während sich in den extremen Hochgebirgsgebieten eine Schuttkörpersequenz von der glazialen Höhenstufe (Einzugsbereich) bis in die fluviale Höhenstufe (Ablagerungsgebiet) erstrecken kann, wird sie in den reliefarmen Hochgebirgsbereichen ausschließlich auf die Periglazialregion kontrahiert. **Die langläufigen Schuttkörpersequenzen** sind insbesondere in den Längstälern des NW-Karakorum sowie auch in den oberen Bereichen der Himalaya-Durchbruchtäler ausgebildet. Die **kurzläufigen Schuttkörpersequenzen** sind in der Ladakh-/Zanskar-Kette sowie in den Hochtälern vorzufinden.

Im extremen Hochgebirge kann der **Schuttkörperaufbau mehrere geomorphologische und klimatische Höhenzonen durchlaufen**. Das Einzugsgebiet liegt z.B. in der glazialen Höhenstufe, die Durchtransportstrecke verläuft in der periglazialen/nivalen Höhenstufe und die Ablagerung findet schließlich erst in der fluvialen Höhenstufe statt. Die zugehörigen Schuttkörper werden als **allochthon** bezeichnet. Im Hochgebirge mit moderateren Reliefvertikaldistanzen, wie in Ladakh oder Zanskar, werden beim Schuttkörperaufbau nicht mehr als zwei Höhenstufen (von nival zu fluvial) durchlaufen.

Ein Großteil des durch Eislawinen produzierten Detritus in den oberen Einzugsbereichen geht nicht in die aktuelle hangiale Schuttkörperbildung ein, da der Schutt als Ober-, Mittel- oder Grundmoränenmaterial abgeführt wird. Lediglich auf den seitlich vom Gletscher mitgeführten Schutt können hangiale Schuttlieferungen eingestellt sein. Oberhalb von 4000–4500 m beginnen die Lawinenprozesse stärkeren Einfluß auf die Schuttkörpergestaltung zu nehmen und greifen aber auch vereinzelt bis etwa 2500 m in das Prozeßgeschehen mit ein.

In den reliefarmen Hochgebirgsgebieten der Ladakh- und Zanskar-Kette ist die Beteiligung von Lawinenprozessen am Schuttkörperaufbau sehr gering. Sowohl die geringen Einzugsbereichshöhen als auch die sanft geböschten Hänge fördern eher das Auftreten von Schneeflecken und folglichen nivalen Prozessen als von hochdynamischen Schneemassenbewegungen. Der nivale sowie glaziale Einfluß auf die Schuttkörperbildung reicht in den stark reliefierten Gebirgsbereichen wesentlich tiefer.

Nicht nur die Akkumulationsform selbst, sondern ihr Einzugsgebiet stand im Interesse der Untersuchung. Die Frage liegt nahe, ob die jeweiligen Einzugsgebiete entsprechend typische Schuttkörperformen produzieren. Eine **Einzugsbereichsabhängigkeit** der Schuttkörperbildung besteht, aber es ist schwer vorauszusagen, wenn man einen fluvial aufgebauten Schuttkörper am Talausgang vorfindet und der Einzugsbereich unbekannt ist, ob es sich um einen glazialen oder nivalen Einzugsbereich oder um eine Kombination aus beiden handelt. Eine Prognostizierung anhand des Schuttkörpers, welches Einzugsgebiet sich am Talschluß befindet, – wie im Vergleich dazu beispielsweise die Wassertrübung das Vorhandensein von Gletschern verrät – ist nicht ohne weiteres möglich.

Diese Beziehung ist eher in unmittelbarer Nähe vom Einzugsbereich und korrespondierendem Schuttkörper nachzuvollziehen. Die Gletscherschuttkegel beispielsweise heben sich von den reinen, trockenen und kohäsionslosen Schuttkegeln dadurch ab, daß der Detritus nicht unmittelbar aus einer Steinschlagwand hervorgeht, sondern vorerst vom Gletscher transportiert und mit dem Feinmaterial des erodierenden Gletschers vermengt wird und an der Gletscherstirn schließlich akkumuliert wird. Dies ist nur der Fall bei kalten bis temperierten kurzen und steilen Kar- oder Hängegletschern. Bei warmen Gletschern würde sich ein durch das Gletscherschmelzwasser geprägter Schuttkörper anschließen (glaziofluvialer Schwemmfächer oder Bortensander). Die Sturzschuttkegel unterhalb von kleinen, steil hinabhängenden Hängegletschern weisen glaziofluviale Schmelzwasserüberprägungen und manchmal moränische Kranz- oder Wallstrukturen auf halber Höhe auf.

Im Zuge der **klimatischen Veränderungen** seit dem Hochglazial haben sich auch die Charakteristika der Einzugsbereiche der Schuttkörper verändert, z.B. **von glazial zu nival**. Dies betrifft natürlich insbesondere die Einzugsbereiche in der **Schwankungsbreite der Schneegrenze**, d.h. die Einzugsbereiche mit über 3000 m aufweisenden Kammumrahmungen. Diese Tatsache ist aktuell nicht ohne weiteres rekonstruierbar, da die „alte Schuttkörperform" bereits durch den Haupttalgletscher ausgeräumt worden oder von Prozeßabläufen des heutigen Einzugsgebietes überformt sein kann, sondern sie ist eher nachvollziehbar an der Formung der Durchtransportstrecke. So finden wir häufig oberhalb von Steinschlagkegeln mit nivalem Einzugsgebiet außerordentlich breite und gestufte Runsenverläufe, die **nicht durch die rezente Steinschlagaktivität kreiert** worden sind, sondern durch Eislawinen, die zur Zeit abgingen, als die Felsflanken noch mit Eisbalkonen besetzt waren. Diese **vorzeitlichen Einzugsbereiche**, die durch die aktuellen geomorphologischen Prozesse überformt werden, sind überaus typisch in den Höhenbereichen, die in der Schwankungsbreite der eiszeitlichen Schneegrenzverlagerungen lagen.

8. Die Schuttkörperhöhenstufen

Die für die einzelnen Untersuchungsgebiete spezifischen vertikalen Verbreitungsgebiete sind in den Zusammenfassungen der Kapitel im regionalen Teil dieser Arbeit einzusehen. Durch extreme Reliefverhältnisse, tektonische Unstetigkeiten und insbesondere Vergletscherungen können die sogenannten Schuttkörperhöhenstufen in benachbarten Tälern starke Variationen erfahren, jedoch lassen sich bestimmte potentielle Verbreitungszonen der Schuttkörper in der hypsometrischen Abfolge erkennen.

Die hypsometrische Verteilung der Schuttkörpertypen ist an die vertikale Differenzierung der Klimagegebenheiten gebunden. Als ein wesentliches Merkmal des Höhenstufenvergleichs der in den Tallagen ariden und humiden Hochgebirge ist zu ersehen, daß sich überregional die **Schuttkörpertypen höhenwärts immer mehr ähneln**, da sich die klimatischen Bedingungen und die Reliefverhältnisse in den Höhenlagen gleichen[37]. Obwohl die obersten Einzugsbereiche mit die lebhafteste Schuttproduktion aufweisen, besitzen sie auch über den langen Zeitraum gesehen mit die **Typ-stabilsten Schuttkörperformen** (wie z.B. die Sturzschuttkegel und verwandte Schuttkörperformen) und überregional gesehen – sowohl in humiden sowie ariden Gebirgsgebieten – die **gleichförmigsten**.

Die im Talverlauf abgelagerten **Moränen** und die sich daraus entwickelnden Folgeformen **sprengen das streng zonale klimatisch bedingte Ablagerungssystem**. Durch eine

---

[37] In den trockenen Hochgebirgen des Hindukusch und Karakorum steigen die Niederschläge ab etwa 3500 m exponentiell von etwa 100 mm in den Tallagen auf das 10–20 fache in den Hochlagen an, so daß sie höhenwärts einen humiden Gebirgscharakter annehmen. Die Himalaya-S-Abdachung kann dagegen durchweg als „humid" bezeichnet werden, wobei eine Maximalniederschlagszone bei etwa 3000 m ausgebildet ist.
In der vorliegenden Arbeit werden der Hindukusch und Karakorum generell zur Charakterisierung als „aride Hochgebirge" angesprochen, um ihren spezifischen Schuttkörperformenschatz von dem der semi-ariden Hochgebirgsregionen (wie z.B. in Dolpo) abzugrenzen. In der Literatur werden diese Hochgebirge sowohl als „arid"als auch als „semi-arid" bezeichnet.

ehemalige Gletscherfüllung des Tals kann die Schuttkörperbildung durch Abriegelung der Nebentäler bzw. die Abführung des Schuttes durch den Gletscher gehemmt sein und eine „gesäuberte" Gebirgslandschaft hinterlassen. Andererseits führen die glazialen Ablagerungen zu reichhaltigen Schuttkörperdeponien, die für die jeweiligen Schuttkörperhöhenstufen eines fluvial gestalteten Gebirges untypisch sind. Besonders in den Mittellagen dominieren die allochthonen glazialen Sedimentakkumulationen die Schuttkörperbildung im Hindukusch, Karakorum sowie im Himalaya. Im NW-Karakorum und im Hindukusch sind in einer Höhe zwischen 1500 und 3500 m die sekundären Sturzschuttkörper aus hochlagernden Moränen stark vertreten. Ab 3500 m dünnen die glazial-induzierten Schuttkörper höhenwärts aus; sie sind also vornehmlich **außerhalb** der heutigen glazialen Höhenstufe anzutreffen.

Eine Optimalausbildungszone der Schwemm- und Murkegel liegt in den ariden bis semi-ariden Hochgebirgsgebieten zwischen 1500 und 3000 m, während die auf unterschiedliche Genese zurückzuführenden Sturzschuttkörper in einer Höhenlage von etwa 1000-5000 m anzutreffen sind. Auf der Himalaya-S-Abdachung finden wir dagegen nur sehr bescheidene Schwemmschuttkegel vor und die Rutschungskörper beginnen unterhalb von 3000 m das Schuttkörpergeschehen zu dominieren.

9. Der zentral-periphere Wandel der Schuttkörpertypen im Tallängsverlauf

Der zentral-periphere Wandel der Schuttkörpertypen im Tallängsverlauf ist in erster Linie von den Reliefverhältnissen sowie von der Haupt-/Nebentalkonfiguration abhängig. Der zentral-periphere Schuttkörperwandel geht einher mit dem hypsometrischen Wandel, so daß hier eine gewisse Überschneidung besteht.

Besonders augenfällig im Karakorum ist, daß die Verbreitung an hochlagernden Moränendeponien zum rezenten Gletscherende hin, also taleinwärts, abnimmt und **die Schuttkegel von sekundären in primäre talaufwärts übergehen**. Es ist damit ab dem Talmittellauf prinzipiell **eine Abnahme der Schuttkörperumwandlung gegen das Gebirgsinnere** hin zu konstatieren, die ihre Ursache u.a. darin hat, daß die Aufhöhung der Gletscheroberfläche bei abgesenkter Schneegrenze gebirgseinwärts zum Nährgebiet hin abnimmt und eine geringere vertikale Moränenauskleidung der Talgefäße stattfindet. Des weiteren werden die glazialen Ablagerungen durch die hohe Frostwechselanzahl und die daraus induzierten Massenbewegungen sowie durch Lawinenereignisse in den Hochlagen sehr rasch „aufgezehrt".

Der Einzugsbereichswandel von „glazial" zu „fluvial" vollzieht sich im Tallängsverlauf der Quertäler des Himalaya zumeist rascher als im Karakorum. Im Himalaya schließen sich an den Hauptkamm südwärts unmittelbar die Himalaya-Vorketten an, die 4000 m kaum übersteigen und hier somit rein fluviale Einzugsbereiche vorhanden sind. Im Karakorum dagegen finden wir drei hintereinandergeschaltete, parallel verlaufende Kettengebirgszüge (Rakaposhi-, Hispar- und Batura-Muztagh), deren Einzugsbereichshöhen selbst in den niedrigeren Abschnitten immer noch die Ausbildung von Gletschern oder Schneeflecken gewährleisten und die allochthone und damit eine komplexere Schuttkörperbildung fördern.

In Abhängigkeit vom Vergletscherungsgrad sind die gletscherbegleitenden Schuttkörper ausgebildet. Als **„gletscherbegleitende Serie"** im Sinne eines zentral-peripheren Wandels läßt sich die folgende Abfolge aufstellen: Eislawinenschuttkörper, Lawinenschuttkörper, unkonsolidierte Sturzschuttkegel (mit und ohne Eiskern) als unmittelbare Eiskontaktschuttkörper, z.T. hochdynamische, konsolidierte Ufertalschuttkörper (Mursturzkegel mit Eislawineneinfluß) als mittelbare Eiskontaktschuttkörper. Im NW-Karakorum folgen im talabwärtigen Gletscheranschluß in einer Höhenzone zwischen 3000 und 1500 m ausladende moränen-geprägte Murschwemmkegel sowie diverse Mischschuttkörperformen aus moränischem und hangialem Material. Auf der Himalaya-S-Abdachung schließen sich die Schuttkörperformationen der Durchbruchsschluchten an, die gebirgsauswärts durch die Terrassenlandschaften abgelöst werden.

In den reliefarmen Hochgebirgsgebieten Ladakhs und Zanskars geschieht der zentral-periphere Wandel der Schuttkörperformen sehr unauffällig. Die periglaziale Frostwechsellandschaft in Form seichter Schuttdecken geht talauswärts – bei geeignetem Depositionsraum – in die ausladenden Schwemm- und Murkegelbildungen über. Der Einfluß moränischer Ablagerungen auf die Schuttkörperbildung ist hier vorhanden, aber nicht in dem Maße wie es für die hoch reliefierten Gebirgsbereiche vorgestellt worden ist. Vor allem die sekundären Schuttkörper aus hochlagernden Moränendeponien fehlen.

Auf der Himalaya-S-Seite findet dagegen der zentral-periphere Wandel der Schuttkörperformen vom Gebirgsinnern zum Gebirgsvorland aufgrund fehlender Depositionsflächen sehr abrupt statt: Über mehrere tausend Meter hohe schuttfreie Steilflanken wechseln mit ausladenden glaziofluvialen Terrassenlandschaften in den Tieflagen ab einer Höhe von 1500 m talabwärts ab. Die Schwemm- und Murkegelbildung der Nebentäler kann sich durch die teilweise sehr mächtigen Haupttalablagerungen von bis zu 200 m Höhe nicht behaupten. In den Durchbruchsschluchten vermitteln zahlreiche Nachbruchschuttkörper, moränische Schuttkörper sowie geringer mächtige glaziofluviale Terrassen zum Gebirgsvorland. Die Umwandlungsschuttkörper fallen im Himalaya im Vergleich zum Karakorum geringer aus, hochlagernde Moränen sind weitaus weniger repräsentiert und damit treten die sekundären Schuttkegelbildungen in den Hintergrund.

Mittels zentral-peripherer Abfolgen von Glazialschuttablagerungen und Glazialformen lassen sich die hangialen Schuttkörperformen in einem Tal bis zu einem gewissen Grad bereits prognostizieren.

10. Die Schuttkörper und die Höhengrenzen

Der **Höhenlage und Kombination von Schneegrenze und oberer sowie gegebenenfalls unterer Waldgrenze** als indirekter Ausdruck der klimatischen Verhältnisse läßt bereits Rückschlüsse auf die Verteilung und Art der Schuttkörpervorkommen zu.

Die obere Waldgrenze steigt vom westlichen Karakorum bei 3600 m an den Südhängen auf 4100 bis 4200 m im E-Himalaya an (KALVODA 1992: 32). Die N-Abdachung des Himalaya weist mit 4400 m bedingt durch den Föhneffekt die höchste Waldgrenze in dem Gebirgszug überhaupt auf (KUHLE 1982: 128). Die xerische Walduntergrenze ist nur in den ariden Gebieten des Karakorum und auf der Himalaya-N-Abdachung ausgeprägt. Auf der Karakorum-N-Abdachung sowie im E-Karakorum und in Ladakh/Zanskar setzt die Waldstufe gebietsweise gänzlich aus. Damit läßt sich also kein kontinuierlicher W/E-Gradient ermitteln, der eine Aussagekraft für die Schuttkörperverteilung der konsolidierten und unkonsolidierten Schuttkörper hätte.

Die Schneegrenze verläuft auf der Himalaya-S-Abdachung zwischen 4700 und 5400 m (KALVODA 1992: 32); nach KUHLE (1982: 168) liegt die rezente klimatische Schneegrenze südlich des Himalaya-Hauptkammes in 5487 m Höhe. In Ladakh und Zanskar liegt sie zwischen 5200 und 5400 m (BURBANK & FORT 1985). Im NW-Karakorum schwankt sie zwischen etwa 4400 und 5400 m (MEINERS 1996: 189-191), im Hindukusch zwischen 4800 m im SE und 5300 m im NW Chitrals (HASERODT 1989: 71). Die Schneegrenze variiert ebenfalls gebietsweise sehr stark je nach den topographischen Verhältnissen.

Die aufgezeigten Höhengrenzverläufe bedeuten für die ariden Gebiete mit Waldbestand, daß bei einer niedrigen oberen Waldgrenze und einer hochgelegenen Schneegrenze eine breite Vertikalspanne für die Ausbildung von Schuttkörpern der Frostschuttregion bzw. der gehemmten bis freien Solifluktion bereit steht. Mit der Ausbildung einer xerischen Walduntergrenze erfolgt im Höhenstufenmuster eine **bilaterale Verteilung der**

unkonsolidierten Sturzschuttkörper, d.h. sie sind unterhalb von circa 2500 m und oberhalb von circa 3600 m verbreitet.

Die These „Je höher die Schneegrenze verläuft, desto mehr Areal steht bedingt durch das kleinere Gletscherareal für die Schuttkörperbildung zur Verfügung." erfährt bei Klimaänderungen Einschränkungen. In einer humiden Gebirgsregion steigt mit höherer Schneegrenze auch die Waldgrenze an und der potentielle Schuttkörperbildungsraum wird somit von unten her eingeengt. Die Schneegrenzhöhe ist in diesem Fall primär eine Funktion der Temperatur. In den ariden Gebieten dagegen nimmt auch die geringe Niederschlagsmenge Einfluß auf die Schneegrenzlage. Einem Ansteigen der Schneegrenze folgt nicht zwingend ein Waldgrenzanstieg, sondern eher umgekehrt. Das Absinken der Schneegrenze bedeutet einen Feuchtigkeitsgewinn für das Gebiet, so daß es hier erst möglich wird, daß Wald an den Talflanken zu stocken beginnt. D.h. die o.g. Beziehung zwischen Schneegrenze und Schuttkörperraum ist in den Trockengebieten eher anwendbar. So kann es dann heißen: „Je arider das Gebirge bzw. je **höher** die **Schneegrenze** verläuft und desto geringer die über die Schneegrenze hinaufragende Gebirgshöhe ist, desto günstiger sind die Schuttkörperbildungsvoraussetzungen." Die periglaziale Stufe kann sich hier durch das Fehlen der Gletscherbedeckung frei entfalten. Vorraussetzung ist, daß die Talflanken den maximalen Böschungswinkel nicht überschreiten und Schuttablagerung möglich ist.

Zur überregionalen Vergleichbarkeit der Schuttkörpervorkommen wurde die **Schuttakkumulationsobergrenze** (SAO) eingeführt. In den ariden, unvergletscherten Hochgebirgsgebieten finden wir die höchste Schuttakkumulationsobergrenze bzw. sie wird mancherorts gar nicht erreicht. Ein Beispiel hierfür ist das Moray Plateau, bei dem die aufgesetzten Gebirgsgruppen bis in 6000 m mit Schutt bedeckt sind. An den großen Steilwänden des Himalaya kann die Schuttakkumulationsobergrenze mangels potentieller Schuttdepositionsflächen auf unter 3000 m sinken.

Im Bereich der Gletscherobergrenze, gibt es – soweit beobachtbar – keinen Übergang in eine höhenwärtige Schuttkörperzone. Während bei der Hemmung der Gletscherbildung klimatische Ungunstfaktoren eine Rolle spielen, sind es bei der Schuttkörperbildung die Reliefverhältnisse, die zu steil für Schuttkörperablagerungen sind.

Die Verlagerung der Höhengrenzen, d.h. die Absenkung von Schneegrenze, oberer Waldgrenze, Permafrostgrenze etc., während der Eiszeiten zog zwangsläufig eine Verschiebung der Schuttkörperhöhenstufen mit sich. Die geomorphologische Höhenstufung wurde gegenüber heute derart modifiziert, daß eiszeitlich die glaziale Höhenstufe die fluviale sowie auch die periglaziale Höhenstufe einengte oder zum Teil ganz überlagerte. Mit der Absenkung der Schneegrenze ging aber auch ein Feuchtigkeitsgewinn für die ariden Gebiete einher, so daß die heute rege Schuttproduktion eiszeitlich ihre Einschränkungen erfuhr.

Besonders in den von den hohen Gipfelmassiven schnell absinkenden Gebirgskammverläufen, die vorzeitlich von Gletschern überflossen wurden, sind die Einzugsbereiche ehemaliger Schuttzuliefertäler und -runsen gänzlich eisverfüllt gewesen, d.h. sie sind von einer reliefübergeordneten Vergletscherungssituation erfaßt worden und damit als Schuttkörperbildungsräume ausgeschieden.

Die heutige große Verbreitung von Murkegeln mit nivalen Einzugsbereichen zwischen 4000 und 4500 m muß eiszeitlich durch die Einengung der Periglazialzone durch die expansive Gletscherbedeckung wesentlich geringer ausgefallen sein. Erst die Freigabe des Reliefs im Zuge der Deglaziation ermöglichte die heutige Schuttkörpervielfalt.

11. Der Zeitfaktor: zur Bildungsdauer und -frequenz der Schuttkörper

Die zeitliche Einordnung der Schuttkörper erfolgte auf relativem Wege mittels der Vergletscherungsstadien für Hochasien nach KUHLE (1994). Die Zuordnung der Schuttkörper in Bezug auf ihre Lagebeziehung zu den Vergletscherungsstadien zeigte, daß ein Großteil der Schuttkörper ein **sehr junges Alter** besitzt und erst im Postglazial, d.h. ältestenfalls seit etwa 10 000 v.h., aufgebaut wurde. Zum anderen existieren Schuttkörper, deren Ablagerungsalter in das Spätglazial einzuordnen sind, deren heute überlieferte Schuttkörperformung jedoch erst im Postglazial mit der Deglaziation begann. Die gletscherbegleitenden Schuttkörper des Spätglazials, die als unmittelbare und mittelbare Eiskontaktschuttkörper abgelagert wurden, werden im Postglazial durch hangiale Sturz- sowie linear-erosive Prozesse zur Kegelform transformiert. Diese Umwandlungsschuttkörper sind in den semi-ariden Hochgebirgsgebieten in den Talmittelläufen am Augenscheinlichsten überliefert.

Bei der Darstellung der Bildungsdauer der Schuttkörper wurde aktualistisch vorgegangen. Die rezente Morphodynamik in der Schuttkörperbildung in den stark reliefierten Trockengebieten ist immens, wobei anzumerken ist, daß es sich großteils um die Dislozierung von Lockermaterial handelt und nicht um primäre Schuttlieferungen. Das Niederschlagsereignis von 1992 sowie der Schuttkörperaufbau im Hassanabad-Tal (NW-Karakorum) zeigten eindrücklich, wie hoch die rezente Morphodynamik in den Trockengebieten einzuordnen ist und wie der Schuttkörperaufbau großteils nicht kontinuierlich verläuft, sondern sporadisch und sehr intensiv. Der katastrophisch-episodische Schuttkörperaufbau wechselt sich mit zwischengeschalteten Ruhephasen ab, in denen jedoch die sukzessive Schuttlieferung durch Verwitterungsprozesse intensiv vonstatten geht. Einmalige „events" können bereits ein angenähertes Klimaxstadium der Schuttkörperform bedeuten und die heutigen sukzessiven Schuttzulieferungen besitzen nur noch modifizierenden Charakter bezüglich der Schuttkörperform. Ein Peak des Schuttkörperaufbaus ist in dem Zeitabschnitt unmittelbar nach der Deglaziation anzunehmen. Die Hochlagen der Periglazialregion über 4000 m sind von dieser Art des Schuttkörperaufbaus jedoch nicht betroffen. Hier läuft der Schuttkörperaufbau mehr kontinuierlich ab.

Das uniformistische Konzept des Schuttkörperaufbaus, d.h. die gleichmäßige Schuttzulieferung, trägt also nur sehr bedingt in diesen Hochgebirgen. Dem Element des Katastrophischen kommt insbesondere in den ariden Gebieten beim Schuttkörperaufbau eine besondere Bedeutung. Bei Starkregenereignissen findet ein regelrechter „Kollaps" der Schuttkörperlandschaft statt. Das fehlende Gletscherwiderlager läßt nicht nur die Lockermaterialkörper nachsacken, sondern auch das Festgestein nachbrechen. D.h. nicht nur die Resedimentation von Schuttmaterial und damit die Zerstörung alter Schuttkörperformen ist hier zu verzeichnen, sondern auch der Aufbau von gänzlich frischen Schuttkörpern.

Besonders in den ariden Hochgebirgen vollzieht sich der Wandel der Schuttkörper sehr rasch. Während die Schutthalden z.B. hangial noch aktiv Zulieferung erfahren, werden sie basal bereits unterschnitten und geformt und nehmen somit den Charakter eines **Durchgangsschuttkörpers** an. Aufbau und Degradation liegen bei diesen Schuttkörpern eng beieinander. Der Schuttkörper bleibt dabei formstabil. Die Größe des Schuttkörpers sagt somit nichts über die Schuttproduktion der Zuliefergebiete aus. Diese Schuttkörper sind sehr jung, wobei sie unter Umständen noch einen sehr alten Kern besitzen können.

Wichtig anzumerken ist, daß die **rezenten Massenbewegungsprozesse** nicht die heute dominanten Hangformen kreieren, sondern primär eine **ältere Form**, nämlich das hoch- bis späteiszeitliche Glazialrelief, **zerstören**. Noch sind die Vorzeitformen deutlich ersichtlich. Die jüngeren Schuttakkumulationen verhüllen die alten Formen lediglich an ihrer Basis.

Die langsamen Versatzbewegungen der mehr oder minder konsolidierten Schuttauflage in Form von Solifluktionsprozessen reicht bis in Höhenlagen von 3000 m hinab und verzahnt sich mit dem rapiden Schuttkörperaufbau.

Die heutigen morphodynamischen Prozesse spielen sich unter der Voraussetzung von sukzessiver tektonischer Hebung der asiatischen Hochgebirge von bis zu 10 mm/Jahr

(ZEITLER 1985) ab, die eine forcierte Abtragungsleistung fördert. Im Gegenzug besitzen die Schuttkörper eine bedeutende Rolle als Konservierungsmantel der basalen Talgefäßformen.

Die Schuttlieferung in den humiden Gebieten ist maßgeblich beschränkt auf Frostverwitterungsprozesse sowie auf chemische Verwitterungsprozesse. Die Frostwechselprozesse führen in den mit Vegetation besetzten Höhenstufen zu Versatzbewegungen der periglazialen Schuttdecke, nicht aber unbedingt zur Neuschuttbildung. In den ariden Gebieten dagegen tragen neben der Frostverwitterung die Insolations- und Salzverwitterung wesentlich zur Gesteinsaufbereitung bei.

Die größten Jungschuttareale sind in den Trockengebieten vorzufinden, während diese auf der Himalaya-S-Seite erst ab einer Höhe von circa 3500 m das Landschaftsbild zu dominieren beginnen.

12. Eine Gegenüberstellung: Merkmale der Schuttkörper in den ariden bis semi-ariden Hochgebirgen (Hindukusch, Karakorum, Ladakh- und Zanskar-Kette) sowie den humiden Hochgebirgen (Himalaya-S-Seite)

Bezüglich der Verbreitung der Schuttkörpertypen existiert nicht ein bestimmter Formenkatalog der Schuttkörper, der ausschließlich im Karakorum und ein anderer, der nur im Himalaya existiert, sondern es gibt einige Schuttkörper, die spezifisch für die Gebiete sind und andere, die in beiden Gebieten vertreten sind. Je nach der Komposition der verschiedenen Geoparameter können im Himalaya sowie im Karakorum gleichartige Schuttkörper auftreten. Insbesondere höhenwärts – ab etwa 3500–4000 m – findet eine **Angleichung der Schuttkörpertypen der humiden und ariden Hochgebirge statt.** Hier sind überregional die Froststurzkegel- und halden sowie lawinengeprägte Schuttkörper dominant.

Schon aus den Fallgesetzen und den **geometrischen Formbildungsbedingungen** heraus finden sich im Hindukusch, Karakorum und Himalaya grundsätzlich gleiche Schuttkörpertypen vor, die jedoch im Laufe ihrer Entwicklung durch die klimatischen Bedingungen unterschiedlich modifiziert werden können. Der augenfälligste Unterschied besteht in ihrem Vegetationsbewuchs und damit einhergehend in ihrer Schuttlieferung bzw. in ihrem Konsolidierungsgrad. Die trockenen Sturzschuttkörper überwiegen eindeutig in den Trockengebieten mit mäßiger bis extremer Reliefenergie. In den reliefärmeren Hochgebirgsgebieten gehen diese in Schuttdecken über.

Allgemein gesprochen beherbergen die ariden Hochgebirgsgebiete reichhaltigere Schuttkörpervorkommen als in den humiden Gebirgen, wobei auffällt, daß die Schuttkörpervorkommen vielerorts varietätenreicher und komplexer gestaltet sind. Prinzipiell findet man die Grundschuttkörpertypen in den humiden sowie ariden Untersuchungsgebieten in abgewandelter Form, aber die Gewichtung der einzelnen Schuttkörpertypen ist anders.

Der Erhaltungszustand von Moränendepositionen bzw. ihre Auffälligkeit ist in den Trockengebieten zumeist besser als auf der Himalaya-S-Abdachung. So fällt hier auch der duale Schuttkörperaufbau von glazialem und hangialem Schuttmaterial mehr ins Gewicht.

Es stellt sich nun die Frage, inwiefern sich zwei identische Täler bezüglich der Reliefverhältnisse sowie der anstehenden Gesteine in einem ariden und in einem humiden Gebirgsgebiet in ihrer Schuttkörperverbreitung unterscheiden. Die unterschiedliche Talanlagen in den Untersuchungsgebieten diktiert bereits maßgeblich die Schuttkörperverbreitung. Prinzipiell läßt sich erkennen, daß wir in den trockeneren Gebirgsteilen, wie im Hindukusch, NW-Karakorum und in Ladakh/Zanskar, eine Schuttkörperlandschaft vorfinden, die sich in der Verbreitung sowie in der Art der Schuttkörper und auch in der

Überlieferung glazialer Schuttkörper von der im **Himalaya besonders in den tieferen Tallagen zwischen 1000 und 3000 m** bedingt durch die andersartigen klimatischen Verhältnisse stark **unterscheidet** und somit auch gänzlich andere Schuttkörperverteilungsmuster aufweist als auf der Himalaya-S-Abdachung.

Die kahlen Schutthalden der Tieflagen sind als eindeutige Charakteristik der Trockengebiete festzuhalten. In den ariden Hochgebirgsregionen Hochasiens finden wir über eine potentielle Reliefspanne von 5000 m **kahle Schuttkörpervorkommen** unterschiedlicher Genese. Gemeint sind hier die Schuttkegel und -halden ohne dominierenden Vegetationsbewuchs auf ihren Oberflächen. Man muß zwischen den kahlen Schutthalden, deren fehlender Vegetationsbewuchs rein klimatisch bedingt ist, d.h. sie liegen unterhalb der xerischen Waldgrenze bzw. die klimatischen Bedingungen erlauben keinen Baumwuchs, und denjenigen, bei denen sich durch die aktive Schuttlieferung kein Baumbestand zu halten vermag, differenzieren. Beide Schutthaldentypen überschneiden sich in ihren Vorkommen in den Trockengebieten. Der große vertikale Verbreitungsraum der Sturzhalden in den ariden Hochgebirgsgebieten weist darauf hin, daß ein und dieselben **klimatischen Aspekte nur sekundär eine Rolle in der Entstehung der Sturzhalden** spielen. Die Schuttlieferung aus der periglazialen Frostverwitterung und der Insolationsverwitterung der tieferen Lagen produziert konvergente Schuttkörperformen, wobei in den Mittellagen eine enge Verschneidung beider Verwitterungsprozesse und ihrer korrespondierenden Schuttkörperformen auftritt. Aber besonders in den tieferen und mittleren Höhenlagen kann die hoch- sowie spätglaziale **Vergletscherung als für die Sturzhaldenbildung begünstigender Faktor** herangezogen werden. Die Schuttkörper der niederen Tallagen unterscheiden sich von denen der höheren Lagen häufig durch ihren hohen Feinmaterialgehalt. Der Feinmaterialanteil wird durch chemische Verwitterung, Salzverwitterung und gegebenenfalls durch Moränen als Ausgangsmaterial begünstigt. Die Oberflächen der Schuttkörper der Mittel- und Hochlagen werden durch periglaziale Versatzbewegungen bearbeitet.

Im Untersuchungsgebiet des E-Hindukusch handelt es sich vorwiegend um Schuttkegel und -halden ohne eine lineare Zulieferrunse. **Hangausgleichsschutthalden** bedecken die Talflanken. Die Schutthalden im Hindukusch und Karakorum sind durch aszendente Lösungen – vor allem in Gebieten, in denen Kalk ansteht – stark verbacken und erhalten dadurch eine sehr hohe Standfestigkeit. Aufgrund der geringen Abfuhr von Schuttmaterial durch Niederschlagsereignisse weisen die Schuttkegel in ariden Gebieten maximale Böschungswinkel auf.

Da es in den trockenen Gebirgsregionen Talabschnitte gibt, in denen in keiner Höhenstufe Wald anzutreffen ist, wird die Untergliederung nach **Hoch- und Niedermuren**, wie sie in den humiden Gebieten des Himalaya anwendbar ist, hinfällig. Die Muren unterscheiden sich insbesondere in der Art ihres Geschiebeherdes nach **Jung- und Altschutt**, wobei letzterer – trotz der hohen Verwitterungsrate – als Ausgangsmaterial für Muren weitaus häufiger anzutreffen ist. In den extrem **trockenen** Hochgebirgsabschnitten, wie auf der Karakorum-N-Abdachung, **fehlt** eine **ausgeprägte Höhenzone der gletscherbegleitenden Murkegel** in Kombination mit Lawinen und Steinschlagprozessen. Hier dominieren die Schutthalden die gletscherbegleitenden Standorte in den Hochlagen das Landschaftsbild. In den gletscherfreien Talabschnitten folgen dann die Gebiete mit den ausladendsten Mur- und Schwemmkegeln in einer Höhe zwischen 1500–3000 m. Die hohe Variabilität der Niederschläge und lange Austrocknungsphasen stellen günstige Murgangsvoraussetzungen dar. Die rezente Morphodynamik ist auch anhand der zahlreichen Zerstörungen im Bereich der Kulturlandschaft nachvollziehbar (s. Auflistung bei GOUDIE et al. 1984a, KREUTZMANN 1989, BOHLE & PILARDEUX 1993, ITURRIZAGA 1996, 1997b).

Im Gegensatz zum Karakorum, wo die Frostverwitterung aufgrund der Trockenheit und ungetrübten Strahlungswetterlagen wesentlich intensiver und weitreichender abläuft als im Himalaya, mäßigt im Himalaya die hohe Feuchtigkeit einhergehend mit einem höheren Bewölkungsgrad und einem ausgeglichenerem Temperaturverlauf das Auftreten von Frostwechseln. Die rezente Neuschuttproduktion fällt hier geringer aus. Es dominieren sekundäre Massenverlagerungen, insbesondere die **Rutschungsschuttkörper** prägen die tieferen Gebirgslagen. Der **Sedimentdurchtransport** ist im Himalaya bedingt durch das hohe Feuchtigkeitsangebot wesentlich höher als in den Trockengebieten, in denen kurzläufige, aufgrund des Wassermangels versiegende Massenbewegungen – neben den katastrophischen Prozeßverläufen – bestimmend sind. Aufgrund des dichten Waldbestandes mit seinem ausladenden Wurzelwerk in den humiden Gebirgsbereichen kann bei Niederschlägen eine hohe schwammartige Durchfeuchtung der Schuttdecken stattfinden, die zu großmaßstäbigeren Massenbewegungen führt als dies bei einer licht bestandenen Schuttdecke der Fall wäre. Der Waldbestand auf den Schuttkörpern hat also nicht immer zwangsläufig eine konsolidierende Wirkung, sondern macht sie auch anfällig gegenüber Rutschungen. Andererseits verheilen diese Einschnitte auch sehr rasch. Die Himalaya-Fußstufe wird durch Rutschungskörper geprägt, wobei durch die permanente Durchfeuchtung die streng geometrische Form der Schuttkörper in den Hintergrund tritt und **amorphe Schuttkörper** bestimmend sind. Die **zusammengesetzte Schuttzufuhr** beim rezenten Aufbau und der Weiterbildung der Schuttkörper ist im Himalaya nicht so deutlich ausgeprägt wie in den Trockengebieten.

13. Eine Bemerkung zur Hochgebirgsschuttkörperlandschaft als Siedlungsraum

Es treten bei den Schuttkörpern auch **Konvergenzerscheinungen von natürlich ablaufenden und anthropogen induzierten Formbildungen** auf. Die im Karakorum oft zu beobachtenden sichelförmigen Ausbisse in den distalen Steiluferkantenbereichen der Murschwemmkegel rühren von den unregulierten Bewässerungsabflüssen her, linear-erosive Überprägungen auf Schutthalden können durch lecke Bewässerungskanäle verursacht sein, Trassenführungen wirken bergsturzauslösend, u.s.w.. Insgesamt gesehen sind diese anthropogenen Auswirkungen auf die Schuttkörperformung noch vergleichsweise gering – mit Ausnahme des intensiven Terrassenanbaus auf der Himalaya-S-Seite. Im Karakorum und Hindukusch ist ein Großteil der Schwemm- und Murkegel besiedelt und soweit es das Bewässerungspotential erlaubt landwirtschaftlich genutzt. Demgegenüber gestatten die mobilen Schutthalden keine hangaufwärtige Siedlungsexpansion an den Talflanken, so daß sich Formzerstörung und -erhaltung durch die Nutzung die Waage halten.

Auch wenn die vorliegende Arbeit eine Studie im Rahmen der Grundlagenforschung darstellt, liefert sie mittels der paradigmatischen Erfassung der individuellen Schuttkörperabfolgen in den Talverläufen bereits eine Matrix für eine schematisch-prognostische Abschätzung des Naturgefahrenpotentials für Gebirgssiedlungsstandorte durch Massenbewegungen sowie aber auch über die Existenz von Siedlungsgunststandorten. Aus den unterschiedlichen klimatischen Verhältnissen der ariden und humiden Gebirgsregionen resultiert eine jeweils spezifische Verbreitung der Schuttkörper sowie eine individuelle Überlieferung glazialer Schuttkörper, insbesondere in den tiefergelegeneren Tallagen zwischen 1000 und 3000 m, so daß für die jeweiligen Gebirgsregionen individuelle Gefahrenmuster, speziell hinsichtlich der Massenbewegungen, für die Siedlungsstandorte entstehen (ITURRIZAGA 1996, 1997a,b, 1998a). In den extrem reliefbetonten Gebirgsteilen steht die **Siedlungsstandortwahl** in unmittelbarer Abhängigkeit von der Verteilung der Schuttkörper. Oftmals erlaubt lediglich die Ablagerung glazialer Sedimente die Besiedlung der Talschaften. Grundsätzlich ist festzuhalten, daß in den Trockengebieten des Hindukusch und des Karakorum die **talbodennahe** Siedlungsposition überwiegt, da eine Expansion der Siedlungen hangaufwärts durch den hochdynamischen Lockermaterialsaum der

Schutthalden vereitelt wird. Dagegen sind auf der Himalaya-S-Abdachung auch die **mittleren Hanglagen sowie die Gratregionen der Himalaya-Vorketten** stark besiedelt, wenngleich hier die Zone intensiver Rutschungsprozesse liegt. In diesem Verknüpfungsgedanken von glazial-geomorphologischer Landschaftsgestaltung sowie der klimatischen Differenzierung und deren Einfluß auf die Siedlungsstandortwahl liegt ein deutliches Beispiel für den von manchem als antiquiert bewerteten Forschungsansatz des Geodeterminismus vor.

14. Alpinozentriertes Denken und die Schuttkörper in Hochasien

Aufgrund naturgeometrischer Gesetzmäßigkeiten sowie der allgemeinen Prinzipien des Schuttkörperaufbaus finden wir in den Alpen und in den asiatischen Hochgebirgen ähnliche Schuttkörper vor. Jedoch folgt aus den sehr unterschiedlichen Reliefvertikaldistanzen der beiden Gebirgsgebiete ein entsprechend anderes Verteilungsmuster und eine andere Gewichtung bestimmter Schuttkörpertypen. Bei einer durchschnittlich doppelt so hohen Gipfelhöhe in Zentralasien wie in den Alpen ragt ein wesentlich **größerer höhenmäßiger Anteil des Gebirgskörpers über die Schneegrenze**, so daß in Hochasien die **eis-induzierte Schuttkörperbildung** eine große Rolle spielt. Zugleich sind die obersten Einzugsbereiche aber – z.T. über mehrere Kilometer Vertikaldistanz – so **steil**, daß hier keine prägnante Schuttablagerung stattfinden kann. Des weiteren führt die heutige Vergletscherung in Hochasien mit Gletscherlängen von über 60 km zu einer Vielzahl von **gletscherbegleitenden Schuttkörpern**. Andererseits kann die Periglazialregion von der Existenz der Gletscherregion wesentlich eingeengt sein.

Weiterhin haben wir z.T. grundsätzlich verschiedene Reliefsituationen in beiden Gebirgen vorzuliegen. Die Heraushebung der Alpen wurde durch langanhaltende Ruhephasen unterbrochen, so daß sich Verflachungen und Altflächen ausbilden konnten. Das asiatische Hochgebirge dagegen erfuhr mit bis zu 10 mm/Jahr am Nanga Parbat-Massiv eine vergleichsweise **rasche Hebung**, die zu einer stark reliefierten, vielerorts depositionsarmen Gebirgslandschaft führte. Die großräumigen schuttfreien Zonen der Wandpartien – wie in den asiatischen Gebirgen – fehlen in den Alpen.

Die vorgestellten Schuttkörperverteilungen und -vorkommen in den Trockengebieten Hochasiens finden kein annäherndes Pendant in den Alpengebieten. In Hochasien besteht eine gut überlieferte Residualschuttkörperlandschaft hervorgehend aus Moränenmaterial, die ein komplexes Spektrum von sekundären Schuttkörpern beinhaltet. Die hohen Reliefvertikaldistanzen in Kombination mit zahlreichen Eislawinenabgängen in den Einzugsgebieten der Gletscherströme sorgen für eine immense Schuttlieferung, die später in einer Fülle von verschiedenartigen Moränenkörpern deponiert ist und das postglaziale Landschaftsbild prägt. Des weiteren begünstigen die ungedämpften Strahlungswetterlagen in den Trockengebieten die aktuelle Schuttproduktion durch eine hohe Anzahl an Frostwechseln sowie durch die Insolationsverwitterung. Die bilaterale Verteilung von Nacktschuttkörpern ober- und unterhalb der Baumgrenze ist ein Spezifikum der ariden und semi-ariden Hochgebirgsregionen.

D. SYNTHESE UND GERAFFTE DARSTELLUNG DER GELÄNDEBEFUNDE

1. Regional-klimatische und überregionale Schuttkörpertypen

Im Laufe der Untersuchung konnten **regional-klimatische** und **überregionale Schuttkörpertypen** ausgesondert werden. Allein aus den Fallgesetzen und der begrenzten Anzahl von Geoparametern heraus sind im Hindukusch, Karakorum und Himalaya grundsätzlich gleichartige, überregional vertretene Schuttkörpergrundtypen anzutreffen, die jedoch im Verlauf ihrer Entwicklung durch die klimatischen Bedingungen unterschiedlich modifiziert werden können.

Zu den regionalen Schuttkörpern zählen die **ariditätsbedingten unkonsolidierten Sturzschuttkörper der Tief- und Mittellagen** in einer Höhenlage zwischen 1000 und 3500 m in den sehr trockenen Hochgebirgsbereichen des Hindukusch, Karakorum und der Ladakh- und Zanskar-Kette. Höhenwärts schließen sich die primär **aktivitätsbedingtkahlen Sturzschuttkörper der Frostschuttregion** an, die auch auf der Himalaya-S-Abdachung oberhalb der Waldgrenze ab einer Höhe von 3600 m vertreten sind und damit als überregionale Schuttkörpertypen anzusprechen sind. Wo in den ariden Hochgebirgsregionen eine Waldstufe eingeschaltet ist, kommt es zu einer bilateralen Verteilung der in der periglazialen und fluvialen Höhenstufe angesiedelten unkonsolidierten Sturzschuttkörper.

Bevorzugt in den Trockengebieten treten Schuttkörper mit **zusammengesetzter, komplexer Schuttzufuhr** (Schuttlieferung durch laterale untergeordnete Schutt- und Murkegel, Resedimentation von hochlagerndem Moränenmaterial etc.) auf. Auch die **ausladenden Murschwemmkegel** sind als eine Folge der günstigen topographischen Reliefverhältnisse (Längstalanordnungen) gekoppelt mit einer hohen Schuttzulieferung in den Trockengebieten angesiedelt. Weiterhin sind die **sekundären unkonsolidierten Lockermaterialschuttkörper aus hochlagernden Moränendeponien** insbesondere in den Talweitungen der Karakorum-Täler vorzufinden.

Auf der Himalaya-S-Abdachung sind dagegen kleine **verwilderte, grobblockige, halbkonsolidierte Mur(schwemm)kegel** mit vornehmlicher Schuttzulieferung aus der Zulieferrunse – und nicht von den angrenzenden Hängen – weit verbreitet. Ein hoher Grobblockanteil eingebettet in eine feinmaterialhaltige Matrix zeichnet viele dieser Schuttkörper aus. Die zahlreichen **Rutschungskörper** hervorgerufen durch Überfeuchtung mit unspezifischen Ablagerungskörpern sind typisch für die Himalaya-Vorkettenbereiche. Des weiteren treten die in den Haupttalausgängen abgelagerten **glaziofluvialen Terrassen stark in Konkurrenz mit den Nebentalschuttkörpern**. Letztere können sich aufgrund der Terrassenabriegelung der Nebentäler kaum entfalten.

Die ähnliche eiszeitliche und spätglaziale Vergletscherungsgeschichte des Karakorum und Himalaya führt zu **gleichartigen, überregionalen Schuttkörpertypen**, die je nach klimatischen Bedingungen individuell überprägt werden. Zu diesen Schuttkörpern zählen die **verschiedenen Varianten der glazialen Umwandlungs- und Residualschuttkörper** im Lockermaterial sowie die **Nachbruchschuttkörper** im Anstehenden. Letzt genannte Schuttkörperbildung resultiert in der Zerstörung der eigentlich heute noch dominanten eiszeitlichen Gebirgslandschaftsform.

Des weiteren ist die **strukturabhängige Schuttkörperbildung** als überregionale Erscheinung festzuhalten. Die stark an die Petrographie gebundenen Schuttkörperformen, wie z.B. die Schuttkörperbildung im Schiefer, sind ebenfalls überregional vertreten. Generell zeichnet sich hinsichtlich der Schuttkörperverbreitung ab, daß in den extremen Hochgebirgen der Einfluß des Reliefs über den des Klimas dominiert.

2. Die enge Verknüpfung zwischen Vergletscherungsgeschichte und Schuttkörpervorkommen

Die vorliegende Forschungsarbeit hat gezeigt, daß die **quartäre Vergletscherung** die postglaziale **Schuttkörperlandschaft** in den Gebirgsräumen Hochasiens maßgeblich **diktiert**. Obwohl die glaziale Sedimentauskleidung der Talgefäße für die Schuttkörper aller behandelten Untersuchungsgebiete in Hochasien eine elementare Rolle spielt und grundlegend für die Erfassung und das Verständnis des gesamten Schuttkörperaufbaus ist, fand sie in diesem Zusammenhang bislang noch keine Erwähnung in der geomorphologischen Literatur.

Die moränischen Relikte der spätglazialen Vereisung und ihre **dislozierten Folgeschuttkörperformen** dominieren über die rein hangialen und fluvialen Primärschuttkörper in den Mittel- und Tieflagen aller Untersuchungsgebiete. Die hohe Verbreitung der Sturzschuttkörper in Form von Schuttkegeln und -halden ist zum einen als direkte Folge der Druckentlastung der Talflanken durch das fehlende Eiswiderlager nach der Deglaziation anzusehen **(glaziale Nachbruchschuttkörper)**. Zum anderen konnte nachgewiesen werden, daß es sich bei einer Vielzahl der Schutthalden um **resedimentiertes Moränenmaterial** und nicht um Primärschuttlieferungen handelt.

In den einzelnen Untersuchungsgebieten sind gleichartige **glaziale Umwandlungsschuttkörper** mit unterschiedlicher postglazialer Überprägung und unterschiedlichem Konsolidierungsgrad überliefert. Die glaziale **Residualschuttkörperlandschaft**, d.h. insbesondere die post-sedimentär fluvial herausgeschnittenen Moränenschuttkörper, zeigen **konvergente Formen** zu den hangialen Aufschüttungskörpern. Ähnlich wie die Terrasse sowohl als Akkumulationsform als auch als Denudationsform existiert, wurden die Kegelkörper als Aufschüttungsform einerseits und als **nachträglich herauspräparierte Form im Lockermaterial** andererseits vorgestellt. Letztere führen zu einer **passiven Schuttkörperlandschaft**, die nicht durch rezente Neuschuttlieferung entsteht, sondern durch die fluviale Zerschneidung der glazialen Sedimente.

Durch die großräumige Überlieferung der glazialen Sedimente übernehmen diese hangfremden Schuttkörper eine bedeutende Funktion als Schuttlieferanten. In einem Großteil der Talschaften wird die Art der Schuttkörper und ihre Verteilung durch diverse moränische Ablagerungen sowie deren Art und Erhaltungszustand bestimmt. Das anstehende Gestein als Schuttlieferer tritt stark in den Hintergrund. Prinzipiell läßt sich feststellen, daß der Erhaltungszustand der glazialen Residualschuttkörper im Karakorum vollständiger ist als im Himalaya. Der Schuttreichtum der semi-ariden Gebirgsgebiete ist nicht allein klimatisch bedingt, d.h. durch die intensiven Verwitterungsprozesse, sondern ein Ergebnis der ehemaligen Vergletscherung der Talgefäße.

3. Die Disproportionalität zwischen der Größe von Einzugsgebiet und Aufschüttungsform

An den gezeigten Fallbeispielen aus dem Hochgebirgsraum im Hindukusch wurde die **Unverhältnismäßigkeit der Größe von Einzugsgebiet und korrespondierender Akkumulationsform** evident: Am Fuße kleinräumiger und kurzläufiger Talkessel sind riesige fluvial-geprägte Schuttkörper aufgeschüttet. Die Herkunft dieses Schuttmaterials kann nicht allein aus dem autochthonen Schuttanfall des Einzugstrichters erklärt werden, da dieser mengenmäßig nicht für den Schuttkörperaufbau hinreicht. Erst die Beteiligung von **resedimentierten Moränenablagerungen** sowie eines **Grundmoränenfundamentes** am Schuttkörperaufbau lassen die großen Dimensionen der Schuttkörper verständlich werden. Die Disproportionalität zwischen der Größe von Einzugsgebiet und Aufschüttungsform setzt sich bis in die Tieflagen fort, was zwangsläufig eine Vergletscherung bis in die tiefgelegenen Talabschnitte unter 1500 m belegt. Unterhalb großräumiger Einzugsgebiete sind im Vergleich zu den o.g. Schuttkörpern sehr bescheidene Schuttkörper ausgebildet, was impliziert, daß die primäre Schuttlieferung – ohne glazialen Einfluß – gering ist.

4. Die Schuttkörperverteilung in Abhängigkeit von der Topographie und von der Reliefenergie
Während die Haupttalanlagen im Himalaya von den **Quertälern** bestimmt werden, finden wir im Karakorum zumeist parallel zu den Hauptketten verlaufende **Längstäler** vor. Diese unterschiedlichen Reliefkonfigurationen bedingen für beide Gebirgsgebiete ein spezifisches Schuttverteilungsmuster. Durch die stellenweise sehr breiten Längstäler wird die Schuttdeposition begünstigt, während in den schluchtartig geformten Quertälern mit sehr juvenilen Seitenstichtälern die Schuttkörperbildung durch mangelnde Depositionsfläche bzw. der dominierenden Abtransportkraft des Vorfluters vereitelt wird.
Reliefbedingt, d.h. bei extremen Reliefenergien, können ganze **Schuttkörpergürtel** im geomorphologischen Höhenstufenmuster **aussetzen**. So fehlen an den Steilflanken der Himalaya-S-Abdachung gebietsweise die typischen Sturzschuttkörper. Die Eislawinen der hohen Zulieferwände gehen unmittelbar in die fluviale Höhenstufe über. Hier findet eine enge **Verzahnung der Schuttkörper mit glazialem und rein fluvialem Einzugsgebiet** statt.

5. Das Ausmaß postglazialer und aktueller Schuttkörperproduktion
Es zeichnet sich ab, daß die aktuelle Schuttproduktionsrate nicht ausreicht, um die heutige immense Schuttauskleidung der Talgefäße zu erklären. Die hohe Morphodynamik in den stark reliefierten Gebirgsräumen trägt primär zur **Dislozierung einer vorzeitlich entstandenen, glazialen Lockermaterialverfüllung** der Talgefäße bei. Dieser sekundäre Schuttkörperaufbau überwiegt die durch rein autochthone Schuttlieferungen aufgebauten Schuttkörper.
Der Höhepunkt des Schuttkörperaufbaus ist mit hoher Wahrscheinlichkeit unmittelbar nach den einzelnen Deglaziationsphasen anzusetzen. Diese Verknüpfung konnte selbst an historischen Gletscherrückzugsgebieten beobachtet werden.

6. Der katastrophische Schuttkörperaufbau
Besonders im NW-Karakorum ist der katastrophische Schuttkörperaufbau aktuell noch augenfällig nachvollziehbar. Bei einem **einzigen Event**, ausgelöst durch Starkregenereignisse, plötzlich hohe Schmelzwasserabkommen oder – sehr selten – durch Erdbeben, erlangen die Schuttkörper schon ihr annäherndes Klimaxstadium. Die folgenden andersgearteten sukzessiven Schuttzulieferprozesse besitzen wenig formbildende Auswirkungen auf den Schuttkörperaufbau. Die Wahrscheinlichkeit eines erneuten „Großereignisses" an der selben Lokalität ist gering, da das leicht abtransportierbare Lockermaterial im Einzugsgebiet durch das vorhergehende Ereignis bereits ausgeräumt worden ist. Die **Abweichungen vom statistischen Jahresmittel der Niederschläge** sind in Form von Extremereignissen **ausschlaggebend** für den Schuttkörperaufbau.

7. Zum Alter der Schuttkörper
Bei den vorgestellten Schuttkörperformen handelt es sich um geomorphologisch **sehr junge Erscheinungsformen**, d.h. sie sind großteils nicht älter als 12 000-10 000 Jahre v.h.. Dabei besteht ein beträchtlicher Anteil aus resedimentiertem Lockermaterial, was bedeutet, daß das Schuttkörpermaterial wesentlich älter als die heute aufgebaute Schuttkörperform sein kann.

8. Die Schuttkörpervorkommen in den reliefarmen Hochgebirgsregionen
Die reliefarmen Hochgebirgsgebiete, in denen die glaziale Höhenstufe nicht ausgebildet ist, wie in Ladakh, erreichen nicht einmal die Schuttkörperobergrenze und kennzeichnen sich in den Hochlagen durch ein äußerst **homogenes Schuttkörperbild**, das sich vorwiegend aus Kleinschuttkörperformen mit langsamem Schuttversatz der **Periglazialregion** zusammensetzt.

Mit den hochreliefenergetischen Gebirgsgebieten und ihrem sporadisch extremen Schuttkörperaufbau kontrastieren die reliefarmen Hochgebirgsgebiete in Ladakh- und Zanskar, die primär durch den kontinuierlichen Schuttkörperaufbau geprägt sind.

9. Genetische Schuttkörperreihen

In der Untersuchung wurde großer Wert auf die Schuttkörperwahrnehmung in Form von genetischen Reihen gelegt, die den Schuttkörper nicht nur als isoliertes Formenelement betrachten, sondern in seinem **landschaftsgenetischen und -geschichtlichen Zusammenhang**. Anhand der Identifizierung typischer genetischer Schuttkörperreihen – insbesondere im Verzahnungsbereich hangialer und glazialer Schuttkörper – wurden die beobachteten Individualschuttkörper in einen zusammenhängenden Entwicklungsprozeß gestellt und charakteristische Übergangsstadien der glazialen Umwandlungsschuttkörper herausgestellt.

10. Der hypsometrische Formenwandel der Schuttkörper

Im Karakorum und Himalaya werden die Schuttkörpertypen aufgrund sich gleichender klimatischer und topographisch-orographischer Bedingungen **höhenwärts ähnlicher**. So finden wir in den Regionen ab durchschnittlich 3600–3800 m in den ariden sowie humiden Gebirgsregionen gleichartige Ausprägungen von Sturzschuttkegeln sowie lawinengeprägten Schuttkörpern – zumeist als gletscherbegleitende Schuttkörperformen – vor.
In den Trockengebieten ist beim Auftreten einer xerischen Walduntergrenze eine **bilaterale Verbreitung** der unkonsolidierten Sturzschuttkörper zu verzeichnen. Wo keine Waldstufe ausgebildet ist, wie auf der sehr trockenen Karakorum-N-Abdachung, gehen die kahlen Schuttkörper der Hochlagen unmittelbar in die der Tieflagen über. Hier sind in den Hochregionen als gletscherbegleitende Schuttkörperformen die Schutthalden dominant und nicht – wie in den südlich gelegeneren vergletscherten Talschaften – die aktiven Lawinenmurkegel.
Zwischen 3000 und 1500 m Höhe sind im Karakorum in den Talweitungen die ausladenden und mächtigen **moränengeprägten Murschwemmkegel** ausgebildet. In den Himalaya-Vorketten dagegen fällt die fluviale Schuttkörperbildung geringer aus. Hier vereitelt die Ausbildung der engen Durchbruchsschluchten die Schuttablagerung.

11. Der zentral-periphere Schuttkörperwandel

Zum zentral-peripheren Wandel vom Gebirgsinnern zum Gebirgsvorland ist festzustellen, daß die **glazialen Umwandlungsschuttkörper** in den Talmittelläufen ihre höchste Verbreitung aufweisen. Die Überlieferung der Moränendepositionen – und damit der Folgeschuttkörpervorkommen – nimmt zu den oberen Einzugsbereichen sowie zu den Tieflandsbereichen hin ab.

12. Die gletscherbegleitenden Schuttkörper

Der hohe Vergletscherungsgrad des NW-Karakorum bzw. das Hinabreichen der Gletscher weit unter die Schneegrenze führt in diesem Untersuchungsgebiet zu einem sehr hohen Anteil an gletscherbegleitenden Schuttkörpern. Die **hochaktiven Ufermoränentalschuttkörper** mit einer zusammengesetzten Schuttzufuhr aus Lawinen, Muren und Steinschlag und glazialem Einzugsgebiet wurden als Schuttkörpertyp herausgestellt.

13. Topographisch-gebundene Benennung der Schuttkörperformationen

Es wurde eine Einordnung von charakteristischen **Schuttkörperformationen** nach der Topographie vorgeschlagen. D.h. die speziellen und wiederholt auftretenden sich aus bestimmten Reliefparametern zusammensetzenden Standortbedingungen lassen gleichartige Schuttkörperformen überregional in Erscheinung treten (z.B. **Ufermoränentalschuttkörper, Paßschuttkörper**). Für die weitläufigen Paßregionen konnte der **Grund-**

moränenschwemmfächer als Schuttkörpertyp ausgesondert werden.
In Bezug auf die Konfiguration von Nebentalgebirgsausläufern und Haupttalbodenausraum können „freie", „teilweise gebirgsumrahmte" und „gebirgsumrahmte Schuttkörper" unterschieden werden.

14. Die Einzugsgebiete der Schuttkörper
Schuttkörper mit **allochthonem Einzugsgebiet**, d.h. daß der Ablagerungsort in einer tiefer gelegenen geomorphologischen Höhenstufe als der Ort der Schuttlieferung liegt, sind in den stark reliefierten Gebirgsbereichen sehr häufig vertreten.
Die maßgebliche Formung vieler Einzugstrichter der postglazialen Sturzschuttkörper ist **vorzeitlich**. Dies betrifft insbesondere die Einzugsgebiete, die sich im Schwankungsbereich der hoch- und spätglazialen Schneegrenzverlagerungen befanden und von einem **glazial-geprägten zu einem nival- oder fluvial-geprägten Einzugsgebiet** transformiert wurden.

15. Die Untersuchungsergebnisse im Kontext zum aktuellen Forschungsstand
Die Ergebnisse der vorliegenden Forschungsarbeit stehen **im scharfen Kontrast** zu den bislang – und nur sehr spärlich – publizierten Arbeiten über den Schuttkörperaufbau in den extremen Hochgebirgen Asiens sowohl was die Genese als auch das Alter der Schuttkörper anbelangt. Erstgenannter Aspekt bezieht sich auf den glazial-induzierten Schuttkörperaufbau, letztgenannter auf die Jugendlichkeit der Schuttkörper. Die hohe Beteiligung an glazial-geprägten Schuttkörpern bis in die Tieflagen der Gebirgsvorländer steht im Widerspruch zu den traditionell-minimalistischen Auffassungen der Vergletscherungsausdehnungen für diese Hochgebirge.

E. ZUSAMMENFASSUNG

Schuttkörper im Hochgebirge bestimmen maßgeblich dessen Landschaftscharakter und damit verbunden auch dessen naturgeometrische Formengebung. In der vorliegenden Arbeit wurden geomorphologische Befunde zu einer Bestandsaufnahme und Typologie von postglazialen Schuttkörpern in Hochasien (Hindukusch, Karakorum und Himalaya) vorgelegt. Auf mehreren Forschungsreisen von insgesamt 10-monatiger Dauer in ausgewählte Talschaften Hochasiens (E-Hindukusch, NW-Karakorum (Pakistan), Ladakh- und Zanskar-Kette, Nun-Kun-Massiv, Kumaon- und Garhwal-Himalaya mit dem Kamet-, Trisul- und Nanda Devi-Massiv (Indien) sowie Zentral-Himalaya mit dem Kanjiroba-, Annapurna-, Manaslu- und Makalu-Massiv (Nepal)) konnte einer Inventarisierung des Schuttkörperformenschatzes nachgegangen werden und die Basis für ein detailliarteres Wahrnehmungsmuster für die individuellen Schuttkörperformen sowie auch für eine verfeinerte Terminologie der Schuttkörper geschaffen werden. Die Forschungsgebiete sind in einem W-E-Profil über den Hindukusch-Karakorum-Himalaya-Bogen gespannt und erstrecken sich zwischen 27–37°N und 72–88°E, so daß ein überregionaler Vergleich der Schuttkörper – insbesondere hinsichtlich der Klima- und Reliefabhängigkeit der Schuttkörperbildung – vorgenommen werden konnte. Die Schuttkörperformen wurden in zentral-peripheren Abfolgen vom Gebirgsinnern zu den Gebirgsrandbereichen sowie in ihrer vertikalen Abfolge in Form von Höhenstufenzonierungen exemplarisch aufgenommen. Die Typisierung der Schuttkörper sowie der Schuttkörperlandschaften erfolgte auf der Grundlage einer umfeldbezogenen methodischen Vorgehensweise, so daß neben der Begutachtung der Einzugsbereiche und der topographischen Lagebeziehung zu anderen Landschaftselementen auch die Lagebeziehung zu den Höhengrenzen, wie Schnee- und Waldgrenzen, miteinbezogen wurde. Des weiteren wurde die Frage verfolgt, inwieweit für die Schuttkörperbildung eigene Höhengrenzen ausgesondert werden können. Eine dominierende Rolle bei der Schuttkörperbildung spielt in den asiatischen Hochgebirgen die Vergletscherungsgeschichte. Ein bedeutender Anteil der sukzessiven sowie katastrophisch ablaufenden Schuttkörperbildung beruht auf Nachbrüchen, die durch die Transformation der glazialen Trogtäler zur stabileren Form des fluvialen Kerbtales erfolgen. Weiterhin verkleiden vielerorts moränische Ablagerungen großflächig die Talflanken, die die rein hangiale Schuttkörperbildung stark beeinflussen. Die Resedimentation von Moränenmaterial in Kombination mit Hangschutt führt insbesondere im Hindukusch und Karakorum zu vielzähligen gemischten Schuttkörpertypen, den glazialen Umwandlungsschuttkörpern. Überregionale sowie klimaspezifische Schuttkörpertypen konnten diagnostiziert werden, wobei eine höhenwärtige Angleichung der Schuttkörperformen im NW-Karakorum sowie auf der Himalaya-S-Abdachung festgestellt wurde. Auch die glaziale Residualschuttkörperlandschaft führt in den unterschiedlichen Untersuchungsgebieten zu einem gleichartigen Schuttkörperformenschatz. Die zeitliche Einordnung des Schuttkörperformenschatzes erfolgte über die Lagebeziehung der hangialen Schuttkörper in Bezug auf die korrespondierenden Vergletscherungsstadien. Im Gegensatz zu älteren Auffassungen ergab sich eine hohe Verbreitung postglazialer Schuttkörper und damit konnte ein sehr junges Schuttkörperlandschaftsbild rekonstruiert werden. Das glaziale Vorzeitrelief steuert maßgeblich die Ausbildung der postglazialen Schuttkörper.

SUMMARY

A geomorphological inventory and typology of Postglacial debris accumulations in High Asia has been presented, with selected examples from the Hindu Kush, the Karakoram and the Himalayas. The debris accumulations were surveyed in the course of four research expeditions lasting a total of ten months in selected valley systems of High Asia (the eastern Hindu Kush, the northwestern Karakoram, the Nanga Parbat massif (Pakistan), the Ladakh and Zanskar ranges, the Nun Kun massif, the Kumaon and Garhwal Himalayas with the Kamet, Trisul and Nanda Devi massifs (India) and in the central Himalayas with the Kanjiroba, Annapurna, Manaslu and Makalu massifs (Nepal)). The study areas being widely scattered (between 27–37°N and 72–88°E), a supraregional comparison of the debris accumulations proved possible. The debris accumulations are considered in centre-to-periphery sequences from the mountain interior to the mountain fringes, and in vertical sequences, i.e. altitudinal zones, taking into account their topographical relationship to adjoining elements of the landscape. Supraregional and climate-specific types of debris accumulation are distinguished and it is recognized that the debris accumulations of the Karakoram and the Himalayas resemble each other more closely with increasing elevation.

The core of the study is the dominant role played by past glaciation in the formation of Postglacial debris accumulations in the high mountains of Asia. This glacial-history-oriented concept of debris accumulation stands in sharp contrast to previous opinions about the genesis of the debris accumulation landscape in the extreme high mountains of Asia. The study shows that at many places morainic deposits mask extensive portions of the valley sides up to several hundred metres above the valley floor. These moraines are the main debris sources and exert a strong influence on, or even suppress, the purely slope-related formation of debris accumulations. Resedimentation of morainic material in combination with additional talus delivery leads to numerous characteristic composite types of debris accumulations, which are here termed transitional glacial debris accumulations. Various stages in the transition from moraine to slope-related debris accumulations were observed, making it necessary to consider the evolutionary element in the development of debris accumulations by taking into account both genetic series of debris accumulations and formations of debris accumulations. A significant proportion of debris accumulations are also due to collapse processes which result from pressure release at the valley sides after deglaciation and occur in the course of glacial trough valleys being transformed into more stable fluvial V-shaped valleys.

The residual morainic landscape has left debris accumulations that are basically similar in study areas of different climate – i.e. in the Hindu Kush and the Karakoram on the one hand, and the Himalayas on the other. The age classification of the debris accumulations was based on the location of the slope-derived debris accumulations in relation to the corresponding stages of glaciation.

LITERATURVERZEICHNIS

ABEL, O. (1899): Einige Worte über die Entstehung der Bachmure des Ferschbachtales im Ober-Pinzgau. In: Verh. R. A., 296 ff.

ABELE, G. (1974): Bergstürze in den Alpen, ihre Verbreitung, Morphologie und Folgeerscheinungen. In: Wissenschaftliche Alpenvereinshefte, Heft 25, 230 S.

ABELE, G. (1981): Trockene Massenbewegungen, Schlammströme und rasche Abflüsse. Dominante morphologische Vorgänge in den chilenischen Anden. In: Mainzer Geographische Studien, Heft 23.

ABELE, G. (1994): Felsgleitungen im Hochgebirge und ihr Gefahrenpotential. In: Geographische Rundschau, Jahrgang 46, Juli/August 1994, Heft 7–8, 414–421.

AHNERT, F. (1996): Einführung in die Geomorphologie. Verlag Eugen Ulmer Stuttgart, 440 S.

BALLANTYNE, C.K. & D.I. BENN (1994): Paraglacial slope adjustment and resedimentation following glacier retreat, Fabergstolsdalen, Norway. In: Arctic & Alpine Research, 25, 255–269.

BALLANTYNE, C.K. & D.I. BENN (1996): Paraglacial Slope Adjustment during Recent Deglaciation and Its Implications for Slope Evolution in Formerly Glaciated Environments. In: M.G. Anderson & S.M. Brooks (Eds.): Advances in Hillslope processes, Vol. 2, 1173–1195.

BARGMANN, A. (1895): Der jüngste Schutt der nördlichen Kalkalpen in seinen Beziehungen zum Gebirge, zu Schnee und Wasser, zu Pflanzen und Menschen. In: Wissenschaftliche Veröffentlichung des Vereines für Erdkunde zu Leipzig.

BEATY, C.B. (1961): Topographic effects of faulting: Death Valley, California. In: Annals, Association of American Geographers, 53, 516–535.

BEATY, C.B. (1970): Age and estimated rate of accumulation of an alluvial fan, White Mountains, California, USA. In: American Journal of Science, 268, 50–70.

BEATY, C.B. (1974): Debris flows, alluvial fans and revitalised catastrophism. In: Zeitschrift für Geomorphologie, Suppl. 21, 39-51.

BEATY, C.B. (1990): Anatomy of a White Mountain debris flow – the making of an alluvial fan. In: Rachocki, H.A. & M. Church (Eds.): Alluvial fans – a field approach. New York–Wiley, 69–90.

BEHRE, H. (1933): Talus Behaviour above Timber in the Rocky Mountains. In: Journal of Geology, Vol. 41, 622–635.

BESCHEL, R. (1950): Flechten als Altersmaßstab rezenter Moränen. In: Zeitschrift für Gletscherkunde und Glazialgeologie, Bd. 1, 152–162.

BLACKWELDER, E. (1928): Mudflow as a geologic agent in semi-arid mountains. In: Bulletin of the Geological Society of America 39, 465–484.

BLACKWELDER, E. (1931): Desert plains. In: Journal of Geology 39, 133–140.

BLACKWELDER, E. (1942): The process of mountain sculpture by rolling debris. In: Journal of Geomorphology 5.

BLACKWELDER, E. (1948): Historical significance of desert laquer. In: Geological Society of American Bulletin 59, 1367.

BLAIR, T.C. & MCPHERSON, J.G. (1994): Alluvial Fan Processes and Forms. In: Abrahams, A.D. & Parsons, A.J. (Ed.) (1994): Geomorphology of desert environments, 354–402.

BOESCH, H. (1974): Untersuchungen zur Morphogenese im Kathmandu Valley. In: Geogr. Helv., 29, Bd. 15–26.

BOHLE, H.-G. & B. PILARDEUX (1993): Jahrhundertflut in Pakistan, September 1992. Chronologie einer Katastrophe. In: Geographische Rundschau, 45, Heft 2, 124–126.

BONES, J.G. (1973): Process and sediment size arrangement on high arctic talus slopes, Southwest Devon Island, Northwest Territories, Canada. In: Arctic and Alpine Research 5, 29–40.

BORDET, P. (1961): Recherches géologiques dans l'Himalaya du Népal, région du Makalu. C.N.R.S., Paris, 275 S.

BREITENLOHNER, J. (1883): Wie Murbrüche entstehen, was sie anrichten und wie man sie bändigt. Wien.

BREMER, H. (1989): Allgemeine Geomorphologie. Methodik – Grundvorstellungen – Ausblick auf den Landschaftshaushalt. Gebrüder Borntraeger, Berlin – Stuttgart. 450 S.

BRENNER, D.-C. (1971): Schutthalden Alpen-Arktis. In: Geogr. Helv. 26/3.

BRUCKL, E., BRUNNER, F.K., GERBER, E. & A.E. SCHEIDEGGER (1974): Morphometrie einer Schutthalde. In: Mitteilungen Öst. Geogr. Gesell. 116, 79–96.

BRUCKER, A. (1988): Bergkatastrophen in den Alpen. In: Praxis Geographie, Heft 7–8, 48–51.

BRUNSDEN, D. (1979): Weathering. In: Embleton, C. & J. Thornes (Eds.) (1979): Process in geomorphology. 73–129.
BRUNSDEN, D., JONES, D.K.C., MARTIN, R.P. & J.C. DOORNKAMP (1981): The geomorphology of part of the Low Himalaya of Eastern Nepal. In: Zeitschrift für Geomorphologie, Supplementband 37, 25–72.
BRUNSDEN, D., JONES, D.K.C. & A.S. GOUDIE (1984): Particle size distribution on the debris slopes of the Hunza Valley. In: K.J. Miller (Ed.)(1984): The International Karakoram Project, Vol. 2, 536–580.
BRYAN, K. (1934): Geomorphic Processes at High Altitudes (Protalus moraine – Talus). In: Geographical Revue 24, 655–656.
BULL, W.B. (1964): Geomorphology of segmented alluvial fans in western Fresno County, California. In: US Geological Survey Professional Paper, 352-E, 89–129.
BULL, W.B. (1975a): Allometric change of landforms. In: Geological Society American Bulletin, Bd. 86, 1489–1498.
BULL, W.B. (1975b): Landforms That Do Not Tend To a Steady State. In: Melhorn, W.N. & Flemal, R.C. (Eds.): Theories of Landform Development. A Proceedings Volume of the Sixth Annual Geomorphology Symposia Series held at Binghamton, New York, September 26–27, 1975, 111–128.
BULL, W.B. (1977): The Alluvial fan environment. In: Progress in Physical Geography, 1, 222–270.
BULL, W.B. (1991): Geomorphic Responses to Climatic Change. Oxford University Press, 326 S.
BULL, W.B. & L.D. MCFADDEN (1977): Tectonic geomorphology north and south of the Garlock Fault, California. In: Doehring, D.O. (Ed.): Geomorphology in Arid Regions. Proceedingsvolume of the Eighth Annual Geomorphology Symposium held at the State University of New York, Binghamton, 115-138.
BUNZA, G. (1975): Klassifizierung alpiner Massenbewegungen als Beitrag zur Wildbachkunde. In: Internationales Symposium Interpraevent 1975, Bd. 2, Innsbruck, 329–343.
BUNZA, G., KARL, J. & J. MANGELSDORF (1976): Geologisch-morphologische Grundlagen der Wildbachkunde. In: Schriftenreihe der Bayerischen Landesstelle für Gewässerkunde, München, Heft 11, 128 S.
BURBANK, D.W. & M.B. FORT (1985): Bedrock control on glacial limits: examples from the Ladakh and Zanskar ranges, north-western Himalaya, India. In: Journal of Glaciology, 31, 143–149.
BURRARD, S.G. & H.H. HAYDEN (1980/1. Auflage 1932): Geography and Geology of Himalayan Mountains and Tibet. Gian Publications. 308 S.
CARPENTER, R.H. & HAYES, W.B. (1978): Precipitation of iron and manganese, zinc and copper on clean, ceramic surfaces in a stream draining a polymetallic sulfide deposit. In: Journal of Geochemical Exploration 9, 31–37.
CARSON, M.A. (1976): Mass-wasting, slope development & climate. In: Derbyshire, E. (Ed.): Geomorphology & Climate. John Wiley & Sons, 101–136.
CATTO, N.R. (1993): Morphology and development of an alluvial fan in a permafrost region, Aklavik Range, Canada. In: Geografiska Annaler 75 A, 83–92.
CHORLEY, R.J., SCHUMM, S.A. & D.D. SUDGEN (1984): Geomorphology. Methuen & Co., Ltd., London, 605 S.
CHARLES, C. (1985): La Vallée de Hunza. Karakorum. Thèse de Doctorat de 3'e Cycle. Université de Grenoble I. Institut de Geographie Alpine.
CHINN, T.J.H. (1981): Use of rock weathering and rind thickness for Holocene absolute age dating in New Zealand. In: Arctic Alpine Research 13, 33–45.
CHURCH, M. & J.M. RYDER (1972): Paraglacial sedimentation, a consideration of fluvial processes conditioned by glaciation. In: Geological Society of America Bulletin, 83, 3059–3072.
CLARKE, A.O. (1989): Neotectonics and stream piracy on the Lytle Creek Alluvial Fan, Southern California. In: California Geographer 29, 21–42.
CROZIER, M.J. (1986): Landslides: causes, consequences & environment. Crom Helm, London, Sydney, Dover, Newhampshire.
CZAJKA, W. (1958): Schwemmfächerbildung und Schwemmfächerformen. In: Mitteilungen der Geographischen Gesellschaft Wien, Bd. 100, Heft I/II, 18–36.
DAINELLI, G. (1922–1934): Relazione Scientifiche della Spedizone italiana de Filippi, nell'Himalaia, Caracorum e turchestan Cinese 1913-14) serei II. Resultati geologici e geografici, 10 volumes, Bologna.

DAINELLI, G. (1932): A journey to the glaciers of the eastern Karakorum. In: Geographical Journal 79, 257–274.
DALY, R.A. (1912): Geology of the North American Cordillera at the forty-ninth parallel. In: Geological Survey Canada Mem. 38, 857 S.
DAVIS, W.M. (1905): The geographical cycle in an arid climate. In: Journal of Geology 13, 381–405.
DAVIS, W.M. (1912): Die erklärende Beschreibung der Landformen. Leipzig und Berlin. Druck & Verlag von B.G. Teubner.
DENNY, C.S. (1965): Alluvial fans in the Death Valley region of California and Nevada. In: US Geological Survey Professional Paper 466, 62 S.
DENNY, C.S. (1967): Fans and pediments. In: American Journal of Science, 265, 81–105.
DEPARTMENT OF IRRIGATION, HYDROLOGY AND METEOROLOGY (1971-84): Climatological Records of Nepal, Vol. 1, Ministry of Water Recources (Ed.), Kathmandu.
DERBYSHIRE, E. (1984): Sedimentological Analysis of Glacial and Proglacial Debris: A Framework for the Study of Karakoram Glaciers. In: Miller, K.J. (Ed.): The International Karakoram Project. Vol. 1, Cambridge University Press, 347–364.
DERBYSHIRE, E., LI JIJUN, PERROTT, F.A., XU SUYING & R.S. WATERS (1984): Quaternary Glacial History of the Hunza Valley, Karakoram Mountains, Pakistan. In: Miller, K.J. (Ed.): The International Karakoram Project. Vol. 2, Cambridge University Press, 456–495.
DERBYSHIRE, E. & L.A. OWEN (1990): Quaternary alluvial fans in the Karakoram Mountains. In: Rachocki, A.H. & M. Church (Eds.) (1990): Alluvial fans – A field approach. New York – Wiley, 27–54.
DESIO, A. (1966): The Devonian Sequence in Mastuj Valley, Chitral, N.W.Pakistan. In: Riv. Ital. Paleontal., 72, 295–320.
DESIO, A. (1974): Karakoram Mountains. In: Geological Society London. Spec. Paper (4), 254–267.
DESIO, A. & E. MARTINA (1972): Geology of the Upper Hunza Valley, Karakorum, West Pakistan. In: Bull. Soc. Geol. Ital. (91), 283–314.
DORN, R.I. & T.M. OBERLANDER (1981): Rock varnish origin, characteristics and usage. In: Zeitschrift für Geomorphologie, NF 25, 420–436.
DORN, R.I. & T.M. OBERLANDER (1982): Rock varnish. In: Progress in Physical Geography, Vol. 6, 317–367.
DORN, I.R. (1994): Alluvial fans as an indicator of climatic change. In: Abrahams, A.D. & A.J. Parsons (Eds.): Geomorphology of Desert Environments. Chapman & Hall, London, 593–615.
DORN, I.R. (1996): Climatic Hypotheses of Alluvial-fan Evolution in Death Valley Are Not Testable. In: Rhoads, B.L. & C.E. Thorn (Eds.): The scientific nature of geomorphology, 191–220.
DORN, R.I. & WHITLEY, D.S. (1983): Cation-ratio dating of petroglyphs from the Western Great Basin, North America. In: Nature 302, 816–818.
DREW, F. (1873): Alluvial and lacustrine deposits and glacial records of the Upper Indus Basin. In: Geological Society of London Quarterly Journal 29, 441–71.
DREW, F. (1875): The Jumoo and Kashmir Territories. A Geographical Account. Akademische Druck- und Verlagsanstalt, Graz, 568 S.
DRONIA, H. (1978): Gesteinstemperaturmessungen im Himalaya mit einem Infrarot-Thermometer. In: Zeitschrift für Geomorphologie, N.F. 22, 1, 101–114.
DRONIA, H. (1979): Gesteinstemperaturmessungen im Ladakh-Himalaya mit einem Infrarot-Thermometer. In: Zeitschrift für Geomorphologie, N.F. 23, 4, 461–475.
DROZDOWSKI, E. (1989): Observations of debris transport and discharge on K2 Glacier, West China – Implications for a depositional Model of the Karakorum Valley Glaciers. In: Quaestiones Geographicae, Special Issue 2, 31–47.
DUILE, J. (1826): Über Verbauung der Wildbäche in Gebirgsländern, vorzüglich in der Provinz Tirol und Vorarlberg. (1. Auflage). Innsbruck.
DÜRR, E. (1970): Kalkalpine Sturzhalden und Sturzschuttbildung in den westlichen Dolomiten. Dissertation der Eberhard-Karls-Universität zu Tübingen. 120 S.
ECKIS, R. (1928): Alluvial fans in the Cucamonga district, Southern California. In: Journal of Geology 36, 111–141.
ELVIDGE, C.D. & C.B. MOORE (1979): A model for desert varnish. In: Geological Society of America, Abstracts with programs, 11, 271.
ENGEL, G.E. & R. SHARP (1958): Chemical data on desert varnish. In: Bulletin of the Geological Society of America, 69, 487–518.
EVANS, S.G. & J.J. CLAGUE (1988): Catastrophic rock avalanches in glacial environments. In:

Bonnard, C. (Ed.): Landslides. Proceedings of the 5th International Symposium on Landslides. Rotterdam, Balkema, 1153–1158.

FAIDUTTI-RUDOLPH, A.M. (1966): Les rôles relatifs de la structure et de l'érosion dans la morphologie du massif du Grand Paradis. In: Revus de Géographie Alpine, T. LIV, 1, 543–575, Grenoble.

FERGUSON, R.I. (1984): Sediment load of the Hunza River. In: Miller K.J. (Ed.): The International Karakoram Project, Vol. 2., Cambridge University Press, 581–598.

FINSTERWALDER, R. (1935): Forschungen am Nanga Parbat. Deutsche Himalaya-Expedition 1934. Sonderveröffentlichung der Geographischen Gesellschaft zu Hannover, 143 S.

FINSTERWALDER, R. (1936): Die Formen der Nanga Parbat-Gruppe. Topographisch-morphologische Begleitworte zu den Karten der Nanga Parbat-Gruppe. In: Zeitschrift der Gesellschaft für Erdkunde zu Berlin, 321–340.

FINSTERWALDER, R. (1938): Die geodätischen, gletscherkundlichen und geographischen Ergebnisse der Deutschen Himalaya-Expedition 1934 zum Nanga Parbat. Deutsche Forschung. Schrift der Deutschen Forschungsgemeinschaft, Neue Folge, Band 2, 201 S.

FISCHER, K. (1965): Murkegel, Schwemmkegel und Kegelsimse in den Alpentälern. In: Mitteilungen der Geographischen Gesellschaft München, Bd. 50, 127–159.

FLECK, L. (1935): Entstehung und Entwicklung einer wissenschaftlichen Tatsache. Einführung in die Lehre von Denkstil und Denkkollektiv. Benno Schwabe & Co. Verlagsbuchhandlung, 150 S.

FLOHN, H. (1969): Zum Klima und Wasserhaushalt des Hindukush und der benachbarten Hochgebirge. In: Erdkunde 23, 205–215, Bonn.

FORT, M. (1982): Geomorphological observations in the Ladakh area (Himalaya): Quaternary evolution and present dynamics. In: Contribution to Himalayan Geology, Vol. 2, 39–58.

FORT, M. (1986): Glacial extension and catastrophic dynamics along the Annapurna Front, Nepal Himalaya. In: M. Kuhle (Ed.): Internationales Symposium über Tibet und Hochasien vom 8.–11.Oktober 1985 im Geogr. Inst. d. Univ. Göttingen, 105–125 (= Göttinger Geographische Abhandlungen, Heft 81).

FORT, M. (1987): Sporadic morphogenesis in a continental subduction setting: an example from the Annapurna Range, Nepal Himalaya. In: Zeitschrift für Geomorphologie, Supplementband 63, 9–36.

FORT, M. & J.-P. PEULVAST (1995): Catastrophic Mass-movements and Morphogenesis in the Peri-Tibetan Ranges: Examples from West Kunlun, East Pamir and Ladakh. In: O. Slaymaker (Ed.): Steepland Geomorphology. John Wiley & Sons. 171–198.

FRIEDEL, H. (1935): Beobachtungen an Schutthalden der Karawanken. In: Carinthia II, Klagenfurt. 21-33.

FROMME, G. (1952): Alte Gletscherstände und Schutthaldenbildung im Hochgebirge. In: Zeitschrift für Gletscherkunde, 113–117.

FROMME, G. (1955): Kalkalpine Schuttablagerungen als Elemente nacheiszeitlicher Landschaftsformung im Karwendelgebirge. In: Veröff. d. Museums Ferdinandeum Innsbruck 35, 5–130.

FRECH, F. (1898): Über Muren. In: Zeitschrift des Deutschen und Österreichischen Alpen-Vereines. Bd. 29, 1–26.

FURRER, G.H. (1965): Die Höhenlage von subnivalen Bodenformen, untersucht in den Bündner und Walliser Alpen und verglichen mit den Verhältnissen im oberen Braldo- und Biafotal (Karakorum). Ferd. Dümmlers Verlag, Bonn, 78 S.

FURRER, G.H. (1986): Solifluidale Bodenformen und Gliederung der subnivalen Höhenstufe in Braldo und Biafotal (Karakorum). In: Göttinger Geographische Abhandlungen 81, 143–144.

GAMPER, M. (1985): Morphochronologische Untersuchungen an Solifluktionszungen, Moränen und Schwemmkegeln in den Schweizer Alpen. In: Physische Geographie, Vol. 17, Zürich.

GAMPER, M. (1987): Postglaziale Schwankungen der geomorphologischen Aktivität in den Alpen. In: Geographica Helvetica 42, 77–80.

GANSSER, A. (1964): Geology of the Himalayas. L.U. de Sitter. Interscience Publishers 289 S.

GARDNER, J. (1971): Morphology and sediment characteristics of mountain debris slopes in the Lake Louise district. In: Zeitschrift für Geomorphologie, NF 15, 390–402.

GARDNER, J.S. & K. HEWITT (1990): A surge of Bualtar glacier, Karakoram Range, Pakistan: A possible landslide trigger. In: Journal of Glaciology, Vol. 36, Nr. 123, 159–162.

GARDNER, J.S. & N.K. JONES (1993): Sediment transport and yield at the Raikot Glacier, Nanga Parbat, Punjab Himalaya. In: J.F. Shroder Jr. (Ed.), Himalaya to the Sea. Routledge Press. London, 183–197.

GARLEFF, K. & H. STINGL (1983): Hangformen und Hangformung in der periglazialen Höhenstufe der Argentinischen Anden zwischen 27° und 55° südlicher Breite aus Mesoformen des Reliefs im heutigen Periglazialraum. In: Poser, H. & E. Schunke (Hrsg.): Mesoformen des Reliefs im heutigen Periglazialraum, 425–434.

GATTINGER, T.E. (1961): Geologischer Querschnitt des Karakorum vom Indus zum Shaksgam. Geologische Ergebnisse der Österreichischen Himalaya-Karakorum-Expedition 1956. Jahrbuch der Geologischen Bundesanstalt, Sonderband 6, 3–118.

GATTINGER, T.E. (1975): Geologisch-tektonisch bedingte Typen von Massenbewegungen. In: Interpraevent 2, 61–64.

GERBER, E. (1934): Zur Morphologie wachsender Wände. In: Zeitschrift für Geomorphologie, Bd. VIII/5.

GERBER, E. (1963): Über Bildung und Zerfall von Wänden. In: Geogr. Helvetica XVIII, 331–345.

GERBER, E. (1969): Bildung und Formung von Gratgipfeln und Felswänden in den Alpen. In: Zeitschrift für Geomorphologie, Supplementband 8, 94–118.

GERBER, E. (1974): Klassifikation von Schutthalden. In: Geogr. Helvetica 29, 73–82.

GERBER, E. & SCHEIDEGGER, A. (1966): Bewegungen in Schuttmantelhängen. In: Geogr. Helvetica 21, 20–31.

GOUDIE, A.S. (1984): Salt efflorences and salt weathering in the Hunza Valley, Karakoram mountains, Pakistan. In: K.J. Miller (Ed.): The International Karakoram Project, Vol. 2, Cambridge University Press, 607–615.

GOUDIE, A.S., BRUNSDEN, D., COLLINS, D.N., DERBYSHIRE, E., FERGUSON, R.I., HASHMET, Z., JONES, D.K.C., PERROTT, F.A., SAID, M., WATERS, R.S & W.B. WHALLEY (1984a): The geomorphology of the Hunza Valley, Karakorm mountains, Pakistan. In: K.J. Miller (Ed.): The International Karakoram Project, Vol. 2, Cambridge University Press, 359–410.

GOUDIE, A.S., JONES, D.K.C. & D. BRUNSDEN (1984b): Recent fluctuations in some glaciers of the Western Karakoram mountains, Hunza, Pakistan. In: K.J. Miller (Ed.): The International Karakoram Project, Vol. 2, Cambridge University Press, 411–455.

GRÖTZBACH, E. (1965): Beobachtungen an Blockströmen im afghanischen Hindukusch und in den Ostalpen. In: Mitt. Geogr. Ges. München, Bd. 50, 175–201.

GRUBER, G. (1968/69): In den Tälern Nordost-Chitrals. In: Berge der Welt 17, 65–82. Zürich.

GRUBER, G. (1977): Gletscher und Schneegrenze in Chitral. In: Gruber, G. et al. (Hrsg.), Studien zur allgemeinen und regionalen Geographie. Frankfurt/M.: Institut für Wirtschafts- und Sozialgeographie (= Frankfurter Wirtschafts- und Sozialgeographische Schriften 26), 97–139.

HABERLAND, W. (1975): Untersuchungen an Krusten, Wüstenlacken und Polituren auf Gesteinsoberflächen der mittleren Sahara (Libyen u. Tschad). In: Berliner Geogr. Abh. 21, 71 S.

HACK, J.T. (1960): Interpretation of erosional topography in humid temperate regions. In: American Journal of Science, 258-A, 80–97.

HAGEN, T. (1954): Über die Gebirgsbildung und Talsysteme im Nepal Himalaya. In: Geographica Helvetica 9, 325–332.

HAGEN, T. (1969): Report on the geological survey of Nepal. In: Denkschrift d. Schweizer. Natforsch. Gesellschaft, Band 86, 1, Zürich.

HANNß, C. (1967): Die morphologischen Grundzüge des Ahrntales. Tübinger Geographische Studien, Heft 23, 144 S.

HARTMANN-BRENNER, D.-C. (1973): Ein Beitrag zum Problem der Schutthaldenentwicklung an Beispielen des Schweizerischen Nationalparks und Spitzbergens. Dissertation der Universität Zürich. 134 S.

HASERODT, K. (Hrsg.) (1989): Hochgebirgsräume Nordpakistans im Hindukusch, Karakorum und Westhimalaya: Beiträge zur Natur- und Kulturgeographie. Beiträge und Materialien zur Regionalen Geographie, 2, Berlin.

HASERODT, K. (1989a): Chitral (pakistanischer Hindukusch). Strukturen, Wandel und Probleme eines Lebensraumes im Hochgebirge zwischen Gletschern und Wüste. In: Haserodt, K. (Hrsg.): Hochgebirgsräume Nordpakistans im Hindukusch, Karakorum und Westhimalaya: Beiträge zur Natur- und Kulturgeographie. Beiträge und Materialien zur Regionalen Geographie, 2, 43–180, Berlin.

HASERODT, K. (1989b): Zur pleistozänen und postglazialen Vergletscherung zwischen Hindukusch, Karakorum und West-Himalaya. In: Haserodt, K. (Hrsg.): Hochgebirgsräume Nordpaki-

stans im Hindukusch, Karakorum und Westhimalaya: Beiträge zur Natur- und Kulturgeographie. Beiträge und Materialien zur Regionalen Geographie, 2, 181–233, Berlin.
HASERODT, K. (Hrsg.) (1994): Physisch-geographische Beiträge zu Hochgebirgsräumen Nordpakistans und der Alpen. Beiträge und Materialien zur Regionalen Geographie, 7, Berlin.
HASERODT, K. (1994a): Lawinenfußgruben und Lawinenfußschuttwälle im oberen Kaghan-Tal (Westhimalaya, Pakistan). In: Haserodt, K. (Hrsg.): Physisch-geographische Beiträge zu Hochgebirgsräumen Nordpakistans und der Alpen. Beiträge und Materialien zur Regionalen Geographie, 7, 115–127, Berlin.
HEDIN, S. (1922): Southern Tibet. VII: History of exploration in the Kara-Korum Mountains. Leipzig.
HEIM, A. (1874): Einiges über die Verwitterungsformen der Berge. In: Neujahrsblatt hrsg. von der Naturforschenden Gesellschaft auf das Jahr 1874, LXXVI, 1–33.
HEIM, A. (1932): Bergsturz und Menschenleben. In: Vierteljahrsschr. der Naturforschenden Gesellschaft, Zürich, 218 S.
HERMANN, U. (1982): Knaurs etymologisches Lexikon: 10 000 Wörter unserer Gegenwartssprache. 520 S.
HEUBERGER, H. (1956): Beobachtungen über die heutige und eiszeitliche Vergletscherung in Ostnepal. In: Zeitschrift für Gletscherkunde und Glazialgeologie, Bd. 3, 349–364.
HEUBERGER, H. (1986): Der Bergsturz von Kumdschung, Mount-Everest-Gebiet, Nepal. In: Material und Technik, Separatdruck aus Jg. 14, Nr. 3, 175–181.
HEWITT, K. (1968): The freeze-thaw environment of the Karakorum-Himalaya. In: Canadian Geographer, 12, 85–98.
HEWITT, K. (1988): Catastrophic Landslides Deposits in the Karakoram Himalaya. In: Science 242, 64–67.
HEWITT, K. (1989): The altitudinal organisation of Karakoram geomorphic processes and depositional environments. In: Zeitschrift für Geomorphologie, Supplementband 76, 9–32.
HEWITT, K. (1993): Mountain Chronicles. Torrential Rains in Central Karakorum, 9–10. September 1992. Geomorphological Impact and Implications for Climatic Change. In: Mountain Research and Development 13, 371–375. Boulder, Colo.
HEWITT, K. (1995): Holocene Development of Himalaya Indus Streams: The Geomorphology of Glacier and landslide- „Interrupted" Fluvial Systems. In: Abstract Volume of the Culture Area Karakorum-International Symposium, Islamabad, 21–23.
H.M.G. of Nepal (1968), Dept. of Hydrology and Meteorology: Climatological Records of Nepal, Kathmandu.
HÖGBOM, B. (1912): Wüstenerscheinungen auf Spitzbergen. In: Bulletin of the Geological Institute of Upsala, Vol. XI, 242–251.
HÖGBOM, B. (1914): Über die geologische Bedeutung des Frostes. In: Bulletin of the Geological Institute of Upsala, Vol. XII.
HÖLLERMANN, P.W. (1964): Rezente Verwitterung, Abtragung und Formenschatz in den Zentralalpen am Beispiel des oberen Suldentales (Ortlergruppe). In: Zeitschrift für Geomorphologie, Supplementband 4, 257 S.
HÖLLERMANN, P.W. (1967): Zur Verbreitung rezenter periglazialer Kleinformen in den Pyrenäen und Ostalpen. In: Göttinger Geographische Abhandlungen, 198 S.
HÖLLERMANN, P.W. (1985): The periglacial belt of mid-latitude from a geoecological point of view. In: Erdkunde 39, 259–270.
HONEGGER, K.H. (1983): Strukturen und Metamorphose im Zanskar Kristallin (Ladakh-Kashmir, Indien). Dissertation d. Eidgenössischen Technischen Hochschule Zürich, 117 S.
HORMANN, K. (1974): Die Terrassen an der Seti-Khola. Ein Beitrag zur Quartären Morphogenese in Zentral-Nepal. In: Erdkunde, 28, 161–175.
HORMANN, K. (1986): Die Niederschlagsverteilung in den westlichen Himalaya-Ländern. In: Göttinger Geographische Abhandlungen 81, 167–183.
HOOKE, R.L. (1968): Steady-state relationships on arid-region alluvial fan in closed basins. In: American Journal of Science 266, 609–629.
HOOKE, R.L. (1972): Geomorphic evidence for late Wisconsin and Holocene tectonic deformation, Death Valley, California. In: Geological Society of American Bulletin 83, 2073–2098.
HOOKE, R.L. & R.I. DORN (1992): Segmentation of alluvial fans in Death Valley, California: new insights from surface-exposure dating and laboratory modelling. In: Earth Surface Processes and Landforms 17, 557–574.

HOOKE, R.L. & W.L. ROHRER (1979): Geometry of alluvial fans: effect of discharge and sediment size. In: Earth Surface Processes 4, 147–166.

HORWITZ, L. (1911): Contributions à l'étude des cônes déjections dans la vallée du Rhône. In: Bulletin de la Société Vaudoise des sciences naturelles 5me ser. vol. 47.

HÖVERMANN, J. (1962): Über Verlauf und Gesetzmäßigkeit der Strukturbodenobergrenze. In: Biul. Periglacjalny 11, 201–207.

HÖVERMANN, J. (1985): Das System der klimatischen Geomorphologie auf landschaftskundlicher Grundlage. In: Zeitschrift für Geomorphologie N.F., Suppl. Bd. 56, 143–153.

HUGHES, R.E. (1984): Yasin Valley: The analysis of geomorphology and building types. In: K.J. Miller (Ed.)(1984): The International Karakoram Project, Vol. 2, Cambridge University Press, 253–288.

HUMBOLDT, A. von (1807): Ideen zu einer Geographie der Pflanzen nebst einem Naturgemälde der Tropenländer von Al. von Humboldt und A. Bonpland. Bearbeitet und herausgegeben von dem erstern. Tübingen und Paris.

HUMPHREY, N.F. & P.L. HELLER (1995): Natural oscillations in coupled geomorphic systems: an alternative origin for cyclic sedimentation. In: Geology 23, 499–502.

ITURRIZAGA, L. (1994): Das Naturgefahrenpotential in der Talschaft Shimshal, NW-Karakorum. Unveröffentlichte Diplomarbeit, Universität Göttingen. 2 Bände. 210 S.

ITURRIZAGA, L. (1996): Über das Naturgefahrenpotential für die Hochgebirgssiedlung Shimshal (3080 m), Nord-West-Karakorum. In: Die Erde, 127, Heft 3, 205–220.

ITURRIZAGA, L. (1997a): Glacier outburst floods threatening the settlement Shimshal (North-West-Karakorum). In: Mahanta, K.C. (Ed.), People of the Himalayas, Journal of Human Ecology, Special Issue No. 6, 69–76.

ITURRIZAGA, L. (1997b): The Valley of Shimshal – A Geographical Portrait of a Remote High Mountain Settlement And Its Pastures with reference to environmental habitat conditions in the North West Karakorum. In: M. Kuhle (Ed.): GeoJournal, Tibet and High Asia IV, vol. 42, 2/3, 305–328.

ITURRIZAGA, L. (1997c): The distribution of debris accumulations in the Rakhiot Valley, Nanga Parbat-N-Side (Pakistan). In: Marburger Geographische Schriften (in press).

ITURRIZAGA, L. (1998a): Preliminary Results of Field Observations on the Typology of Postglacial Debris Accumulations in the Karakorum and Himalaya Mountains. In: Stellrecht, I. (Ed.), Karakorum – Hindukush – Himalaya, Dynamics of Change. Rüdiger Köppe Verlag Köln (=Culture Area Karakorum Scientific Studies, vol. 4, part 1), 71–98.

ITURRIZAGA, L. (1998b): Gletscher als Existenzgrundlage und Gefährdungspotential für die Hochgebirgssiedlung Shimshal im Nordwestkarakorum. In: Petermanns Geographische Mitteilungen, Bd. 3 + 4, Vol. 142, 233–239, Justus Perthes Verlag Gotha.

IVES, J.D. & B. MESSERLI (1989): The Himalayan Dilemma. Reconciling development and conservation. London and New York.

JACOBSEN, J.P. (1990): Die Vergletscherungsgeschichte des Manaslu Himalayas und ihre klimatische Ausdeutung. In: GeoAktuell Forschungsarbeiten, Bd. 1, 1990, 82 S.

JAHN, A. (1983): Periglaziale Schutthänge. Geomorphologische Studien in Spitzbergen und Nord-Skandinavien. In: Poser, H. & E. Schunke (Hrsg.): Mesoformen des Reliefs im heutigen Periglazialraum, 182–198.

JANSSON, P. JACOBSON, D. & R.L. HOOKE (1993): Fan and playa areas in Southern California and adjacent parts of Nevada. In: Earth Surfaces and Landforms, 18, 108–119.

JESSEN, O. (1930): Der Vergleich als ein Mittel geographischer Schilderung und Forschung. In: Petermanns Geographische Mitteilungen, Ergänzungs-Heft, 209, 17–28.

JOHNSON, P.G. (1984): Paraglacial conditions of instability and mass movement. A discussion. In: Zeitschrift für Geomorphologie 28 (2), 235–250.

KALVODA, J. (1979): The Quaternary history of the Barun glacier, Nepal Himalayas. In: Vestnik Ustredniho ustavu geologickeho 54, 1, 11–23.

KALVODA, J. (1984): The nature of geomorphic processes in the Himalayas and Karakoram. In: Studia Geomorphologica Carpatho-Balcanica. Vol. XVIII, Krakow 1984, 45–64.

KALVODA, J. (1992): Geomorphology record of the Quaternary orogeny in the Himalaya and the Karakoram. Developments in Earth Surface Processes 3, 315 S.

KALVODA, J. & L. SMOLÍKOVÁ (1981): A note on the weathering processes in the East Nepal Himalayas. In: Journal of Nepal Geological Society, 1, 2, 18–26.

KELLETAT, D. (1969): Verbreitung und Vergesellschaftung rezenter periglazialer Kleinformen in den Pyrenäen und Ost-Alpen. In: Göttinger Geographische Abhandlungen 48, 114 S.

KHACHER, L. (1979): Nanda Devi Sanctuary – a naturalist's report. In: Himalayan Journal 35, 191-209.

KICK, W. (1985): Geomorphologie und rezente Gletscheränderungen in Hochasien. In: Hartl, W. & W. Engelschalk (Hrsg.) (1985): Geographie. Naturwissenschaft und Geisteswissenschaft = Regensburger Geographische Schriften, Heft 19/20, 53–77.

KICK, W. (1996): Forschung am Nanga Parbat – Geschichte und Ergebnisse. In: Beiträge und Materialien zur Regionalen Geographie, Heft 8, Berlin, 1–134.

KIENHOLZ, H., HAFFNER, H. & G. SCHNEIDER (1982): Zur Beurteilung von Naturgefahren und der Hanglabilität. Ein Beispiel aus dem nepalischen Hügelland. In: Giessener Beiträge zur Entwicklungsforschung 1 (8), 35–57.

KIESLINGER, A. (1960): Gesteinsspannung und ihre technischen Auswirkungen. In: Zeitschrift der deutschen geologischen Gesellschaft 112, 164–170.

KLEBELSBERG, R. v. (1937): Südtiroler Landschaften: Vintschgau. Zeitschrift des DÖAV, 197–206.

KLEINERT, CH. (1983): Siedlung und Umwelt im zentralen Himalaya. Geoecological Research 4, Wiesbaden, 269 S.

KLUTE, F. & L.M. KRASSER (1940): Über Wüstenlackbildung im Hochgebirge. In: Petermanns Geographische Mitteilungen 86, 21–26.

KNAUSS, K.G. & T.L. KU (1980): Desert varnish: potential for age dating via uranium-series isotopes. In: Journal of Geology, 88: 95–100.

KNOBLICH, K. (1967): Mechanische Gesetzmäßigkeiten beim Auftreten von Hangrutschungen. In: Zeitschrift für Geomorphologie, N.F. 11, 286–299.

KOCH, G.A. (1875): Über Murbrüche in Tirol. Jb. R. A.

KOCH, G.A. (1878): Über eigentümliche Eis- und Reifbildungen im lockeren Gebirgsschutt während der warmen Jahreszeit. Mitt. d. D. u. Ö. A.-B. 1878. S. 225.

KOEGEL, L. (1920): Beobachtungen an Schuttkegeln aus den Ammergauer Bergen. In: Mitteilungen der Geographischen Gesellschaft München, Bd. XIV, 97–118.

KOEGEL, L. (1924): Der Schuttmantel unserer Berge. (Sein Werden, Wandel und Seine Bedeutung). In: Zeitschrift des Deutschen und Österreichischen Alpenvereines, 1–23.

KOEGEL, L. (1942/43): Hochalpine Schuttlandschaften. In: Mitteilungen der Geographischen Gesellschaft München, 221–249.

KREBS, N. (1925): Klimatisch bedingte Bodenformen in den Alpen. In: Geographische Zeitschrift, 31. Jahrgang, 98–108.

KREUTZMANN, H. (1989): Hunza – Ländliche Entwicklung im Karakorum. (= Institut für Geographische Wissenschaften/Abhandlungen Anthropogeographie Band 44) 272 S.

KUHLE, M. (1978a): Über Periglazialerscheinungen im Kuh-I-Jupar (SE-Iran) und im Dhaulagiri-Himalaya (Nepal) sowie zum Befund einer Solifluktionsobergrenze. In: Colloque sur le periglaciaire d'altitude du domaine mediterranéen et abords. Strasbourg-Université Louis Pasteur, 12-14 mai 1977, Association Geographique d'Alsace, 289–309.

KUHLE, M. (1978b): Obergrenze von Frostbodenerscheinungen. In: Zeitschrift für Geomorphologie, N.F., 22/3, Berlin, 350–356.

KUHLE, M. (1980): Klimageomorphologische Untersuchungen in der Dhaulagiri- und Annapurna-Gruppe (Zentraler Himalaya). Tagungsbericht und wissenschaftliche Abh., 42. Deutscher Geographentag 1979, 244-247.

KUHLE, M. (1982): Der Dhaulagiri- und Annapurna-Himalaya. Ein Beitrag zur Geomorphologie extremer Hochgebirge. In: Zeitschrift für Geomorphologie, Suppl. 41, 1 u. 2, 1–229 u. 1-184.

KUHLE, M. (1983): Der Dhaulagiri- und Annapurna-Himalaya. Ein Beitrag zur Geomorphologie extremer Hochgebirge. Empirische Grundlage. Gebrüder Borntraeger Berlin-Stuttgart, 383 S.

KUHLE, M. (1984a): Hanglabilität durch Rutschungen und Solifluktion im Verhältnis zum Pflanzenkleid in den Alpen, den Abruzzen, und im Himalaya. In: Entwicklung und Ländlicher Raum 3/84, 3–7.

KUHLE, M. (1984b): Zur Geomorphologie Tibets. Bortensander als Kennformen semi-arider Vorlandvergletscherung. In: Berliner Geographische Abhandlungen, 36, 127-137.

KUHLE, M. (1985): Permafrost and periglacial indicators on the Tibetan Plateau from the Himalaya Mountains in the south to the Quilian Shan in the north (28–40°N). In: Zeitschrift für Geomorphologie, N.F. 29/2, Berlin-Stuttgart, 183–192.

KUHLE, M. (1987a): Physisch-geographische Merkmale des Hochgebirges: Zur Ökologie von Höhenstufen und Höhengrenzen. In: O. Werle (Hrsg.): Frankfurter Beiträge Didaktik Geogr., Band 10, Hochgebirge, 15–40.

KUHLE, M. (1987b): Glacial, nival and periglacial environments in Northeastern Qinghau-Xizang Plateau. In: J. Hövermann & Wang Wenjing (Eds.): Reports of the Qinghai-Xizang (Tibet) Plateau, 176–244, Peking.

KUHLE, M. (1989a): Die Inlandvereisung Tibets als Basis einer in der Globalstrahlungsgeometrie fußenden, reliefspezifischen Eiszeittheorie, In: Petermanns Geographische Mitteilungen, 133, 4, 265–285.

KUHLE, M. (1989b): Ice marginal ramps: an indicator of semi-arid piedmont glaciations. In: GeoJournal Vol. 18, no. 2, 223–238.

KUHLE, M. (1990a): Ice Marginal Ramps and Alluvial fans in Semiarid Mountains: Convergence and Difference. In: Rachocki, H. A. & M. Church (Eds.): Alluvial fans – a field approach. New York, Wiley, 55–68.

KUHLE, M. (1990b): The Probability of Proof in Geomorphology – an Example of the Application of Information Theory to a new Kind of Glacigenetic Morphological Type, the Ice-marginal Ramp (Bortensander). In: GeoJournal 21/3, 195–222.

KUHLE, M. (1991): Glazialgeomorphologie. Wissenschaftliche Buchgesellschaft, Darmstadt, 1991.

KUHLE, M. (1994): Present and Pleistocene Glaciation on the North-Western margin of Tibet between the Karakorum Main ridge and the Tarim Basin Supporting the Evidence of a Pleistocene Inland Glaciation in Tibet. In: GeoJournal Vol. 33, no. 2/3, 133–272.

KUHLE, M. (1995): New Results concerning the Ice Age Glaciation in High Asia, in particular the Ice Sheet Glaciation of Tibet. – Findings of the Expeditions 1991–95. In: Terra Nostra, Schriften der Alfred Wegener Stiftung 2/95. International Union for Quaternary Research. XIV International Congress. Abstracts, 149.

KUHLE, M. (1996a): Rekonstruktion der maximalen eiszeitlichen Gletscherbedeckung im Nanga-Parbat-Massiv (35°05'–40'N/74°20'–75°E). In: Kick, W. (Hrsg.): Forschung am Nanga Parbat. Geschichte und Ergebnisse. Beiträge und Materialien zur Regionalen Geographie, H. 8, 135–156.

KUHLE, M. (1996b): Die Entstehung von Eiszeiten als Folge der Hebung eines subtropischen Hochlandes über die Schneegrenze – dargestellt am Beispiel Tibets. In: Der Aufschluss 47, 145–164.

KUHLE, M. (1997): Rekonstruktion der maximalen eiszeitlichen Gletscherbedeckung im Ost-Pamir. In: Göttinger Geographische Abhandlungen 100, Geographie in der Grundlagenforschung und als Angewandte Forschung – Göttinger Akzente, 63–78.

KUHLE, M. & S. KUHLE (1997): Der quartäre Klimawandel – System oder geschichtliches Ereignis? Überlegungen zur geographischen Methode am Beispiel der Eiszeittheorien. In: Erdkunde, Bd. 51, 114–130.

KUHLE, M., MEINERS, S. & L. ITURRIZAGA (1998): Glacier Induced Hazards as a Consequence of Glacigenic Mountain Landscapes, Ice-Dammed Lake Outbursts and Holocene Debris Production. In: Kalvoda, J. & C. Rosenfeld: Geomorphological Hazards in High Mountain Areas. GeoLibrary, 63–96.

KUHLE, M. & CH. ROESRATH (1990): Geologie und Geographie des Hochgebirges. Alpin Lehrplan 11, Deutscher Alpenverein in Zusammenarbeit mit dem Österreichischen Alpenverein, BLV Verlagsgesellschaft, München, Wien, Zürich,160 S.

LAATSCH, W. & W. GROTTENTHALER (1972): Typen der Massenverlagerung in den Alpen und ihre Klassifikation. In: Forstwiss. Centralblatt. 91 Jg., H. 6, Hamburg, 309–339.

LAUTENSACH, H. (1952): Der geographische Formenwandel. Studien zur Landschaftssystematik. In: Colloquium 3, Bonn.

LEECE, S.A. (1990): The Alluvial Fan Problem. In: Rachocki, H. A. & M. Church (Eds.): Alluvial Fans – A Field Approach. 3–26.

LEHMANN, O. (1933a): Über die morphologischen Folgen der Wandverwitterung. In: Zeitschrift für Geomorphologie 1933, 93–99. Leipzig.

LEHMANN, O. (1933b): Morphologische Theorie der Entwicklung von Steinschlagwänden. In: Vierteljahresschr. d. Nat.forsch. Ges. Zürich. 81–126.

LEHMKUHL, F. (1989): Geomorphologische Höhenstufen in den Alpen unter besonderer Berücksichtigung des nivalen Formenschatzes. In: Göttinger Geographische Abhandlungen, Heft 88, 113 S.

LEIDLMAIR, A. (1953): Spätglaziale Gletscherstände und Schuttformen im Schlickertal (Stubai). In: Veröffentlichungen des Museum Ferdinandeum in Innsbruck, Bd. 32/33, Jahrgang 1952/1953, 14–33.

LESER, H. (1977): Feld- und Labor-Methoden der Geomorphologie. Walter de Gruyter, Berlin, New York. 446 S.

LESER, H. & W. PANZER (1981): Geomorphologie. Das Geographische Seminar. Westermann Verlag.
LOUIS, H. & K. FISCHER (1979): Allgemeine Geomorphologie. 4. erw.ern.Aufl., Berlin, New York, 815 S.
LUCKMAN, B.H. & C.J. FISKE (1995): Estimating Long-term Rockfall Accretion Rates by Lichenometry. In: O. Slaymaker (Ed.): Steepland Geomorphology. J. Wiley & Sons, 233–256.
LUSTIG, L.K. (1965): Clastic sedimentation in Deep Springs Valley, California. In: US Geological Survey, Professional Paper, 352-F, 131–190.
MANGELSDORF, J. & K. SCHEUERMANN (1980): Flußmorphologie. Ein Leitfaden für Naturwissenschaftler und Ingenieure. Oldenbourg Verlag München, 262 S.
MASON, K. (1935): The study of threatening glaciers. In: The Geographical Journal 85, 24–41.
MATTAUSCH, J. (1993): Ladakh und Zanskar. Bielefeld, 455 S.
MATZNETTER, J. (1956): Der Vorgang der Massenbewegungen an Beispielen des Klostertales in Vorarlberg. In: Geographischer Jahresbericht a. Österreich XXVI, Wien.
MAULL, O. (1958): Handbuch der Geomorphologie. Verlag Franz Deuticke Wien. 2. Aufl., 600 S.
MAYEWSKI, P.A. & P.A. JESCHKE (1979): Himalayan and trans-Himalayan glacier fluctuations since AD 1812. In: Arctic and Alpine Research 11, 267–287.
MAYEWSKI, P.A., PREGENT, G. P., JESCHKE, P.A. & N. AHMAD (1980): Himalayan and trans-Himalayan glacier fluctuations and the south Asian monsoon record. In: Arctic and Alpine Research 12: 171–182.
MEINERS, S. (1996): Zur rezenten, historischen und postglazialen Vergletscherung an ausgewählten Beispielen des Tien Shan und des NW-Karakorum. In: Geo Aktuell Forschungsarbeiten, Band 2.
MELTON, M.A. (1965): The geomorphic and paleoclimatic significance of alluvial deposits in southern Arizona. In: Journal of Geology 73, 1–38.
MERCER, J.H. (1963): Glacier variations in the Karakoram. In: Glaciological Notes Nr. 14, 19–33.
MIEHE, G. (1982): Vegetationsgeographische Untersuchungen im Dhaulagiri- und Annapurna-Himalaya. Dissertationes Botanicae, Bd. 66/1, Hirschberg, 1–224.
MIEHE, G. (1990): Langtang Himal – Flora und Vegetation als Klimazeiger und -zeugen im Himalaya. Mit einer kommentierten Flechtenliste von Joseph Poelt. Dissertationes Botanicae, Bd. 158, 1–529.
MISCH, P. (1936a): Einiges zur Metamorphose des Nanga Parbat. In: Geologische Rundschau, 27 (1), 79–81.
MISCH, P. (1936b): Ein gefalteter junger Sandstein im Nordwest-Himalaya und sein Gefüge. Enke, Stuttgart, 259–276.
MONTAIGNE, M. de (1580): Essais. 8. Auflage (1992), revidierter Nachdruck der Ausgabe 1953, Zürich, Manesse Verlag.
MORAWETZ, S. O. (1932/33): Beobachtungen an Schutthalden, Schuttkegeln und Schuttflecken. In: Zeitschrift für Geomorphologie VII, 25–43.
MORAWETZ, S.O. (1942): Schwemmkegelstudien. In: Petermanns Geographische Mitteilungen, 84–91.
MORAWETZ, S.O. (1943): Wand und Halde als Anzeiger von Bewegungen. In: Petermanns Geographische Mitteilungen 83, 269–271.
MORAWETZ, S.O. (1948): Beobachtungen auf Schuttkegeln. In: Geogr. Ges. Wien, Band 90, 39-42.
MOSER, M. (1980): Zur Analyse von Hangbewegungen in schwachbindigen bis rolligen Lockergesteinen im alpinen Raum anläßlich von Starkniederschlägen. In: Interpraevent 1980, Naturraumanalysen, 121–148.
MOSELEY, C. & C. DAVISON (1888): Note on the Movement of Scree Material. In: Quater. Journal Geolog. Soc. London XLIV, S. 232, 825.
MOSLEY, M.P. & R.S. PARKER (1972): Allometric growth: a useful concept in geomorphology? In: Geological Society American Bulletin, Bd. 83, 3669–3674.
MÜLLER, L. (1988): Fels in naturwissenschaftlicher, technischer und goetheanistischer Sicht. In: Egger, R., Fecker, E. & Reik, G. (Hrsg.)(1989): Geologie, Felsmechanik, Felsbau. 47–71.
MUIR WOOD, R. (1981): Decay in the Karakorum. In: New Scientist 89 (1246), 820–823. London.
NAND, N. & K. KUMAR (1989): The Holy Himalaya. A Geographical Interpretation of Garhwal. Daya Publishing House. 431 S.
OESTREICH, K. (1911/1912): Der Tschotschogletscher in Baltistan. In: Zeitschrift für Gletscherkunde 6, 1–30.
ODELL, N.E. (1925): Observations on the rocks and glaciers of Mount Everest. In: Geographical Journal, 66 (4), 299–315.
OHMORI, K. & C. BONNINGTON (1994): Himalaya aus der Luft. München: Berg. 107 S.

OWEN, L.A. (1991): Mass movement deposits in the Karakoram Mountains: their sedimentary characteristic, recognition and role in Karakoram landform evolution. In: Zeitschrift für Geomorphologie 35, 401–424.
OWEN, L.A. & E. DERBYSHIRE (1989): The Karakoram glacial depositional system. In: Derbyshire, E. & L.A. Owen (Eds.), Zeitschrift für Geomorphologie, Suppl. 76, 33–74.
OWEN, L.A. & E. DERBYSHIRE (1993): Quaternary and Holocene intermontane Basin sedimentation in the Karakoram Mountains. In: Shroder Jr., J.F. (Ed.), Himalaya to the Sea. Routledge Press, London, 108–131.
OWEN, L.A. et al. (1995): The geomorphology and landscape evolution of the Lahaul Himalaya, Northern Indian. In: Zeitschrift für Geomorphologie, Band 39, Heft 2, Juni 1995, 145–174.
PAFFEN, K.H., PILLEWIZER, W. & H.-J. SCHNEIDER (1956): Forschungen im Hunza-Karakorum. Vorläufiger Bericht über die wissenschaftlichen Arbeiten der Deutsch-Österreichischen Himalaya-Karakorum-Expedition 1954. In: Erdkunde 10, 1–33. Bonn.
PAL, S.K. (1986): Geomorphology of River Terraces Along Alaknanda Valley, Garhwal Himalaya. B.R. Publishing Corporation, Delhi.158 S.
PANDAY, R.K. (1987): Altitude Geography – Effects of Altitude on the Geography of Nepal. Hrsg. vom Center for Altitude Geography in Lalitpur. 408 S.
PENCK, A. (1894): Die Morphologie der Erdoberfläche. Verlag v. J. Engelhorn, Stuttgart, 2 Bände.
PENCK, W. (1924): Die morphologische Analyse. In: Geographische Abhandlungen 2/2.
PIWOWAR, A. (1903): Über Maximalböschungen trockener Schuttkegel und Schutthalden. In: Vierteljahresschr. der Natf. Ges. Zürich, 335–359.
PORTER, S.C. (1970): Quaternary glacial record in Swat Kohistan, West Pakistan. In: Geological Society of America Bulletin, 81, 1421–1446.
PORTER, S.C. & G. OROMBELLI (1981): Alpine rockfall hazards. In: American Science, 69 (1), 67–75.
POSER, H. (1954): Die Periglazialerscheinungen in der Umgebung des Zemmgrundes (Zillerthaler Alpen). In: Göttinger Geographische Abhandlungen 15, 125–180.
POSER, H. (1957): Klimamorphologische Probleme auf Kreta. In: Zeitschrift für Geomorphologie, N.F. 1, 113–142.
PRESS, F. & SIEVER, R. (1995): Allgemeine Geologie. Eine Einführung. Spektrum Akademischer Verlag Heidelberg-Berlin-Oxford.
RACHOCKI, H.A. (1981): Alluvial Fans. Wiley, Chichester.
RACHOCKI, H.A. & M. CHURCH (Ed.) (1990): Alluvial Fans – A Field Approach. John Wiley & Sons, 391 S.
RAPP, A. (1957): Studien über Schutthalden in Lappland und auf Spitzbergen. In: Zeitschrift für Geomorphologie 1/2. 179–200.
RAPP, A. (1959): Avalanche boulder tongues. Description of little-known forms of periglacial debris accumulations. In: Geografiska Annaler XLI, 34–48.
RAPP, A. (1960a): Talus Slopes and mountain walls at Tempelfjorden, Spitsbergen. In: Meddelanden Fran Uppsala Universitets Geografiska Institution, Ser. A, Nr. 155. Originally published as Norsk Polarinstitutt Skrifter Nr. 119, 96 S.
RAPP, A. (1960b): Recent development of mountain slopes in Kärkevagge and surroundings, Northern Scandinavia. In: Geografiska Annaler XLII (1960), 60–200.
RAPP, A. (1974): Slope erosion due to extreme rainfall, with examples from tropical and arctic mountains. In: Abhandlungen der Akademie der Wissenschaften in Göttingen, Mathematisch-Physikalische Klasse, III. Folge, Nr. 29, 118–136.
RATHJENS, C. (1972): Fragen der horizontalen und vertikalen Landschaftsgliederung im Hochgebirgssystem des Hindukusch. In: Troll, C. (Hrsg.), Landschaftsökologie der Hochgebirge Eurasiens. Wiesbaden: Franz Steiner (=Erdwissenschaftliche Forschung 4), 205–220.
REICHELT, G. (1961): Über Schotterformen und Rundungsanalyse als Feldmethode. In: Petermanns Geographische Mitteilungen 105, 15–24.
REIMERS, F. (1994): Die Niederschlagssituation in den Hochgebirgen Nordpakistans während der Flutkatastrophe vom September 1992. Ein weiterer Beitrag zur Diskussion der Monsunreichweite. In: Haserodt, K. (Hrsg.): Physisch-geographische Beiträge zu Hochgebirgsräumen Nordpakistans und der Alpen. Berlin: Institut für Geographie der Technischen Universität Berlin (= Beiträge und Materialien zur Regionalen Geographie, 7), 1–19.
ROCKWELL, T.K., KELLER, E.A. & D.L. JOHNSON (1984): Tectonic geomorphology of alluvial fans and mountain fronts near Ventura, California. In: Morisawa, M & J.T. Hack (Eds.): Tec-

tonic Geomorphology. Proceedings of the 15th Annual Binghamton Geomorphology Symposium, Binghamton, 183–207.
RÖTHLISBERGER, F. (1986): 10 000 Jahre Gletschergeschichte der Erde. Verlag Sauerländer.
RÖTHLISBERGER, F. & M.A. Geyh (1985): Glacier variations in the Himalayas and Karakorum. In: Zeitschrift für Gletscherkunde, 21, 237–249.
RUDOY, A.N. & V.R. BAKER (1993): Sedimentary effects of catalysmic late Pleistocene glacial outburst flooding, Altay Mountains, Siberia. In: Sedimentary Geology, 85, 53–62.
RYDER, J.M. (1971): Some aspects of the morphology of paraglacial alluvial fans in south-central British Columbia. In: Canadian Journal of Earth Sciences 8, 1252–1264.
SCHMIDT, C. (1896): Der Murgang des Lammbaches bei Brienz. Himmel und Erde. Jg.IX. Heft 1.
SCHNEIDER, H.J. (1957): Tektonik und Magnetismus im NW-Karakorum. In: Geologische Rundschau 46, 426–476.
SCHNEIDER, H.J. (1959): Zur diluvialen Geschichte des NW-Karakorum. In: Mitteilungen der Geographischen Gesellschaft München 24, 201–216.
SCHNEIDER, H.J. (1969): Minapin-Gletscher und Menschen im NW-Karakorum. In: Die Erde 100, H. 2–4, 266–286.
SCHULTZ, A. (1924): Morphologische Probleme der Hochwüsten Zentralasiens. In: Petermanns Geographische Mitteilungen, 70, 167–172.
SEARLE, M.P. (1991): Geology and Tectonics of the Karakoram Mountains. John Wiley & Sons Verlag. 358 S.
SHARMA, M.C. & L.A. OWEN (1996): Quaternary glacial history of NW Garhwal, Central Himalayas. In: Quaternary Science Reviews, Vol. 15, 336–365.
SHIPULL, K. (1995): Miniature alluvial fans – a natural model of fan development. In: Hamburger Geographische Studien. Heft 47, 63–77.
SHIRAIWA, T. (1992): Freeze-Thaw Activities and Rock Breakdown in the Langtang Valley, Nepal Himalaya. In: Environ. Sci. Hokkaido University, 15 (1), 1–12.
SHRODER, J.F. Jr. (1989): Hazards of the Himalaya. In: American Scientist 77, 564–573.
SHRODER, J.F. JR., KHAN, M.S., LAWRENCE, R.D., MADIN, I.P. & S.M. HIGGINS (1989): Quaternary Glacial Chronology and Neotectonics in the Himalaya of Northern Pakistan. In: Malinconico, L.L. & R.J. Lilie (Eds.): Tectonics of the Western Himalayas. Boulder, Colo. (= Geological Society of America, Special Paper, 232), 275–294.
SHRODER, J.F. Jr. (1993): Himalaya to the Sea: Geology, Geomorphology and the Quaternary. In: J.F. Shroder Jr. (Ed.), Himalaya to the Sea. Routledge Press, London, 1–42.
SIMONY, F. (1857): Über die Alluvialgebilde des Etschtales. Sitzungsberichte der Akademie Wien. Band XXIV.
SLAYMAKER, O. (Ed.)(1995): Steepland Geomorphology. John Wiley & Sons. 283 S.
SÖLCH, J. (1935): Fluß- und Eiswerk in den Alpen zwischen Ötztal und St. Gotthard. In: Petermanns Mitt., Erg. H. 220, 129–182.
SÖLCH, J. (1949): Über die Schwemmkegel der Alpen. In: Geografiska Annaler 1949, 369–383.
STINGL, H. & K. GARLEFF (1983): Beobachtungen zur Hang- und Wandentwicklung in der Periglazialstufe der subtropisch-semiariden Hochanden Argentiniens. In: Poser, H. & E. Schunke (Hrsg.): Mesoformen des Reliefs im heutigen Periglazialraum, 199–213.
STINY, J. (1907): Das Murenphänomen. In: Mitteil. d. deutschen naturw. Vereines beider Hochschulen in Graz, 1. Heft, Juni.
STINY, J. (1910): Die Muren. Wagner, Innsbruck 139 S.
STINY, J. (1912): Fortschritte des Tiefenschurfes in der Gegenwart. In: Geologische Rundschau, Band 3, 166–169.
STINY, J. (1917): Versuche über Schwemmkegel. In: Geologische Rundschau 8, 189–196.
STINY, J. (1925/26): Neigungswinkel von Schutthalden. In: Zeitschrift f. Geomorphologie 1, 60–61.
STINY, J. (1941): Unsere Täler wachsen zu. In: Geologie und Bauwesen, Jg. 13, Heft 3, 71–79.
SUMMERFIELD, M.A. (1991): Global Geomorphology. John Wiley & Sons.
SURRELL, A. (1851): Etudes sur les Torrents des Hautes Alpes, Paris.
TAHIRKHELI, R.A.K. (1982): Geology of the Himalaya, Karakorum and Hindukush in Pakistan. Geologic. Bull. Univ. of Peshawar, 15 (Special Issue), Peshawar.
TERRA, H. de (1932): Geologische Forschungen im westlichen K'un-Lun und Karakorum-Himalaya. Berlin: Reimer & Vohsen (=Wissenschaftliche Ergebnisse der Dr. Trinkler'schen Zentralasien-Expedition)
THOULET, A. (1887): Comptes Rendus de l'Academie des Sciences. Paris 1887.

TROLL, C. (1952): Die Lokalwinde der Tropengebirge und ihr Einfluß auf Niederschlag und Vegetation. In: Bonner Geographische Abhandlungen 9.

TROWBRIDGE, A.C. (1911): The terrestrial deposits of Owens Valley, California. In: Journal of Geology, 706–747.

TUAN, Y.-F. (1962): Structure, climate and basin landforms in Arizona and New Mexikco. In: Annals Association American Geographers 52, 51–68.

VISSER, PH.C. (1927): Unbekannte Berge und Gletscher in Zentralasien. In: Zeitschrift des Deutschen und Österreichischen Alpenvereins, 58, 106–125.

VISSER, Ph.C. (1935): Durch Asiens Hochgebirge. Himalaya. Karakorum, Aghil Kun-lun. Leipzig & Frauenfeld: von Huber & Co, 256 S.

VISSER, PH.C. & J. VISSER HOOFT (Eds.) (1935–1940): Wissenschaftliche Ergebnisse der Niederländischen Expeditionen in den Karakorum und die angrenzenden Gebiete in den Jahren 1922, 1925 und 1929/30. Vol. 1: Geographie, Ethnographie, Zoologie. Leipzig: F.A. Brockhaus (1935), Vol. 2: Glaziologie. Leiden: E.J. Brill (1938), Vol. 3: Geologie, Paläontologie und Petrographie. Leiden: E.J. Brill., (1940).

VORNDRAN, E. (1969): Untersuchungen über Schuttentstehung und Ablagerungsformen in der Hochregion der Silvretta (Ostalpen). Schriften des Geograph. Instituts der Univ. Kiel. 138 S.

WADIA, D.N. (1961): Geology of India, 3. Aufl., New York 1965.

WAGER, L.R. (1937): The Arun river drainage pattern and the rise of the Himalaya. In: Geographical Journal, 89, 239–250.

WAGNER, G. (1962): Diamirtal und Diamirgletscher: geographische und glaziologische Beobachtungen am Nanga Parbat. In: Mitteilungen der Geographischen Gesellschaft (München), 47, 157–192.

WAGNER, G.A. (1995): Altersbestimmung von jungen Gesteinen und Artefakten. Ferdinand Enke Verlag, Stuttgart, 277 S.

WANG, F. (1901): Grundriß der Wildbachverbauung, 1. Teil. Leipzig.

WARDENGA, U. (1988): Geomorphologische Beobachtung als Gestaltwahrnehmung. Bemerkungen zum Verhältnis von Wissenschaftstheorie und Disziplingeschichte am Beispiel Alfred Hettner. In: W. Kreisel (Hrsg.): Geisteshaltung und Umwelt. Abhandlungen zur Geschichte der Geowissenschaften und Religion/Umwelt-Forschung, Bd. 1, 153–163.

WASSON, R.J. (1978): A debris flow at Reshun, Pakistan, Hindukush. In: Geogr. Annaler, 60A, 151–159.

WASSON, R.J. (1979): Stratified debris slope deposits in the Hindu Kush, Pakistan. In: Zeitschrift für Geomorphologie 23, 301–320.

WATANABE, T., SHIRAIWA, T. & Y. ONO (1989): Distribution of periglacial landforms in the Langtang Valley, Nepal Himalaya. In: Bulletin of Glacier Research 7, 209–220.

WEIERS, S. (1995): Zur Klimatologie des NW-Karakorum und angrenzender Gebiete. Statistische Analysen unter Einbeziehung von Wettersatellitenbildern und eines Geographischen Informationssystems (GIS). Bonn; F. Dümmlers (= Bonner Geographische Abhandlungen 92).

WEIPPERT, D. (1960): Zur Gliederung, Bildung und Altersstellung des Kalksteinschutts am Trauf der westlichen Schwäbischen Alb. In: Eiszeitalter und Gegenwart, Bd. 11, 24–30.

WELLS, S.G., MCFADDEN, L.D. & J. HARDEN (1990): Preliminary results of age estimations and regional correlations of Quaternary alluvial fans within Mojave Desert of Southern California. In: Reynolds, S.G., Wells, S.G. & R.J.I. Brady (Eds.): At the End of the Mojave: Quaternary Studies in the Eastern Mojave Desert, 45–53.

WHALLEY, W.B., MCGREEVY, J.B. & R.I. FERGUSON (1984): Rock temperature observations and chemical weathering in the Hunza region, Karakoram: Preliminary data. In: Miller, K.J. (Ed.) (1984): The International Karakoram Project, Vol. 2, Cambridge University Press, 616–633.

WICHE, K. (1958): Die österreichische Karakorumexpedition 1958. In: Mitteilungen der Geographischen Gesellschaft Wien 10, 280–294.

WICHE, K. (1960): Klimamorphologische Untersuchungen im westlichen Karakorum. In: Tagungsber. u. Wiss. Abh., Dt. Geographentag 1959 (Berlin), 32, 192–203, Wiesbaden.

WICHE, K. (1962): Le periglaciaire dans la Karakorum de l'Ouest. In: Biul. periglac., 11. 103–110.

WILDE, O. (1891): The Picture of Dorian Gray. London.

WISSMANN, H.v. (1959): Die heutige Vergletscherung und Schneegrenze in Hochasien. In: Abh. Wiss. Lit., math.-naturwiss. Klasse (Mainz), 14: 1101–1434.

YATES, J. (1831): Remarks on the Formation of alluvial Deposits. In: The Edinb. New. Philos. Journ. XXI. S. 1 ff.

YUGO ONO (1990): Alluvial Fans in Japan and South Korea. In: Rachocki, H.A. & M. Church (Eds.): Alluvial fans – a field approach. New York. Wiley. 91–107.

ZEITLER, P.K. (1985): Cooling history of the NW Himalaya, Pakistan. In: Tectonics, 4, 127-151.

KARTENWERKSVERZEICHNIS

Allgemeine Übersichtskarten
Mc.Nally, R. (1969): The International Atlas. Rand Mc.Nally & Company. 223 S.

Hindukusch
Chitral, I-42-NO-2, 1: 200 000, 1941, topographische Karte.

Karakorum
Orographical Sketch Map: Karakoram, Sheet 1. Scale 1:250 000. Published by Swiss Foundation for Alpine Research Zurich, Switzerland.

Ladakh & Zanskar
International Map of the World (1965), Sheet N.I-43, Scale 1:1 000 000, Sixth Edition.
Trekking route map Jammu & Kashmir (1979), Sheet No. 1 and 2, Scale 1:250 000
Trekking map of Ladakh, Jammu, Kashmir, Lahaul and Spiti, not to scale, Nest & Wings (India).
Northern India, Scale 1 500 000, Special map: Ladakh/Zanskar 1:650 000, Nelles Map, Nelles Verlag.

Himalaya
Latest Trekking Map: Dankhuta to Kanchenjunga, Mt. Everest, Makalu, Arun Valley. Scale   192 500. Mandala Productions. 1991/92.
Latest Trekking Map: Dolpa (across high passes), Jumla to Jomsom, Scale 1:200 000. Mandala Productions. Kein Veröffentlichungsdatum angegeben.
Lastest Trekking Map: Kathmandu to Manaslu, Ganesh Himal. Scale 1: 125 000 (approx.) Mandala Productions. 1993/94.
Badari-Kedar, Trekking Map Series, Survey of India, Department of Science & Technology, 1:250 000, 1991.
Kumaon Hills, Trekking Map Series, Survey of India, Department of Science & Technology, 1:250 000, 1991.
Indian Himalaya Maps, Kumaon-Garhwal (U. P. Himalaya) Sheet 8. Scale 1:200 000. Leomann Maps.
Round Annapurna, Trekking Map of Pokhara Valley, Annapurna Sanctuary, Kali Gandaki, Muktinath, Manang and Marsyandi Valley. Scale 1: 150 000. Kein Veröffentlichungsdatum angegeben.
Geomorphologische Karte des Dhaulagiri- und Annapurna-Himalaya, 1: 85 000. In: KUHLE (1982)
Karte der Nanga-Parbat-Gruppe, Deutsche Himalaya-Expedition 1934. Maßstab 1: 50 000. Karte 1. In: Zeitschrift der Gesellschaft für Erdkunde zu Berlin 1936, Beilage.

PHOTOANHANG

Photo 1: Von der orogr. rechten Mastuj-Talseite – ein wenig unterhalb des Sani-Passes (3750 m) – gewinnt man einen Überblick über die glazial geprägte Schuttlandschaft des in E/W-liche Richtung verlaufenden Mastuj-Tals. Der Talboden verläuft in einer Höhe von 1600–1700 m und wird von einem glazial überschliffenen, abgeplatteten und mit spätglazialem Grundmoränenmaterial bedeckten, etwa 200 m hohen Felszwickel (■) eingenommen. In der Bildmitte ragt das 6550 m hohe, NW-exponierte Buni Zom-Massiv (B) auf. Nur ein kleiner Teil der Gipfelregion reicht über die bei 5500 m verlaufende Schneegrenze hinaus, so daß bei den kontinental-semiariden Klimaverhältnissen günstige Bedingungen für die Schuttbildung und -deposition gegeben sind. Lawinenschuttkegel (↗) nähren einen allmählich verbungernden Blockgletscher (↑). An den Talflanken wechseln rein hangiale, unkonsolidierte Sturzschuttbalden (△) mit glazialen, kamesartigen Sedimentablagerungen (◇). Aus den relativ kurz angeschlossenen Einzugsbereichen ergießen sich beachtliche Murschwemmkegel (○), die ausnahmslos in Bewässerungskultur genommen worden sind. Die Murschwemmkegel diktieren weitestgehend den Verlauf des Haupttalflusses, der an die gegenüberliegenden Felswandpartien des zentralen Felsriegels gedrängt wird. An diesen Lokalitäten wird der Felsriegel halbkreisförmig zurückverlegt (▽). Gering mächtige Schuttdecken (□) mit ansatzweiser Bodenbildung, die in dieser Höhenlage bereits der periglazialen Formung unterliegen, verkleiden die mäßig geneigten, glazial überschliffenen Talflanken im Vordergrund (●). (↓) markiert die Lokalität einer Schieferfliessung. Photo: L. Iturrizaga 23.09.1995.

Photo 2: Der auf der orogr. rechten Mastuj-Talseite gegenüber des Laspur-Talausganges in 2100 m Höhe befindliche Sturzschuttkegel ist in eine Abrißnische (●) eingebettet. Die glatte, gestreckt verlaufende Kegeloberfläche ist nur wenig durch Schuttströme (→) überprägt. In der Nachbarschaft des Sturzkegels – getrennt durch glazial glatt polierte, schuttfreie Felsabschnitte (◐) – sind zerrunste Moränendeponien (◇) abgelagert. Sie entwickeln sich bereits zu kegelförmigen Sekundärschuttkörpern (○). Der Schuttkegel ist an einer glazial labilisierten, ehemalig geschlossenen Felsoberfläche ausgebildet. Der Einzugsbereich des Schuttkörpers liegt mit Höhen von unter 4000 m weit unterhalb einer potentiellen Gletscherhöhenstufe. Die Nacktheit der Schuttkörper ist in erster Linie eine Folge der klimatischen Verhältnisse, die nur eine sehr karge Vegetationsbedeckung erlauben, und sekundär aktivitätsbedingt. Im Vordergrund zerschneidet der Mastuj-Fluß den Terrassenkörper (▼). Bei der horizontal verlaufenden Linie an der Kegelbasis handelt es sich um einen Fußweg (↓). Photo: L. Iturrizaga 23.09.1995.

Photo 3: Das Photo zeigt einen Ausschnitt einer Schutthalde, die in einer Höhe von 2200 m auf eine glaziofluviale Terrasse auf der orogr. linken Mastuj-Talseite eingestellt ist. Die Schutthalde ist überprägt von murartigen Schuttströmen (↙) und Murgängen (▶). Abgesondert vom Haldenkörper liegen auf der Terrasse – bedingt durch den abrupten Gefällsknick im distalen Bereich der Schutthalde – bis zu tischgroße kantige Gesteinsstücke. An einer Kegelwurzel fällt ein älteres, moränenartig anmutendes Oberflächenniveau (◇), das aktuell durch Erosionsprozesse zerschnitten wird, ins Auge. Der Einzugsbereich der Schutthalde reicht bis auf etwa 4000 m und zeigt im Sommer keine Schneeflecken auf. Diese Schutthalde stellt einen im Hindukusch wie auch im NW-Karakorum häufig vertretenen Schuttkörpertyp dar. Photo: L. Iturrizaga 23.09.1995.

Photo 4: Das hier gezeigte Beispiel aus dem Ghizer-Tal (2915 m) demonstriert sehr anschaulich die Transformation eines ehemalig geschlossenen Moränenmantels in residuale Schuttkörperformationen (◆) in Kombination mit hangialer Schuttlieferung (↙) aus dem angeschlossenen Einzugsgebiet, die zu einem Mischschuttkörper (△) aus hangialem und glazialem Schuttmaterial führt. Untergeordnete Runsen außerhalb der Hauptfallrichtung sind noch mit Moränenmaterial verfüllt (◇), während die Hauptzulieferbahnen bereits mit hangialem Schuttmaterial (▽) belegt sind. Der kegelförmige Schuttkörper (△) setzt sich aus dunklerem gröberem Hangschutt und feinerem bellerem Moränenmaterial zusammen, wobei letzteres die Ausbildung von murartigen Schuttströmen auf der Kegeloberfläche erlaubt. Der Aufriß der durch hangiale Prozesse geschaffenen Schuttkörperform ist sandubrförmig. Die eigentliche Kegelspitze des Schuttkörpers ist durch die Kanalisierung des Moränenmaterials hangabwärts verlegt (←). Im Vordergrund sehen wir den vor einigen Jahren noch durch einen landslide-gedämmten See überfluteten Talboden (○). Photo: L. Iturrizaga 24.09.1995.

Photo 5: Im Laspur-Tal sind in 3200 m Höhe typische zusammengesetzte glazial-induzierte Nachbruchschuttbalden (△) ausgebildet. Die Talflanke zeigt sich deutlich glazial beschliffen (●). Im Laufe und nach der Deglaziation wurde die z.T. übersteilte Talflanke ihres Widerlagers durch den Gletscher beraubt. Ein Teil der Nachbruchakkumulate kann auch mit dem sich zurückziehenden Gletscher mitabtransportiert worden sein. Photo: L. Iturrizaga 23.09.1995.

Photo 6: Im mittleren Mastuj-Tal nahe bei Brep (2450 m) finden wir ein weites, gespreizt U-förmiges Haupttalgefäß vor, in dem sich die fluvialen Schuttkörper der Seitentäler weitgebend frei entfalten können. Hier verzahnen sich flach auslaufende Murschwemmkegel miteinander, die in der Gleithanglage nicht unterschnitten werden. In ihrer Interferenzzone kommt es ebenfalls zu einer beachtlichen Schuttaufschüttung (↙) durch resedimentierte hochblagernde Moränen (○). Die Moränenschuttkörper dominieren die Schuttkörpersituation an dieser Talflanke. Die obersten Einzugsbereiche beherbergen heute keine Gletscher und weisen lediglich saisonale Schneeflecken auf. Die Vegetationsvorkommen sind an die Bewässerungsoasen gebunden. Photo: L. Iturrizaga 23.09.1995.

Photo 7: Dieser Murschwemmkegel wird zentral durch einen Abflußcanyon zerschnitten, der auf der Mastuj-Schottersohle einen sekundären Schwemmfächer (○) aufschüttet. Die mehrere Dekameter hohe Ufersteilkantenbegrenzung zeigt sich in zersägter Form und wird durch sekundäre Schutthaufen (↓) gesäumt. Diese Einschnitte im distalen Kegelbereich können z.T. durch überschüssiges, unreguliert ablaufendes Bewässerungswasser der Oasensiedlung hervorgerufen sein. Lateral wird der Murschwemmkegel von Schutthalden (△), die teilweise eine hohe Murgangsbeteiligung (↘) aufweisen, umrahmt und erfährt damit in bescheidenem Maße eine banguale Schuttzulieferung. Diese Schutthalden stellen den Überrest einer talflankenverkleideten Moränenbedeckung dar (◇), wie wir sie talab- und talaufwärts an vielen Lokalitäten, wo sie besser überliefert ist, nachvollziehen können. Der sehr kurz angeschlossene Einzugsbereich ist heute gletscherfrei, aber Moränenablagerungen (↓) in dem Kerbtalabschnitt, die rezent resedimentiert werden, belegen eine frühere Nebentalvergletscherung. Photo: L. Iturrizaga 23.09.1995.

Photo 8: Übersicht über die gesamte Abfolge von Einzugsgebiet mit Durchtransportstrecke und über den korrespondierenden Schuttkörper (●) auf der orogr. rechten Mastuj-Talseite (2250 m). Die Gipfelumrahmung reicht nur wenig über 4500 m und zeigt im Sommer keine Schneebedeckung. Auf den Talflanken im Übergang vom Nebental zum Haupttal sowie auch im Haupttal lagern zerrunste, hellbraune mächtige Moränenreste (↓). In diesem Bild ist gut zu sehen, daß der fluviale Schuttkörper nicht nur aus verlagertem Schutt des Nebentales besteht, sondern auch aus Moränenmaterial aufgebaut ist, das durch die Unterschneidung des Flusses eine Kegelform erhielt. Die heutige Abflußmenge des Einzugsgebietes reicht für eine Einschneidung des moränisch-geprägten Schuttkörpers nicht aus. Photo: L. Iturrizaga 23.09.1995.

Photo 9: Talabwärts von Mastuj (2280 m) ist auf der orogr. rechten Mastuj-Talseite ein ausladender Murschwemmkegel aufgeschüttet. Er besetzt über 2/3 des Talbodens. Bei einer gedachten gänzlichen Entfaltung des Kegels würde er das Mastuj-Tal plombieren. Der Mastuj-Fluß hat bis zu 60-80 m hohe Ufersteilkanten aus dem Sedimentkörper herauspräpariert, die von einem geschlossenen Schutthaldensaum (●) an ihrer Basis bedeckt werden. Angesichts des vergleichsweise kleinen Einzugsgebiets, das nur wenige Kilometer in den Gebirgskörper bis auf etwa 4000 m hinein reicht, verwundert die Größe dieses Schuttkörpers. Der Schuttkörper zeigt einen dualen Aufbau von Grundmoränenmaterial (□) an der Kegelbasis und darauf eingestellt die fluvialen Ablagerungen aus dem Nebental. Auch hier haben glaziale, aus dem oberen Talverlauf resedimentierte Sedimentakkumulationen Anteil am Kegelaufbau. Die seitliche Schuttzufuhr durch angrenzende Hangschuttkörper ist deutlich zu erkennen (△). Die rezente vergleichsweise bescheidene Aktivität des Schuttkörpers zeigt sich an den Abflußbahnen auf der Kegeloberfläche. Im linken Kegelteil befindet sich die Haupteinschneidung (↓), an der Bewässerungsoasen angesiedelt sind. Photo: L. Iturrizaga 23.09.1995.

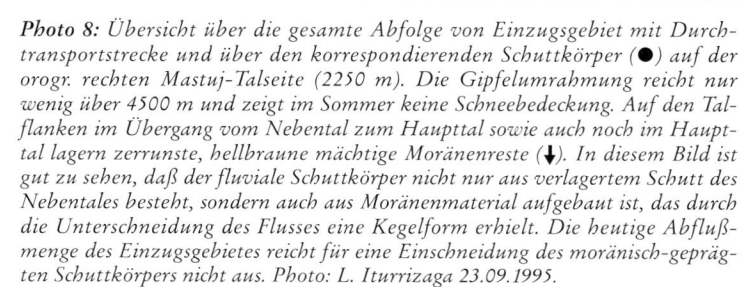

Photo 10: Auf der orogr. rechten Chitral-Talseite in der Talkammer von Drosh heben sich deutlich die etwas rötlichen Kamesbildungen (□) im Übergang von der Talflanke zur Talbodensohle vom Hang ab. Die Aufnahme ist aus einer Höhe von 1450 m aufgenommen. Daß es sich um eigentlich hangfremde Schuttkörper handelt, wird vor allem daraus ersichtlich, daß die Schuttkörperwurzeln neben den unmittelbaren Einzugsbereichen ansetzen (↙). Die Kegelspitzen sind gewissermaßen „tot". Sie enden an Gebirgsspornbereichen. Erst postglazial werden die Kamesbildungen fluvial zerschnitten (➔). Am Fuße relativ bescheidener Einzugsgebiete, die bis auf etwa 3500 m hinauf reichen, sind unzergliederte Schwemmkegel (●) aufgeschüttet, die z. T. aus resedimentiertem Moränenmaterial bestehen. Im Vordergrund verläuft die über 500 m breite Chitral-Schottersohle. Das eigentliche Talgefäß ist mit einer bis zu mehreren hundert Metern mächtigen Schuttfüllung ausgekleidet. Bis zu einige Meter hohe Seesedimente sind in dieser Talkammer abgelagert. Photo: L. Iturrizaga 22.09.1995.

Photo 11: *Blick auf die orogr. linke Ghizer-Talseite nahe der Siedlung Singal aus einer Höhe von 1935 m. Wie ist die Genese dieser Schuttkörperform zu erklären? Der gezeigte Schuttkörper ähnelt einem fluvial aufgebauten Schuttkörper, wie z.B. einem Murkegel. Bei genauerer Betrachtung des Kegelwurzelbereiches fällt jedoch auf, daß die Spitze des Kegels nicht im potentiellen Zuliefertal endet, sondern an der Talflanke konkav in einem „toten Ende" ausläuft (↙). Der Nebentalstrom hingegen zerschneidet den Schuttkörper lateral (↓) und lagert einen verhältnismäßig großen Schwemmkegel (●) ab, der auch resedimentiertes Schuttmaterial von dem in Rede stehenden Schuttkörper enthält. Wirft man einen Blick auf die umgrenzenden Talflanken, so entdeckt man, daß sie mit Schuttmaterial glazialen Ursprungs (◊) bedeckt sind, die ebenfalls von einer mantelartigen Bedeckung der Talflanken zu kegelförmigen Residualschuttkörpern umgestaltet werden. Bei dem Schuttkörper könnte sich es um eine Kamesbildung handeln, jedoch spricht die bis zu über 700 m über den Talboden reichende, gut rekonstruierbare und relativ geschlossene Moränenbedeckung (- - - -) für einen Grundmoränenablagerungsrest, der postglazial fluvial umgestaltet wird. D.h. aus dem Moränenmaterial wird durch fluviale Prozesse ein kegelförmiger Schuttkörper herausgeschnitten, so daß es sich um eine residuale Glazialschuttkörperform handelt. Das distale Ende läuft in zwei Niveaus (1 und 2) aus und bildet aufgrund des hohen Feinmaterials keine Steilkante aus. Photo: L. Iturrizaga 25.09.1995.*

289

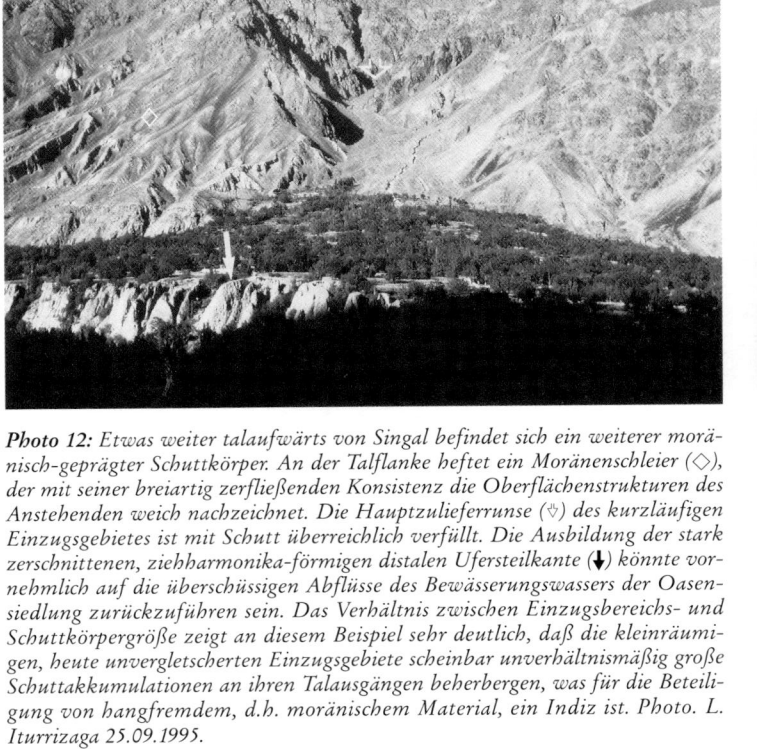

Photo 12: Etwas weiter talaufwärts von Singal befindet sich ein weiterer moränisch-geprägter Schuttkörper. An der Talflanke haftet ein Moränenschleier (◇), der mit seiner breiartig zerfließenden Konsistenz die Oberflächenstrukturen des anstehenden weich nachzeichnet. Die Hauptzulieferrinne (✢) des kurzläufigen Einzugsgebietes ist mit Schutt überreichlich verfüllt. Die Ausbildung der stark zerschnittenen, ziehharmonika-förmigen distalen Ufersteilkante (↓) könnte vornehmlich auf die überschüssigen Abflüsse des Bewässerungswassers der Oasensiedlung zurückzuführen sein. Das Verhältnis zwischen Einzugsbereichs- und Schuttkörpergröße zeigt an diesem Beispiel sehr deutlich, daß die kleinräumigen, heute unvergletscherten Einzugsgebiete scheinbar unverhältnismäßig große Schuttakkumulationen an ihren Talausgängen beherbergen, was für die Beteiligung von hangfremdem, d.h. moränischem Material, ein Indiz ist. Photo. L. Iturrizaga 25.09.1995.

Photo 13: Auf der orogr. linken Mastuj-Talseite in einer Höhe von 1700 m (zur Lokalität vgl. Photo 1) befindet sich ein Schieferfließungskegel (●). Er zeigt eine stark konvex-bauchige Oberflächenform und bildet selbst bei fluvialer Unterschneidung keine Steilkanten aus. Der Aufbau dieses Kegels ist wahrscheinlich auf ein einmaliges, katastrophisch abgelaufenes Ereignis zurückzuführen, das durch extreme Durchfeuchtung der anstehenden Schiefer hervorgerufen wurde. Photo: L. Iturrizaga 23.09.1995.

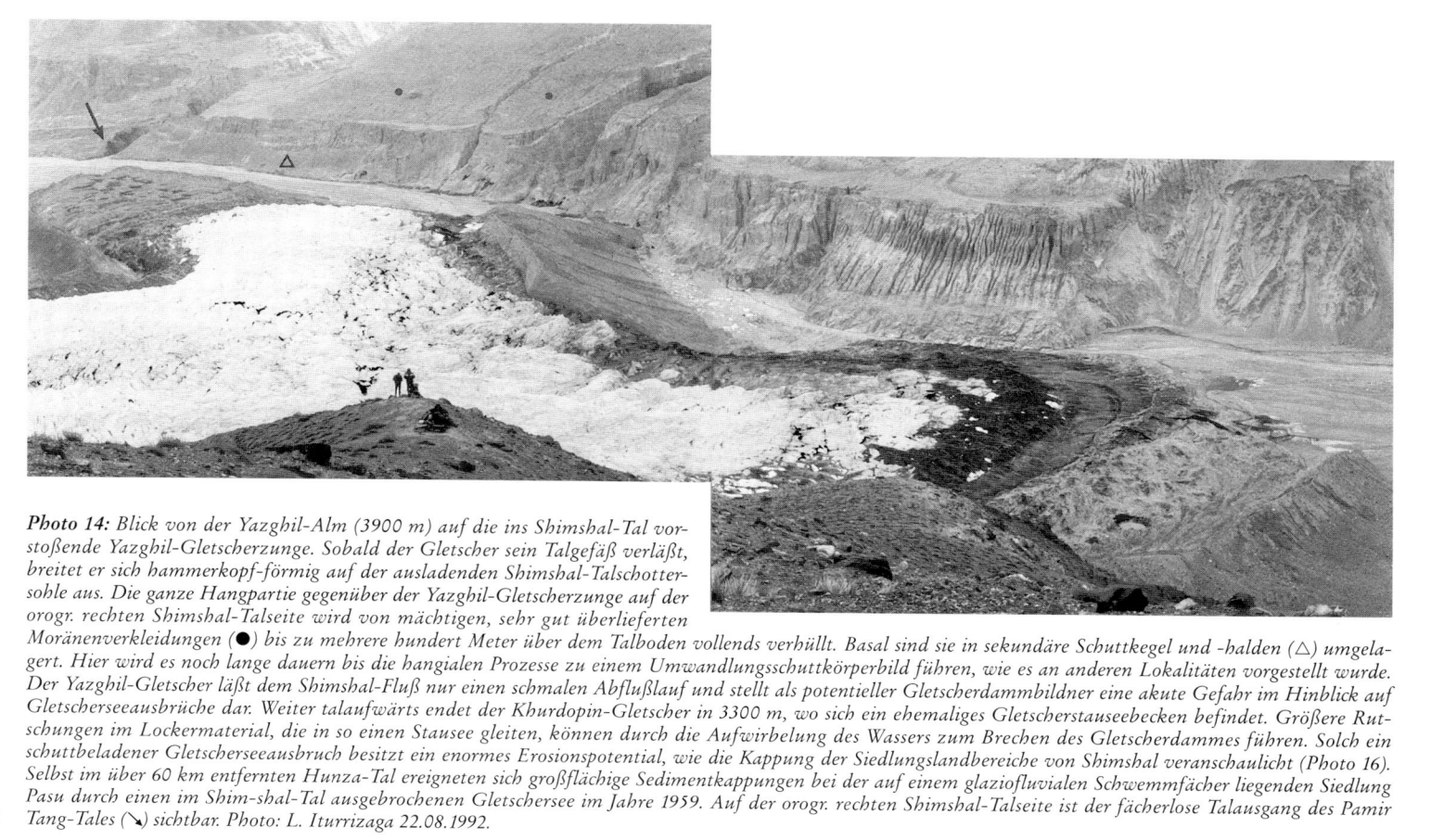

Photo 14: Blick von der Yazghil-Alm (3900 m) auf die ins Shimshal-Tal vorstoßende Yazghil-Gletscherzunge. Sobald der Gletscher sein Talgefäß verläßt, breitet er sich hammerkopf-förmig auf der ausladenden Shimshal-Talschottersohle aus. Die ganze Hangpartie gegenüber der Yazghil-Gletscherzunge auf der orogr. rechten Shimshal-Talseite wird von mächtigen, sehr gut überlieferten Moränenverkleidungen (●) bis zu mehrere hundert Meter über dem Talboden vollends verhüllt. Basal sind sie in sekundäre Schuttkegel und -halden (△) umgelagert. Hier wird es noch lange dauern bis die hangialen Prozesse zu einem Umwandlungsschuttkörperbild führen, wie es an anderen Lokalitäten vorgestellt wurde. Der Yazghil-Gletscher läßt dem Shimshal-Fluß nur einen schmalen Abflußlauf und stellt als potentieller Gletscherdammbildner eine akute Gefahr im Hinblick auf Gletscherseeausbrüche dar. Weiter talaufwärts endet der Khurdopin-Gletscher in 3300 m, wo sich ein ehemaliges Gletscherstauseebecken befindet. Größere Rutschungen im Lockermaterial, die in so einen Stausee gleiten, können durch die Aufwirbelung des Wassers zum Brechen des Gletscherdammes führen. Solch ein schuttbeladener Gletscherseeausbruch besitzt ein enormes Erosionspotential, wie die Kappung der Siedlungslandbereiche von Shimshal veranschaulicht (Photo 16). Selbst im über 60 km entfernten Hunza-Tal ereigneten sich großflächige Sedimentkappungen bei der auf einem glaziofluvialen Schwemmfächer liegenden Siedlung Pasu durch einen im Shim-shal-Tal ausgebrochenen Gletschersee im Jahre 1959. Auf der orogr. rechten Shimshal-Talseite ist der fächerlose Talausgang des Pamir Tang-Tales (↘) sichtbar. Photo: L. Iturrizaga 22.08.1992.

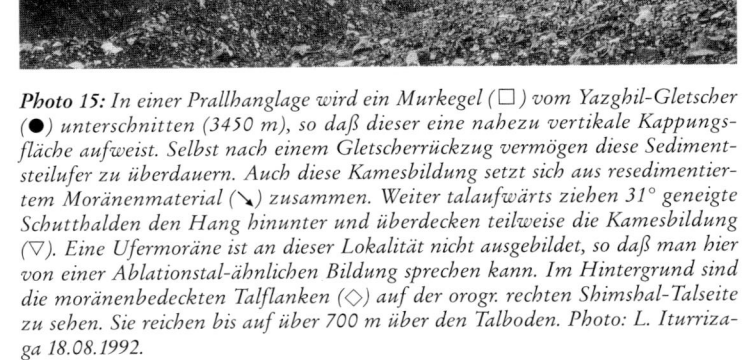

Photo 15: In einer Prallhanglage wird ein Murkegel (□) vom Yazghil-Gletscher (●) unterschnitten (3450 m), so daß dieser eine nahezu vertikale Kappungsfläche aufweist. Selbst nach einem Gletscherrückzug vermögen diese Sedimentsteilufer zu überdauern. Auch diese Kamesbildung setzt sich aus resedimentiertem Moränenmaterial (◥) zusammen. Weiter talaufwärts ziehen 31° geneigte Schutthalden den Hang hinunter und überdecken teilweise die Kamesbildung (▽). Eine Ufermoräne ist an dieser Lokalität nicht ausgebildet, so daß man hier von einer ablationstal-ähnlichen Bildung sprechen kann. Im Hintergrund sind die moränenbedeckten Talflanken (◇) auf der orogr. rechten Shimshal-Talseite zu sehen. Sie reichen bis auf über 700 m über den Talboden. Photo: L. Iturrizaga 18.08.1992.

Photo 16: Siedlungselemente können als guter Indikator für Schuttkörperaufund -abbau dienen, wie es anhand dieser Photographie exemplarisch gezeigt wird. Die Siedlung Shimsbal (3080 m) – zwischen zwei Endmoränenwällen (●) gelegen – verlor im Laufe dieses Jahrhunderts einen Großteil ihrer Siedlungsfläche durch gletscherseeausbruchsbedingte Extremflutereignisse. Die ausgebuchtete Form dieser Sedimentterrasse legt dafür Zeugnis ab (→). Der Siedlungsgrund der alten Kban-Anlage (↘), die zu Beginn des Jahrhunderts noch einen intakten Siedlungskern darstellte, wurde von den Schlammfluten hinfortgerissen. So befinden sich an der heute noch unterschneidungsanfälligen Uferkante (→) vornehmlich Dreschplätze (▶), während die Wohnhäuser in isolierter Lage in der Flur plaziert wurden. Die Talflanken sind mit mächtigen Grundmoränen (□) bis zu über 700 m über dem Talboden verkleidet. Sie lösen sich vielerorts in sekundäre Schutthalden (△) auf. Murgänge und Rutschungen (○) aus disloziertem Moränenmaterial penetrieren in die Flur. Photo: L. Iturrizaga 07.08.1992.

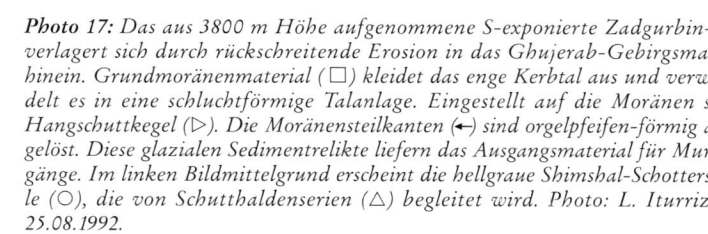

Photo 17: Das aus 3800 m Höhe aufgenommene S-exponierte Zadgurbin-Tal verlagert sich durch rückschreitende Erosion in das Ghujerab-Gebirgsmassiv hinein. Grundmoränenmaterial (□) kleidet das enge Kerbtal aus und verwandelt es in eine schluchtförmige Talanlage. Eingestellt auf die Moränen sind Hangschuttkegel (▷). Die Moränensteilkanten (←) sind orgelpfeifen-förmig aufgelöst. Diese glazialen Sedimentrelikte liefern das Ausgangsmaterial für Murabgänge. Im linken Bildmittelgrund erscheint die hellgraue Shimshal-Schottersohle (○), die von Schuttbaldenserien (△) begleitet wird. Photo: L. Iturrizaga 25.08.1992.

Photo 18: Blick aus 3050 m von der Shimshal-Schottersohle auf die orogr. rechte Shimshal-Talflanke in das Zadgurbin-Tal hinein. Der heute vom Shimshal-Fluß saisonal unterschnittene Murschwemmkegel wurde im Spätglazial und evtl. auch noch im Neoglazial als geschlossener Schuttkörper (Widerlagerschuttkörper) gegen den damaligen Shimshal-Haupttalgletscher geschüttet. Die zentrale Einschneidung des Kegels erfolgte nach der Deglaziation mit einer tiefergelegenen Erosionsbasis. Auf die Murschwemmkegeloberfläche sind Schuthalden eingestellt (△), die ihre Schuttzulieferung von hochlagernden Moränen (◇) erfahren. Auch in diesem Kegel ist ein Endmoränenrest (↓) von den fluvialen Schuttmassen einverleibt worden. Die glazial-induzierten Steilkanten von 60–80 m Höhe werden heute durch rein gravitative Prozesse und fluviale Unterschneidung zurückverlegt, was die sekundären Schuttaufenserien belegen (●●). Ein junger Tochterschwemmkegel (○) breitet sich auf der Shimshal-Schottersohle aus. Die Talflanken sind glazial überschliffen und brechen an den konvexen Ausbuchtungen der Trogschulter nach. Photo: L. Iturrizaga 14.08.1992.

Photo 19: Blick nach SW vom Winian-Sar-Paß (4520 m) auf den Maidur-Hochtalboden, der den oberen Anschluß an die Zadgurbin-Schlucht liefert, sowie auf das Gebirgsmassiv der südlichen Ghujerab-Kette mit dem an seiner NW-exponierten Gipfelfläche verschneiten Kuksar (5578 m) (✓). Die im Vordergrund sichtbaren dunklen Sattelverläufe (▲) bestehen im Gegensatz zu den Kalksteinfelsrippen aus weichen, wenig resistenten Schiefertonen. Hier in einer Talbodenhöhenlage zwischen 3800 m und etwa 4200 m dominieren die Schuttbalden das Talflankengeschehen, u.z. primäre und nicht wie weiter talabwärts die sekundären. Die fluvialen Überprägungen der Schuttbalden sind in der ariden Leelage der Ghujerab-Kette gering. Eingestellt sind die Schuttkegel auf eine glaziofluviale Terrasse (○), so daß sie basal keiner Unterschneidung unterliegen. Weiter talabwärts überdecken die Schuttbalden sukzessive einen Moränenkörper (◇). Im linken Bildsegment gewinnt man einen Blick auf die vergletscherte N-Abdachung des Karakorum-Hauptkammes. Photo: L. Iturrizaga 26.08.1992.

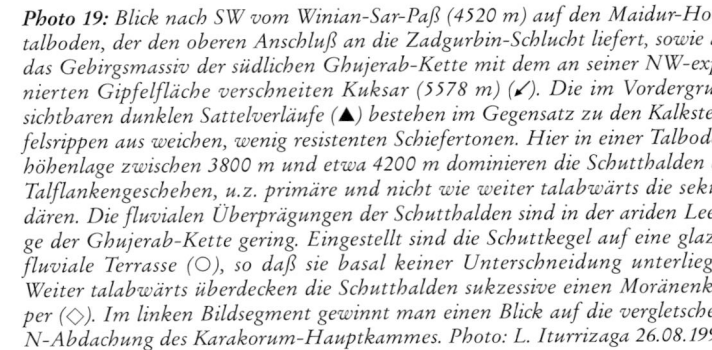

Photo 20: Im Pamir Tang-Tal, das zum Shimshalischen Pamir (✓) hinleitet, ist zwischen einer Höhe von ca. 3500-4000 m die rezente Hangschuttbildung gänzlich durch die üppig überlieferten Moränendepositionen (◇) unterdrückt. Die geringeren Einzugsbereichshöhen in Kombination mit einem moderateren Relief führen zu einem bescheidenen Ausmaß an morphodynamischen Prozessen, so daß das Relief hier mit den glazialen Sedimenten gänzlich verhüllt ist. Photo: L. Iturrizaga 26.08.1992.

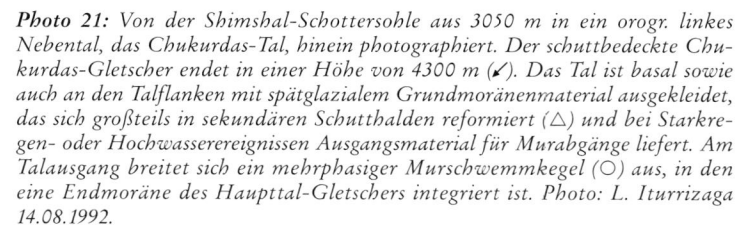

Photo 21: Von der Shimshal-Schottersohle aus 3050 m in ein orogr. linkes Nebental, das Chukurdas-Tal, hinein photographiert. Der schuttbedeckte Chukurdas-Gletscher endet in einer Höhe von 4300 m (←). Das Tal ist basal sowie auch an den Talflanken mit spätglazialem Grundmoränenmaterial ausgekleidet, das sich großteils in sekundären Schuttbalden reformiert (△) und bei Starkregen- oder Hochwasserereignissen Ausgangsmaterial für Murabgänge liefert. Am Talausgang breitet sich ein mehrphasiger Murschwemmkegel (○) aus, in den eine Endmoräne des Hauptal-Gletschers integriert ist. Photo: L. Iturrizaga 14.08.1992.

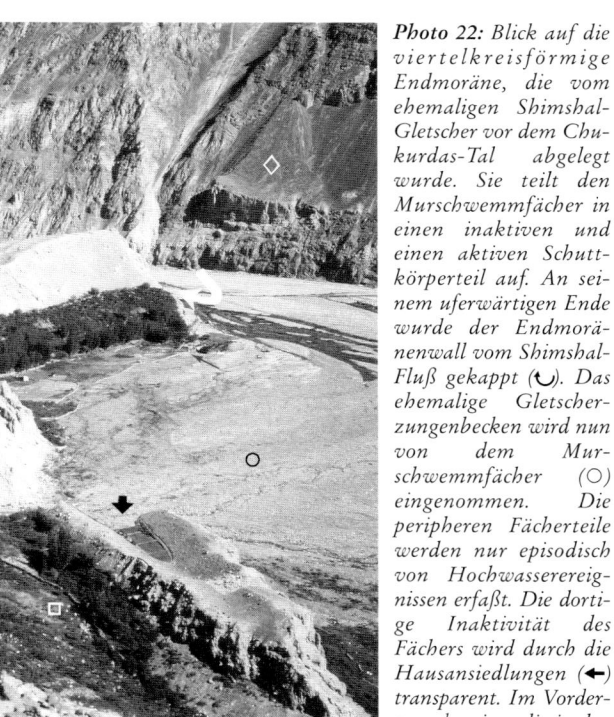

Photo 22: Blick auf die viertelkreisförmige Endmoräne, die vom ehemaligen Shimshal-Gletscher vor dem Chukurdas-Tal abgelegt wurde. Sie teilt den Murschwemmfächer in einen inaktiven und einen aktiven Schuttkörperteil auf. An seinem uferwärtigen Ende wurde der Endmoränenwall vom Shimshal-Fluß gekappt (↙). Das ehemalige Gletscherzungenbecken wird nun von dem Murschwemmfächer (○) eingenommen. Die peripheren Fächerteile werden nur episodisch von Hochwasserereignissen erfaßt. Die dortige Inaktivität des Fächers wird durch die Hausansiedlungen (→) transparent. Im Vordergrund weisen die in den Sanddornanpflanzungen akkumulierten Blöcke (□) auf die rege Steinschlagaktivität der Talflanken hin. Im Hintergrund, auf der orogr. rechten Shimshal-Talseite, sind Kamesbildungen (◇) deponiert, deren Oberfläche konkav nach oben gewölbt erscheint. In dem rechten Endmoränenwallabschnitt befinden sich einige Bewässerungsparzellen (→). Diese Kombination von Endmoräne und fluvialem Schuttkörper ist im Karakorum öfters in verschiedenen Übergangsstadien anzutreffen. Photo: L. Iturrizaga 13.08.1992.

Photo 23: *Dieser Sturzschuttkegel befindet sich unmittelbar unterhalb der Yazghil-Gletscherzunge auf der orogr. linken Shimshal-Talseite in einer Höhe von 3100 m. Der Kegelkörper weist in etwa eine Höhe von 350 m auf, die Zulieferrunse mit ihren dentritischen Verästelungen reicht weitere 500 m den Hang zu einem nivalen Einzugsbereich hinauf. Die gänzlich schuttverfüllten Zulieferrunsen (▽) sind ein Charakteristikum der Schuttkörpersequenzen in den abtransportarmen trockenen Hochgebirgsgebieten. Es wäre denkbar, daß in dieser Höhenlage eine diskontinuierliche Permafrostunterlage bei der Haftung des Schuttmaterials auf dem Untergrund eine Rolle spielt. Die mittlere Talflankenpartie ist mit Moränenmaterial (◇) verkleidet, daß in gut stehende Pfeiler aufgelöst ist. Der Sturzschuttkegel wird von einem kleinen Seitenarm des Shimshal-Flusses unterschnitten. Der Anriß (➤) legt ein lagenweises Schuttkörperprofil frei und deutet auf den hohen Feinmaterialgehalt des Schuttkörpers hin. Die verschiedenen Oberflächenfarben des Schuttkegels zeigen zum einen unterschiedlich alte Gesteinspatinierungen an, zum anderen scheiden sie das hellgelblich dislozierte Moränenmaterial (○) vom rötlich-braunen Hangschuttmaterial (●). Photo: L. Iturrizaga 12.08.1992.*

Photo 24: *Blick auf das untere Einzugsgebiet und die Verlaufsstrecke eines Murganges in Shimshal (3100 m). Die Schuttlieferung dieses Murganges stammt aus den pfeilerförmig stehenden Überresten von Moränenmaterial (◆), die in der oberen Hangpartie thronen. Sie werden durch einen Murschuttkegel durchbrochen. Plötzliche Schmelzwasserabgänge sowie Starkniederschläge führen saisonal häufig zur Resedimentation des bangialen und moränischen Lockermaterials. Photo: L. Iturrizaga 08.08.1992.*

Photo 25: Die Aufnahme zeigt die an die Siedlungsfläche von Shimshal angrenzende Hangsituation auf der orogr. linken Shimshal-Talseite, aufgenommen gen W von der Shimshal-Schottersohle auf Höhe der Endmoräne von Chukurdas (3085 m). Sich zur Form von Stichtälern entwickelnde Runsen (→) zerteilen den auf der linken Bildseite gezeigten Hang. Hochlagernde, bereits stark zerrunste Moränendeponien (✓), die durch die Besonnung bzw. Schattenwirkung markant hervortreten, stellen das Ausgangsmaterial für sekundäre Schutthaldenbildungen (△) und Murabgänge (↓). Der orogr. rechte Endmoränenzug (□) des Hodber-Tales quert das Shimshal-Tal. Von SW treibt leichte Cumulus-fractus-Bewölkung heran, die über die um die 5000 m hohen Bergkämme streicht. Derzeit fällt in den Tallagen kein Niederschlag. Die Bewölkung war der Vorbote für leichten Nieselregen am 12.08. und 13.08.1992, der bereits erhebliche Schäden an den Kanalanlagen verursachte. Photo: L. Iturrizaga 10.08.1992.

Photo 26: Der Mombil-Talausgang ist insbesondere in seinem basalen Trogtalgefäß mit Schuttbalden (△▲) ausgekleidet. Eine Endmoränenlage (▼) – nach Meiners (1996: 144-145) einer historischen Phase des Little Ice Age zugehörig – markiert den abrupten Übergang der jüngeren, niedrigeren (△) zu den älteren, höheren Schuttbalden (▲). Zum Teil rekrutieren sich die Schuttbalden aus spätglazialen Moränenresten (✓). Unmittelbar talaufwärts der Endmoränenlage befindet sich eine regenerierte Schuttkegelsequenz aus drei Segmenten (1, 2, 3). Gesetzt den Fall, die in 2840 m endende Mombil-Gletscherzunge (■) stößt nicht mehr vor, wird sich die Höhe der jungen Schuttbalden voraussichtlich den talabwärtigen, höheren Schuttbalden angleichen. In "frischem" Zustand ist die Parallelisierung der Gletscherstände mit dem jeweiligen Ausmaß der Schuttkörperentwicklung noch durchführbar. Der Karun Koh (K) steigt über eine Horizontaldistanz von nur 8,75 km über 4000 Höhenmeter über den bei 2750-2800 m verlaufenden Shimshal-Talboden auf 7164 m an.

Die Talschaft Shimshal auf der Karakorum-Nord-Abdachung ist derartig arid, daß das Feuchtigkeitsangebot nicht einmal in den oberen Hang- sowie Kammlagen für eine schmale Waldstufe im potentiellen Konvektionsniveau der hangaufwärtsgerichteten Hangwinde ausreicht, so daß die Nackschuttkörper hier ihr optimales Verbreitungsgebiet besitzen. Dank der geringen Wolkenbedeckung im Jahresverlauf im Karakorum können hier in der subtropischen Breitenlage maximale Einstrahlungswerte erreicht werden, die der Temperaturverwitterung und damit der Gesteinsaufbereitung zugute kommt. Photo: M. Kuhle 15.08.1992.

Photo 27: *Das Photo, aus 5000 m aufgenommen, zeigt die periglaziale Schuttkörperlandschaft des Shimshal-Paßbereiches. Die im Spätglazial vom Eis überarbeitete Paß-Tallandschaft nahe der Schneegrenzregion nimmt sich gänzlich anders aus als die vorgestellten Talsituationen der engräumigeren Täler der tieferen Lagen. Hochlagernde Moränendeponien treten als sekundäre Schuttlieferanten zurück. Lediglich Grundmoränenmaterial überdeckt den Paßbereich (◇). Im Gegensatz zu den nackten Schuttkörpern weiter talabwärts sind diese nun durch die Mattenvegetation oberflächlich ansatzweise konsolidiert. Versatzbewegungen des Schuttes finden in Form von gehemmter bzw. gebundener Solifluktion statt (○). Überhängende Grassoden (↘) sorgen für die abgerundete Form der Schuttkörper in ihren distalen Bereichen und belegen die sukzessiv verlaufende, hangabwärtige Bewegung des Schuttmantels. An steiler geböschten Hangpartien ist die hangabwärtige Zugkomponente dermaßen stark, daß der solifluidale Schuttmantel zerreißt und Offenflächen entstehen. An den Solifluktionskliffs, die z.T. durch Windkorrasion unterhöhlt werden, können Grassoden abbrechen und hangabwärts verlagert werden. Die Substratbewegung auf diesen Offenflächen ist zu hoch, als daß ein Vegetationsbesatz erfolgen könnte.*

Die hohen Steilufferkanten der fluvialen Schuttkörper der Mittellagen existieren hier nicht. Die Murkegel der periglazialen Stufe zeugen von einer intensiven fluvio-nivalen Überarbeitung. Eiszeitlich waren diese Schuttkörperformen, bedingt durch die Gletscherexpansion, auf ein wesentlich kleineres Areal beschränkt. Die glazial überschliffenen Felsnasen lagen noch isoliert aus dem periglazialen Schuttmantel heraus. Der Shurt-Gletscher läuft in einem schuttüberladenen Satzendmoränensaum aus, aus dem sich eine glaziofluviale Schuttschürze (△) ergießt. Ufertäler begleiten den Gletscher in dieser Höhenlage nicht mehr. Lediglich eine marginale Uferrinne empfängt die Schutthalden der angrenzenden Hänge. Das Shurt-Tal entwässert zum Braldo-Shaksgam-Talsystem hin. Die dahinterliegende Gebirgskette vermittelt bereits zum K2 (8611 m) im Muztagh-Karakorum hin. Im Gegensatz zu anderen Talabschnitten finden die Schuttkörper hier im Paßbereich freie Entfaltungsmöglichkeiten.

Talabwärts der Shurt-Gletscherzunge ist die Almsiedlung Shurt (4450 m) (✱) auf einem Grundmoränenteppich lokalisiert, der durch die Durchfeuchtung der letzten Tage zu einem Schlammeer verwandelt worden ist. Der Viehtritt der bis zu über 1000 Tiere (Yaks, Schafe und Ziegen), die in diesem Gebiet weiden, sorgt für eine weitere Expansion der frostwechselbedingten Verletzung der Grasnarbe. Neben den wegartigen Viehgangeln, verursachen insbesondere Yaks regelrechte "Sandgruben" im Grashang, in denen sie ihren Körper scheuern.

Die zwei vorausgebenden Tage hat es noch leicht geschneit, doch an diesem Tag ist die dünne Schneedecke bereits weggeschmolzen und eine Hochdruckwetterlage erfaßt das Gebirgsgebiet. Während die S-exponierten Talflanken weitgehend ausgeapert sind, hält sich auf den N-exponierten Hängen noch eine seichte Schneedecke. Für Lawinenabgänge war die Niederschlagsmenge selbst in den Hochlagen zu gering. Photo: L. Iturrizaga 29.08.1992.

Photo 29: *Am Shispar-Gletscher, der sich in der talaufwärtigen Verlängerung des Hassanabad-Tales befindet, wird auf seiner orogr. linken Seite von einer bis zu 150 m hohen spätglazialen Moränenterrasse (■) begleitet. Das Ufertal ist auf eine Ufermoränenrinne (◂) reduziert. Die Moränen sind in sekundäre Schutthalden (▲) umgelagert worden. Der Terrassencharakter ist bereits weitgehend verloren. Die orogr. rechte Talseite ist gänzlich frei von einem Ausraum zwischen Gletscher und Talflanke. Die Shispar-Gletscheroberfläche (●) ist völlig mit Schutt bedeckt. Dieser Schutt dürfte nicht nur durch Eislawinen im oberen Einzugsbereich produziert werden, sondern auch durch die Unterschneidung der Moränen herbeigeführt werden. Der Shispar-Gletscher ist eingelassen in ein sehr enges Trogtal mit anstehenden Gneiswänden. Auf der Terrassenoberfläche läßt sich noch das spätglaziale Ufertal in einer Höhe von 3600-3700m nachzeichnen (↘). Photo: L. Iturrizaga 21.09.1992.*

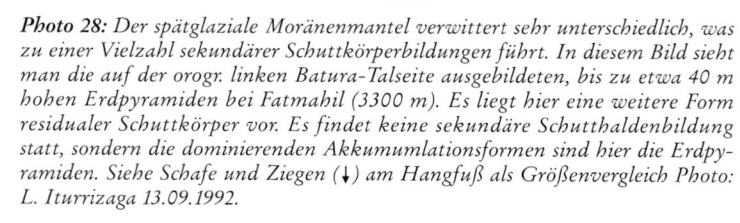

Photo 28: *Der spätglaziale Moränenmantel verwittert sehr unterschiedlich, was zu einer Vielzahl sekundärer Schuttkörperbildungen führt. In diesem Bild sieht man die auf der orogr. linken Batura-Talseite, bis zu etwa 40 m hohen Erdpyramiden bei Fatmabil (3300 m). Es liegt hier eine weitere Form residualer Schuttkörper vor. Es findet keine sekundäre Schutthaldenbildung statt, sondern die dominierenden Akkumulationsformen sind hier die Erdpyramiden. Siehe Schafe und Ziegen (↓) am Hangfuß als Größenvergleich Photo: L. Iturrizaga 13.09.1992.*

Photo 30: Das Hassanabad-Tal wurde 2,5 km vor seiner Einmündung in das Hunza-Tal in NW-liche Richtung von der Endmoräne aus photographiert. Der untere steilflankige Trogtalbereich ist mit jüngst deponiertem, hellgrauen, wenig verwittertem Moränenmaterial (○) ausstaffiert, das hauptsächlich Ausgangsmaterial für die Schutthaldenbildung liefert. Eine regellose Niedertaulandschaft füllt den Talboden. Die Abflußarme des Hassanabad-Nalas werden von Sanddornbüschen begleitet (↙). Photo: L. Iturrizaga 23.09.1992.

Photo 31: Die glatten und steilen Gneiswände bieten dem auf der orogr. linken Hassanabad-Talflanke befindlichen Moränenmaterial wenig Halt, so daß es wie ein Aufstrich in relativ geringer Mächtigkeit den Flanken anhaftet. Die das Moränenmaterial durchfurchenden Runsen reichen bis auf das Anstehende durch. Es wäre denkbar, daß in diesem Falle die Runsen durch Bewässerungskanalleckstellen entstanden sind. Der Bewässerungskanal (↙) passiert zuerst das Anstehende, dann quert er das Moränenmaterial. Auch hier ist ansatzweise nachzuvollziehen, daß kegelförmige Schuttkörper (△) nachträglich aus einem geschlossenen Schuttmantel herauspräpariert werden. Zwiebelschalenartige Nachbruchnischen (↑) mustern die Talflanke. Photo: L. Iturrizaga 22.09.1992.

Photo 32: Eine von vielzähligen Massenbewegungen auf dem Karakorum-Highway in der Hunza-Durchbruchsschlucht nach den September-Niederschlägen im Jahre 1992. Selbst das Anstehende reagierte auf das Niederschlagsereignis mit Nachbrüchen. Durch die Aufnahme des Wassers in den Haarrissen des Gesteins wird dessen Scherfähigkeit herabgesetzt. Scheibenartig lösen sich die Gesteinsplatten vom Anstehenden ab. Eine Gesteinsplatte ist noch an den Fels angelehnt. Durch die Trassenanlage ist der Felshang instabilisiert worden. Bereits bestehende glazial-induzierte Entlastungsklüfte sorgten für eine Lockerung im Gesteinsverband. Eine neue Überhangssituation wurde durch den Felsrutsch kreiert (↙). Photo: L. Iturrizaga 16.09.1992.

Photo 33: Stein- bzw. Felssturzereignis der größeren Dimension im Gneismaterial nahe Sarat (2300 m) im Hunza-Tal. Der im Durchmesser 2 m erreichende Quaderbock ließ die Trasse fast unversehrt. Die den Karakorum Highway hangwärts begrenzende Steinmauer ist durch Schuttrutschungen zerstört (✓). Die angrenzende Trasse, auf den der Schuttkegel eingestellt ist, weist ein Einsturzloch (▼) auf, das durch den hinteren der beiden großen Blöcke verursacht wurde. Photo: L. Iturrizaga 16.09.1992.

Photo 35: Das orogr. linke Rakhiot-Ufermoränental – in der Aufnahme vom Rakhiot-Gletscher aus gesehen – setzt hier in 3700 m im Fließschatten eines Felskammes (○) ein. Das Ufermoränental ist verfüllt mit Mur- und Murlawinenkegeln (□). Sie besitzen ein moränisches Fundament, werden nicht von einem Vorfluter unterschnitten und die einzelnen Schuttkörper sind basal eng miteinander vernetzt. Der höchste Einzugsbereich wird durch den Jiliper Peak (5206 m) gebildet, von denen ein mit reichlich Schutt- und Lawinenhalden (△) ausstaffiertes Sticbtal hinabführt. Diese nur wenig konsolidierten Schuttkörper bieten bei Mur- und Lawinenabgängen leicht abtransportierbare Schuttdeponien.

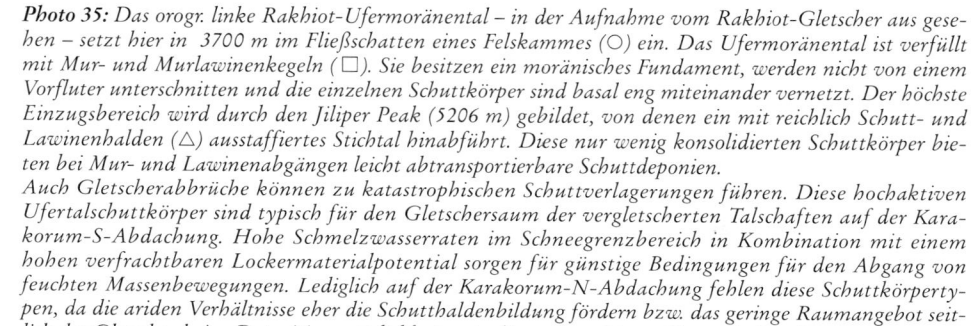

Auch Gletscherabbrüche können zu katastrophischen Schuttverlagerungen führen. Diese hochaktiven Ufertalschuttkörper sind typisch für den Gletschersaum der vergletscherten Talschaften auf der Karakorum-S-Abdachung. Hohe Schmelzwasserraten im Schneegrenzbereich in Kombination mit einem hohen verfrachtbaren Lockermaterialpotential sorgen für günstige Bedingungen für den Abgang von feuchten Massenbewegungen. Lediglich auf der Karakorum-N-Abdachung fehlen diese Schuttkörpertypen, da die ariden Verhältnisse eher die Schuttbaldenbildung fördern bzw. das geringe Raumangebot seitlich der Gletscher keine Depositionsmöglichkeiten in dieser Form bietet. Photo: L. Iturrizaga 10.10.1995.

Photo 36: Im mittleren Rakhiot-Tal ist der Rakhiot-Gletscher bereits zu Ende gekommen und das Talgefäß wird bei Tato (2300 m) von spätglazialen, bis zu 250 m hohen Moränenleisten (□) eingenommen. Auf sie eingestellt sind konsolidierte Hangschuttkegel (▲). Die Hangmorphodynamik ist an dieser Lokalität relativ gering, so daß die Moränen gut überliefert sind. Das Aufschlußprofil ist stark zerrunst und zeigt vereinzelt sekundäre Murkegel (↘) an der Basis. Mit Erreichen der unteren, trockenheitsbedingten Waldgrenze wird der Waldbestand sehr licht. Photo: L. Iturrizaga 12.10.1995.

Photo 39: In dieser Sektion des Martselang-Tales zwischen 3600 und 3700 m dominieren die frostwechsel-induzierten Sturzschutthalden (▲). Zum Großteil handelt es sich in diesem reliefenergiearmen Gebirgsabschnitt um Gleitschuttkörpervorkommen. Die seiger stehenden Schichtkopfausbisse ertrinken förmlich im Schutt, so daß die künftige Verwitterung gehemmt sein wird. Betrachtet man sich die Steilkliffs (↘) einiger Schuttkörper, so wird offenbar, daß es sich um moränisches Material handelt und die Schuttkörper in diesen Fällen als Kames anzusprechen sind (□). Auffällig ist auch, daß am eigentlichen Talausgang kein fluvialer Schuttkörper aufgeschüttet ist. Zum einen transportiert der Martselang-Fluß, dessen Flußbett derzeit unmittelbar vor dem Talausgang verläuft (↓), Schuttmaterial ab, zum anderen gibt die seitliche Einschneidung des den Talausgang plombierenden Schuttkörpers einen Hinweis darauf, daß der Schuttkörper nicht aus diesem Stichtal stammt, sondern glazigenen Ursprungs ist. Daß es sich um ein relativ junges Stichtal (siehe 2. Bildsegment von links) handelt, zeigt der quer zur Tiefenlinie verlaufende noch nicht fluvial eingeschnittene Felsriegel (▼). Die mehrere Dekameter breite Schottersohle wird saisonal von Hochwässern bestrichen. Die Reliefspanne ist hier so gering, daß die Grate nicht einmal die nivale Stufe erreichen. Photo: L. Iturrizaga 09.08.1993.

Photo 40: Stark strukturgebundene Schuttkörperbildungen in den seiger-stehenden Buntsandsteinen auf der orogr. rechten Martselang-Talseite in einer Höhe von 3300 m. Hier bilden sich linienförmige Schuttakkumulationen. Die Reliefenergie ist so gering, daß der Schutt zumeist in situ liegen bleibt oder nur in Form leichter Gleitbewegungen hangabwärts verfrachtet wird. Am Fuße der Schichtrippen werden sie durch haufen- bis kegelförmige Schuttakkumulationen eingehüllt, die manchmal grizè litées-artige Eigenschaften aufweisen. Photo: L. Iturrizaga 17.08.1993.

Photo 41: Zwischen Kargil und Leh wurde dieser Moränenaufschluß in einer Höhe von etwa 3000 m im Indus-Tal aufgenommen. Hier wird das Moränenmaterial (◆) durch vornehmlich rein gravitative Prozesse in einen sekundären Schuttbaldensaum (▲) verlagert. Seichte Abflußrinnsale mustern die Kegeloberflächen. Die wenigen großen Blöcke (↘) rollen bis in den distalen Bereich der Schuttbalden. Photo: L. Iturrizaga 26.07.1993.

Photo 43: *Auf dem Moray-Plateau können sich in einer Höhe von 4400-4600 m Schwemmfächer frei entfalten. Diese Schwemmfächer sind auf Grundmoränenmaterial eingestellt und stellen damit eine weitere Variante des dualen Schuttkörperaufbaus dar, die als „Grundmoränenschwemmfächer" (○) bezeichnet wird. Die Schuttakkumulationsgrenze wird mit etwa 5500 m Höhe der Einzugsgebiete nicht erreicht. Nur vereinzelt sind in dieser trocken-kalten Hochgebirgsregion perennierende Schneeflecken ausgebildet. Die glazial überschliffenen Felskämme (●) sind mit einem Schuttschleier versehen. Photo: L. Iturrizaga 16.08.1993.*

Photo 42: *Typischer Murkegel der Periglazialregion mit nivalem Einzugsgebiet, photographiert aus 4900 m in einem orogr. rechten Seitental des Martselang-Tales. Der Gebirgskamm steigt bis auf 5600 m an. Abtragungs- (▽) und unmittelbares Auftragungsgebiet (△) zeigen sich flächenmäßig annähernd symmetrisch. Sie sind verbunden durch eine nur wenige hundert Meter lange Durchtransportstrecke (↑). Dieser im Talschluß befindliche Murkegel mündet direkt in die Tiefenlinie dieses Nebentales ein und es wird deutlich, daß die fluvialen Schuttkörper auch nur ein Durchgangsstadium für den Schutt mit einer begrenzten Verweildauer des Schuttes in dem Schuttkörper darstellen. Die Muroberfläche wird durch zahlreiche saisonal schmelzwasserführende Abflußkanäle bemustert. Der Schutt der angrenzenden Talflanken wird der Zulieferrinne sukzessive durch die hangabwärtstreibende Zugkomponente der Solifluktion zugeführt. Photo: L. Iturrizaga 13.08.1993.*

Photo 45: Blick aus 4400 m von einem eiszeitlichen Transfluenzpaß vom Parkachik-Tal in das Suru-Tal nach NW in die mittlere Suru-Talschleife. Die Nebentäler auf der orogr. linken Talseite münden über eine Konfluenzstufe in das Haupttal ein (◆). Die Talflanken sind insbesondere auf der orogr. linken Suru-Talseite mit Moränenmaterial (◆) verkleidet, aber auch auf der orogr. rechten Talseite ist eine dünne Moränenbedeckung (◇) ersichtlich. Die Nebentalgletscher werden nicht von Schuttkegeln, sondern von Lawinenschneekegeln (↘) begleitet. Die Einzugsbereiche sind durchgehend nival und zeigen aufgrund ihrer geringen Einzugsbereichshöhe keine Vergletscherungen. Die Ufermoränen (○) eines historischen bis neoglazialen Gletscherstadiums sind noch vergleichsweise unversehrt durch hangiale Erosionsprozesse. Die Endmoränenzüge des weiter talaufwärts gelegenen ehemalig talsperrenden Sentik-Gletschers sind ebenfalls noch gut erhalten (□). Photo: L. Iturrizaga 31.07.1993.

Photo 47: Talabwärts des Nilkanth-Gletschers schließt sich an seinen Endmoränenschutt (□) ein bortensanderartig-gestalteter glaziofluvialer Schwemmkegel an (○), der aus einer Höhe von 4150 m von der orogr. rechten Ufermoräne (■) photographiert wurde. Das grobblockige Moränenmaterial wird durch die glazialen Schmelzwasser resedimentiert. Auf der orogr. linken, S-exponierten Nilkanth-Talseite sind im obersten Bereich Schuttkegel im Übergang zu Schneeschuttkegeln ausgebildet (▲). Die benachbarten Schuttkegel lassen nicht auf ihre unterschiedlichen Einzugsbereiche (nival (↗) und glazial (↙)) rückschließen. Die großen Blöcke auf der orogr. rechten Nilkanth-Ufermoräne sind im Vordergrund des Bildes zu erblicken (■). Die Felssteilstufe (→) beginnt hier bereits im Schutt zu ertrinken, während sie weiter talabwärts noch frei liegt. Die Kegelzulieferrinnen sind mit Schnee verfüllt (↙). Photo: L. Iturrizaga 28.08.1993.

Photo 48: *Blick von einer in einer Höhe von 3300–3400 m abgelagerten Moränenterrasse (□) Nilkanth-Tal-abwärts in E-liche Richtung. Am Talausgang liegt unterhalb der Konfluenzstufe die Siedlung Badrinath (3120 m) (↓). Die Schuttkegel (▲) sind hier auf die moränische Akkumulation eingestellt. Seitlich auf der Schuttkegeloberfläche ablaufende Wasserrinnen überprägen die Sturzkegeloberfläche (↗). Eine deutliche Gradierung der Gesteinsgrößen ist bei dem Schuttkörper (▽), der durch einen jüngeren Blocksturz überprägt wurde und ebenfalls auf die Moränenterrasse eingestellt ist, zu beobachten. Auch weiter talabwärts sind Moränenablagerungen ■ mit den hangialen Schuttkörpern vergesellschaftet. Im mittleren Hintergrund sind auf der orogr. linken Alaknanda-Talseite die steilen Trogtalflanken mit den basal aufgeschütteten Mursturzkegeln zu erblicken (△). Von der orogr. linken Alaknanda-Talseite zieht eine sehr geradlinig verlaufende Seburfrinne (→) eines plötzlichen Schmelzwasserabganges die Talflanke hinab. Rechts davon schließt sich eine tiefere und breitere Schurfrinne mit seitlichen Feilenanbrüchen (▼) an. Photo: L. Iturrizaga 29.09.1993.*

Photo 50: Ansicht der orogr. linken, E-exponierten Hathi Parbat-Talseite von der Barmai-Gletscher-Ufermoräne aus einer Höhe von 4240 m. Podestmoränen-artige Schuttkörper lagern am Ausgang der Nebentaleinschnitte. Der talaufwärtige Moränenkörper wird zentral durch einen Murgang (→) mit entsprechendem Schuttlobus (□) zerschnitten. In der muldenförmigen oberen Abdachung sammeln sich bevorzugt Schnee und Schmelzwässer (↓). Die markante Absetzung (↘) der Schuttkörper von den umfassenden Felsumrahmungen spricht gegen eine hangiale Entstehung und weist auf die glaziale Genese hin. Heute werden die glazialen Schuttkörper linear-erosiv zerschnitten (↙↙). Zwischen den beiden Schuttkörpern fällt ein länglicher, mit Vegetation besetzter Wall auf. In der Tiefenlinie des Ufertälchens lagern Altschneeinseln (○). Photo: L. Iturrizaga 07.10.1993.

Photo 51: Aus 4700 m gewinnt man einen Überblick über die Schuttkörpersituation der Trisul-W-Abdachung. An der Schichtkopfflanke im metamorphen Gestein sind zusammengesetzte Schuttbalden ausgebildet, in die sich ein Eisfallgletscher einreiht. Im oberen Talabschnitt bandelt es sich noch um Ufermoränenschuttkegel (△) des im Rückzug befindlichen Eisfallgletschers (□). Weiter talabwärts schließen sich dann Schuttkegel an, die z.T. ein moränisches Fundament aufweisen. Der Hang befindet sich bereits im Übergang zu einem Frostausgleichshang, die Felsrippen (○) werden sukzessive zurückverlegt und geben in den Schuttmantel über. Die Schuttbalden sind auch im Sommer lawinenbestrichen. In einigen Runsen reicht der Lawinenschnee (→) bis nabe der Tiefenlinie des Nandakini-Tales hinunter. Eislawinen überlaufen gelegentlich das Plateau und geben auf den Schuttkegeln ab.
Während des Feldforschungsaufenthaltes Anfang September 1993 zur Monsunzeit war der Trisul fast zwei Wochen lang in Wolken gehüllt. Erst Mitte September wurde der Berg „frei". Auf dem Bild sieht man im rechten Bildsegment bereits die aus dem unteren Nandakini-Tal heraufreibenden Wolken, die zum Mittag bin den oberen Talkessel einnehmen werden. Photo: L. Iturrizaga 16.09.1993.

Photo 52: Blick in Richtung Norden aus 4200 m in das Nandakini-Tal zum Paß zwischen Nanda Ghunti (6309 m) und Trisul (7120 m). Im Vordergrund fließt der Shilasamudra-Gletscher (■) westwärts. Das Nandakini-Tal zeigt an der kataklinalen orogr. rechten Seite Glatthänge (▲) ohne auffällige Schuttkörperbildungen, wohingegen die paraklinale orogr. linke Talseite mit Schutt- und Murkegeln (△) ausgestattet ist, die auf Grundmoränenmaterial (◇) eingestellt sind. Die tief eingeschnittenen Erosionsfurchen (↘) sind die Zulieferrunsen von Lawinenabgängen. Im Mittelgrund treten von Eis unterlagerte Schuttkegel (▽) in einer Höhe zwischen 4300 und 4800 m auf. Ein mehrstöckiger Eislawinenkegel (1,2), neben einem unterschnittenen Sedimentkegel (◆), trägt zur Ernährung des Shilasamudras-Gletschers bei. Photo: L. Iturrizaga 20.09.1993.

Photo 53: Die Photographie, die vom 3700 m hohen Lata Peak in nördliche Richtung aufgenommen wurde, umfaßt eine Vertikalspanne von über 4000 m. Der Nanda Devi ragt mit 7816 m im Hintergrund hervor und die Tiefenlinie des Rishi-Tales verläuft im Vordergrund bei ca. 2800 m. Oberhalb der Waldgrenze sind Froststurzkegel (△) mit Lawinenüberprägung ausgebildet. Die Talflanken der Rishi-Schlucht sind angesichts ihrer hohen Steilheit doch sehr großzügig mit Bäumen bestanden, größere Schuttablagerungen sind jedoch weder in der Tiefenlinie noch an den Talflanken zu finden. Besitzt man keinen Größenvergleich oder keine Höhenangaben, so verlieren sich für den „Alpenbetrachter" die Größendimensionen. Photo: L. Iturrizaga 07.10.1993.

Photo 54: Die schroffige orogr. rechte Barbung Khola Seite - aufgenommen aus 2100 m - ist an manchen Stellen noch mit einem Moränenmantel (◇) des Spätglazials bekleidet. Konvex bauchige, vegetationsarme und stellenweise durch Murgänge (▽) überprägte Schuttkegel (△) von bis zu 50 m Höhe säumen die Talflanke. Ein Schwemmkegel (○) vermag sich vollends auf der Talsohle des Thulo Bheri Kholas zu entfalten. Die Einzugsbereiche erstrecken sich bis maximal auf 5900 m und sind nival geprägt. Auf der orogr. linken Talseite sind Schieferfließungen zu beobachten (↙). Photo: L. Iturrizaga 06.02.1995.

Photo 55: Aufnahme eines Murkegels auf der orogr. rechten Thulo Bheri Khola-Seite unterhalb von Dunai (2150 m). Das Einzugsgebiet reicht bis in die nivale Stufe hinauf. Dem Hang lagern spätglaziale Moränenakkumulationen auf (O), die u.a. durch Murgänge abgetragen werden. Der Murkegel im Vordergrund zeigt zwei Generationen (1, 2), die beide vom Fluß unterschnitten wurden. Photo: L. Iturrizaga 16.02.1995.

Photo 56: Blick auf die orogr. rechte Thulo Beri Khola-Seite aus einer Höhe von 2100m. Sehr feinmaterial-reiche, bis zu über 50 m hohe Schuttkegel, die teilweise mit Steppengräsern und Zwergsträuchern besetzt sind, säumen die Talflanke. Im oberen Teil der Talflanke sind seichte trichterförmige Einbuchtungen und Abrißnischen (↓) in den Fels gehöhlt. Außer an einem kleinen Nachbruch (↑) ist ihre Oberfläche bereits stark gealtert. Bei den basalen Schuttkörpern handelt es sich nicht um die korrelaten Abbruchmassen, da sie kaum einen Felssturzcharakter aufweisen. Vielmehr stammt das Material von dem spätglazialen Moränenmantel, der dem Hang auflagert. Der hohe Feinmaterialgehalt der Schuttkegel wird insbesondere an dem mittleren Schuttkegel deutlich, der durch einen Murgang (↙) erfaßt wurde und seine „Fließfähigkeit" belegt. Die Durchtransportstrecke wird durch wenig eingetiefte divergierende Runsen (↘) gestellt. Photo: L. Iturrizaga 15.02.1995.

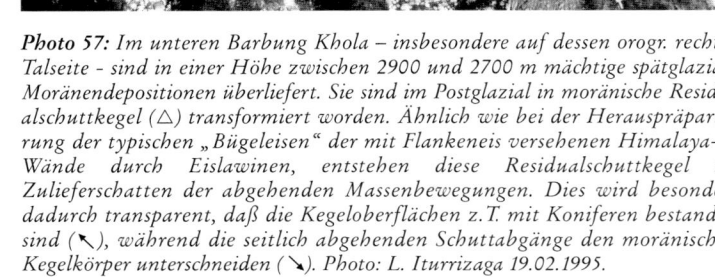

Photo 57: Im unteren Barbung Khola – insbesondere auf dessen orogr. rechter Talseite – sind in einer Höhe zwischen 2900 und 2700 m mächtige spätglaziale Moränendepositionen überliefert. Sie sind im Postglazial in moränische Residualschuttkegel (△) transformiert worden. Ähnlich wie bei der Herauspräparierung der typischen „Bügeleisen" der mit Flankeneis versehenen Himalaya-S-Wände durch Eislawinen, entstehen diese Residualschuttkegel im Zulieferschatten der abgehenden Massenbewegungen. Dies wird besonders dadurch transparent, daß die Kegeloberflächen z.T. mit Koniferen bestanden sind (↘), während die seitlich abgehenden Schuttabgänge den moränischen Kegelkörper unterschneiden (↘). Photo: L. Iturrizaga 19.02.1995.

Photo 58: An einem Nebentalausgang des Thulo Bheri Kholas in einer Höhe von 1800 m breitet sich in einer Talweitung ein Schwemmfächer (●) aus. Auf der orogr. linken Talseite wird der Hang vom Fluß, der durch den Schwemmfächer auf die gegenüberliegende Talseite abgedrängt wird, unterschnitten. Hier kommt es zu Schieferfließungen und -rutschungen (↘). Photo: L. Iturrizaga 17.02.1995.

Photo 59: Aus den Himalaya-Vorketten aus einer Höhe von 2100 m auf die schichtkopfgesteuerten Steilwände der Himalaya-S-Seite mit der Annapurna South (7219m, A), dem Hiunchuli (6441m, H) und dem Machhapuchhare (6993 m, M) geschaut, wobei sich zwischen die zwei letztgenannten Gipfel das Modi Khola einschneidet und den Zugang zum Annapurna-Kessel gewährt. Die Ausbreitung des Schuttkörpergürtels der Frostschuttregion ist hier auf ein Minimum reduziert. Die steilen Talflanken geben vielerorts unmittelbar in die fluviale Höhenstufe über, die durch den Einzugsbereich noch bis in sehr tiefe Lagen von Eis- und Schneelawinen erfaßt werden kann. Gebirgsauswärts sinken die Gebirgsketten rasch auf Höhen zwischen 4000–3000 m ab, so daß der Schuttkörperaufbau sich primär in der fluvialen Stufe abspielt. Die z.T. schluchtartigen Quertäler, die bei dieser Morgenaufnahme noch im Schatten liegen, erlauben nur eine geringe Schuttkörperdeposition. Die Gebirgsbarriere führt zu Stauniederschlägen von bis zu 6000 mm/Jahr, die vornehmlich auf die Sommermonate Juli-September konzentriert sind. Selbst Mitte Januar gaben die Wolken das Gebirgsmassiv nur frühmorgens frei. Photo: L. Iturrizaga 14.01.1995.

Photo 60: *Von Siklis (1900 m) aus Blick auf die Annapurna IV (7525 m) (AIV) und II (7937) (AII) sowie auf das Lamjung-Massiv (L). Entwässert wird die S-Abdachung durch das Madi Khola. Die Aufnahme zeigt einen Staublawinenabgang (*✓*), der eine Höhe von schätzungsweise annähernd 2000 m durchläuft und auf dem Lawinenkegelgletscher ausläuft. Die Gletscherzunge (→) endet bei 2300 m und stellt damit die tiefste rezente Eisrandlage auf der Himalaya-S-Abdachung dar (mündl. Mitt. von Herrn Prof. Kuhle im Gelände). Die potentielle Schuttkörperhöhenstufe der Hochlagen zwischen 4000 und 5000 m kommt hier aufgrund der Reliefsteilheit nicht zur Ausbildung. Hinsichtlich der schuttkörperarmen Steilflanken erstaunt es, wo der eislawinen-produzierte Schutt akkumuliert wird. Selbst der Lawinenkegelgletscher zeigt eine schuttarme Oberfläche und auch die gletscherbegleitenden Talflanken weisen nur vereinzelt aktive Schuttkörpervorkommen auf. Photo: L. Iturrizaga 30.01.1995.*

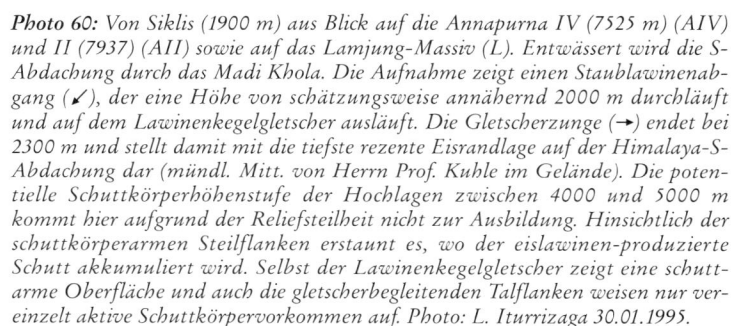

Photo 61: *Unterhalb der Gletscherzunge des Lamjung-Lawinenkegelgletschers schließt sich im Madi-Khola ein schluchtförmiges Talgefäß an. Im Talboden lagern gerundete zimmergroße Blöcke (○, s. Person als Größenvergleich (↓↓)), die rezent nur noch durch extreme pluvial oder glazial induzierte Hochwässer bewegt werden. Diese Grobblockanreicherung in den Talsohlen aber auch in den Schuttkörpern der Nebentalausgänge ist typisch für die Himalaya-Quertäler. Am linken Bildrand ist der Überrest eines Grundmoränenfundamentgemischs mit Hangschuttmaterial zu sehen (◇). Photo: L. Iturrizaga 28.01.1995.*

Photo 62: Gebirgsauswärts, im Konfluenzbereich des Seti Kholas mit dem Mardi Khola in einer Höhe von 1100 m, dominiert eindeutig die mehrphasig entstandene Terrassenlandschaft mit Höhen bis zu über 100 m die Talbodenausfüllung. Schwemmfächerbildungen treten durch die Abdämmung der Nebentalausgänge durch die Terrassen als Schuttkörperformen in den Hintergrund. Die glaziofluvialen Terrassen (○) sowie das Anstehende (□) auf der orogr. rechten Mardi Khola-Seite sind stark unterschnitten - evtl. auch durch den Straßenbau. Eine bereits verheilende Nachbruchnische (↓) mit Grobblockansammlungen sticht aus dem Wald an einem Steilkliff im Fels hervor. Photo: L. Iturrizaga 23.01.1995.

Photo 63: Blick vom Larkya La (5104 m) in W-liche Richtung auf den Gletscherkessel, der vom Nemjungaon Himal und Peri Himal mit Einzugsbereichshöhen von über 7000 m eingerahmt wird. Drei stark verschuttete Hauptgletscherströme, die sich ihrerseits ebenfalls dentritisch aus mehreren Eisfallgletschern zusammensetzen, nehmen den weiträumigen Talkessel ein. Die Gletscher werden von Sturzschuttkegeln, die stark von Muren und (Eis-)Lawinenabgängen überprägt sind (▲), bangwärts begleitet. Sie setzen sich aus mehreren Einzelkegelsegmenten zusammen und sind in ein schmales Ufertal in einer Höhe von etwa 4000-4200 m eingestellt. Die Zulieferrinnen sind mit Schutt verfüllt, der z.T. mit Permafrost unterlegt sein dürfte. Eislawinenabgänge präparieren breit angelegte Zuliefergebiete heraus (○). Die Lawinenmurschuttkegel sind rezent sehr aktiv. Die Kegeloberfläche ist von mannigfaltigen Abflußbahnen zerrunst. Ufermoränendurchbrüche (↘) sorgen für Schuttablagerungen auf dem Ufermoräneninnenhang. Auf den Felsriegeln in der Talkesselmitte zeigen sich strukturgebundene Schuttkörperbildungen (△). Unterhalb der Schichtköpfe sind die Schuttkegel konsolidiert (▽), was auf Hangzuschußwasser zurückzuführen sein kann. Photo: L. Iturrizaga 04.01.1995.

Photo 64: Blick aus 3800 m in den Manaslu-W-Talkessel. In der Bildmitte zeigt sich ein Transfluenz-Paß mit einem auffälligen podest-moränenartigen Schuttkranz (○). Unterhalb einem etwas niedrigeren Gebirgskamm vermögen sich Eislawinenhalden (▲) auszubilden, während die Eislawinen der höheren Einzugsbereiche übergangslos zu Gletschern verteilen. Die fossilen Ufermoränentalschuttkegel (△) auf der orogr. rechten Manaslu-W-Gletscherseite sind konsolidiert und mit Wald bestanden. Selbst die in einer Höhe von etwa 3300 m endende Gletscherzunge des Manaslu-W-Gletschers ist mit Wald besetzt (↓). Die Gipfelumrahmung des Talkessels ähnelt dem des Rakhiot-Tales am Nanga Parbat, doch fällt die Manaslu-W-Seite hier so steil hinab, das kein ausreichendes Nährgebiet für eine ausgedehntere Gletscherausbildung zur Verfügung steht. Photo: L. Iturrizaga 06.01.1995.

Photo 65: Blick in das wannenförmige, bis zu 150 m tiefe orogr. linke Ufermoränental des Himlung-S-Gletschers aus 3800 m von der Ufermoräne. Diese großzügig angelegten, flach verlaufenden Ufertäler sind für viele der Himalaya-Gletscher typisch. Wir finden hier in der unmittelbaren Gletscherumgebung mit geringen Einzugsbereichshöhen eine sehr verhaltene aktuelle Schuttkörperbildung vor. Der Großteil der Schuttkörpervorkommen ist konsolidiert. Der Ufermoränenfirst bricht von Zeit zu Zeit nach und entsendet flüchige Schuttloben auf den Ufermoränenaußenhang (○). Photo: L. Iturrizaga 05.01.1995.

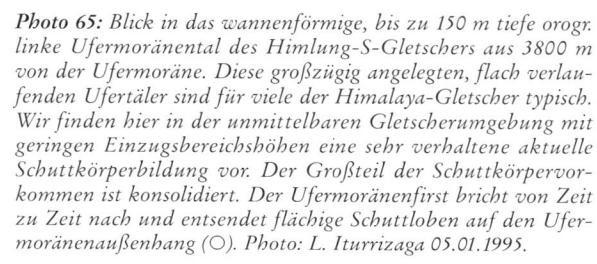

Photo 66: Der ehemals vielleicht sogar talsperrende Hängetalgletscher auf der orogr. linken Buri Gandaki-Seite hat sich soweit zurückgezogen, daß sein Gletscherbett nun zur Bildung umfassender Moränenläufe (■) sind von hoher Standfestigkeit und können im Ablagerungsschatten der angrenzenden Talflanken im hangaufwärtigen Teil gut erhalten bleiben. Sie werden jedoch basal sukzessive von den lateralen Lawinen-, Mur- und Schwemmprozessen zurückverlegt. Der benachbarte Lawinenmurkegel (△) beginnt sich bereits mit dem glaziofluvialen Kegel distal zu verzahnen. Der glaziofluviale Schuttkegel ist entweder bedingt durch die erst sehr junge Rückzugsphase des Gletschers und durch den hohen Schmelzwasserabfluß nicht mit Wald bestanden. Lawinenschuttkegel (▲) säumen in einer Höhe von über 4000 m den Nebentalkessel. Der Talboden verläuft in 3650 m Höhe. Mit zunehmender Einverleibung der heute noch prägnant hervorstechenden Ufermoränen wird eine Rekonstruktion der am Schuttkörperaufbau beteiligten Prozesse immer komplizierter. In diesem Sinne scheint es sinnvoll, sich insbesondere die Übergangsstadien komplex aufgebauter Schuttkörper zu verinnerlichen. Photo: L. Iturrizaga 02.01.1995.

Photo 67: Die Schuttkörpersituation im Buri Gandaki-Talkessel bei Philam (1595 m) erinnert ein wenig an diejenige in Chitral und Drosh im Hindukusch. Auf der orogr. linken Talseite bahnen sich die Nebentalflüsse ihren Weg durch die spätglazialen Kamesbildungen (☐) und schütten Schwemmfächer mit hoher Beteiligung an moränischem Material auf (○). Im Uferbereich legt der Buri Gandaki durch Unterschneidungen die glazialen Ablagerungen (◆) frei und es kommt zur sekundären Schuttkegelbildung (△). Diese Talweitungen sind relativ selten in die Himalaya-Durchbruchstäler eingestreut, so daß zumeist ungünstige Bedingungen zur Mur- und Schwemmfächerbildung herrschen. Der fehlende Waldbestand nahe den Siedlungsbereichen ist auf Rodungsaktivitäten der Einheimischen zurückzuführen. Obwohl wir uns hier noch auf der Himalaya-S-Abdachung befinden, sind die klimatischen Verhältnisse bereits sehr trocken. Photo: L. Iturrizaga 27.12.1994.

Photo 68: Übersicht aus 5200 m über den Mittellauf des oberen Barun-Gletschers. Der Einzugsbereich reicht mit der S-Abdachung des Makalus bis auf 8463 m hinauf. Trotzdem verenden die an diese Flanke herabfließenden Gletscher oberhalb des oberen Barun-Gletschers. Bemerkenswert ist wie rasch der Ufermoränensaum durch Schuttkegel (△) sowie Schmelzwasserabflüsse (✔) zerstört wird. Die Depositionsfläche für Schuttkörper ist hier auf ein Minimum reduziert. Die Gletscheroberfläche ist gänzlich verschuttet, Blankeiskomponenten kommen nicht mehr zum Vorschein. Angesichts der hohen Einzugsbereiche verwundern die vergleichsweise kurzen Gletscherlängen sowie die offensichtliche Aridität dieser Hochgebirgsregion. Photo: L. Iturrizaga 06.12.1994

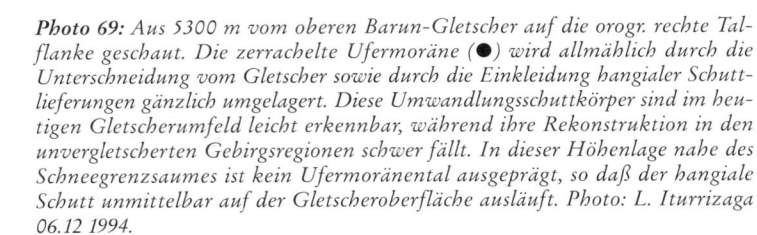

Photo 69: Aus 5300 m vom oberen Barun-Gletscher auf die orogr. rechte Talflanke geschaut. Die zerrackelte Ufermoräne (●) wird allmählich durch die Unterschneidung vom Gletscher sowie durch die Einkleidung bangialer Schuttlieferungen gänzlich umgelagert. Diese Umwandlungsschuttkörper sind im heutigen Gletscherumfeld leicht erkennbar, während ihre Rekonstruktion in den unvergletscherten Gebirgsregionen schwer fällt. In dieser Höhenlage nahe des Schneegrenzsaumes ist kein Ufermoränental ausgeprägt, so daß der bangiale Schutt unmittelbar auf der Gletscheroberfläche ausläuft. Photo: L. Iturrizaga 06.12.1994.

Photo 70: Zwischen 4500 und 4700 m Talbodenhöhe sind im oberen Barun-Tal bis zu mehrere hundert Meter hohe Moränendepositionen (●) abgelagert. In den gletscherfreien Talausräumen finden wir sekundäre sander-artige Moränen-Murschwemmkegelbildungen vor (○). Dieser Schuttkörper ist in das orogr. linke, sehr weitläufige Ufertal des Lower Barun-Gletschers geschüttet. Sein Einzugsbereich bildet die Makalu-S-Abdachung. Diese sekundären Schuttkörperformen sind auf die Himalaya-Süd-Abdachung gehäuft vorzufinden. Im Karakorum vereiteln dagegen die den Talboden einnehmenden Vergletscherungen in dieser Höhenlage die Ausbildung dieser fluvial geprägten Schuttkörper. Die Abflußbahnen dieses rezent aktiven Schuttkörpers pendeln saisonal über die Murschwemmkegeloberfläche. Photo: L. Iturrizaga 01.12.1994.

Photo 71: Im Barun-Tal ist ein wohlgeformtes eiszeitliches Trogtal überliefert. Im Talgrund lagern glaziale Sedimente (□), die durch den Barun-Fluß allmählich ausgeräumt werden. Auf sie sind konsolidierte Hangschuttkörper (△) eingestellt. Der duale Schuttkörperaufbau aus Moränenmaterial an der Basis und hangialen Aufschüttungen im oberen Teil ist nur noch ansatzweise nachzuvollziehen. Junge Nachbrüche (✔) zerstören die ältere glaziale Trogform. Der Wald steigt bis über 4000 hinauf. Oberhalb der steilen Trogtalflanken lagern häufig steile Hängegletscher (●) mit einer Endmoränenfassung (○). Hangabwärts schließen sich im Vergleich zu den Nachbruchsturzkörpern feinmaterial-haltige Mischschuttkörperformen (▲) aus Steinschlag und Murgängen. Photo: L. Iturrizaga 28.11.1994.

Photo 72: In einer Höhe zwischen 3500 und 3300 m ist das Barun-Tal im unteren Trogtalgefäß mit Grundmoränenmaterial ausgekleidet. Nachbruchschuttkörper und die heute hangiale Schuttproduktion sind auf das moränische Fundament eingestellt. Diese zusammengesetzten Schuttkörper, die den Talboden nahezu plombieren, werden durch den Barun-Fluß unterschnitten, so daß sich schutthaldenartige Aufschlußprofile (△) ergeben. Photo: L. Iturrizaga 26.11.1994.

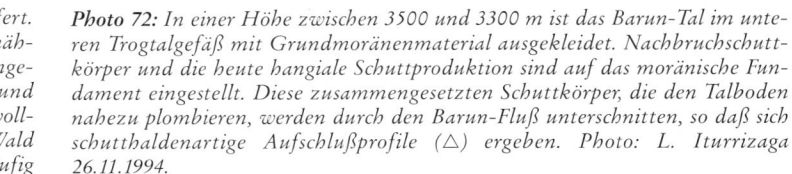